I0874463

Histoire des paysages méditerranéens terrassés: aménagements et agriculture

Romana Harfouche

BAR International Series 1634
2007

Published in 2016 by
BAR Publishing, Oxford

BAR International Series 1634

Histoire des paysages méditerranéens terrassés: aménagements et agriculture

ISBN 978 1 4073 0048 1

© R Harfouche and the Publisher 2007

COVER IMAGE *Pressoir à raisin dans le vignoble en terrasses, photographie des Frères Sarrafian, Beyrouth, vers 1900*

The author's moral rights under the 1988 UK Copyright, Designs and Patents Act are hereby expressly asserted.

All rights reserved. No part of this work may be copied, reproduced, stored, sold, distributed, scanned, saved in any form of digital format or transmitted in any form digitally, without the written permission of the Publisher.

BAR Publishing is the trading name of British Archaeological Reports (Oxford) Ltd. British Archaeological Reports was first incorporated in 1974 to publish the BAR Series, International and British. In 1992 Hadrian Books Ltd became part of the BAR group. This volume was originally published by Archaeopress in conjunction with British Archaeological Reports (Oxford) Ltd / Hadrian Books Ltd, the Series principal publisher, in 2007. This present volume is published by BAR Publishing, 2016.

Printed in England

BAR
PUBLISHING

BAR titles are available from:

BAR Publishing
122 Banbury Rd, Oxford, OX2 7BP, UK
EMAIL info@barpublishing.com
PHONE +44 (0)1865 310431
FAX +44 (0)1865 316916
www.barpublishing.com

Sommaire

Remerciements

Lorsque j'ai commencé ce travail sur les paysages de la Méditerranée, je me suis remémorée les vingt années passées dans les paysages en terrasses du Liban, mon pays natal, aujourd'hui défigurés par dix-huit ans de guerre civile, puis mon arrivée à Paris, pour entreprendre des études universitaires, juste après l'achèvement officiel de la guerre par la signature des accords de Taif. Le souvenir de mon arrière grand-oncle, Daoud Ammoun, qui a dessiné les frontières de ce qui deviendra le Grand Liban avec Georges Clémenceau, à Paris en 1919, m'est revenu. Les images de mon arrière grand-père, Iskandar bey Ammoun, fervent défenseur de l'indépendance du Liban, et celles de mon grand-père Fouad Ammoun, qui fut ministre du jeune Liban et vice-président de la Cour internationale de Justice de La Haye, ne m'ont pas quittée. Cet ouvrage est dédié à la mémoire de ceux qui ont œuvré pour la paix et la liberté. Tout au long de ce travail, je me suis efforcée de rester digne de leur mémoire et de ne pas la trahir. Je leur suis reconnaissante de ce qu'ils m'ont légué. Je remercie enfin mes parents pour l'aide apportée au commencement de ce travail.

La rédaction d'un ouvrage pourrait parfois paraître une activité quelque peu solitaire. Je mesure cependant tout ce que je dois à ceux qui m'ont apporté leur aide, tant pour la préparation du présent volume, que pour les travaux de recherche qui les ont alimentés. J'espère avoir répondu au moins en partie aux attentes de ceux qui m'ont prodigué leurs conseils, qui m'ont éclairé et orienté dans mes recherches.

Je remercie encore chaleureusement Philippe Leveau (Université de Provence, Aix-en-Provence, France) qui a accepté de diriger mon travail de thèse et qui m'a fait part de ses conseils avisés tout au long de cette recherche. Mes vifs remerciements vont également à Frank Braemer (CNRS, Valbonne, France), Alain Ferdière (Université de Tours, France), Bernard Geyer (CNRS, Lyon, France) et Antoine Hermary (Université de Provence, Aix-en-Provence, France) qui ont accepté de participer au jury de cette thèse.

Lorsque j'ai entrepris le long récolement bibliographique pour l'élaboration de ce mémoire, j'ai pu compter sur l'aide précieuse de nombreuses personnes. Mes pensées amicales vont donc à ceux qui m'ont fait part de leurs connaissances, de leur savoir-faire ou qui ont mis à ma disposition des documents. Je leur suis reconnaissante aussi pour leur disponibilité et leurs conseils : Frank Braemer, Pierre-Louis Gatier (CNRS, Lyon, France) et François Villeneuve (Ecole Normale Supérieure, Paris, France) sur le Proche-Orient, Patrice Cressier (CNRS, Lyon, France) sur l'Espagne médiévale, Mireille Provansal (Université de Provence, Aix-en-Provence, France) sur la Provence et Pol Trousset (CNRS, Aix-en-Provence, France) sur l'Afrique du Nord.

Je tiens également à exprimer ma gratitude à tous ceux et toutes celles qui ont contribué à nourrir ce travail par leurs orientations bibliographiques et par les publications parfois difficiles d'accès qu'ils m'ont procurées : Fathi Béjaoui (Institut National du Patrimoine de Tunis, Tunisie), Hédi Ben Ouezdou (géographe, Université de Tunis, Tunisie) et Abida Zeddam (écologue) sur l'Algérie et la Tunisie, Philippe Curdy (Archéologue) sur la Suisse, Panagiotis Doukellis (Université de Corfou, Grèce) et Oliver Rackham (Université de Cambridge, Grande-Bretagne) sur la Grèce, François Favory (Université de Franche-Comté, Besançon, France), Guilhem Fabre (CNRS, Montpellier, France), Philippe Marinval (CNRS, Toulouse, France) et Jean-François Blanc (Géographe) sur la France, Pierre Morlon (INRA, Dijon, France) sur l'Amérique latine, ma compatriote Laïla Nehmé (CNRS, Collège de France, France) sur les Nabatéens, Claudine Dauphin (CNRS, Valbonne, France) sur le Proche-Orient, Josep. Palet i Martinez (Université Autonome de Barcelone, Espagne) et Maria Ruiz del Arbol Moro (CSIC, Madrid, Espagne) sur l'Espagne, Pierre-Yves Péchoux (géographe, Université de Toulouse, France) sur les aspects géographiques, Jonathan Sandor (Iowa State University, USA) sur les aspects pédologiques et agronomiques et Andrew Wilson (Université d'Oxford, Grande-Bretagne) sur l'Afrique et l'Italie romaines.

Cet ouvrage est également le fruit de collaborations à des missions de terrain. Je remercie les responsables des fouilles qui m'ont accueillie dans leurs équipes : Alain Ferdière, Eric Gailledrat et Thierry Janin (CNRS, Montpellier, France). Le soutien et la collaboration des membres de la mission franco-libanaise sur la Haute vallée du Nahr Ibrahim ont été précieux. Merci à Gérard Charpentier (CNRS, Lyon, France) et à Frédéric Mercier (INRAP, France).

Il ne m'est pas permis de conclure sans avoir auparavant remercié tous ceux qui ont participé à un moment ou à un autre à l'élaboration de ce travail par leurs encouragements et leurs conseils avisés. Je remercie Frédéric Husseini (Directeur Général des Antiquités du Liban), Levon Nordiguian (Université Saint-Joseph, Liban), Tomasz Waliszewski (Université de Varsovie, Pologne), Jean-Louis Huot (Université de Paris I, France) Jean-Marie Dentzer (Université de Paris I, France), Antoine Hermary (Université de Provence, Aix-en-Provence, France) et tous ceux qui, à un moment de mon parcours, m'ont fait partager leur science et m'ont apporté leur soutien et leur confiance.

Enfin, une pensée émue va à Pierre Poupet (CNRS, Montpellier, France), mon plus fidèle et patient allié à qui je dois tellement : sans son enseignement et sans son soutien constant, ce travail n'aurait pas vu le jour. Il m'a accompagnée sur le long chemin de l'apprentissage, celui de la science du sol, de la lecture des paysages et tout simplement de l'archéologie.

Avant-propos

Cette publication est issue d'une thèse de doctorat préparée à l'Université de Provence (Aix-Marseille I), intitulée « Histoire des paysages méditerranéens au cours de la Protohistoire et de l'Antiquité : aménagements et agriculture ». Elle a été soutenue le 10 octobre 2003 à Aix-en-Provence devant un jury composé de : Frank Braemer, directeur de recherches au CNRS (Valbonne), archéologue, Alain Ferdière, professeur à l'Université de Tours, archéologue, Bernard Geyer, directeur de recherches au CNRS (Lyon), géographe, Antoine Hermary, professeur à l'Université de Provence (Aix-en-Provence), historien, et Philippe Leveau (directeur de thèse), professeur à l'Université de Provence (Aix-en-Provence), historien.

Ce travail s'inscrivait dans la continuité d'une recherche amorcée dans le cadre d'une Maîtrise d'archéologie soutenue à l'Université de Paris I et d'un DEA dirigé par le professeur Philippe Leveau et soutenu à l'Université de Provence. J'avais alors débuté une étude sur les campagnes de la région nîmoise (Nîmes et Vaunage, Gard, France), en m'attachant à apprécier le rôle de l'homme-agriculteur dans la genèse des formes du paysage que l'on observe aujourd'hui.

Après avoir vécu dans les paysages de la montagne libanaise, j'ai voulu aborder le problème des aménagements des versants, intervention humaine démesurée qui donne à bien des paysages méditerranéens ce caractère commun si particulier. Poursuivant dans la voie de l'étude de l'histoire des versants méditerranéens, sur la longue durée, j'ai entrepris un travail sur plusieurs fenêtres choisies avec précaution, et surtout, dans une optique interdisciplinaire.

En dépit des moyens de communication modernes, l'abondance des informations et leur dispersion dans différentes disciplines (Archéologie, Histoire, Géographie, Sciences de la vie, Agronomie, Sciences de la Terre et du sol...) et aux quatre coins de la Méditerranée, a rendu la collecte difficile. Le choix de la documentation est donc lié à un problème de moyens. Je me suis appuyée sur une documentation accessible, que ce soit sur des travaux déjà publiés, sur une documentation brute qui n'a pas encore été étudiée ou encore sur des lieux que j'ai pu visiter et où j'ai pu travailler.

Il reste à rappeler que le travail de thèse qui a donné naissance à cette publication est un exercice fondamentalement et intrinsèquement subjectif. Celui-ci a été effectué dans un effort constant pour avancer des idées en les argumentant du mieux possible, sans succomber à la tentation, sans doute légitime, d'envisager les paysages méditerranéens et l'histoire des techniques depuis les rives orientales de la Méditerranée, berceau des Emirs Harfouche.

J'ai tenté de dépasser cette subjectivité pour faire un bilan daté de ce qui est connu par la bibliographie et par ma propre expérience. Il serait présomptueux de vouloir apporter des réponses définitives à toutes les questions posées. Si entreprendre une thèse, c'est d'abord essayer de cerner son ignorance pour s'acharner ensuite à combler ces manques du mieux possible ou, à défaut de cela, de bien les circonscrire, c'était alors la seule ambition de ce travail.

English Abstract

Mediterranean hillsides are frequently covered with terraces. These are generally dedicated to agriculture, whatever the sociocultural contexts are. All Mediterranean regions are subject to the same regime of rainfall, often violent and very localized in time. Therefore, farmers face the problem of soil erosion and management of their water resources. The aim of this work is to study the issue of agriculture on hillsides through the use of terraces, according to a multidisciplinary and multiscalar approach (in time and space). Questions concerning the causes, techniques and chronology of these constructions are considered.

A quick check through the existing works on this topic clearly demonstrates the variability of the dates attributed to these terraces from one geographic zone to the next.

Recent researches carried out in several Mediterranean countries underline the part played by terracing in the shaping of Mediterranean landscapes from the Neolithic period to the present time, and its importance among ancient societies. These researches have shown that the emergence of the agricultural terracing technique certainly originated in not one but several birth-places, that this technique was put into practice at least from as early as the Bronze Age in the western as well as in the eastern Mediterranean and that the variety of techniques employed are not mainly determined by chrono-cultural factors but are principally linked to environmental conditions.

Introduction

Le milieu méditerranéen constitue un laboratoire de recherche particulièrement propice pour ce type d'étude. Ses paysages sont les héritiers d'un long et riche passé historique au cours duquel les communautés d'agriculteurs ont très tôt marqué l'espace rural de leur empreinte. Parmi les différentes unités qui constituent cet ensemble géographique, les versants sont certainement les témoins les plus remarquables des transformations des paysages liées à l'agriculture. Aujourd'hui, les pentes méditerranéennes illustrent bien la dégradation qui affecte l'environnement. Elles sont, selon les régions, l'objet d'une agro-industrie intensive, comme en Jordanie, ou d'un abandon massif des terres cultivées en terrasses, selon l'image plus fréquemment décrite. Les conséquences sur les paysages sont parfois irrémédiables. Les processus déclenchés par les actions mal maîtrisées de l'homme contribuent à la fragilisation des sols et peuvent, dans certains cas, conduire à des ruptures dans les équilibres écologiques.

L'intérêt porté à ce sujet est, en effet, renforcé par l'actualité de la problématique paysagère. A l'heure où l'on constate un regain d'attention de nos sociétés pour les questions relatives à la protection de l'environnement, à la préservation des paysages et au développement durable (*sustainable agriculture*), le travail présenté ici a l'ambition de montrer, s'il le fallait encore, que l'archéologie peut prendre part à ce débat éminemment actuel et y apporter des éléments de réflexion et surtout un cadre historique sur la longue durée.

Face à la détérioration croissante de milieux qui souffrent d'une exploitation massive et irraisonnée des ressources, un regard croisé doit être porté sur les populations qui ont vécu les paysages sans les détruire et celles qui les ont irrémédiablement modifiés. Une telle approche doit intégrer la notion de seuil qui permet de comprendre pourquoi un versant mis en culture demeure stable jusqu'au jour où cet équilibre est rompu. Ce moment est celui où l'un des éléments constitutifs du paysage, qui contribue au maintien de cette stabilité, a dépassé le seuil de tolérance. Si les paysages cultivés actuels, qui ont une histoire plurimillénaire, sont mutilés par une gestion agricole où les savoirs paysans ont cédé la place à une agriculture pour laquelle prime la recherche systématique de la productivité, il n'en a pas toujours été ainsi. Ils ont survécu jusque très récemment grâce à une gestion plus ou moins raisonnée des terroirs, sans véritable dégradation irréversible, du moins à petite échelle. Ce sont ces relations qu'ont entretenues les communautés agricoles successives avec leur milieu, exploitant ses ressources tout en le préservant, qui sont au centre de ce travail. Il s'agit donc de considérer l'exemple des sociétés anciennes qui ont vécu en plus ou moins bonne harmonie avec la nature et qui ont concrétisé — consciemment ou non — la notion de développement durable en aménageant des paysages et en gérant des terroirs sans les détruire.

La culture en terrasses est un phénomène emblématique des paysages méditerranéens, mais dont les dynamiques temporelles sont paradoxalement méconnues. Souvent victimes d'une perception fixiste, les paysages méditerranéens étagés en terrasses sont considérés comme anhistoriques, fruits de savoirs techniques immémoriaux. Lorsqu'ils ne sont pas envisagés comme tels, leur existence est, pour nombre d'auteurs, résolument moderne.

La place des aménagements de versants liés à l'agriculture, dans les systèmes agricoles n'a été que peu abordée par le biais de l'archéologie. Plus généralement, si certains chercheurs ont exploré le champ des agricultures antiques et médiévales aux travers des sources écrites, de l'outillage et de l'hydraulique monumentale, le fait agraire, à l'échelle du champ, n'a pas constitué un objet d'étude pour l'archéologie méditerranéenne avant une époque récente. L'histoire des paysages cultivés reste insaisissable au travers des seules sources écrites et est bien souvent limitée à l'étude des cadastres antiques. Pendant longtemps les chercheurs avaient focalisé leur attention sur les sites traditionnellement les plus explorés, privilégiant l'étude des habitats et des nécropoles, au détriment de l'espace rural dans lequel ils s'insèrent. Lorsque l'archéologie manifestait un intérêt pour l'agriculture, celle-ci était perçue exclusivement depuis l'habitat par le biais des analyses environnementales intra-site et de l'outillage, non pas depuis la campagne elle-même. Quant à la spatialisation dynamique des données paléobotaniques et plus généralement paléoenvironnementales, elle demeure un problème épineux auquel aucune solution satisfaisante n'a encore été apportée.

Poser le problème de l'historicisation des paysages méditerranéens nécessite de s'extraire du carcan des sites bâtis et des écrits subjectifs (voire idéologiques) des auteurs habitant les villes, pour embrasser les paysages de l'intérieur. Mettre en lumière des rythmes dans l'évolution de l'environnement, tour à tour construit ou délaissé par les sociétés, implique aussi de s'intéresser à l'histoire des techniques mises en œuvre, afin d'essayer de poser des jalons chronologiques à la transmission et à l'adoption des savoir-faire qui sont à l'origine des paysages construits. Aujourd'hui, cette orientation nouvelle de la recherche en direction des campagnes suscite un engouement de plus en plus prononcé chez les acteurs de l'archéologie, dépassant parfois l'intérêt scientifique pour la problématique renouvelée elle-même.

La pratique de l'agriculture sur les versants si fragiles du domaine méditerranéen ne se réduit cependant pas à la construction de murs de soutènement. La contention des terres peut être réalisée avec de simples talus gazonnés, malgré l'extrême mobilité des paysages. En effet, la véritable construction de champs sur les pentes fragiles du pourtour méditerranéen implique aussi la création d'un réseau canalisant les eaux de ruissellement pour lutter contre leur action érosive. Enfin, ces champs constituent des parcellaires que l'on ne peut réduire à de simples linéaments ou à des grilles, mais ils doivent être étudiés pour ce qu'ils sont, dans un système de production lié à un habitat. Il faut donc également prendre en compte les traces de fermes associées à ces terroirs étagés, ainsi que le réseau des cheminements permettant la circulation des hommes et des bêtes de somme.

Cette recherche sur les aménagements des versants méditerranéens aux fins d'agriculture met ainsi en synergie de nombreuses approches :

Une approche archéologique et historique en premier lieu. L'étude des champs, celle des moyens de protection des sols contre l'érosion, celle des réseaux de circulation des personnes et de l'eau, celle enfin des habitats et des éventuelles annexes agricoles ne peuvent donc être conduites que de concert, sur le plan des formes, des matériaux et des techniques mises en œuvre. Ces études reposent sur des investigations menées sur le terrain, des sondages, des analyses de la documentation planimétrique, depuis les cartes thématiques jusqu'aux plans cadastraux en passant par les photographies aériennes, sans ignorer les travaux publiés par les historiens des textes concernant les archives modernes.

La datation des aménagements agricoles des pentes, résultat qui est sans doute le plus difficile à atteindre, profite du croisement de toutes les données récoltées, que ce soit les habituels objets datant de l'archéologie ou des indices chronologiques fournis par les sciences naturelles comme la pédologie, ou encore les sciences physiques par la radiochronologie isotopique.

Enfin, une telle approche ne peut être conduite qu'en travaillant sur la longue durée, depuis le Néolithique jusqu'à aujourd'hui, pour mesurer les variations existant dans l'implantation des centres de la production agricole au cours du temps, et pour apprécier les modifications imposées au paysage par les agriculteurs de l'Antiquité notamment.

Cette approche archéologique s'appuie sur une approche environnementaliste où les sciences de la Terre et de la Nature apportent leur lot de données. Il est en effet impossible d'appréhender un paysage rural sans tenir compte de ses constituants majeurs et des paramètres naturels qui participent à sa transformation. Le substrat géologique, les formes du relief, le réseau hydrographique, la nature des sédiments de surface, les sols, le climat, la végétation sont aussi à l'origine des paysages méditerranéens. Dans l'apparente uniformité, beaucoup de variations existent. Il est donc opportun de voir comment l'homme-agriculteur a adapté son habitat et les techniques d'aménagement du champ aux conditions du milieu. Il est par exemple évident que les locataires des fermes du sanctuaire de Délos, dans les Cyclades, n'ont pas apporté les mêmes réponses techniques pour l'exploitation agricole du milieu granitique et des maigres sols de l'île que les agriculteurs des régions calcaires de la France méditerranéenne.

L'approche archéologique, aidée par les sciences naturelles, s'appuie également sur une approche anthropologique et écologique à la fois. Le fait d'aménager un espace géographique fragile et instable est souvent compris comme une volonté voire une nécessité biologique de la part des sociétés d'agriculteurs d'accroître la superficie cultivée pour augmenter la production et satisfaire une nouvelle demande, qu'elle soit imposée par l'essor démographique ou les mutations économiques. Mais ces travaux colossaux qui demandent un savoir spécifique de la part des communautés paysannes ont-ils toujours eu pour origine, partout et au cours des siècles, ce besoin d'accroître la surface cultivée ? Certaines sociétés n'ont-elles pas pu choisir préférentiellement les versants, en fonction de leurs capacités techniques, de choix agrologiques et des conditions répulsives des plaines humides, inondables et mal drainées ? Certaines espèces cultivées, dont on sait maintenant qu'elles sont plus rentables sur des versants étagés à l'exposition favorable, n'étaient-elles pas déjà connues en fonction de savoirs agronomiques antiques que l'on n'a redécouverts qu'à partir d'Olivier de Serres ?

Enfin, les aménagements des versants dans un espace géographique et historique donné sont aussi une manifestation représentative d'une communauté agricole, par la façon dont elle subvient à ses besoins en façonnant son cadre de vie et de production, façon qui est aussi un moyen de s'approprier ce paysage dans une forme de socialisation de l'espace. L'historicisation de l'environnement conduit alors à celle des sociétés.

Le travail qui suit consiste donc, dans une optique nécessairement interdisciplinaire, en une analyse des paysages de terrasses de culture dans le domaine méditerranéen, à partir de plusieurs fenêtres ouvertes sur des espaces cultivés aménagés, principalement localisés en France méditerranéenne (région de Nîmes, Vaunage, régions de Béziers et de Mailhac), mais aussi dans d'autres régions, notamment en Grèce (île de Délos) et au Liban (vallée du Nahr Ibrahim dans le Mont-Liban) (Fig. 1 et 2). Cette approche est motivée par la nécessité d'aborder l'analyse de ces morceaux de paysage à grande échelle afin d'en faire ressortir toutes les particularités et d'éviter les généralisations hâtives et les raccourcis simplistes. Il n'y a qu'à constater la diversité des agrosystèmes au sein d'une entité qui se veut homogène comme l'Europe d'aujourd'hui, entre la France par exemple et les pays tels que l'Italie du sud, l'Espagne ou la Grèce, pour mesurer l'importance d'une démarche qui privilégie la multiplication des points d'observations et leur analyse détaillée par rapport aux grandes synthèses régionales prématurées.

Les fenêtres ouvertes sur le Languedoc peuvent être considérées comme un échantillon représentatif des paysages méditerranéens de cette région car elles appartiennent à des micro-régions qui ne possèdent pas la même histoire et qui diffèrent par leurs caractères paysagers. Elles offrent un autre avantage, celui d'avoir été étudiées de façon approfondie sur le plan de l'occupation du sol et de l'histoire du peuplement, aux époques protohistorique, antique et médiévale, par les archéologues et les historiens. Cependant, dans ce foisonnement de connaissances, les formes du paysage agricole, les techniques d'aménagement des pentes ainsi que le contrôle des sols et de l'eau n'ont pas encore fait l'objet d'études spécifiques.

L'étude prend donc en compte les résultats des travaux archéologiques et historiques concernant ces micro-régions. Elle intègre aussi une documentation mise au jour anciennement et qui n'a pas encore été analysée du point de vue des aménagements de versants. Ce travail repose également sur les travaux de terrain que j'ai pu effectuer sur plusieurs de ces micro-régions, notamment en Languedoc (France), en Grèce et dans des paysages que je connais plus particulièrement comme les montagnes du Proche-Orient dont les pentes aménagées sont aujourd'hui abandonnées et soumises à une destruction rapide.

Un autre regard est porté à l'échelle de l'ensemble du bassin méditerranéen qui est considéré comme un système, afin de tenter de comprendre les processus sociaux et économiques qui sous-tendent la construction des versants dans un contexte d'échanges permanents entre une « constellation de sociétés » pour reprendre les termes de S. Amin et F. Yachir (Amin 1988). L'état de la documentation relative à l'aménagement des versants pour l'agriculture l'impose. Celle-ci est répartie inégalement selon les régions. De plus, il s'agit principalement de découvertes éparses qui n'ont jamais été rassemblées. Un travail de récolement est donc indispensable afin de constituer un corpus de données le plus exhaustif possible.

Ce volume s'articule autour de trois parties :
Il convient de préciser avant toute chose qu'un ordre géographique a été privilégié dans un souci de clarté. Il permet également de souligner les particularités des pratiques selon les lieux. Cependant, dès que cela était possible, un ordre chronologique a été suivi afin d'apprécier les spécificités de la gestion des terroirs selon les époques, au sein de communautés dont les structures sociales et les modes de production diffèrent.

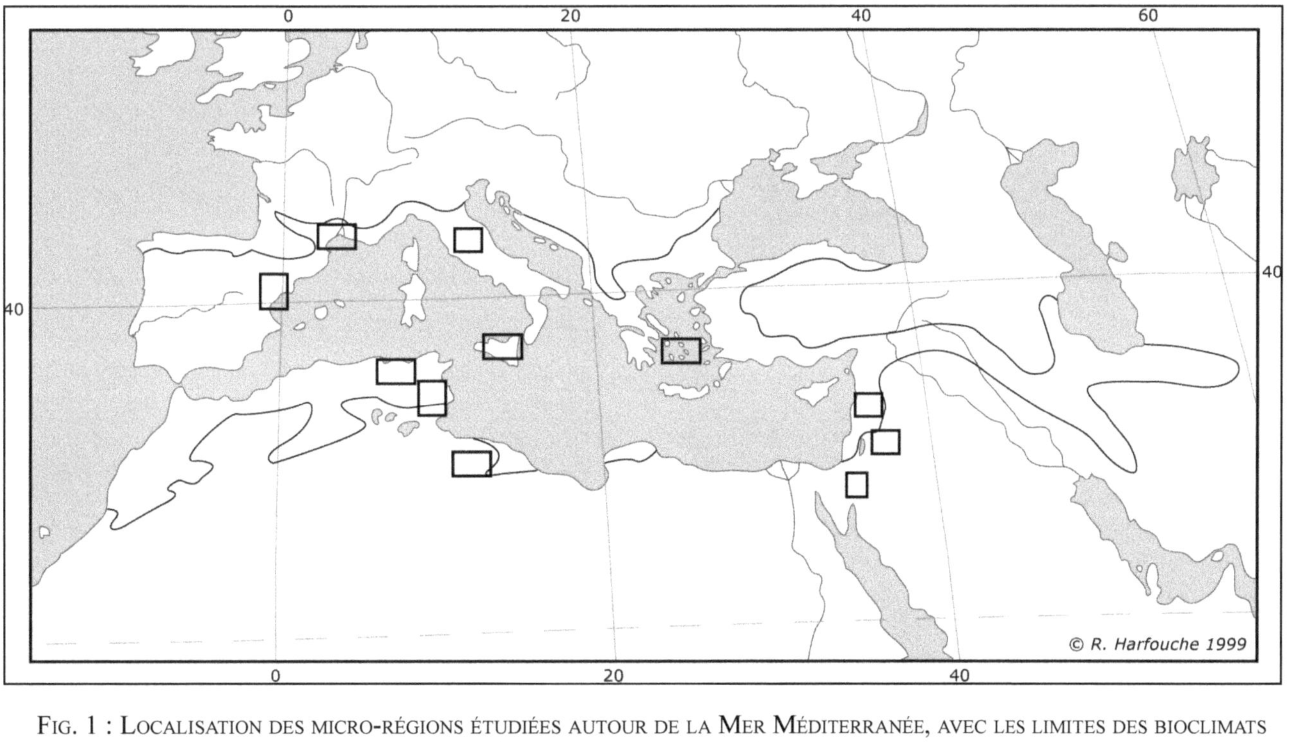

FIG. 1 : LOCALISATION DES MICRO-RÉGIONS ÉTUDIÉES AUTOUR DE LA MER MÉDITERRANÉE, AVEC LES LIMITES DES BIOCLIMATS MÉDITERRANÉENS (D'APRÈS L. EMBERGER 1942 ; PH. DAGET 1977).

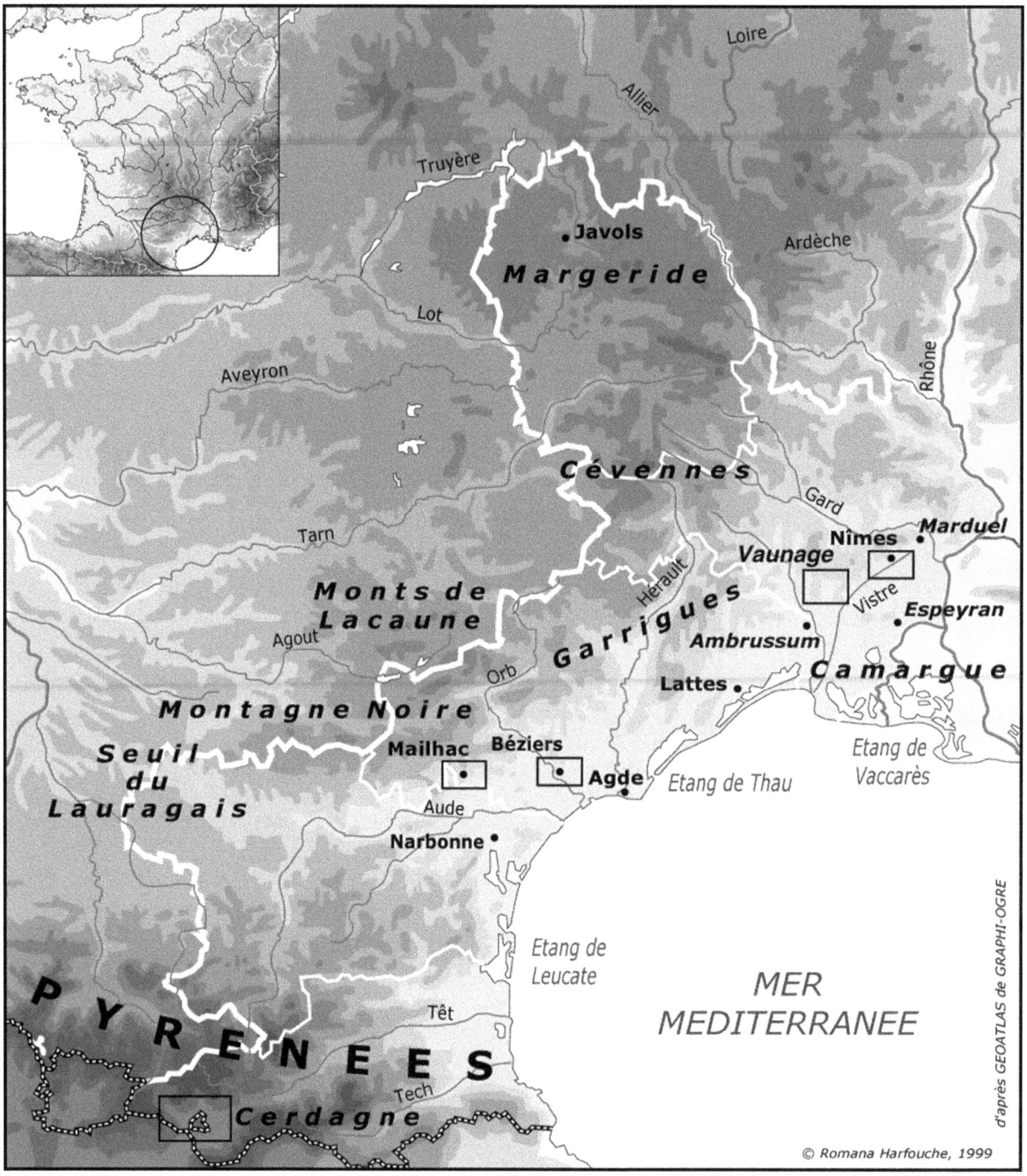

FIG. 2 : LOCALISATION DES MICRO-RÉGIONS ÉTUDIÉES EN LANGUEDOC MÉDITERRANÉEN ET PYRÉNÉES.

La première partie est le lieu de plusieurs développements liés à la définition de la problématique et à l'exposé de la démarche et des outils adoptés en prenant soin de justifier ces choix méthodologiques. Les questions abordées dans la définition détaillée du sujet sont relatives aux cadres géographique et chronologique de l'étude, à la position de ce travail par rapport aux études concernant l'espace rural, ainsi qu'aux apports et aux limites des sources littéraires et iconographiques pour appréhender les aménagements antiques.

La deuxième partie est consacrée à la construction des pentes d'une rive à l'autre de la Méditerranée, à partir de plusieurs fenêtres d'observation et sur la longue durée. La régulation de la topographie sur les versants est analysée au plan des techniques et des pratiques, ainsi qu'au plan de l'impact des terrasses de culture sur les transformations des paysages.

La troisième et dernière partie est le lieu d'un premier essai de synthèse. A la lumière des données présentées auparavant, sont posées les questions de l'aménagement des versants cultivés afin de protéger les sols et d'organiser une exploitation raisonnée des ressources hydrauliques, celle de leur évolution sur la longue durée, celle de leur origine et de leur diffusion, celle de leur nature (techniques mises en œuvre et adaptation au milieu physique) et celle de leurs auteurs (savoirs agronomiques et organisation socio-économique).

Ce travail a ainsi conduit à une première ébauche de l'évolution des paysages aménagés en terrasses à l'échelle du bassin méditerranéen.

L'histoire des techniques est jalonnée de cas où des innovations dans des domaines techniques identiques apparaissent à des moments très éloignés sur l'échelle du temps, en divers lieux de la planète, sans lien entre les sociétés. Une des préoccupations de ce travail périlleux de synthèse est de tenter de déterminer s'il existe plusieurs foyers géographiques isolés de naissance et de diffusion des techniques agricoles d'envergure telles que les terrasses de culture, l'irrigation, et le drainage qui leurs sont associés, comme cela a été considéré jusque là par la plupart des auteurs, ou si ces techniques étaient plus largement répandues et appartenaient à l'éventail des savoirs indigènes et de la connaissance des sociétés traditionnelles. Existe-t-il un foyer oriental qui voit la naissance de ces techniques d'aménagement des versants, de protection des sols et d'exploitation des ressources en eau ? Où, quand, comment sont-elles apparues en Méditerranée nord-occidentale ? L'archéologie permet-elle de mettre en évidence des étapes qui témoigneraient d'une diffusion de ces méthodes d'exploitation agricole innovantes, depuis un berceau principal oriental, en direction des sociétés indigènes de la Méditerranée occidentale et méridionale, par le biais des vagues successives de populations phénico-puniques, étrusques, grecques, romaines et enfin arabes qui ont abordé leurs côtes ?

Les problèmes agrotechniques sont ensuite envisagés au travers des structures elles-mêmes et de leur fonction au sein de l'environnement. Les techniques et les matériaux de mise en œuvre des terrasses de culture sont examinés afin de dégager des constantes ou des spécificités dans les procédés puis de tenter de les expliquer. Les similitudes et les différences qui apparaissent dans ces domaines sont-elles culturelles, chronologiques ou plus simplement tributaires des conditions naturelles du milieu (nature du substrat géologique, topographie, réseau hydrographique...) ? Il s'agit de considérer aussi les raisons techniques qui motivent la réalisation de ces ouvrages comme la régulation de la topographie, la gestion des écoulements et la mise en place d'un système de gestion raisonnée des terroirs. Le rôle de ces constructions dans la modification du paysage et les conséquences de leur abandon dans l'évolution des versants sont également discutés.

Enfin, ces paysages construits sont le reflet de sociétés agricoles. Il est donc possible de rechercher des aspects de leur organisation au travers de la manière dont elles appréhendent et aménagent leur milieu. La réalisation d'ouvrages agricoles d'envergure n'est-elle que le résultat d'une décision émanant d'un pouvoir central fort, au sein d'une société éminemment hiérarchisée ? Ou ne peut-elle être que le fait d'une volonté communautaire, celle d'une petite paysannerie pauvre appartenant à une société égalitaire ? Quels qu'en soient les auteurs, ces aménagements rendent compte, avant tout, des savoirs agronomiques que les sociétés ont mis en pratique, ainsi que de leurs capacités à s'adapter aux caractères spécifiques des paysages méditerranéens et à maîtriser leur milieu, par la protection des sols et une exploitation raisonnée des resources en eau.

PREMIÈRE PARTIE

Les paysages agraires méditerranéens : concepts, problématique et méthodes d'analyse

Chapitre 1

L'unité et la pluralité des paysages méditerranéens

De nombreux auteurs se sont essayés à donner une identité à la Méditerranée. Ils ont cherché à déterminer ce qui fait l'unité culturelle, historique et géographique des communautés qui ont vécu autour de cette mer. Il n'est pas dans le propos de ce travail de proposer une définition de la Méditerranée telle qu'elle peut être perçue dans la pensée ancienne au travers des textes antiques et médiévaux, ni dans les écrits modernes et contemporains. Ce sujet est à lui seul le thème d'une autre recherche. L'objectif de ce premier chapitre est de donner un cadre spatial, de préciser les choix qui ont prévalu pour l'adopter et d'expliquer la manière selon laquelle la Méditerranée est appréhendée dans cette étude.

1.1. Une identité méditerranéenne ?

L'unité du domaine méditerranéen telle qu'elle est perceptible au travers de la littérature s'exprime dans plusieurs domaines qui relèvent à la fois de l'histoire, de la géographie, des sciences de la Nature, ou encore de l'anthropologie. Trois d'entre eux concernent plus particulièrement cette étude :

1.1.1. Une unité historique ?

Il s'agit, en premier lieu, d'une unité qui serait historique. Elle est héritée d'une longue tradition littéraire qui remonte à l'Antiquité et qui a traversé le Moyen Âge pour perdurer jusque dans les écrits des historiens et des géographes contemporains, en particulier dans les travaux de l'historien F. Braudel (Braudel 1977). Elle est en réalité étroitement liée à l'état de la documentation antique sur laquelle s'appuient les partisans d'un espace méditerranéen unifié.

Les écrits grecs et latins sont les principaux témoignages issus des pays du pourtour méditerranéen qui soient parvenus jusqu'à nous (Berdoulay 1988 ; Jacob 1991 ; Glacken 2000). Nous sommes donc dépendants d'une seule source d'information, sans aucune possibilité de confrontation avec d'autres documents produits par d'autres peuples méditerranéens, qui donneraient une vision différente de leur environnement. Ces écrits constituent une source documentaire fragmentaire, de qualité inégale et reflètent une pensée et des conceptions qui sont éminemment subjectives. Ils doivent donc être considérés avec prudence car ils ne sont pas représentatifs d'une littérature antique méditerranéenne. Dans les écrits arabes du Moyen Âge, la géographie de la Méditerranée avant l'an Mil est étroitement liée à la représentation du monde musulman dans laquelle l'unité des peuples et des lieux s'affirme au travers d'une communauté de religion et de langue (Miquel 1997). L'espace méditerranéen est alors celui où sont situés les pays de religion musulmane et de langue arabe comme la Syrie et l'Egypte puis le Maghreb, l'Espagne et la Sicile. Ici encore, la notion de Méditerranée apparaît culturelle et anthropologique plus que physique. La mer porte alors le nom de « mer byzantine » ou de « mer romaine » (*al-bahr al-rûmî*) comme le rappelle Ibn Khaldûn dans sa *Muqaddima*, au XIVe siècle de l'ère chrétienne (Ibn Khaldûn 1967-1968 : 73-74), ou encore « mer syrienne » (*al-bahr al-shâmî*) selon le géographe al-Idrîsî (Idrîsî 1999 : Prologue 65-66). Mais si cette région regroupe une part de deux mondes, musulman et « étranger », elle n'en est pas pour autant un espace divisé. Les géographes arabes, surtout après l'an Mil, considèrent la Méditerranée comme un ensemble, bien que la rive septentrionale leur soit moins familière que les régions méridionales. C'est le cas de al-Idrîsî qui, au début du XIIe siècle, dans son *Kitâb Rujjâr* (le Livre de Roger), perçoit la mer Méditerranée comme une entité (Idrîsî 1999 : Prologue 65-66).

Aujourd'hui, cette vision d'une unité historique de l'espace méditerranéen est revisitée. Certains historiens tentent encore d'en démontrer la pertinence en s'appuyant sur des données archéologiques, des comparaisons ethnographiques et une relecture des textes (Horden 2000). D'autres la réfutent et argumentent dans le sens d'une multiplicité des espaces méditerranéens ayant chacun une histoire (Gras 1995 : 5). Il est nécessaire de replacer les sources antiques et médiévales sur lesquelles repose cette tradition littéraire européenne dans leur contexte historique et culturel. Cela suppose de déconstruire cette vision unifiée de la Méditerranée qui ne se nourrit pas des faits, mais d'une certaine appréhension du monde par les habitants d'un lieu spécifique qui ne constitue lui-même qu'une portion de l'espace méditerranéen.

1.1.2. Une unité paysagère ?

Le poids de cet imaginaire historique méditerranéen dans les écrits des historiens qui privilégient l'unité culturelle perçue au travers des grandes civilisations a longtemps occulté l'histoire des paysages méditerranéens. Ils ont été ignorés aussi bien en tant qu'objet d'étude global que dans l'approche des particularités régionales et micro-régionales des relations entre les sociétés et le milieu. Ce faisant, ils ont été confinés dans le rôle de support au déroulement des activités humaines ou ont été relégués au rang de l'héritage géologique de la terre (Parain 1936). Ils ont certes une histoire structurale, minérale, végétale et climatique, mais elle se situe avant l'arrivée de l'homme et détermine en grande partie son mode de vie (Vidal de La Blache 1903). Si les historiens empruntent les arguments des sciences naturelles pour affirmer l'unité de la région méditerranéenne, certains géographes puisent à leur tour dans les écrits des historiens les restitutions historiques qui leur permettent d'étayer leur démonstration d'une identité méditerranéenne qui ne repose pas seulement sur des critères physiques (Le Coz 1990 : 25).

L'unité du domaine méditerranéen s'exprime donc aussi au travers de ses paysages dont les spécialistes des sciences de la nature et les géographes ont démontré les caractères communs. Ce milieu est déjà perçu comme une entité par les voyageurs qui se succèdent depuis l'Antiquité, en particulier par les géographes et voyageurs arabes du Moyen Âge puis par les explorateurs modernes. De même que dans l'Antiquité, les géographes arabes au Moyen Âge définissent l'appartenance des paysages au domaine méditerranéen par leur distance à la mer. Ceux-ci correspondent à des territoires côtiers et des îles composés de terres conquises qu'il faut connaître pour bien les administrer et de régions à connaître (Idrîsî 1999). Ainsi se développe, bien avant le siècle des Lumières, une volonté encyclopédique dont le but est de consigner les ressources des territoires méditerranéens, notamment les qualités agricoles des sols et les potentialités hydrauliques nécessaires aux cultures irriguées, ainsi que les centres habités (villes et villages) et les mœurs de leurs habitants. Cette volonté se traduit par la rédaction de véritables dictionnaires des pays (Miquel 1997 : 67). Avec l'émergence des équipes scientifiques au XVIIIe siècle de l'ère chrétienne, la mise en place d'un protocole d'étude conduit à la démonstration de l'unité des paysages méditerranéens. Elle est l'aboutissement d'une démarche taxonomique et comparative qui permet de révéler la parenté de la flore, de la faune, des sols, des roches et du climat, entre les pays de cette région du globe (Briffaud 1998 : 290 ; Drouin 1998 : 156). Certains auteurs attribuent même à cette période la première élaboration de « l'idée méditerranéenne » à partir d'une approche à la fois documentée et théorique (Bourguet 1998 : 22 ; Sinarellis 1998). Cette conception de l'unité du paysage méditerranéen sera réaffirmée par les écrits de l'école vidalienne qui envisage le milieu de façon globale, ignorant les dimensions culturelles, les faits sociaux ainsi que la place importante que peuvent tenir les changements techniques dans la modification des paysages (Vidal de La Blache 1903).

La géologie et l'histoire structurale sont des facteurs d'unité prépondérants entre tous les paysages méditerranéens. Il suffit de parcourir les premiers chapitres des ouvrages (dont les auteurs ne sont pas toujours des géographes) pour mesurer le poids de la morphogenèse et de la tectonique dans la définition de l'unité méditerranéenne (Parain 1936 ; Braudel 1977 rééd. 1985 : 15). Cette prééminence des caractères géopédologiques dans la définition de la Méditerranée a eu parfois des résonances de déterminisme géologique (Briffaud 1998 : 293-297). L'identification des contours de cette région est aussi facilitée par la présence de montagnes au nord et l'étendue du désert au sud et à l'est. Ce lien géographique et physique entre les paysages a souvent été mis en relation avec l'existence d'un lien historique entre les différentes sociétés du pourtour méditerranéen. Le milieu est défini comme un ensemble clos au sein duquel la mer est un facteur favorable à la circulation des hommes, des idées et donc des techniques.

L'unité des paysages méditerranéens se traduit également par leur couverture pédologique. Un caractère commun qui a conduit les pédologues à parler de sols rouges « méditerranéens » par exemple, pour qualifier certaines formations particulièrement représentatives de ce domaine géographique.

Les critères climatique et végétal sont aussi des éléments majeurs de l'identité méditerranéenne, qui se trouvent à l'origine de la définition des bioclimats méditerranéens telle qu'elle a été établie par les climatologues et les écologues (Quézel 1985 ; Emberger 1942 ; 1963 ; Daget 1977a et b). Les limites du milieu méditerranéen se confondent plus ou moins avec celles des « réactifs climatiques » que sont l'olivier au nord et du palmier au sud et avec celles de certaines isohyètes (Parain 1936 : 23 ; Birot 1953 ; 1956 ; Quézel 2000). Pourtant le climat méditerranéen n'est pas une exclusivité de cette région du globe puisqu'il existe des zones à climat méditerranéen en Californie, au Chili central, en Afrique du Sud et dans le sud-ouest de l'Australie. La très sollicitée « trilogie méditerranéenne » (céréales-olivier-vigne), tellement caractéristique de l'agriculture de cette région, est déjà perceptible dans les écrits homériques où les campagnes antiques sont cultivées en vignobles et oliveraies. La continuité dans la tradition littéraire se manifeste encore dans ce domaine. Les historiens et les archéologues, qui souhaitent insister sur la dimension culturelle du milieu méditerranéen, privilégient donc une délimitation spatiale qui se confond avec l'aire d'extension de l'olivier. Cependant, il est certain que cette représentation d'un milieu homogène dont les traits sont lissés sous l'appellation universelle de « paysage méditerranéen » est plus complexe. Elle l'est tout au moins à l'échelle du bassin méditerranéen car il est évident que les paysages du Levant ne sont pas ceux de la France et même si des parentés existent entre le couvert végétal marocain et celui du sud de l'Espagne, les paysages de l'Afrique du Nord ne sont pas ceux de l'Italie ou de la Grèce.

1.1.3. Une unité agricole ?

Enfin, l'unité méditerranéenne serait perceptible dans le domaine agricole. Selon la définition que donnent certaines instances politiques et économiques actuelles, les sociétés du bassin méditerranéen ont en commun la permanence d'un mode de vie rural basé sur l'agriculture. Fidèle à une image ancienne véhiculée elle aussi par une longue tradition littéraire dont il a été question plus haut, cette définition rappelle que le milieu méditerranéen est celui des paysages domestiqués, où les agriculteurs pratiquent la culture de la vigne et de l'olivier en terrasse sur les pentes abruptes et s'adonnent au pastoralisme. La préservation de ce mode de vie séculaire à forte connotation agricole, à petite échelle, a permis à bon nombre d'aménagements ruraux de survivre à l'urbanisation destructrice qui continue de gagner sauvagement de nombreuses campagnes méditerranéennes.

Dans les contextes social, économique et politique actuels, la spécificité méditerranéenne apparaît donc souvent fondée sur les critères écologiques et agronomiques. Ce sont principalement les facteurs socio-économiques qui caractérisent l'appartenance d'une région à la sphère méditerranéenne : une démographie galopante, des écarts de richesse très importants, une position à la périphérie des centres décisionnels des pays occidentaux et surtout un mode de vie jugé « traditionnel ». Ce dernier se traduit par le poids important de l'agriculture dans l'économie, par comparaison avec la place qui lui est accordée dans les pays industrialisés. Il se traduit également par la large part accordée aux activités pastorales, au sein de ce secteur agricole, sur la rive méridionale notamment. Mais la définition de l'espace géographique méditerranéen demeure fondée, en premier lieu, sur des critères physiques : un paysage spécifique dont l'image a été progressivement construite au cours des siècles, comme cela a été évoqué plus haut. C'est en ce sens que la communauté européenne, par exemple, défini le caractère méditerranéen des régions qui la compose, selon trois critères spécifiques : un paysage, une situation périphérique et une économie agricole à forte connotation pastorale (Le Coz 1990 : 25-32). Cette représentation qui est celle d'un non-méditerranéen (celui de l'Europe plus septentrionale) évoque une appréciation paternaliste voire méprisante à l'encontre de modes de vie jugés primitifs pour ne pas dire « non civilisés ». La notion de Méditerranée se confond ici avec la notion de « Sud » dans le sens péjoratif que peut parfois revêtir ce terme, celui qui évoque des terres de pauvreté et d'archaïsme.

Selon l'échelle spatiale à laquelle on se place, cette vision qui exacerbe les différences entre pays du Nord et pays du Sud peut être nuancée. A l'échelle de l'espace méditerranéen lui-même, les différentes situations qui sont celles des pays aujourd'hui montrent que les modes de vie agricoles varient selon les sociétés et selon les paysages. Comme par le passé, il est aisé de constater que le pastoralisme ne domine pas partout et que les situations changent considérablement selon les pays et les micro-régions. De même, la pratique de l'agriculture est plus ou moins intensive et plus ou moins répandue comme en témoignent les larges étendues de paysages autrefois cultivés en terrasses sur les versants libanais et grecs qui sont aujourd'hui abandonnés, alors qu'actuellement la Jordanie entreprend la construction massive de gigantesques systèmes de terrasses au service d'une agriculture mécanisée et intensive de l'olivier. Les conditions géographiques, sociales et économiques associées à des facteurs culturels et politiques impliquent donc une extrême diversité des situations locales et permettent de relativiser cette définition très générale d'une spécificité du monde agricole méditerranéen qui repose sur une approche extra-méditerranéenne et qui prend tout son sens lorsque l'on sait qu'elle est fondée sur une opposition à l'économie européenne non méditerranéenne.

Dans cette étude, qui s'intéresse à l'histoire des paysages anciens façonnés par l'homme, les questions qui ressortissent à ces deux derniers facteurs qui font l'identité méditerranéenne (paysages et agriculture) et à leur évolution sur la longue durée sont donc privilégiées. La dimension anthropologique et sociale est aussi présente puisque derrière les paysages construits il y a des hommes.

1.1.4. Une question d'échelles d'observation

En recherchant ce qui fait l'identité du domaine méditerranéen, les auteurs qui se sont exprimés sur ce sujet ont surtout voulu démontrer ce qui fait son unité. De l'avis général, des historiens et des naturalistes, cette unité s'exprime surtout dans les paysages (reliefs, végétation, géologie, pédologie…), au contraire des sociologues et des anthropologues, qui ont voulu souligner la diversité méditerranéenne au travers des peuples. A ce niveau global de l'approche, l'unité des paysages fait la cohérence du cadre géographique méditerranéen choisi pour une étude qui s'intéresse à l'histoire de la construction des terroirs. Mais, pour peu que l'analyse porte sur un territoire à plus grande échelle, la diversité des milieux apparaît. Elle s'exprime notamment au travers de conditions géomorphologiques et pédologiques variables qui justifient de consacrer une étude attentive et détaillée aux conditions d'implantation des communautés sur des espaces à grande échelle. A l'échelle du sud de la France par exemple, la boutonnière de Vaunage (Gard, France) n'offre pas les mêmes conditions morphologiques pour l'implantation des communautés d'agriculteurs que la plaine du Vistre, au droit de la faille de Nîmes (Gard, France) ou que la cuvette de Mailhac (Aude, France). Cette approche à grande échelle permet également de ne pas réduire l'identité des paysages méditerranéens à une suite de caractères communs. Elle incite, au contraire, à souligner les différences entre ces paysages car les spécificités micro-régionales sont aussi des réalités qui permettent de définir un espace vécu par des populations.

L'analyse des relations entretenues par l'homme avec son milieu met en avant la pluralité de ces situations. Elle démontre la mobilité des paysages et la diversité des réponses apportées par les communautés d'agriculteurs face aux contraintes imposées par des environnements variés. Nous sommes donc loin de la vision de continuité dans les relations entre les sociétés et l'environnement telle qu'elle est envisagée par F. Braudel, qui insiste sur le rôle majeur du milieu dans l'histoire méditerranéenne (Braudel 1977). Beaucoup y ont vu une adaptation du modèle établi par P. Vidal de La Blache auquel l'historien a ajouté la dimension historique (Claval 1988 : 401 ; Horden 2000 : 38). Le déterminisme, véhiculé notamment par le modèle vidalien, va à l'encontre des particularités et gomme les différences puisque l'homme est soumis aux conditions naturelles. De plus, il se heurte à la complexité des échelles spatiales car il est fondé sur une perception du paysage « à hauteur d'homme » qui conduit à mettre en avant « l'individualité régionale » au détriment d'une approche globale qui tient compte du rôle essentiel des facteurs sociaux, selon les termes employés par G. Bertrand (Bertrand 1984 : 219-220). Ces faiblesses s'expliquent pour certains par le fait que le modèle construit par P. Vidal de la Blache « est fait soit pour les petites unités homogènes, les pièces du puzzle méditerranéen, soit pour les ensembles où elles prennent place. Les cadres régionaux ou nationaux [...] répondent à une autre logique. » (Claval 1988 : 402). Sans verser dans un possibilisme désuet et exacerber le rôle des sociétés humaines, il est parfois nécessaire de rappeler qu'elles agissent consciemment sur leur environnement, guidées par leurs besoins ou en réaction aux contraintes du milieu, qui varient en fonction de plusieurs paramètres et en fonction du seuil de tolérance de la nature. Cette volonté humaine de modifier l'environnement méditerranéen et la capacité de celui-ci à absorber ces changements ont conduit certains géographes à décrire cet écosystème comme un « milieu naturel maniable » pour le distinguer des milieux difficiles que sont les régions arides, les déserts, ou encore les zones polaires et circumpolaires voire la haute montagne (Demangeot 1996). Dans ce dialogue constant entre l'homme et son milieu, l'empreinte laissée par les communautés d'agriculteurs successives sur les paysages varient constamment dans le temps et dans l'espace. Il n'y a donc pas « un » mais « des » paysages construits au sein du domaine méditerranéen, selon l'échelle à laquelle on se place.

Il apparaît donc indispensable de conduire une étude qui embrasse l'ensemble de l'unité paysagère que constitue le bassin méditerranéen en l'articulant à un regard porté à l'échelle des morceaux de paysages qui ont incontestablement les mêmes caractères méditerranéens généraux, mais qui possèdent aussi des particularités qui suscitent des réponses différentes en matière d'aménagement des pentes.

1.2. Les contraintes du milieu et les facteurs de l'érosion

Pour comprendre la genèse et la transformation des terroirs en terrasses, il est essentiel d'envisager les contraintes physiques sur lesquelles se sont moulées les sociétés et dont elles ont su tirer profit, en particulier les caractéristiques topographiques. La connaissance des variables naturelles du milieu physique complexe et fragile permet ensuite d'analyser, pour tenter de les comprendre, les réponses apportées par les sociétés en matière d'aménagements ainsi que les conséquences de ses interventions sur le milieu. Il s'agit aussi, au travers des choix opérés par l'agriculteur pour adapter l'environnement à ses besoins, de tenter de déterminer la part des facteurs technologiques et culturels dans la réalisation de ces aménagements et celle des impératifs liés aux contraintes physiques.

L'érosion hydrique des sols est une composante essentielle de la dégradation des paysages sous les climats semi-humides à semi-arides. Elle est à l'origine de nombreux paysages de versants déchiquetés par de profonds ravins et même de paysages de bad-lands spectaculaires dans les montagnes méditerranéennes. Pour l'agriculteur méditerranéen, elle représente de tout temps une menace importante. Ce phénomène résulte de l'incapacité des eaux de pluie à s'infiltrer dans le sol. Le refus du sol d'absorber les eaux en excédent génère alors deux formes principales d'érosion : l'érosion de versant diffuse ou l'érosion en rigoles parallèles d'une part, l'érosion linéaire ou concentrée de talweg d'autre part (Le Bissonnais 2002 : 10).

L'ensemble des paramètres physiques (roches, sols, topographie, végétation et climat) et humains (activités agro-sylvo-pastorales) et leurs combinaisons déterminent la vulnérabilité des pédopaysages à l'érosion. Les facteurs qui entrent plus précisément en considération dans ces processus sont nombreux et leurs combinaisons sont multiples : la topographie ou morphologie — qui correspond à ce que R. Neboit a nommé la « tyrannie de la pente » au sujet des versants abrupts des reliefs vifs et extrêmement morcelés des pays méditerranéens (Neboit 1985) — la densité hydrographique, le couvert végétal, l'infiltration et l'arrachement des roches, l'infiltration, la rétention et l'arrachement des sols (Duchaufour 1984 ; Ruellan 1993), et les pluies annuelles.

L'érosion hydrique survient plus particulièrement lorsque l'intensité des pluies est supérieure à l'infiltrabilité de la surface du sol, ce qui n'est pas rare sous le climat méditerranéen, très contrasté. L'eau constitue donc un facteur déterminant dans la transformation des paysages en particulier dans la dynamique des versants (Fig. 3). A l'échelle d'un bassin versant, elle transite au sein et entre les réservoirs que constituent l'atmosphère, le couvert végétal, les sols, les roches et le réseau hydrographique superficiel et souterrain. La redistribution des précipitations au sein du bassin-versant repose principalement sur trois paramètres déterminants dans l'évolution des paysages et la gestion des sols par l'agriculteur. Il s'agit de l'écoulement de l'eau par l'énergie gravitaire (en particulier le ruissellement sur la pente), l'évapotranspiration du sol et du couvert végétal et la capacité de rétention hydrique des surfaces (sols et roches). Ce dernier paramètre est particulièrement prépondérant dans l'histoire de l'agriculture méditerranéenne et des régions plus arides, car c'est la capacité de rétention hydrique des sols et des roches qui permet d'étaler dans le temps la disponibilité

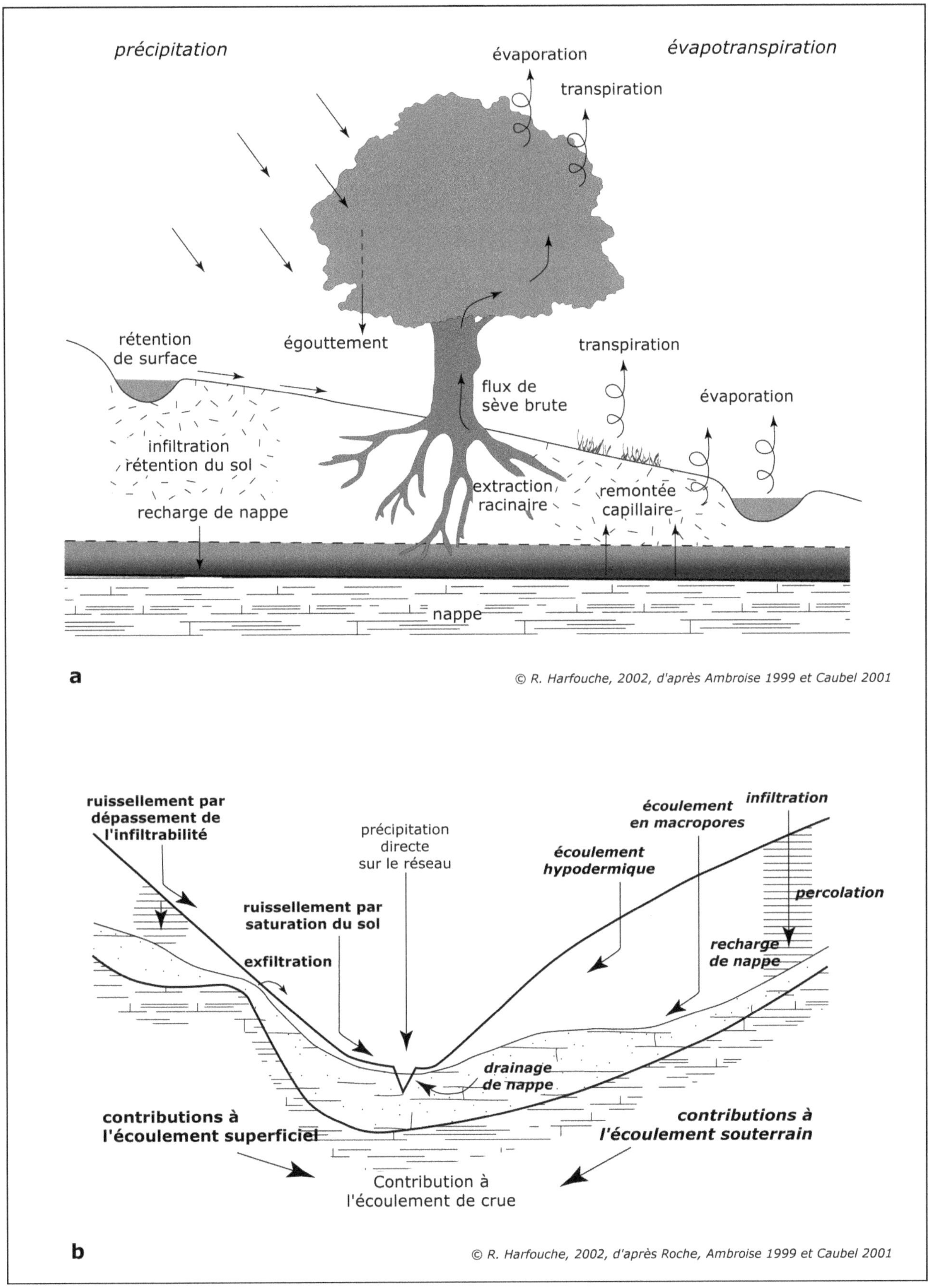

FIG. 3 : LE CYCLE DE L'EAU. A : LE SYSTÈME SOL-PLANTE-ATMOSPHÈRE. B : LES ÉCOULEMENTS SUPERFICIELS ET SOUTERRAINS.

de l'eau issue des précipitations souvent irrégulières sous le climat méditerranéen.

Les sols soumis à de longues saisons sèches n'ont souvent pas la capacité d'absorber la totalité des quantités d'eau déversées sur les pentes par les pluies très intenses. Ces dernières peuvent également déclencher l'érosion lorsqu'elles atteignent une surface partiellement ou totalement saturée par une nappe. Ainsi, les précipitations annuelles, combinées à la capacité de rétention de l'eau par les sols d'une part et à la capacité d'infiltration ou d'absorption de l'eau par les sols et les roches d'autre part, déterminent la puissance de l'érosion.

La puissance des écoulements sur la pente donne naissance parfois à des cours d'eaux temporaires qui incisent les sols et les roches, emportant les précieux sédiments. Ces acteurs majeurs du réseau hydrographique méditerranéen varient en taille et en puissance, incisent et/ou déposent et sont baptisés selon les régions en vallats du sud de la France, cadereaux de la région nîmoise, fiumare italiens, ramblas espagnols, ou encore oueds d'Afrique du Nord, cousins linguistiques des wadis du Proche-Orient. La mise en culture des pentes est donc soumise à la maîtrise des écoulements superficiels. Tout aménagement agricole sur le versant doit tenir compte de ce facteur essentiel, tant pour assurer la protection des sols contre l'érosion que pour irriguer les cultures.

De plus, la vigueur de l'érosion dépend de l'arrachement des matériaux géologiques et pédologiques. L'analyse de tous ces paramètres et leurs interactions ont conduit les chercheurs à établir des cartes évaluant les risques d'érosion sur les pentes méditerranéennes ainsi que les principaux facteurs déclenchants. Certains de ces travaux ont permis de démontrer, notamment au Liban, que le facteur principal de l'érosion hydrique des sols est bien la nature lithologique des roches et leur dureté (Bou Kheir 2002). La connaissance de cette composante fondamentale de l'environnement est donc indispensable pour toute étude archéologique s'intéressant à l'histoire des paysages car elle est à la base des phénomènes qui posent aux agriculteurs le problème de la gestion des ressources en sol et en eau. De même, la texture des horizons de surface des sols et le type de culture qui y est pratiqué jouant un rôle important dans le déclenchement du ruissellement sur les pentes (Legros 1996 : 13), l'étude pédologique est donc incontournable pour tenter de comprendre les paramètres responsables de la susceptibilité des terres à la dégradation et plus largement la transformation des paysages exploités par les sociétés, en particulier les conséquences des aménagements agricoles sur l'évolution des couvertures meubles.

La vulnérabilité des sols sur les pentes soumises à un régime pluvieux de type méditerranéen est donc élevée s'ils ne sont pas protégés par un couvert végétal et si leur exploitation ne s'accompagne pas de mesures de protection contre l'érosion.

1.3. Les aménagements ruraux : nature, techniques et finalités

Ces mesures sont diverses et se complètent souvent. Ainsi, la lutte contre l'érosion des terres agricoles s'appuie sur le maintien de la végétation en limite des parcelles (haies), sur la multiplication des constructions agricoles antiérosives (terrasses) et sur des méthodes de culture qui ne sont pas destructrices des sols et qui ne favorisent pas la genèse de ravines. La construction de terrasses de culture sur les pentes et parfois en plaine est une des réponses anthropiques aux problèmes relatifs à la gestion de l'eau et à la protection des sols.

Le terme « terrasse » possède de nombreux sens. Dans leur Encyclopédie, Diderot et d'Alembert distinguent pas moins de neuf définitions recouvrant des domaines aussi divers que l'art militaire, la joaillerie, la peinture, la sculpture, l'orfèvrerie, l'architecture et le jardinage. Les auteurs ne donnent qu'une définition horticole du terme terrasse qu'ils décrivent en ces termes : « TERRASSE, (*Jardin.*) ouvrage de terre élevé & revêtu d'une forte muraille, pour raccorder l'inégalité du terrein. La maçonnerie n'est pas cependant toujours nécessaire pour faire une *terrasse.* Quand la terre est forte, on se contente de faire des taluds & des glacis, qu'on coupe à chaque extrêmité. On laisse une pente douce sur la *terrasse,* pour l'écoulement des eaux, d'environ un pouce & demi par toise, selon la grandeur de la *terrasse* ; & cette pente se prend toujours sur sa longueur » (Diderot 1751). Le dictionnaire Robert relève également un riche éventail de définitions qui va de sens techniques, issus de l'ancien français, à des définitions plus courantes. Dans le premier cas, le mot désigne aussi bien un socle ou sa surface en architecture, un relief en héraldique ou encore la « surface d'un bloc de marbre, d'une pierre précieuse qui ne rend pas le poli » (Robert 1981). Dans son dictionnaire du Monde rural, M. Lachiver signale également son utilisation dans des domaines très différents tels que la vaisselle (récipient en terre dans la moitié orientale de la France et dans le Centre-Ouest) et la charpente, au XVIe siècle de l'ère chrétienne (« poutre, solive, dans le Nord de la France ») (Lachiver 1997). Mais c'est dans l'acception courante du terme que réside son sens « rural ». Le nom féminin « terrasse » proviendrait de l'ancien provençal *terrassa*, de *terra*, au XIIe siècle de l'ère chrétienne. Il correspond à une « levée de terre formant plate-forme » (Robert 1981). Les cultures en terrasses sont alors « dans les terrains en pente, des cultures en étages, soutenues par de petits murets » (Robert 1981). Il faut d'ores et déjà ajouter que la structure de soutènement des terrasses n'est pas exclusivement un mur de pierre. Il faut aussi insister sur le fait que le mot désigne le champ en gradin lui-même. Il est souvent employé à tort pour parler du mur de contention des terres d'une banquette, alors qu'il s'applique au replat, à la plate-forme du gradin. D'ailleurs, il s'emploie aussi bien pour identifier des champs dotés d'un mur appareillé en pierre que des champs à talus gazonnés. La terrasse agricole comprend donc deux parties : le mur de soutien/de contention ou le talus et l'espace cultivable, qui n'est pas toujours rigoureusement plat. Ce dernier est appelé planche, parchet, tablard selon les régions. Sur les versants méditerranéens très pentus, l'espace cultivable très exigu ne peut être travaillé qu'à l'aide d'outils manuels (la houe) ou labouré aujourd'hui au treuil.

Il existe donc plusieurs types de terrasses qui ne se limitent pas aux seules constructions linéaires en pierre et dont les plus courants sont les terrasses à talus en terre, les terrasses qui barrent les vallons et les terrasses en demi-lune destinées à recevoir un arbre. Il est nécessaire d'opérer une distinction, désormais classique, entre les parcelles qui méritent l'appellation de terrasses et d'autres champs en gradins qui modèlent les pentes, mais qui ne sont pas des terrasses proprement dites. En effet, les terrasses se définissent aussi parce qu'elles sont l'aboutissement d'un projet préconçu, d'une action volontaire de la part d'un paysan dont le but est de construire une surface cultivable, relativement plane, sur un terrain en pente. D'autres formes d'aménagement des versants, comme les rideaux, par exemple, ne sont pas considérées comme des terrasses, bien qu'ils aient l'aspect de champs soutenus par des talus gazonnés. Comme le souligne J. Despois, en se référant aux travaux de L. Aufrère, ces parcelles ne sont pas le fruit d'un projet réfléchi et immédiat, mais le résultat involontaire des labours successifs sur un champ, la charrue rejetant à chaque passage la terre en aval de la pente et provoquant, ainsi, la formation lente et progressive d'un talus ou bourrelet de terre, colonisé par la végétation, en limite avale de la parcelle (Despois 1959).

Certains géographes opèrent une distinction fondamentale entre ce qu'ils nomment les « terrasses anciennes », c'est-à-dire les aménagements construits selon une architecture dite traditionnelle, en pierre sèche, et les « terrasses modernes », soutenues par un talus ou par un mur qui peut être en béton, parfois en pierre maçonnée et plus rarement en brique (Alcaraz 1999 : 9). C'est bien évidemment la première catégorie qui concerne notre propos. L'appellation « terrasses anciennes » couvre cependant, un champ chronologique vaste, puisque son auteur considère comme « anciennes » toutes les terrasses qui sont assurément non contemporaines. Il s'agit donc aussi bien des aménagements du XIXe siècle que de champs qui peuvent être antérieurs de plusieurs siècles. Il est également difficile d'exclure du champ des « terrasses anciennes », toutes les parcelles à talus gazonnés en limitant la définition aux constructions en pierre. Ce caractère exclusif tient au fait que l'on associe généralement l'architecture de pierre sèche et les terrasses construites selon cette technique encore visibles aujourd'hui en Méditerranée, au mode de vie de la paysannerie des XVIIe-XIXe siècles, qui est qualifié de traditionnel. Ce qui est en pierre, non maçonné, est donc dit « ancien ». Or, il correspond simplement à un type de construction identifié pour une période de l'histoire, qui est par ailleurs, il ne faut pas l'oublier, un épisode récent de l'histoire de l'agriculture méditerranéenne. Rien à ce jour ne permet d'exclure que les terrasses à talus n'aient pas existé avant l'époque moderne.

1.4. Du paysage à la structure agraire

Face au foisonnement d'appellations relevant plus ou moins directement du vaste domaine de la ruralité, il s'avère nécessaire, pour parler de paysage cultivé, de rappeler quelques définitions. Celles-ci sont, à l'évidence, étroitement liées à l'histoire de la recherche, aux outils et aux approches développés par ses acteurs. L'acception des termes varie souvent en fonction de l'appartenance des auteurs à une discipline (histoire, géographie, archéologie, sciences naturelles) ou de l'engouement du moment. Aucune mise au point sur des termes discutés ne peut donc prétendre à l'objectivité. Même lorsque leur sens est considéré comme acquis par certains, l'utilisation des mêmes mots et concepts dans des contextes très divers prête parfois à confusion. La littérature archéologique n'échappe pas aux incertitudes sémantiques et le reproche que G. Bertrand fait aux géographes qui « ont une certaine dextérité à manier les mots-clés en forme de passe-partout » n'est pas une exclusivité de leur discipline (Bertrand 1984 : 219). Il importe donc de clarifier le vocabulaire avant toute chose.

La première mention liée au terme de paysage en Occident apparaît au Moyen Âge dans les pays germaniques et désigne sous le nom de *Landschaft* « une région de moyenne dimension, le territoire où se déroule la vie de petites unités humaines » (Rougerie 1991 : 13). En France, ce n'est pas avant le XVIe siècle de l'ère chrétienne que le mot « paysage » entre dans l'usage écrit. Il signifie alors « une étendue de pays [...] que l'on voit d'un seul aspect » (Duby 1991 : 11). Cette définition privilégie toutefois une perception visuelle par rapport au sens germanique qui, dès le Moyen Âge, conçoit le paysage comme un cadre de vie, une étendue gérée et habitée par une communauté.

Dans le contexte du renouveau artistique de la Renaissance, le paysage est enfin perçu et traité comme un sujet à part entière dans la peinture, la littérature, la poésie et plus tard l'art des jardins. Mais s'il a pris la consistance d'un objet d'étude considéré comme tel, il n'a pas encore acquis la valeur d'un document qu'il est possible d'analyser d'une manière objective. Il a uniquement une prépondérance artistique qui le réduit à un élément subjectif qui dépend de l'appréciation du spectateur ou de l'artiste. Les représentations privilégient alors la notion de « nature » comme signification du paysage. Cette conception perdurera et c'est à partir du XVIIe siècle que le paysage est perçu au travers des images comme « « une étendue de pays » qui porte toujours les traces, si menues soient-elles, de l'occupation et du travail des hommes, plus précisément des paysans » (Duby 1991 : 11). Il n'est alors plus un objet subjectif, figé dans l'œuvre, mais un espace vécu où l'homme tient un rôle actif. Il acquiert une signification imprégnée de ruralité dans un contexte économique et social où la majorité de l'espace est occupé par des agriculteurs qui représentent l'essentiel de la population. Ceux-ci participent donc, de fait, à la construction d'un paysage agraire pour lequel G. Bertrand parlera d'« agrosystème » en 1975 (Bertrand 1975). Tout concept et toute étude concernant le paysage doivent tenir compte de ce fait historique et de cette évidence sociale. Le paysage n'est donc pas seulement un ensemble de facteurs naturels qui interagissent, il est aussi une production sociale. « Dès que l'homme dépasse le stade de la cueillette brute, dès qu'il gratte le sol pour en modifier les produits naturels, il crée un paysage agraire » (Meynier 1970 : 6). Certains historiens dissocient l'« archéologie des paysages » de celle des « milieux naturels » (Mauduit 1998 : 7). Or l'histoire des paysages que tente de reconstituer l'archéologie est une histoire de relations indissociables entre les sociétés et ce milieu dit « naturel ».

Il reste à dire quelques mots de l'approche « naturaliste » du paysage car elle a donné naissance à des concepts comme celui de « géosystème » et d'étude « systémique » qui sont aujourd'hui repris par les archéologues. Elle a connu des heures de gloire à l'extrême fin du XVIIIe siècle avec l'essor de la géographie moderne en Allemagne et la nécessité de mise en valeur de vastes territoires en URSS. La prise en considération du paysage comme un objet de réflexion en soi et un document d'étude raisonnée date seulement de cette époque. Les initiateurs allemands du renouveau géographique ne s'intéressent toutefois qu'indirectement au paysage qui se situe à l'interface de la nature et de la société. Ils introduisent un courant de pensée naturaliste qui privilégie l'étude des formes végétales. Parmi les fondateurs de la géographie moderne, certains élaborent une doctrine qui a donné lieu aux dérives déterministes ultérieures. Ils considèrent les paysages comme issus de relations entre des facteurs, notamment de relations causales d'origine naturelle. Ce courant aboutit à la *Landschaftskunde* qui est « une science des paysages, considérés plutôt suivant une optique territoriale, comme expressions spatiales des structures réalisées dans la nature par le jeu de lois scientifiquement analysables. » (Rougerie 1991 : 27). Dès le début du XIXe siècle, une pensée similaire, qui vise à exprimer « les faits de structure » dans la nature, voit le jour en Russie. En effet, c'est à la suite des travaux du « père » de la pédologie, le savant russe V. Dokoutchaev, que dès les premières décennies du XXe siècle, apparaissent des études qui organisent le paysage sous forme d'unités emboîtées en niveaux qui intègrent les composantes des domaines physique et social. Elles seront reprises par les géographes allemands puis français qui établiront plusieurs typologies (Bertrand 1984). Toutefois, l'essentiel des recherches sur le paysage en tant que système physico-chimique est russe. De même, ce sont les travaux soviétiques qui génèrent, dans les années 1930, le concept de « géosystème » que l'on rencontre de plus en plus souvent dans les écrits archéologiques. C'est le résultat d'une conception objective et systémique du paysage, héritée du début du XIXe siècle, qui vise à en expliquer la structure et le fonctionnement. On entend également parler d'archéologie spatiale, archéologie du territoire, archéologie des parcellaires, archéologie du paysage, archéologie de l'environnement, archéologie du monde rural, archéo-géographie... Toutes ces appellations, reflet de conceptions et de méthodes d'étude différentes, revendiquent un même objectif, l'étude du paysage. Il n'y a donc pas un, mais plusieurs paysages qui reflètent plus ou moins fidèlement la réalité historique.

Retenons cependant ces quelques mots de G. Bertrand qui, en 1968, définit de façon claire et concise le paysage comme étant « sur une certaine portion de l'espace, le résultat de la combinaison dynamique, donc instable, d'éléments physiques, biologiques et anthropiques qui, en réagissant dialectiquement les uns sur les autres, font du paysage un ensemble unique et indissociable. » (Bertrand 1968).

Certains trouvent une connotation subjective forte dans le terme paysage et lui préfèrent celui d'environnement, récemment redécouvert. Il est jugé plus neutre, plus « scientifique » et assurément d'actualité. Au-delà de cette distinction restrictive car elle ignore l'ampleur du concept de paysage, l'environnement est défini parfois comme « un ensemble de données fixes et d'équilibres de forces concurrentes qui conditionnent la vie d'un groupe biologique » (George 1971). Il faut ajouter à cela la dimension sociale et ce faisant ouvrir la notion d'environnement à « la donnée naturelle, sa transformation qui conduit à des degrés divers d'artificialisation, la conscience que prend l'homme de la fragilité de ce complexe bio-social » (Le Coz 1990 : 7). Dans cette perspective plus large, qui intègre l'aspect matériel, la dimension sociale et historique, ainsi que la perception qu'en a l'homme, la définition de l'environnement rejoint celle du paysage. La première est d'ailleurs souvent assimilée à la seconde. L'histoire de l'environnement, appelée tour à tour « écologie historique » ou « écohistoire » en référence à la science du « milieu où vit l'homme » (écologie), est pour les historiens « l'étude dans le passé des conditions naturelles et culturelles qui ont agi et régi sur l'homme et avec l'homme » (Delort 1993 : 6).

L'écosystème, terme employé par les écologistes, est quant à lui un système constitué par un ensemble de connexions extrêmement compliquées qui lient le système « biotope » (la partie minérale du milieu : roche, eau, air) et le système « biocénose » (la partie vivante et organique du milieu : végétation, animaux, sols). C'est donc un milieu « naturel » au sens des géographes, c'est-à-dire, un milieu où prédominent les éléments non ou peu transformés par l'homme. Les géographes préfèrent la notion de milieu à celle d'écosystème, car elle recouvre selon eux, un concept plus complet, celui de « l'écosystème replacé dans un espace précis et mesurable » (Demangeot 1996 : 2-3) et au sein duquel l'homme joue un rôle important, l'intervention des agriculteurs étant à l'origine de la mise en place d'un écosystème particulier, l'agrosystème.

Le rôle des sociétés dans la transformation des écosystèmes fait partie intégrante des concepts de paysage, d'agrosystème, de système agricole et d'espace rural. Les chercheurs s'accordent aujourd'hui à définir le système agraire comme « un ensemble organisé, finalisé, de structures et de techniques de production agricole (et d'élevage) et d'échanges, se développant dans un espace déterminé de mise en valeur et d'action humaine, en relation avec le milieu physique local et avec l'économie et les sociétés globales » (Le Coz 1990 : 7).

La notion de « pays », utilisée par les géographes, sert à désigner « un espace de vie, une même forme d'organisation de l'espace et d'activité [qui] peut coïncider, précisément pour des raisons systémiques, avec une unité naturelle relativement homogène », au sens où l'entend P. Vidal de la Blache. Il peut s'agir aussi d'unités « très visiblement organisées par leur centre, leur bourg, leur ville, qui leur est intégrateur, qui parfois même entretient leur spécialité agricole ou industrielle, leur culture, leur cohésion sociale » (Brunet 1993 : 371-373).

On peut définir l'espace rural, à la suite de G. Bertrand, comme un « milieu naturel aménagé pour la production agricole au sens large, animale ou végétale, par des groupes humains qui fondent sur lui la totalité ou une partie de leur vie économique et sociale » créant ainsi un paysage peu bâti par opposition à l'espace urbain (Bertrand 1975 : 43). Cette définition implique que l'espace rural est façonné par les sociétés et présente donc des formes construites visibles dans le paysage, formes que l'archéologue peut analyser et qui appartiennent à la « morphologie agraire » (Lebeau 1986 : 10). Elle implique également l'instauration de relations (échanges, organisation sociale) entre les individus qui exploitent ce milieu et qu'il convient d'appréhender. L'espace rural est alors compris comme un « agrégat de terroirs et territoires » (Le Coz 1990 : 16). Ces deux notions pourtant différentes sont souvent confondues dans les écrits archéologiques qui parlent indifféremment de « terroirs protohistoriques » ou de « territoires protohistoriques ».

Les historiens modernistes ne manquent pas de rappeler leur acception du terme de terroir dans leurs travaux. Ce que P. George désigne de façon concise comme « l'espace agricole à l'intérieur du finage » (George 1978 : 10) est au sens où l'entend R. Lebeau, une « étendue de terrain présentant certains caractères qui l'individualisent au point de vue agronomique. Caractères dus à ses qualités physiques (relief, climat, exposition, sols) ou aux aménagements entrepris par l'homme (terroir irrigué, terroir drainé, terroir en terrasses). » (Lebeau 1986 : 9-10). Le finage est le « cadre limité » dans lequel se définit chaque collectivité rurale et qui comprend un ou plusieurs terroirs (George 1978 : 10). Il est « le territoire sur lequel un groupe rural, une communauté de paysans, s'est installé, pour le défricher et le cultiver, sur lequel il exerce des droits agraires » (Lebeau 1986 : 9).

Considéré au sens large, un territoire est une « étendue de la surface terrestre sur laquelle vit un groupe humain » (Robert 1981). On préfèrera donc une définition plus précise selon laquelle celui-ci est une section de l'espace sur laquelle s'exerce l'autorité d'une personne, d'un groupe social ou d'un organisme de gestion ou de contrôle autrement dit, « un territoire, c'est la projection et l'inscription dans l'espace géographique d'une ambition et d'une pratique sociale » selon la définition précise qu'en donne l'historien F. Favory (Le Coz 1990 : 18 ; Favory 1999a : 500). Cette définition intègre les dimensions sociale (politique) et spatiale (la terre). Les préhistoriens y ajoutent une dimension économique, vivrière, en définissant le territoire comme « une partie de la surface de la terre sur laquelle un groupe humain constituant une unité économique met en œuvre ses techniques d'acquisition » (Leroi-Gourhan 1994 : 1082). Si l'on admet que la perception du territoire varie selon l'échelle à laquelle il est considéré (le territoire perçu par le paysan n'est pas celui du chef de l'Etat), alors on mesure mieux la difficulté qui se pose à l'archéologue et à l'historien pour restituer les territoires anciens (Favory 1999a : 501). Ces obstacles concernent aussi les périodes antiques, grecque ou romaine, pourtant considérées comme relativement bien connues, car si les aspects juridiques et institutionnels de ces territoires sont maîtrisés, il reste notamment que leur matérialisation dans l'espace est bien souvent difficile à saisir. On peut constater aisément que, quelle que soit la définition, le contenu sémantique de territoire ne peut être confondu avec celui de terroir bien qu'ils partagent la même origine étymologique latine, *territorium* (Leveau 1984 : 86). Sur ces terroirs, l'homme met en place des systèmes de culture. Ils correspondent à l'association des plantes cultivées et des techniques mises en œuvre par les agriculteurs pour tirer parti de leurs terres.

Au travers des paysages construits pour l'agriculture, cette étude vise à considérer l'histoire des sociétés agricoles, dans une perspective globalisante à l'échelle de la Méditerranée, pour définir des constantes et des particularités dans les dynamiques historiques des structures agraires méditerranéennes. La structure agraire intègre l'ensemble des conditions foncières et sociales de l'espace rural. Elle met en cause trois éléments qui déterminent le type d'occupation des sols : le système de culture, la morphologie agraire et l'habitat (Lebeau 1986 : 10 ; Meynier 1970 : 8). Elle comprend donc l'organisation du champ, son sol et sa gestion. Par occupation des sols, on entend le produit de l'ensemble de ces facteurs. Ce n'est donc pas seulement la répartition et la nature des sites fréquentés ou construits par les sociétés dans le tissu géographique, comme cela est généralement entendu dans les écrits archéologiques.

Il faut souligner que la production agricole ne se réduit pas aux produits de l'agriculture. Elle fait aussi appel à des techniques et à des moyens. Si l'archéologie s'intéresse à l'outillage, aux machines et aux techniques, elle reste silencieuse à propos d'un objet déterminant de la production, la terre autrement appelée le sol. Force est donc de rappeler que les moyens de production recouvrent non seulement les instruments créés par l'homme, mais aussi les « instruments naturels » comme l'eau et le sol. Le premier moyen de production de l'agriculture, dans la chaîne opératoire du paysan, n'est autre que le sol, souvent oublié. Ce concept fondamental fait de lui une véritable matière première à l'origine des produits agricoles. La structure de production agricole évoque un ensemble d'éléments (produit, matière première, moyen et force de travail). Employé en archéologie, ce concept ne désigne plus l'ensemble des rapports de production, mais seulement l'habitat rural en tant que lieu, où sont identifiés des machines et des outils servant à l'élaboration des produits.

Enfin, une dernière précision s'impose quant au terme d'« agriculture », bien qu'il soit connu de tous. Il désigne de manière générale l'ensemble des travaux transformant le milieu naturel pour la production des végétaux et des animaux utiles à l'homme, englobant ainsi le travail de la terre et l'élevage. Il sera considéré ici dans son sens restreint, qui se rapporte à la culture du sol, à l'*ager* antique. Les savoirs agricoles (relatifs à l'agriculture) ne sont donc pas strictement les savoirs agronomiques. L'agronomie, au sens où on l'entend aujourd'hui, est l'étude scientifique des problèmes (physiques, chimiques, biologiques) que pose la pratique de l'agriculture. Dans la mesure où cette définition exclut les travaux et les écrits antérieurs à la naissance de l'agronomie moderne « scientifique », on peut identifier l'agronomie, dans une perspective historique plus large, à la réflexion sur les questions relatives à l'agriculture.

Chapitre 2

Comment lire les paysages terrassés ?

2.1. L'histoire des paysages et l'archéo-agronomie

L'histoire de la recherche sur les paysages construits aux fins d'agriculture est étroitement liée à l'intégration de la dimension sociale dans la définition du paysage qui, avant le début du XXe siècle, privilégiait la part des facteurs naturels. En Europe occidentale, cette approche renouvelée se traduit par l'émergence de courants de pensée tels que la *Naturlandschaft* et *Kulturlandschaft* en Allemagne puis le *Natural and Cultural Landscape* en Angleterre. En France, R. Dion est le premier auteur à mettre en avant la part des lois sociales dans la genèse du paysage de bocage et de l'*openfield*, dans son *Essai sur la formation du paysage rural français* (Dion 1934). Le paysage est alors perçu par les géographes français comme le fruit d'une histoire sociale marquée par la ruralité. Aucun de ces auteurs ne considère cependant les aménagements agricoles des campagnes, terrasses de culture et réseaux hydrauliques principalement, comme un objet d'étude en soi. Pourtant, les premiers travaux portant sur ce sujet sont bien le fait de géographes et de spécialistes des sciences de la Nature. Des études micro-régionales et des synthèses comme celle de Spencer et Hale, en 1961, se penchent sur l'origine et la nature de ces aménagements à l'échelle de la planète (Spencer 1961).

Dans le domaine méditerranéen, H. Gaussen se fait l'écho des travaux précurseurs du botaniste suédois J. Frödin qui, à la fin des années 1920, esquisse une typologie des terrasses de culture dans le bassin occidental de la Méditerranée et s'interroge sur les raisons de l'existence de ces constructions (Gaussen 1927). Les travaux de X. de Planhol au Proche-Orient et de J. Poncet en Afrique du Nord privilégieront aussi cette approche, en situant les causes de la distribution des terrasses de culture au cœur de leur réflexion (Poncet 1957). En Palestine, les géographes s'intéressent aussi à l'aménagement des pentes en terrasses dès le début des années 1950 (Ron 1966a et b ; De Geus 1975). Cependant, ici comme ailleurs, ces premières recherches demeurent très attachées à une approche contemporaine des versants construits et ne s'intéressent que de façon très superficielle à l'existence d'aménagements similaires dans les paysages d'un passé plus lointain. Les commentateurs oublient quasi-systématiquement que le paysage a une longue histoire à laquelle les sociétés ont largement et intensément participé depuis le Néolithique. Peut-être faut-il y voire un parti-pris disciplinaire de la recherche d'alors. Les études géographiques pionnières de J. Despois et M. Cote en Afrique du Nord posent pourtant, dès 1956, le problème géographique mais aussi historique de l'existence de terrasses dans les paysages méditerranéens en général (Despois 1956 ; 1959 ; Cote 1968).

Les études portant sur les techniques d'aménagement de la topographie et de l'irrigation des cultures se sont multipliées depuis, en Afrique du Nord, en Tunisie et en Libye notamment (Shaw 1982 ; 1984 ; Trousset 1986 ; Ballais 1990 ; Barker 1996 ; Ben Ouezdou 1999...). Les travaux géographiques portant spécifiquement sur la question des aménagements de pente, tant dans une perspective physique qu'ethnographique (Ambroise 1993 ; Frapa 1997), se sont aussi développés dans d'autres pays méditerranéens notamment dans le sud de la France. Les terrasses de culture sont considérées comme un patrimoine paysager et architectural qu'il faut valoriser, d'où un intérêt renouvelé pour ces constructions. L'objectif de nombreux travaux est l'étude fonctionnelle de ces aménagements et de leur devenir après leur abandon, dans la perspective d'une sauvegarde et de leur intégration dans un projet économique touristique et culturel. Des études importantes ont été entreprises en Provence, sur la Basse Provence calcaire (Nicod 1990), les Alpes du Sud et la Corse (Réparaz 1990) ainsi qu'en pays niçois (Castex 1983 ; Rebours 1990). Toujours conduites dans une perspective d'histoire sociale et économique moderne, ces études ont aussi concerné l'Ardèche (Blanc 1984 ; 2001) et plus récemment le Roussillon, la Haute vallée de l'Hérault, ainsi que l'Italie du littoral ligurien (Alcaraz 1999). Un autre regard est porté sur ces aménagements par des pédologues, des agronomes et par certains géographes (Sandor 1998). Ils envisagent l'étude des terrasses de culture sous l'angle des potentialités agricoles, des rendements, de la qualité des sols et de l'évolution de leurs propriétés physico-chimiques, du bilan hydrique et érosif ainsi que du développement végétal post-cultural.

Dès 1957, au colloque de Nancy, le géographe J. Despois lance un appel à collaboration en direction des historiens, constatant la nécessité qu'il y a à s'interroger sur l'origine de ces pratiques. Il soulève alors le délicat problème de la datation de ces aménagements, mais sans y apporter une réponse convaincante. En dépit de cette invitation à une approche interdisciplinaire, peu de travaux ont été consacrés à l'existence de ces paysages construits antérieurement à l'époque moderne, hors des régions du Proche-Orient. Ce manque se fait d'autant plus sentir que les écrits portant sur ce sujet reflètent souvent l'état d'une documentation rare et dispersée. La recherche sur l'histoire des campagnes était pourtant déjà engagée, mais les préoccupations des historiens étaient autres.

Il faut attendre les travaux d'historiens comme M. Bloch qui, dès 1929, soulignant le rôle des sociétés dans les mutations qui affectent l'espace rural, recherche les racines du paysage actuel dans un passé qui, selon lui, est médiéval (Bloch 1929), tandis que G. Roupnel y voit des origines plus lointaines qui plongent dans le Néolithique et l'âge du Bronze (Roupnel 1932). Malgré cette brève incursion dans le passé, le principal intérêt des historiens d'alors est d'étudier les paysages agraires sous l'angle de leurs formes caractéristiques, de la nature des plantes cultivées, des rythmes de culture notamment au travers des assolements ainsi que du type de propriété foncière. Le développement de recherches portant sur l'histoire des communautés rurales méditerranéennes de l'Antiquité, dans les années 1970, sert de support à une réflexion globale sur les sociétés antiques (Kolendo 1976 ; Terre et paysans... 1979). Cependant, si les aspects essentiels de ces travaux concernent les fondements économiques des sociétés et leur rapport à la terre, les techniques et les pratiques agricoles qui sont à la base de la formation des paysages ruraux ne sont pas encore considérées en tant que telles. Les recherches sur ce sujet sont rares et demeurent limitées à l'information disponible dans les sources textuelles et iconographiques qui nous sont parvenues (Amouretti 1986). Des historiens rappellent pourtant la nécessité de l'étude et de la datation des terrasses méditerranéennes (Bonnassie 1975 : 447). Certaines études réalisées à l'échelle régionale et micro-régionale, abordent la question de la mise en culture des versants et de leur aménagement. En Languedoc notamment, depuis la synthèse historique d'E. Le Roy Ladurie et les travaux de J. Sapin sur la Vaunage, une étude d'archives par P. Blanchemanche consacre une large part à la culture en terrasses sur les versants des Cévennes à l'époque moderne (Le Roy Ladurie 1966 ; Sapin 1981 ; Blanchemanche 1990).

La rencontre entre historiens, archéologues et géographes autour du thème des terrasses de culture a lieu à l'extrême fin des années 1980, en France méditerranéenne (*Les terrasses de cultures...* 1990). L'intérêt d'une étude de ces constructions dans le cadre d'une approche archéologique et historique des outils et des techniques agraires de l'Antiquité est dès lors réaffirmé (Leveau 1990 ; 1993c). Ce nouvel élan n'a pas l'écho attendu parmi la communauté des historiens et des archéologues, la recherche historique sur les campagnes méditerranéennes antiques restant tributaire des travaux sur les parcellaires cadastrés. En effet, le poids de cette recherche et le rôle de « l'Ecole de Besançon » dans sa promotion marque une étape importante dans l'histoire des travaux français sur le milieu rural. Les paysages construits pour l'agriculture sont alors perçus quasi-exclusivement au travers du prisme déformant de la grille cadastrale. Cette approche est celle de chercheurs qui œuvrent dans l'ensemble du bassin méditerranéen, en Italie, sur les rives de la Mer Noire, en Espagne et en Afrique du Nord où les centuriations romaines ont fait l'objet de nombreux travaux. Certes, l'étude de ces réseaux orthogonaux, témoignages du remodelage des campagnes conquises par les colons, permet d'appréhender la construction des paysages cultivés, mais la réalité matérielle de cette construction, les aménagements, les techniques et les savoir-faire sont ignorés de fait. La fonction agronomique de ces réalisations s'efface devant l'événement historique qu'elles représentent. L'histoire de la recherche conduit donc à distinguer de façon artificielle, l'étude des centuries qui a fait l'objet de nombreux travaux et celles des techniques de l'aménagement des paysages cultivés. La première, telle qu'elle a été menée par les chercheurs, relève du domaine des formes perçues selon deux dimension de l'espace, l'autre appréhende des objets dans les trois dimensions de l'espace.

Si beaucoup d'historiens se sont intéressés à la question, les travaux spécifiquement consacrés aux terrasses de culture et à la gestion de l'eau antérieurement à l'époque moderne demeurent donc discrets. Ces aménagements agricoles sont rarement considérés comme un objet d'étude historique et archéologique en soi et leur âge est plus rarement encore réellement démontré.

L'entrée de la problématique paysagère dans la recherche archéologique française méditerranéenne à l'extrême fin des années 1980 est très tardive, comparée à d'autres pays du Proche-Orient, à l'URSS et même à des pays de l'Europe septentrio-occidentale tels que la Grande-Bretagne et le Danemark qui s'intéressent beaucoup plus tôt qu'en France aux vestiges de l'espace rural. Alors que dès 1959, A. Chtcheglov entreprend une étude pluridisciplinaire des champs construits des *chorai* de Crimée associant, archéologie, paléoécologie et géosciences, l'archéologie du champ est inexistante en France méditerranéenne (Chtcheglov 1976). En France non méditerranéenne, l'étude pluridisciplinaire associant archéologues, géochimiste, archéozoologues et paléobotanistes, conduite dès 1972 sur le paysage et l'exploitation de l'espace rural autour du site de Dambron, fait figure de travail précurseur (Ferdière 1983). Le retard de la recherche en France méditerranéenne comparé à l'intérêt que portent déjà les autres disciplines à la problématique paysagère, notamment les sciences de la Terre et du sol et la géographie, sera en partie effacé grâce aux travaux consacrés par la parution en 1975 des quatre volumes de L'histoire de la France rurale (Duby 1975). Il faudra en réalité attendre encore quelques années pour que ce centre d'intérêt novateur entre timidement dans les mœurs sous l'impulsion de chercheurs originaires d'autres disciplines et de collaborations encore trop rares entre historiens, archéologues et géographes (Poupet 1988a ; Guilaine 1991 ; Leveau 1993a). Aujourd'hui encore, le statut de cette recherche demeure fragile et sa cause n'est toujours pas acquise à toute la communauté archéologique qui se montre tour à tour sceptique voire conservatrice face à la prolifération de publications de qualité inégale.

Avec l'essor de l'archéologie française de sauvetage aujourd'hui qualifiée de préventive, les découvertes se sont multipliées, mais force est de constater que bien souvent la vision du paysage est cantonnée aux parcellaires exhumés, eux-mêmes réduits aux limites de champs, aux trous de plantation et aux azimuts des linéaments. Qu'on ne s'y trompe pas : l'étude de la construction des paysages n'est pas ce que les archéologues nomment l'étude de l'occupation du sol — l'inventaire des sites et leur localisation sur des cartes commentées —, de même qu'elle ne peut être confondue avec l'analyse morphologique des parcellaires qui discute l'organisation de formes géométriques vidées de leur substance technique et agronomique. Limites et fosses de plantation, si elles renseignent sur la forme et la production de la parcelle, ne constituent pas à elles seules un champ. Celui-ci a certes une surface mais aussi une épaisseur, un volume dont la substance est le sol, « support et acteur » des paysages (Poupet 1988a : 46).

C'est au Proche-Orient, dès la fin des années 1950, que l'on entreprend de fouiller les terrasses de culture. Il faudra attendre les années 1990 en Espagne, en Italie et en Grèce pour que des archéologues appréhendent ces aménagements comme des objets archéologiques. En dépit de cet intérêt nouveau, les fouilles demeurent rares.

En France, la promotion de cette nouvelle voie de recherche en direction du champ est étroitement liée à l'ouverture de l'archéologie à l'interdisciplinarité, tant réclamée par G. Bertrand (Bertrand 1975). Si les sciences de la Nature ont depuis longtemps fait partie intégrante de la recherche en Préhistoire ancienne, elles n'ont été admises que très récemment dans la pratique archéologique des périodes protohistoriques et historiques, en France méditerranéenne. Le développement des études sur le paysage a été accéléré par la participation de ces disciplines à la problématique archéologique. Les sciences naturelles attachées à l'étude des sphères végétale et animale sont les premières à avoir reçu l'attention des protohistoriens et des historiens à partir des années 1980. La participation des sciences de la Terre, comme la géographie physique et la géomorphologie, à la problématique archéologique n'a été sollicitée que très tardivement par les protohistoriens et les historiens. Ce n'est qu'à la fin des années 1980 que la géologie, la pédologie et la géomorphologie, qui participaient en bonne place à la recherche en Préhistoire, ont pu pénétrer, à la suite des palynologues et des anthracologues, dans le milieu de l'archéologie. Aujourd'hui encore, l'apport considérable de ces sciences à la discipline archéologique n'est pas reconnu par tous et leur participation aux fouilles est loin d'être systématique. C'est aux membres des disciplines des sciences de la Terre eux-mêmes que l'on doit notamment d'avoir réintroduit dans la recherche archéologique la connaissance du sol et son rôle pour la compréhension des paléomilieux (Poupet 1988a ; 1989 ; 1998). Jusque-là, l'archéologue se contentait trop souvent d'exhumer des vestiges mobiliers en ignorant tout de leur contexte sédimentaire qui est pourtant lui aussi objet d'Histoire. Il serait tentant de dire que dès lors, l'archéologie s'est définitivement réorientée et que l'analyse des textes s'est renouvelée, mais force est de constater, à la lecture d'un certain nombre de travaux publiés depuis, que la dynamique que d'aucuns ont cru voir s'amorcer dans l'étude de l'espace rural n'a pas toujours réussi à décloisonner une recherche résolument tournée vers un découpage territorial et chronologique des problématiques.

Les travaux conduits avec un double regard sur les composantes naturelles des paysages ruraux (relief, substrat, sol, eau, climat...) et sur les techniques agricoles (drainage, irrigation, labour, système de plantation, lutte contre l'érosion...) sont donc récents (Poupet 1990c ; 1993 ; Boissinot 1997a ; 1997b). C'est la conséquence du développement d'une nouvelle approche « archéo-agronomique » du paysage en France méditerranéenne qui a pour but « de caractériser les conséquences des techniques sur le milieu biophysique et la production agricole » et « d'examiner la mise en œuvre elle-même des techniques et d'élucider leur choix » (Poupet 1991b : 3). Cette nouvelle voie de recherche intègre donc, dans une vision nécessairement diachronique, les conditions de la maîtrise des terres, les sols, les champs, l'aménagement de la topographie, les réseaux viaires, l'amélioration des qualités agronomiques des sols, les techniques de labour et les transformations du paysage rural. Il s'agit aussi de considérer l'adaptation des aménagements aux conditions du milieu ainsi que les incidences de ces modifications, induites par l'homme, sur son évolution. Cette approche rappelle la nécessité de considérer les constructions agricoles, non seulement du point de vue de la performance technique de leurs constructeurs, mais aussi dans leur relation au paysage qui, il faut sans doute le rappeler, est d'abord constitué de roches, de sols, d'eau et de végétaux qui interagissent sous l'influence du climat. L'implication de la science du sol dans la recherche archéologique s'impose donc comme une nécessité pour qui veut appréhender ces phénomènes.

L'étude présentée ici, qui s'inscrit dans une approche « archéo-agronomique » telle qu'elle a été définie au début des années 1990, n'a donc pas fait l'objet de beaucoup de travaux. Les géographes se sont principalement intéressés à l'évolution du paysage à partir des phénomènes physiques qui l'ont affecté. L'action de l'homme a été étudiée indirectement par la lecture des sédiments, mais les constructions agricoles n'ont pas été l'objet de l'étude. L'approche de la plupart des agronomes et de certains géographes et historiens est inverse. De leur propre aveu, c'est l'acte technique qui est souvent privilégié au détriment du paysage car certains opposent la reconstitution paysagère, qui relèverait du domaine du géographe, à l'étude des rapports de l'homme avec son milieu que conduit l'ethnologue ! (Blanchemanche 1990 : avant-propos, 1). Il paraît pourtant difficile d'opposer une recherche sur les paysages agraires, par définition construits par les paysans, à une recherche sur les rapports des sociétés à ce milieu dans le sens où celles-ci aménagent, organisent et construisent ce paysage. Rares sont les géographes qui, comme J. Depois, J. Nicod, et X. de Planhol, ont un double regard, étudiant les aménagements du point de vue technique en même temps qu'ils considèrent leur rôle dans l'évolution du paysage. Cette approche demeure également absente de la plupart des études conduites par des historiens et des archéologues.

La démarche retenue ici est celle qui permet l'étude de ces aménagements en les replaçant dans le paysage et dans l'histoire sociale. Cette démarche s'appuie aussi sur des approches souvent revendiquées, mais rarement appliquées qui mêlent deux grilles de lecture des paysages, l'une archéologique, l'autre géopédologique.

2.2. Une approche multiscalaire et sur la longue durée

Une approche multiscalaire est indispensable car seule la multiplication des fenêtres d'étude à grande échelle permet à terme de passer du particulier au général, en s'appuyant sur des données fiables et généralisables. Elle est la condition nécessaire pour dépasser les poncifs et les généralités lorsque l'on souhaite, par exemple, appréhender la localisation des habitats au sein de terroirs. Il est souvent écrit que les sites de la Préhistoire récente et de la Protohistoire sont installés au contact de « terroirs » divers et complémentaires que sont, les plaines et les vallées d'une part et les plateaux et collines d'autre part. Pour cause, la localisation des habitats étant toujours appréhendée à partir des cartes de répartition des sites qui sont dressées à petite échelle, les installations apparaissent nécessairement au contact de ces deux unités de paysage, cette dualité étant une constante du relief méditerranéen !

De même, réalisées à petite échelle, les observations ponctuelles et les analyses sédimentologiques effectuées à partir de quelques carottes, de plusieurs coupes très localisées et généralement isolées, du comblement de quelques fossés, ou *a fortiori* de lames minces, ne suffisent pas pour expliquer les transformations des paysages à l'échelle régionale, encore moins pour expliquer ces phénomènes en termes de changements climatiques. Il existe un réel problème d'échelle entre l'outil, la qualité et la quantité des observations qui sont souvent limitées d'une part, et les hypothèses qui en résultent d'autre part. Quelques observations et échantillons étudiés ne peuvent suffire, par leur dispersion géographique et la faiblesse de leur nombre au regard de l'étendue de la surface couverte, pour servir une démonstration à l'échelle d'un paysage régional ou micro-régional qui doit tenir compte de la diversité de ses géofacies. Des travaux récents conduits en Afrique septentrionale, sur les variations de la ligne de rivage ainsi que sur l'aménagement des vallées démontrent, dans chaque cas, que l'évolution des côtes tunisiennes comme celle du peuplement des vallées libyennes offre deux visions différentes, qui peuvent parfois paraître contradictoires, selon que l'on se place à l'échelle locale ou plus générale (Mattingly 1997 : 205 ; Paskoff 1997).

Une approche qui jongle avec les échelles est donc incontournable, bien qu'elle reste difficile à concrétiser dans bien des cas, car elle achoppe sur la nature fondamentale de la documentation archéologique, lacunaire, renvoyant une vision déformée de la réalité lorsqu'il s'agit d'évaluer l'occupation des sols par la prospection pédestre à vue, par exemple. Elle se heurte aussi aux conditions matérielles de l'étude qui sont liées à la pratique même de la discipline. Multiplier les fenêtres dans le cadre fédérateur d'une problématique demeure cependant le seul moyen de ne pas succomber aux généralisations simplistes et de tenir compte des particularités qui sont la définition même des micro-régions et qui font la richesse du discours historique. De plus, les fenêtres ouvertes sur des portions de paysage sont choisies aussi en fonction de leur représentativité de paysages à plus petite échelle. Il faut donc se garder de penser que l'approche micro-régionale, voire à plus petite échelle, ressorti à l'analyse de faits ponctuels qui appauvrissent le raisonnement et qui conduiraient indubitablement à une impasse intellectuelle. La volonté de privilégier un travail approfondi et détaillé en s'appuyant pour cela sur plusieurs aires géographiques modestes ne constitue en aucun cas un aboutissement. Il s'agit de se doter des moyens nécessaires pour pouvoir développer un discours plus synthétique fondé sur des arguments solides et des faits dûment démontrés. Cela implique de souligner la diversité des fonctionnements à l'échelle locale et de déterminer les caractéristiques propres aux aménagements qui font le paysage construit dans son ensemble.

Un autre aspect important de l'approche concerne l'échelle temporelle. Récemment encore, les paysages de terrasses de culture étaient considérés comme des créations exclusivement modernes (Blanchemanche 1990) ou intemporelles. A l'évidence, il est nécessaire, pour répondre à cette délicate question, de dépasser le cloisonnement induit par les schémas chrono-culturels traditionnels, car comme le soulignait G. Roupnel, « la création de la campagne, c'est l'œuvre accomplie dans la continuité de toutes les générations » (Roupnel 1932 : 13). De plus, essayer de faire la part des phénomènes naturels et de l'action de l'homme dans l'évolution du paysage, c'est s'attaquer à une réalité complexe qui ne peut être comprise que par une étude diachronique s'inscrivant dans la durée. Une approche régressive intégrant le temps long est indispensable car les paysages méditerranéens tels qu'on peut les voir aujourd'hui sont, à de rares exceptions près, marqués par des transformations récentes à l'échelle des temps historiques : abandon des versants construits en terrasses, intensification des attaques contre la forêt, accélération de l'érosion, déstabilisation de la couverture pédologique...

2.3. Les sources

2.3.1. La documentation planimétrique

Parmi les méthodes et les outils mis en œuvre pour l'étude des paysages, les documents planimétriques, notamment les cartes thématiques et des photographies aériennes, constituent une source d'informations incontournable comme l'ont montré les travaux interdisciplinaires, associant le regard du spécialiste des sciences de la Terre et du sol, P. Poupet, à celui de l'historien, F. Favory, sur la région de Lattes (Hérault, France) (Favory 1988). Ils constituent les outils de base sollicités pour ce travail, tant pour la compréhension des caractères du paysage que pour la définition et la cartographie des masses parcellaires qui sont matérialisées au sol par les systèmes de terrasses de culture.

Les principaux instruments (généralement disponibles dans tous les pays mais dont l'accès est plus ou moins facile, lorsqu'il n'est pas interdit) de cette documentation au contenu varié, consistent en cartes anciennes, cartes thématiques, plans parcellaires et photographies aériennes. Il faut ajouter à cela des documents particuliers à certaines régions comme les cartes pédologiques de la Compagnie Nationale d'Aménagement de la Région du Bas-Rhône Languedoc (CNARBRL) (France), ou les précieux levés topographiques et archéologiques de l'armée française sur l'île de Délos (Grèce) qui dès le début du XXe siècle recensent les aménagements agricoles antiques (fermes, aires de battage, terrasses de culture).

Les cartes anciennes constituent une source d'information qui peut s'avérer riche en renseignements bien qu'elles soient d'utilisation délicate. Elles ne renvoient pas une image fidèle à la réalité topographique, ignorant les proportions ou retenant certains éléments au détriment d'autres sur la base d'un jugement subjectif de leurs auteurs, à l'image des représentations cartographiques de voyageurs qui ont sillonné les Cyclades. Malgré ces inexactitudes, des aménagements aujourd'hui discrets dans le paysage ou dont on a oublié l'existence y sont parfois indiqués. En France, la carte de Cassini levée au cours de la deuxième moitié du XVIIIe siècle à l'échelle de 1/86 400 est représentative d'une réalité des campagnes du Royaume de cette époque et du tout début du XIXe siècle, mais elle comprend aussi certaines informations héritées des époques antérieures notamment de l'époque médiévale. Elle fournit des renseignements utiles sur les tracés des réseaux hydrographique et viaire, mais elle n'est d'aucune aide s'agissant des données topographiques. Le relief y est représenté schématiquement et par conséquent les aménagements qui en dépendent comme les champs en terrasse ne sont pas consignés. Seul le type de végétation (zone boisée, vignoble) est signalé, mais il serait imprudent de tirer des conclusions quant à la localisation des cultures sur d'éventuelles pentes dont l'inclinaison n'est pas appréciable sur ces représentations.

Sous l'appellation de cartes thématiques se cache une documentation de nature très variée, tant au niveau du sujet que de l'échelle à laquelle les données sont cartographiées. Il s'agit des cartes topographiques, oro-hydrographiques, géologiques ainsi que des restitutions photogrammétriques, des cartes géomorphologiques, pédologiques et des cartes de la végétation lorsqu'elles existent. Tous ces documents ont été sollicités afin d'appréhender les paramètres du paysage actuel et d'en saisir les mécanismes. Le soin a été pris de ne pas réduire l'utilisation de ces outils essentiels à l'extraction de quelques caractères généraux, totalement coupés de la réalité du terrain, qui nourrirait une présentation d'un cadre géographique, sans lien avec le propos archéologique. Une telle exploitation inadaptée de ces documents conduit nécessairement à des dérives méthodologiques. L'une d'elles consiste à plaquer les données archéologiques sur le paysage actuel sans vérifier son identité au passé. Ainsi, les informations pédologiques sont schématisées de façon outrancière et utilisées telles qu'elles pour discuter une problématique archéologique protohistorique, antique ou médiévale. Il s'agit, par exemple, de présenter l'exploitation du territoire d'une cité protohistorique ainsi que les potentialités de ses terroirs. Pour cela, l'espace environnant est divisé selon la couverture pédologique actuelle, en espaces incultes ou inondés, en zones ou la pratique de l'élevage et de l'agriculture sont réduits, en pâturages et en terres vouées à la céréaliculture et à l'arboriculture (Garcia 1995 : 151). Les études archéologiques récentes qui redécouvrent l'emploi des outils de la géomatique empruntés à la géographie, qui en a elle-même exploré les limites depuis plusieurs années, tombent dans la même ornière (Berger 2005). Tout cela est élaboré sans contrôler les variations qui ont pu affecter les sols au cours du temps. Cette approche simpliste de la couverture pédologique oublie, à l'évidence, que le sol est un milieu dynamique, en évolution (Ruellan 1993 : 26).

Les plans parcellaires anciens et surtout les cadastres récents (ou napoléoniens, en France) sont une source de renseignements concernant le peuplement des campagnes comme les cartes topographiques ou les cartes anciennes et au même titre que la documentation bibliographique et les sites prospectés. Ils apportent des informations précieuses sur la toponymie, bien qu'il faille manier ces renseignements avec prudence, sur la morphologie parcellaire, sur le réseau hydrographique et viaire. Le plan cadastral dit napoléonien réalisé dans la première moitié du XIXe siècle, à l'échelle 1/2 500 constitue le document cartographique le plus détaillé et le plus précis pour appréhender le parcellaire français antérieur à la période industrielle. Il est de ce fait indispensable pour la cartographie des champs (tracé et superficie) et la reconnaissance des masses parcellaires qui structurent le paysage, lorsqu'il est employé conjointement avec les photographies aériennes et qu'il est confronté aux observations du terrain. Il permet aussi d'envisager, à une échelle plus précise que celle autorisée par les cartes topographiques qui sont à l'échelle 1/25 000, les relations entretenues par le réseau hydrographique avec les formes du parcellaire et ce faisant de distinguer la part des phénomènes naturels et des travaux humains dans la formation des paysages antérieurs au XIXe siècle.

Le dernier type de document planimétrique utilisé pour ce travail est la photographie aérienne verticale. Elle a essentiellement été employée pour cartographier les champs cultivés en terrasses reconnus sur le terrain et pour analyser l'organisation du parcellaire en liaison avec l'habitat et les autres aménagements agricoles comme les aires de dépiquage.

Enfin, cet inventaire de la documentation planimétrique utilisée ne saurait être complet sans préciser que des levés d'aménagements mis au jour au cours de fouilles archéologiques ont bien évidemment été exploités.

2.3.2. La documentation issue des fouilles

Des fouilles ayant mis au jour des morceaux de paysages cultivés dont les résultats n'ont pas toujours été exploités et publiés en termes de techniques et de savoirs agronomiques sont envisagées de ce point de vue dans ce travail. L'ouverture de l'archéologie à la fouille des champs étant relativement récente et la pratique de grands décapages l'étant encore plus, la documentation parlante n'est pas la plus abondante. Une vision horizontale des vestiges s'impose pourtant si l'on veut appréhender les techniques de construction et l'organisation des aménagements ainsi que pour parvenir à comprendre l'intégration de ces constructions anthropiques dans le paysage et évaluer leur impact sur celui-ci.

La richesse de la documentation issue des fouilles dépend aussi des observations réalisées sur le terrain qui sont elles-mêmes étroitement liées aux compétences des acteurs. Elle ne réside pas seulement dans la qualité des structures généralement exhumées parfaitement identifiables par l'archéologue (fossés, trous de plantation, plus rarement murettes et murs de soutènement de terrasse...). Elle est aussi dans la lecture des sédiments et la reconnaissance des sols qui permet de replacer ces constructions dans leur contexte géomorphologique, ce qui requière les compétences du pédologue. Il n'est pas inutile de rappeler qu'il ne suffit pas d'adjoindre des analyses paléobotaniques aux fouilles archéologiques pour comprendre les paléopaysages sous tous leurs aspects. C'est seulement par le croisement des données strictement archéologiques, des résultats de la paléobotanique et des observations géopédologiques qu'il est possible de reconstituer le paléoenvironnement et de tenter de faire la part des facteurs anthropiques et des agents naturels dans la genèse d'un paysage. Ce sont donc les données issues de ces fouilles qui rendent compte le plus fidèlement possible de la réalité des faits conservés dans le sous-sol, qui ont été considérées pour cette étude. Il faut également souligner d'ores et déjà que seule la fouille et l'analyse pédologique permettent de démontrer l'âge des aménagements agricoles, en particulier les terrasses de culture.

Dans le cadre de la recherche concernant le paysage comme dans toute étude archéologique, la fouille constitue donc un outil prépondérant que la prospection ne peut remplacer pour la connaissance des installations du passé. Elle est à l'heure actuelle l'unique moyen d'accéder aux documents « fossilisés » dans le sous-sol et de les appréhender dans un contexte stratigraphique qui permet d'observer les relations spatio-temporelles entre les phénomènes liés à la morphogenèse et les installations humaines ainsi que les activités qui en découlent et qui contribuent à façonner le paysage. Une approche corrélative de la prospection, des fouilles et de l'analyse paysagère s'impose donc pour l'étude de l'espace rural.

2.3.3. Les données de la prospection

L'utilité de la prospection pour toute approche relative à l'habitat et aux campagnes est désormais admise par tous et il n'y a plus d'étude de l'espace rural qui fasse abstraction de l'apport de cet outil. Néanmoins cette généralisation bénéfique ne saurait cautionner l'idée que l'on peut surseoir à une réflexion concernant les apports et les limites de ce procédé qui doit rester, rappelons-le, un outil de travail et non une fin en soi. Cette problématique fondamentale que d'aucun affirme parfaitement résolue et acquise est plus que jamais d'actualité alors que ces données alimentent les systèmes d'information géographique. Il suffit pour s'en convaincre de se tourner vers les nombreuses publications où l'apport de la prospection est encore réduit à un semi de points parfois entourés de « patatoïdes » reliés entre eux par des flèches en tous sens. Si l'on garde à l'esprit la vocation initiale des cartes de répartition de sites qui, à l'évidence, n'ont de sens que si elles fournissent des éléments de questionnement et de compréhension nécessaires à l'étude (Beeching 1991 : 14), on ne peut qu'être frappé par l'ampleur des interprétations et de la reconstitution historique qui en sont faites. Face à la prolifération des entreprises de prospection et surtout de l'engouement pour les SIG et face aux ambitions développées touchant l'interprétation historique, il paraît utile de rappeler certaines évidences ayant trait à la méthode bien qu'elles soient connues de tous. Malgré les difficultés rencontrées et la prudence qui s'impose dans la manipulation des données, la prospection demeure un outil indispensable pour étudier non seulement les modalités du peuplement comme cela est souvent le cas, mais aussi les aménagements agricoles. C'est dans cette perspective qu'elle est sollicitée à nouveau pour ce travail.

Il s'agit de clarifier en quelques points fondamentaux l'utilisation qui est faite des données de la prospection dans le cadre de cette étude, utilisation qui pourrait paraître restrictive en comparaison des travaux généralement conduits, en particulier dans le sud de la France. L'attrait que suscitent les « hypothèses globales de développement de l'espace humanisé », pour reprendre les termes employés par G. Brunel, ne doit pas cacher les fragilités de la base documentaire sur laquelle reposent des constructions intellectuelles alléchantes, mais qui demeurent discutables dans ce qu'elles ont de plus fondamental : les sources sur lesquelles elles s'appuient et l'interprétation première qui en est faite (Brunel 1999 : 167).

Le but n'est pas d'établir une carte archéologique exhaustive d'une région mais bien de comprendre la logique de l'aménagement des campagnes en analysant et en datant les constructions agricoles qui y participent. C'est pourquoi il n'est pas inutile de rappeler qu'une prospection réussie n'est pas celle qui aura rassemblé le plus de données et découvert le plus grand nombre de sites, ni celle qui aura utilisé les méthodes les plus fines, mais celle qui aura finalement répondu à la question de façon directe et efficace. Un autre constat s'impose à la lecture des études sur la prospection pédestre à vue dont la diversité des techniques a maintes fois été soulignée (Dieudonné 1989 ; Dabas 1998) : la normalisation de la méthode de prospection conduit à une impasse car elle ne rend pas compte des spécificités de l'enquête liées au contexte physique et au problème posé en amont. La multiplication des essais méthodologiques afin d'établir une méthode de prospection générique qui s'appliquerait à toutes les investigations est donc une entreprise illusoire et trompeuse.

Sur les quatre micro-régions françaises considérées dans ce travail, un espace géographique (la Vaunage, France) a fait l'objet de prospections pédestres à vue dites « systématiques » dont les protocoles n'ont été publiés que récemment (Durand-Dastès 1998 ; Favory 1999b). Il s'agit de l'équipe de prospection dirigée par F. Favory et C. Raynaud qui a entrepris des prospections « systématiques et méthodiques » (Favory 1999a : 503, note 4) entre 1994 et 1997 en Vaunage (puis en Vistrenque où les prospections n'ont concerné à ce jour que la basse vallée du Vistre, c'est-à-dire la partie située en aval de la Moyenne Vistrenque qui est considérée ici). Cette micro-région, comme les autres, avait été explorée antérieurement, mais depuis 1994 des moyens humains et financiers importants ont été mis en place dans le cadre d'un programme ambitieux d'étude du système de peuplement antique dont le but est d'établir « un modèle de structuration de l'espace agraire » (Favory 1999a). Parmi les 18 descripteurs définis par cette équipe (Durand-Dastès 1998 : 158, Tableau I), certains sont plus que d'autres des facteurs déterminants pour l'analyse des aménagements agricoles et plus largement pour la reconstitution de l'histoire du paysage rural. Il s'agit de ceux qui permettent de déterminer le statut du site, la datation de son occupation et sa position au sein du milieu physique (Il est entendu par statut, la place, la fonction, le rôle du site dans le paysage géographique, social et économique).

L'importance de la reconnaissance du statut du site et de la datation de son occupation tient non seulement à ce que ces deux paramètres recouvrent les caractéristiques fondamentales du gisement, mais aussi à ce qu'ils sont soumis à un premier stade d'interprétation dès l'identification du site sur le terrain. En effet, leur détermination est fondée sur l'interprétation par les prospecteurs de la nature et de la répartition des vestiges archéologiques auxquels ils ont attribué des critères de « qualité » et de « quantité » préétablis. En Languedoc, une *villa* se reconnaîtrait à la concentration, sur une surface conséquente (!) de moellons, de tuiles, de récipients de conservation (*dolium*, amphore), de céramique commune, de vaisselle fine... contrairement à une « annexe agraire » par exemple, dont les vestiges à la surface du sol seraient matérialisés (par opposition) sur une faible surface et ne consisteraient qu'en vaisselle commune et récipients de conservation, parfois quelques pierres... A un premier niveau de lecture, ces indicateurs paraissent tout à fait plausibles mais jusqu'où peut-on pousser l'interprétation fonctionnelle et chronologique du site par la seule vision de surface ? Dans quelle mesure peut-on distinguer une annexe agraire, un habitat secondaire, une ferme, une aire technique... (Favory 1998) et pour quelle raison un site interprété prudemment, dans un premier temps comme un habitat ou un bâtiment indéterminé devient progressivement une annexe agraire ou un habitat dispersé secondaire puis une ferme ou une aire technique sans que la révélation au sol en prospection n'ait changé ?

La définition de ces critères quantitatifs et surtout qualitatifs préétablis par les prospecteurs eux-mêmes les rend, de fait, subjectifs. Cette subjectivité se traduit à un niveau d'interprétation supérieur par la mise en place de classifications hiérarchiques des sites. Or, cette taxonomie repose sur une documentation qui n'est plus la source d'information primaire (ce que le prospecteur a vu sur le terrain) puisqu'elle a déjà fait l'objet d'un premier niveau d'interprétation sur la base de ces critères quantitatifs et qualitatifs. Il en résulte que les vestiges des gisements et les gisements eux-mêmes sont interprétés en termes subjectifs de « luxe » et de superficie qui désignent la « richesse » du site dont dépend sa position dans le classement hiérarchique.

Le problème se pose également pour la datation de l'occupation du site. Si l'occupation du site est fixée en fonction du mobilier datant, visible à la surface du sol, peut-on affirmer l'exclusivité de cette occupation ? et peut-on avancer les dates d'abandon du site en se fondant sur l'absence au sol du mobilier caractéristique d'une époque ou d'une période ? Quels sont les arguments sur lesquels peuvent réellement reposer ces hypothèses et quelle valeur sommes-nous autorisés à leur accorder ? Pour tenter de répondre à cette question qui assoit la reconstitution historique, il est impératif de garder à l'esprit les principaux paramètres qui déterminent les limites intrinsèques et extrinsèques de la prospection :

— des paramètres liés au terrain : ils concernent principalement : la qualité chimique des sols qui implique une conservation plus ou moins bonne du site, le rôle du climat qui détermine la révélation au sol du gisement qui apparaît plus ou moins clairement aux prospecteurs (résistance à l'érosion, lessivage par les pluies...), l'existence de vestiges enfouis dans le sous-sol et par conséquent indécelables en surface dont l'importance varie en fonction de la dynamique érosive de la région étudiée, la densité du couvert végétal ainsi que la qualité des cultures qui conditionnent l'accessibilité au terrain et la lisibilité des sites (la variété des cultures — vigne, verger, céréale, asperge... — et des cycles annuels ainsi que l'importante superficie occupée par la garrigue ne permettent pas une accessibilité et une lisibilité du terrain en Languedoc aussi étendue que dans les vastes zones labourées de l'*openfield* beauceron), et la qualité du labour qui influe également sur la dispersion des vestiges au sol et sur leur conservation en fonction de sa profondeur et de sa fréquence.

— des paramètres liés au site : la reconnaissance du site dépend de l'enfouissement de celui-ci et de son étendue qui le rendent plus ou moins facile à percevoir lorsqu'il se manifeste en surface. Elle dépend également de la qualité des vestiges : la nature du mobilier et des structures plus ou moins fugaces (sites préhistoriques ou constructions en matériaux légers difficilement détectables) et leur résistance aux chocs qui peuvent être provoqués par les labours, le climat, l'érosion... Les tuiles, les moellons ou la céramique tournée se conservent mieux que le verre, la céramique fine ou non tournée ce qui peut expliquer la nette prédominance des vestiges gallo-romains qui n'est pas uniquement due à une occupation plus intense du territoire (Ferdière 1995). Un autre paramètre changeant est l'abondance et la couleur des vestiges (la céramique protohistorique qui a subit une cuisson réductrice et la céramique grise médiévale se confondent dans la couleur des labours tandis que la céramique qui a subi une cuisson oxydante, comme la céramique sigillée ou les tuiles, est plus facilement détectable).

— des paramètres liés aux prospecteurs : il s'agit du nombre de prospecteurs, de leur expérience de la prospection (sens de l'observation et reconnaissance des vestiges surtout pour les périodes anciennes de la Préhistoire et début de la Protohistoire dont les indices visibles sont souvent ténus), de leur espacement, de la connaissance géologique et pédologique du terrain, de la connaissance du mobilier céramique et de la vitesse de la prospection (la rapidité de l'entreprise est donc incompatible avec la minutie des observations quelle que soit l'importance numérique de l'équipe), et du nombre de passages des prospecteurs sur un même terrain à des moments distants dans le temps (tous les gisements ne sont pas visibles à la surface du sol au même moment) ce qui rend primordial la prospection d'un territoire de façon intensive et répétée et qui est de fait incompatible avec les campagnes de prospection qui se résument à un passage unique effectué à grande vitesse.

Ces trois paramètres rappellent que la recherche de l'exhaustivité et de la précision descriptive est illusoire.

Plus convaincantes que tout exposé « théorique », les expériences de plus en plus nombreuses confirment en France — comme cela a déjà été fait ailleurs — la distorsion créée entre la reconstitution des archéologues et la réalité archéologique du sous-sol, qui demeure insaisissable par la seule prospection. Ainsi, l'expérience de l'autoroute A 71 (Bourges-Montluçon) a montré qu'il était délicat de décerner une nature et une importance au site par la seule vision de surface. Plusieurs sites ont été interprétés lors de la prospection pédestre comme des sites d'habitats qui à la fouille se sont révélés être des nécropoles à incinération! De même, un site gallo-romain de quelques centaines de mètres carrés a donné lieu à la fouille d'un établissement rural gallo-romain d'une superficie de plus de deux hectares ! Il est également apparu que la conservation différentielle des sites se traduit par une nette prédominance des vestiges gallo-romains qui n'est pas uniquement due à une occupation plus intense du territoire. Ceux-ci représentent un pourcentage largement supérieur au double des sites préhistoriques (Ferdière 1995). En moyenne vallée du Rhône, les opérations archéologiques menées à la faveur de la construction du TGV Méditerranée ont permis d'évaluer l'importance des sites enfouis par rapport au nombre de gisements trouvés en prospection en amont des fouilles. Le résultat est édifiant. Environs 70% des sites inventoriés dans les zones déprimées sont indécelables en surface ! Les travaux de J.-L. Brochier dans la même région avaient montré que les espaces qui n'ont pas livré de sites archéologiques lors de la prospection au sol correspondaient à des zones à fort recouvrement sédimentaire ou à des zones à érosion active (Brochier 1991). Pour expliquer ces vides apparents sur les cartes archéologiques qui sont dus aux conditions taphonomiques, plusieurs interprétations ont tour à tour été avancées présentant ces lieux comme étant des zones répulsives (dépressions humides, marécageuses) ou arguant que ces vides étaient le reflet de périodes marquées par une chute démographique. Les travaux conduits dans le val d'Authion en Moyenne vallée de la Loire préalablement à la construction de l'autoroute A 85 sont aussi éloquents. Les interventions archéologiques ont livré des occupations depuis le Néolithique jusqu'à l'Antiquité sous d'épais dépôts sédimentaires dans une zone considérée comme inhabitée antérieurement à ces découvertes (Burnouf 2001).

Des expériences involontaires ont permis de vérifier des faits similaires en Languedoc (France), lors des fouilles archéologiques de sites découverts en prospection et qui avaient alors fait l'objet d'interprétations fonctionnelles et chronologiques. Ces expériences, qui relèvent en partie des limites inhérentes à la méthode, sont de plus en plus courantes à la faveur des grands travaux qui impliquent, par endroits, des fouilles de sauvetage en amont des destructions irrémédiables occasionnées par ces aménagements. Il n'est pas inutile de les rappeler, car la question cruciale de la distorsion qui existe entre la réalité archéologique et son image au sol est toujours d'actualité.

Dans le département de l'Hérault (France), sur les communes de Mudaison et de Mauguio, trois sites découverts à l'occasion de programmes de prospection systématique ont été identifiés à des habitats gallo-romains au vu de l'abondance et de la « richesse » du mobilier collecté. Dans le premier cas, le site de « Petit Peyre Blanque » a fait l'objet de sondages qui ont démontré l'absence de bâtiments construits. Seules trois structures en creux ont été mises en évidence. Elles consistent en un fossé, une fosse et un dépotoir contenant un mobilier « d'une richesse exceptionnelle ». Les vestiges interprétés en prospection comme les témoins d'un habitat gallo-romain ne sont donc que les déchets rejetés dans une fosse extérieure à l'habitat (BSR 1993 : 109).

Les deux autres sites identifiés en prospection à des habitats gallo-romains se trouvent sur la commune de Mauguio. Le premier, les « Aires de Saint-Jacques » a été soumis à une intervention archéologique qui n'a révélé aucune trace d'un habitat mais seulement quelques fosses et fossés (Raynaud 1991). Le second site est celui des « Plantiers » qui avait livré au sol un mobilier céramique et architectural (moellons, mortier, *imbrices*, *tegulæ*, béton de tuileau, torchis) abondant lors de la prospection. Là encore, au lieu de constructions liées à des habitations, une première fouille a mis au jour des aménagements agraires. Ils consistent en un ensemble de trois fosses et d'un fossé comblés de ce même mobilier recueilli en prospection et qui a été interprété comme l'indice de la présence d'un habitat. Convaincus de son existence, les archéologues ont procédé à une seconde intervention dans les parcelles voisines. Celle-ci n'a fait que confirmer le verdict de la première fouille puisque là encore, ce sont des lambeaux de campagne qui ont été trouvés en lieu et place d'un habitat (BSR 1993 : 111 ; BSR 1994 : 133). Il est vrai que la nature du mobilier piégé dans le comblement du dépotoir de « Petit Peyre Blanque » et des fosses et fossé des « Plantiers » indique, dans les deux cas, l'existence d'un habitat voisin. Mais force est de constater qu'aucun des deux n'a pu être correctement localisé et identifié par la prospection.

D'autres sites connus par la prospection et identifiés à des habitats ont pu être fouillés dans le même département. Sur la commune de Lunel-Vieil (Hérault, France), le site de l'« Aube de Servière » a livré un réseau de fossés, une grande fosse comblée de matériaux de démolition et quelques rares lambeaux de murs très arasés (Malvis 1990), tandis que la fouille réalisée sur le site du « Cros des Anèdes » sur la commune de Lunel (Hérault, France) n'a mis au jour qu'un court mur de pierre rectiligne et un trou de poteau, vestiges difficilement interprétables en l'état (Favory 1994b : 184). Dans les deux cas, les résultats de la fouille ne corroborent donc pas les interprétations avancées lors de la prospection.

C'est également le cas dans la vallée du Gargailhan, sur la commune de Béziers (Hérault, France), dans les quartiers cadastraux de la Daubinelle et de Font de Cougoul, dont il sera question plus longuement dans un autre chapitre. Le site nommé « la croix de Poumeyrac Nord-Est » y a été découvert en prospection et a été interprété comme une *villa* occupée du premier quart du premier siècle au début du Ve siècle de l'ère chrétienne, au regard de la « richesse » et de la concentration du mobilier retrouvé sur une surface d'environ un hectare. Au début des années 1990, une fouille occasionnée par la construction de la rocade de contournement de Béziers a en partie concerné les parcelles des quartiers cadastraux précités où devait se trouver la *villa*. Or, à l'emplacement présumé de l'habitat, les archéologues ont exhumé un réseau de murs, fossés, enclos et chemins organisant la campagne romaine cultivée. La fonction attribuée au site découvert en surface, sa localisation, comme la datation avancée par les prospecteurs et la surface qui lui avait été décernée n'ont donc pas été validés par la fouille puisque ces éléments du paysage rural appartiennent aux IIe et IIIe siècles de l'ère chrétienne et que la poursuite des investigations a révélé l'implantation de la *villa* plus loin.

Plus récemment en Languedoc occidental, un chemin gallo-romain structurant la campagne romaine de l'actuelle commune de Bram, dans le département de l'Aude (France) a été fouillé. Il a livré dans la stratification de sa construction et de son fonctionnement tous les éléments mobiliers significatifs qui en prospection seraient interprétés comme les traces matérialisant au sol la présence d'un habitat : moellons, tuiles, clous, céramique et faune ! (BSR 1996 : 39).

Une situation similaire a été rencontrée dans la région de Mailhac (Aude, France), au pied de la colline sur laquelle s'est installé l'habitat protohistorique. Sur le piémont, la surface du sol d'un vignoble présentait tous les indices mobiliers qui, selon les critères d'interprétation établis par les équipes de prospection œuvrant en Languedoc, devaient conduire à identifier ces vestiges aux restes d'un habitat romain (*villa* ?) démantelé. Le sol était jonché de moellons, tuiles et céramique romaine comprenant des céramiques fines. Or, la fouille conduite à cet emplacement a révélé la présence d'un aqueduc rural ! (Harfouche 2001 ; 2005a).

A la lumière de ces expériences et des quelques points de réflexion soulevés ci-dessus, il est possible d'énoncer une certitude : la quantité et la conjonction des paramètres liées à la prospection rend la normalisation des sites aléatoire. La variété des techniques employées, la diversité des objectifs fixés initialement par l'étude et surtout les limites de la prospection elle-même à saisir la réalité archéologique ont pour conséquence la multiplication des interprétations qui diffèrent selon les auteurs. On ne peut ignorer les limites inhérentes aux données issues de la prospection au risque de succomber à la surinterprétation ce qui donne lieu à des résultats démesurés par rapport à la valeur initiale du document et à l'usage qui peut en être fait. La précision qui voudrait être atteinte par la simple lecture du mobilier collecté durant la prospection, vestiges résiduels d'une ou plusieurs occupations dont la dispersion au sol dépend de nombreux facteurs, est donc vaine. C'est aussi pourquoi certains descripteurs seulement (statut très général, datation, situation) ont été délibérément privilégiés dans ce travail au détriment d'autres qui sont difficilement appréciables par le seul biais de la prospection. Enfin, compte tenu des objectifs fixés par ce travail, une place primordiale doit être donnée à la description du contexte géographique actuel afin d'être en mesure, dans un second temps, de discuter la localisation des aménagements associés aux sites dans leur environnement restitué. Ce n'est qu'à cette condition que l'on est autorisé à dégager les traits de ce paysage qui dictent les choix de l'implantation humaine depuis l'intrusion en son sein de l'homme-agriculteur.

Pour clore cet examen nécessaire, il faut retenir en conclusion les principales difficultés auxquelles est confrontée toute analyse de la documentation produite par l'archéologie, qu'elle concerne les données issues de la prospection ou des fouilles.

Le principal point faible de l'information réside dans la notion de site archéologique, pris au sens strict, c'est-à-dire un espace géographique limité, où ont été mis en évidence des constructions humaines, des artefacts et/ou des traces d'activités (habitats, sépultures et nécropoles, fosses diverses, lieux de prélèvement de matières premières et de transformation, lieux de culte, aménagements de réseaux de communication). Tous les sites composant les bases de données ne sont certainement pas des individus, au sens où on l'entend dans l'analyse statistique. Chaque site ne peut être raisonnablement individualisé puis caractérisé autrement que comme un point de découvertes.

La nature de bon nombre de ces points de découvertes est également bien difficile à saisir, surtout en ce qui concerne les vestiges pré romains situés en plaine, lorsqu'il ne s'agit que de groupes plus ou moins lâches de structures excavées, dont la fonction et le synchronisme nous échappent totalement. Que dire de ces sites sans stratification, où la seule documentation réside dans le remplissage des structures en creux ? Dans ce flou quant à la nature des structures, leur fonction dans le système de production de la communauté agricole est donc largement insaisissable, et il n'est certainement pas intellectuellement honnête de rassembler toutes les fosses découvertes sous le terme de silos.

Une autre limite à toute tentative d'analyse réside dans la qualité des traces conservées. Les vestiges d'occupation, que l'on peut mettre au jour en évacuant les horizons plus ou moins épais des sols actuels, ont subi le prisme déformant des conditions « taphonomiques ». Les phénomènes post-dépositionnels multiples ont évidemment modifié le site. Un processus normal en toute circonstance à la surface du globe terrestre, l'érosion, a plus ou moins tronqué les constructions anthropiques. Le sol, en évoluant naturellement par approfondissement et en perdant de la matière en surface, a également eu un rôle dans la modification des vestiges. Les labours, les prélèvements de matériaux comme les carrières de terre particulièrement abondantes en Moyenne Vistrenque par exemple, et les pillages ont soit dénaturé, soit irrémédiablement détruit les sites. Enfin, le choix des techniques de construction des sociétés, la taille et la durabilité de l'établissement ainsi que la volonté d'une monumentalité ont obligatoirement influencé la plus ou moins grande résistance à ces phénomènes.

Il faut encore ajouter à ces faiblesses inhérentes à la méthode et qui concernent donc toute base de données, celles relatives à la difficulté de dater précisément les découvertes effectuées. Lorsque l'on met au jour un groupe de structures excavées (fosses, fossés, trous de plantation...), il est bien difficile de dire si l'on est en présence d'une ou de plusieurs phases d'occupation, séparées par un abandon plus ou moins long du lieu. S'ajoutent à cela les difficultés et la fragilité des typo-chronologies relatives, établies à partir de l'observation du mobilier céramique, qui aboutissent à une périodisation des faciès matériels, singulièrement pour les périodes antérieures à l'Antiquité. Si la datation de l'occupation des sites d'habitat est évaluée au demi-siècle près pour l'Antiquité et au siècle près pour l'époque médiévale, il n'en est pas de même pour les périodes antérieures (Durand-Dastès 1998 : 153). Quand l'étendue de l'écart de confiance des dates obtenues par l'analyse du radiocarbone est proche de la durée d'une culture de la Préhistoire récente, soit plusieurs siècles voire près d'un millénaire, comment discuter la contemporanéité partielle ou totale et la succession des établissements dans un espace géographique donné, lieu des activités de production agricole ? Comment déterminer avec précision leurs liens chronologiques avec les aménagements du paysage cultivé ?

Il est aisé de constater que les obstacles liés à l'utilisation de la documentation archéologique sont encore nombreux. Elle permet néanmoins, si elle est considérée avec prudence, d'appréhender les rapports entre les communautés d'agriculteurs regroupés en un lieu, et les terroirs qu'ils exploitent et transforment du même coup. L'apport des sciences de la Nature à la compréhension de ces rapports est alors indispensable.

2.3.4. La documentation issue des sciences de la Nature

L'importance des sciences de la Nature encore appelées sciences de l'environnement ou, de manière plus restrictive à la sphère végétale, la paléoécologie est aujourd'hui reconnue et défendue par de nombreux archéologues s'intéressant à l'histoire du monde rural. Il n'y a pas lieu de revenir sur les limites intrinsèques et extrinsèques inhérentes aux disciplines qui relèvent de la sphère végétale (anthracologie, palynologie et carpologie), disciplines les plus sollicitées par l'archéologue. Si l'apport de ces sciences est indéniable pour la connaissance des espèces qui composent le couvert végétal, elles se heurtent à plusieurs problèmes liés à la méthode ou aux choix du chercheur lorsqu'il s'agit de restituer le contexte végétal dans son environnement géomorphologique, problèmes qui ont déjà été soulevés et discutés (Poupet 1991a). La localisation dans l'espace des espèces identifiées en laboratoire (aire d'extension) nécessite l'intervention de l'archéologie et des sciences de la Terre qui permettent de restituer les champs, de connaître les sols et les roches qui ont pu recevoir ces végétaux. Pour être réellement constructive, l'utilisation de la documentation issue des sciences de la Nature, passe donc par l'intégration de ces données au discours archéologique afin de l'enrichir et de nourrir une réelle discussion sur le paysage qui tienne compte du rôle de chacun des paramètres du milieu.

Une place particulière est accordée dans ce travail à la documentation issue des sciences de la Terre, en particulier la science du sol. Son apport fondamental à l'étude du paysage et des aménagements agraires a encore récemment été affirmé dans le cadre du *symposium* coordonné par D. Yaalon et P. Poupet sur le thème « attitudes to soil care and land use through human history », à l'occasion du 16e congrès mondial de science du sol organisé par l'IUSS (International Union of Soil Sciences) à Montpellier en 1998, (Yaalon 1998 ; Poupet 1998). Cette nécessaire participation active de la science du sol à la problématique agraire en archéologie a encore été démontrée par des travaux récents (Poupet 1999 ; 2001). Si l'on retient la définition que donnent les pédologues d'un sol, on comprend mieux l'intérêt de son étude pour la compréhension des paléopaysages en archéologie. Un sol « est le produit de la transformation de la roche, sous les effets conjugués de l'eau, de l'air, des températures… et de la vie (végétale, animale, humaine) » (Ruellan 1993 : 13). Il « n'est pas un milieu inerte et stable, mais il se transforme, se développe » (Duchaufour 1984 : 4). Cette mobilité qui caractérise les sols est pour l'archéologue un marqueur des modifications qui surviennent dans l'environnement. Les formations pédologiques qui sont en évolution enregistrent tous les changements qui les affectent qu'ils soient climatiques, anthropiques, hydriques ou liés à l'érosion. Il est donc essentiel de considérer la dynamique d'évolution des états de surface du sol en relation avec les choix techniques des agriculteurs en milieu méditerranéen. C'est l'un des paramètres qui doivent êtres pris en compte pour une étude de l'érosion des sols dans l'environnement, étude qui s'attache à faire la part des facteurs naturels et anthropiques dans le déclenchement ou l'arrêt du processus érosif et dans son accélération ou son ralentissement.

Le sol en tant que « système de production » joue un rôle fondamental dans les problématiques posées par l'archéologie. La création des espaces cultivés implique pour l'agriculteur de veiller à la conservation des sols en fonction des types d'érosion auxquels ils sont exposés et de l'extension de ces phénomènes, en mettant en œuvre des moyens de conservation adaptés tels que les terrasses de culture dans les bassins-versants. Le sol devient alors support d'infrastructures. L'autre facteur qui entre en considération dans la chaîne opératoire du paysan est l'amélioration des propriétés physico-chimiques des sols par leur approfondissement (épierrement), par les apports de matières organiques d'origines diverses (fumier, compost), ainsi que par le drainage et l'irrigation. L'étude des sols du bassin-versant de Carboneras dans le ranch Atotonilco, en région semi-aride au Nord-Mexique, rend compte de l'importance des études pédologiques pour comprendre l'évolution des paysages (Rossignol 2002). Elle a permis de démontrer que le comportement de l'eau à la surface de la couverture pédologique diffère en fonction du type de sol et de son influence sur le développement végétal. Les sols développés sur des matériaux sédimentaires calcaires présentent une aptitude au ruissellement plus forte sur le bas de la pente que sur le haut, contrairement aux sols développés sur les granites. Sur les sols développés à partir de matières sédimentaires calcaires comportant un horizon à accumulation carbonatée, la circulation de l'eau est préférentiellement latérale plutôt que verticale, ce qui a des conséquences sur l'enclenchement des processus érosifs sur la pente.

La connaissance des roches et des sols a donc un intérêt direct pour appréhender les constructions humaines dans leur contexte environnemental. Elle permet de comprendre la dispersion des sites en surface et les modes d'occupation d'un territoire (Beeching 1991 ; Poupet 1994 ; Rialland 1995). En effet, « le sol recouvre, contient les sites archéologiques ; il est articulé à eux par ce qu'il est un des paramètres du paysage et que toute recherche sur l'occupation du sol, la localisation de l'habitat et des bâtiments d'exploitation agricole d'un territoire, ne peut se permettre de l'ignorer » (Poupet 1994 : 314). L'étude des aménagements agricoles n'échappe pas à ce constat. La détermination des terroirs potentiels qui ont servi de support aux activités agricoles des sociétés anciennes et l'étude des champs lorsqu'ils sont identifiables impliquent le concours de la pédologie car l'objet d'étude fondamental est ici le sol et ses qualités agronomiques. La fertilité du sol dépend de deux facteurs à la fois et, en conséquence, de leur combinaison. Les caractères génétiques sont les premiers à influencer la fertilité et leur importance est surtout sensible au niveau des forêts. Les caractères fonctionnels, plus directement liés à l'activité agricole, sont également en jeu. Il s'agit de la profondeur du sol exploitable par les réseaux racinaires, de sa texture (argileux, limoneux ou sableux), de sa charge en éléments grossiers, les pierres, de sa dégradation… Il est donc nécessaire pour toute tentative de détermination de terroirs ou de finages de tenir compte de ces deux critères. Une classification en vue de déterminer les types de finages dans lesquels sont implantés les sites découverts en prospection a été tentée dans le cadre du programme européen *Archaeomedes* II, dans laquelle « les sols sont abordés en fonction de leur physionomie, et non de leur nature. L'épaisseur, la charge caillouteuse, l'hydromorphie sont considérés comme plus déterminants que les qualités physico-chimiques pour l'utilisation des sols dans le contexte des pratiques aratoires antiques et médiévales. » (Favory 1999b : 28). Des sujets de questionnement aussi fondamentaux que l'estimation de l'âge des aménagements agricoles, la compréhension de la place qu'ils occupent dans le paysage et de leur comportement avec les agents du milieu ne peuvent s'affranchir du recours aux donnés issues des sciences de la Terre.

Dès lors une démarche interdisciplinaire s'impose dans laquelle doit s'inscrire toute étude de l'espace rural, croisant résultats archéologiques et données d'ordre géopédologique et géomorphologique. Elle seule permet d'esquiver les pièges de la polyvalence qui menacent toute recherche individuelle. Cette approche permet également d'éviter les écueils d'une pluridisciplinarité où chaque chercheur a parfois la tentation d'instrumentaliser les techniques d'autrui. Grâce à ce double regard posé sur les paysages par le biais d'une réelle approche interdisciplinaire qui respecte l'autonomie des disciplines et la valeur des compétences, les problématiques de recherche peuvent être posées de manière intégrée dans une réflexion croisée de l'archéologie, de l'histoire et des sciences de la Terre qui dépasse le cloisonnement des secteurs disciplinaires. C'est donc tout naturellement que les observations effectuées dans ce travail ne dépassent pas le cadre (nécessairement limité) des compétences de l'archéologue qui a suivi une formation auprès du géopédologue. Toutes les analyses plus approfondies qui requièrent les compétences du scientifique de formation sont le fait d'une collaboration étroite avec le spécialiste. C'est à la seule condition de ce dialogue qu'un discours constructif peut s'établir car une recherche individuelle qui ambitionne la polyvalence devient vite buissonnante et risque de se faire rattraper par l'incompétence.

Les limites liées à l'utilisation des sciences de la Terre en archéologie résident essentiellement dans l'interprétation des données des stratifications. A l'instar de toutes les sciences de l'observation auxquelles appartiennent les sciences de la Nature, les sciences de la Terre sont fondées sur une appréciation dans l'observation et dans l'interprétation des faits sédimentaires. La distinction dans la rigueur de l'appréciation est alors fonction des compétences de l'acteur. Dans le domaine de la sédimentologie, la texture et la granulométrie renvoient à l'appréciation d'un même caractère, mais la granulométrie implique la mesure de la taille des particules (argiles, limons, sables, graviers…). L'analyse granulométrique ne livre pas en elle-même un trait d'un paysage. Celui-ci est le résultat d'une interprétation qui varie selon les acteurs. Par exemple, en contexte archéologique, en présence d'une couche interstratifiée dans les sédiments archéologiques, l'archéologue possédant quelques minces notions de sciences de la Terre interprète une unité stratigraphique de texture très hétérogène comme une formation alluvio-colluviale résultant d'une crise rhexistasique, tandis que le géographe y voit plus simplement un banal remblai !

Un autre exemple peut être donné qui a trait à l'hydraulique agricole. La démonstration de l'existence d'un système d'irrigation a été développée à partir de l'interprétation du comblement sédimentaire de fossés (Jung 1999 : 299 ; Fabre 2005 : 8). L'argumentation repose principalement sur l'origine allochtone des sédiments (leur origine ayant été localisée à un amont topographique proche) et la forme des dépôts sédimentaires (présence de dépôts fins attribués à un écoulement pour l'irrigation, au contraire des dépôts grossiers interprétés comme le résultat de l'évacuation des eaux de ruissellement). Il n'y a pourtant rien d'étonnant à rencontrer des sédiments allochtones dans le comblement, à un endroit donné, d'un fossé où l'eau a circulé, puisque le cours d'eau temporaire a une certaine longueur et qu'il transporte vers l'aval des sédiments arrachés à l'amont. La provenance de ces sédiments relève tout simplement d'un phénomène naturel. Quant à leur nature granulométrique (fraction fine ou grossière), elle renseigne seulement sur la capacité de transport de l'eau, sur son énergie. Elle ne préjuge surtout pas de la fonction du fossé, si ce n'est que de l'eau a coulé, entraînant et déposant des sédiments.

Enfin, il ne faut pas succomber à la tentation de confondre systématiquement l'approche précise et rigoureuse avec l'étude de l'infiniment petit, sur des stratifications ou des faits archéologiques. Cette étude de l'infiniment petit ne doit pas masquer les faiblesses de la documentation, ni en faire oublier les limites. Par exemple, la notion d'analyse qualifiée de « micro-stratigraphique » du comblement des fossés a pour ambition de déterminer les cultures des parcelles voisines, l'aspect du paysage environnant et les conditions climatiques régionales en s'appuyant notamment sur la présence de charbons de bois piégés dans le comblement de ces fossés. Or, cette approche se heurte à un problème méthodologique fondamental, qui ne peut être éludé car il est à la base de la démonstration. Il s'agit de l'incapacité de l'archéologie à démontrer la contemporanéité des restes végétaux carbonisés piégés dans le comblement sédimentaire de la tranchée avec le fonctionnement du fossé !

2.3.5. Les sources écrites et iconographiques

Dans la perspective d'une approche intégrée des paysages, les sources écrites et iconographiques ont également été sollicitées pour être croisées avec les données archéologiques et géopédologiques. Il faut noter, dès à présent, que l'étude de cette documentation est fondée sur les travaux publiés par des épistémologues et des historiens, ainsi que sur un retour aux traductions françaises des écrits des auteurs antiques. Elle repose également sur la lecture des sources en langue arabe et des écrits commentés au sujet de cette documentation.

Les indications susceptibles d'éclairer cette étude ne se résument pas à des mentions explicites de l'aménagement des champs pour l'agriculture. Certains éléments du discours des auteurs antiques suggèrent l'utilisation de ces moyens de construction du paysage, sans les citer nommément. Les indications relatives à la présence de champs sur les versants et de mise en culture des pentes, pouvant impliquer l'existence d'aménagements pour réguler la topographie, constituent autant d'indices pour l'enquête. Enfin, les champs construits n'étant pas seulement situés sur les versants, des mentions parmi les plus explicites concernant la mise en culture des plaines ainsi que les aménagements liés au drainage et à l'irrigation des cultures sont relevées. Il n'y a cependant pas lieu de s'appesantir sur l'apport des sources antiques en matière d'irrigation et de drainage. L'ancienneté de ces pratiques est reconnue par tous, au contraire de l'agriculture sur des versants construits. La législation de l'eau et les méthodes d'exploitation de cette ressource naturelle ont été le sujet de nombreuses rencontres et ouvrages collectifs (Travaux de la Maison de l'Orient ; Réparaz 1987 ; Geyer 1990 ; Argoud 1992 ; Menu 1994...). Il est cependant souvent question dans les études relatives aux textes anciens de grands ouvrages architecturaux du Moyen-Orient et d'Egypte (travaux des rois mésopotamiens et des pharaons d'Egypte, aqueducs, barrages...). Ces réalisations grandioses sont généralement destinées à l'alimentation des agglomérations (eau potable, fontaines, citernes, réservoirs, puits domestiques). L'arrosage des cultures est plus rarement explicité dans la finalité de ces programmes. Les documents les plus riches proviennent essentiellement du Moyen-Orient, mais le développement de techniques performantes hors de la zone méditerranéenne, dans des milieux difficiles, a un intérêt pour cette étude en ce qu'il permet de mesurer les savoirs des sociétés anciennes en matière d'agriculture et de maîtrise des techniques hydrauliques.

A cette palette d'indications correspond un éventail de sources écrites et iconographiques. L'existence des constructions de terrasses agricoles en Méditerranée étant surtout problématique hors du Proche-Orient, une place importante doit être réservée aux mentions issues des textes et des documents épigraphiques grecs (contrats de location, décrets et bornes qui renseignent sur les pratiques agricoles des quatre derniers siècles avant l'ère chrétienne), ainsi qu'aux informations provenant des textes latins des *agrimensores* et de ceux que l'on nomme les agronomes. Dans un article qui dresse le cadre général d'une approche de la littérature grecque antique au service d'une étude de l'agriculture ancienne, M.-C. Amouretti propose une classification des sources littéraires (Amouretti 1995). Elle distingue les renseignements issus de la littérature non technique, des écrits techniques non agronomiques, des récits qui relèvent de l'agronomie pragmatique et de ceux qui se rapprochent de l'enquête de type encyclopédique.

Dans la première catégorie de documents, le monde agricole est perçu au travers d'évocations à visée littéraire, comme dans les écrits homériques traditionnellement datés du VIIIe siècle avant l'ère chrétienne ou encore dans les pièces d'Aristophane au Ve siècle avant l'ère chrétienne. Des allusions indirectes à la société agraire, en particulier aux travailleurs de la terre, sont également perceptibles chez les historiens comme Thucydide ou Hérodote qui écrivent au Ve siècle avant l'ère chrétienne. Des auteurs comme Hésiode dont *Les Travaux et les Jours* est communément daté de 700 avant l'ère chrétienne ainsi que les poètes bucoliques donnent un cadre agricole à leurs récits.

Dans la deuxième catégorie de sources, les traités médicaux, poliorcétiques ou encore sur la mécanique fournissent des indications sur les produits issus de l'agriculture (plantes médicinales, aliments de substitution pour une ville assiégée...), sur les techniques de conservation (silos) et de transformation des produits (moulins et pressoirs) (Amouretti 1998). Mais c'est au IVe siècle avant l'ère chrétienne, avec l'*Economique* de Xénophon, qu'apparaît le traité de type agronomique destiné à prodiguer des conseils aux propriétaires pour gérer leur domaine. Pour cette « administration domestique », l'accent est alors mis sur les techniques de culture comme les semailles, les moissons ou la plantation. De ce courant procède un genre d'œuvres que les historiens du monde rural moderne qualifient de *Maisons Rustiques*, auquel appartient le traité qu'O. de Serres offre au roi Henri IV de France en 1600.

Enfin, la dernière catégorie de textes se rapporte aux écrits que M.-C. Amouretti rattache à l'école aristotélicienne et à laquelle elle reconnaît une volonté encyclopédique. Ceux-ci concernent principalement les plantes. Ils comptent parmi eux, au IIIe siècle avant l'ère chrétienne, les écrits de Théophraste à qui l'on attribue le plus ancien traité d'agronomie viticole européen conservé. Ceux que l'on nomme les agronomes latins, comme Caton, Varron, Columelle ou Palladius, sont les héritiers de Xénophon tandis que Pline l'Ancien, pour rédiger son œuvre au premier siècle de l'ère chrétienne, s'appuiera sur les textes de l'école aristotélicienne. Il faut ajouter à ces sources grecques et latines d'autres textes qui renseignent sur les pratiques agricoles dans les campagnes de l'Antiquité tardive et du Moyen Âge, comme le code Théodosien, publié en 438 de l'ère chrétienne. La compilation des Géoponiques dont l'édition définitive des XX Livres a été commandée par Constantin VIIe au Xe siècle de l'ère chrétienne, compte un premier compilateur, Cassianus Bassus, propriétaire d'un domaine en Bithynie au VIe siècle de l'ère chrétienne cultivé en vignes, céréales et oliviers, qui en décrit le fonctionnement, comme l'avait fait Columelle qui connaissait les domaines de son Espagne natale. Les agronomes arabes, riches de ce savoir, apporteront une réflexion nouvelle à partir de ces lectures et sur la base de leurs expériences dans le domaine des champs et de l'hydraulique autant que dans celui des cultures. Les plus connues dans le monde européen sont encore visibles et fonctionnelles dans les paysages espagnols depuis la conquête d'*al-Andalus*.

La variété des renseignements issus de ces sources, en particulier des documents antiques, tant sur le plan quantitatif que qualitatif, selon les époques et les auteurs, ne doit pas faire oublier la discrétion des informations qui concernent plus directement les paysages de terrasses.

2.3.6. Les données de l'enquête orale

Lorsque les sources écrites et iconographiques ainsi que les archives du sol, qu'elles soient archéologiques, paléoécologiques ou issues des géosciences, sont muettes, l'enquête orale au sein de sociétés agricoles qui pratiquent encore des activités non mécanisées permet d'éclairer les gestes et de comprendre les choix qui président à la réalisation des aménagements et aux pratiques. La montagne libanaise constitue de ce point de vue un terrain d'étude privilégié par la qualité de conservation de ses paysages, car on y pratique encore une agriculture largement à bras et, dans une moindre mesure, par traction animale, et parce que des savoirs anciens sont encore transmis de génération en génération par les agriculteurs. On peut y collecter les récits et les documents iconographiques sur la vie rurale et les pratiques agricoles ainsi qu'observer et analyser le geste technique qui pourra éclairer les silences de l'archéologie et des textes. L'enquête permet alors, en premier lieu, d'apporter les éléments nécessaires à la compréhension de la structure agraire qui est commandée par l'ensemble des facteurs agronomiques, démographiques, sociologiques, économiques et techniques. En second lieu, les informations recueillies conduisent à considérer le regard que les acteurs de ces paysages portent sur leur ouvrage, car toute société exploite son milieu de manière sélective, en fonction des ressources qu'elle connaît, des moyens dont elle s'est dotée et selon sa vision du monde.

Il ne s'agit pas de succomber aux anachronismes, mais de rechercher dans le présent des clés pour comprendre le sens des témoignages fragmentaires laissés par le passé.

2.4. Une approche interdisciplinaire

2.4.1. Une lecture systémique des paysages

La précision de l'analyse du cadre physique ne doit pas être minimisée dans une étude qui cherche à embrasser l'espace rural dans toute sa complexité. Il s'agit, au contraire, d'une démarche rigoureuse nécessaire en préliminaire à toute approche s'intéressant au paysage. Parce qu'elle permet d'éviter les approximations et les généralités, elle constitue un exercice essentiel auquel il faut se soumettre. S'il est important d'appréhender le paysage dans sa globalité, cela ne peut raisonnablement être fait *ex abrupto*. Il est nécessaire, dans un premier temps, de le décomposer en tenant compte de la notion de temps.

Au contraire d'une banale description géographique introductive qui conduit à reconnaître au paysage une permanence et une fixité qui le campent dans une position figée, la classification du paysage en unités hiérarchisées emboîtées permet d'en appréhender toutes les dynamiques. Cette démarche tient compte des changements et des mouvements perpétuels qui animent le paysage et qui sont à l'origine du rapport dialectique entre les sociétés et leur environnement. Elle contribue donc à reconnaître ce qui fait du paysage un objet d'étude notamment pour l'archéologie, c'est-à-dire son caractère vivant, qui évolue, de plus en plus marqué par les actions et des réactions humaines. C'est, par conséquent, un exercice liminaire auquel il est indispensable de se plier pour l'étude d'un espace géographique au travers de son histoire. Les actions naturelles et anthropiques qui ont été exercées sur le milieu ne peuvent être interprétées qu'en ayant caractérisé, au préalable, les composantes du paysage qu'elles affectent. C'est seulement en le disséquant qu'il est possible d'atteindre la spécificité des plus petites portions du tissu géographique et ce faisant, appréhender les choix qui ont prévalu à l'implantation d'un groupe dans un milieu physique particulier et d'analyser les caractères des aménagements que ses membres ont entrepris pour le modifier.

Le paysage résulte, ne l'oublions pas, des effets conjugués de trois types d'organisations : le contexte écologique qui renvoie au milieu physique, le biotope qui regroupe les organismes animaux et végétaux qui y vivent et qui l'exploitent, et les activités humaines dont l'impact s'exerce sur les deux facteurs précédents. C'est la confrontation de tous ces rapports qui permet de distinguer des divisions ou des discontinuités dans le tissu de l'espace géographique, ces discontinuités déterminant les unités constitutives du paysage. Celles-ci sont alors issues d'une combinaison particulière des éléments qu'elles comportent, qui varie en fonction de l'ampleur de la dynamique des rapports entre les facteurs et de la nature du facteur dominant (Rougerie 1991 : 79). Les unités du paysage ont donc des caractéristiques physiques distinctes et possèdent une dynamique qui leur est propre au sein d'un même espace géographique homogène. Chacune d'elles connaît une évolution particulière et contribue, selon sa nature, à la construction du paysage archéologique. Ce sont précisément ces milieux spécifiques qu'il faut distinguer pour chacune des micro-régions considérées.

La caractérisation des niveaux d'organisation spatiale se réfère au système d'unités taxo-chorologiques hiérarchisées défini par G. Bertrand à la fin des années 1960, à la suite d'un concept qui a été initié à la fin du XIXe siècle par l'école russe et qui relève d'une analyse systémique du paysage (Bertrand 1968 ; 1975 : 43). La nécessité de définir les unités qui composent le paysage et leur dimension temporelle ont été réaffirmées par le géographe en 1997 à l'occasion des journées du PIREVS qui se sont tenues à Toulouse, puis en 2000 lors du colloque de Besançon sur les écosystèmes et leur évolution (Bertrand 2000). Bien que le terme de taxo-chorologie désigne au sens strict une classification fondée sur la topographie, cette composante majeure ne constitue bien évidemment pas un caractère discriminant exclusif.

La taxonomie établie par le géographe français comprend six à sept niveaux d'organisation de taille décroissante : les zones, les domaines, les « régions naturelles », les « pays », les géosystèmes (ou encore géocomplexes), les géofaciès, et les géotopes. Les trois plus petites divisions (les géocomplexes, les géofaciès et les géotopes) constituent les unités majeures pour l'étude du paysage régional car elles correspondent à l'échelle spatiale du contexte géographique local. Ces classes se distribuent et évoluent au sein des quatre grands ensembles qui les enveloppent (les zones, les domaines, les régions naturelles, et les pays). Le géosystème regroupe les caractères dominants de l'organisation spatiale et de sa dynamique. Il se définit comme un espace-temps dont chaque unité représente un état (Bertrand 2000 : 71). Le géofaciès concerne les particularités structurales du géocomplexe et se distingue par une dynamique qui lui est propre. Enfin, le géotope, qui est la plus petite unité, correspond à une particularité qui affecte le géofaciès (Rougerie 1991 : 79 ; Muxart 1990 : 20). La nature des classes est variable. Elle dépend, bien évidement, de la taille de l'espace géographique étudié. Dans son principe même, l'organisation en niveaux emboîtés est un système ouvert. Des divisions peuvent être effectuées au sein de chacune des six unités. Une unité majeure peut ainsi comprendre des unités globales, élémentaires et particulières (Muxart 1990 : 20).

Cette démarche s'appuyant sur la qualité fondamentalement dynamique du paysage n'exclut pas la notion de temps. Au contraire, elle l'intègre, puisque le temps joue à l'intérieur de chaque unité et il joue dans les rapports qu'entretiennent les unités entre elles et qui sont à l'origine de la mobilité du paysage sur l'échelle chronologique. Chaque unité implique des durées, des vitesses et des rythmes d'évolution propres aux éléments qui la composent et qui en font un tout homogène.

La distinction et la description de ces unités s'appuie sur la documentation planimétrique, en particulier les cartes thématiques, ainsi que sur l'observation directe du paysage actuel. Les cartes thématiques permettent de définir ces unités à partir des critères dominants du milieu physique qui constituent le support de la dynamique des paysages. Il s'agit notamment des facteurs géologique, pédologique, hydrographique, et topographique auxquels il faut ajouter les faits d'ordre rhexistasique qui sont liés, en grande partie, à l'anthropisation et aux phénomènes climatiques.

Les observations réalisées sur le terrain permettent de préciser et /ou de rectifier les données des cartes souvent trop générales ou dressées à une échelle trop petite. L'intérêt du regard du spécialiste des sciences de la Terre impose une nécessaire interdisciplinarité dès ce stade de l'étude. Il s'agit de profiter de toutes les fenêtres ouvertes sur le sous-sol (fouilles, carrières de prélèvement de terre, talus de bord de route ou de chemin, coupes ménagées par des ravins d'érosion…) pour observer, décrire et interpréter les caractères géopédologiques des paysages afin de comprendre les relations des aménagements agricoles à l'histoire géomorphologique et de les situer sur une échelle de temps relative. Ainsi, l'analyse des dépôts de bas de versant est cruciale pour estimer l'âge des terrasses de culture encore visibles sur les pentes, à l'amont topographique. Ce double regard géopédologique et archéologique permet d'expliquer la construction de ces aménagements par rapport aux conditions du milieu et inversement de mesurer leur impact sur l'évolution du versant, au cours de leur vie et après leur abandon. L'étude de ces dépôts soulève donc la question du seuil d'équilibre d'un versant et du temps de réponse du milieu face aux agressions des agents extérieurs, naturels et/ou anthropiques. Leur présence témoigne du dépassement de ce seuil qui provoque la déstabilisation de la couverture sédimentaire et la mise en place de nouvelles pédogenèses. La (les) cause(s) de cette rupture reste(nt) à déterminer, sachant que si l'action humaine sur l'environnement s'exprime sur une courte durée, ses effets, eux, sont souvent durables. Il est donc indispensable, pour situer les phénomènes rhexistasiques ou les phases biostasiques sur l'échelle du temps et par rapport aux aménagements anthropiques des versants, de lever, décrire et interpréter les coupes sédimentaires accessibles sur les pentes selon le protocole établi par la discipline.

De toute évidence, la description des sols visibles dans les coupes nécessite la collaboration du pédologue dans le cadre d'une véritable démarche interdisciplinaire. Elle se réfère à l'analyse structurale macroscopique admise par la science du sol qui s'attache à observer, mesurer, représenter et interpréter les quatre principales organisations morphologiques du sol (Duchaufour 1968 ; 1976 ; 1977 ; 1984 ; Bonneau 1979 ; Ruellan 1993 ; *Référentiel pédologique* 1995 ; Baize 1995). Celles-ci renvoient à des échelles d'organisation et d'observation spatiales différentes, qui vont de l'échelle centimétrique à celle de l'unité de paysage.

Il s'agit, au premier niveau, des organisations élémentaires des constituants minéraux et organiques visibles à l'œil nu. Leur description se fait en termes de couleurs, d'agrégats et de structures, de vides, de concentrations linéaires et nodulaires et de traces d'activité biologique.

Les assemblages de ces organisations conduisent à déterminer des subdivisions homogènes dans le profil pédologique, les horizons du sol.

La caractérisation de ces horizons et des relations qu'ils ont entre eux à leurs limites est fondamentale au plan de l'analyse sur le terrain car, elle permet de comprendre le fonctionnement, la dynamique du sol et donc d'évaluer sa durée de vie, l'horizonation étant intimement liée à la dimension temporelle du sol. Ce point est essentiel pour mesurer l'âge des champs construits en terrasses.

Enfin, l'association de plusieurs horizons qui se superposent verticalement et se succèdent latéralement conduit à déterminer des systèmes pédologiques à l'échelle du paysage. Cette ultime étape permet de mettre en relation les observations par nature discontinues réalisées sur des fenêtres aux dimensions et à la localisation aléatoire afin de comprendre l'organisation de la couverture pédologique à l'échelle d'une unité de paysage, le versant par exemple, tant dans l'espace que dans le temps (Ruellan 2000 : 63). Toutes les données ainsi collectées sont considérées en étroite relation avec les autres composantes du milieu (principalement la topographie, le couvert végétal et les activités humaines), dans une démarche intégrée.

La collecte de toutes ces informations permet de dresser une carte des sols, instrument indispensable pour la lecture archéologiques des paysages investis et transformés par l'homme depuis des siècles. Dès le XVIIIe siècle, A. Young avait déjà conscience de cet outil fondamental pour la connaissance des sociétés. En 1792, le voyageur anglais publie une carte sommaire des terrains et limites de culture en France sous la forme de sept grandes catégories de sols qu'il caractérise par la qualité du substrat (limons, graviers, sols pierreux, etc.).

Les cartes de distribution spatiale des sols ont donc été réalisées à partir de l'observation directe en appui des photographies aériennes qui permettent d'avoir une vision d'ensemble rendant compte des facteurs de la pédogenèse (roches, topographie, végétation). Elles valorisent également des connaissances antérieures publiées (cartes pédologiques, études d'impact, etc.).

2.4.2. Une étude archéo-pédologique des aménagements ruraux

Une étude de l'espace rural ne peut donc ignorer l'histoire et les caractères du tissu géographique comme elle ne peut s'abstenir d'analyser les constructions anthropiques qui l'ont affecté en se limitant à la seule vision, nécessairement réductrice, des cartes de sites. Tous ces gisements confinés à des semis de points n'ont de sens que par rapport au paysage dans lequel ils s'insèrent et que l'archéologue, en étroite collaboration avec les chercheurs d'autres disciplines, doit s'attacher à restituer, en respectant sa dimension temporelle dynamique pour éviter les anachronismes. Une approche spatiale multiscalaire des aménagements de l'espace rural s'impose. Les particularités qui font la diversité des paysages méditerranéens ne sont perceptibles qu'à la seule condition de conduire une étude détaillée, à grande échelle. Cette approche est aussi nécessaire, rappelons-le, pour tenter de faire la part entre ce qui relève des phénomènes généralisables et ce qui appartient à une histoire locale des paysages.

Une première approche des aménagements à petite et grande échelles peut être conduite à partir de la documentation planimétrique. Il a paru utile dans un premier temps, d'identifier et de cartographier les masses parcellaires qui structurent le paysage anthropisé et qui sont matérialisées par les aménagements de terrasses de culture, de chemins et de fossés. La finalité de cette approche n'est pas, comme cela est souvent le cas s'agissant de parcellaire, de déceler la présence de « cadastres » en traquant des grilles orthonormées à l'orientation particulière. Il n'est bien sûr pas possible d'ignorer cette question dans une étude de géographie historique en France méditerranéenne. Le choix a été délibérément fait de demeurer en retrait par rapport à une problématique complexe pour laquelle il existe encore de nombreux désaccords entre les auteurs, sur des points aussi fondamentaux que la méthode et la valeur des arguments avancés (Favory 1997). Le non-spécialiste se trouve alors démuni face à un débat qui semble inextricable. De plus, ce dossier épineux nécessiterait à lui seul une étude approfondie dont les apports éventuels à la question qui nous intéresse ne seraient pas à la taille de l'investissement. Enfin, il paraît réducteur de considérer le parcellaire exclusivement sous l'angle des centuriations. L'analyse morphologique est conduite selon la méthode déjà éprouvée par G. Chouquer (Chouquer 1989 ; 2000). Elle a pour vocation ici, au-delà des grilles cadastrales, d'apporter des éléments pour la compréhension des phénomènes qui sont à l'origine des actuels paysages méditerranéens de versants dégradés. La détermination et la cartographie d'ensembles parcellaires homogènes sont complétées par une analyse descriptive de leurs éléments constitutifs (chemins, murs de soutènement de champs, talus, fossés...), pour envisager une organisation cohérente et raisonnée du paysage agraire.

Seule une lecture conjointe du bâti et du parcellaire permet d'élucider la « grammaire » du paysage, soulignait I. Chiva (Chiva 1991 : 25). Cette approche doit être conduite avec toute la prudence qui s'impose lorsqu'il s'agit d'examiner les rapports entretenus par les sites archéologiques avec le parcellaire. En effet, un problème de fond est posé concernant la contemporanéité des sites et de ces mêmes parcellaires. Lorsque les spécialistes eux-mêmes avouent leur embarras à dépasser cet obstacle, comment ne pas partager avec eux ces difficultés ? (Favory 1997). Certes, des liens existent entre la position des sites et les limites parcellaires, mais comment distinguer l'antériorité ou la postériorité d'un site par rapport à une limite de champ ou un chemin lorsque le gisement respecte la forme de ce linéament, en d'autres termes, lorsqu'il ne se superpose pas à lui ou n'est pas recoupé par lui ? Des éléments de réponse peuvent êtres apportés à ces questionnements (liés à la vision planimétrique qui ignore les volumes des paysages), par l'analyse sur le terrain des rapports entretenus par l'habitat et le parcellaire, en étroite relation avec les caractères du paysage, en particulier avec les données topographiques et pédologiques.

Les principaux documents sollicités à ce niveau de l'analyse, sont les cartes thématiques, les plans cadastraux et les photographies aériennes verticales qui permettent de compléter les informations issues des cartes topographiques sur lesquelles ne figure pas la totalité du parcellaire. Leur utilisation ne doit pas seulement servir à l'identification et à la cartographie des aménagements. Elle doit également permettre de préciser les rapports qu'ils entretiennent avec les agents du milieu (topographie, géologie, réseau hydrographique...). Mais l'argumentation définitive est toujours à rechercher sur le terrain.

La seconde approche, conduite conjointement à la première, consiste donc à appréhender le paysage à l'échelle de toutes les choses qui se trouvent sous l'étendue de l'œil. Cela concerne deux catégories de documents : les aménagements reconnus par la fouille et les aménagements visibles dans le paysage actuel. L'utilisation du premier type de documents a été présentée. Dans le second cas, il s'agit de conduire une analyse des formes et des matériaux des paysages selon une approche descriptive et interprétative, en s'appuyant sur des données quantifiées dans la mesure du possible.

Une première étape est la caractérisation des aménagements. Elle doit aboutir à mesurer ce qui, dans le fait technique, répond aux nécessités du milieu et qui ne relève donc pas de ce qu'A. Leroi-Gourhan nomme la tendance, autrement dit l'évolution inévitable (Leroi-Gourhan 1971-1973).

L'analyse des systèmes de terrasses de culture a conduit les géographes à établir des grilles de lecture qui prennent en compte plusieurs critères descriptifs essentiellement tournés vers l'enregistrement de quelques paramètres du milieu (climatique, topographique, géologique) et de l'utilisation agricole du sol (type de plantations). Un exemple en est donné par les recherches conduites en Crète par J. Moody et A.T. Grove sur les enclos et les terrasses de culture (Moody 1990). Ces aménagements sont simplement répertoriés selon les grands types d'aménagements (terrasses aux murs parallèles, terrasses à rampes d'accès, murs semi-circulaires…). Autant dire que la place réservée aux techniques de construction est bien réduite. La description des murs est simplement soumise à l'appréciation visuelle, seule la hauteur du mur étant mesurée.

Dans les travaux d'historiens qui s'appuient sur une lecture des sources écrites et ceux d'archéologues, l'étude des terrasses de culture est généralement limitée à l'observation du mur de contention des terres qui est considéré du point de vue de son parement dans l'objectif d'établir une typologie (Brunet 1990b ; Lewuillon 1991 ; Foxhall 1996 ; Quilici 1997 ; Doukellis 1998). Une étude archéologique des techniques de construction des murs de terrasses soulève plusieurs questions : comment caractériser les différents types de construction ? Est-il possible d'établir des comparaisons entre les murs des terrasses agricoles et ceux des autres constructions en pierre, dans le domaine de l'habitat par exemple ? Existe-t-il des types de construction de murs qui varient du point de vue des modules et des formes selon les terrasses, lorsque celles-ci sont bâties dans un matériaux de même nature géologique ?

L'étude typologique des murs de contention des terres est certainement nécessaire, mais il est difficile de s'en contenter si l'on veut parvenir à dater les champs. Les travaux relatifs aux terrasses de culture appréhendent la construction de leurs murs comme elles le feraient pour un élément d'un habitat archéologique, en insistant sur le type d'appareil. Ce faisant, cette approche limite l'existence de la terrasse à son parement externe. Dans un article relativement récent, qui est malheureusement resté sans suite, S. Lewuillon a tenté de considérer les modalités d'une étude des constructions de pierre sèche reconnaissables en milieu rural (Lewuillon 1991). En dépit de son caractère éminemment novateur et des remarques méthodologiques pertinentes dont il faisait état, cet essai n'a pas suscité de réactions ni de travaux allant dans ce sens au sein de l'archéologie méditerranéenne. Les exemples à partir desquels est échafaudée la réflexion sont pris en grande partie dans l'architecture domestique et poliorcétique. L'essentiel de l'argumentation est inspiré par l'observation des habitats datés du IIIe millénaire et du Ier millénaire avant l'ère chrétienne dans le sud de la France (remparts et unités domestiques), plus rarement par des constructions agropastorales (un mur d'enclos est pris en exemple, mais il est associé à un atelier d'artisan). Le système de terrasses, à l'image des autres constructions en pierre, est considéré par l'analyse typologique des murs. Le discours demeure très conceptuel par de nombreux aspects et il faut à présent le confronter à la réalité du terrain. Par ailleurs, les idées développées concernent des murs d'habitats datés par les fouilles, ce qui n'est pas le cas lorsqu'il s'agit d'étudier *ex nihilo* un système de terrasses visible dans le paysage actuel. Le problème fondamental pour l'archéologue est alors d'en estimer l'âge. De plus, les comptages et les restitutions de l'élévation des murs à partir des matériaux d'effondrement, proposés par l'auteur dans son plaidoyer, sont porteurs d'information dans le cas précis qu'il évoque, celui des maisons du IIIe millénaire avant l'ère chrétienne, fouillées, dont la démolition n'est pas suivie d'une autre occupation. Cela est bien plus délicat à réaliser sur des constructions agricoles qui ont subi une récupération de leur matière première après être tombées en déshérence. L'évaluation de la hauteur des murs de soutènement des terrasses détruites sera toujours approximative et ne concernera jamais que leur dernier état de fonctionnement. La grille de lecture dressée par S. Lewuillon pour l'analyse des murs est initialement destinée aussi bien aux constructions mises au jour au cours de fouilles, qu'aux murs visibles dans le paysage actuel. Dans ce dernier cas, l'auteur privilégie l'étude du parement pour dresser une typologie.

Enfin, il faut se garder de succomber aux effets pervers d'une certaine appréciation visuelle de l'architecture des parements qui conduit à émettre un jugement de valeur sur les capacités techniques des constructeurs (la qualité supérieure de l'architecture romaine ou grecque par rapport aux constructions protohistoriques), la position sociale du propriétaire terrien ou encore le type de culture pratiqué sur la terrasse. Hormis des évidences comme la destination des murets de soutènement semi-circulaires qui est pour chacun de supporter un arbre (généralement un olivier), que dire des autres types de cultures ? Sur la base de quels arguments est-on autorisé à établir une corrélation entre les végétaux et l'aspect architectural d'un parement ? En étudiant les terrasses de culture grecques, O. Rackham et J. Moody opèrent un lien direct entre la qualité architecturale du parement du mur de soutènement et la nature des plantations ainsi que la richesse du domaine sur lequel elles sont construites (Rackham 1992). Selon ces auteurs, un parement de facture soignée témoigne de la richesse d'un domaine et portera un vignoble (car c'est une culture qui a de la valeur), plutôt que des cultures irriguées, des légumes ou des céréales. Ces derniers sont associés à des murs de soutènement de qualité constructive jugée médiocre.

Pour être représentative d'une réalité en trois dimension, la typologie de l'aspect des murs ne peut se limiter à la seule approche des parements selon les grands types d'appareils architecturaux connus. Elle doit aboutir à une granulométrie de surface. Ce procédé a été développé pour l'analyse archéologique des murs de pierre en contexte d'habitat (Poupet 1988b). Reste à appliquer le protocole ainsi établi aux murs de champs. Les murs de soutènement de terrasses visibles dans le paysage actuel autorisent une granulométrie de surface à vue. Il s'agit en pratique de mesurer la dimension la plus grande et la plus petite correspondant à la longueur et la largeur du rectangle dans lequel peut s'inscrire la pierre du mur. Ces mesures sont enregistrées dans un tableau à deux lignes sous un simple logiciel informatique de traitement de données (tableur Excel). L'utilité de cette technique est de permettre une analyse plus fine des murs qui prend en considération les calibres des pierres. Elle vient palier les imprécisions induites par la simple appréciation visuelle qui ne permet d'appréhender qu'une organisation générale en assises lorsqu'elle est clairement suggérée par la disposition des pierres.

Enfin, il n'est pas inutile de rappeler que pour ne pas avoir un effet plus réducteur que dynamisant, une typologie doit reposer sur un enregistrement des données qui demeure un système ouvert. Elle ne doit pas être enfermée dans une liste de critères stricts dont l'enregistrement deviendrait automatique sur le terrain, au détriment du regard neuf porté sur chaque construction. La fiche descriptive établie par l'archéologue et historien, J.M. Palet, pour l'étude archéologique des terrasses de culture catalanes tient compte de cet aspect. L'analyse ne se limite pas à l'observation isolée du mur, mais prend en considération les relations stratigraphiques du mur par rapport aux autres constructions qui participent du système de terrasses. Cette approche est indispensable pour établir une chronologie relative des murs et distinguer différentes phases d'aménagement au sein du système. Un autre intérêt de cette grille d'analyse est qu'elle replace la construction par rapport à des paramètres de son environnement actuel (topographique, végétal, pédologique) ainsi que par rapport au réseau viaire.

Quels sont les paramètres de l'étude d'un système de terrasses de culture ? On peut compter au nombre de cinq les principaux paramètres liés au milieu qui ont une incidence sur ces aménagements.

En premier lieu, la pente est la variable qui induit des formes différentes selon sa valeur. Elle détermine la plus ou moins grande force du ruissellement et une gravité plus ou moins sensible.

L'exposition et l'ensoleillement du versant sur lequel sont construites les terrasses ainsi que leur situation par rapport aux vents dominants sont des facteurs dont la prise en compte est essentielle pour aborder la question du rapport entre l'agriculture spécialisée et les systèmes de terrasses. Ces aménagements sont-ils destinés à recevoir des types de végétaux bien spécifiques particulièrement sensibles au paramètre de l'exposition car ils craignent les vents violents desséchants et le gel ?

Le troisième paramètre concerne la qualité du substrat. La nature de la roche, sa dureté, sa résistance à l'érosion, la forme du débit, sa perméabilité plus ou moins grande, sa stratification, ainsi que son pendage ont une incidence évidente sur les techniques de construction des murs de soutènement. Sans tomber dans le piège du déterminisme géologique et par définition ignorer la place des facteurs culturels dans la construction, la connaissance du substrat est essentielle pour comprendre le choix de l'agencement des pierres dans l'édification du mur. C'est à cette seule condition qu'il est possible d'envisager la part des choix délibérés (d'ordre culturel) du constructeur de celle des exigences liées à la nature de la roche disponible. La connaissance du substrat n'est pas seulement utile pour la compréhension des techniques d'élévation du mur visible en façade. Elle est aussi indispensable pour appréhender l'ensemble de la construction et comprendre les raisons de la présence ou non d'un blocage à l'arrière du mur, par exemple.

La nature du sol constitue le quatrième paramètre qu'il convient de prendre en compte dans toute étude de champs. Avant même de considérer les champs en terrasses, il faut reconnaître et restituer la couverture pédologique du versant. Cette première étape est incontournable car elle permet ensuite de caractériser et de comprendre les sols anthropisés contenus par les murets. L'évolution de ces sols dépend non seulement des techniques aratoires, mais aussi de leur situation « protégée » des atteintes de l'érosion, confinés à l'arrière du mur de soutènement. A l'inverse, les caractères du sol, comme sa perméabilité, ont des implications sur la résistance du mur de soutènement et donc sur les techniques de construction.

Le dernier paramètre qu'il convient de retenir dans l'étude d'un système de champs en terrasses tient au ruissellement, autrement dit à la quantité d'eau reçue par le système. Cela est fonction de la surface du bassin versant, réceptacle des eaux de pluie en amont, et du système d'évacuation de ces eaux au niveau des champs.

C'est la prise en compte de l'ensemble de ces paramètres liés au milieu, considérés conjointement avec les facteurs socioculturels appréciables par l'archéologie, qui peut permettre d'appréhender un(des) système(s) social(aux) d'élaboration des terrasses, de leur exploitation et de leur entretien.

La description des terrasses prend donc en compte plusieurs informations relatives non seulement au mur de soutènement, mais aussi à l'ensemble du champ et à sa position au sein du système et du milieu. Ces informations qu'il convient de relever concernent la nature des matériaux et les modules des éléments des murs dont la description et la mesure doivent permettre d'envisager les techniques de construction. La caractérisation des champs implique également d'en déterminer les dimensions, les formes, la nature des sols contenus par les murs de contention des terres, ainsi que la position des aménagements (terrasses, fossés, chemins) les uns par rapport aux autres.

L'étude sur le terrain a également pour vocation d'apporter des compléments cartographiques aux plans dressés à partir des documents planimétriques. Elle est incontournable pour étudier les profils des sols conservés à l'arrière des murs de soutènement en partie détruits, pour établir des profils cartographiés des aménagements (profil des chemins et des terrasses associées), ainsi que pour effectuer les mesures et les levés des appareils des murs.

La seconde étape, après la caractérisation des aménagements, est leur intégration dans le paysage afin de préciser les choix qui ont prévalu à leur localisation : la position qu'ils occupent par rapport à la topographie (les altitudes moyennes auxquelles se trouvent les terrasses et les dénivelés correspondants), le sens des écoulements, leur exposition aux vents...

2.5. Dater les aménagements ruraux

Dans la monographie publiée en 1979 en Grande-Bretagne qu'elle consacre à une étude de géographie de l'Italie, de l'Espagne et du Sud de la France depuis le Néolithique, C. Delano Smith, chercheur au département de géographie de l'Université de Nottingham en Angleterre, ne réserve que deux pages à la question des terrasses parmi les 456 pages qui constituent l'ouvrage (Delano Smith 1979 : 183-185). Dans ce bref passage, elle affirme dès la première ligne que la construction de terrasses est sans doute l'un des moyens les plus anciens mis en œuvre pour créer de nouvelles terres cultivables, mais avance aussitôt — de façon pour le moins contradictoire — l'impossibilité qu'il y a à dater ce type de structure. Des publications plus récentes insistent encore sur la difficulté pour ne pas dire l'impossibilité de résoudre ce problème crucial de chronologie (Albertini 2000 : 60). Récemment encore, un appel a été lancé en direction de la communauté scientifique à l'issue d'un constat décevant formulé par les auteurs d'une étude sur l'évolution du paysage de la péninsule grecque de Méthana dont les pentes sont sculptées en terrasse : « Clearly, the age of terraces requires further and urgent investigation » (Mee 1997). Or l'ignorance de la chronologie, même relative, limite la portée d'une lecture récurrente du paysage quand elle n'interdit pas toute possibilité d'étude diachronique. Aussi, il paraît indispensable, avant d'aller plus loin, de considérer les moyens dont dispose l'archéologie pour estimer l'âge des divers aménagements agraires et au premier chef celui des terrasses de cultures. La question est donc primordiale : Comment déterminer l'âge des aménagements conservés dans les paysages actuels, qu'ils soient abandonnés, selon le cas le plus fréquent, ou qu'ils participent de terroirs agricoles encore en activité ?

2.5.1. L'étude architecturale du mur de soutènement

L'analyse descriptive de l'appareil des murs donne lieu à des typologies à partir desquelles il est difficile de dresser une chronologie stricte qui associe un type de mur à une construction d'une certaine époque et pas d'une autre. La diversité architecturale selon les régions et au sein d'une même région rend l'entreprise pour le moins hasardeuse. Les facteurs déterminants, tant environnementaux (géopédologiques, topographiques, climatiques...), que culturels (savoirs techniques, conditions économiques, types de cultures pratiquées...), impliquent une multitude de combinaisons possibles sur le plan des formes et des méthodes de mise en œuvre. Les techniques de construction des murs de soutènement et la forme des champs des terrasses du Sud-Est asiatique ne sont pas celles du Pérou ni celles du Cameroun.

L'utilité d'une étude typologique réside cependant en ce qu'elle peut parfois conduire à reconnaître certains types de construction caractéristiques d'une époque, mais il serait illusoire de penser trouver dans cette approche toutes les clés au problème chronologique. Certains auteurs restent pourtant persuadés que l'architecture du mur de soutènement constitue un élément de datation majeur de la terrasse de culture (Doukellis 1998). Pour se convaincre des limites de cette approche, il suffit de constater qu'au cours de l'histoire des architectures différentes ont coexisté. C'est le cas notamment en Grèce, sur l'île de Délos, où le souci a été d'identifier des types de construction similaires en milieu urbain et en campagne pour dater des murs de soutènement des terrasses de cultures (Brunet 1990). Cette approche aurait pu être fructueuse, si ce n'est que l'architecture urbaine offre des types de construction de murs très variés à la même époque. Quelles correspondances chronologiques est-on alors autorisé à établir ? De nombreux exemples démontrent également que les mêmes types de constructions se retrouvent aussi bien dans les habitats des premiers agriculteurs qu'à l'époque moderne. Des murs modernes peuvent aussi avoir toutes les caractéristiques techniques que l'on réserve traditionnellement aux murs antiques de facture soignée, composés de pierres sèches jointives... Enfin, il faut tenir compte des réfections souvent nombreuses et étalées dans le temps qui biaisent la lecture.

2.5.2. La recherche de relations entre les aménagements et l'habitat daté

Cette approche est très sollicitée depuis le développement des prospections archéologiques à vue, en particulier dans les études portant sur la Grèce antique. Un exemple est donné par les recherches conduites sur l'île de Délos avant 1996. L'attribution d'un âge aux champs en terrasses et aux aménagements qui y sont associés repose sur trois éléments de réflexion.

Il s'agit en premier lieu d'établir une relation étroite et biunivoque entre les terrasses et un habitat daté associé à un système parcellaire. Les aménagements sont jugés contemporains de l'habitat et intégrés à son parcellaire s'ils s'organisent de façon cohérente avec lui. Il faut cependant tenir compte des facteurs géologiques et des facteurs topographiques particulièrement contraignants sur des îles escarpées, telles que les petites Cyclades ou les Baléares et sur les versants abrupts des vallées encaissées comme celles du Mont-Liban et de la Jordanie. La pente ainsi que la forme et la répartition de la roche affleurante peuvent influer sur la situation des murs de soutènement. De plus, des erreurs sont possibles si l'on prend en considération les notions de morphogène et le concept d'isoclinaison dans un contexte topographique moins contraignant. La présence de terrasses à proximité d'un habitat ou d'autres aménagements datés qui respectent l'organisation du parcellaire constituent autant d'indices qu'il convient de prendre en compte pour alimenter une réflexion concernant l'âge des champs, mais ils ne constituent pas un argument décisif. Le paysage doit donc être appréhendé dans sa globalité.

Le deuxième élément de datation est fondé sur la chrono-typologie et la quantification des artefacts repérés en surface. Sur l'île de Délos, 90 à 100 % du mobilier visible à la surface du sol appartient à l'époque antique. L'édification des terrasses de culture est alors directement associée à cette époque d'occupation intense de l'île, les témoignages relatifs aux autres époques ne représentant qu'une minorité des vestiges mobiliers gisants à la surface des champs. Doit-on pour autant exclure une construction antérieure du paysage ?

Ceci conduit à considérer le troisième argument de datation. Il concerne l'histoire de l'occupation de l'île. Abandonnée à la fin de l'Antiquité, l'appartenance des aménagements agricoles à la période classique est alors jugée fort probable (VIe-Ve siècle avant l'ère chrétienne). L'ensemble de ces considérations d'ordre historique forment autant d'indices, mais ne constituent pas une réelle démonstration archéologique. Cette démarche est également appliquée en Attique, où les parcellaires de terrasses environnant des fermes antiques fouillées sont associés chronologiquement à ces habitats sans pour autant que leur contemporanéité soit archéologiquement prouvée.

L'attribution des systèmes de champs grecs à l'époque classique est également fondée sur la reconnaissance de connexions architecturales entre les fermes et les murs de terrasses à partir des photographies aériennes ainsi que sur l'absence de vestiges appartenant à des époques postérieures (Lohmann 1992 : 48-51). Les relations entretenues par les murs de soutènement et les murs d'habitat datés constituent des arguments probants pour établir une chronologie relative lorsqu'elles sont étudiées *in situ* comme cela a été réalisé au Proche-Orient par S. Gibson (Gibson 1985 ; 1991).

Cependant, ces différentes situations se rencontrent dans des régions où les paysages agraires ont été relativement bien conservés depuis l'Antiquité et n'ont pas subi les réaménagements liés aux occupations postérieures, ce qui n'est pas le cas de la France méditerranéenne. Pourtant, il n'est pas rare que les auteurs de fouilles conduites sur des habitats entourés de terrasses de culture souvent abandonnées, mais bien visibles dans le paysage actuel, attribuent ces champs à une époque par simple analogie avec l'habitat. Ainsi, dans son ouvrage consacré aux paysages médiévaux du Languedoc, l'historienne A. Durand, évoquant l'exemple du village de Laval-Basse près de Castelnaudary, établit une correspondance entre des terrasses de cultures qui se trouvent dans l'environnement du site et le terroir médiéval de celui-ci : « au sud-est du site, des aménagements en terrasse ont été repérés qui correspondent parfaitement à cette partie du terroir reconstituée par l'analyse anthracologique. » (Durand 1989 : 354). Le seul argument, pour le moins fragile, sur lequel reposent ces assertions, est que les aménagements se trouvent dans l'environnement direct du site dûment daté par l'archéologie. Nombre de ces cas sont présentés comme des exemples avérés de terrasses anciennes alors que leur âge n'a jamais été démontré.

2.5.3. La collecte d'artefacts à la surface du champ

La présence de vestiges mobiliers archéologiques à la surface du sol d'une terrasse de culture ne permet pas d'attribuer un âge à la construction du champ de façon certaine. Ces vestiges n'indiquent pas nécessairement que la construction du champ leur est contemporaine comme le concluent souvent les chercheurs. Autrement dit, des céramiques antiques trouvées à la surface du sol d'un champ en terrasse ne permettent pas d'affirmer directement que celui-ci est antique. Ces artefacts peuvent être les restes d'un site archéologique en place. Leur présence donne alors un *terminus ante quem* à la construction de la terrasse, mais ils peuvent aussi être les restes démantelés de ce même site lors de la construction de la terrasse, bien après l'abandon du site. Les vestiges sont alors remaniés avec les sédiments qui les contiennent et la construction de la terrasse ne peut être tenue pour contemporaine ou antérieure à l'époque à laquelle appartiennent ces artefacts. En conclure cela serait commettre une grave erreur méthodologique. La terrasse leur est postérieure et il faut se résoudre à se tourner vers d'autres indices que l'âge du mobilier découvert en surface pour pouvoir cerner plus finement la date de la mise en place du champ.

Les mêmes difficultés apparaissent lorsque la terre contenue par le mur de soutènement est un remblai transporté depuis un autre lieu pour l'aménagement de la terrasse. Les artefacts contenus dans les sédiments proviennent alors du démantèlement d'un site qui se trouvait ailleurs. Comme dans le cas précédent, la détermination de l'époque à laquelle appartiennent ces vestiges donne un *terminus post quem* à la construction de la terrasse. C'est également le cas lorsque la présence des artefacts à la surface du champ résulte d'un épandage à un moment donné de son histoire, après sa construction.

Pour démêler l'écheveau chronologique, il est donc impératif de distinguer ce qui relève de la notion de site, de l'épandage et des vestiges résiduels du remaniement. Cela ramène à s'interroger sur l'interprétation des vestiges découverts en prospection.

2.5.4. L'ethnobotanique et la datation des talus arborés

Lorsque le champ, le chemin ou le fossé est bordé par une haie ou un talus arboré, l'analyse du cortège floristique peut apporter des éléments de datation pour estimer l'âge de la limite (Crozat 1999 : 181-182). Selon la méthode mise au point par des phytoécologues anglais dans les années 1970, il existe un rapport entre le nombre de taxons végétaux identifiés dans une haie et l'âge de celle-ci. Au-delà de deux ou trois espèces végétales qui ont pu être plantées dès l'origine, chacune des autres espèces nécessite un siècle pour se développer. Le décompte des taxons permet ainsi, pour chaque nouvelle espèce arbustive ou arborescente présente dans la haie, d'ajouter un siècle de plus à l'âge de la limite. Selon ce principe, les haies les plus riches en espèces végétales seraient les plus anciennes.

Cette méthode développée en archéobotanique relève, comme l'analyse pédologique, d'une méthode indirecte pour estimer l'âge des aménagements ruraux. Cependant, elle demeure rarement appliquée (Dupuis 1979 ; Fourteau 1983). En effet, elle nécessite des conditions paysagères bien particulières (éloignement des espaces boisés, haies plantées avec peu d'espèces, linéaments homogènes d'au moins 30 m de long pour les échantillons...). De plus, la diversité des espèces arbustives au sein d'une haie varie également en fonction de l'espèce dominante. Ainsi, il a été constaté que dans une haie où le chêne est l'espèce dominante, celui-ci est accompagné de beaucoup plus d'espèces arbustives que dans une haie où l'orme est l'espèce majoritaire (Dupuis 1979 : 93-95). D'autres conditions restrictives à la généralisation de cette méthode concernent la surface de l'espace étudié qui doit être peu étendu et intensément échantillonné ainsi que la disponibilité de sources historiques et archéologiques pouvant être confrontées aux données ethnobotaniques.

2.5.5. La fouille archéologique

La datation des terrasses de culture par la fouille archéologique demeure un fait rare. Les découvertes de murs de soutènement de champs au cours de fouilles sont peu nombreuses et le recours à l'analyse typologique du parement extérieur des murs de soutènement est encore une approche privilégiée par les chercheurs. La fouille archéologique est cependant le moyen de démontrer réellement l'âge des aménagements (Fig. 4, 5 et 6).

Le raisonnement repose généralement sur la simple présence de mobilier datable dans les sédiments contenus à l'arrière du mur. Cet argument ne peut être considéré comme une démonstration de l'âge de la terrasse, même si les vestiges mobiliers forment un lot homogène du point de vue typo-chronologique. Il faut aussi tenir compte des remaniements qui ont pu affecter le sol au cours de sa vie et qui sont à l'origine de la diversité chronologique du mobilier contenu à l'arrière du mur, plus couramment rencontrée. Une pièce de monnaie ou un fragment de céramique particulièrement bien daté retrouvé à l'arrière du mur ne permettent bien sûr pas de dater la construction de la terrasse. Pour des raisons similaires, il paraît évident que la présence de charbons de bois dans le sol n'autorise pas la correspondance entre la date absolue obtenue à partir de l'analyse anthracologique et l'âge de la terrasse. Il faut alors se tourner vers l'argument stratigraphique pour asseoir plus solidement la démonstration archéologique.

La reconnaissance du paléosol et la possibilité de le dater autorise alors la formulation d'un *terminus post quem* à l'édification du mur. Pour plus de précision, il est donc nécessaire d'examiner les rapports stratigraphiques entre la couche contenue par le mur de soutènement et ce dernier. La mise en évidence de connexions stratigraphiques entre le mur et le paléosol daté peut alors être discutée plus sûrement par rapport à la typo-chronologie des artefacts. Toutefois, les horizons des sols et des paléosols tronqués sous-jacents ne sont pas toujours précisément délimitables et sont souvent perturbés par les travaux agricoles.

La seule preuve convaincante de l'âge du champ ou de tout autre aménagement est alors son recouvrement par des colluvions ou des remblais datés. La date de mise en place du dépôt fige la vie du mur et le sol qu'il soutient. Elle constitue donc un *terminus ante quem* à la construction et au fonctionnement du champ.

Dans certains cas, un champ en terrasse peut se trouver emboîté dans la terrasse visible dans le paysage. Cette situation « idéale » est cependant modérée par la réalité des stratifications dans lesquelles les dépôts ne sont pas toujours suffisamment épais et stratifiés pour autoriser une datation précise.

2.5.6. Les datations physiques

Un autre moyen pour apprécier l'âge des aménagements relève du domaine des datations physiques. En dépit des incertitudes inhérentes à la méthode, les datations obtenues sont relativement sûres. Ainsi, des champs enfouis sous les laves du Vésuve ont été comme « fossilisés » dans la région italienne de Naples (Marzocchella 2000). La datation de la couche volcanique a permis d'établir un *terminus ante quem* au fonctionnement des aménagements. De même, sur l'île grecque de Thera, l'âge de la fresque miniature représentant un système de terrasses de culture a pu être estimé grâce aux datations physiques réalisées sur la couche volcanique qui a recouvert la ville d'Akrotiri au moment de l'éruption (Treuil 1989 : 368).

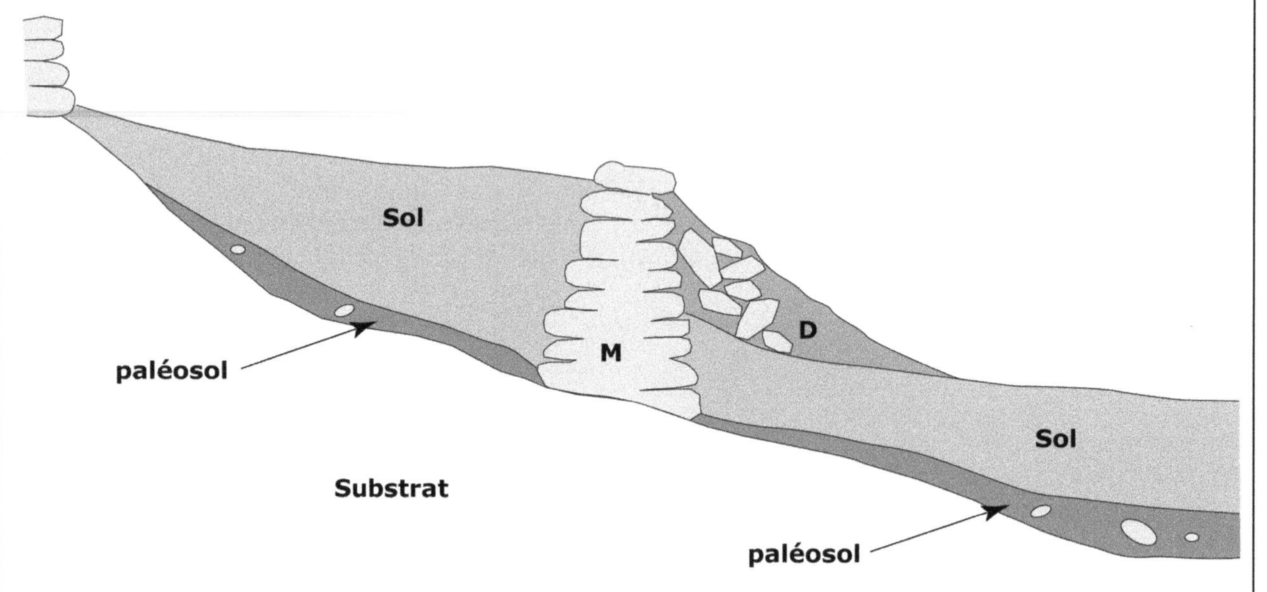

Le mur de soutènement (M) est fondé sur le substrat, après que le sol issu de la décomposition de la roche-mère ait été creusé et en partie évacué (paléosol). Ce paléosol est en partie conservé de part et d'autre du mur.
Après avoir été remaniés lors de la construction, les sédiments à l'arrière du mur sont soumis à une nouvelle pédogenèse (Sol).
L'abandon du champ provoque la destruction progressive du mur de soutènement.
Elle commence par l'effondrement des assises sommitales. Privés de leur protection, les horizons de surface du sol sont alors entrainés vers l'aval. Un dépôt (D) se forme au pied du mur constitué de pierres de construction écroulées, mêlées de terre. Ce niveau de destruction recouvre en partie le sol de la terrasse située en aval.
Si la pente est très abrupte, ce niveau peut ne pas être conservé sauf s'il est à son tour recouvert rapidement par un autre dépôt qui le fige sur la pente. Ici, le sol contenu par les murs de soutènement a évolué jusqu'à l'actuel, puisqu'il n'était pas soustrait aux agents de la pédogenèse par des recouvrements sédimentaires. Cette situation peut être due à la faiblesse de la pente, à la reconquête végétale ou à un abandon récent de l'entretien des aménagements.
Dans ce cas, les éléments autorisant une datation de la construction du mur de terrasse et de la parcelle qu'il soutient peuvent provenir de la chrono-typologie et de la quantification des artefacts contenus dans le paléosol et dans la couche de destruction D, ou de la relation très étroite et biunivoque avec un habitat daté, ou encore des traits pédologiques du sol et du paléosol.
La seule analyse archéologique du mobilier recueilli dans le sol ne suffit évidemment pas à donner un âge à la construction.

FIG. 4 : ESTIMER L'ÂGE DES TERRASSES DE CULTURE : EXEMPLE A.

Cependant, les datations physiques effectuées sur des charbons de bois prélevés dans le sol contenu derrière le mur de soutènement ne permettent pas de démontrer l'âge de la terrasse si le sol a été remanié jusqu'à la roche-mère, comme cela est souvent le cas, lors de l'édification du mur de soutènement. Les charbons peuvent avoir été déjà présents dans le sol antérieurement à la construction de la terrasse.

D'autres paramètres doivent être pris en compte. Par exemple, quelle est la part d'une éventuelle mobilité intrinsèque des micro-charbons de bois, de la surface de ces sols vers la profondeur des horizons du profil ? Les paramètres qui peuvent entrer en jeu sont la fissuration à la dessiccation, les animaux fouisseurs et la faune du sol elle-même. Les relations entre les types écologiques de lombriciens (et plus généralement les groupes écologiques de faunes, épigées, anéciques et endogées) et les structures qu'ils créent dans les sols sont étudiées par les spécialistes de la science du sol. Le rôle de cette faune dans d'éventuels déplacements de matières, par exemple des charbons de très petite taille, semble nul. La question est primordiale puisqu'il en va de la représentativité et de la pertinence des datations radiocarbone sur les charbons isolés (hors d'un amas, d'une charbonnière, d'un foyer) contenus dans les sédiments remaniés et déplacés sur les pentes. Il faut bien évidemment exclure les dates obtenues sur des assemblages de charbons concentrés et réunis au tamisage, qui faussent la chronologie.

Il faut aussi procéder à de nombreuses datations radiocarbone sur les charbons de bois inclus dans les

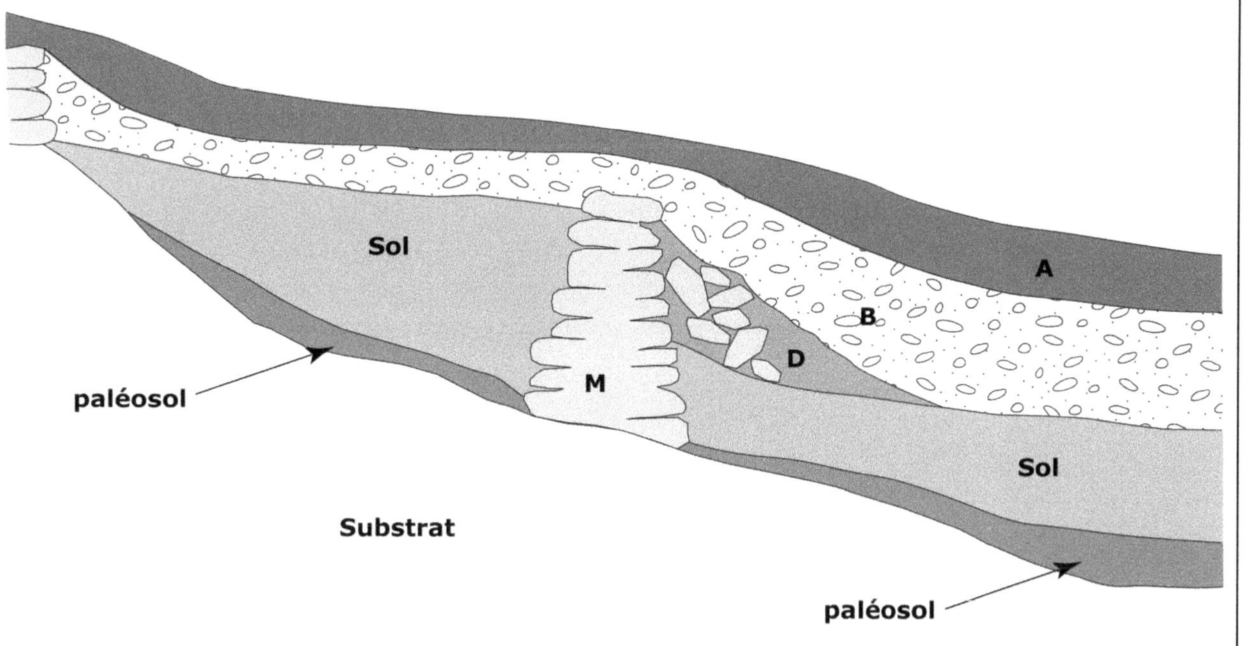

Le mur de soutènement (M) est fondé sur le substrat après que le sol issu de la décomposition de la roche-mère ait été creusé et en partie évacué (paléosol).
Le paléosol est en partie conservé de part et d'autre du mur.
Après avoir été remaniés, les sédiments à l'arrière du mur sont soumis à une nouvelle pédogenèse (Sol).
L'abandon du champ provoque la destruction progressive du mur qui commence par l'effondrement des assises du sommet. Privés de leur protection, les horizons de surface du sol sont entraînés vers l'aval avec les pierres de la construction (D). Ce niveau de destruction recouvre en partie le sol de la terrasse située en aval. Si la pente est très prononcée, il est rare que ce niveau soit conservé, à moins qu'il ne soit à son tour recouvert très rapidement par un autre dépôt (ici B).
En effet, la poursuite de l'érosion des sols sur la pente provoque le recouvrement du mur en partie détruit et celui du sol du champ, par des colluvions hétérogènes constituées de limons et de matériaux issus du démantèlement des murs de terrasses situés en amont (pierres, cailloux et graviers plus ou moins roulés) (B).
Un sol (A) se développe à partir de ces colluvions. Il correspond au sol actuel.
Dans ce cas, les éléments autorisant une datation de la construction du mur de terrasse et de la parcelle qu'il soutient peuvent provenir de la stratigraphie (la construction est postérieure à la mise en place du paléosol et antérieure au dépôt de la couche B), mais aussi de la chrono-typologie des artefacts contenus dans les différentes unités stratigraphiques (paléosol, sol, couche de destruction D, dépôt de colluvions B) et des traits pédologiques du sol et du paléosol.

FIG. 5 : ESTIMER L'ÂGE DES TERRASSES DE CULTURE : EXEMPLE B.

horizons des sols, comme dans des niveaux sédimentaires superposés, mais avec toutes les précautions qui s'imposent. En effet, la date obtenue par l'analyse d'un micro-charbon isolé, prélevé dans un horizon d'altération ou un niveau sédimentaire, n'est que la date du seul charbon, en aucun cas celle de la séquence pédosédimentaire dans laquelle il a été inclus.

La pertinence en terme de chronologie d'un charbon isolé, prélevé dans l'horizon organique de surface d'un sol développé *in situ* sur une roche mère, sans apports latéraux, n'est donc pas du tout la même que celle d'un charbon tout aussi isolé, prélevé dans une couche d'apport colluvial au bas d'une pente. Il faut privilégier les échantillons des horizons organiques des sols, ou bien ceux des horizons reliques enfouis des sols polycycliques, ou bien encore d'exceptionnels amas de charbons de bois, piégés à la surface de paléosols derrière des murs de contention des terres (Harfouche 2005b).

Enfin, en présence d'une stratification archéologique et d'une horizonation pédologique surimposée de toute l'épaisseur sédimentaire contenue derrière le mur, cette disposition est incompatible avec des sondages palynologiques carottés ou des fosses destinées à l'anthracoanalyse, puisque le matériau constitutif du champ n'est pas issu d'une accrétion sédimentaire continue, mais de l'addition de processus pédologiques à une accumulation colluviale complexe (qui a parfois aussi subi des troncatures) et à des remaniements anthropiques.

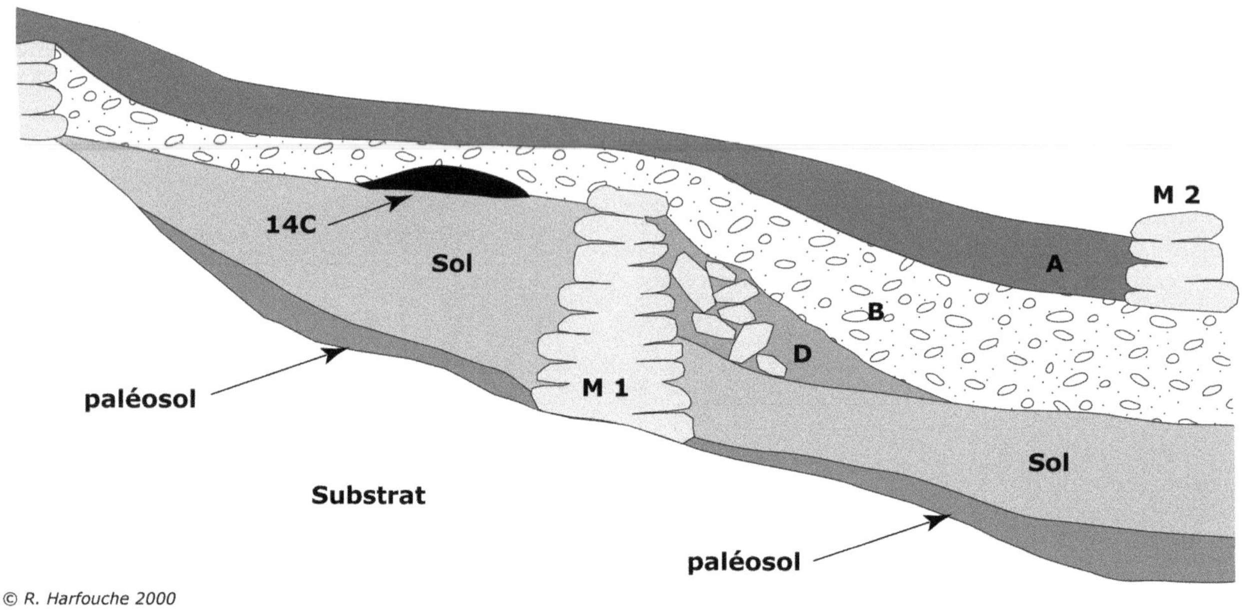

Le mur de soutènement (M 1) est fondé sur le substrat après que le sol issu de la décomposition de la roche-mère ait été creusé et en partie évacué (paléosol).
Le paléosol est en partie conservé de part et d'autre du mur.
Après avoir été remaniés, les sédiments à l'arrière du mur sont soumis à une nouvelle pédogenèse (Sol).
L'abandon du champ provoque la destruction progressive du mur qui commence par l'effondrement des assises du sommet. Privés de leur protection, les horizons de surface du sol sont entraînés vers l'aval avec les pierres de la construction (D). Ce niveau de destruction recouvre en partie le sol de la terrasse située en aval. Si la pente est très abrupte, il est rare que ce niveau soit conservé, à moins qu'il ne soit à son tour recouvert très rapidement par un autre dépôt (ici B).
En effet, la poursuite de l'érosion des sols sur la pente provoque le recouvrement du mur en partie détruit et celui du sol du champ, par des colluvions hétérogènes constituées de limons et de matériaux issus du démantèlement des murs de terrasses situés en amont (pierres, cailloux et graviers plus ou moins roulés) (B). Un sol se développe sur ces matériaux.
Par la suite, au cours d'une période qui reste à définir par le pédologue et l'archéologue, un mur de soutènement (M 2) est bâti sur ce colluviosol. Le sol (A) qui se développe à l'arrière du mur de contention correspond au sol actuel (anthroposol). Au fil du temps, les processus de la pédogenèse transforment les matériaux sous-jacents (B) qui sont progressivement intégrés à l'horizonation du sol actuel.
Dans ce cas, les éléments autorisant une datation de la construction du mur de la terrasse emboîtée (M 1) dans la terrasse actuelle (M 2) et de la parcelle qu'il soutient peuvent provenir de la stratigraphie (la construction est postérieure au paléosol et antérieure au dépôt de la couche B), mais aussi de la chrono-typologie des artefacts contenus dans les différentes unités stratigraphiques (paléosol, sol, couche de destruction D, dépôt de colluvions B), de la datation radiocarbone d'un amas de charbons, charbonnière ou végétal ligneux brûlé en place, à la surface du sol contenu par le mur M 1 et des traits pédologiques du sol et du paléosol.
Les éléments autorisant une datation de la construction du mur de la terrasse actuelle (M 2) et de la parcelle qu'il soutient peuvent provenir de la stratigraphie (la construction est postérieure au sol contenu par le mur M 1 et au dépôt de la couche B), mais aussi de la chrono-typologie des artefacts contenus dans les différentes unités stratigraphiques (dépôt de colluvions B, sol), de la datation radiocarbone de l'amas de charbons et des traits pédologiques des sols contenus par M 1 et M 2.

FIG. 6 : ESTIMER L'ÂGE DES TERRASSES DE CULTURE : EXEMPLE C.

2.5.7. L'apport de la science du sol

Le sol est un milieu naturel organisé, structuré, en évolution. C'est donc un milieu dynamique qui possède une quatrième dimension, temporelle. Il porte en lui l'inscription des transformations qui s'effectuent en son sein. Ce sont ces traces qu'il convient de reconnaître, de décrire et d'interpréter pour appréhender son histoire et ses rapports aux aménagements agraires. En effet, les couvertures pédologiques sont formées de constituants minéraux et organiques présents dans les sols à l'état solide, liquide ou gazeux. Les processus d'altération physiques (altération mécanique) et chimiques (hydrolyse, hydratation, oxydation et dissolution) qui affectent ces constituants sont à l'origine de la pédogenèse. Les transformations biochimiques et géochimiques que subit la roche-mère (minéraux primaires) donnent alors naissance à de nouveaux composés (minéraux secondaires ou néoformés). Ces transformations sont effectives durant toute la vie du sol. Elles sont associées à des mouvements et des transferts de matière solides, liquides, gazeux et biologiques qui se produisent verticalement et latéralement, dans les trois dimensions spatiales du sol. Les rythmes de ces déplacements peuvent être variables, mais les modifications fondamentales sont progressives. L'évolution et la transformation des structures du sol est donc permanente. Les composants minéraux et organiques ont des comportements différents dans l'évolution du sol. En ce sens, ils expriment son histoire. La caractérisation de leur organisation au sein des structures pédologiques permet de distinguer des sols plus ou moins différenciés donc plus ou moins évolués. En d'autres termes, le sol a un passé qu'il est possible d'appréhender au travers de l'analyse de son organisation interne.

Lors de la construction d'une terrasse de culture maintenue par un mur de soutènement, les sédiments bouleversés par l'agriculteur sont forcément déjà pédogénétisés. Mais cet instant correspond à ce que le spécialiste de la science du sol nomme « une remise à zéro de l'horloge pédologique » (Poupet 1999 : 115). C'est ce moment que l'archéologue doit localiser sur l'échelle du Temps, puisqu'il s'agit de la date de la construction de la terrasse. Les traits pédologiques du sol, qui n'a cessé d'évoluer à l'abri de l'érosion depuis qu'il est protégé par le mur de soutènement, recèlent cette information. Leur étude permet d'estimer l'âge du sol et donc de la construction du champ.

2.5.8. La datation des chemins et des fossés

La pérennité des parcellaires depuis l'Antiquité dans les régions méditerranéennes a été soulignée à plusieurs reprises en particulier par les nombreuses études morphologiques qui ont porté sur les cadastres romains du sud de la France. Récemment encore, les recherches sur les cadastrations de la région d'Orange (Drôme) concluent que les 3/4 des fossés antiques sont creusés à nouveau au Moyen Âge et/ou à l'époque moderne ou s'intègrent dans l'organisation parcellaire actuelle (Jung 1999 : 327-329). Aussi convaincantes qu'elles puissent être, ces conclusions ne sauraient surseoir à un examen critique des méthodes mises en œuvres pour la datation des chemins et fossés en milieu rural.

La présence de vestiges mobiliers sur la bande de roulement des chemins qui autoriserait à en dater le fonctionnement est rare. Dans la plupart des publications archéologiques concernant des fouilles ayant livré des réseaux de fossés et des chemins ruraux, la datation de ces aménagements repose sur la typo-chronologie des artefacts recueillis dans le comblement des structures en creux. Encore faut-il pour cela que la contemporanéité de l'aménagement et du mobilier qui lui est associé par l'archéologue soit établie. Or les vestiges recueillis dans les fossés bordiers d'un chemin ou les fossés et canaux de drainage et d'irrigation ne peuvent être considérés assurément contemporains du fonctionnement des aménagements. Ils appartiennent au comblement des structures et en ce sens peuvent avoir été déposés au cours d'un laps de temps plus ou moins long. De plus, ils peuvent provenir de l'érosion de sites archéologiques situés à proximité des fossés et chemins. La datation du mobilier permet donc seulement d'avancer un *terminus post quem* au comblement du fossé. Par ailleurs, il n'est pas inutile de rappeler que la stratification du comblement des fossés est souvent peu épaisse et difficile à saisir, car les travaux agricoles postérieurs ont bouleversé une partie des structures. Il faut ajouter à cela la rareté du mobilier archéologique en contexte rural. L'ensemble de ces paramètres rend une entreprise hasardeuse toute recherche de précision chronologique sur la seule base de la typo-chronologie des artefacts contenus dans le comblement des fossés. Il en est de même des charbons de bois piégés dans le remplissage des structures en creux et qui sont sollicités par les archéologues pour attribuer une date calendaire absolue à l'utilisation des aménagements agraires. Faisant fi de toutes ces restrictions méthodologiques, certains chercheurs vont même jusqu'à déceler dans la présence des charbons de bois des nettoyages annuels des fossés par le feu !

Il reste que pour estimer l'âge de ces aménagements les seuls arguments plausibles pouvant être avancés reposent sur l'examen des relations entretenues par ces linéaments du parcellaire avec les sites archéologiques datés, ainsi que sur les informations chrono-stratigraphiques délivrées par la fouille. Dans ce dernier cas, l'âge des aménagements agraires peut aussi être établi en retrouvant le paléosol afférant aux aménagements (qui lui-même est daté) ou encore lorsque des dépôts datés scellent les niveaux d'occupation relatifs aux aménagements, fournissant ainsi un *terminus ante quem* à leur fonctionnement.

À ce jour donc, trois approches de terrain, souvent croisées, permettent de dater les champs en terrasse : la stratigraphie archéologique, l'analyse des rapports stratigraphiques entretenus par un bâtiment dûment daté et des murs de champs encore visibles dans le paysage actuel, et le degré d'évolution du sol.

Chapitre 3

Faire parler les textes et les images

3.1. Les terrasses sont-elles absentes des sources antiques ?

On peut regretter l'absence dans la littérature agronomique latine d'écrits comparables aux textes chinois, qui dès le XIe siècle de l'ère chrétienne foisonnent de recommandations et d'enseignements sur la manière de construire et d'entretenir de gigantesques systèmes de terrasses. Les auteurs de ces traités d'agriculture consacrent des chapitres entiers, avec force détails, à ce qui occupe encore aujourd'hui une place prépondérante dans les agrosystèmes d'Extrême-Orient (Wang Xing-guang 1991). On peut regretter également l'absence de documents gravés qui renseignent sur la mise en culture des pentes à l'image de celui qui a été retrouvé dans la province du Henan (Chine) et qui remonte au deuxième millénaire avant l'ère chrétienne. (Wang Xing-guang 1991 : 191). Il s'agit d'une association entre deux caractères pictographiques, l'un qui désigne le champ, l'autre la montagne. S'agit-il de champs en terrasses ? Ces seuls pictogrammes n'autorisent pas à l'affirmer. Ils peuvent faire référence à des sols cultivés sur des replats ou des surfaces légèrement pentues ne nécessitant pas toujours la construction de murs de soutènement ou le reprofilage de la pente, comme ils peuvent traduire la présence de terrasses dûment construites, là où l'angle de la pente les a rendues nécessaires.

Ce type de document fait défaut en Méditerranée. Les célèbres gravures rupestres du Mont Bégo représentent des champs et des parcellaires. Elles renseignent sur l'outillage (araire), mais restent désespérément muettes sur la localisation topographique des parcelles ou sur leur technique de construction à l'exception de leur plan, leur auteur ayant seulement représenté deux dimensions d'un espace qui en a trois .

Il faut également signaler l'existence de pictogrammes et de représentations de champs irrigués gravés sur des tablettes de terre cuite en Orient.

Les mosaïques et les fresques ne sont pas plus prolixes lorsqu'il s'agit de paysage rural cultivé. Les représentations sont d'abord celles de scènes de la vie agricole et de *villae* extraites de leur environnement naturel. Les thèmes ruraux privilégiés évoquent donc principalement les calendriers des activités agricoles qui donnent la primeur à l'action et à l'outil, comme le célèbre calendrier de Saint-Romain-en Gal (Vienne, France) ou les scènes de labours et de semailles mises au jour en Afrique romaine, à Cherchell et à Oudna (Tunisie) (Lancha 1981 : 208-225 ; Lafon-Delaplace 1986 : 575-576 ; Prêcheur-Canonge sans date).

Les tentatives faites pour identifier un relief ou un type de végétation se heurtent à la tradition artistique qui idéalise les scènes figurées. L'aspect de ces composantes fondamentales du milieu est symbolique. Elles appartiennent à des paysages imaginaires dont l'interprétation en termes botaniques et topographiques s'avère périlleuse. Leur fonction principale est de servir de support à des scènes mythologiques et au déroulement des activités humaines. Ces dernières sont principalement liées à la chasse, à la cueillette, et au pastoralisme. Par exemple, la mosaïque appelée « Les saisons, scènes de chasse de Daphné près d'Antioche » datant du IVe siècle de l'ère chrétienne figure des scènes de cueillette et de traite des chèvres au premier plan, avec un décor végétal dont la présence, en arrière-plan, sert simplement à l'évocation d'un cadre rural (Musée du Louvre, salle 31). Il en est de même des pavements mosaïqués du couloir de « La grande chasse » et du vestibule d'« Eros et Pan » dans la *villa* de Casale à Piazza Armerina (Sicile) dont la datation incertaine se situerait entre le IIIe et le début du Ve siècles de l'ère chrétienne (Di Giovanni 1997). Les paysages qui y sont représentés, formés de reliefs (collines, rochers) dénudés ou arborés ainsi que de cours d'eau, évoquent, dans la première mosaïque, les cinq provinces du Diocèse de l'Afrique (Maurétanie, Numidie, Afrique Proconsulaire, Byzacène, Tripolitaine). Il n'en reste pas moins que l'interprétation de cette composition en termes de paysages réalistes serait abusive. Même lorsqu'il s'agit d'animer les acteurs paysans du calendrier de Saint-Romain-en-Gal ou de la mosaïque des travaux champêtres trouvée à Cherchell et de donner une vision dynamique des travaux saisonniers, le cadre de ces activités est négligé. Dans ce cas, l'intention du mosaïste est uniquement de réaliser un calendrier agricole illustré par des scènes représentatives des activités à périodicité annuelle. Tout ce qui n'est pas utile pour identifier une activité est donc ignoré.

Dans leur ensemble, les mosaïques d'Afrique du Nord, qui foisonnent pourtant de détails riches de renseignements sur la vie rurale et les façons culturales de la vigne en particulier, ne donnent guère plus d'indications relatives aux aménagements qui servent de support aux cultures (Prêcheur-Canonge sans date ; Benseddick 1983 ; Yacoub

1993). L'empreinte des sociétés sur leur environnement se traduit simplement par la représentation de l'*ager* en arrière-plan de la villa, signifié par des champs labourés ou des cultures (vignes, oliviers, oseraie, arbres fruitiers). Lorsque les reliefs des jebels africains sont intentionnellement figurés, ils appartiennent au domaine de la nature sauvage et sont systématiquement relégués au dernier plan.

Les représentations qui suggèreraient des paysages cultivés sont donc bien rares et lorsque le sujet est traité avec minutie, il concerne le domaine des jardins d'agréments, à l'image de la fresque trouvée dans la tombe de Nebamon à Thèbes (Egypte) et qui figure avec réalisme une variété d'arbres et de massifs végétaux autour d'un bassin, ou d'une gravure qui représente un jardin doté d'une vigne en son centre et d'un canal d'irrigation (Billard 1997 : 59, fig. 38). Certaines peintures murales et tablettes d'argile mettent aussi en scène des champs cultivés sur les reliefs.

Il est plus difficile de rencontrer de telles représentations dans l'iconographie plastique. Les maquettes de terre cuite qui illustrent des fragments de campagne aménagée aux fins d'agriculture font défaut à ce jour en domaine méditerranéen. Il n'y a rien de comparable, par exemple, à la maquette modelée dans l'argile retrouvée dans une tombe en Chine, au nord-ouest de la haute vallée du Yangtze-Xiang, dans la province du Sichuan (région de Pengshan). Fabriquée sous la dynastie Han, entre 206 avant l'ère chrétienne et 220 de l'ère chrétienne, elle représente de manière très expressive un système de terrasses de culture irriguées dont les structures de soutènement épousent les courbes du relief (Wang Xing-guang 1991 : 192). Ce système est composés de champs aux limites curvilinéaires entrelacées sur lesquelles viennent s'appuyer des limites de parcelles droites segmentant ainsi l'espace en de plus petites surfaces cultivées. Le dénivelé de certaines terrasses est clairement plus important que d'autres ce qui permet de conclure, avec une faible marge d'erreur, qu'il existait dès l'Antiquité une hiérarchie entre les constructions au sein d'un même système de terrasses, résultant d'un projet d'aménagement unique, adapté à des nécessités qui restent à définir. Sont-elles simplement liées à des contraintes topographiques ou sont-elles indispensables au système d'exploitation ?

Une fois de plus, il n'y a rien de tel en domaine méditerranéen, où les thèmes des scènes rurales concernent souvent les travaux des champs, principalement les labours, ainsi que les constructions destinées à la conservation et à la transformation des produits issus de la terre, en particulier les silos, les greniers ou les boulangeries. C'est le cas de plusieurs figurines grecques auxquelles appartient la scène de labours à l'araire en terre cuite trouvée à Thèbes (Musée du Louvre CA 352). Les historiens de l'Art l'attribuent à une génération de représentations antérieures à l'éclosion des « sujets de genre » et situent sa confection vers 600-575 avant l'ère chrétienne.

Dans ce registre thématique, les maquettes égyptiennes sont sans doute les plus nombreuses. J. Vandier n'en compte pas moins de huit dans son manuel consacré aux scènes de la vie agricole égyptienne sous l'Ancien et le Moyen Empire (Vandier 1978). Dans tous les cas connus, l'environnement dans lequel s'insèrent ces activités rurales de préparation de la terre par les labours et le semi est absent. Au contraire de l'Extrême-Orient, la campagne cultivée et irriguée avec les éléments qui la caractérisent comme la topographie, la végétation, le réseau hydrographique ou encore ses caractères construits comme les aménagements agraires n'est jamais représentée. Pourtant le souci du détail n'est pas absent des autres miniatures, notamment celles qui ont trait aux travaux domestiques et qui figurent avec une relative précision le cadre architectural dans lequel se déroulent ces occupations essentiellement artisanales et culinaires. Mais lorsque les sculpteurs matérialisent les travaux des champs, ils ignorent le cadre paysager de ces activités qui est la campagne, au profit exclusif de ses acteurs que sont l'homme et l'animal ainsi que de l'outil qui est généralement l'araire.

L'unique représentation d'un fragment de paysage « domestique » est la maquette d'un jardin aménagé en bois stuqué et peint datant de la XIe dynastie qui a été retrouvée à Deir el-Bahari dans la tombe d'un haut fonctionnaire nommé Meketrê, enterré à Thèbes sous Montouhotep III. Le jardin de forme rectangulaire est enclos d'un mur à l'intérieur duquel des éléments hydrauliques (bassin) et végétaux (sycomores) sont façonnés.

Enfin, si l'iconographie des récipients céramiques est riche en représentations appartenant à l'univers végétal notamment celui de la vigne et de l'olivier, ainsi que des outils de production et de transformation de ces produits (araires, pressoirs), la représentation de caractères paysagers réalistes lui est étrangère.

Si l'absence de mention ou de représentation des terrasses de culture dans les récits et l'iconographie égyptienne n'est pas une aberration au regard des conditions paysagères et du système de culture qui est pratiqué dans la vallée du Nil, leur existence est légitimement attendue dans le reste du domaine méditerranéen. Pourtant, en 1959, J. Despois rappelle, après l'avoir déjà écrit dans les Annales en 1956, « qu'il n'est jamais question de champs en terrasses chez les auteurs anciens, pas même chez les agronomes, et qu'il n'existe, pour les désigner, aucun mot grec, ni latin » (Despois 1956 ; 1959). Cette affirmation dominera la littérature jusque récemment encore, quant en 1996, L. Foxhall insistait sur la difficulté à distinguer, dans les sources grecques, les termes qui désignent réellement un mur de contention des terres indiquant l'existence d'une terrasse, de ceux qui décrivent un simple mur de clôture d'un champ (Foxhall 1996). La conclusion lapidaire de ce travail était qu'en l'absence d'un mot identifiable, sans ambiguïté, au terme actuel de « terrasse », l'appartenance de ces aménagements aux systèmes agricoles antiques était à écarter.

D'autres auteurs qui constatent aussi l'absence de termes non équivoques pour désigner les terrasses de culture dans les sources grecques préfèrent s'interroger sur les raisons de cette absence. O. Rackham se penche sur *Les Travaux et les Jours* pour constater le mutisme d'Hésiode, en 700 avant l'ère chrétienne, qui ne fait pas figurer la construction et la réparation des terrasses parmi les travaux qui incombent à l'agriculteur (Rackham 1992 : 128). Cette discrétion est également remarquée dans les récits relatifs à des batailles. Pourquoi n'y a-t-il aucune allusion à des terrasses alors qu'elles devaient avoir une incidence certaine sur le déroulement des combats, formant une barrière à la cavalerie et donnant un avantage à l'infanterie ? Pourquoi sont-elles également ignorées dans les écrits de Xénophon sur la chasse où l'on pourrait s'attendre à ce que l'auteur décrive, par exemple, la fuite du gibier empruntant les terrasses ? (Rackham 1992 : 128 ; Rackham 1996 : 26).

La recension faite par M.-C. Amouretti des textes grecs qui renferment des indications liées à l'agriculture et à l'agronomie montre la richesse, par la variété des informations qui y sont délivrées, et paradoxalement la pauvreté, de ces sources lorsqu'il s'agit de débusquer des indications précises sur les paysages construits. Les références sont nombreuses et le champ qu'elles couvrent est étendu, depuis l'évocation d'un arrière-plan rural (un cadre champêtre pour mur de scène dans les poèmes pastoraux), à l'énumération des produits issus de la terre par Athénée vers 200 de l'ère chrétienne, en passant par les calendriers des activités agricoles, ou encore les vertus des plantes médicinales. Il reste peu de choses concernant l'aménagement du paysage au sens strict pour l'agriculture ainsi que sur les techniques de construction du champ, tant sur le plan de sa localisation, de sa topographie, que de la gestion de l'eau. Il est vrai que les composantes du paysage mentionnées dans la littérature grecque sont souvent celles qui évoquent la richesse et la fertilité des terres au sens économique de ces termes, comme la « prairie verdoyante » ou « humide », les sources et les cours d'eau, ainsi que les vergers (Mauduit 1998). Ces derniers sont rarement décrits en tant qu'espace cultivé aménagé. Généralement leur description s'arrête à l'énumération des arbres qui y sont plantés (arbres fruitiers, vignes...), non pas aux champs qui les supportent. La végétation s'avère l'élément descriptif essentiel pour qualifier et distinguer les espaces. Dès lors, les indications liées au relief ne sont pas nombreuses et lorsqu'il est question du modelé topographique, les auteurs parlent simplement de « vallons », de « précipices » ou de « montagne ». Celle-ci est toujours présentée comme un espace non cultivé qui est associé à la forêt ou aux pâturages car il appartient aux limites des territoires, les *eschatiaï*. Les campagnes ne sont donc pas décrites à proprement parler, et lorsqu'un morceau de paysage anthropisé est dépeint dans l'Odyssée d'Homère, tel que le verger d'Alcinoos ou le jardin de la nymphe Calypso, aucune allusion n'est faite aux formes de l'espace cultivé ni aux aménagements agricoles quels qu'ils soient.

Dans ce contexte, l'absence de mots désignant des terrasses de culture n'est pas significative de leur non existence dans la réalité. Cette discrétion des auteurs antiques peut être simplement mise sur le compte d'un manque d'intérêt pour ce sujet comme pour d'autres, selon l'explication donnée par P. Brun (Brun 1996 : 65-66). Concernant plus particulièrement les terrasses cycladiques, ce dernier souligne qu'hormis les grandes îles, les îles de taille moyenne ou petite (où cette technique aujourd'hui dominante est nécessaire pour créer des terres cultivables) n'intéressent pas les sources antiques. Il faut également rappeler que d'autres mots de la ruralité ne sont jamais employés par les auteurs grecs. Ils ne disposeraient pas de mots équivalents à notre acception actuelle des termes « paysage » et « milieu naturel » (Le Meur 1998). Faut-il en conclure pour autant qu'ils n'avaient pas conscience de ces réalités et qu'ils n'appréhendaient pas leur environnement ?

Selon les auteurs gromatiques, les sujets qui sont présentés et débattus dans leurs textes concernent la nature, la forme et la délimitation des terres, le statut des terres ainsi que des controverses et des juridictions diverses. Ils ne se sentent pas concernés dans leurs compétences par les problèmes relatifs à certains aménagements et donc n'en discutent pas. Hygin écrit entre 98 et 102 de l'ère chrétienne que « sur le passage des véhicules, des bêtes, des personnes, le droit de passage, l'accès, ainsi que sur les ruisseaux, les vallées, les fossés, les sources, il surgit souvent des différends. Tous ces sujets ne relèvent pas de notre compétence, mais de celle des avocats, c'est-à-dire du droit civil ; nous n'y intervenons que quand il s'agit de rectifier quelque chose par une enquête, ou bien d'une réclamation dans le cas où l'on trouve quelque chose de gravé sur une *forma.* » (Hygin, *De generis controversiarum*, 97-98 selon Thulin ; Traduction Behrends : 147-149). Cela laisse donc supposer que les champs en terrasses peuvent être absents de certains écrits en fonction des préoccupations de l'auteur sans que cela signifie qu'ils n'existaient pas dans la réalité des campagnes de l'époque. Ainsi, Hésiode ne mentionne pas la culture de l'olivier dans *Les Travaux et les Jours*. Pourtant, nul ne saurait nier la pratique de l'oléiculture à son époque. Il faut donc rappeler que les écrits dont nous disposons, y compris les textes à visée agronomique, ne sont pas des ouvrages encyclopédiques. les auteurs ont successivement sélectionné dans l'héritage reçu de leur prédécesseurs les matériaux qu'ils jugeaient utiles, en ont ajouté certains et ont choisi d'en taire d'autres.

De plus, si l'on considère que la formulation des savoirs agricoles par écrit intervient au moment où ces connaissances ont cessé d'être maîtrisées par l'ensemble des agriculteurs, bien que la majorité de la société travaille les champs, alors la discrétion des auteurs antiques sur la technique des terrasses prend une toute autre signification. En admettant donc que les auteurs antiques, en particulier ceux que l'on nomme les agronomes latins, ne dissertent pas sur ce qui est bien connu de leurs contemporains, la place qu'ils accordent aux terrasses de culture pourrait être le signe que cette pratique de l'agriculture était parfaitement maîtrisée sur le plan des techniques et répandue de leur temps.

A défaut de discourir sur les terrasses, ces auteurs ne manquent pas de recommander la construction d'enclos pour délimiter et protéger les champs. Varron décrit au Ier siècle avant l'ère chrétienne, dans son traité d'agriculture publié à titre posthume en 37 de l'ère chrétienne, plusieurs types de matériaux et de techniques de construction dont on peut penser qu'elles sont identiques à celles mises en œuvre dans la réalisation des structures de soutènement des terrasses (*Res rusticae*, I, 14). Caton au IIe siècle avant l'ère chrétienne et Palladius au IVe siècle de l'ère chrétienne y consacrent aussi une place dans leurs traités (Caton, *De agricultura*, XVIII ; Palladius, *Opus agriculturae*, I, 34).

A l'époque byzantine, la qualité littéraire l'emporte sur le contenu des œuvres. Le discours scientifique et technique s'efface derrière le style de l'auteur (Lazaris 1998). Là encore, le mutisme des sources sur certains thèmes ne peut être envisagé comme le reflet exact d'une réalité. Enfin, si l'on garde à l'esprit la fonction première des textes à vocation agronomique, il apparaît alors moins surprenant que la technique de construction des champs y soit relativement peu discutée, car, ainsi que le souligne G. Comet, « les connaissances agricoles opératoires au quotidien ne se transmettent pas par l'écrit. L'écrit est un lieu de réflexion, d'explication, de mise en place des connaissances, c'est le propre de l'agronomie. » (Comet 1998 : 28).

Les historiens médiévistes de l'Espagne arabo-musulmane disposent de nombreuses sources textuelles dont les « Repartimientos » ou Repartiments. Ces documents sont relativement abondants pour certaines régions, comme celles de Valence, de Murcie et de Majorque qui sont situées dans le Levant conquis par les armées chrétiennes dans le deuxième quart du XIIIe siècle. Il s'agit de cahiers de répartition des terres nouvellement conquises aux colons chrétiens dressés par la chancellerie royale. Ils sont complétés par des documents annexes qui sont eux dressés de façon anticipée, parfois même avant la prise définitive de la ville et de ses campagnes, tôt dans le XIIIe siècle (Guichard 1999). Mais les textes chrétiens de la conquête espagnole, comme les textes arabes des géographes qui décrivent les campagnes au cours d'itinéraires entre les grandes villes, ne renseignent pas directement sur les aménagements agricoles et la place qu'ils occupent dans le paysage construit. Il s'agit d'avantage de désigner l'occupation des terroirs (bois, prés, plaines, pâturages, etc.) et d'en faire la nomenclature ainsi que d'énumérer les unités d'habitation, que de décrire un paysage aménagé. Certains textes mentionnent cependant la présence de canaux d'irrigation (« acequias » en espagnol, de l'arabe « as-saqia » = aménagement permettant l'arrosage) appartenant à des aménagements de petite hydraulique agricole construits antérieurement. Il est fait mention également de la présence, sur les terres attribuées, de cultures sèches (champs « secano ») de vigne et d'olivier, mais la construction de champs en gradin n'est pas spécifiée.

3.2. Une relecture nécessaire

Pourtant, les sources écrites ne sont pas des recueils complets de savoirs en vigueur à l'époque où elles ont été produites. Elles font état de connaissances spécifiques liées au contexte social et économique du moment et leurs auteurs n'ont pas nécessairement le souci de l'exhaustivité sur un sujet donné. Ces documents ne renferment que ce que leurs auteurs ont bien voulu communiquer. Ainsi, les baux agricoles grecs retranscrivent les données nécessaires pour contrôler le respect des règlements des fermages à l'issue des contrats de location. Les règlements juridiques en langue arabe relatifs à la gestion de l'eau pour l'agriculture ne tiennent compte que des éléments issus de la tradition orale et de l'expérience qui sont nécessaires au respect de la loi dans l'usage collectif de la ressource naturelle. Les *Agrimensores* s'intéressent aux formes et aux limites des paysages et aux conflits nés de ces limites. Les auteurs grecs et les agronomes latins formulent certains savoirs encyclopédiques ou expérimentaux, qu'ils décrivent et commentent selon une certaine architecture littéraire plus ou moins rigide, en s'inspirant souvent du vocabulaire de leurs prédécesseurs et des observations rapportées par leurs contemporains, nourrissant parfois leur réflexion de leurs propres expériences. Les agronomes arabes font une large place à l'expérimentation tout en s'appuyant sur une longue tradition scientifique orientale, égyptienne, grecque et latine, et dispensent des connaissances pratiques en étroite relation avec la mise en valeur des territoires, en particulier en *Al-Andalous*. Le contenu de chaque source varie donc selon le contexte culturel, la fonction de l'écrit et le style de son auteur.

En tenant compte de la pluralité des formes d'organisation des savoirs dans les sources écrites et en portant l'attention qu'elles méritent aux sources antiques grecques et latines, il apparaît que la discrétion de leurs auteurs sur la question de l'aménagement des versants en terrasse n'est pas aussi flagrante. De la même manière, si nous considérons de plus près l'iconographie antique, la culture en terrasse existe non seulement dans les textes,mais aussi en image. Elles sont certes plus rares et moins détaillées que les représentations que l'on trouve dans les manuscrits des agronomes chinois dès le début du XIVe siècle de l'ère chrétienne.

L'absence de terrasses dans les sources écrites et iconographiques est donc un faux problème. Si les auteurs grecs et ceux que l'on nomme les agronomes latins ne parlent pas de cette technique, c'est peut-être tout simplement parce qu'elle était très courante et maîtrisée par leurs contemporains.

Il existe des attestations de la pratique de l'agriculture irriguée sur les versants près des rives septentrionales de la Méditerranée occidentale, de même qu'il existe des témoignages écrits et picturaux de la mise en culture des versants en terrasses dans les systèmes agricoles antiques. Quand bien même ces champs auraient été absents des sources, cela ne constituerait pas un argument pour nier leur existence. La seule conclusion que l'on puisse tirer des écrits antiques concernant ces constructions est qu'elles ne semblent pas attachées à un type de culture spécifique.

Selon les historiens, les références au paysage, aussi bien dans les textes grecs que latins, relèvent souvent d'expressions employées dans les formulations traditionnelles héritées de longue date, depuis les poèmes homériques par exemple (Mauduit 1998 ; Amouretti 1995 : 218 ; Isager 1992 : 7 ; Kanélopoulos 1998). Ces conventions d'écriture indiquent surtout les limites de l'utilisation des textes antiques pour celui qui y recherche le reflet d'une réalité vécue. Dans ce cas, le fait que ces écrits négligent les aménagements de versants comme les terrasses de culture ne peut être considéré comme une preuve de leur non existence. Au contraire, la forme des discours primant souvent sur le fond, il est raisonnable de considérer que les sources ne sont pas représentatives, dans le domaine de la culture en terrasses, d'une quelconque réalité paysagère et technique.

Le problème de l'existence ou non de ces aménagements resterait donc entier si ce n'est la présence de quelques témoignages irréfutables. Il est par conséquent nécessaire de considérer les sources pour ce qu'elles sont bien souvent, fragmentaires et subjectives, en s'abstenant de leur prêter des vocations encyclopédiques qu'elles ne possèdent pas. Une lecture qui mesure les poids respectifs du fond et de la forme dans les écrits permet de distinguer les récits privilégiant la poésie de ceux qui s'efforcent de développer un discours pragmatique et par conséquent d'éviter les transpositions simplistes dans la réalité qui sont fondées sur la seule autorité des sources écrites. Force est de constater que celles-ci n'ont pas les réponses à toutes les questions.

Par ailleurs, l'absence supposée de certains mots dans les textes antiques est étroitement liée à la lecture qui en est faite et l'identification des mots à une réalité archéologique est elle-même fonction des connaissances du moment de la discipline. Or, la recherche sur les paysages dans le monde grec et latin est récente, et dans l'histoire de cette recherche, la mise au jour de terrasses agricoles en contexte archéologique est encore plus récente. Il n'est alors pas surprenant que les historiens n'aient pas soupçonné la présence de ces aménagements dans les écrits. De ce fait, les historiens qui relisent les textes, notamment les écrits grecs, à la lumière de l'archéologie, se demandent à présent s'il ne faut pas traduire par « terrasse » des mots qu'ils traduisaient auparavant par « mur de pierre » ou « mur de clôture ».

Il n'est pas inutile de rappeler également qu'il faut se prémunir contre les raisonnements circulaires qui conduisent tour à tour à utiliser l'archéologie pour valider les textes et inversement à limiter l'étude des aménagements agraires à des références aux auteurs antiques.

En réalité, la contradiction supposée entre les faits archéologiques d'une part, et textuels et iconographiques d'autre part, n'est qu'apparente. Il est nécessaire pour la dépasser de réajuster les grilles de lecture entre les faits et les discours dont la diversité des contenus est à la dimension de la variété des types de sources.

Il ne suffit cependant pas de démontrer la présence de terrasses dans les sources antiques, dans une démarche somme toute très littéraire et de fait bien éloignée de la réalité du terrain, pour affirmer connaître la place qu'ils occupent dans les systèmes agraires antiques. Cela impose de s'intéresser aux faits conservés dans le sol.

DEUXIÈME PARTIE

La régulation de la topographie ou construire pour cultiver, d'une rive à l'autre

Chapitre 1

La Méditerranée nord-occidentale

1.1. La Provence (France)

Depuis une quinzaine d'années, on assiste à une multiplication des découvertes archéologiques liées à la ruralité dans le sud de la France (chemins, fossés, traces de plantation...). Les mises au jour de champs construits, souvent ponctuelles, demeurent encore relativement peu fréquentes (Brun 1990 ; Meffre 1990 ; Poupet 1990a, 1990b). D'autres études, ponctuelles, ont été réalisées par des géographes et des géomorphologues, en Provence, notamment sur des terrasses aujourd'hui abandonnées autour de l'*oppidum* protohistorique de Saint-Blaise (Bouches-du-Rhône) qui pourraient être antiques (Trément 1999 : 66-67 ; Jorda 1990).

Les terrasses de cultures mises au jour par les fouilles archéologiques appartiennent principalement à la Gaule romanisée. Des murs de contention des terres romains ont été mis en évidence en Provence, sur l'île de Porquerolles (Var), où ils sont construits au 1er siècle avant l'ère chrétienne et antérieurement, à une date qu'il est difficile de préciser (Brun 1990) (Fig. 7). Dans d'autres cas, l'antiquité des terrasses est vraisemblable. Dans le vallon de Séguret (Vaucluse), un mur de terrasse est probablement construit autour du changement d'ère (Meffre 1990). Dans le voisinage du site de Saint-Blaise (Bouches-du-Rhône), des murs de soutènement protègent les versants à l'époque romaine et peut-être dès le Ier millénaire avant l'ère chrétienne (Provansal 1993 ; Trément 1999 :

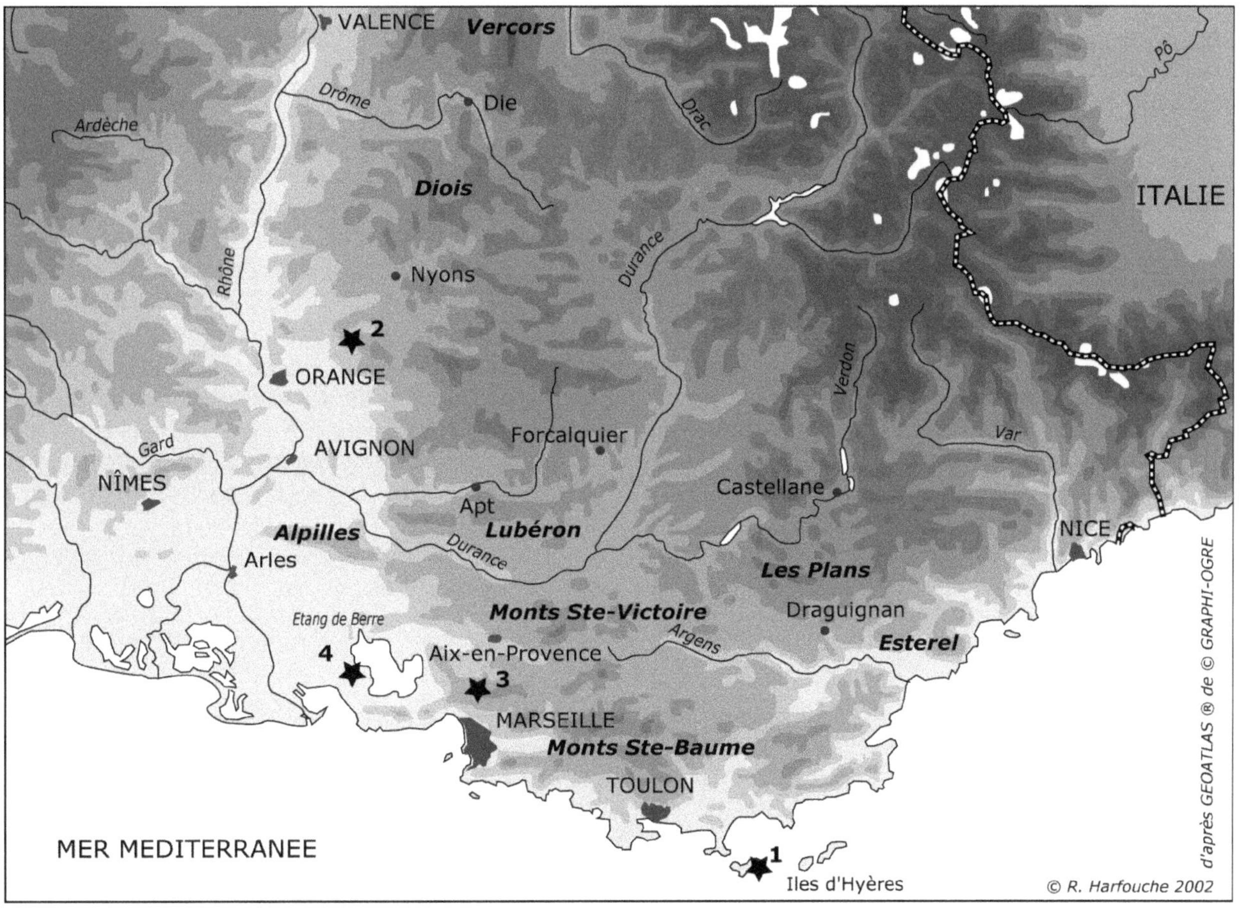

Fig. 7 : Carte de localisation des points de découvertes archéologiques ou de restitution géographique de terrasses agricoles antiques en Provence méditerranéenne (France). 1 : L'anse de La Galère sur l'île de Porquerolles (Var) ; 2 : le vallon des Sausses à Séguret (Vaucluse) ; 3 : l'oppidum du Baou-Roux (Bouches-du-Rhône) ; 4 : l'oppidum de Saint-Blaise (Bouches-du-Rhône).

66, 238). Sur l'*oppidum* du Baou-Roux (Bouches-du-Rhône), des parcelles en terrasse sont construites à la fin du IIe millénaire ou au début du Ier millénaire avant l'ère chrétienne et des talus d'épierrement datables du début du VIIe siècle avant l'ère chrétienne ont été démontrés par les fouilles (Boissinot 1997a : 90). D'autres aménagements de défense des versants pourraient avoir appartenu à la construction des territoires des habitats protohistoriques, mais leur datation est incertaine. Ph. Leveau signale en Provence, après l'incendie du massif de la Sainte-Victoire, des vestiges de terrasses visibles à proximité du site de Roque Vaoutarde et émet l'hypothèse de leur appartenance au site protohistorique (Leveau 1993c : 32). Plus récemment, des murs de soutènement interprétés comme des terrasses de culture ont été découverts au cours de fouilles d'habitats, mais leur situation au sein du réseau d'habitations ne permet pas de leur attribuer une fonction agricole certaine (Bertoncello 2000). Il faut ajouter à cela l'absence d'une recherche archéologique portant sur l'ensemble de ces aménagements et sur leur place dans la construction et l'évolution des paysages.

La documentation archéologique relative aux terrasses de culture dans le sud-est de la France demeure donc rare, l'archéologie du champ s'étant essentiellement développée en plaine avec les décapages extensifs de vignobles, en particulier autour de la ville grecque de Marseille (Bouches-du-Rhône). De plus, la démonstration de l'ancienneté des aménagements repose souvent sur l'histoire du peuplement et la collecte d'artefacts dans le sol contenu par le mur de soutènement.

L'étude des paysages terrassés a surtout concerné l'évolution des versants aux époques moderne et contemporaine (Provansal 1997). La plus ancienne de ces grandes vagues d'expansion modernes remonterait, au plus tôt, au XVIe siècle ou au XVIIe siècle, selon les régions (Castex 1983 ; Frapa 1997 ; Reparaz 1990 ; Rebours 1990). Pour beaucoup de ces auteurs, les colossaux travaux de terrassements à l'échelle d'un versant ne peuvent être que le fruit d'une contrainte et d'un savoir technique moderne mis en œuvre par une petite paysannerie pauvre, dans le cadre d'un projet communautaire, pour échapper à la famine ou mettre en place une arboriculture spécialisée. Hormis les investissements consentis dans ces constructions ayant pour objectif de développer une agriculture spéculative, les champs en terrasses sont perçus comme le reflet du mode de subsistance autarcique d'un groupe ou d'une cellule familiale.

1.2. Le Languedoc oriental (France)

1.2.1. La Vaunage (Gard)

La Vaunage (ou Val de Nages, selon l'appellation locale) est située en Languedoc oriental, à 10 km environ à l'ouest de Nîmes. Pas plus que la Vistrenque ou la Vidourlenque, la Vaunage n'est une « plaine littorale » (Dedet 1976 : 5 ; Py 1982 : 103 ; 1990 : 7 ; 1993a : 11). Ce terme improprement attribué par certains auteurs à l'ensemble de l'espace géographique qui s'étend au sud de la limite fatidique (!) formée par les versants méridionaux de la Garrigue, englobe à tort les plaines du Vistre, du Vidourle et du Rhôny assimilant, par là même, la frange méridionale de la Garrigue à « l'arrière-pays » languedocien voire à l'« *hinterland* » ! (Dedet 1976 : 5 ; Py 1993a : 11). Mais cette distinction, créée pour étayer des hypothèses archéologiques aboutissant à une différence culturelle séparant nettement ces deux espaces, n'est ancrée dans aucune réalité géographique.

Cette micro-région du Languedoc oriental est attestée dès le haut Moyen Âge dans les chartes du cartulaire du Chapitre de Notre-Dame de Nîmes. Dans ce recueil de textes écrits entre 876 et 1156, elle est mentionnée sous le nom de « *Valle Anagia (...) in territorio civitas Nemausensis* » (Charte 76, 27 février 982. Germer-Durand 1872-1874 : 125) ou « *in comitatu Nemausensis* » (Charte 108, 7 décembre 1011. Germer-Durand 1872-1974 : 171), bien que les limites de la *Vallis Anagia* médiévale ne se confondent pas exactement avec celles de l'espace géographique de la Vaunage actuelle (Parodi 1987).

Connu par les textes, ce territoire est également bien documenté sur le plan archéologique depuis les premières communautés d'agriculteurs du Néolithique jusqu'à l'époque médiévale. Il convient néanmoins d'insister sur le fait que les travaux récents se sont attachés à l'étude des « formes du peuplement » en s'appuyant sur une documentation archéologique issue des prospections pédestres et de quelques sondages archéologiques sur des sites interprétés en prospection comme étant des « annexes agraires », appellation qualifiée par l'un de ses auteurs de « concept d'attente invitant à caractériser plus précisément leur statut » (Raynaud 1996b). La fouille de deux de ces sites en plaine a livré des structures bâties. La Vaunage n'a cependant fait l'objet d'aucun travail géoarchéologique ni d'aucune approche archéo-agronomique concernant le paysage et les champs avant — et depuis — la voie ouverte par la publication brève d'une première approche archéo-pédologique du paysage environnant la colline de Roque-de-Vif, en 1990 (Poupet 1990c).

1.2.1.1. Les unités du paysage

La dépression complexe de la Vaunage apparaît nettement comme une entité globale distincte formant une région naturelle particulière, par son histoire structurale et géomorphologique (Fig. 8). Elle résulte d'une inversion de relief par érosion des roches tendres du Valanginien (marnes gris bleu) constituant le cœur d'un dôme anticlinorial dont les flancs composés de roches dures de l'Hauterivien inférieur (calcaires bicolores) forment l'enceinte, prenant parfois l'aspect de petites falaises ou crêts (Fig. 9). Lorsque la couche dure formée par les calcaires froids n'a pas résisté à l'érosion, cela a donné naissance à la butte-témoin de Mauressip (colline dont le toponyme est « Serre Mouressipe » sur la carte topographique de l'IGN à 1/25000

FIG. 8 : L'ANTICLINORIUM DE LA VAUNAGE (GARD, FRANCE). VUE DEPUIS LA COLLINE DE LA LIQUIÈRE ; AU FOND, LE RELIEF DE ROQUE-DE-VIF ET DE NAGES-LES-CASTELS.

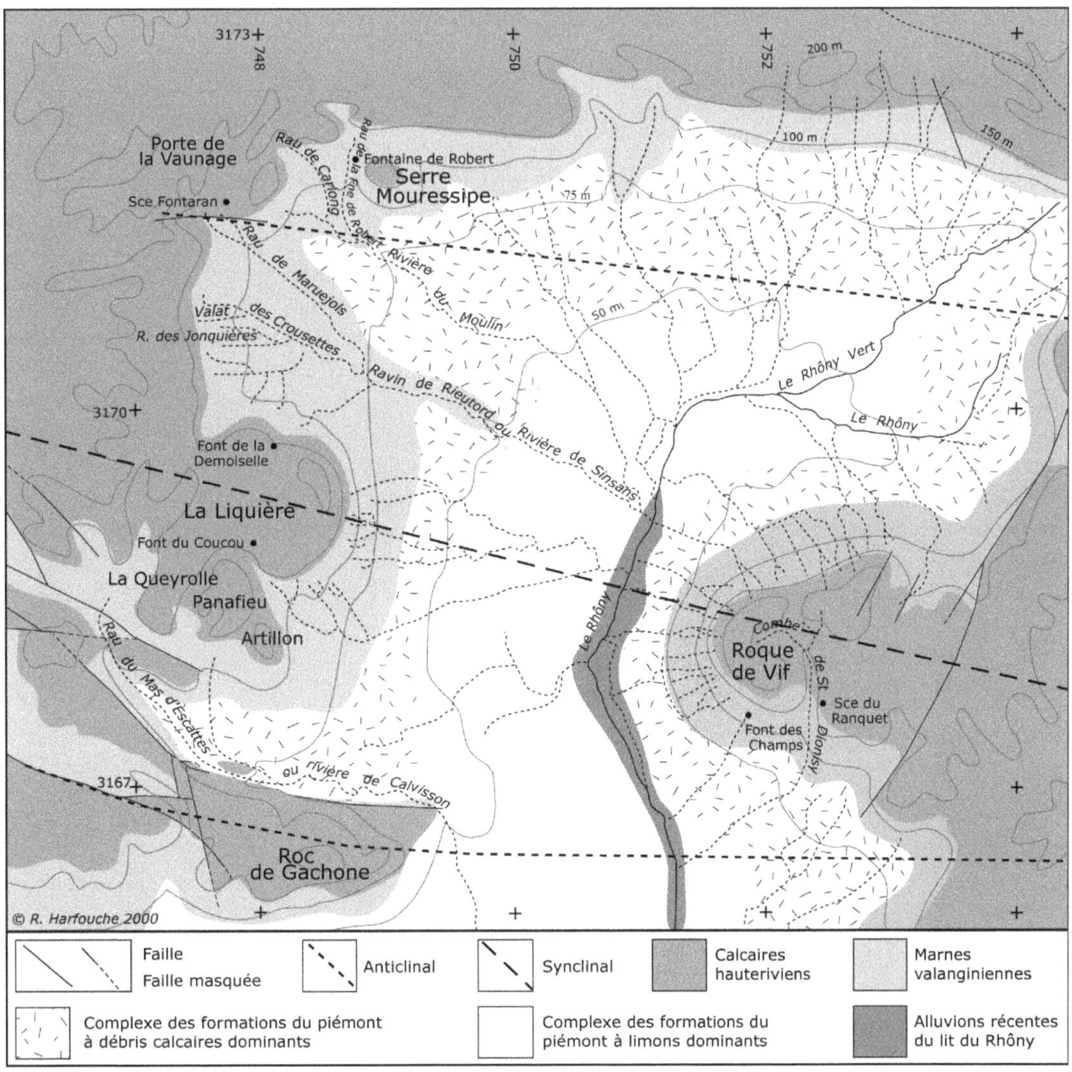

FIG. 9 : CARTE GÉO-TECTONIQUE DE LA VAUNAGE (D'APRÈS MÉNILLET 1973 ; FABRE 1984).

n° 2842 Est, mais baptisée « Mauressip » dans la littérature archéologique : Py 1972 ; 1990 ; 1993), au sommet de laquelle est implanté un habitat protohistorique.

L'anticlinorium progressivement évidé à partir de la fin du Miocène est compliqué par l'interférence de failles et ondulations héritées du cycle orogénique pyrénéo-alpin qui est à l'origine d'une tectogénèse compressive générant, dans un premier temps, des plis de direction est-ouest et des failles inverses orientées nord-ouest/sud-est, au cours d'une phase de distension éocène dite « pyrénéenne ». Elle a fortement marqué le paysage structural de la partie occidentale de la Vaunage, autour de la colline de La Liquière, tandis qu'un ensemble de failles de direction sud-ouest/nord-est, conséquence d'un autre épisode tectonique — oligocène, celui-ci — a laissé son empreinte dans la moitié orientale de la Vaunage, aux alentours des *oppida* de Nages et de Saint-Dionisy (collines réunies sous le toponyme Roque-de-Vif sur la carte topographique de l'IGN à 1/25000 n° 2842 Est) (Berger 1974 : 10 ; Gèze 1979 : 35, 141).

Au sein de cette région naturelle que constitue la Vaunage, les bassins versants oriental et occidental du Rhôny forment deux géocomplexes globaux distincts. Le réseau hydrographique de la moitié occidentale de la Vaunage se différencie nettement de celui qui se développe à l'est du Rhôny. Tandis que les tributaires orientaux de l'émissaire principal s'organisent en un réseau dendritique remarquable, les cours d'eau provenant des premières hauteurs occidentales de la Vaunage sont très peu hiérarchisés. Cette absence de chevelu hydrographique prégnant est caractéristique des réseaux hydrographiques élémentaires (Derruau 1986 : 14).

L'aspect du réseau hydrographique et l'étendue du bassin versant du Rhôny sont, il faut le rappeler, la conséquence du relief structural particulier de la Vaunage. L'anticlinorium évidé est responsable de la dimension réduite du bassin versant qui recouvre essentiellement la dépression, les cours d'eau anaclinaux tributaires du Rhôny prenant naissance contre le front de la cuesta. Il est alors possible de suivre la ligne de partage des eaux depuis le Roc de Gachone au sud, en remontant vers La Liquière à l'ouest, jusqu'à la Grand Serre au nord en passant par la Serre Mouressipe, puis la limite orientale se poursuit sur les reliefs de la colline de Roque-de-Vif (communément appelée Roque-de-Viou dans la littérature archéologique : Py 1972 ; 1990 ; 1993).

Le réseau hydrographique qui se développe sur le revers de la cuesta appartient donc à d'autres bassins versants : les ruisseaux qui se trouvent à l'ouest de La Liquière et au nord-ouest de la Serre Mouressipe sont des affluents du Vidourle tandis que ceux qui prennent naissance au nord et au nord-est de la Serre Mouressipe font partie du bassin versant du Gardon et les cours d'eau qui dévalent les reliefs orientaux de la colline de Roque-de-Vif sont des affluents du Vistre.

Le bassin versant du Rhôny comprend six géocomplexes particuliers dont quatre concernent très directement cette première étude : la cuesta proprement dite, les pentes, le piémont et les lits des ruisseaux temporaires tributaires du Rhôny. La plaine du Rhôny et sa vallée forment les unités restantes. Le Rhôny, cours d'eau subséquent majeur de la Vaunage d'une longueur de 12 km, prend sa source au sud-ouest du village de Caveirac, au nord-ouest de la dépression. Son cours actuel se jette dans le Vistre, en petite Camargue, à la hauteur du Cailar, mais les documents cartographiques antérieurs au XVIIIe siècle, rassemblés par L. Pasquier, montrent les eaux du « Rhôny Viel » ou « Vieux Rosny » se déversant dans le ruisseau de la Cubelle, lui-même ancien bras du Vidourle et alors affluent du Vistre (Pasquier 1981).

Le géocomplexe constitué par la plaine du Rhôny englobe le géofaciès formé par la haute plaine du cours d'eau, qui à son tour comprend notamment la plaine de la Vaunage dont la topographie, légèrement vallonnée, ménage des micro-reliefs aux courbes molles, petits talus et faibles dépressions bien perceptibles dans le bassin versant occidental du ruisseau. Sur sa rive gauche, le cours d'eau longe le piémont des collines de Nages et de Saint-Dionisy, rendant la plaine proprement dite quasi-inexistante. Le lit du Rhôny compose le géofaciès de la vallée du cours d'eau et regroupe deux géotopes en son sein : les rives du ruisseau qui sont peu marquées et son lit majeur qui n'a presque pas déposé d'alluvions. Les caractéristiques de ces deux géotopes témoignent de la jeunesse de ce cours d'eau.

La cuesta forme un géocomplexe qui regroupe en son sein les géofaciès du revers de la cuesta et des hauts de versants composés de calcaires marneux. Aujourd'hui, la garrigue occupe la totalité de cette entité. Les hauts de versants calcaires incluent le géotope formé par les têtes des ravines qui reculent inexorablement, grignotant le versant de la colline toujours d'avantage. L'érosion et le recul des crêts provoquent alors un débit des bancs de calcaire en marches d'escalier (Sapin 1981), processus naturel où l'archéologie a trop souvent vu le fait d'une taille du rocher par l'homme pour y aménager sa maison (Py 1978 ; Garmy 1974 ; 1980) (Fig. 10).

Le géocomplexe constitué par les pentes de ces reliefs est, avec le piémont, l'unité centrale de cette première étude qui croise les données archéologiques et celles issues de la stratigraphie des dépôts de bas de pente. Les versants marneux qui forment son géofaciès sont sillonnés de talwegs qui constituent autant de géotopes particuliers. En effet, les mouvements structuraux qui ont particulièrement marqué l'anticlinorium, associés aux effets de l'érosion des pentes, font que la dépression est un ensemble complexe de combes. Les marnes grises mises à nu par l'évidement du dôme sont visibles dans les ravins d'érosion qui déchirent les flancs des collines des *oppida* de Nages et Roque-de-Viou. Cette formation géologique affleurante est également

Fig. 10 : Escaliers structuraux sur les hauts de versants des reliefs auréolant l'anticlinorium de la Vaunage. Calcaires argileux bicolores et marnes bleues alternées de l'Hauterivien inférieur.

affectée des mêmes spectaculaires ravinements entre les agglomérations de Sinsans et de Calvisson, au pied de la colline de La Liquière, qui a donné son nom à un autre site protohistorique (Fig. 11).

Fig. 11 : Ravins d'érosion incisant les marnes du Valanginien supérieur sur les versants de la Vaunage.

Sur les pentes de Roque-de-Vif comme sur celles de La Liquière, l'Hauterivien inférieur est d'abord constitué de bancs de miches calcaires alternant avec des marnes feuilletées. Les griffures du ruissellement affectent les pentes jusqu'à ce niveau formant des paysages de *bad-lands*. Il faut souligner, dès à présent, l'extrême fragilité et la jeunesse relative des sols qui se développent sur ce substrat constamment soumis aux agressions des agents naturels. Sur les pentes de Roque-de-Vif, cette limite est entre 130 et 140 m NGF, ce qui correspond au 2/3 du dénivelé de la colline, tandis qu'elle se situe vers 125 à 130 m NGF, à la moitié du dénivelé, sur les pentes de La Liquière. Le tout est coiffé de calcaires gréseux, résistants, constituant une cuesta à profil massif dont le tracé lobé est l'œuvre des eaux de ruissellement à l'écoulement anaclinal.

Le bassin ainsi formé est tapissé de pierraille calcaire colluviale arrachée aux versants de calcaires marneux sensibles à la gélifraction (appelée « sistre » dans la région nîmoise) et de limons quaternaires. Ce glacis colluvial est modelé par les cônes de déjection et les ravines qui sont responsables de la micro-topographie au droit du piémont des collines.

Enfin, les lits des ruisseaux temporaires dont l'histoire est étroitement liée à ces incisions portent la marque du climat méditerranéen aux saisons contrastées, où des phases de pluies abondantes et brutales alternent avec des phases de sécheresse, aggravant les effets du ruissellement sur les pentes. Ce géocomplexe comprend les géofaciès formés par les hauts cours et les bas cours des ruisseaux temporaires. Le premier intègre le géotope composé des lits des hauts cours de ces ruisseaux. Les berges et les lits des bas cours des ruisseaux temporaires sont les deux géotopes rassemblés au sein du géofaciès formé par les bas cours de ces ruisseaux.

La Vaunage peut être considérée comme un « pays » au sens de P. Vidal de la Blache, regroupant en son sein des unités de paysages différentes : revers de cuesta et crêts, front, piémont et plaine. Il faut cependant souligner la continuité de ces espaces qui ne sont pas des ensembles paysagers cloisonnés. Ce point a son importance lorsqu'il s'agit d'envisager la situation des habitats et des espaces agricoles.

Le paysage de la Vaunage est donc le résultat des effets tectoniques multiples espacés dans le temps, en concurrence constante avec ceux de l'érosion. Les dépôts corrélatifs au bas des pentes permettent de suivre cette évolution. Ils ont également une signification climatique et sont caractéristiques des phases de rhexistasie où l'érosion l'emporte sur les ambiances biostasiques génératrices de sols (Coulet 1971 : 284-287). Un ultime rejeu tectonique post-villafranchien est sensible dans la Vaunage par la disposition des ruisseaux faiblement hiérarchisés en réseaux, organisation répondant à une tectonique récente car ils n'ont pas encore eu le temps de trouver une maturité plus avancée (Coulet 1971 : 309). Le Rhôny lui-même, émissaire principal drainant le bassin, n'a pu éventrer ce dôme qu'en réponse aux déformations post-villafranchiennes, au cours du Quaternaire ancien. Les glacis et vallées à l'intérieur de la dépression de la Vaunage, étudiés par J. Tricart, ne montrent que des formes et dépôts attribués au Riss, au Würm et au Postglaciaire (Tricart 1963).

Les oscillations climatiques du Quaternaire sont également responsables du caractère sous-adapté des cours d'eau car cette période aura été, dans la Vaunage, le lieu de façonnements et de creusements plutôt que celui de dépôts. C'est un point important sur lequel il faut insister car il a des conséquences dans l'étude des piémonts de Saint-Dionisy et de La Liquière.

Il reste à ajouter à ce bref, mais nécessaire, commentaire du substrat vaunageol et pour insister sur l'intérêt d'une étude approfondie et précise des caractères morphologiques du paysage dans lequel s'établissent les sociétés agropastorales, que la Vaunage est en vérité un bray sur le plan de la terminologie de géomorphologie structurale dans la classification taxonomique proposée par J. Tricart et A. Cailleux (Tricart 1956 ; 1965 : 85-87). Dans cette dépression, deux points majeurs doivent d'ores et déjà être rappelés, qui ont trait à cette étude croisant des données d'ordre archéologique à des observations géopédologiques et géomorphologiques : le premier réside dans l'extrême jeunesse des dépôts dans la cuvette, à l'échelle des temps géologiques, mais aussi à celle des périodes qui voient s'installer des agriculteurs. Le deuxième point qu'il est important de souligner est d'une évidente banalité. Il s'agit de bien mesurer l'extrême fragilité des sols sur les talus aux pentes importantes qui relient les crêts au fond de la dépression.

1.2.1.2. Des terroirs aménagés en terrasses

Plusieurs systèmes de terrasses sculptent les versants (Fig. 12). Ils sont aujourd'hui livrés à la reconquête

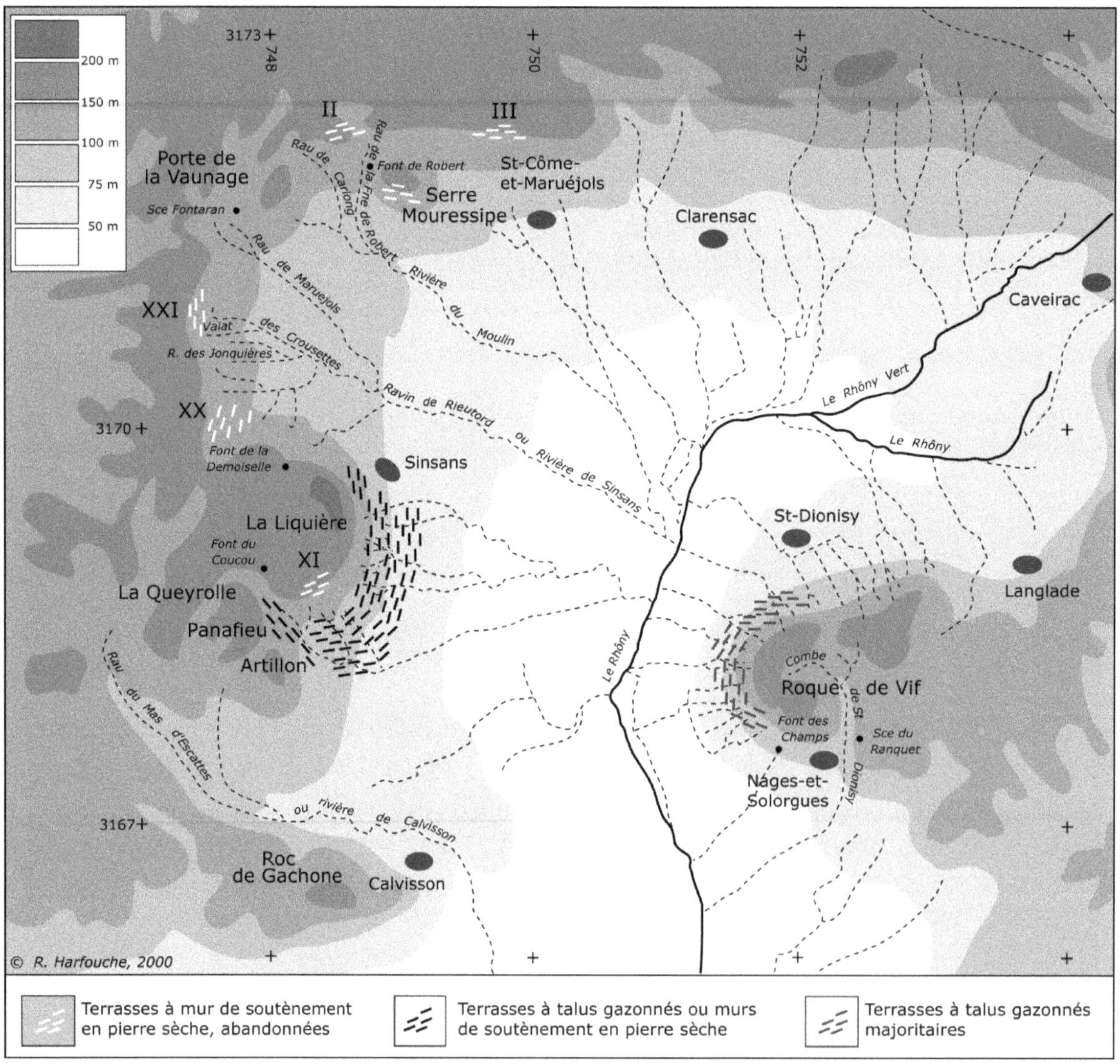

FIG. 12 : CARTE DE LOCALISATION DES ZONES REMARQUABLES DE TERRASSES DE CULTURE EN VAUNAGE (LES CHIFFRES ROMAINS RENVOIENT AUX POINTS D'OBSERVATION CITÉS DANS LE TEXTE).

FIG. 13 : SYSTÈMES DE TERRASSES AGRICOLES ABANDONNÉES SUR LES VERSANTS CONVEXES, AU NORD-OUEST DE LA CUVETTE DE LA VAUNAGE.

végétale de la garrigue. Ces champs sont construits dans des géocomplexes variés. Ils occupent aussi bien des versants à la surface plane que des versants concaves en forme de théâtre (III, XX, XXI) et des versants convexes comme les pentes des collines de La Liquière et de Roque-de-Vif (Fig. 13). La domestication de la topographie abrupte est effective sur l'ensemble de la zone déclive. Les cultures s'étageaient autrefois depuis la rupture de pente, au sommet des reliefs, jusqu'au piémont.

Ces terroirs de terrasses abandonnés ont subi des formes de dégradation plus ou moins avancées. Les murs de soutènement bâtis en pierre sèche ont été éventrés par l'érosion et les champs amputés d'une partie de leur surface, les terres se déversant dans la parcelle inférieure. La masse de sédiments et de pierres entraînée en aval varie selon les lieux et l'état de dégradation prend des allures diverses. Dans certains systèmes, les murs sont conservés sur plusieurs assises (XX, XXI et les pentes de La Liquière). Il s'agit bien souvent des champs qui ont été rapidement gagnés par la reconquête forestière. Le couvert végétal a donc favorisé les écoulements diffus et a contribué au maintien des sols sur la pente.

En d'autres lieux, en particulier sur les versants convexes où l'action de l'érosion s'exerce avec plus de vigueur, la revégétalisation du versant est plus difficile. La compétence des eaux de ruissellement a tôt fait d'ouvrir des brèches dans les murs et d'entraîner les sols en contrebas. Le démantèlement des constructions en pierre sèche et l'éradication de la couverture pédologique qui s'en suivent ne laissent que des lambeaux de champs. Il ne subsiste bien souvent que les premières assises des murs ainsi que des amas de terre de part et d'autre des alignements de pierre. Sur un versant calcaire de plus en plus minéral, les escaliers structuraux de la roche affleurante remplacent les gradins construits par l'homme, la pente reprenant son profil initial.

Cette dégradation n'affecte pas seulement les parties bâties. L'absence d'entretien des voies d'évacuation des eaux de pluie est un facteur majeur de la métamorphose des versants. Les écoulements concentrés dans les anciens chemins de desserte transforment les accès aux champs en ravin. Lorsque ces voies secondaires sont des chemins creux bordés de murs de soutènement, ils sont progressivement comblés par les pierres et les terres arrachées aux champs latéraux. Le chemin se transforme en simple fossé et devient une voie de circulation d'eau préférentielle conduisant inéluctablement à la genèse d'un ravin. La forme et la puissance de ces incisions générées par la compétence des eaux superficielles sur les marnes tendres est très variable. Elles portent la signature d'un abandon plus ou moins ancien des terroirs organisés en terrasses. Alors qu'ils dépassent souvent 50 m de profondeur au droit des pentes des reliefs de La Liquière et de Roque-de-Vif, les ravins d'érosion sont bien moins imposants sur les autres versants qui étaient autrefois cultivés.

La pétrification des versants est parfois récente, moderne. Les murs sont alors peu dégradés. Seules les assises supérieures sont effondrées et la construction a gardé son pouvoir de rétention des terres. Certains systèmes de terrasses post-antiques sont construits sur des colluvions antérieures à l'époque médiévale. Ainsi, sur le front septentrional de la cuesta de Vaunage, au nord du village de Saint-Côme-et-Maruéjols et de la route départementale 703, un réseau homogène de terrasses de culture a été aménagé sur un versant à la topographie en forme de théâtre (III) (Fig. 14). Les champs parallèles s'étagent au centre et sur les côtés de cette enclave. Cette ancienne zone de cultures est représentée sur la carte topographique à 1/25000 de l'édition de 1993 sous la forme d'une seule et même grande parcelle, rectangulaire, au centre du théâtre. Elle est indiquée comme étant une parcelle de plantation. Aujourd'hui, aucune culture n'y est plus pratiquée. La parcelle, constituée de plusieurs terrasses, est à l'abandon, livrée à la reconquête végétale de la garrigue. La couverture pédologique, conservée sur une épaisseur conséquente au droit des terrasses, témoigne de l'abandon récent des aménagements. Les versants sont relativement abrupts, à l'image de tout le front

FIG. 14 : SYSTÈMES DE TERRASSES AGRICOLES ABANDONNÉES SUR LES HAUTS DE VERSANTS, AU PIED DES FALAISES SOMMITALES, AU NORD DE LA CUVETTE DE LA VAUNAGE.

calcaire septentrional du bray. L'altitude varie de 115 m NGF au creux de l'hémicycle à 175 m NGF au sommet de la falaise. Au centre, plusieurs niveaux de terrasses parallèles barrent le demi-cercle d'un côté à l'autre, depuis la base jusqu'à environ 140 m NGF. Les falaises calcaires se dressent au-dessus de cette cote d'altitude. Les marnes bleues valanginiennes affleurent dans la partie méridionale et orientale, au sud des dernières terrasses. L'endroit a servi de carrière de prélèvement de sédiments et les lambeaux de terre témoignent encore des griffures des engins mécaniques d'extraction. Les champs en terrasse sont limités à l'est et à l'ouest par des ravins d'érosion de quelques mètres de profondeur résultant de l'action des eaux de ruissellement sur la pente. Ces cours d'eau temporaires incisent le sous-sol marneux mis à nu selon un écoulement préférentiel de direction nord-sud. L'ensemble du système de terrasses est bâti en respectant la présence de ces ravins. Les angles des murs de contention des terres sont perpendiculaires puis parallèles aux incisions. Ils indiquent l'adaptation du tracé des gradins à l'orientation des tracés des érosions. L'écoulement des eaux réunies sur les pentes orientale et occidentale de l'hémicycle, ainsi que sur les pentes septentrionales, est naturellement concentré aux pieds des versants selon la pente nord-sud. La présence des murs de terrasses bâtis en pierre sèche contraint les écoulements à respecter ce cheminement. Les champs et les ravins ont donc un fonctionnement concomitant. Ils sont clairement contemporains. La racine des murs de soutènement est fondée pour partie sur le substrat marneux ainsi que sur des dépôts de pente quaternaires contenant des fragments de céramique à cuisson oxydante romains aux arêtes très émoussées. L'édification des champs en terrasses sur ce versant est donc assurément post-antique, vraisemblablement moderne. Des fragments de tuile dite « provençale » sont présents en abondance et de manière exclusive au droit des champs.

Ces aménagements en terrasses se distribuent sur les versants parfois loin des sites majeurs d'habitat connus. L'éloignement des sources de production agricole et l'éventail des formes de paysages conquises laissent à penser que l'humanisation des pentes a répondu à une contrainte. L'origine de ces terroirs est à rechercher dans les grandes phases de croissance démographique et d'ouverture économique qui scandent l'histoire des paysages agricoles depuis le haut Moyen Âge et surtout à l'époque moderne.

1.2.1.3. L'implantation humaine

Cette étape de la démarche n'a pas pour objectif, rappelons-le, de caractériser et de cartographier le peuplement de manière exhaustive ni d'en étudier les modalités d'évolution. Ceci est le sujet d'autres recherches qui bénéficient de moyens humains et financiers importants pour la mise en place de lourdes campagnes de prospections dites « systématiques » et d'équipes encadrées par des personnes rompues à cet exercice (en particulier la prospection initiée par F. Favory et C. Raynaud qui a couvert un espace géographique de plus de 100 km^2 en quatre ans). L'inventaire et le positionnement des gisements archéologiques est ici considéré comme un outil qui est entièrement au service de l'étude de l'aménagement agricole des paysages. L'intérêt est de mettre en avant pour les discuter, la localisation des sites dans l'environnement et leurs rapports aux aménagements, comme les champs construits en terrasses, dans le dessein d'estimer l'âge de ces constructions. Il est donc important de préciser d'ores et déjà, qu'il n'a jamais été projeté de rechercher des sites. Quelques gisements ont été découverts à la faveur des recherches sur le terrain, mais il s'agit tout naturellement de découvertes ponctuelles et très localisées qui sont venues s'ajouter de façon presque anecdotique aux longues listes établies par les différentes équipes de prospection. La recension des sites est donc principalement fondée sur les données issues de ces prospections accessibles, car elles ont été communiquées par leurs auteurs (des listes de sites m'ont été aimablement communiquées par F. Favory concernant les campagnes de prospection réalisées en 1994 et 1995). Ces données sont complétées par un dépouillement bibliographique.

L'anticlinorium de la Vaunage est formé de trois principaux anticlinaux parallèles qui ne sont pas tous envisagés dans cette étude. Seul le cœur de cette micro-région où se sont concentrés les travaux archéologiques est concerné. Il s'agit de la partie du bray qui recouvre la haute vallée du Rhôny et qui englobe les deux principaux anticlinaux parallèles qui constituent la partie septentrionale de la boutonnière. L'espace pris en compte est donc, dans le bassin versant occidental du Rhôny, la partie septentrionale de la commune de Calvisson, au nord de la ville actuelle, et les territoires des communes de Saint-Côme-et-Maruéjols et de Clarensac qui s'étendent de la plaine aux premiers reliefs calcaires. Dans le bassin versant oriental du Rhôny, les communes de Saint-Dionisy et de Nages-et-Solorgues sont également considérées depuis la plaine jusqu'au revers de cuesta. Quant à la commune de Langlade, elle est seulement envisagée dans sa partie septentrio-occidentale qui se trouve réellement dans le bray.

En préambule à tout commentaire sur l'occupation humaine des pentes depuis les débuts de l'agriculture en Vaunage, il convient de se pencher sur la représentativité de la documentation en l'envisageant du point de vue des surfaces réellement prospectées. Outre que cet examen est nécessaire pour relativiser certains vides archéologiques qui apparaissent sur les cartes de répartition des découvertes, il permet d'envisager, dès ce premier niveau de lecture, la mobilité du paysage et les dynamiques sédimentaires entre le revers de cuesta et la plaine du Rhôny au travers de la répartition des découvertes. Les surfaces explorées en prospection varient considérablement d'une commune à l'autre. Elles oscillent entre 70 % et 30 % du territoire communal. Quelle peut être alors la valeur réelle d'une prospection « systématique » ? Revendiquée par la plupart des chercheurs, elle n'est jamais explicitée ou discutée en termes de conformité ou d'adéquation de la technique réelle avec sa représentation. Pourtant, inévitablement, la délimitation sur une carte de la zone à parcourir, en amont des travaux de terrain, ne rend pas compte de la réalité de la topographie et de l'accessibilité des terrains. Elle demeure le reflet d'une surface théorique qui est condamnée à rétrécir en pratique car, quelle que soit la région étudiée, il paraît évident que la surface du terrain accessible ne recouvre jamais l'intégralité de l'espace à prospecter. La Vaunage n'échappe pas à ce constat puisque seule 38 % de sa surface a été prospectée par l'équipe de F. Favory et C. Raynaud. Les disparités quantitatives en fonction des communes suffit à alerter sur la fragilité des hypothèses avancées en termes de variations démographiques et de dynamique du peuplement, puisqu'elles sont fondées sur une appréciation partielle de l'occupation humaine uniquement perceptible en surface. De même, elle incite à la plus grande prudence face aux interprétations globalisantes confrontant à un même niveau d'analyse des données aussi disparates. Les deux communes de Vaunage dont les surfaces prospectées sont les plus importantes sont Calvisson et Saint-Côme-et-Maruéjols. Environ 70 % de la surface couverte par la commune de Calvisson a été visitée et moins de 40 % du territoire communal de Saint-Côme-et-Maruéjols a été exploré. Seules 30 % des terres des trois communes réunies de Clarensac, Caveirac et Langlade ont été prospectées.

Malgré les difficultés rencontrées dans ce travail pour l'identification et la localisation des découvertes à partir des publications récentes, les cartes établies sont assez représentatives des disparités réellement constatées en nombre de découvertes entre les communes.

Les occupations les plus anciennes qui ont été reconnues en Vaunage appartiennent au Ve millénaire (Fig. 15). Ces habitats occupent souvent une position intermédiaire entre la plaine et les collines. Les gisements les plus nombreux entre le Ve et le IIIe millénaire appartiennent aux populations qui ont vécu entre le milieu du IVe millénaire et la fin du IIIe millénaire. Au IIIe millénaire, les habitants semblent occuper préférentiellement les hauteurs ou les glacis peu pentus, même si la plaine accueille quelques installations. Ces groupes habitent dans l'ensemble des géocomplexes définis (collines, pentes, piémont et plaine). Le nombre de gisements implantés sur les pentes et les piémonts est relativement important, bien que son importance varie selon les lieux. Le versant méridional et oriental de la colline de La Liquière, ainsi que les pentes et les piémonts méridionaux des collines voisines (La Queyrolle, Panafieu et Artillon) présentent de nombreuses traces d'occupation. Les pentes méridionales de la colline de Roque-de-Vif sont également le lieu d'installation de la plupart des sites reconnus au droit du relief. Il est donc possible d'avancer d'ores et déjà que ce constat infirme les thèses avancées dans les années 1940 par M. Louis et reprises en 1970 par J.-L. Roudil et M. Soulier concernant une installation quasi-exclusive des communautés néolithiques sur les plateaux (Louis 1948 ; Roudil 1970 : 117).

Malgré cette occupation remarquable des versants, un vide archéologique apparaît sur les pentes et le piémont septentrionaux du plateau de la Liquière et de la colline de Roque-de-Vif qui sont aujourd'hui lacérés par un réseau de ravins d'érosion.

Il subsiste également un grand vide inexpliqué dans la cuvette entre les piémonts des différents reliefs calcaires et le Rhôny. La plaine semble résolument évitée par les populations de ces époques puisqu'elle ne compte que cinq sites. Ce vide est d'autant plus étonnant que les recouvrements sédimentaires sont négligeables dans la plaine du bassin versant occidental du Rhôny et au nord de la colline de Roque-de-Vif où la puissance des colluvions sur le piémont n'atteint pas un mètre. Cette absence de gisements n'est pas non plus imputable aux conditions de prospection et à un éventuel accès restreint au terrain car un grand nombre de sites romains ont été reconnus dans la dépression. L'extrême rareté des découvertes peut-elle être due à un choix délibéré des communautés des IVe et IIIe millénaires de s'installer hors des zones basses ? La plaine aujourd'hui drainée présentait-elle alors des caractères

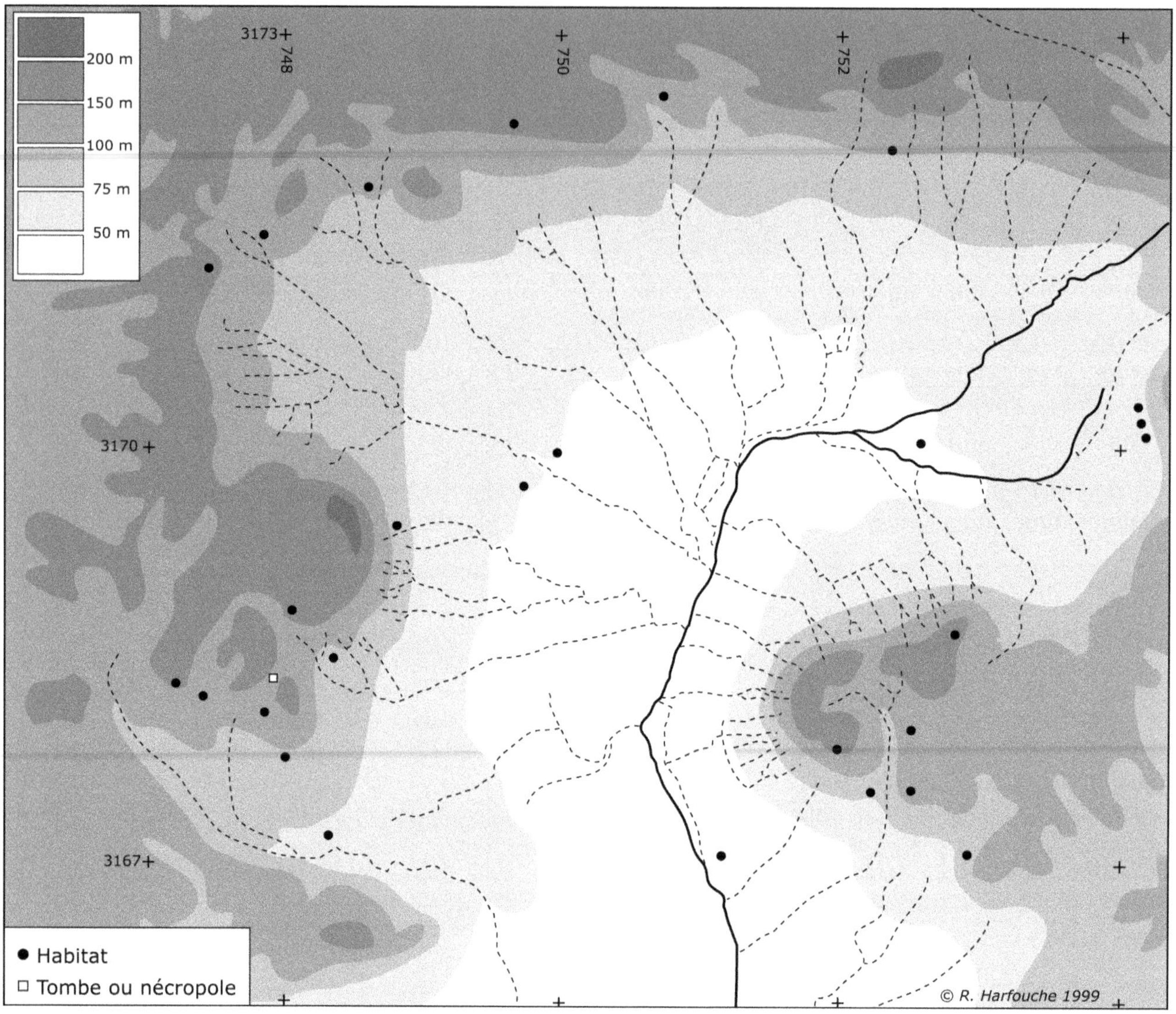

FIG. 15 : IMPLANTATION DES SITES REPÉRÉS ET DATÉS DU VE AU IIIE MILLÉNAIRE, EN VAUNAGE (D'APRÈS ALIGER 1966 ; GASCO 1976 ; GUTHERZ 1975, 1982-86 ; HARFOUCHE 2003D ; MAZAURIC 1893, 1908, SANS DATE ; PROVOST 1999 ; PY 1972 ; ROGER 1981, 1982, 1982-86, 1988, 1990 ; ROUDIL 1974 ; PROSPECTION F. FAVORY ET C. RAYNAUD INÉDITE).

d'hydromorphie marqués qui auraient pu être répulsifs pour ces populations d'agriculteurs ? Il n'existe pas à l'heure actuelle d'arguments décisifs en faveur de cette hypothèse qui doit néanmoins être nuancée, car bien que discrète, l'occupation de plaine est représentée. Outre les cinq sites déjà évoqués des habitats de plaine ont été reconnus en Vaunage hors de notre zone d'étude. C'est notamment le cas de plusieurs découvertes localisées au sud du village de Calvisson, au cœur de la dépression et dans la plaine du village de Congénies (Roger 1982-1986).

Les installations de la fin du IIIe millénaire au début du Ier millénaire avant l'ère chrétienne sont très faiblement représentées dans l'ensemble de la Vaunage (Fig. 16). Les rares sites connus sont dispersés sur les marges méridionales de l'anticlinorium (Roger 1982-86 : 33). Leur absence au cœur de la cuvette surprend, mais il faut se garder de céder aux conclusions hâtives formulées par les archéologues qui voient dans la rareté des sites de cette époque tour à tour crise démographique ou crise climatique. Aucune démonstration n'a été faite à ce jour de ces évènements catastrophistes. Il est vrai que le IIe millénaire avant l'ère chrétienne est mal connu en Languedoc. Si les gisements de grotte sont relativement bien représentés, la documentation archéologique demeure très lacunaire concernant les habitats de plein air. Ce déséquilibre concerne également les périodes au sein du IIe millénaire. Les sites connus appartiennent souvent à la première moitié du IIe millénaire et perpétuent généralement une occupation du IIIe millénaire, ou bien ils appartiennent à la période comprise entre les XIIe et VIIIe siècles avant l'ère chrétienne (Dedet 1985). Cette carence tend cependant à se dissiper à la faveur des travaux récents de prospections ou de fouilles de sauvetage. En effet, les découvertes se multiplient, mais elles concernent essentiellement des

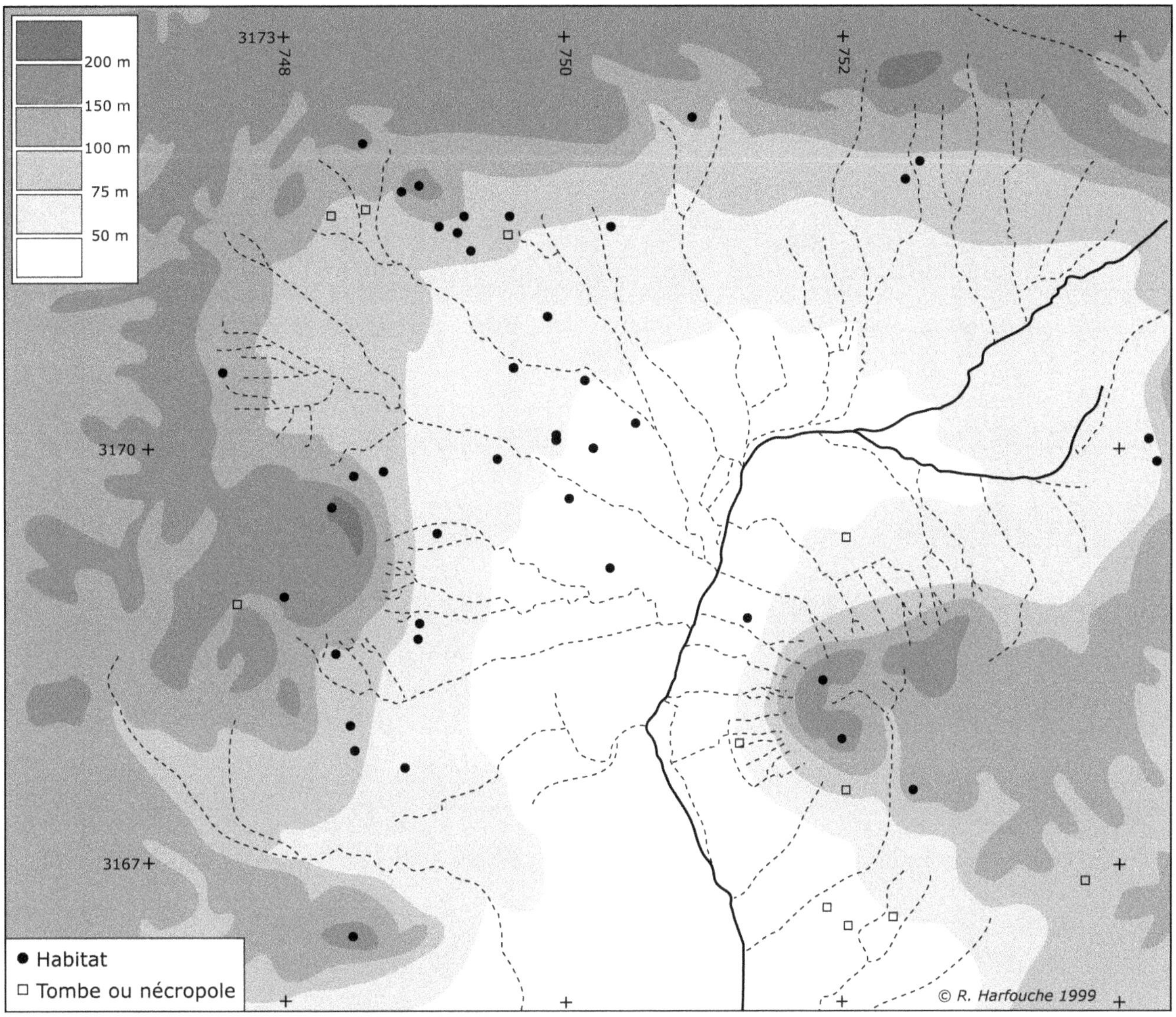

FIG. 16 : IMPLANTATION DES SITES REPÉRÉS ET DATÉS DU IIE MILLÉNAIRE AU IIE SIÈCLE AVANT L'ÈRE CHRÉTIENNE, EN VAUNAGE (D'APRÈS DEDET 1973 ; FAVORY 1994A, 1995 ; GARMY 1974, 1979, 1980 ; HARFOUCHE 2003D ; NUNINGER 1998 ; PARODI 1987 ; PROVOST 1999 ; PY 1972, 1975, 1978, 1984, 1990).

sites enfouis qui ont été reconnus à l'occasion de fouilles de grande envergure (sites du IIe millénaire avant l'ère chrétienne découverts à l'occasion des travaux sur le tracé du TGV dans les vallées du Rhône et de l'Hérault). Les recouvrements sédimentaires dans les zones déprimées expliquent, au moins en partie, les vides archéologiques constatés sur les cartes. Il faut cependant relativiser leur impact en fonction des conditions physiques propres à chaque micro-région et chaque géosystème puisqu'en Vistrenque (Gard, France) plusieurs sites de ce type ont été rencontrés en prospection. Les recherches de F. Trément en Provence ont mis en évidence l'implantation des sites du IIe millénaire avant l'ère chrétienne dans les zones basses, lacustres (Trément 1993). Des découvertes récentes en Languedoc oriental confirment le caractère palustre des lieux de prédilection des sites de cette époque (BSR 1995 : 64). La mise au jour de traces d'aménagement de l'espace rural, notamment d'une voie construite en milieu humide dans le Gard rhodanien, renforce l'hypothèse de l'existence à cette époque d'un réseau d'habitats disséminés en plaine, localisés préférentiellement le long des cours d'eau et dans leurs lits d'inondation ou en limite de la zone marécageuse.

En Vaunage, la documentation demeure trop lacunaire pour autoriser à formuler des hypothèses de ce type, mais force est de constater que la thèse avancée par J.-M. Roger d'une régression du peuplement au début du IIe millénaire et d'une reprise amorcée à la fin du IIe millénaire avant l'ère chrétienne dans la moitié occidentale de la dépression est susceptible d'être remise en cause par les découvertes à venir (BSR 1992 : 117).

Du IXe au Ier siècle avant l'ère chrétienne, la plupart des travaux archéologiques a porté sur les hauteurs ceinturant la dépression de la Vaunage, là où se sont installés les

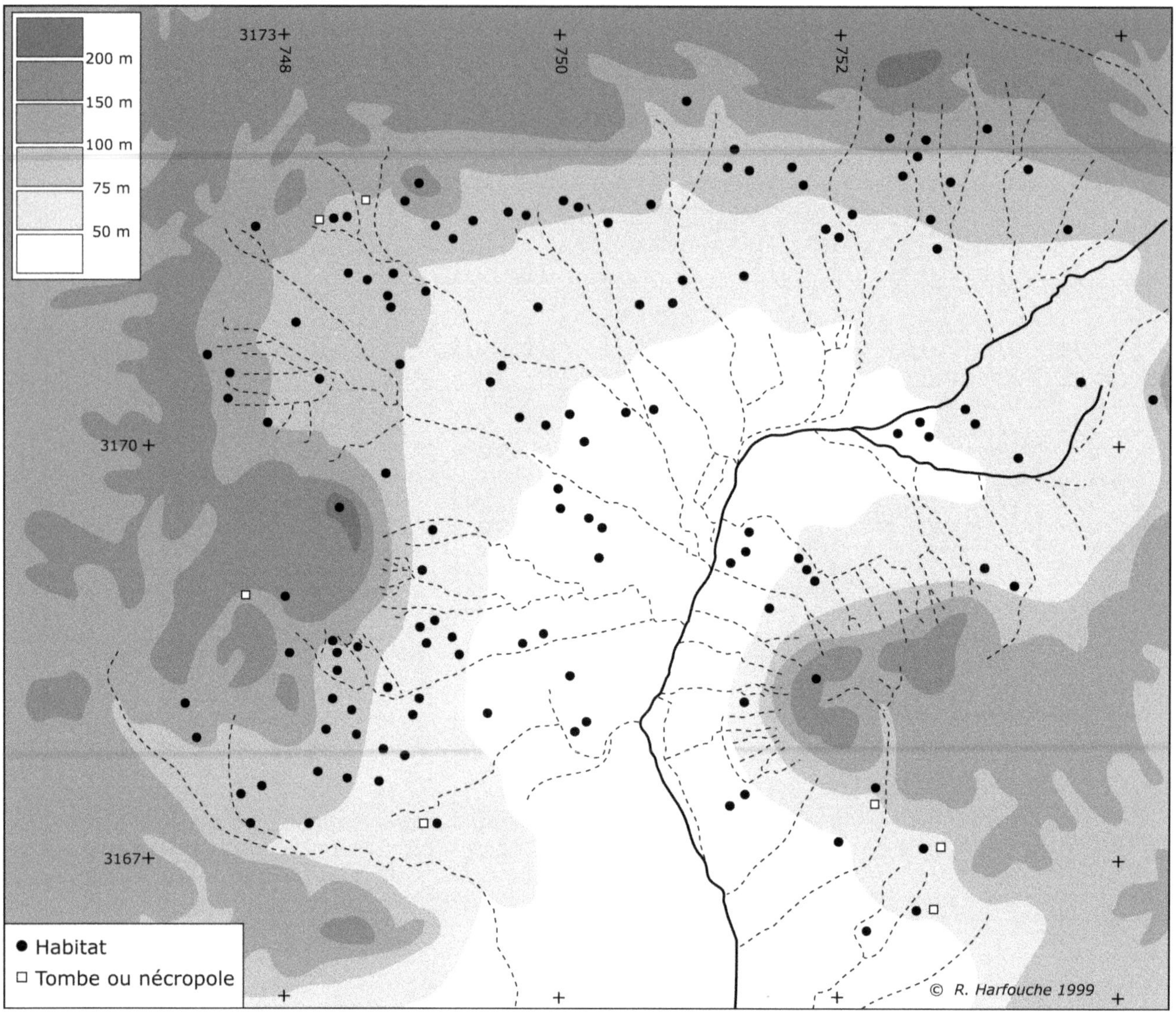

FIG. 17 : IMPLANTATION DES SITES REPÉRÉS ET DATÉS DU IER SIÈCLE AVANT L'ÈRE CHRÉTIENNE AU IIIE SIÈCLE DE L'ÈRE CHRÉTIENNE, EN VAUNAGE (D'APRÈS ALIGER 1980 ; DEDET 1973 ; ESPÉRANDIEU 1934 ; FAVORY 1994A, 1995 ; HARFOUCHE 2003D ; MAZAURIC SANS DATE ; NUNINGER 1998 ; PARODI 1987 ; POTTRAIN 1974 ; PROVOST 1999 ; PY 1972, 1984, 1990 ; RAYNAUD 1996A ET B).

habitats groupés, qualifiés d'*oppida* dans la littérature archéologique. Malgré cette orientation privilégiée de la recherche en faveur des habitats groupés de hauteur, la période qui couvre les IIe et Ier millénaires avant l'ère chrétienne est beaucoup mieux documentée que la période précédente, en particulier grâce aux prospections récentes qui ont permis d'explorer les zones de piémont et de plaine méconnues jusqu'alors. Cependant, les découvertes sont peu nombreuses dans le nord-est de la Vaunage, qui paraît bien moins occupé que la moitié occidentale du bray. De même qu'à la période précédente, les sites se trouvent dans des géocomplexes variés. Les habitats sont majoritairement implantés en plaine et sur le piémont. La partie nord-orientale de la plaine n'a pas livré de découvertes archéologiques. Comment expliquer ce vide dans une zone qui aura livré des sites aux époques postérieures ? Faut-il le mettre sur le compte de choix délibérés des populations qui s'installent préférentiellement auprès des habitats de hauteurs ou faut-il y voir un indice de changements survenus dans le paysage, qui auraient masqué les traces de ces installations ? Les versants pourtant très sollicités entre le Ve et le IIIe millénaire sont relativement peu occupés au Ier millénaire. Faut-il en conclure que les versants de la colline étaient abandonnés à cette époque au profit des hauteurs ? Seule certitude, l'importance numérique relative des sites de plaine contredit aujourd'hui par les faits les hypothèses encore vivaces en faveur d'une prééminence de l'*oppidum*, seul habitat permanent, qui contrôle le territoire et la production des différents terroirs. De plus, il est essentiel de souligner que l'opposition établie entre l'habitat de hauteur et les sites installés en plaine n'a pas de raison d'être dans le contexte géomorphologique de la Vaunage où les altitudes sont très peu contrastées et les distances relativement faibles.

En dépit de cela, une distinction est opérée par les prospecteurs dans l'interprétation fonctionnelle des sites qui varie selon les géocomplexes où ils sont implantés. Les sites de piémont sont ainsi désignés comme des habitats tandis que les sites de plaine sont qualifiés d'annexes agraires. Pourtant, hormis les habitats groupés de hauteur qui ont fait l'objet de sondages, les sites protohistoriques de Vaunage ne sont connus que par la vision de surface. Il est donc possible de s'interroger sur les raisons d'une distinction radicale et systématique entre la nature attribuée à ces deux types de sites, la fragilité de l'interprétation des données de prospection ayant été démontrée. La qualité et la rareté des vestiges trouvés dans les labours ne peuvent justifier à elles seules cette différence, d'autant plus que la fonction d'annexe agraire protohistorique reste à définir par plus de deux fouilles archéologiques. Cette distinction qui est directement liée à des différences dans le tissu géographique n'a donc pas encore de justification, si ce n'est qu'elle abonde la thèse de l'« habitat intermédiaire » avancée par M. Py dont le modèle de semi-sédentarité des populations protohistoriques repose sur une opposition fondamentale entre la permanence de l'habitat groupé de hauteur et la mobilité des installations de plaine, temporaires.

Avec l'époque républicaine et le Haut-Empire, le nombre de sites découverts augmente en Vaunage (Fig. 17). Cette progression n'est pas un phénomène particulier à ce lieu puisqu'elle se manifeste dans les autres régions de France Méditerranéenne qui ont fait l'objet de prospections. Ce qui importe ici, outre la densité de l'occupation, est que celle-ci intéresse tous les géocomplexes : collines, versants, piémonts et plaine. Il n'y a désormais plus de vide archéologique notable comme cela est le cas pour les époques précédentes. L'ensemble de l'anticlinorium a livré des gisements, depuis les plus hauts sommets jusqu'à la plaine du Rhôny. Cette dernière unité paysagère voit l'éclosion de sites au cœur de la cuvette, en des lieux de la dépression qui n'ont pas révélé d'occupation humaine auparavant (par exemple : dans la plaine, au nord-est de Calvisson ainsi qu'au nord-est de la Vaunage).

Les géocomplexes qui étaient occupés entre le Ve et le IIIe millénaire sont toujours des lieux d'installation privilégiés, qui voient le nombre des découvertes augmenter. L'occupation la plus significative est celle des versants qui semblaient avoir été délaissés au Ier millénaire avant l'ère chrétienne. La densité des installations au début de l'Antiquité sur les pentes du bassin versant occidental du Rhôny et sur les versants septentrionaux de la Vaunage est frappante. Elle est d'autant plus remarquable que, dans la moitié occidentale du bray, les gisements sont essaimés au bas des versants qui présentent aujourd'hui l'état de dégradation le plus avancé, dans des zones lacérées par un réseau parfois faiblement hiérarchisé de ravins d'érosion spectaculaires.

Cette implantation privilégiée des gisements au lendemain de la conquête romaine est pour le moins surprenante. Elle l'est tant par rapport au vide constaté à cet endroit aux époques précédentes que par la densité des gisements retrouvés. Au droit de la colline de Roque-de-Vif, les sites sont implantés sur le piémont, mais pas sur les versants.

Sur le piémont et en plaine, unités géographiques déjà occupées antérieurement dans la partie occidentale de la Vaunage, les gisements se multiplient le long des deux cours d'eau majeurs, la rivière de Calvisson au sud et la rivière de Sinsans au nord. Au nord-est, le piémont est également densément occupé, mais cette implantation ne gagne pas toute la plaine. Les découvertes s'arrêtent à une distance d'environ 1 km du lit du Rhôny. La proximité du cours d'eau n'est pas être un facteur de répulsion puisque l'interfluve entre le Rhôny et le Rhôny Vert accueille plusieurs sites. Une fois de plus se pose le problème de la valeur de ces « vides archéologiques » mis en lumière par la prospection.

La carte des sites de l'Antiquité tardive contraste avec l'époque précédente par la quantité de gisements recensés (Fig. 18). La densité de certaines occupations ne diminue pas. Elle est seulement plus localisée. Des zones d'implantation privilégiées se distinguent nettement. C'est le cas du piémont et des parties hautes de la plaine, majoritairement occupées par un tissu d'habitats relativement dense, notamment à l'est et au sud de la colline de La Liquière, ainsi que dans le nord-est de l'anticlinorium. Un certain nombre de sites sont également répartis au nord de la rivière de Calvisson et de la rivière de Sinsans, linéament majeur du paysage de la moitié occidentale de la Vaunage ainsi que le long du haut cours du Rhôny et de celui du Rhôny Vert, dans l'est de la cuvette. Les piémonts et la haute plaine qui ont été investis dans des proportions variées à toutes les époques restent donc des géocomplexes particulièrement recherchés.

L'occupation des versants si remarquable au début de l'époque romaine n'est plus représentée que par un site en bas des pentes septentrionales de La Liquière. Les versants de la colline de Roque-de-Vif sont désespérément vides. Les deux collines ont livré des traces d'occupation, mais d'une manière générale, les basses terres de la plaine, de même que les hauteurs et les versants ont livré peu de découvertes. Ce vide remarquable de la dépression contraste également avec l'époque précédente qui s'est notamment distinguée par l'occupation homogène de la quasi-totalité de la plaine du Rhôny.

L'époque médiévale introduit un nouveau type de peuplement qui n'intervient désormais plus directement sur les versants (Fig. 19). Elle voit le regroupement des populations au sein des villages selon un phénomène économique et social bien connu. Les villages actuels qui s'égrènent sur les piémonts du bray prennent racines dans ce tournant historique, mais sur des bases antiques. Il s'agit d'ouest en est des agglomérations de Calvisson, Sinsans,

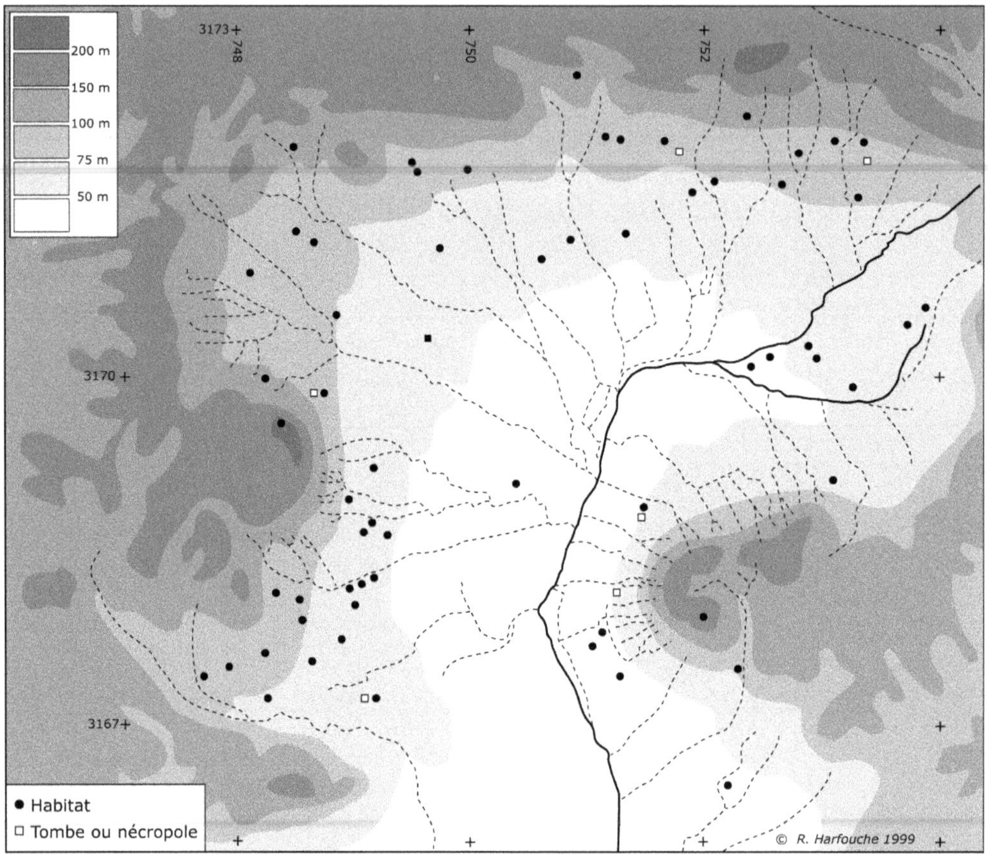

FIG. 18 : IMPLANTATION DES SITES REPÉRÉS ET DATÉS DU IVE AU VIE SIÈCLE, EN VAUNAGE (D'APRÈS ALIGER 1980 ; ESPÉRANDIEU 1934 ; FAVORY 1994A, 1995 ; HARFOUCHE 2003D ; MAZAURIC SANS DATE ; PARODI 1987 ; POTTRAIN 1974 ; PROVOST 1999 ; PY 1984, 1990 ; RAYNAUD 1996A ET B).

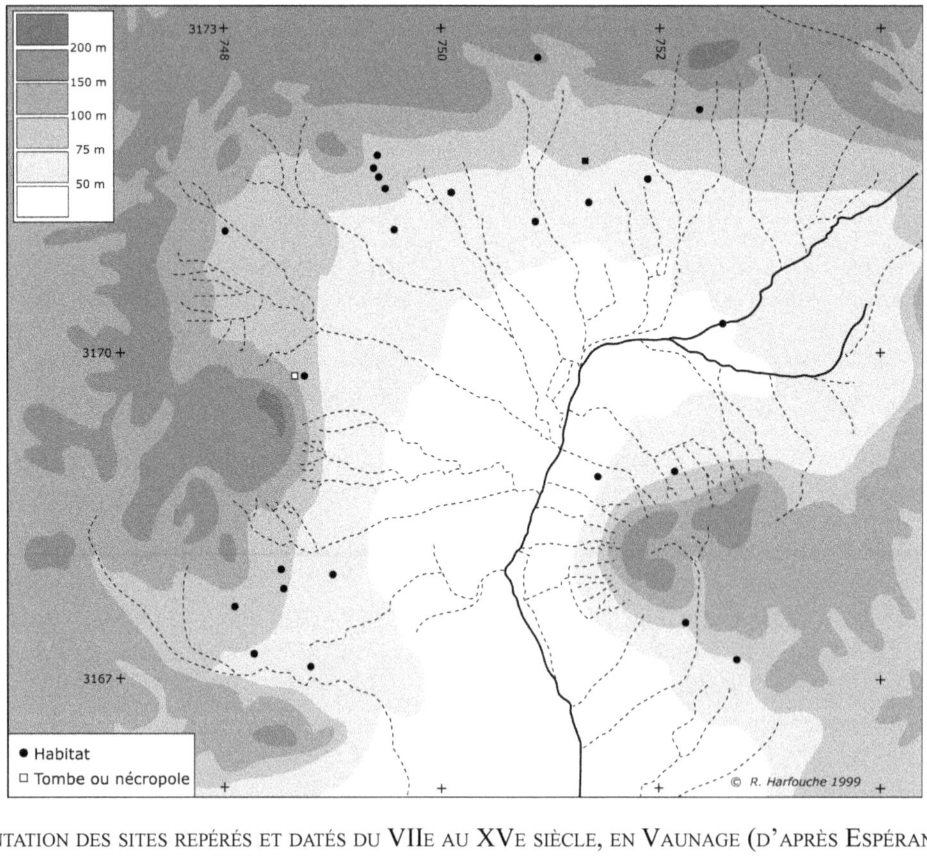

FIG. 19 : IMPLANTATION DES SITES REPÉRÉS ET DATÉS DU VIIE AU XVE SIÈCLE, EN VAUNAGE (D'APRÈS ESPÉRANDIEU 1934 ; FAVORY 1994A, 1995 ; HARFOUCHE 2003D ; MAZAURIC SANS DATE ; PARODI 1987 ; PROVOST 1999 ; RAYNAUD 1996A).

Maruéjols, Saint-Côme, Clarensac, Caveirac, Langlade, Saint-Dionisy, Nages et Solorgues.

Quelques autres sites qui semblent avoir été des centres de peuplement relativement importants n'ont pas survécus. Certains, à l'image de l'habitat du Moulin de Laure installé sur le piémont de la colline de Roque-de-Vif et occupé durant l'époque romaine, perdurent au haut Moyen Âge.

Outre les données archéologiques, il faut signaler la source d'information majeure que constitue le cartulaire du Chapitre de l'église cathédrale de Notre-Dame de Nîmes étudié par E. Germer-Durand à la fin du siècle dernier (Germer-Durand 1872). Ce recueil de chartes concernant majoritairement le territoire de la *vallis Anagia* a été exploré à nouveau par A. Parodi sous l'angle de la confrontation des sources écrites et des données archéologiques (Parodi 1987).

Les deux faits importants qui intéressent directement l'histoire du paysage vaunageol résident dans l'absence totale de sites sur les pentes des collines calcaires et sur leur sommet ainsi que dans l'ensemble de la plaine, zones très probablement vouées aux cultures.

La répartition des sites dans le bray de Vaunage permet de bien mesurer la constance de l'occupation des pentes et du piémont à toutes les époques, depuis l'installation des premiers agriculteurs jusqu'au Moyen Âge, bien que son importance varie au cours du temps. L'exploitation des versants ne cesse pas à l'époque médiévale. Elle se poursuit à l'époque moderne jusqu'à l'actuel.

FIG. 20 : LE RELIEF DE ROQUE-DE-VIF (VUE VERS LE NORD-EST).

1.2.1.4. Le paysage au droit de la colline de Roque-de-Vif

Les caractères physiques de la colline sur laquelle ont été établis les *oppida* de Nages et de Roque-de-Viou, dans le bassin versant oriental de la Vaunage, sont représentatifs, à plus grande échelle, de l'histoire géomorphologique et structurale de cette région naturelle. Dans ce vaste anticlinorium, le relief plus particulièrement concerné par cette première étude constitue l'un des crêts qui ceinturent la dépression vers l'est (Fig. 20). Culminant à 180.5 m NGF, il prend la forme d'une avancée rocheuse en direction du cœur érodé du bray, à l'image de la colline jumelle de La Liquière qui lui fait face, à l'ouest. A son sommet, la colline de Roque-de-Vif adopte un relief de val perché entouré de talus, dont la forme est dictée par la structure complexe du revers de cuesta (Fig. 21). Cette précision a son importance car, à l'échelle de cette portion

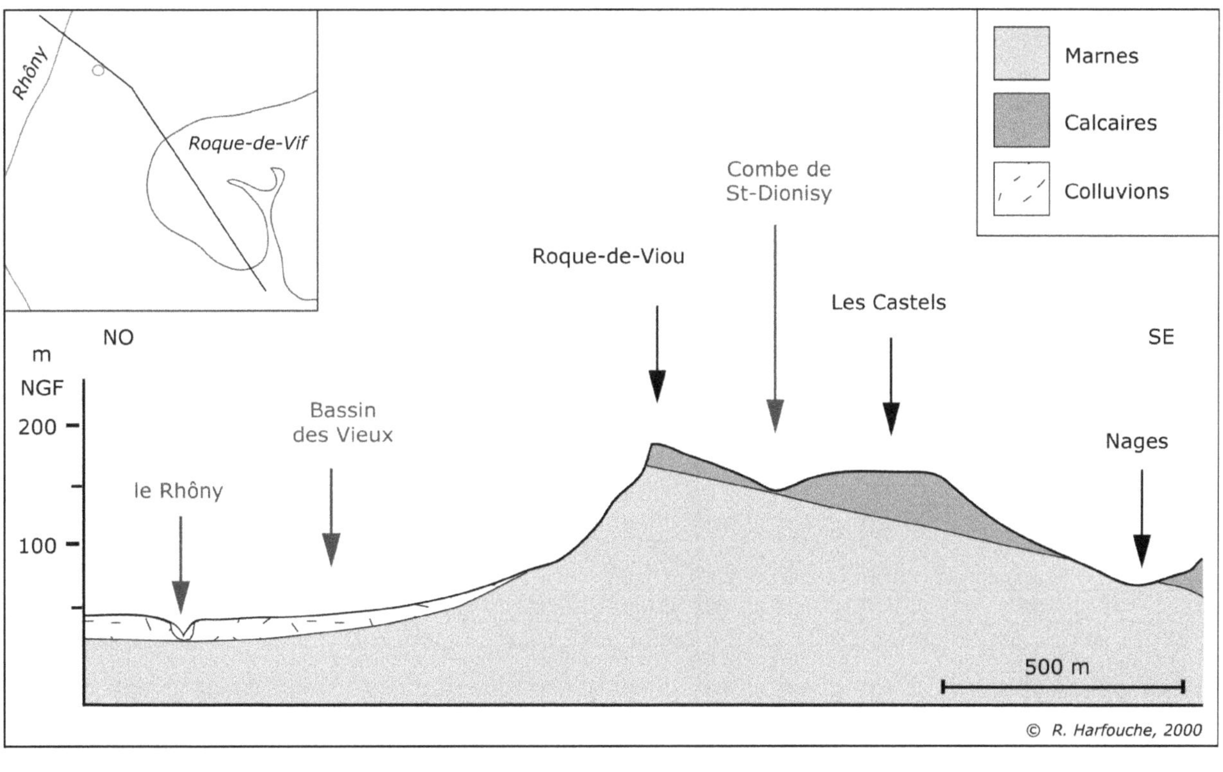

FIG. 21 : COUPE TOPOGRAPHIQUE DU VERSANT DE LA COLLINE DE ROQUE-DE-VIF.

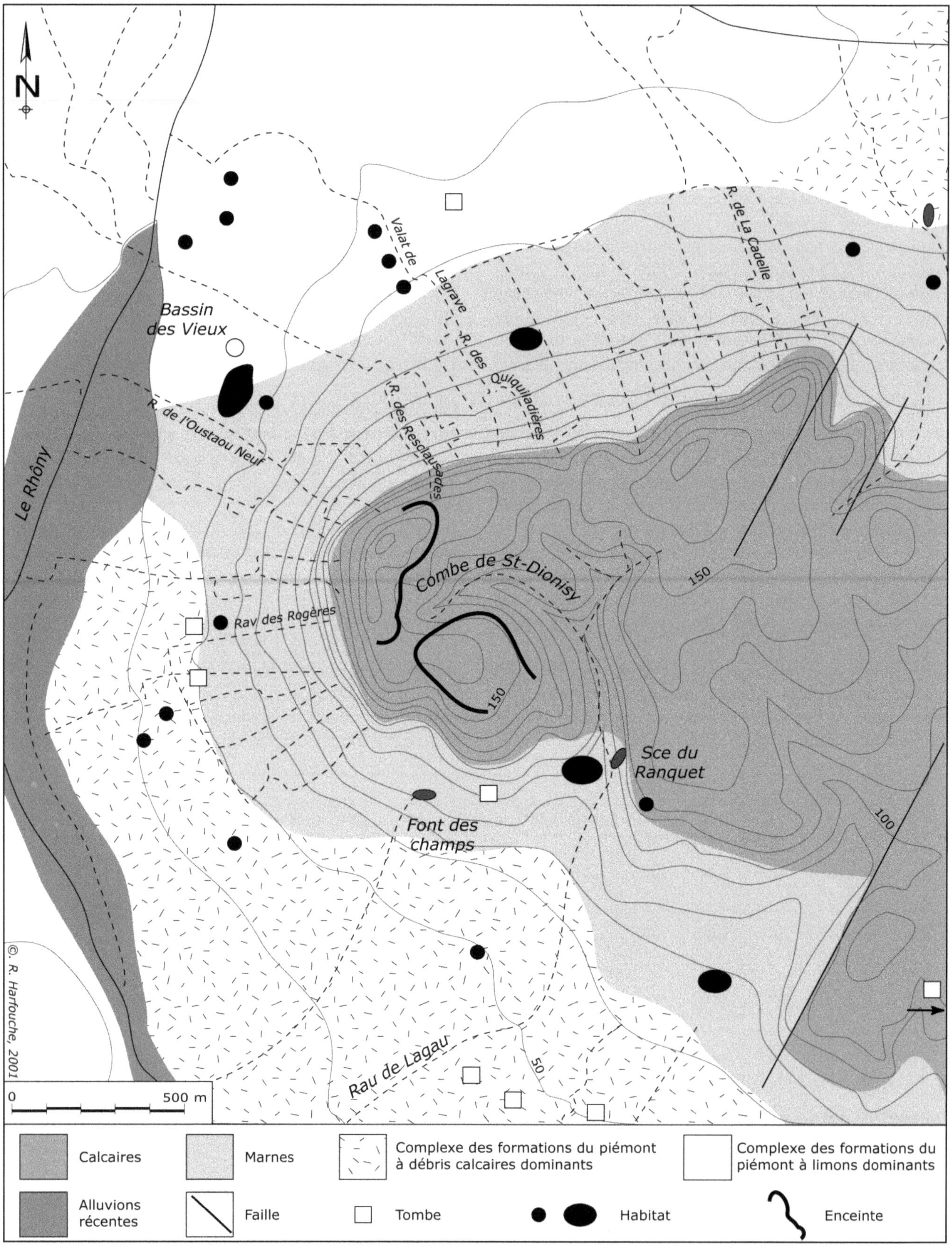

Fig. 22 : La couverture géologique au droit de la colline de Roque-de-Vif (d'après la carte géologique, corrigée à partir des observations réalisées sur le terrain) et les principaux points de découvertes archéologiques.

de Vaunage, le modelé topographique dicté par le substrat a des incidences sur le maintien au cours du temps de la couverture pédologique au sommet de la colline.

Cette ondulation synclinale est entaillée par des cours d'eau temporaires qui génèrent autant de vallons au tracé cataclinal induit par le pendage des formations calcaires. La principale de ces combes est la « Combe de Saint-Dionisy » (Fig. 22). Elle traverse le cœur de la colline d'ouest en est puis, selon un tracé nord-sud, rejoint la dépression à la hauteur du village de Nages-et-Solorgues qui est implanté sur le piémont méridional. Là, jaillissent deux sources principales, la source des champs et la source du Ranquet. Cette exurgence, située au débouché de la Combe de Saint-Dionisy et qui alimente à son tour les eaux de ruissellement de cet exutoire naturel, a joué un rôle important dans la fixation de l'agglomération gallo-romaine au pied du relief. La situation du point d'eau remarquable n'est pas fortuite. Elle est intimement liée au substrat, la source jaillissant au contact des bancs calcaires de hauteurs plurimétriques et des marnes. D'autres combes imposantes dissèquent le revers de la cuesta.

La colline de Roque-de-Vif est un relief jeune à l'échelle des temps géologiques qui a connu peu de dépôts à l'image de l'ensemble de la Vaunage. Il a d'avantage souffert des conséquences incisives de l'érosion sur ses versants, que des recouvrements sédimentaires que celle-ci aurait pu susciter. C'est ici l'occasion de rappeler l'importance des griffures des eaux de ruissellement sur les marnes tendres qui tapissent les pentes, puisqu'elles n'affectent pas moins des 2/3 du dénivelé de la colline. Elles génèrent des ravins spectaculaires qui découpent le front de la cuesta tels que le ravin des Resclausades, celui de l'Oustau Neuf et celui de Rogères, plus particulièrement concernés par cette première étude sur la Vaunage (Fig. 23). Certaines de ces incisions rappellent le rôle essentiel de l'histoire tectonique dans le façonnement récent de la Vaunage, à l'instar de la « Combe de la Cabre », sur le flanc septentrional de la colline, à l'est du village de Saint-Dionisy, dont le tracé se

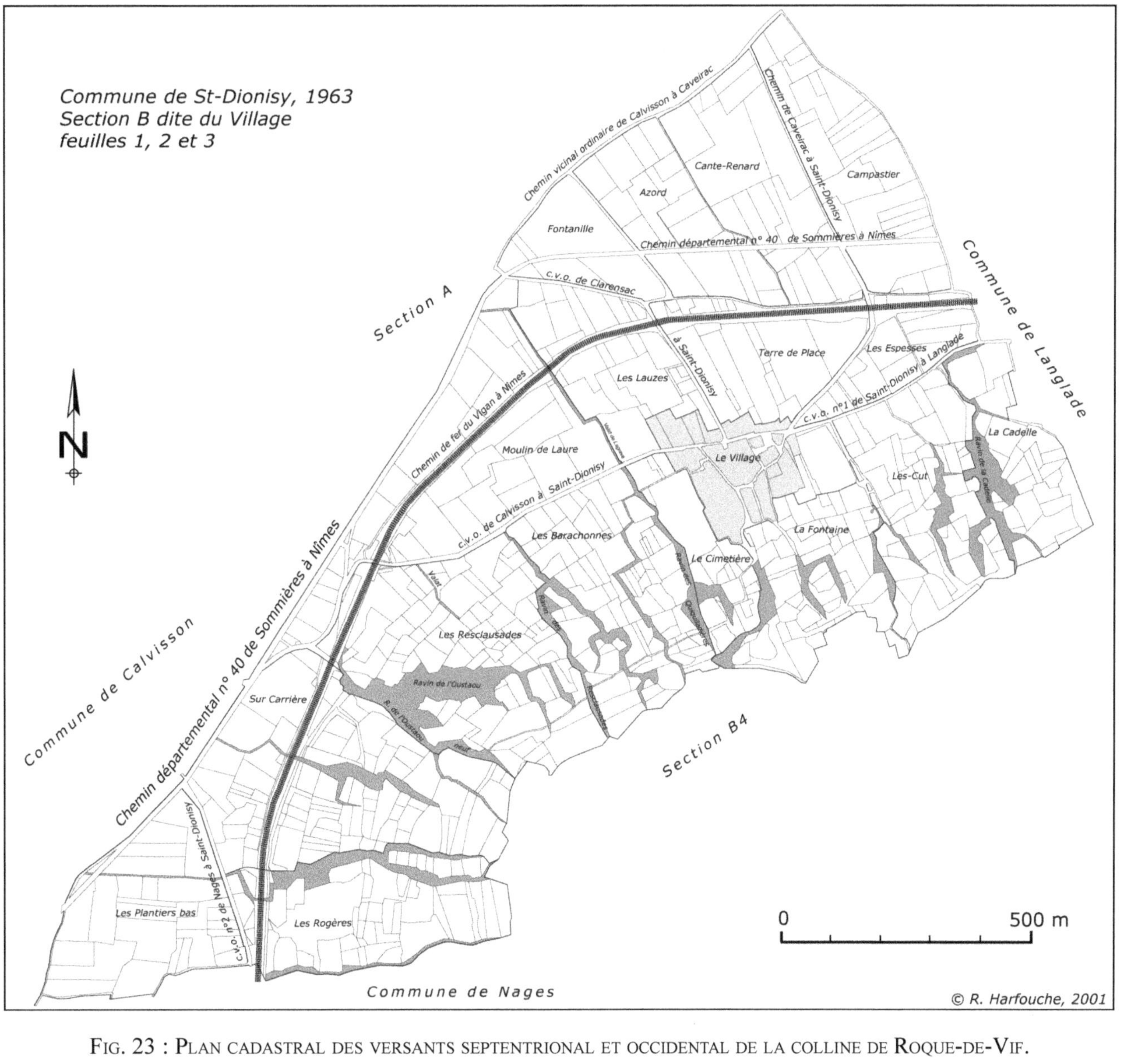

Fig. 23 : Plan cadastral des versants septentrional et occidental de la colline de Roque-de-Vif.

confond avec une faille oligocène de direction nord-est/sud-ouest.

Toutefois, ce qui retient surtout l'attention est le tracé adopté par ces ravins. La majorité d'entre eux offrent un tracé en baïonnette, soulignant le parcellaire de part et d'autre des voies de circulation des eaux. L'étude de ces ravins a été conduite sur le terrain et à partir de la documentation planimétrique (photographies aériennes de 1944, 1986 et 1990, documents cadastraux et carte topographique à 1/25000). Tous ces ravins d'érosion plus ou moins profonds et étendus présentent des tracés globalement parallèles selon des axes de direction nord-ouest/sud-est et sud-ouest/nord-est, en fonction de la place qu'ils occupent sur la pente. Les ravinements suivent les directions des limites de parcelles et leurs tracés sinueux sont conformes aux axes majeurs du parcellaire. L'intérêt de ces formes d'érosion réside dans les cheminements orthonormés qu'elles dessinent sur le versant, en totale discordance avec les lois naturelles qui voudraient que les eaux empruntent un trajet suivant la ligne de plus grande pente. Parce que leur façonnement se poursuit, les angles francs ont été adoucis par l'érosion des parois et le recul de leurs multiples têtes continue de dessiner des tracés en baïonnettes.

Au pied de ces ravinements, au sud-ouest de Saint-Dionisy, à seulement 300 m environ du Rhôny, les marnes sont rapidement masquées par le glacis de limons et cailloutis calcaires. Ce constat n'est cependant pas généralisable à l'ensemble du bas de pente et les observations réalisées sur le terrain permettent d'amender les données de la carte géologique (Fig. 22). Ainsi, le bas de versant au nord-ouest de la colline offre deux visages sédimentaires, l'un, au nord, constitué des limons du complexe des formations du piémont, l'autre, au sud, formé des marnes altérées qui s'étendent jusqu'au Rhôny. Ces différences dans la couverture sédimentaire, témoignages des évolutions du versant, devront être expliquées.

1.2.1.5. L'occupation humaine des pentes

Les versants de la colline sont occupés entre le milieu du Ve millénaire et le milieu du IVe millénaire (Fig. 15). Selon J.-M. Roger, cette implantation relèverait d'un choix délibéré de la part de ces communautés de s'établir à la charnière de deux zones, celle des hauteurs et celle de la plaine « qui pourraient être affectées à des activités vivrières différentes et complémentaires » (Roger 1982-1986 : 15). Certes, l'habitat installé au débouché de la combe, à proximité de l'exutoire des eaux temporaires du vallon et de la source du Ranquet, se trouve au contact du piémont. Il ne faut cependant pas oublier que sur cette rive orientale de l'étroite vallée du Rhôny, la surface dévolue aux colluvions de piémont est bien faible en comparaison du bassin versant occidental du cours d'eau majeur de la Vaunage. Au droit de la colline de Roque-de-Vif, la zone de piémont se résume à une bande relativement étroite de direction nord-sud. Cette caractéristique du paysage de la moitié orientale de l'anticlinorium doit être prise en compte dans la tentative d'interprétation des choix liés à l'implantation des sites sur les versants orientaux du bray.

Entre le milieu du IVe millénaire et la fin du IIIe millénaire, la quasi-totalité des gisements est installée sur le revers de cuesta, à l'exception d'un habitat implanté dans la plaine du Rhôny. Aucune découverte n'est signalée sur les versants pour cette longue période qui couvre environ un millénaire et demi.

L'*oppidum* de Roque-de-Viou (Saint-Dionisy), implanté au nord de la colline, est occupé une première fois au cours du IXe siècle et de la première moitié du VIIIe siècle avant l'ère chrétienne (Fig. 16). Il est ensuite habité entre 375 et 290 avant l'ère chrétienne, période qui voit la construction du site fortifié. Le revers de cuesta est aussi occupé à l'époque gallo-romaine, entre 25 avant l'ère chrétienne et 50 de l'ère chrétienne. M. Py signale également la présence d'un habitat isolé au pied du relief attribué au début du Ve siècle avant l'ère chrétienne. Le site était faiblement enfoui sous la surface du sol actuel puisque sa découverte a eu lieu à l'occasion du défonçage agricole d'un champ en bordure de la voie ferrée (Py 1972 : 36). L'*oppidum* des Castels (Nages-et-Solorgues) est quant à lui construit sur la moitié méridionale du relief. Il est habité dès 290 avant l'ère chrétienne jusqu'aux premières années du premier siècle de l'ère chrétienne. Il est ensuite réoccupé au IIIe siècle de l'ère chrétienne. Selon M. Py, la création de cet habitat de hauteur fortifié est la conséquence d'un déplacement de l'habitat de Roque-de-Viou depuis le nord de la colline en direction du sud. Fait remarquable, les versants sont inoccupés tout au long de la Protohistoire, comme cela était le cas au cours du Néolithique.

Sept tombes isolées datées des IIe-Ier siècles avant l'ère chrétienne ont été retrouvées au pied et autour de la colline. Les seules indications édaphiques disponibles concernent la tombe de Saint-Dionisy qui est située sur le piémont septentrional de la colline, au nord du village actuel, à l'est du valat de Lagrave. Le mobilier funéraire de cette sépulture a été recueilli à 1.5 m sous la surface du sol actuel et il est daté du milieu du Ier siècle avant l'ère chrétienne (Py 1972 : 338). Ce renseignement a une grande importance pour comprendre la dynamique du versant.

La présence de ces sépultures réparties autour du relief pose un certain nombre de questions. Comment interpréter leur situation par rapport à l'habitat ? Dans cette implantation particulière, faut-il voir, de la part de personnages importants de la société protohistorique, une volonté délibérée de baliser leur territoire agricole privé, avec leurs restes incinérés accompagnés de biens de prestige (céramiques fines importées et armement), comme le suggère J.-L. Fiches (Fiches 1989) ? Dans la perspective où cette hypothèse serait avérée, ce territoire se termine-il là où se trouvent les tombes, auquel cas, il faudrait restituer les champs sur les pentes, ou bien ce cordon de tombes marque-il le début des terres cultivées, en direction du Rhôny et donc de la plaine ?

A l'époque romaine, la colline est toujours occupée et l'habitat groupé gallo-romain gagne tout le versant méridional, en partie sous le village actuel de Nages et autour de la source du Ranquet qui sera aménagée de façon monumentale (Fig. 17). Selon A. Parodi, qui reprend E. Germer-Durand, c'est à cet endroit qu'il faut situer la *villa Anagia* citée par les chartes du Cartulaire Notre-Dame de Nîmes dès le IXe siècle (Parodi 1987, Germer-Durand 1872-1874).

Un autre habitat important se développe à l'époque romaine, au pied du relief, dans le quartier cadastral du « Moulin de Laure », qui lui a donné son nom. Il s'agit d'un habitat occupé sans interruption depuis l'époque gallo-romaine jusqu'aux Xe ou XIe siècles. Des tombes de l'Antiquité tardive sont associées à cette installation. A. Parodi l'identifie au lieu-dit *Campo Lauro*, cité dans le cartulaire du Chapitre de Notre-Dame de Nîmes comme quartier de la *villa Veum*, de même que d'autres lieux-dits notamment le quartier *Rogerias*, d'où provient le nom du ravin des Rogères, situé à proximité, qui incise les pentes occidentales de la colline. Il faut ajouter à cela la présence de toponymes comme « Le pont des Vieux », près du « Bassin des Vieux ». Tout cela conduit à rapprocher l'habitat antique du Moulin de Laure de la *villa Veum* citée dans les textes dès le IXe siècle. Il est important de souligner le très faible degré d'enfouissement de ce site implanté à la base du versant, ce qui permet de mesurer la mobilité de la couverture sédimentaire sur les pentes.

Plusieurs points d'occupation connus simplement par la prospection au sol et qualifiés d'habitats ou d'« annexes agraires » du Haut-Empire (Raynaud 1996a et b) par leurs inventeurs sont implantées dans la plaine, au nord du bassin des Vieux ainsi que sur le piémont, le long du Valat de Lagrave et à l'ouest de la Font des Champs. Une autre occupation interprétée comme étant le lieu de « bâtiments agricoles » (Pottrain 1974 ; Parodi 1987) est signalée près du ravin des Rogères. Un habitat occupe également le piémont au nord du ruisseau de Lagau au cours des Ier et IIe siècles de l'ère chrétienne. Enfin, plus au sud, au droit de ce qui deviendra le village de Solorgues, un habitat se développe à l'époque gallo-romaine et se maintient durant le Haut-Empire.

Au cours de l'Antiquité tardive, l'agglomération de Nages et l'habitat du Moulin de Laure sont toujours occupés (Fig. 18). Les sites implantés sur le piémont et en plaine au nord de la colline sont abandonnés. Le piémont occidental, au sud du ravin des Rogères, est occupé par trois installations connues par la prospection et qualifiées d'habitats ou annexes agraires (Raynaud 1996b). De même qu'aux époques précédentes, les versants de la colline sont toujours inoccupés.

L'époque médiévale est caractérisée par l'éclosion ou le maintien des habitats de Saint-Dionisy, Nages et Solorgues ainsi que par la disparition de tous les habitats dispersés de l'époque antérieure à l'exclusion de l'habitat du Moulin de Laure (Fig. 19). Le regroupement de l'habitat serra définitif, puisqu'à la suite de la disparition du site du Moulin de Laure après le XIe siècle de l'ère chrétienne, seuls subsisteront les trois villages qui occupent les communes de Saint-Dionisy et de Nages-et-Solorgues aujourd'hui.

1.2.1.6. Où sont les champs pré romains ?

L'idée d'une distribution des champs cultivés en bas de pente et en plaine, par opposition aux collines et aux plateaux voués au pastoralisme, entre le Ve millénaire et le Ier siècle avant l'ère chrétienne, a longtemps prévalu (Gasco 1976 : 66 ; Vaquer 1986 ; Py 1990). Bien que cette vision antagoniste soit fondée sur un anachronisme, elle est très largement répandue encore aujourd'hui (Py 1993a). En projetant sur les paysages du passé l'aspect actuel de la garrigue, les partisans de cette opposition des terroirs ignorent le caractère fondamentalement mobile du paysage. C'est pourtant cette même attitude que déplorait, il y a plus d'une décennie déjà, l'historienne R. Compatangelo chez les acteurs de sa discipline, qui plaquaient sur les paysages antiques de l'Italie méridionale les conditions d'une économie contemporaine (Compatangelo 1989 : 11). Néanmoins, ce qui fut au départ une hypothèse est devenu au cours du temps et au fil des publications une affirmation qui n'a pourtant jamais été réellement démontrée.

Le schéma proposé pour l'exploitation de l'espace rural par la plupart des auteurs est invariablement inspiré des traditions rurales récentes : la plaine est le lieu de culture des céréales, les zones basses les plus humides servant de lieux de pacage au troupeau et les collines étant réservées à l'élevage.

Ce schéma de l'occupation agricole du sol est proposé par J.-M. Roger pour les époques antérieures au Ier millénaire avant l'ère chrétienne (Roger 1982-1986 : 34). Cette vision est cependant bouleversée par le même auteur, concernant le IIIe millénaire avant l'ère chrétienne, époque à laquelle la grande densité (relative) et la répartition géographique des habitats suggèrent une mise en culture de la quasi-totalité des terres, « même les plus pauvres (garrigues) et parfois même les plus insalubres (zones marécageuses) » (Roger 1982-1986 : 37). Un point important paraît faire l'unanimité : l'agriculteur du Ve au IIIe millénaire est parfaitement sédentarisé. Tout au plus, y-a-t-il peut-être un déplacement des villages sur une très courte distance, après une occupation suffisamment longue, selon un modèle issu des écrits concernant le Ier millénaire avant l'ère chrétienne (Py 1990). Des travaux conduits sur des régions plus septentrionales tendent à confirmer l'existence de pratiques similaires de mobilité de l'habitat en relation avec l'exploitation des sols pour l'agriculture qui ne remettent cependant pas en cause la sédentarité effective des populations (Arnold 1990). Il n'est pas inutile d'insister sur ce fait afin de lever tout équivoque concernant la qualité fondamentalement agricole de ces sociétés et le rôle qu'elles ont joué dans le façonnement des paysages méditerranéens. Qualifier leur habitat de « spontané » revient à dire que l'agriculteur agit de manière irréfléchie ! Or, il faut bien imaginer que ces habitats sont logiquement, rationnellement implantés au cœur du territoire exploité avec un étagement des cultures et des ressources entre le fond de la dépression, les talus et les pentes ainsi que les replats et les collines. Le vrai problème réside dans la localisation des diverses activités de la production agricole.

A l'heure actuelle, la seule interprétation crédible est celle issue de l'observation de la répartition et de la densité de l'habitat (Mills 1982-1986). Le modèle proposé remet d'abord totalement en question les conclusions habituelles. Il rompt ensuite avec les approches archéologiques traditionnelles, en faisant réellement appel à l'étude de la géomorphologie et des sols. La localisation de l'habitat répondant à un choix qui est fonction d'un besoin économique, elle traduit une réalité : les sols des hauteurs ont été favorables à l'agriculture avant la dégradation anthropique du couvert forestier et de l'érosion des sols cultivés. En Vaunage, comme ailleurs, la question principale réside donc dans la date de l'érosion des sols recouvrant les collines calcaires et les piémonts pour mettre à l'affleurement l'horizon rouge d'un paléosol tronqué ou le substrat géologique. En définitive, la dépression de la Vaunage n'aurait pas beaucoup été investie par les champs des agriculteurs entre le VIe et le IIe millénaire avant l'ère chrétienne.

La rareté de l'occupation du sol au IIe millénaire et au début du Ier millénaire avant l'ère chrétienne est mise au compte d'un changement radical dans l'exploitation des terroirs et des activités de production (nomadisme), d'une chute démographique importante et d'une péjoration climatique. Il va sans dire que toutes ces hypothèses vont dans le sens d'un abandon massif des sols cultivés. Or, la période est suffisamment longue pour que cela laisse des traces dans les sédiments, surtout si le paramètre climatique entre réellement en jeu. La reconquête forestière a aussi pu se faire, compte tenu des capacités de régénération de la végétation arborée sur les sols si la pression exercée par les sociétés s'atténue ou s'arrête (Barry 1962). Outre l'exemple donné par le dynamisme de la végétation actuelle sur les versants vaunageols qui subissent toujours une érosion active, un autre exemple est donné pour le XXe siècle sur le plateau de la Costière, au sud du graben de la vallée du Vistre. Il témoigne de cette évolution progressive du couvert végétal, qui a pu, en un temps assez court, atteindre le stade forestier (Ménillet 1973 : 25).

La localisation des champs, dès le début du Ier millénaire avant l'ère chrétienne, est proposée par M. Py qui a exploré les habitats de hauteur de ces époques en Vaunage. En accord avec le modèle élaboré par l'auteur concernant les activités économiques de ces populations, les agriculteurs souffrant de l'archaïsme de leur outillage sont condamnés à rechercher les « terres légères » qui seules peuvent être cultivées à l'aide de leurs ustensiles rudimentaires et peu variés. Incapables d'innovation et ne disposant que de houes, de pics et sans doute de quelques araires de bois pour retourner la terre, ces agriculteurs n'étaient pas en mesure de mettre en valeur les « terres plus lourdes des fonds argilo-marneux » de la plaine (Py 1990 : 26, 152). En lieu et place de la plaine du Rhôny se trouvaient des bas-fonds marécageux que les populations n'étaient pas en mesure d'exploiter aux fins d'agriculture, car elles ne maîtrisaient pas les techniques de drainage. Il ne fait pas de doute que l'outillage agricole non mécanisé se prête d'avantage à la préparation des sols poreux et friables de structure grenue à polyédrique, sub-anguleuse, comme peuvent l'être les sols issus de la décomposition des roches calcaires et des marnes sur les hauteurs et les pentes du bray. Cependant, la présence des champs protohistoriques sur les versants des collines n'a jamais été démontrée pas plus que les conditions marécageuses de la plaine du Rhôny à cette époque ou encore la méconnaissance de ces agriculteurs des techniques d'assainissement des sols. Au moment où ce tableau des activités et des terroirs des populations protohistoriques était dressé, aucune étude géoarchéologique n'avait permis d'appréhender les paléopaysages de la Vaunage. C'est néanmoins dans cette zone basse que l'auteur envisage les activités cynégétiques et pastorales, imaginant une partie de la plaine boisée et dévolue à la « chasse du gros gibier », tandis qu'une autre partie « défrichée » aurait été réservée à l'élevage des bœufs et des chevaux « qui demande de hauts herbages ». Quant aux reliefs, il est exclu qu'ils aient pu être cultivés car ils sont envisagés pour ces époques reculées sous leur aspect actuel, celui de la garrigue inculte. S'inspirant largement des utilisations modernes des ressources de la forêt méditerranéenne dégradée, le protohistorien octroie donc aux plateaux calcaires un rôle exclusif d'espace pastoral dévolu à l'élevage des ovins et des porcins qui affectionnent les fruits de la chênaie, ainsi qu'une fonction de réserve de petit gibier pour la chasse.

En résumé, ce schéma repose sur une vision anachronique du paysage et des activités de production des sociétés de la Protohistoire. Il réduit arbitrairement la couverture pédologique à trois ensembles qui, sans être totalement fantaisistes, ne recouvrent ni une réalité sémantique, ni même une réalité pédologique bien plus complexe : les « terres lourdes » de plaine, les « terres légères » du piémont et des versants, et les hauteurs « sans terres » (garrigues). Selon ce raisonnement, seules les pentes pouvaient accueillir les champs des agriculteurs des *oppida* de Nages et de Roque-de-Viou. Sur ces versants qui sont aménagés en petites terrasses étroites, visibles dans le paysage actuel, l'auteur restitue les champs de dimensions réduites des agriculteurs du Ier millénaire avant l'ère chrétienne. Cette configuration des champs est en accord avec la vision qu'il a générée concernant les capacités techniques de ces communautés. Leur conquête des sols est à l'image de leur urbanisme, spontanée et sans ampleur. Ils cultivent de petites superficies, freinés par la qualité médiocre de leurs outils et par leur incapacité à élaborer un projet de mise en valeur des terres à petite échelle. L'étroitesse des champs attribués à ces agriculteurs est aussi en concordance avec le modèle social établi dans lequel l'exploitation agricole, fondée sur la cellule familiale, est intimement liée à une « production de consommation ». Seule concession au modèle, une timide ouverture de l'espace agricole à la plaine est envisagée entre le IIIe et le Ier siècle avant l'ère chrétienne et mise sur le compte d'une augmentation des populations des agglomérations de hauteur.

La tentative de restitution paysagère menée par J. Sapin s'inscrivait aussi dans ce tableau d'un paysage protohistorique figé, presque inchangé par rapport à l'actuel, puisqu'il avait reconnu dans les terrasses de culture actuelles, aménagées sur les pentes de la colline de Roque-de-Vif, les champs protohistoriques des habitants de l'*oppidum* (Sapin 1981). Il n'en fallait pas moins pour voir aussitôt dans les terrasses des pentes de Roque-de-Vif la confirmation du modèle d'une économie agricole à l'échelle de la cellule familiale. Les arguments avancés par J. Sapin résidaient principalement dans la présence de vestiges céramiques protohistoriques à la surface du sol des terrasses et dans un rapprochement entre ces successions de talus gazonnés étagés sur la pente de Vaunage et les « strip lynchets » des contrées plus septentrionales dont l'existence précoce avait été démontrée. Plusieurs éléments contredisent cette affirmation au premier rang desquels la fragilité du raisonnement qui consiste à établir un lien direct entre la présence de mobilier céramique à la surface du sol d'une parcelle en terrasse et son âge. Rien ne permet d'exclure que ces fragments céramiques soient en position secondaire et qu'ils aient pu être transportés par les mouvements sédimentaires sur la pente. Ils pourraient simplement provenir des abords de l'habitat protohistorique situé sur le plateau. De plus, il va sans dire que les similitudes que l'auteur perçoit entre les terrasses talutées languedociennes et les « strip lynchets » ne constitue en aucun cas une preuve de leur ancienneté.

Cette hypothèse est donc très largement discutable et les arguments sur lesquels elle repose sont fragiles. D'autres éléments plaident en faveur de l'absence de champs sur les pentes de la colline, à proximité de l'habitat protohistorique. En effet, si l'on observe la place que tiennent ces aménagements dans le paysage actuel, on ne peut que constater l'absence de terrasses sur le haut de versant, au plus près des habitats protohistoriques, où il aurait été attendu de les trouver si leur existence à une époque contemporaine des *oppida* avait été avérée. Or les terrasses de culture sont concentrées sur les bas de versant et le piémont. Cette localisation n'est pas anodine. Elle répond aux conditions géologiques, topographiques et pédologiques du versant. Le haut de versant offre une pente très abrupte, jusqu'à 84 degrés ! On peut donc exclure sans peine une localisation des champs protohistoriques sur le front de cuesta calcaire et sur le haut de versant marno-calcaire pour des raisons topographiques évidentes. Le maintien des sols sur des pentes très abruptes est certes possible comme en témoignent de nombreux exemples aujourd'hui, mais au prix d'un énorme effort de construction qui suggère une réelle nécessité et qui implique une maîtrise technique certaine. Or, le paysage autour de la colline offre d'autres espaces plus accessibles à mettre en culture avec de moindres investissements techniques.

1.2.1.7. L'étude archéo-pédologique

Il faudra attendre la fin des années 1980 pour qu'à la faveur des travaux d'élargissement de la route départementale 40, au pied septentrio-occidental de la colline de Roque-de-Vif, des arguments décisifs s'ajoutent au débat. Les observations archéologiques et pédologiques réalisées par P. Poupet sur plus de 800 m de coupe ont mis en évidence des structures d'époque romaine (chemins, fossés, tombes) recouverts par plus de 3 m de colluvions (Poupet 1990c). L'analyse de ces données brutes, enregistrées à la faveur des travaux routiers, et leur relecture à partir d'une étude de terrain détaillée de l'ensemble des pentes et du plateau en s'intéressant de près au parcellaire et aux ravins d'érosion, permettent de renouveler la vision du paysage protohistorique et antique véhiculée par les écrits antérieurs. Ces données sont complétées et confrontées à d'autres informations recueillies au cours des recherches que j'ai pu effectuer sur le terrain en profitant d'autres coupes visibles dans les talus des chemins, les ravins et les murs de terrasses effondrés (Fig. 24 et 25). L'histoire morphodynamique du versant est envisagée à partir de l'étude de la sédimentation des dépôts de bas de pente sous l'angle géopédologique, en caractérisant les faciès successifs, et sous l'angle archéologique, par une lecture stratigraphique. Cette approche des archives sédimentaires conduit à la détermination de l'évolution latérale des dépôts sur le versant et de l'intensité des dynamiques géomorphologiques au cours de l'Holocène. Elle permet se faisant de replacer les sites archéologiques dans leur contexte géomorphologique et de s'interroger sur le rôle des sociétés dans les rythmes de la morphogenèse.

Seize logs ou colonnes stratigraphiques répartis sur l'ensemble de la coupe ont été levés. Les raisons du choix de l'emplacement de ces colonnes stratigraphiques ont été de deux ordres : il s'agissait, en premier lieu, de réaliser le levé des structures archéologiques observables (tombes, empierrements et fossés) et de leur environnement sédimentaire. Il convenait, en deuxième lieu, de multiplier les levés intermédiaires autant de fois qu'il était jugé nécessaire pour assurer une continuité latérale dans la lecture de la stratification. La multiplication des levés répond donc à une volonté de transposer sur le papier le plus fidèlement possible l'image du terrain. Cependant, un réexamen de ces enregistrements graphiques levés il y a plus d'une décennie conduit à penser qu'une description de la totalité des logs aurait été inutile et répétitive. Aussi, six levés ont été choisis en raison de leur représentativité

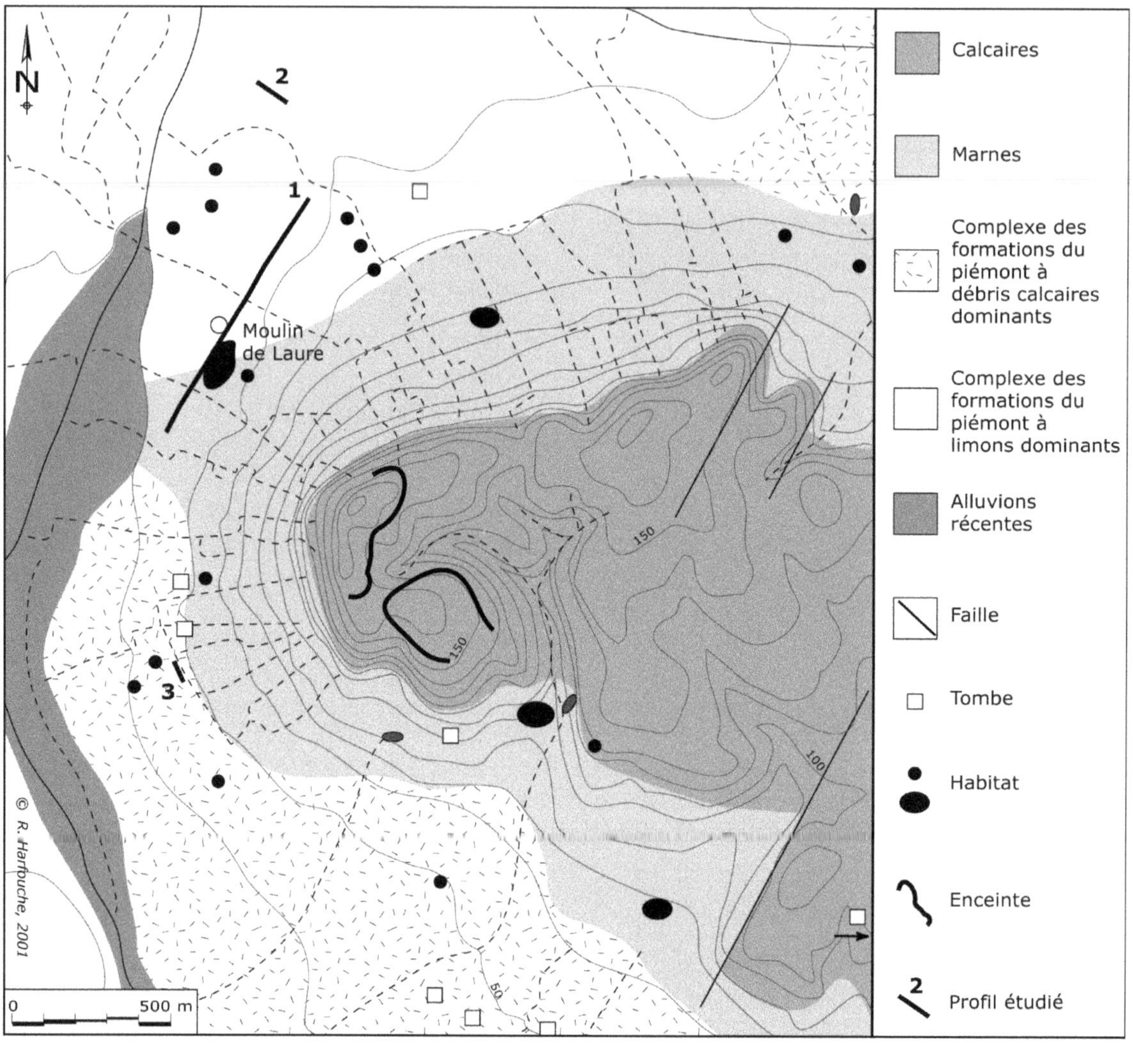

FIG. 24 : LOCALISATION DES PROFILS ÉTUDIÉS (1, 2 ET 3) AU DROIT DE LA COLLINE DE ROQUE-DE-VIF.

FIG. 25 : COUPE DE LA ROUTE DÉPARTEMENTALE 40 EN VAUNAGE (D'APRÈS POUPET 1999).

(Fig. 26). Ils offrent un florilège complet des données enregistrées, tant sur le plan de la nature et de la succession des faciès sédimentaires au sein de la stratification que sur celui des éléments de chronologie relative. Ils permettent d'envisager les relations chronologiques entre les structures archéologiques incluses dans les stratifications, les corrélations entre les logs étant assurées par des niveaux sédimentaires repères qu'il est possible de suivre en continu dans la coupe.

La coupe stratigraphique est située à l'aval du versant et elle est perpendiculaire à la pente. L'épaisseur de la stratification est variable selon les endroits. Puissante à l'est, elle tend à s'amenuiser vers l'ouest (Fig. 27). À seulement 100 m de distance, nous passons d'une zone où les dépôts sont quasi-nuls et où les structures archéologiques gallo-romaines (fossé, chemin et tombe) sont affleurantes à une autre zone où les recouvrements sédimentaires ont plus de 4 m d'épaisseur. Le premier intérêt de cette étude est de démontrer l'extrême variabilité des enregistrements sur de courtes distances à l'échelle d'un même versant.

L'étude pédologique a permis de mettre en évidence, sur les marnes qui correspondent au substrat, une succession de dépôts. Ils sont constitués de limons, avec des passées

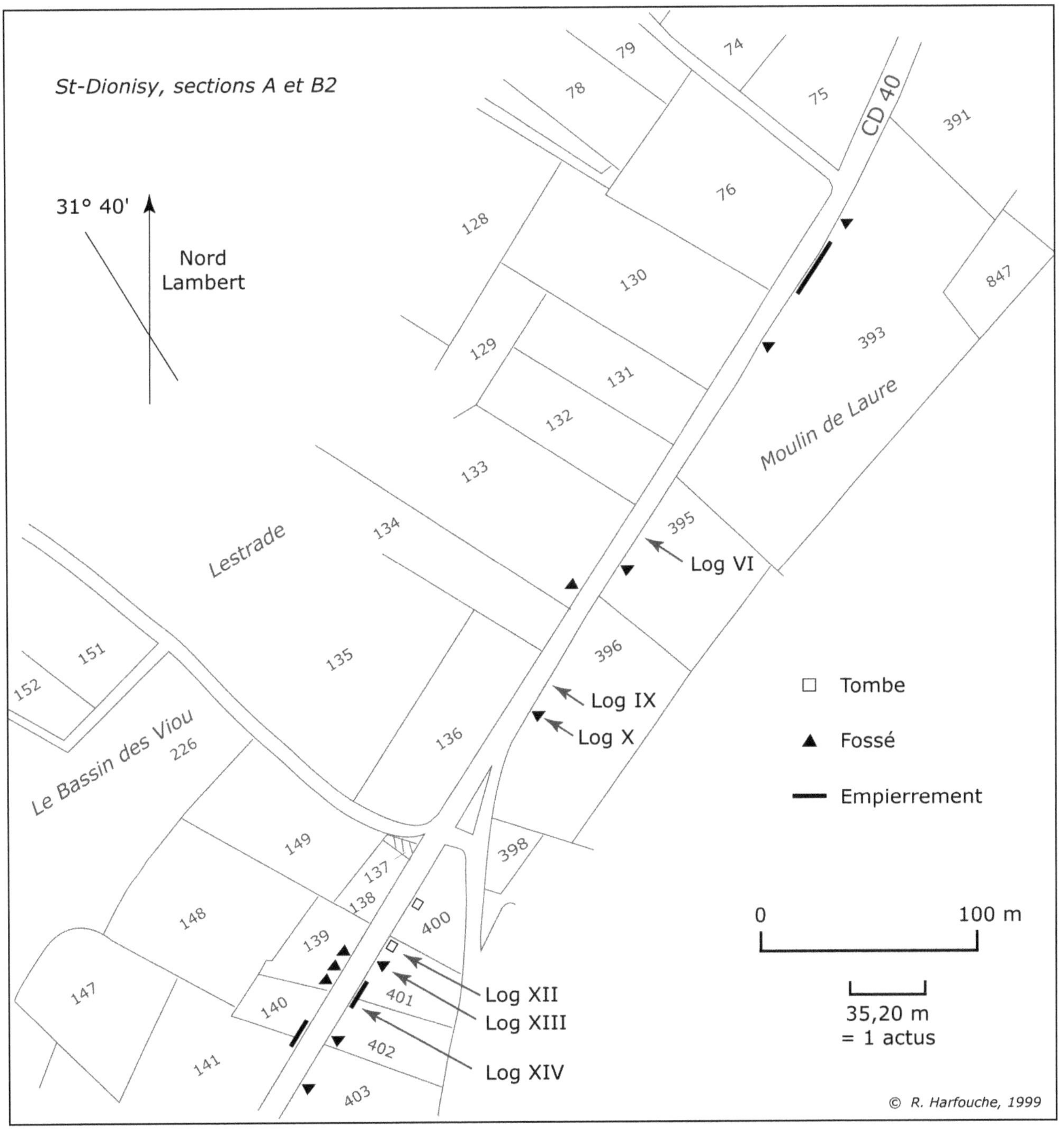

FIG. 26 : LOCALISATION DES COLONNES STRATIGRAPHIQUES ÉTUDIÉES ET DES STRUCTURES ARCHÉOLOGIQUES OBSERVÉES DANS LA COUPE DE LA RD 40 EN VAUNAGE (D'APRÈS POUPET 1990C).

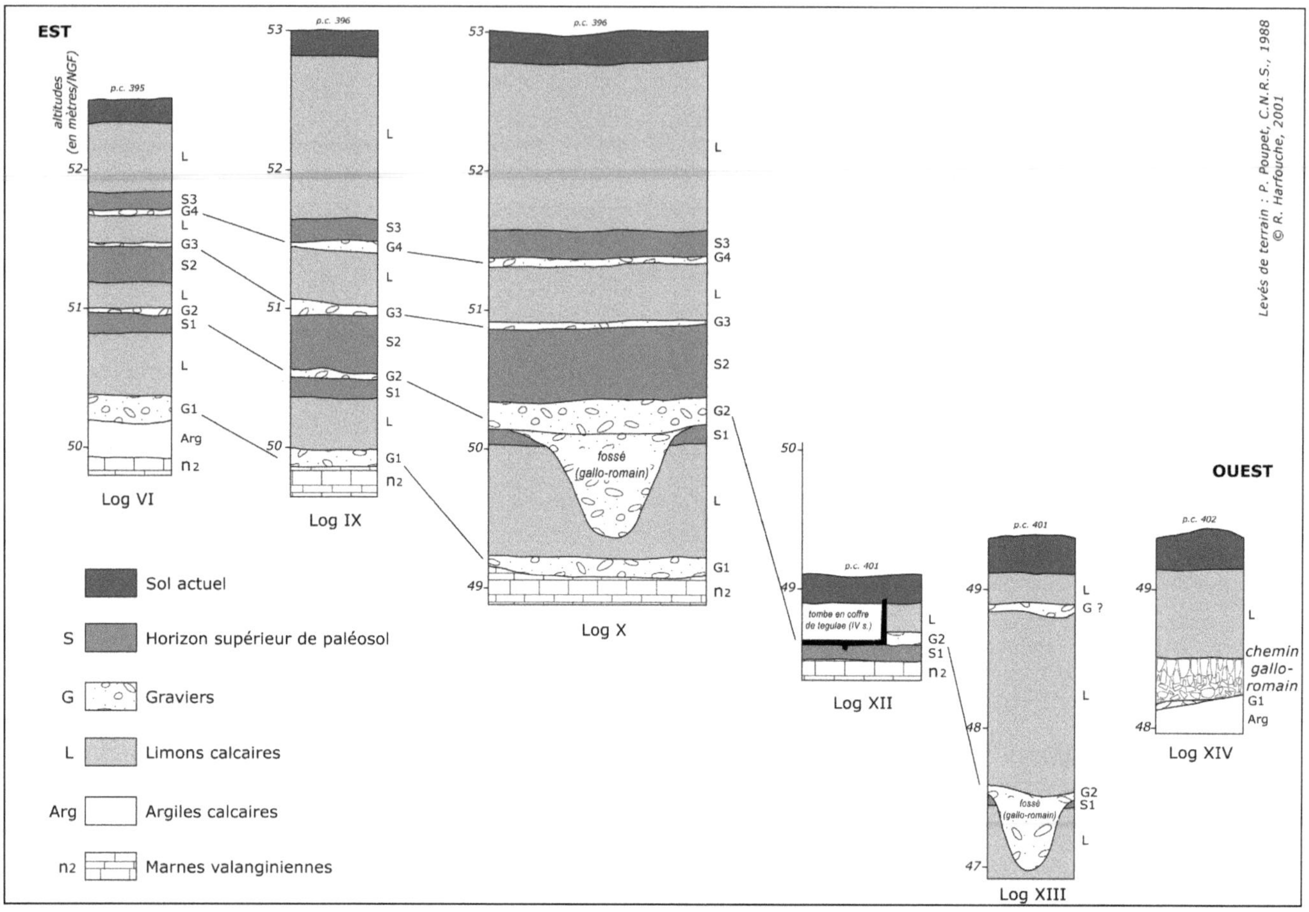

FIG. 27 : COLONNES STRATIGRAPHIQUES DE LA COUPE DU CD 40 SITUÉE AU DROIT DU PIÉMONT DE LA COLLINE DE ROQUE-DE-VIF.

de graviers qui ont parfois comblé des fossés. Sur ces dépôts se sont parfois développés des sols, à différentes époques, sols qui ont plus ou moins transformé les limons sous-jacents.

La chronologie des évènements qui scandent la coupe est assurée par des éléments de datation reposant sur la typologie des artefacts retrouvés dans le comblement des structures archéologiques et par des arguments d'ordre pédologique. Deux chemins empierrés, 9 fossés et deux tombes en coffre de tuiles ont pu être mis en évidence dans le talus de la route. La datation par la typo-chronologie s'appuie non seulement sur les fragments céramiques retrouvés dans les fossés et dans la recharge des chemins, mais aussi dans l'horizon de surface du paléosol S1. Les rapports stratigraphiques entre le niveau de comblement des fossés qui scelle la totalité du paléosol et les tombes permettent d'avancer une datation à la construction des chemins et au creusement des fossés.

Les deux structures fossoyées situées aux extrémités de la coupe (Logs X et XIII) fournissent des éléments de chronologie absolue : tuile, amphore et céramique commune, d'époque gallo-romaine sans plus de précision. Le mobilier céramique fragmentaire trouvé dans l'empierrement (Log XIV) appartient aussi dans sa totalité à la période gallo-romaine. De plus, la technique de construction du chemin, employant des dalles soigneusement disposées de chant évoque les aménagements romains. Des vestiges mobiliers céramiques gallo-romains étaient également incorporés à l'horizon organique du paléosol S1. Quant à la tombe en coffre de tuiles plates à rebord (Log XII), sa construction remonte à l'Antiquité tardive, au IVe siècle de l'ère chrétienne selon les spécialistes.

La présence quasi continue sur la longueur de la coupe de niveaux sédimentaires parfois pédogénétisés, bien individualisés, permet d'établir une synchronie entre les différentes structures observées et de suivre dans le temps la succession des phénomènes qui sont à l'origine des dépôts et de leur évolution. Il n'est pas toujours possible de conclure à une contemporanéité parfaite entre certaines structures par la seule chronologie relative, notamment entre l'empierrement et les fossés. La succession des dépôts au droit des structures étant différente, l'analyse des rapports stratigraphiques ne permet pas d'aboutir à une telle relation dans le temps. Si l'empierrement reposant sur un lit de gravier G1 est enfoui par un sol (Log XIV) et que l'on retrouve latéralement (Log VI) le niveau G1 très antérieur au paléosol S1, car séparé par une soixantaine de centimètres de limons, il demeure hasardeux d'établir une totale synchronie entre l'empierrement et le sol S1. Tout au plus peut-on envisager que le sol et le niveau de circulation, matérialisé par l'empierrement, coexistent durant un certain laps de temps.

La tombe (Log XII) étant creusée dans le niveau de graviers G2 qui scelle le comblement des fossés, la mise en place de ces dépôts est antérieure au IVe siècle de l'ère chrétienne. Il est donc possible d'avancer que le creusement des fossés et la construction des chemins ont été effectués entre le Ier siècle avant l'ère chrétienne et le IIIe siècle de l'ère chrétienne.

D'autres points d'observation répartis sur le bas de pente et le piémont autour de la coupe précédemment décrite complètent en l'affinant, la perception des dépôts. Deux d'entre eux permettent plus particulièrement de mesurer et de cartographier l'étendue des accrétions sédimentaires à la base du versant.

Il s'agit en premier lieu de la coupe visible dans les talus du chemin de service rural situé au nord de la RD 40, à l'ouest du village de Saint-Dionisy, entre les quartiers cadastraux « Grand Cayla » à l'est et « Le Titou » à l'ouest (Saint-Dionisy, section A). L'analyse de ce profil permet de mettre en évidence un paléosol et témoigne de la faible épaisseur des dépôts dans cette partie de la Vaunage, à quelques centaines de mètres des puissants recouvrements sédimentaires visibles dans les logs orientaux de la coupe principale de la route départementale (Fig. 28). Cette tendance au façonnement et au creusement à cet endroit est également perceptible dans le comportement du Rhôny qui a creusé son lit dans les marnes après avoir entaillé les alluvions récentes.

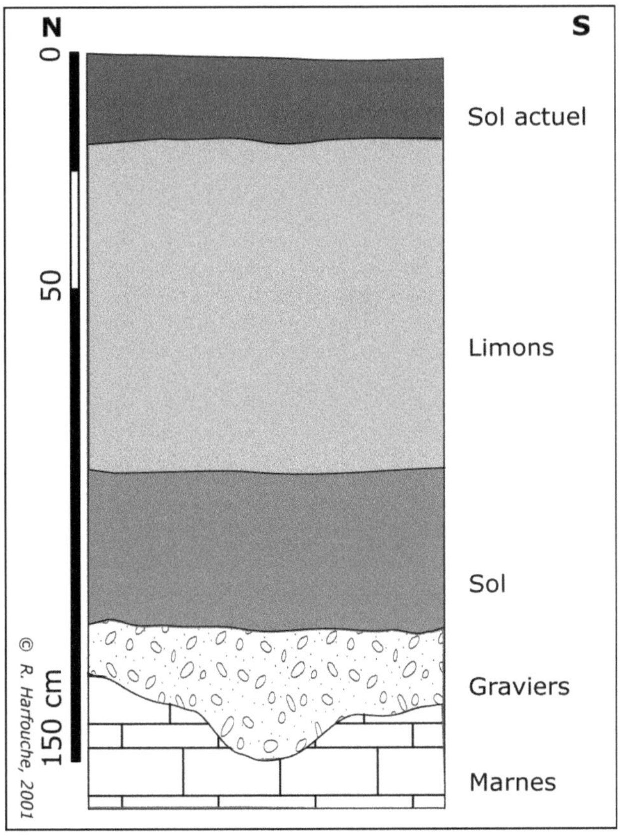

FIG. 28 : SÉQUENCE SÉDIMENTAIRE DANS LE TALUS DU CHEMIN DE SERVICE RURAL ENTRE LES QUARTIERS CADASTRAUX "GRAND CAYLA" ET "LE TITOU" (SAINT-DIONISY, SECTION A DU CADASTRE DE 1963, PC. 62-64) (GARD, FRANCE).

En deuxième lieu, des indications relatives à l'évolution du versant occidental de la colline sont offertes par la coupe visible dans le talus oriental de la route qui relie le village de Nages-et-Solorgues à la RD 40, au sud de la Gare de Nages (Nages-et-Solorgues). Contrairement à la séquence décrite précédemment, la colonne stratigraphique présente une sédimentation dilatée. Elle est visible dans le talus oriental de la route au sud du ravin des Rogères, à 840 m environs du log XIV, à l'aplomb d'un champ en terrasse soutenu par un talus enherbé. L'intérêt premier de cette coupe réside dans la présence de puissants dépôts au bas du versant de la colline, qui contraste avec la faiblesse des sédimentations observées dans les logs XII à XIV. Des éléments de construction en pierre (dont l'angle d'un mur en *opus quadratum*) sont piégés dans l'épaisseur des limons en plusieurs endroits de la coupe. Aucun élément céramique n'a été recueilli dans la séquence qui aurait permis d'avancer des hypothèses de datation des dépôts. La situation du bâti dans la coupe et les techniques de construction permettent d'envisager que le mur retrouvé à la base de la séquence, tout comme l'angle du mur en *opus quadratum*, appartiennent à l'époque antique.

1.2.1.8. Les histoires du versant

On préfèrera parler des histoires du versant plutôt que de l'histoire du versant car il apparaît rapidement, à la lecture des données enregistrées, que cette histoire est plurielle, variant selon le lieu où l'on se place sur les pentes. Les logs X et XII, distants d'à peine 100 m, témoignent de deux évolutions différentes du versant, l'un présentant des recouvrements très importants au-dessus des aménagements agraires d'époque romaine, tandis que dans l'autre une tombe antique affleure presque sous le sol actuel. Les observations effectuées au nord de la colline, ainsi que celles qui ont été réalisées sur le bas de versant sud-ouest, confirment cette première conclusion. Elles indiquent une sédimentation relativement faible sur le piémont directement à l'ouest du village de Saint-Dionisy et, au contraire, des recouvrements importants au sud du ravin des Rogères.

Quel que soit le lieu où ont été enregistrées ces informations, l'observation des évolutions des pentes est indirecte car l'argumentation est établie sur les matériaux et la stratification du bas de pente et non pas sur le versant lui-même. L'interprétation de ces colonnes stratigraphiques comporte deux niveaux de réflexion. Le premier s'attache à la reconstitution de la dynamique sédimentaire et pédologique. Il s'agit donc de reconnaître le mode de mise en place des dépôts, des variations et des altérations qui se sont exercées postérieurement à ces atterrissements. L'autre niveau d'interprétation fait intervenir la chronologie et les

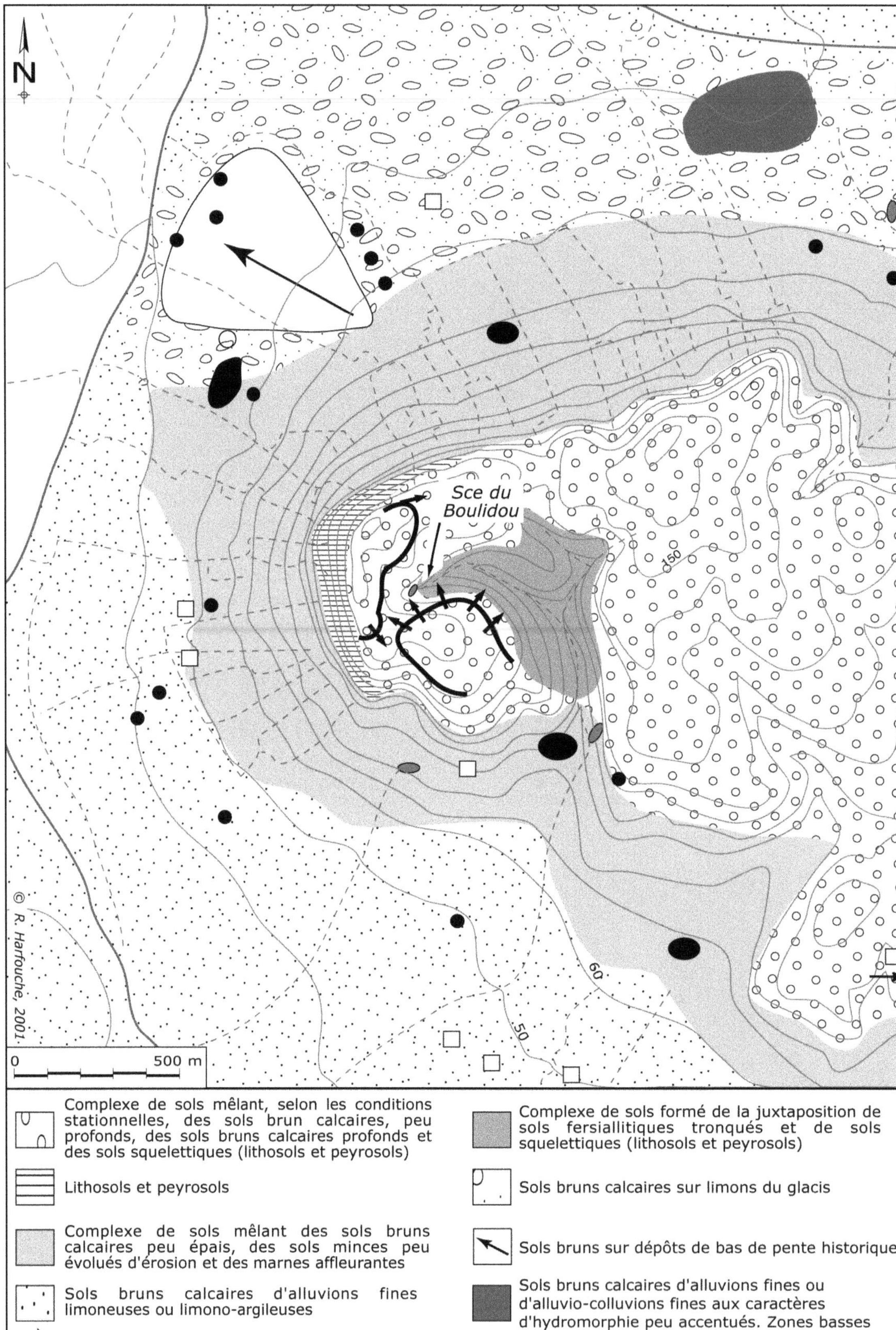

FIG. 29 : CARTE DES SOLS AU DROIT DE LA COLLINE DE ROQUE-DE-VIF.

facteurs anthropiques pour replacer la séquence étudiée dans un cadre historique qui permet d'appréhender les activités humaines.

La distribution des dépôts sur le versant

A la lumière des données enregistrées sur le terrain et des informations collectées dans la bibliographie archéologique concernant les conditions édaphiques des sites répartis sur le bas de pente, il est possible de proposer une distribution des colluvions sur le versant. La succession des dépôts dans la coupe de la route départementale de Nîmes à Sommières (RD 40) fait bien apparaître des phases successives de remblaiements importants directement au nord du Bassin des Vieux, sur le versant septentrio-occidental de la colline. La puissance maximale de ces accrétions est de près de 4 m (log X) entre le chemin dit de Saint-Côme à Saint-Dionisy au sud, et le majestueux ravin des Resclausades au nord (Saint-Dionisy, 1963, sections A et B2).

L'épaisseur de ces remblaiements tend à s'amenuiser vers le nord en direction du Valat de Lagrave. A l'ouest du cours d'eau temporaire, la hauteur des colluvions recouvrant les marnes altérées visibles dans le talus oriental de la route départementale n'est plus que de 2.10 m (Saint-Dionisy, 1963, section B2, parcelle 393). Cette tendance est confirmée par les dépôts observés dans le talus du chemin de service rural reliant la route départementale au Pont de la Peyre sur le Rhôny. Certes, leur situation topographique n'est pas la même, puisqu'ils se trouvent sur le piémont de la colline et non pas sur le bas de versant, mais il est remarquable que l'épaisseur des colluvions n'y excède pas 1 m. Il est alors possible de restituer les limites d'un cône de déjection qui a empâté le versant nord-ouest de la colline de Roque-de-Vif, entre le Bassin des Vieux et le Valat de Lagrave, et qui a été le support d'une pédogenèse historique (Fig. 29). La circulation préférentielle des eaux de ruissellement sur le bord oriental du cône a incisé les limons calcaires et les marnes sous-jacentes, donnant naissance au ravin de Lagrave. Au sud du versant, la limite de la zone recouverte par les colluvions est aisément reconnaissable grâce aux logs X et XII qui font apparaître une nette diminution de l'épaisseur des colluvions directement au sud du Bassin des Vieux. Les dépôts sédimentaires historiques sont presque inexistants au droit du site gallo-romain et médiéval du Moulin de Laure, comme en témoignent le faible enfouissement des vestiges archéologiques retrouvés en prospection de surface et la tombe de l'Antiquité tardive à peine dissimulée sous le sol actuel visible dans le log XII.

Aucun dépôt de cette importance n'a été observé sur le versant septentrional de la colline. Les maigres renseignements recueillis concernant la découverte de la sépulture de Saint-Dionisy sont insuffisants et demeurent trop imprécis pour autoriser une restitution d'éventuels dépôts. De plus, la tombe protohistorique se trouve sur le piémont, dans une zone topographique bien moins pentue que les points d'observation du bas de versant occidental de la colline. La profondeur à laquelle a été retrouvé le mobilier funéraire (1.5 m sous la surface du sol actuel) laisse néanmoins envisager la présence de remblaiements (environ 1 m ?). Aucune observation concernant la nature et la stratification des matériaux enrobants n'ayant été effectuée, il n'est pas permis d'évaluer l'ampleur ni l'évolution des mouvements sédimentaires sur la pente antérieurement à l'époque médiévale qui voit le développement du village de Saint-Dionisy sur le bas de versant. On ne connaît pas non plus de découvertes archéologiques antérieures à l'époque médiévale sous le village actuel qui auraient été l'occasion d'ouvrir des fenêtres sur le sous-sol.

L'évolution du versant occidental de la colline est envisagée avec moins d'incertitudes. Les observations réalisées sur la coupe visible dans le talus oriental de la route reliant la RD 40 au village de Nages témoignent de l'existence d'autres apports qui ont empâté le bas de versant directement au sud de la Gare de Nages. La puissance des limons mobilisés sur le versant y excède 2.5 m.

La signification des dépôts, des creusements et des pédogenèses

La première conclusion que l'on peut formuler à la lecture de la stratification est celle de la prédominance des niveaux limoneux de teinte claire séparés par des passées caillouteuses plus ou moins continues sur la longueur de la coupe. Deux autres types de discontinuités surimposées aux matériaux précédents sont repérables : une série de fossés comblés presque exclusivement avec des éléments les plus grossiers, et des niveaux plus foncés affectant les limons qui sont assimilés à des sols. Les significations de ces quatre traits fondamentaux qui rythment la stratification doivent être examinées successivement dans un premier temps, bien que l'interprétation des uns fournisse des arguments pour la compréhension des autres.

Les limons, ces matériaux fins, ont une origine proche : la pente située en amont de la coupe. Si l'on accorde au climat une relative stabilité assurant celle du régime des précipitations, ces accumulations, dont l'épaisseur de chaque niveau avoisine ou dépasse souvent 50 cm, impliquent une forte ablation vers le haut du versant. Les limons ne témoignent pas d'une vigueur particulière des phénomènes érosifs, mais plutôt d'une durée. Au contraire des graviers, représentatifs d'une violence des processus érosifs, la sédimentation plus fine est caractéristique d'un transport diffus. L'érosion à l'origine du dépôt de ces limons n'a pu se faire qu'en l'absence de couverture végétale protectrice. Elle est aussi directement liée au travail des sols sur les pentes, puis au déclin agricole et à l'abandon des cultures sur les versants. La durée est alors fonction de la corrélation entre le déroulement de la morphogenèse et l'histoire agraire des versants. L'accumulation des limons pris aux dépends des sols fragiles perdure jusqu'à ce qu'un nouvel équilibre s'installe, par une fixation des matériaux consécutive à un regain de la végétation protégeant de plus en plus efficacement la pente. L'artificialisation du milieu ne signe donc pas nécessairement sa fragilisation et la provocation d'une rupture de type « crise » dans le système morphogénique. La gestion savante des cultures sur le versant entretenu ne génère pas de déséquilibre, mais elle participe d'une dynamique continue. Les dépôts limoneux portent donc une double signification. Ils suggèrent un paysage cultivé aux sols protégés et aux écoulements maîtrisés, mais aussi un abandon de ces cultures provoquant la fuite des sols et la mobilisation progressive des sédiments mal protégés sur la pente.

Les sols, quant à eux, sont caractéristiques des périodes de biostasie, de stabilité de la pente. Celle-ci est protégée par la reprise de la couverture végétale après la crise érosive provoquée par la conquête puis l'abandon des sols du versant. Une partie de la matière organique qui colore les horizons pédologiques est certainement héritée des sols détruits en amont. Une autre partie est sans doute liée à la proximité de l'habitat du Moulin de Laure (connu au moins depuis l'époque romaine) et à l'emplacement du bourg actuel de Saint-Dionisy. Enfin, une couverture végétale assez importante a pu fournir un apport de litière suffisant pour que le développement d'une matière organique incorporable à la phase minérale du sol soit possible. Cela a été favorisé par la topographie plus plane héritée des remblaiements antérieurs qui amoindrit le lessivage.

Les graviers sont le résultat d'une érosion en nappe. Toutefois, certains niveaux comme le comblement des fossés et d'autres dépôts très épais (jusqu'à 20 cm) proviennent de crises torrentielles très localisées dans le temps. Situés à la base des accumulations cycliques limoneuses et recouvrant souvent un sol, ils sont en partie autochtones. En effet, la compétence des eaux de ruissellement sur les sols nus assure l'entraînement des phases fines, provoquant une concentration relative des graviers plus grossiers sur place. Ce processus marque donc la reprise de l'érosion au cours d'une phase de rhexistasie. Les graviers sont aussi en partie allochtones. Ils sont le résultat de crises torrentielles lorsque le déséquilibre atteint le seuil de rupture et que le processus d'érosion se met brutalement en place. C'est notamment le cas de l'apport massif qui a provoqué le comblement des fossés. Il est une manifestation typique des phénomènes rhexistasiques associés à l'ablation des horizons supérieurs organiques du sol.

L'interprétation des fossés peut être très différente selon le contexte sédimentaire et pédologique dans lequel ils sont incisés. Ils peuvent être le résultat d'un épisode érosif violent provoquant des griffures verticales superposées à une séquence détritique. Ils peuvent résulter, au contraire, d'une intervention humaine dans le souci de préservation des terres agricoles. Leur gestion implique alors le contrôle des écoulements hydriques qui ralentit ou atténue les processus érosifs.

Si les fossés de Saint-Dionisy étaient le résultat final d'une crise morphologique, il paraît vraisemblable qu'aux premiers stades de cet épisode, les horizons superficiels des sols auraient subi une ablation plus ou moins totale. Or, il n'en est rien puisque le paléosol (S1) est conservé sous la nappe de graviers (G2). Cela tend donc à prouver que les fossés sont contemporains des sols creusés par l'homme. Le fait que ce sol n'existe plus dans certaines parties de la longue coupe (Log XIV) est d'avantage lié à l'origine de la constitution des niveaux de graviers qu'à une crise érosive généralisée. En effet, puisque l'accumulation des débris calcaires est le résultat d'une érosion en nappe diffuse par concentration *in situ* des gros éléments ainsi que d'un apport violent qui comble les fossés, il est possible que des facteurs topographiques aient pu favoriser localement l'érosion des sols, notamment près des fossés.

Un autre argument en faveur de cette interprétation réside dans la logique des mécanismes de comblement des fossés. S'il est vrai qu'au cours de la période de rhexistasie, la compétence des eaux peut être assez forte pour raviner les sols au bas de la pente, allant même jusqu'à les faire disparaître parfois, cela correspond seulement à une partie du cycle où l'érosion l'emporte. Qu'advient-il au cours d'une phase moins violente, qui tend vers un nouvel équilibre ? L'énergie de l'écoulement diminue et les ruisseaux qui incisaient leur lit déposent des limons dans ces ravins. Or, ce n'est pas ce processus qui apparaît dans cette partie de la Vaunage où le comblement est constitué de graviers, non de dépôts fins.

Force est donc d'admettre que les fossés, tous contemporains, ont été creusés par la main de l'homme qui cultivait le sol contigu. Ce dernier a peu à peu été littéralement pavé de graviers jusqu'à ce que se déclenche une crise violente, provoquant, non seulement une érosion partielle des horizons supérieurs près des fossés, mais surtout un comblement massif et homogène des structures drainantes par les graviers.

La lecture des dépôts de bas de versant laisse apparaître clairement des seuils dans l'évolution du milieu. Le paysage au droit de la colline de Roque-de-Vif connaît deux histoires qui peuvent s'écrire de la manière suivante :

Le paysage pré romain

Une remarque d'ordre topographique s'impose avant toute chose. La topographie accidentée visible dans le paysage actuel à la surface des parcelles cultivées traversées par la coupe n'est pas le fait d'une morphogenèse récente ou de l'activité humaine (décaissements ou remblais). Elle existe depuis longtemps, puisque le vallon est inscrit dans la roche constituant le substrat de la cuvette. Il est perceptible à la surface des marnes (n 2). Dans les logs XIII et XIV, les marnes ne sont pas visibles, mais la présence des argiles de décomposition dans le log XIV indique qu'elles ne sont pas loin et qu'il s'agit là du versant opposé du vallon.

Sur les marnes altérées (n 2), les colluvions limoneuses de faible épaisseur (L) et le mince dépôt de graviers (G1) intercalé entre les deux formations constituent l'histoire du glacis pendant le Pléistocène et l'Holocène jusqu'aux temps historiques. Les niveaux de graviers lenticulaires ont vraisemblablement une origine événementielle et très localisée. C'est dire si le Quaternaire aura été dans la Vaunage une période de façonnement et de creusement plutôt qu'une période de dépôts.

Dans une ambiance biostasique, un sol d'altération (S1) vient se surimposer sur ce remblaiement à caractère morphodynamique et climatique. Ce sol témoigne de la relative jeunesse des dépôts de pente dans la Vaunage. Il ne porte la trace d'aucune pédogenèse intense anté-würmienne, ni d'une quelconque troncature qui aurait effacé celle-ci. Il possède seulement les marques de la roche-mère à partir de laquelle il s'est développé : des colluvions de pente constituées de matériaux meubles, argileux et marneux. Sa minceur est due à une lente érosion permanente sur la pente ainsi qu'à l'imperméabilité de la roche. C'est donc un sol brun calcaire qui a évolué depuis le Tardiglaciaire jusqu'à l'époque romaine, sans interruption ou troncature perceptibles. Ce qui retient surtout l'attention dans cette première séquence sédimentaire, c'est l'absence de signatures de phénomènes plus ou moins catastrophiques causés par la pression anthropique exercée par les agriculteurs qui occupent la colline entre le Ve millénaire et le Ier siècle avant l'ère chrétienne (déforestation, brûlis, surpâturage...). Nulle trace d'un déséquilibre engendré par une fragilisation du versant qui serait due à la pratique d'une agriculture intense n'est inscrite dans la structure du sol. Celui-ci ne porte aucune marque d'un apport terrigène lié à l'érosion des sols sur les pentes. L'image du versant évoquée est celle d'une pente boisée, sur laquelle le tapis végétal a permis de limiter le déplacement des matériaux sur la pente en conservant la couverture pédologique à l'abri de l'érosion.

A la lumière de ces résultats, un réexamen de la documentation publiée à l'issue de travaux archéologiques permet d'extraire des renseignements précieux concernant l'évolution morphodynamique du paysage en d'autres lieux du bray. Il n'est pas possible, en raison de la quasi-absence de sites suffisamment explorés, de tirer des renseignements sur le paysage du IIe millénaire avant l'ère chrétienne dans la dépression de la Vaunage, mais là encore, des réponses aux questions posées peuvent être apportées par l'indispensable étude des dépôts de pente qui ont pu garder la trace des évènements qui ont affecté le paysage, ses sols, sa végétation et ses occupants. Seul un indice exploitable dans ce sens a pu être trouvé dans tous les travaux concernant la période qui va du VIe au IIe millénaire en Vaunage et en Vistrenque. Il s'agit de la brève description de deux niveaux sédimentaires observés dans les travaux exploratoires du gisement du Puech de la Fontaine (Congénies, Gard) situé en plaine (Roger 1990). Un réexamen de cette documentation publiée il y a plus de quinze ans permet d'en extraire des renseignements précieux. Un niveau brun, continu sur 1.20 m de long, pauvre en mobilier, dont aucune interprétation en termes de processus géopédologiques n'avait été donnée, pourrait être la signature d'un paléosol. Cette unité sédimentaire confirmerait alors la phase de stabilité du paysage évoquée par la longue pédogenèse sur les versants.

Les aménagements de l'époque romaine

Ce n'est qu'à l'époque romaine que l'empreinte de l'homme sur le paysage s'exprime par le creusement des fossés et l'empierrement de surfaces vraisemblablement destinées à la circulation. Les fragments de céramiques gallo-romaines trouvés dans le sol et dans le remplissage des fossés rappellent la proximité immédiate de l'habitat antique du Moulin de Laure. Certains fossés sont creusés selon un tracé qui est dans l'axe du vallon. L'une des structures est sur le bord, l'autre dans le fond du talweg. Elles ont donc pour fonction de canaliser les eaux de ruissellement, dans le sens de la pente de la colline. Cette exploitation du paysage s'accompagne naturellement d'une réactivation des processus morphogéniques liée à l'agriculture. Elle est matérialisée par le nappage du sol cultivé d'un tapis de graviers calcaires au moins en partie résiduels (G2) puis, l'érosion s'accélérant brutalement, par l'ablation partielle du sol (S1) et le comblement des fossés, au plus fort du cycle rhexistasique. Ce dernier s'est produit progressivement mais rapidement comme l'indique la disposition des graviers.

Les effets de cet épisode se poursuivent par un recouvrement du piémont — et par conséquent du sol antique — par les graviers (G2) et le nivellement des structures drainantes. Cet accident morphodynamique peut être lié aux modifications qui affectent l'occupation de la campagne et l'abandon des pratiques de protection des sols cultivés sur les pentes.

Les apports suivants, constitués de limons, iront en diminuant jusqu'à leur arrêt lorsque les pentes seront à nouveau protégées par la reprise végétale. Les hommes inhument leurs morts au bord de ces axes de circulation, creusant dans les limons une tombe en coffre de tuiles plates à rebord, au cours du IVe siècle de l'ère chrétienne.

Dans la partie sud-ouest de la coupe, le colluvionnement constitué de limons à éclats de calcaire (30 à 50 %) n'est plus très sensible et quasi homogène. Cela ne signifie pas pour autant qu'un sol très évolué a pu se développer facilement depuis la fin de l'époque romaine. Il faut là encore y voir une lente remobilisation permanente des matériaux de surface. Ce phénomène a pour conséquence de freiner les processus d'altération. Le sol développé sur ces limons correspond au sol actuel. C'est lui qui contient les documents archéologiques témoignant de la présence d'une occupation gallo-romaine qui se poursuit jusqu'à l'Antiquité tardive.

Seule la partie nord-est de la coupe, en aval de l'agglomération actuelle de Saint-Dionisy, rend compte de la poursuite des processus d'érosion du versant et du remblaiement consécutif du piémont.

Il ne faut pas oublier que les différences constatées entre les colonnes stratigraphiques orientales et occidentales sont en partie liées à la paléotopographie. D'une part, le log XII montre que les vestiges archéologiques (tombe de la fin de l'Antiquité) sont comme incorporés au sol actuel. D'autre part, le chemin romain du log XIV est très peu enfoui. Quant à l'épaisseur des limons dans le log XIII, elle est simplement due au fait qu'à cet endroit se situe le fond du paléovallon.

La stratification très dilatée dans la partie orientale permet donc de voir d'autres phases successives de sédimentation et de pédogenèse, qui viennent se superposer aux niveaux romains abandonnés. En effet, une nouvelle phase rhexistasique, plus complexe, débute, comme la précédente, par un lit de graviers (G3) recouvrant un sol (S2). Ce sol s'est développé à partir de colluvions plutôt limoneuses dont la mise en place indique une meilleure protection des sols de la pente. Un arrêt dans les apports inaugurant une phase de biostasie permet le développement du sol peu évolué à tendance brun-calcaire qui est à son tour recouvert par de nouvelles colluvions.

Là encore, des rapprochements avec d'autres dépôts qui ont pu garder la trace des évènements ayant affecté le paysage peuvent être effectués à partir d'une relecture de la séquence stratigraphique publiée du site néolithique du Puech de la Fontaine. Il s'agit cette fois d'un horizon de cailloutis qui fossilise l'occupation datée entre 4500 et 3500 avant l'ère chrétienne. Il n'est pas sans rappeler les niveaux de graviers qui participent de la dynamique du versant oriental de la Vaunage et qui sont conservés sur le piémont de la colline de Roque-de-Vif. Bien qu'il soit difficile d'attribuer une date certaine à sa mise en place, il est probable qu'il correspond à la première nappe de cailloux qui recouvre le paléosol romain sur les pentes orientales de la Vaunage.

La reconquête médiévale

Les agriculteurs ayant déstabilisé les pentes à l'époque romaine, c'est toute une série de cycle de maîtrise des sols stabilisatrice du versant, puis de déprise agricole génératrice d'érosion, jusqu'au retour à un équilibre fragile qui est amorcée.

Ce cycle (graviers, limons et pédogenèse) se reproduit deux fois après le déséquilibre qui scelle les niveaux romains (S2 et S3). Les limons succèdent parfois aux graviers (G3) puis ce sont des graviers qui s'accumulent (G4), recouverts eux-mêmes par de nouveaux limons. Le calme tout relatif revenu, la pédogenèse reprend possession des matériaux nouveaux pour les affecter durablement. Le remblaiement post-romain marque une rupture qui peut être liée à une crise dans l'exploitation des terres (abandon) ou à une atteinte au couvert végétal protecteur des sols (défrichements). Ce moment dans l'évolution du versant matérialisé par une intense érosion et un colluvionnement important est sans doute à mettre en relation avec une période d'extension des zones cultivées où la garrigue pourtant hostile est attaquée par l'agriculteur.

Aucun élément de datation absolue ne permet de situer avec certitude cet épisode rhexistasique post-antique sur l'échelle du temps. Des phases d'extension de l'espace cultivé de plaine qui gagne les hauteurs sont ainsi perceptibles à partir de la lecture par les historiens du Cartulaire du Chapitre Notre-Dame de Nîmes, ainsi que des compoix languedociens et plus particulièrement les archives des communes de Vaunage, (Le Roy Ladurie 1966 ; Barry 1962). Il importe de souligner qu'il ne s'agit pas de dévoyer les archives en les utilisant comme des registres de « calages chronologiques » dans lesquels on peut choisir une date, selon sa convenance, pour la plaquer sur des phénomènes sédimentaires et pédologiques ou sur des faits archéologiques dûment identifiés et localisés dans l'espace, mais qui ne portent pas en eux-même les indices permettant de restituer le moment exact de leur mise en place ou de leur fonctionnement. Dans ce cas précis de la Vaunage, les études sur les sources écrites ont porté sur les communes concernées par les observations de terrain, il y a donc un recouvrement géographique qui autorise un croisement des archives textuelles et des archives du sous-sol. Cependant, l'ampleur du phénomène démontré par l'analyse archéo-pédologique conduit à penser qu'un premier essor médiéval de mise en culture des pentes et des collines de Vaunage s'intègrerait dans un mouvement général à l'ensemble du Languedoc. Les diverses études conduites sur l'aménagement de l'espace rural à partir des archives médiévales soulignent la complexité des faits et la variabilité des conditions sociales et des périodes qui voient le développement de travaux d'aménagement des campagnes, que ce soit sur les versants ou en plaine aux IXe siècle, XIe siècle et XIIIe siècle (Durand 1998 ; Abbé 2003).

Les travaux des historiens concernant le Languedoc oriental situent la reconquête médiévale des versants au XIe siècle, puis leur abandon à partir du XIIIe siècle (Le Roy Ladurie 1966 ; Duby 1973 ; Durand 1998). Les défrichements languedociens débuteraient dès le IXe siècle. Le gain de nouvelles terres serait motivé par l'expansion démographique qui pousse à la conquête des terroirs jusque-là négligés. Il serait aussi encouragé par l'afflux d'immigrés espagnols qui se voient attribuer des terres à coloniser (Durand 1998 : 182). Cette croissance de la population se maintiendra jusqu'à la peste de 1348 et l'avènement du XVe siècle qu'E. Le Roy Ladurie n'hésite pas à qualifier de « siècle de l'homme rare » (Le Roy Ladurie 1966 : 139). Les défrichements médiévaux se déroulent en deux vagues successives. A la première vague de colonisation, carolingienne, succède une seconde vague à partir du XIe siècle engagée dès 980-

990. Les historiens voient dans cette phase d'expansion, comme dans la précédente, les conséquences de la hausse de l'effectif humain et de la croissance agricole (Bloch 1929 ; Le Roy Ladurie 1966). Le paysage est également bouleversé par un autre facteur de transformation des campagnes : la révolution castrale qui affecte durablement le réseau de peuplement (Durand 1998 : 182). Mais c'est bien la croissance démographique qui est le moteur de la déforestation. S'appuyant sur les listes de feux dressées entre 1293 et 1322 dans les seigneuries rurales du pays nîmois, dont la seigneurie de Calvisson, E. Le Roy Ladurie note une augmentation de 23 % de la population entre ces deux dates (Le Roy Ladurie 1966 : 140). Les enquêteurs eux-mêmes évoquent en 1322 le rôle de l'immigration et celui de la division et du morcellement excessif des héritages dans la croissance démographique qui conduit au développement des parcelles cultivées.

Dans ces phases de construction ou de reconstruction des terroirs qui varient parfois selon les micro-régions languedociennes, on perçoit difficilement les formes de l'agriculture sur les versants.

Les historiens médiévistes sont confrontés à la rareté des termes latins qui désignent les terrasses cultivées dans les textes. Les travaux conduits à partir d'une lecture des cartulaires et de la micro-toponymie révèlent surtout l'ambiguïté sémantique d'un mot comme celui de « faïsses » qui a traversé les époques, depuis le Moyen Âge à l'époque moderne. Malgré cette difficulté apparente, les terrasses de culture sont bien présentes dans la littérature médiévale. L'existence de pentes construites en terrasses est suggérée par la toponymie à l'image des « bancels » nombreux dans les Cévennes, autour de St-Jean-du-Gard. A. Durand établit un lien direct entre les grands défrichements engagés dès le XIe siècle en Languedoc et une première mise en culture des versants par la construction des terrasses de culture dont elle reconnaît pourtant la discrétion dans les sources (Durand 1998 : 309). Une de ces mentions se trouve dans le Cartulaire d'Aniane à propos du castrum de Vailhauquès qui date de 1066-1089. Le document indique l'existence du tènement de « bancel » qui bien que « non localisé, évoque par son appellation les terrasses de culture » (Durand 1998 : 202). Quant au terme « faïsse », l'historienne ne partage pas l'avis de Ph. Blanchemanche pour qui ce mot désigne simplement « [...] l'espace qui permet de récolter, de constituer et de lier l'équivalent d'un fagot de bois ou d'une gerbe de céréale. » (Blanchemanche 1990 : 184). Elle définit la faïsse comme « [...] une parcelle allongée sur sol en déclivité qui a fait l'objet d'aménagements légers (simple talus de terre) ou plus importants (cultures en gradins). » (Durand 1998 : 169-270).

Bien que la première vague de défrichements carolingienne soit considérée par les historiens comme la plus grande, c'est à partir de l'an Mil (XIe et XIIe siècles) que s'effectue, selon eux, la plus importante conquête des versants. Dans un contexte de croissance démographique, les terres conquises sont gagnées sur la garrigue. La mise en valeur de ces zones considérées comme inhospitalières est imposée par la conjoncture. C'est la « saturation d'hommes [...] qui conduit à mettre en valeur n'importe quel terroir » tel que les « garrigues misérables » (Le Roy Ladurie 1966 : 141). Le Cartulaire du Chapitre Notre-Dame de Nîmes mentionne en Vaunage, dès 926, des champs de vastes dimensions jouxtant une voie publique et la garrigue (Durand 1998 : 194). A partir de 1110-1120, les parcelles vouées à l'arboriculture, notamment à la culture de l'olivier, sont en expansion dans l'anticlinorium. Le parcellaire aux unités compactes et régulières, qui domine les formes du paysage jusqu'aux premières décennies du Xe siècle, cède progressivement la place, à partir de 950, à des champs trapézoïdaux qui tendent à s'allonger. Parcelles carrées et rectangulaires coexistent avec les parcelles trapézoïdales jusqu'au seuil du XIIe siècle. L'homogénéisation du parcellaire est perceptible dès 920-950 au travers des chartes, mais c'est à partir de 1025 et de la seconde vague de déforestation que la taille des champs diminue. A. Durand voit dans ce changement, non pas la trace d'une conquête de terres nouvelles, mais l'empreinte d'une polarisation des zones exploitées autour de l'habitat (Durand 1998 : 158). Il est cependant troublant que les modifications dans la morphologie agraire soient concomitantes de la mise en valeur massive des terres pentues sur lesquelles les contraintes imposées par la topographie privilégient les champs de petites surfaces. La diminution des surfaces des parcelles alliée à l'expansion des cultures spécialisées, parfaitement adaptées à la mise en valeur de zones déclives (arbres fruitiers, oliveraies, vignoble), dès le XIe siècle suggèrent des champs gagnés sur les pentes et en conséquence, une dilatation des terroirs de versant. L'abandon de la mesure des côtés des parcelles dans les actes notariés dans la deuxième moitié du XIe siècle pourrait correspondre selon M. Bourin « à une irrégularité croissante des parcelles, c'est-à-dire à un affaiblissement des principes d'orthogonalité au profit d'une adaptation plus souple aux données du terrain » (Bourin 1995 : 82). De là à conclure à la désignation dans les archives de parcelles aménagées sur les versants, il n'y a qu'un pas, si ce n'est la difficulté à distinguer dans ces variations de délimitation de l'espace ce qui relève de la réalité topographique et ce qui découle de changements dans les pratiques d'écriture.

L'assaut des pentes à l'époque moderne

Retrouvant encore une fois un équilibre entre les agents érosifs et la végétation post-culturale stabilisatrice des matériaux des pentes, la morphogenèse est marquée par une ambiance biostasique propice au développement d'un nouveau sol (S3). L'histoire agraire de la Vaunage durant le Moyen Âge et la Renaissance n'a cessé d'évoluer au gré des mises en valeur et des abandons successifs des terres. Si l'on admet une datation médiévale au cycle précédent au regard des caractères pédologiques mis en évidence, le sol S3 a probablement été cultivé dès la fin de l'époque médiévale et à l'époque moderne. Il sera à nouveau recouvert par des apports de limons arrachés au versant.

Cet épisode morphodynamique marque une nouvelle étape importante dans l'histoire agraire du versant. Les compoix vaunageols qui concernent les XVIe et XVIIe siècles relatent la conquête progressive, mais rapide, de la garrigue dès 1500 (Barry 1962). L'essor conquérant du XVIe siècle et ses défrichements dévastateurs du couvert végétal attestés par les compoix de Congénies et Langlade a poussé les agriculteurs à l'assaut des pentes de la Vaunage (Barry 1962 ; Le Roy Ladurie 1966). Sur la commune voisine de Langlade, la plaine est entièrement cultivée en 1500 tandis que les hauts de versants et le revers de cuesta sont occupés de bois en défens. Vignes et oliveraies se partagent avec d'autres cultures 30 % des terres situées en plaine, qui échappent à la monoculture des céréales, majoritaire jusqu'au XVIIe siècle. La croissance des terres cultivées prises sur la garrigue est fulgurante, puisqu'en 1576 les défrichements entrepris depuis le début du XVIe siècle multiplient par 15 le nombre des terres labourées. Vingt ans plus tard, en 1597, il y en a 30 fois plus qu'en 1500. Cet élan vers les pentes se maintiendra jusqu'au milieu du XVIIe siècle et connaîtra un brusque essor après 1600 grâce au développement économique de la viticulture.

A cette époque, la culture en terrasses est un sujet pour la littérature agronomique. En 1600, dans l'œuvre d'O. de Serres, les terrasses de culture sont considérées dans leur fonction agrotechnique. Dans le Troisième Lieu de son *Théâtre d'agriculture et mesnage des champs*, consacré à la culture de la vigne, il traite de l'utilité des « bancs », « colles » et « traverses » pour l'exploitation agricole des « coustaux » méditerranéens. Il recommande alors que « ...trop droite pente, sera adoucie par murailles traversantes, appelées bancs et colles, qu'à pierre sèche, pour l'espargne, on y bastira en plusieurs endroits, près-à-près l'une de l'autre, les tirans comme à niveau ; pour retenir la terre, que les pluies et fréquens labeurs n'avallent en bas ; pourveu que la commodité de la pierre, estant sur le lieu ou près d'icelui, favorise l'œuvre. Défaillant la pierre, telles traverses seront faictes de haies vifves... » (p. 228-229). Il faudra attendre la seconde moitié du XVIIIe siècle et surtout le début du XIXe siècle pour voir la naissance d'écrits agronomiques qui traitent des techniques de mise en terrasse en faisant la promotion de ce type d'agriculture ingénieux qui permet de produire d'avantage en gagnant des terres sur les versants incultes (Blanchemanche 1990 ; Ambroise 1993 ; Alcaraz 1999 : 20-26).

Freiné par la dépression économique, l'élan vers les versants de Vaunage régressera à partir de 1650 au profit d'un retour aux terres de plaine. Malgré ce déclin, la grande phase de conquête des terres aura duré un siècle et demi au cours desquels les pentes sont déstabilisées puis les sols protégés. Elle a conduit à la construction d'un parcellaire formé de petites unités aux surfaces parfois irrégulières aménagées en terrasses, telles qu'on en voit aujourd'hui, qui ont été progressivement grignotées sur le versant et qui contrastent avec les grands champs céréaliers de la plaine.

Lorsqu'en 1962, J.-P. Barry et E. Le Roy Ladurie examinent les compoix de deux villages de la Vaunage entre le XVIe et le XVIIe siècles, Congénies et Langlade, dont les terroirs couvrent deux unités phytogéographiques distinctes : la plaine d'une part, les coteaux et la garrigue d'autre part, ils aboutissent à la définition de deux séries de végétation qui caractérisent l'évolution écologique de la garrigue (Barry 1962). L'une succède à la forêt puisqu'elle croît sur les parcelles anciennement occupées par le *saltus* et conduit à la mise en place d'une chênaie à prédominance de chêne kermès. L'autre est particulière d'un stade post-cultural et prolifère en lieu des anciens terroirs cultivés du XVIe et XIXe siècles. Le couvert végétal actuel de la garrigue au droit de la colline de Roque-de-Vif est donc la conséquence d'une destruction de la forêt qui a conduit à la mise en place de formations régressives (*post-saltus*), mais aussi de formations progressives (*post-ager*) telles que le genévrier qui se développe sur les terres anciennement cultivées. Sur les versants, où les multiples ravins ont souvent mis à nu les marnes valanginiennes, une végétation arbustive, riche en chênes kermès (*Quercus coccifera*), subsiste sous la forme de groupements épars, là où le sol est le moins érodé. Mais la reconquête végétale sur les pentes du relief de Roque-de-Vif qui plongent vers le cœur de l'anticlinorium est surtout caractérisée par la prolifération des pins d'Alep (*Pinus halepensis*). Ils colonisent progressivement les champs en terrasses abandonnés, étagés sur la pente, tandis que le façonnement des ravins se poursuit irrémédiablement.

A partir de ce nouveau dépôt sédimentaire pris aux terres déjà misérables et rocailleuses de la garrigue, sur les hauteurs et les versants, se développe le sol actuel. A la lecture de la coupe, on pourrait croire que le scénario de l'évolution historique du versant et du piémont de Saint-Dionisy est terminé. Pourtant, en embrassant du regard l'ensemble de la pente, on ne peut manquer de relever les traces de la poursuite des cycles de la morphogenèse au droit de la colline lacérée par d'innombrables ravinements. Ces ravins, qui incisent profondément les marnes, témoignent de la reprise récente de l'érosion linéaire. Cette dernière est connue dans tous les pays de la rive septentrionale de la Méditerranée et pourrait avoir à son origine la péjoration climatique du « Petit Age Glaciaire ». Toutefois, cette interprétation n'est que partielle, car le rôle de l'homme peut aussi être invoqué dans la complexité des phénomènes. L'abandon des terrasses de culture, qui ont permis de maintenir les sols sur la pente et de gérer les écoulements maintes fois au cours de l'histoire, n'est certainement pas étranger au déclenchement ou à l'accélération des phénomènes érosifs.

A la recherche des champs protohistoriques

Une autre certitude réside dans l'origine des terrasses de culture visibles aujourd'hui au droit du versant. Elles sont bel et bien modernes puisqu'elles se trouvent principalement à l'amont des trois premiers logs (VI, IX, X). Le paysage actuel de terrasses sur les pentes de l'*oppidum* ne peut donc pas être antique, ni même médiéval. Les caractéristiques pédologiques du paléosol protohistorique plaident plutôt en faveur d'une pente qui n'aurait pas été déboisée par les agriculteurs pour y construire leurs champs. Elles reflètent davantage l'image d'un versant stable sur lequel une végétation arborée aurait maintenu les sédiments et protégé la couverture pédologique des agents érosifs. Il faut sans doute chercher les champs protohistoriques ailleurs que sur cette pente très raide.

C'est avec la conquête romaine, que commence véritablement la mise en valeur systématique des abords de la colline. Les aménagements du paysage rural (fossés et voirie) observés dans les deux talus opposés de la route, appartiennent à une organisation du parcellaire qui s'inscrit dans le cadre du cadastre Nîmes A, que les spécialistes attribuent maintenant à la première moitié du Ier siècle avant l'ère chrétienne. L'extension de ce parcellaire dans la quasi-totalité de la Vaunage, en particulier sur les versants orientaux, et sa permanence dans l'aménagement actuel des campagnes, témoignent d'une importante phase de conquête extensive des terres, non seulement dans la dépression mais également sur les pentes, qui est sans précédent. Les pentes de la colline de Roque-de-Vif sont alors cultivées et les écoulements maîtrisés. Enfin, les deux pédogenèses, qui suivent la phase de déséquilibre « fossilisant » les niveaux romains, illustrent deux moments de l'histoire du paysage qui correspondent très probablement aux conquêtes et aux abandons de terre sur les pentes à partir de l'époque médiévale.

Le paysage actuel de terrasses sur les pentes de l'*oppidum* ne peut donc pas être antérieur à l'Antiquité tardive puisqu'à partir de ce moment le versant subit, au cours de l'une de ses histoires, de colossales érosions. Cela ne veut pas dire pour autant que des aménagements en terrasses n'ont jamais existé dès l'époque protohistorique. Cela a pu être le cas, mais le déséquilibre post-romain en a effacé la trace dans le paysage actuel. Si des lambeaux du paysage protohistorique ont pu être conservés par endroits, il paraît donc extrêmement difficile de les mettre en évidence sur cette pente qui a été plusieurs fois largement déstabilisée au cours des deux derniers millénaires.

Il n'est cependant pas exclu de retrouver ces champs ailleurs. Il faut pour cela se tourner vers les pentes modérées des combes et le plateau où, autour des deux *oppida* de Roque-de-Viou et des Castels, les sols portent la marque d'une longue histoire agricole. Un œil attentif peut découvrir une large zone, où l'aspect des couvertures pédologique et végétale ne ressemble pas à celui de l'habituelle garrigue de chênes verts et de leur cortège de végétaux associés.

Un emplacement en particulier peut être désigné comme le lieu autrefois investi par les agriculteurs pré romains. Il s'agit de la vaste combe de Saint-Dionisy qui jouxte la longue courtine du rempart des Castels, là où sont curieusement aménagées plusieurs poternes étroites (Fig. 29 et 30). Le paysage de cette combe, au plus

Fig. 30 : Étroite porte piétonne et muletière dans le rempart nord de l'état Nages II récent (vers 175-100 av. l'ère chrétienne).

près des remparts et des portes piétonnes, présente une érosion des sols très avancée. La couverture pédologique a été totalement décapée jusqu'au substrat calcaire et calcaro-marneux. Il ne subsiste en lieu des sols tronqués que la roche-mère altérée et des lambeaux de l'horizon profond piégés dans les diaclases de la roche, ainsi qu'une nappe discontinue de cailloux et graviers calcaires résiduels (Fig. 31). La couverture pédologique extrêmement altérée dans cette combe a aujourd'hui les caractéristiques des sols azonaux ou lithosol. Ces sols extrêmement minces ne présentant pas de différenciation en horizons pédogénétiques sont constitués de matériaux rocheux fraîchement et imparfaitement altérés. On est là en présence de sols très peu évolués car perpétuellement rajeunis. Leur présence témoigne des conséquences de l'activité agricole prolongée de l'homme qui a contribué à fragiliser la structure des sols, les rendant plus vulnérables aux agents naturels de l'érosion. Sur ces sols nus, tour à tour déboisés, cultivés puis abandonnés, les effets destructeurs des eaux de ruissellement en ont été favorisés. Au fil des cycles agraires, l'entraînement des phases fines a provoqué une concentration relative des

FIG. 31 : DÉTAIL DE LA COMBE DE SAINT-DIONISY. LITHOSOLS ET SOLS TRONQUÉS.

graviers plus grossiers sur place. Les ablations répétées des horizons supérieurs organiques des sols n'ont pas permis le déroulement de la pédogenèse, particulièrement lente sur les calcaires durs difficilement altérables. Il subsiste aujourd'hui un paysage minéral composé de dalles recouvertes de lichens au-dessus desquelles des éléments pluricentimétriques, graviers et cailloux résiduels, se sont déposés.

Dans cette combe ouverte vers le sud, les pentes sont faibles. Elles présentent des déclivités à 8 degrés seulement ce qui rend leur mise en culture possible sans gros efforts de construction. La faible pente ne peut à elle seule justifier l'efficacité de l'érosion et l'éradication de la couverture pédologique. Les sols rouges fersiallitiques (fersialsols) issus de la décomposition des calcaires au cours des derniers interglaciaires, et dont il ne subsiste que des lambeaux piégés dans les diaclases de la roche, sont des sols légers et extrêmement fertiles. Leur mise en culture est sans aucun doute préférable à l'exploitation des sols bruns hydromorphes de la plaine pour des agriculteurs disposant d'un outillage manuel ou attelé. Il faut ajouter à cela la présence d'une source dans cette combe, appelée le Boulidou. Elle a pu favoriser la mise en culture des terrains et rien n'exclut qu'elle ait pu être captée à des fins agricoles. Il reste de ces pratiques agricoles antérieures quelques murs de soutènement d'anciennes terrasses de cultures aujourd'hui livrées à la reconquête végétale à l'extérieur du rempart, dans l'environnement immédiat de l'habitat groupé du Ier millénaire avant l'ère chrétienne. Très endommagés par l'érosion, ils ne subsistent souvent, que sous la forme d'alignements de pierres conservées sur une ou deux assises et difficilement visibles sous la végétation.

Le couvert végétal de la combe est sensiblement différent de celui du plateau. On y découvre des genévriers en abondance auxquels se mêlent des cistes, du thym, de la lavande, des brachypodes, du genêt d'Espagne et quelques chênes kermès. Les pentes de la combe présentent en plusieurs endroits des reliquats de plantes cultivées comme les oliviers « ensauvagés » dispersés parmi les genévriers. La présence des essences caractéristiques d'une végétation post-culturale comme le genévrier renforce l'hypothèse d'une reconquête végétale provoquée par l'abandon d'une mise en culture prolongée des sols. Cette dégradation très importante du couvert végétal et de la couverture pédologique semble plus prononcée dans la combe que sur la colline. En effet, sur le revers de cuesta, la reconquête végétale est une reconquête forestière arbustive où la chênaie mixte, majoritairement composée de chênes verts, est dominante.

De plus, cette zone est jonchée de nombreux artefacts protohistoriques, des fragments de céramiques contemporaines de l'occupation de l'*oppidum* au second âge du Fer, datant du IIIe siècle avant l'ère chrétienne jusqu'au changement d'ère. Il est plus que probable que ce sont là les restes solides, mêlés aux fumures, qui étaient tirées des ordures domestiques voire d'une stabulation contrôlée des troupeaux. Les sols trop intensivement cultivés en cet endroit privilégié, à proximité immédiate du rempart et de ses portes étroites qui ne laissent passer que des piétons et des animaux bâtés, n'ont pas résisté à cette forte pression anthropique, en l'absence de mesures techniques de protection efficace contre l'érosion.

La corrélation entre la cinétique des sols et les traits anthropiques décelables dans le paysage permet d'envisager l'ancienneté de la dégradation des versants ainsi que de mesurer la pression humaine qui s'est exercée sur les sols. On peut penser que la culture prolongée des terrains situés dans ce lieu propice a été à l'origine de l'érosion de la couverture pédologique. Aucun phénomène érosif de cette ampleur n'a été rencontré ailleurs, que ce soit sur les plateaux plus éloignés de l'habitat ou dans des conditions topographiques similaires. Les populations qui habitaient les agglomérations de Roque-de-Viou et des Castels ont donc choisi d'installer leurs champs sur les terrains peu pentus de la combe de Saint-Dionisy, à proximité de leurs habitats et des sources nécessaires à la pratique de l'agriculture plutôt que de tenter de cultiver les pentes abruptes du front de cuesta. Elles ont contribué en cela à l'évolution du paysage vers l'aspect extrêmement dégradé qu'il revêt aujourd'hui. La présence autrefois d'une couverture pédologique plus étendue sur les reliefs calcaires aujourd'hui dénudés et ses conséquences sur l'implantation humaine a été soulignée dès les années 1930 par le pédologue P. Marcelin pour qui les sols rouges fersiallitiques « ont joué un rôle important dès les débuts de l'agriculture, en permettant la culture, sur ces plateaux rocheux, près des canyons habités et des *oppida* » (Marcelin 1931 ; 1933 : 43). Des érosions aussi importantes que celles observées dans la combe de Saint-Dionisy et sur le plateau ont pu s'amorcer dès l'installation des premiers agriculteurs, à partir du milieu du Ve millénaire, dans la moitié méridionale du relief et aux abords de la combe de Saint-Dionisy. Il faut probablement y voire déjà l'espace agricole de ces premiers habitants qui ont commencé à attaquer la forêt et à fragiliser les sols. Des situations similaires ont été observées dans les garrigues à l'ouest de Montpellier, autour du village chalcolithique de Boussargues (Argelliers, Hérault) où la perte de sol est imputée à une utilisation agricole et pastorale intense du plateau par la communauté villageoise (Colomer 1990). Sur ce site, la déstabilisation des sols a débuté dès le Néolithique et s'est accentuée sous la pression agricole et pastorale du IIIe millénaire qui a favorisé l'érosion des versants et les dépôts colluviaux dans la plaine. Le processus d'altération de la couverture pédologique, enclenché depuis l'intervention des premiers agriculteurs, s'est poursuivi jusqu'à aujourd'hui, favorisé par l'intensification des activités humaines, en particulier le déboisement mal maîtrisé.

Les observations réalisées en arpentant le paysage autour de l'*oppidum* des Castels en Vaunage rappellent aussi celles qui ont été effectuées près du rempart de l'*oppidum* d'*Ambrussum* à la fin des années 1980 (Poupet 1989). L'étude détaillée et novatrice dans le contexte scientifique de l'époque qui a été conduite par P. Poupet sur les potentialités agrologiques des unités paysagères autour de l'agglomération d'*Ambrussum*, en envisageant les moyens agrotechniques à la disposition des communautés d'agriculteurs, a permis de cerner l'espace cultivé protohistorique.

Entre l'agglomération de Nîmes et celle de Montpellier, à l'ouest de la Vaunage, l'*oppidum* d'*Ambrussum* est implanté sur les derniers contreforts calcaires méridionaux des garrigues de Nîmes (Fig. 2). Ces collines correspondent à la terminaison occidentale de l'anticlinorium de la Vaunage. De même que les habitats perchés protohistoriques du bray dominent la plaine du Rhôny et que l'*oppidum* de Nîmes surplombe la vallée du Vistre, l'agglomération d'*Ambrussum* est implantée au sommet des reliefs crétacés qui bordent la vallée du fleuve Vidourle. Le paysage au droit de l'habitat est conditionné par l'accident tectonique majeur de la faille de Nîmes. Le poids de l'histoire tectonique dans la genèse du paysage est très sensible ici comme en Vaunage. Les unités spatiales commandées par la faille de Nîmes qui composent l'environnement de l'installation protohistorique offrent de grandes ressemblances avec celles du paysage de la région nîmoise. Moins proéminents que dans le bray, les reliefs culminent à 60 m NGF. Ils sont constitués de calcaires marneux en alternance avec des calcaires durs.

Autour de l'habitat groupé protohistorique, la couverture pédologique est constituée d'une association de sols peu profonds, légers, de type brun calcaire (calcosols), qui se sont surimposés à une fersialisation antérieure. Cette formation couvre une surface de 210 ha dans l'environnement immédiat de l'*oppidum*. Les sols rouges fersiallitiques (fersialsols) sont tronqués au point qu'il ne subsiste parfois que le bas du profil sur une épaisseur de quelques centimètres dans les creux entre les dalles calcaires (lithosols), horizon profond recouvert par une nappe de graviers et de cailloux épaisse de plusieurs centimètres, résiduelle dans les conditions topographiques assez planes où elle se trouve (Fig. 32). Ici encore plus qu'en région nîmoise, la faible pente des reliefs calcaires n'offre pas une explication suffisante pour rendre compte, à elle seule, de l'ampleur de l'érosion des sols (Poupet 2000a).

Il est difficile de situer dans le temps le processus érosif, mais plusieurs indices permettent de formuler une hypothèse. Ces arguments reposent, en premier lieu, sur la localisation de cette zone au plus près du rempart protohistorique, construit à la fin du IVe siècle avant l'ère chrétienne, de part et d'autre de la voie majeure qui deviendra la voie Domitienne après la fin du IIe siècle. En deuxième lieu, il faut souligner la présence de parcellaires orthonormés cohérents qui s'inscrivent dans de vastes plans cadastraux d'époque romaine. Enfin, ces parcellaires sont soulignés par des murs de pierres sèches qui s'appuient sur le nappage de cailloutis. Voilà trois paramètres tirés d'une analyse morphologique et archéologique du paysage qui autorisent une explication.

Fig. 32 : Vue zénithale de la surface du sol nappée de graviers résiduels et de l'horizon rouge sous-jacent (Ambrussum, Hérault, France).

Le plateau est occupé dès le IVe millénaire, puis au premier âge du Fer entre 750 et 525 avant l'ère chrétienne, jusqu'à la colonisation romaine. Cette dégradation du sol est donc à mettre au compte d'une agriculture protohistorique intensive, antérieurement à la colonisation romaine, fragilisante jusqu'à en être destructrice pour le sol.

1.2.1.9. La colline de La Liquière dans son environnement

Le contrôle des versants à des fins agricoles était-il ignoré des communautés protohistoriques ? L'évolution du versant de Saint-Dionisy est-il représentatif des processus qui ont pu affecter d'autres pentes que celles de la colline de Roque-de-Vif ? Quel a pu être l'espace agricole des autres agglomérations protohistoriques ? Variations climatiques ou séries végétales post-culturales, érosion ou refixation des sols qui évolueront sous couvert forestier ou à l'abri derrière un mur de terrasse protecteur, tout cela peut s'inscrire dans les matériaux meubles déposés dans l'anticlinorium. La démonstration en a été faite au droit de la colline de Roque-de-Vif. Il reste à examiner, à présent, le paysage du bassin versant occidental du Rhôny, autour de la colline de La Liquière.

Forgés par les mêmes processus géotectoniques, les collines de Roque-de-Vif et de La Liquière présentent de nombreuses similitudes sur les plans géologique, géomorphologique et pédologique. Cependant, un regard porté à plus grande échelle sur le paysage de La Liquière et de ses abords révèle des dissemblances entre ces deux espaces. Les singularités des unités qui forment le paysage occidental de la Vaunage laissent entrevoir une

FIG. 33 : VUE DE LA COLLINE DE LA LIQUIÈRE ET DE LA CUVETTE DE LA VAUNAGE, DEPUIS LA COLLINE DES MOULINS À CALVISSON (GARD, FRANCE).

histoire géopédologique et humaine différente du bassin versant oriental depuis le Tardiglaciaire. Pour comprendre les mécanismes et saisir les rythmes des processus physiques et sociaux à l'origine du paysage minéral, végétal et hydraulique tel qu'on peut le voir aujourd'hui, il est nécessaire d'analyser les formations sédimentaires récentes (Quaternaire) et d'appréhender les composantes du paysage dans le détail.

Formant l'un des crêts calcaires qui ceinturent le cœur érodé du bray de Vaunage vers l'ouest, la colline de La Liquière est le plus haut sommet de l'anticlinorium (Fig. 33). Elle culmine à 210.6 m. NGF. De même que le relief voisin de

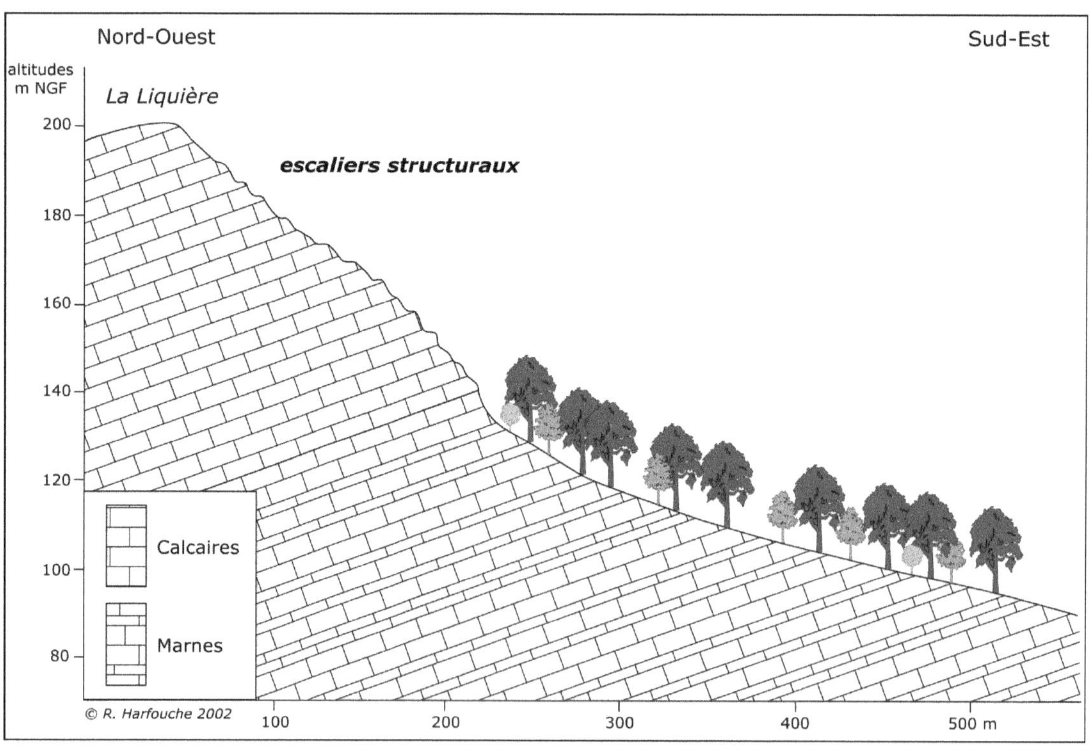

FIG. 34 : PROFIL TOPOGRAPHIQUE DU VERSANT SUD-EST DE LA LIQUIÈRE.

Roque-de-Vif qui lui fait face à l'est, elle constitue une avancée rocheuse en direction de la dépression tapissée de limons et graviers calcaires. Sur le haut de versant oriental, les bancs de calcaire affleurent sous la forme d'escaliers structuraux (Fig. 9 et 34). Ici encore, la structure complexe du revers de cuesta présente un profil de val perché ceinturé de talus. La forme du relief est dictée par le pendage des bancs calcaires vers le centre. Cette donnée topographique a donc là encore eu des incidences sur le maintien au cours du temps de la couverture pédologique au sommet de la colline.

Le relief est fortement marqué par les épisodes tectoniques de la fin du Crétacé et du début de l'ère tertiaire qui lui ont conféré un aspect déchiqueté et laniéré. Les facteurs structuraux, géologiques, hydrologiques et topographiques cumulés aux effets des agents érosifs ont morcelé la cuesta. Le massif calcaire de La Liquière est ainsi raccordé au sud-ouest à trois autres entités calcaires, dont les versants méridionaux ont eux aussi été modelés par l'érosion anté-holocène. Elles sont séparées de La Liquière par une profonde incision de direction nord-ouest/sud-est où se trouve une exurgence connue sous le nom de la Font du Coucou. Cette puissante combe que l'on nommera en conséquence la combe de la Font du Coucou constitue une unité fondamentale du paysage pour comprendre les processus d'érosion ayant agi à l'échelle du Tardiglaciaire et de l'Holocène. La tête de la combe qui incise les calcaires et les formations quaternaires de la cuesta offre un paysage de petite cuvette piégée entre les reliefs protecteurs de La Queyrolle et de La Liquière. Au creux de cette petite dépression de piémont cernée de barrières calcaires, qui porte le nom de la bergerie qui y est bâtie, la Bergerie Hermet, la vision se trouve rapidement limitée, mais cette position particulière à l'abri des vents n'a pas échappé aux communautés qui se sont succédé ici depuis le IIe millénaire avant l'ère chrétienne. Elle est aujourd'hui cultivée pour partie en céréales et accueille une oliveraie. Un chemin emprunte le fond du vallon reliant ainsi la plaine de Vaunage au sommet de la colline de La Liquière. Il porte le nom de chemin de Montpezat à Calvisson. Son tracé a été légèrement modifié dans la partie amont à la hauteur de la source durant l'époque moderne. Initialement plus à l'ouest, il a été progressivement détruit par les griffures de l'érosion qui affectent le versant septentrional de la colline de Panafieu.

L'originalité de cette unité de paysage réside d'une part dans l'accident majeur qu'elle constitue à l'échelle du versant et d'autre part dans la forme qu'elle confère au chemin qui l'emprunte. Celui-ci offre, en effet, un profil de chemin creux, bordé de part et d'autre de puissants talus gazonnés et des murs de contention des terres des champs en terrasses qui s'étagent sur le bas de versant des trois reliefs méridionaux et du piémont de La Liquière (Fig. 35). Ces dénivellations atteignent aisément 4 m de hauteur. Les collines d'Artillon et de Panafieu sont également séparées par une combe de direction sud-ouest/nord-est mais dont la taille plus modeste est sans commune mesure avec le

Fig. 35 : Chemin creux de Montpezat à Calvisson (ou chemin de la Font de Coucou).

vallon de la Font du Coucou. Elle s'en distingue également par une topographie moins incisive en partie adoucie par le remodelage des bas de versants en banquettes agricoles.

Le paysage visible aujourd'hui au droit du versant se présente comme une zone ravinée, peu propice à l'installation d'un habitat comme à l'implantation de cultures. Les versants marneux sont sillonnés de talwegs qui constituent autant de géotopes particuliers et confèrent au haut de versant un paysage de bad-lands où la roche mise à nu est inexorablement grignotée. Fait remarquable : les ravins d'érosion qui lacèrent les pentes de La Liquière se distinguent des autres érosions de la Vaunage par leur puissance. Ces incisions spectaculaires de plusieurs dizaines de mètres de profondeur dues aux effets des eaux de ruissellement sur les versants dénudés naissent sous la forme de petites rigoles évoluant progressivement vers des ravins étroits au profil en « V » pour devenir de vastes combes aux parois presque verticales, parois qui à leur tour subissent les griffures de l'érosion. Un autre fait mérite d'être souligné, le tracé adopté par ces ravins en particulier sur le versant méridional de la colline ne répond pas aux lois naturelles qui voudraient que les eaux empruntent un trajet suivant la ligne de plus grande pente. Globalement parallèles, ils adoptent des cheminements aux segments orthonormés offrant un tracé en baïonnette ou au contraire parfaitement rectiligne (Fig. 36). Quelle que soit la place qu'ils occupent sur la pente méridionale du relief, les ravins d'érosion de grande ampleur présentent des tracés selon des axes de direction nord-ouest/sud-est. Les ravinements suivent les directions des limites de parcelles et leurs tracés sinueux sont conformes aux axes majeurs du parcellaire.

Sur le piémont et en plaine, les eaux de ruissellement sont canalisées dans les fossés bordiers des parcelles en terrasse. Dans les zones encore en cultures où l'entretien des structures drainantes s'est maintenu, les eaux courent au pied des talus gazonnés, des murs de soutènement de pierre sèche et des chemins de desserte ruraux jusqu'au Rhôny. Les matériaux arrachés aux versants sont pris en charge par les cours d'eau temporaires à régime torrentiel

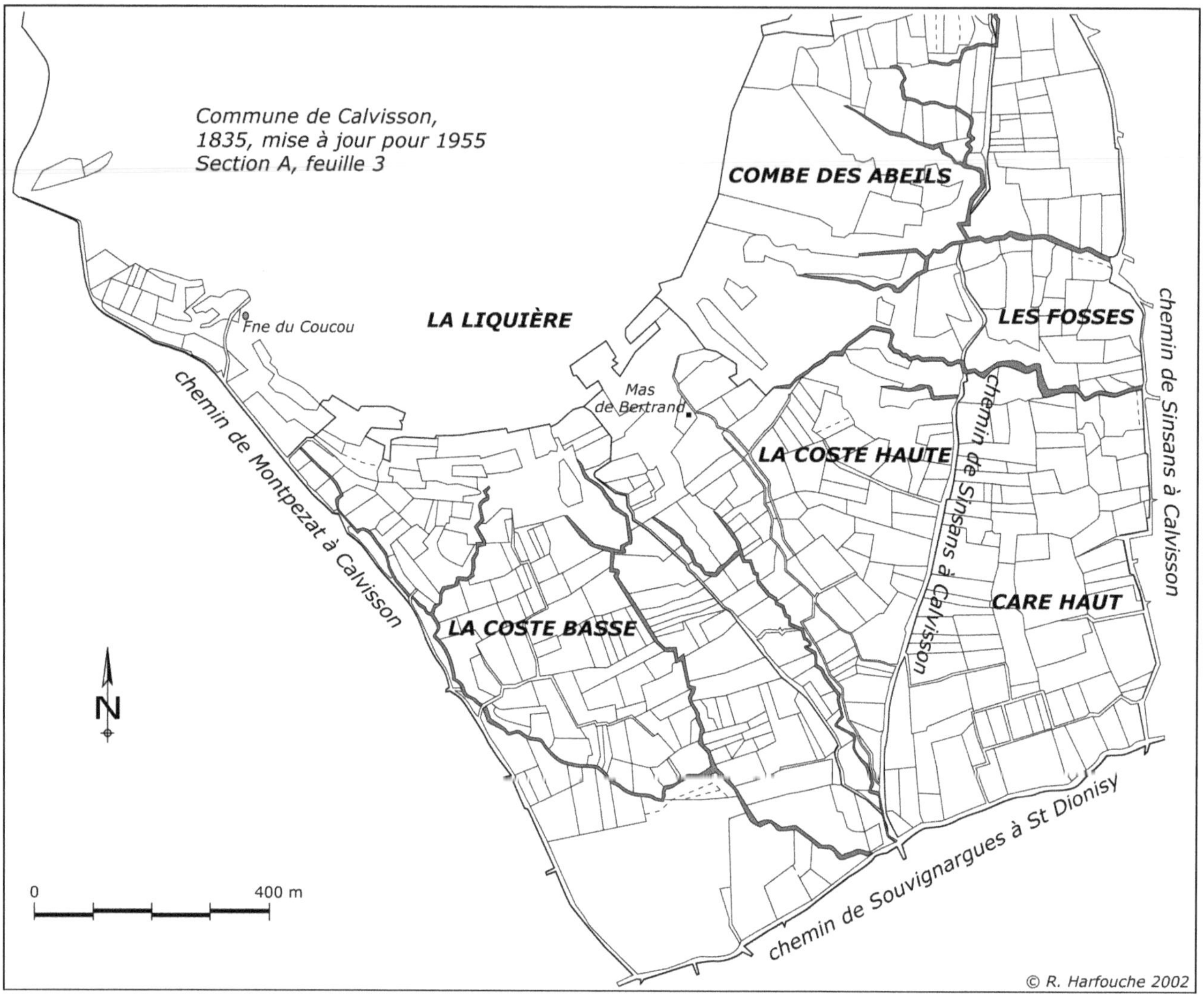

FIG. 36 : PLAN CADASTRAL DES PENTES MÉRIDIONALES ET ORIENTALES DE LA COLLINE DE LA LIQUIÈRE.

qui les mènent au Rhôny. L'érosion des sols présents sur le versant a contribué pour l'essentiel aux apports sédimentaires dans la dépression. Au cours du Quaternaire, le Rhôny n'a cessé de creuser son lit plutôt que d'élargir sa bande active.

A l'échelle du bassin versant occidental du Rhôny, l'organisation du réseau hydrographique est du type des réseaux hydrographiques élémentaires (Derruau 1986 : 14). Ici, les tributaires de cet affluent du Vistre apparaissent sous la forme de quelques grands linéaments parfois parallèles, pauvres en ramifications dont les plus remarquables sont la rivière du Moulin et le ruisseau de Maruéjols / ruisseau de Sinsans au nord et le ruisseau du Mas d'Escattes (ou de l'Escattes) / ruisseau de Calvisson au sud.

La genèse du réseau de ravins qui se déploient sur le versant de la colline de La Liquière a été favorisé par la nature des couches géologiques aujourd'hui visibles à l'affleurement. Le substrat est constitué des variations dans les marnes bleues en couches alternées de marnes tendres et de bancs calcaires. La succession de ces roches plus ou moins résistantes à l'érosion a une incidence sur le relief. De part et d'autre de la barre constituée par le substrat plus calcaire qui présente un débit en frittes, les marnes mises à nu subissent une altération rapide et profonde qui épargne les niveaux supérieurs plus résistants. La couverture formée au toit des marnes bleues par l'autre roche calcaire plus dure provoque un débit en lauzes et plaquettes, mais aussi en moellons et blocs parallélépipédiques par le jeu des plans de stratification et les deux systèmes de diaclases (fracturation). Les roches portées en altitude constituant la voûte de l'anticlinorium qui a été érodée explique le pendage des bancs vers l'extérieur. Dans cette succession stratigraphique sédimentaire, les niveaux marneux imperméables ont transformé les infiltrations en exurgences. Les deux sources de la Font des Demoiselles, sur le versant septentrional et de la Font du Coucou sur le versant méridional, se trouvent à l'altitude de ce niveau marneux.

Le couvert végétal sur les versants marneux sillonnés de talwegs est, comme au sommet de la colline, dominé par le chêne kermès. Dans ce tapis dense de buissons, les pins d'Alep colonisent péniblement les sols minces issus de la décomposition des marnes. Ils sont accompagnés de plantes herbacées (euphorbes et asphodèles) et d'espèces aromatiques (thym et lavande). Nulle trace de souches de fruitiers, d'oliviers ou d'autres plantes cultivées qui auraient pu suggérer un abandon récent après une mise en culture des hauts de versants.

Sur les bas de versant et le piémont, comme en plaine, la culture dominante dans les champs construits en terrasse est la vigne, suivie de près par l'olivier. Quelques parcelles sont réservées à des cultures marginales comme l'asperge sur le piémont méridional, mais ici, comme dans le reste de la Vaunage, c'est un paysage fortement marqué de l'empreinte du vignoble depuis le XVIIIe siècle qui prévaut.

1.2.1.10. La localisation des champs et des établissements

L'étude de la répartition des découvertes archéologiques permet de dégager des moments d'occupation plus ou moins intenses des versants de la colline de La Liquière. L'objectif est de considérer plus précisément les liens qui peuvent être établis entre la localisation de ces gisements archéologiques et la distribution des champs selon les unités de paysage et en fonction des époques. Un problème fondamental d'interprétation se pose quant à l'absence ou la présence de sites au sein d'une unité de paysage spécifique. L'absence de gisements en un lieu particulier doit-elle être comprise en termes d'abandon de cette zone, de reconquête de la végétation ou est-elle au contraire l'indice de la présence de champs à défaut d'habitats ? La question est d'autant plus épineuse que ce « vide archéologique » pourrait donc être interprété, à un deuxième niveau et selon les cas, comme la conséquence d'un épisode rhexistasique ou au contraire, d'une phase de stabilité des versants. Ainsi, un même constat effectué à partir de la carte archéologique peut cacher deux réalités paysagères radicalement différentes.

Les groupes humains du IVe au IIIe millénaire occupent l'ensemble des géosystèmes définis dans le bassin versant occidental du Rhôny, depuis le revers de cuesta jusqu'à la plaine (Fig. 15). En dépit de cette occupation remarquable des versants, un vide archéologique apparaît sur les pentes et le piémont septentrionaux du relief de la Liquière qui sont aujourd'hui lacérés par un réseau de ravins d'érosion. Cette discrétion des sites archéologiques n'exclut cependant pas une fréquentation des versants, notamment agricole. Il ne faut pas oublier que, s'il est possible de distinguer des unités paysagères particulières en Vaunage, les distances et les altitudes qui les séparent sont en revanche dérisoires. Les premières communautés d'agriculteurs ont donc pu cultiver les versants aujourd'hui érodés du relief où ils ont installé leur habitat. Les qualités agrologiques des pentes et des piémonts n'ont pas pu échapper à ces populations paysannes.

Si les versants de la colline de La Liquière ont donc pu être exploités à des fins agricoles dès les prémices de l'agriculture en Vaunage, on ne peut cependant pas en dire autant des pentes au IIe millénaire qui est une période remarquable par la rareté des découvertes archéologiques.

Les sites du Ier millénaire avant l'ère chrétienne occupent des géocomplexes variés, comme cela était le cas au IIIe millénaire (Fig. 16). Seuls les habitats de la Font du Coucou et de La Liquière sont installés sur le revers de cuesta. Le premier a été reconnu par l'archéologie dans la partie méridionale de la colline. Il est occupé entre 800 et 700 avant l'ère chrétienne, puis dans la seconde moitié du VIe siècle avant l'ère chrétienne. L'unique « fond de cabane » mis au jour au cours d'une seule campagne de sondages en 1975 se trouve à proximité de la rupture de pente, à l'aplomb de l'exurgence de La Font du Coucou. Cet habitat a fait l'objet d'une seule intervention archéologique au cours de laquelle 25 m^2 ont été dégagés. De ce site, nous ne connaissons donc qu'un lambeau d'habitation creusée dans le substrat calcaire et un dépotoir. La présence d'un habitat sur le revers de cuesta est matérialisée par le mobilier céramique retrouvé à la surface du sol et dans la maigre épaisseur des sédiments archéologiques pédogénétisés. En contrebas du relief calcaire, la tête de la combe de la Font du Coucou est pour la première fois de son histoire le siège d'une occupation. L'habitat du début du Ier millénaire avant l'ère chrétienne s'étend dans la zone déprimée (Garmy 1979). Là encore, l'occupation protohistorique n'est connue qu'au travers de sondages réduits. Découvert en 1970, le site a été étudié au travers de 3 tranchées de 12 à 47 m de long et 4 m de large (Garmy 1979). L'absence de constructions en pierre a conduit immanquablement le fouilleur à y reconnaître des « cabanes légères en matériaux périssables qui indiquent une utilisation de courte durée — sans doute saisonnière — due à une population semi-nomade » (Garmy 1979 : 15). Dans la première moitié du Ier millénaire avant l'ère chrétienne, les hommes enterrent leurs morts dans cette petite dépression (Dedet 1973). Trois tombes datant du VIe siècle avant l'ère chrétienne ont été mises au jour à l'endroit même où a été reconnu l'habitat du début du Ier millénaire avant l'ère chrétienne.

Sur la partie septentrionale de la colline, l'*oppidum* de La Liquière est habité de 625 à 500 avant l'ère chrétienne. Les sondages restreints ont été réalisés en bordure septentrio-orientale du relief d'ou l'on domine la plaine et le village de Sinsans, situé en contre-bas, ainsi que les *oppida* qui ceinturent l'anticlinorium. Bien que la superficie de l'espace exploré en continu depuis 1967 n'excède pas 163 m^2, l'étendue de l'habitat est estimée entre 1 ou 2 ha par M. Py (Py 1990 : 290). Cependant, les prospections récentes conduites par F. Favory et C. Raynaud l'évaluent à 5 ha. Il est vrai que le mobilier archéologique protohistorique abonde sur l'ensemble de la colline, bien au-delà de l'emprise hypothétique de l'habitat avancée par le fouilleur. A l'emplacement des « cabanes » de plan rectangulaire creusées dans le substrat et construites en torchis qui ont été identifiées lors des sondages, on peut voir aujourd'hui les bancs calcaires et les escaliers structuraux de la roche. Cela permet de mesurer le faible enfouissement des occupations et la maigre épaisseur des sédiments constitutifs des couches archéologiques, qui a totalement été reprise par les processus de transformation pédogénétique. Par ailleurs, des traces d'activité métallurgique du bronze (scories et de ratés de fabrication) ont été retrouvées au cours de l'exploration archéologique. Elles ont été interprétées comme le témoignage d'une « activité occasionnelle » destinée à « une production modeste » (Py 1984 : 294). On peut cependant s'interroger, une fois de plus, sur la « mobilité » supposée d'un l'habitat dont certains occupants pratiquent une telle activité artisanale.

Le revers de cuesta, dans son ensemble, est donc un lieu d'implantation privilégié des populations depuis les premiers agriculteurs. Contrairement aux agglomérations de la colline de Roque-de-Vif qui sont dotées de plusieurs ouvrages défensifs, les fouilles de l'habitat de La Liquière n'ont jamais révélé la présence d'un rempart en pierre. Bien que l'hypothèse d'un ouvrage défensif en bois qui aurait donc disparu ait été émise par M. Py, celui-ci n'exclut pas une absence totale de structure défensive qui justifierait le « caractère très momentané et très précaire de l'habitat », sorte de « campements plutôt que de véritables villages » (Py 1972 : 137). S'il n'est pas possible de nier l'éventuelle existence d'un rempart en bois, il n'est pas exclu qu'un ouvrage défensif protohistorique en pierre ait été construit, puis remanié par les aménagements postérieurs de la colline (qui n'a pas cessé d'être occupée après la fin du Ier millénaire avant l'ère chrétienne), notamment par la mise en place du vaste parcellaire de pierre qui structure encore actuellement le plateau. Pourquoi ne pas envisager la possibilité qu'un tracé remarquable dans le paysage tel qu'un mur de fortification ait pu garder une empreinte dans le paysage actuel ? Une telle construction imposante aurait constitué un linéament majeur au pouvoir attractif qui aurait ainsi été progressivement recouvert par les produits de l'épierrement des champs après son abandon. L'ensemble des aménagements de pierre n'a jamais été daté. Les sondages extrêmement réduits effectués sur le plateau n'ont d'ailleurs pas permis d'explorer l'habitat protohistorique dans toute sa complexité, puisque seule une partie d'une cabane et d'un possible espace extérieur a été fouillée.

Un mur de plus grande taille que les murets qui constituent la trame du parcellaire d'épierrement sur la colline et que les structures de soutènement des terrasses abandonnées sur le haut de versant, souligne la rupture de pente. Son tracé est dicté par la topographie. Le chemin d'accès à la colline nouvellement créé dans le cadre du programme de reboisement n'échappe pas à cette logique puisqu'il passe au pied de la construction. Ce grand mur, haut de presque 2 m, sillonne la rupture de pente depuis la tête de la combe de la Font du Coucou jusqu'au sommet de la colline. A partir de la dépression de la Bergerie Hermet, il épouse la topographie du versant sous la forme d'un mur de soutènement de taille imposante au regard de la hauteur plus modeste des murets des terrasses alentour qui avoisine 1 m. Cet axe majeur qui se détache du reste du parcellaire passe à l'aplomb de la source de la Font du Coucou pour suivre ensuite la limite orientale de la colline sous la forme d'un long tas d'épierrement intégré au parcellaire formant des enclos. Son tracé enserre l'espace correspondant à l'emprise de l'habitat protohistorique. Il inclut l'emplacement des sondages qui ont livré des traces de l'occupation indigène de la colline. C'est également à l'intérieur de cette ceinture de pierre que se concentrent les vestiges mobiliers de Ier millénaire avant l'ère chrétienne dans le sol. Enfin, la couverture pédologique comprise dans l'espace enclos par cet ouvrage présente moins de signes de dégradation que les sols situés à l'extérieur du mur, hors de la zone habitée.

Depuis la tête de la combe de la Font du Coucou jusqu'au droit de la source, la construction en pierre sèche est encore en élévation. Le parement extérieur du mur est constitué d'assises de pierres calcaires (Fig. 37). Les moellons sont bien tassés les uns contre les autres surtout dans les assises inférieures. La base de la construction est constituée d'un assemblage de dalles de gros module disposées à plat. L'exposition prolongée des pierres aux agents du climat a provoqué l'éclatement superficiel de la roche. Les éléments constitutifs du mur présentent une forte cohésion entre eux. De plus, on retrouve des galets de quartzite par dizaine, calibrés à 5-6 cm, éparpillés au pied du mur. La présence de ces roches en quantité abondante sur l'ensemble du tracé de la construction ainsi que la régularité de leurs dimensions est troublante dans la mesure où elles ne sont pas présentes géologiquement en Vaunage. Elles proviennent d'une formation géologique allochtone qui affleure à quelques kilomètres de là, vers le sud : des terrasses plio-quaternaires d'un ancien bras du Rhône qui coulait à l'emplacement de l'actuel plateau de la Costière, entre la plaine du Vistre au nord et la Petite Camargue au sud. La seule occurrence de ces éléments en si grand nombre en Vaunage concerne l'*oppidum* des Castels sur la colline de Roque-de-Vif où les fouilles du rempart ont mis au jour des amas de galets à proximité immédiate de celui-ci (Py 1972 ; 1978). Ces galets avaient alors été mis en relation avec l'ouvrage défensif et avaient été interprétés comme des galets de fronde.

Les versants sont également occupés au Ier millénaire avant l'ère chrétienne. En admettant que les gisements qui y sont installés ne sont pas de véritables habitats permanents, mais de modestes annexes agraires, cela suppose l'existence d'un espace cultivé à proximité de ces habitats à vocation agricole.

L'habitat de La Liquière est occupé à l'époque romaine, aux premiers siècles avant et de l'ère chrétienne ainsi qu'au IVe siècle, jusque vers 450 (Fig. 17). Cette présence antique sur la colline, dont on ignore presque tout, a néanmoins été interprétée comme des bâtiments agricoles liés à

Fig. 37 : Parements de murs en pierre sèche construits avec un assemblage de dalles et de moellons calcaires, en Vaunage. a : détail du parement externe du puissant mur de La Liquière. Les aménagements de lauzes calcaires disposées de chant sur l'arase au sommet sont modernes. La partie inférieure du mur est sans doute très ancienne. b : détail du parement externe de la courtine du rempart protohistorique de Nages-Les-Castels. Enceinte datée de l'état d'occupation Nages II ancien (250-175 avant l'ère chrétienne). c : détail du parement externe du rempart de l'oppidum protohistorique de Roque-de-Viou daté des IVe-IIIe siècles avant l'ère chrétienne.

une « première mise en culture du plateau » (Py 1984 : 211). Dans le sillage de M. Py, A. Parodi et C. Raynaud identifient les artefacts d'époque romaine à des « traces de campement temporaire et/ou d'activités agropastorales : abris de bergers ? » (Parodi 1987 : 46). C'est également dans ces mêmes termes qu'ont été interprétés des vestiges mobiliers datant du Ier siècle de l'ère chrétienne, signalés dans le vallon de la Font du Coucou : « L'éparpillement des vestiges n'indique pas une occupation organisée, mais plutôt des installations temporaires agricoles ou pastorales (Pottrain 1974, 79) » (Parodi 1987 : 40).

Un habitat important se développe à l'époque romaine sous le village actuel de Sinsans, sur le piémont nord-est de la colline. Une nécropole est associée, dès le Ier siècle de l'ère chrétienne, à cette occupation dont on ignore encore s'il s'agissait d'une *villa* ou d'un habitat groupé (Parodi 1987).

Les installations éclosent au lendemain de la conquête romaine sur les pentes de La Liquière et sur les versants des reliefs situés au nord de la colline, au sud du Valat des Crouzettes. Le nombre important de ces découvertes est d'autant plus remarquable que les gisements sont essaimés au bas des versants qui présentent aujourd'hui l'état de dégradation le plus avancé. Deux sites installés sur le piémont méridional de La Liquière auraient livré en prospection des traces de « deux installations de pressurage d'olives ou de raisins » (Favory 1994a : 18). Ces découvertes permettent d'envisager les cultures pratiquées dans les champs situés dans l'environnement proche des sites d'exploitation implantés sur les bas de versants.

Le sommet de la colline est encore occupé au IVe siècle de l'ère chrétienne et ce jusque vers 450 (Fig. 18). C'est cependant un vide remarquable, au regard des découvertes de l'époque précédente, qui caractérise l'occupation des pentes au cours de l'Antiquité tardive. Les sites se répartissent préférentiellement sur le piémont et en plaine. Sur le piémont septentrio-oriental du relief, l'habitat de Sinsans semble être occupé sans interruption depuis l'époque gallo-romaine. Il est le lieu d'une importante occupation au début du Moyen Âge qui préfigure le développement du village médiéval (Fig. 19). A la suite d'E. Germer-Durand, A. Parodi l'identifie à la *villa Sincianum*, citée dans le cartulaire du Chapitre de Notre-Dame de Nîmes dès le Xe siècle de l'ère chrétienne (Parodi 1987 ; Germer-Durand 1872-1874).

C'est à l'époque moderne qu'est attribuée la mise en place du parcellaire de pierre au sommet de la colline, bien que ces aménagements n'aient jamais été datés (Py 1984 : 13). M. Louis ne disposait pas plus d'arguments valables pour les rattacher à l'habitat « anhistorique » et néanmoins du premier âge du Fer de La Liquière (Louis 1955 : 73-76). Ces vastes enclos sont des compartiments presque rectangulaires atteignant parfois 80 m de longueur et comportant une ou plusieurs cabanes quadrangulaires ou arrondies, adossées ou prises dans les murs. La construction de ces aménagements et la fonction agropastorale de la colline n'est pas seulement postérieure au XVIIe siècle de

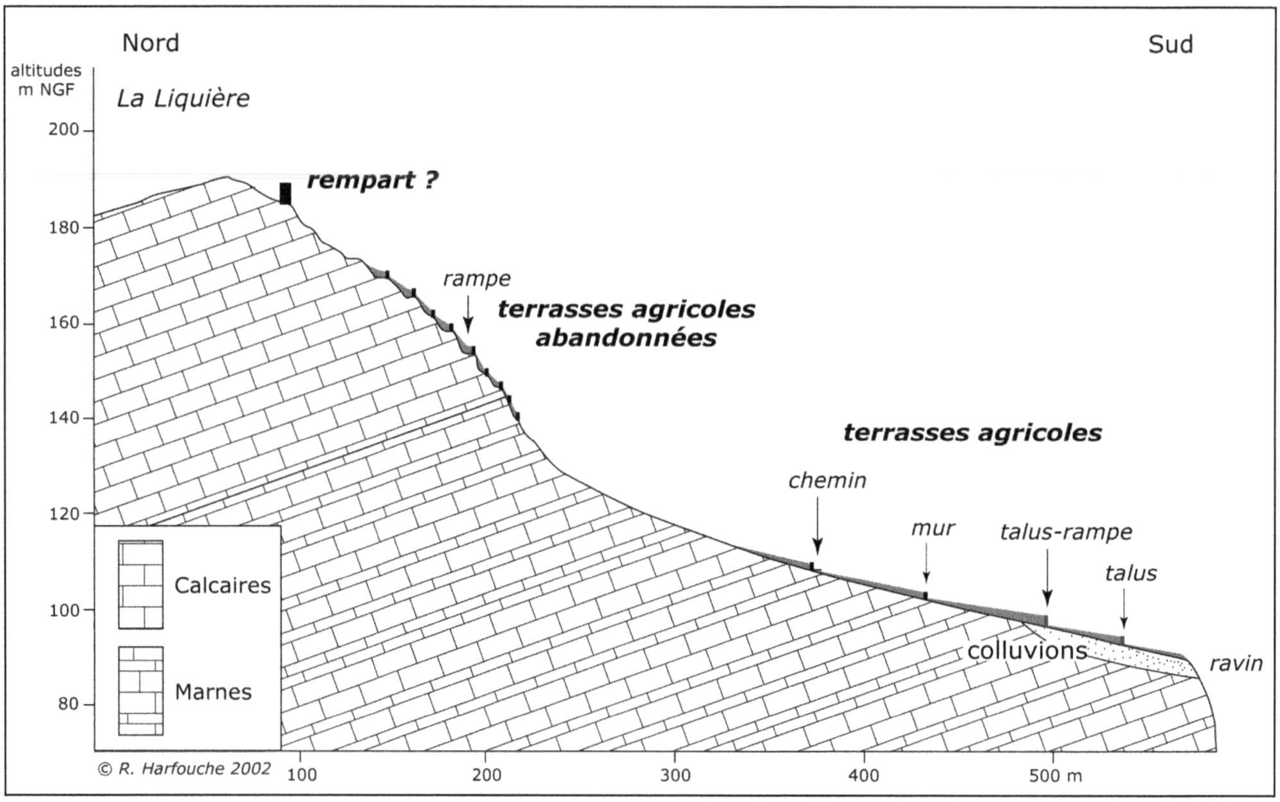

FIG. 38 : PROFIL TOPOGRAPHIQUE DU VERSANT MÉRIDIONAL DE LA LIQUIÈRE.

l'ère chrétienne. La mise en culture des sols à une époque récente est indéniable, mais elle a débuté antérieurement à l'époque moderne ainsi que le montre l'état de la couverture pédologique. Seule une étude détaillée des enclos appuyée par d'importants travaux de terrain pourrait permettre de faire la part entre les constructions et les réaménagements des différentes époques. Une première approche du parcellaire des Paredasses à proximité de l'*oppidum* d'*Ambrussum* avait permis de soulever ce problème chronologique (Poupet 1989 : 243). Imbriqué dans les enclos de pierre sèche construits à une époque récente pour l'élevage des ovins et qui ceinturent les parcelles de grande dimension dotées de capitelles, se trouve un parcellaire de murets qui enclosent des champs quadrangulaires de dimensions plus réduites. Ces derniers appartiennent à une organisation romaine du paysage, en liaison avec la construction de la *Via Domitia* et la structuration des campagnes au lendemain de la conquête.

1.2.1.11. Les systèmes de terrasses de culture

Sur les versants sud et sud-est de la colline de La Liquière, où la pente est nettement moins abrupte que sur les versants septentrional et oriental, l'étagement des cultures qui aurait pu paraître moins opportun est au contraire très développé (Fig. 38). L'enquête sur le terrain qui a porté sur les hauts de versants autrefois cultivés, qui sont aujourd'hui abandonnés, a permis d'entrevoir plusieurs empierrements linéaires parmi une végétation dense de chênes kermès, au pied de l'habitat protohistorique de la Font du Coucou (Fig. 39). Ces linéaments se sont avérés être de long murs étagés sur la pente, construits à l'aide de moellons calcaires. Il s'agit là, à l'évidence, d'anciens murs de retenue des terres construits dans le cadre d'un aménagement de la pente en banquettes à des fins agricoles. Il n'en subsiste souvent que les premières assises. L'épaisseur des sédiments sous la couverture végétale buissonnante indique une mise en place de ces murs de terrasses antérieurement à la dégradation des versants que l'on peut observer aujourd'hui. Elle indique également un abandon récent de ces aménagements par les agriculteurs. L'ensemble de ce parcellaire se trouve directement en aval du grand linéament qui peut être identifié à un probable rempart de l'habitat protohistorique perché. Les champs en terrasses sont dotés de rampes d'accès parallèles aux murs de soutènement qui autorisent la circulation d'un étage à l'autre du système (Fig. 40).

Les formes de dégradation sont multiples. Certains murs ont particulièrement souffert de l'érosion. Sur les hauts de versants, la topographie abrupte a accéléré le démantèlement des murs de pierre sèche qui ont été presque entièrement effacés. Il n'en subsiste que les premières assises qui forment un alignement de blocs dont on peut suivre la trace entre la végétation dense de chênes kermès. A côté de ces champs, dont seule la base du mur de soutènement a été maintenue sur la pente, des terrasses mieux conservées ont résisté plus longtemps aux dommages causés par l'érosion. C'est finalement l'érosion

FIG. 39 : LITHOSOLS, RAVINEMENT ET LAMBEAUX DE MURS DE TERRASSES DE CULTURE SUR LE HAUT DE VERSANT CONVEXE MÉRIDIONAL DU RELIEF DE LA LIQUIÈRE. A : VUE GÉNÉRALE MONTRANT LA COLONISATION PROGRESSIVE PAR LES SEMIS NATURELS DE PINS. B : DÉTAIL MONTRANT LES MURS DE CONTENTION DES TERRES ET LES EFFETS DE L'ÉROSION APRÈS L'ABANDON PROLONGÉ DES CHAMPS.

régressive qui a eu raison des constructions. Les têtes des ravins reculant inexorablement dans les marnes tendres ont incisé les murs de soutènement et grignoté les parcelles les unes après les autres, libérant la terre qui s'est déversée en aval. Les murs situés en aval du système, construits sur la roche marneuse, sont traversés de part en part. Les saignées affectent alors plusieurs niveaux de terrasses successifs.

Les assises résiduelles sont constituées de moellons calcaires soigneusement disposés à la base des murs. Elles sont régulières. Les moellons aux formes grossièrement quadrangulaires sont de dimensions variables. Les pierres sont bien tassées les unes contre les autres et présentent souvent à leur surface des écailles dues à une exposition prolongée aux agressions du climat. Les variations climatiques et le comportement des eaux de ruissellement ont fini par provoquer l'éclatement de la roche qui s'altère en écailles. Ces symptômes ne se rencontrent pas sur les assises supérieures des murs de soutènement qui ont subi des réfections modernes et récentes.

Une des constructions se distingue nettement des autres par son caractère massif et son tracé en biais par rapport au pendage des bancs calcaires. Ce mur de plus de 200 m de long prend naissance au pied de l'habitat de la Font du Coucou, à proximité de la source du même nom. Son tracé remonte alors le long de la pente en direction de l'Est et se poursuit jusqu'au sommet du plateau. Il s'interrompt à quelques mètres de là, à l'endroit où le profil topographique de la colline forme une courbe molle, avant la rupture de pente majeure. Cette grande artère remarquable qui prend en écharpe le versant méridional est certainement un axe majeur du paysage des versants.

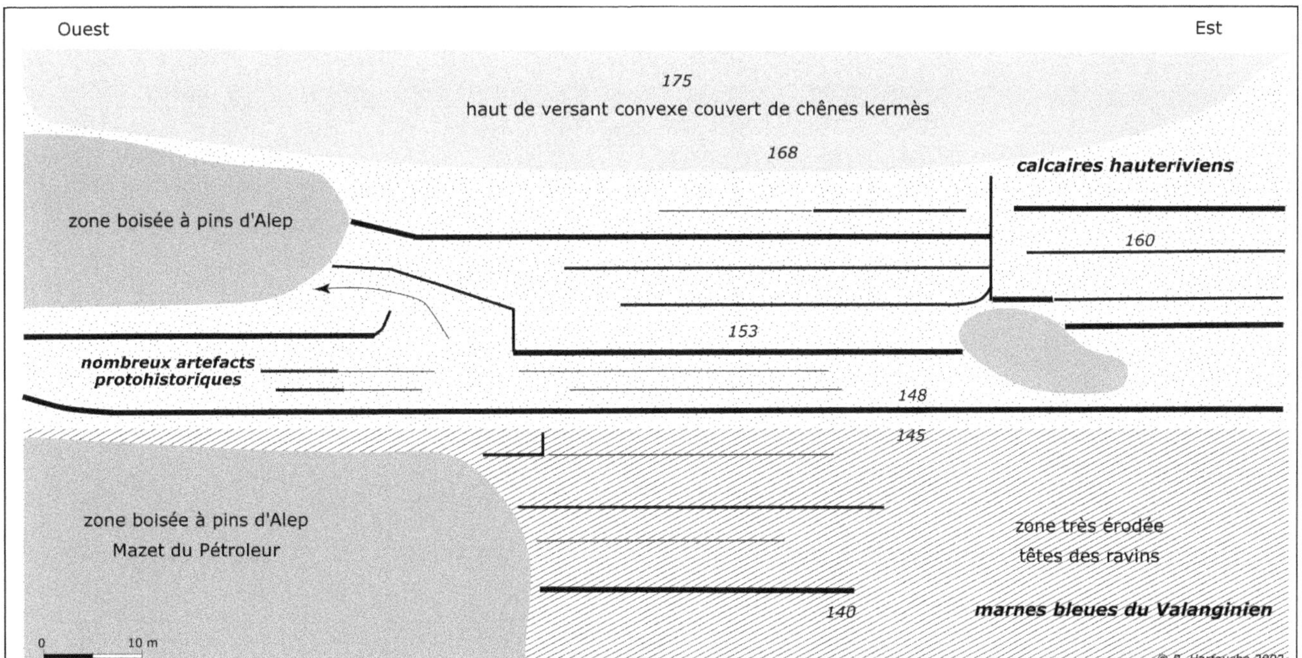

FIG. 40 : PLAN SCHÉMATIQUE DES TERRASSES AGRICOLES AUJOURD'HUI ABANDONNÉES SUR LE VERSANT MÉRIDIONAL DE LA COLLINE DE LA LIQUIÈRE (LES ALTITUDES SONT EXPRIMÉES EN MÈTRES NGF).

Fig. 41 : Différents aspects des parements des murs de terrasses sur la pente méridionale de La Liquière. Les modules sont très variés, reflet des ressources et de la variabilité du débit des affleurements accessibles. La base des murs repose sur le substrat géologique. La grande ancienneté de ces murs est visible à l'altération des blocs et à la cohésion importante entre les différentes pierres de chaque mur.

La fonction de ce mur resterait énigmatique si celui-ci n'était pas parfaitement intégré dans le parcellaire en terrasses. Son tracé ne recoupe aucun mur de soutènement, mais respecte les linéaments du versant pétrifié. Il appartient donc à une organisation cohérente du parcellaire en un système de cultures étagées sur la pente. Par sa construction imposante et son tracé, il n'est pas exclu que ce mur ait constitué une rampe d'accès, depuis le vallon de la Font du Coucou et sa source pérenne, vers un possible rempart et une porte localisés au sommet de la colline. Les deux chemins qui gravissent aujourd'hui le plateau depuis la dépression de la Bergerie Hermet respectivement vers le nord et vers l'est ont été aménagés récemment pour le reboisement et la lutte contre les incendies. Une certitude demeure, ce chemin de desserte participe pleinement de l'organisation du versant dans un système de terrasses de culture.

L'observation des murs de soutènement des terrasses de cultures qui composent ce parcellaire de haut de versant permet de constater une grande uniformité des techniques de construction au plan des calibres et des formes du matériau employé (Fig. 41). Les éléments des murs proviennent tous de la roche-mère présente sur place. Ils sont sous la forme de lauzes ou de moellons issus du débit de la roche en place. Leurs formes sont conditionnées par ce phénomène naturel d'évolution du substrat. Les agriculteurs ont eu une action opportuniste, collectant et assemblant les éléments disponibles, selon la technique de la pierre sèche. Aucune distinction technique majeure n'est décelable entre les parements des différents murs au plan des appareils.

Un constat similaire a été effectué sur un habitat implanté au sein de la garrigue actuelle et occupé aux IVe-IIIe millénaires à l'ouest de la Vaunage, sur la commune de Souvignargues (Gard). Les maisons qui composent le village et les aménagements hydrauliques annexes sont intégralement construits selon la technique de la pierre sèche, employant le matériau calcaire disponible sur place. Les constructions affichent une grande homogénéité technique tant au plan du matériau (la plaquette calcaire) qu'à la manière dont il est assemblé. Autour de ce site archéologique bâti par ceux qui furent les premiers agriculteurs du paysage, des murs de terrasses agricoles modernes aujourd'hui reconquises par la garrigue sont dispersés dans la végétation buissonnante. Ces murs de contention des terres sont construits selon la même technique que les murs des bâtiments préhistoriques et à l'aide du même matériau.

Les variations dans les calibres sont le résultat d'un choix qui répond à ce que le constructeur veut faire et à la fonction qu'il assigne au mur. La seule différence décelable entre les murs de la Préhistoire récente et les murs modernes est la cohésion entre les pierres des édifices préhistoriques qui est absente des structures de soutènement récentes. Cet aspect caractéristique que l'on rencontre dans les parties inférieures des murs de la Vaunage est dû au tassement des éléments constitutifs de l'édifice au fil du temps.

L'analyse granulométrique des murs, selon la méthode qui a été appliquée aux habitations du site de Lattes, si elle devait être appliquée aux murs de soutènement des terrasses, devrait être conduite sur plusieurs dizaines de structures afin d'espérer pouvoir dépasser le critère géologique qui dicte les formes essentielles de l'architecture. Cette entreprise dont l'issue est incertaine requiert un investissement en temps trop important pour pouvoir être conduite avec la rigueur nécessaire dans le délais imparti par la thèse dont est issue cette publication. Il a donc paru plus judicieux de se tourner vers d'autres méthodes plus adaptées à l'exercice pour tenter d'éclaircir le problème de la datation de ces aménagements

Autour et en contrebas de ce linéament et des autres murs, le sol est jonché d'un abondant mobilier archéologique protohistorique essentiellement composé d'amphores étrusques, de céramique non tournée, d'amphores italiques et de nombreux galets de quartzite. La proximité de l'habitat incite à la plus grande prudence concernant l'interprétation de ce mobilier. L'érosion a pu entraîner en contrebas des vestiges appartenant à l'habitat, les terrasses ayant bloqué leur chute. Cependant, les fragments céramiques ne portent aucune des traces qu'aurait pu provoquer un important déplacement sur la pente. Ils ne sont pas émoussés. De plus, ils sont concentrés dans la zone où ont été trouvés les murs de terrasses et sont inexistants ailleurs, notamment plus à l'est, en contrebas de l'habitat.

Un autre argument en faveur d'un façonnement ancien en terrasses agricoles de cette partie du versant relève du domaine de la science du sol. Pour l'expliquer, il est indispensable de considérer les processus à l'origine de la formation du paysage à grande échelle.

1.2.1.12. Façonnements et creusements sur le versant au cours du Quaternaire

La lecture des coupes géopédologiques visibles dans le talus occidental du chemin qui gravit la combe de la Font du Coucou permet de recueillir des informations concernant le modelé du paysage et de cartographier les cônes de déjection constitutifs de la pente et du piémont méridional de la colline de La Liquière, ainsi que ceux qui proviennent des collines occidentales (Fig. 42). Les séquences sédimentaires, hautes de plusieurs mètres, indiquent notamment l'existence de colluvions relativement importantes alors que ces dépôts sont inexistants ailleurs sur le piémont de La Liquière. Afin d'éviter les propos confus qu'encouragent les approximations sémantiques, le vocabulaire utilisé diffère selon la nature des dépôts. Certaines coupes sont appelées « profil » quand elles représentent un sol avec ses différents horizons, tandis que d'autres sont nommées « séquence » lorsqu'il s'agit d'une stratification complexe, d'une succession de dépôts.

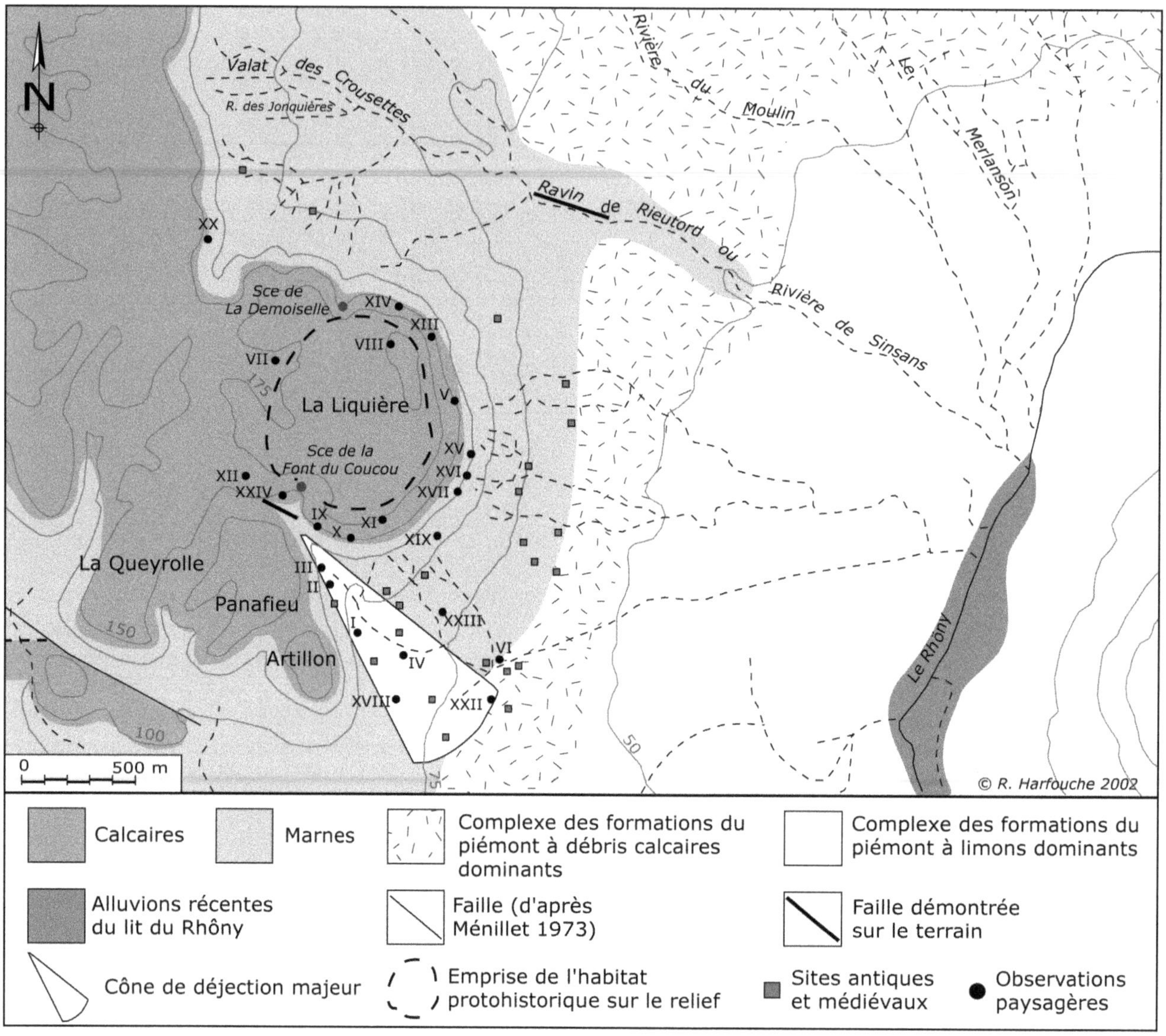

FIG. 42 : CARTE GÉO-TECTONIQUE AU DROIT DE LA COLLINE DE LA LIQUIÈRE (D'APRÈS MÉNILLET 1973 ET LES OBSERVATIONS RÉALISÉES SUR LE TERRAIN) ET DES SITES ARCHÉOLOGIQUES ANTIQUES ET MÉDIÉVAUX.

La séquence sédimentaire (I) offre, sur une hauteur de 4 m, une succession de dépôts de colluvions anciennes épaisses (Fig. 43). Ces puissants apports se présentent sous la forme de niveaux de graviers gélifractés en alternance avec des niveaux limoneux lœssiques. Les niveaux composés d'éléments grossiers calcaires constituent des lits de graviers bien soulignés. Les matériaux relativement bien triés évoquent un transport en milieu liquide. Ces dépôts seraient le résultat d'épandages d'alluvio-colluvions. Certains apports de graviers cryoclastiques ne présentent pas de calibrage des éléments grossiers. Les débris calcaires sont des cailloux et graviers de forme plate et allongée aux arêtes anguleuses ou légèrement émoussées, issus du démantèlement des reliefs crétacés sous l'action du gel. Les niveaux limoneux résultant de l'écoulement des sols gorgés d'eau au cours des phases d'érosion qui caractérisent les systèmes périglaciaires, ont été nourris par des apports lœssiques. La transition entre les niveaux bien individualisés de limons et d'éléments grossiers est nette, mais discontinue latéralement. Les grèzes litées

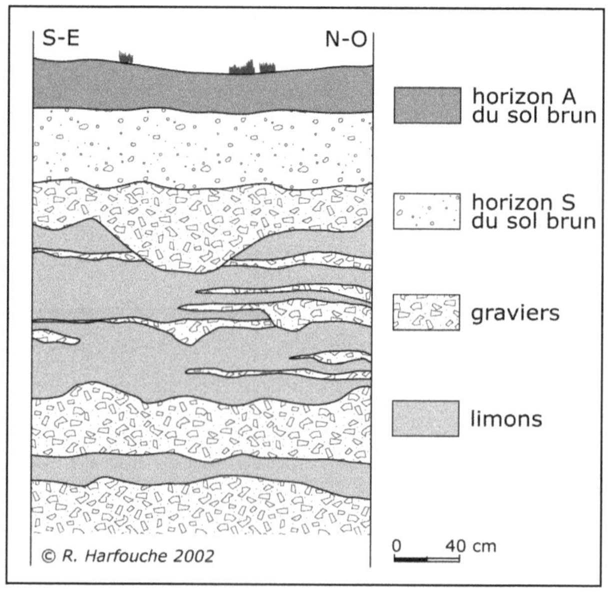

FIG. 43 : SÉQUENCE SÉDIMENTAIRE I.

offrent parfois des stratifications entrecroisées. La nature des matériaux et les rythmes de leur dépôt témoignent des mouvements de masses sédimentaires induits par les phénomènes de gélifraction et de solifluxion sur les pentes.

Ces dépôts se répartissent sur l'ensemble du bas de versant méridional de la colline. On les retrouve tout le long du talus occidental du chemin qui gravit la combe de la Font du Coucou (I et II). Au sommet de la combe, le paléosol développé sur les colluvions témoigne de leur présence (III). Juste en amont de cette coupe, dans le chemin, les marnes affleurent marquant la limite de la rupture de pente qui commande les dépôts. Ces derniers appartiennent à des cônes de déjections qui se sont formés entre les deux collines d'Artillon et de Panafieu (Harfouche 1998 : fig. 12). Au sud, les niveaux de graviers sont encore présents à l'extrémité du piémont oriental de la colline d'Artillon (XVIII). Là, ils offrent les mêmes alternances de niveaux de grèzes litées et de niveaux limoneux. Parfois, les éléments grossiers soulignent une zone déprimée, un vallon comblé de graviers. Vers l'est, ces dépôts ont été suivis dans la coupe offerte sur le bord méridional du ravin de La Coste Basse, en aval du pont (IV). Le profil du ravin en berceau a largement entaillé les marnes bleues visibles sur plusieurs mètres de hauteur. Elles sont coiffées de la succession sédimentaire graviers/limons épaisse de 3 m La limite sud-est des colluvions se trouve au sud de la confluence entre les ravins de la Coste Basse et de la Coste Haute, sur le piémont. Elles sont encore présentes dans le talus du chemin haut de Sinsans à Calvisson (XXII) (Fig. 44). La séquence sédimentaire visible dans le talus occidental du chemin à l'endroit où celui-ci s'infléchit nettement en direction du nord montre, sous le sol actuel qui occupe les 50 cm supérieurs, des colluvions constituées de graviers d'une puissance de 2,5 m qui se superposent aux marnes bleues et calcaires marneux en boules. Le paléosol épais issu de la décomposition du substrat marneux présente un horizon profond argileux brun ocre. Directement au nord de cette séquence, les colluvions laissent la place au substrat marneux qui affleure, découpé par l'érosion (VI).

Le cône de déjection ainsi mis en évidence débouche de la Combe de la Font du Coucou. Sa limite occidentale se confond avec le début des reliefs de Panafieu et d'Artillon qui alimentent eux aussi le glacis de piémont. La limite orientale du cône est matérialisée par le bras oriental du ravin de la Coste Basse, l'érosion bordière ayant été favorisée par la concentration des écoulements. Plus à l'est, sur le versant, les apports ne disparaissent pas complètement, mais ils sont nettement plus faibles. L'épandage détritique se pince progressivement sur le piémont méridional à l'aval du point de confluence des ravins.

Il est possible d'avancer une date à la mise en place de ces dépôts par analogie avec des formations connues datées. Des phénomènes similaires ont été reconnus en Provence, sur le versant méridional du massif de la Saint-Victoire, où les nappes caillouteuses torrentielles se mettent en place au cours du Pléistocène supérieur (Würm) (Jorda 1997). C'est également aux périodes glaciaires du Riss ou du Würm que l'on attribue la mise en place des colluvions à cailloux du piémont méridional des Alpilles (Bouteyre 1994 : 201). Plus près de la Vaunage, sur le piémont voisin de la Vistrenque, les dépôts de cailloutis calcaires gélifractés arrachés aux reliefs hauteriviens de la garrigue nîmoise et déposés sous la ville actuelle forment le « sistre », terme vernaculaire qui désigne le glacis constitué de débris arrachés aux massifs calcaires pris dans une matrice limoneuse et localement cimentés en brèches. La date

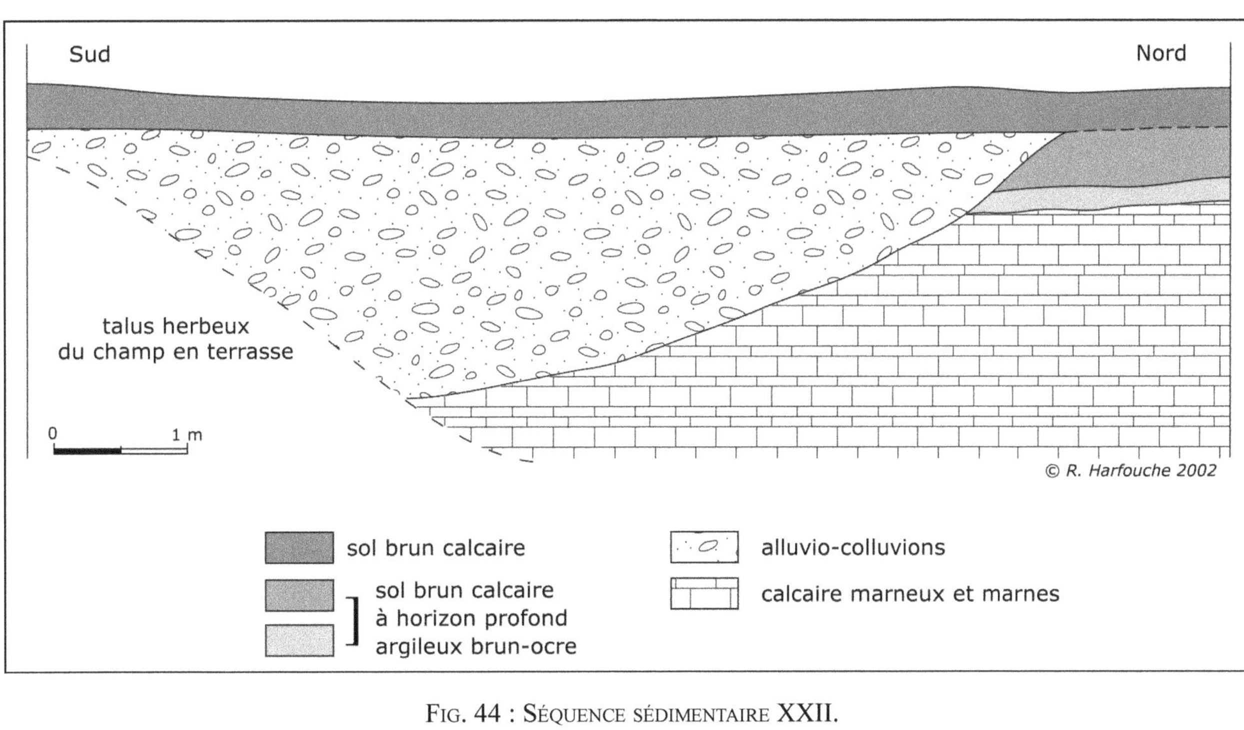

Fig. 44 : Séquence sédimentaire XXII.

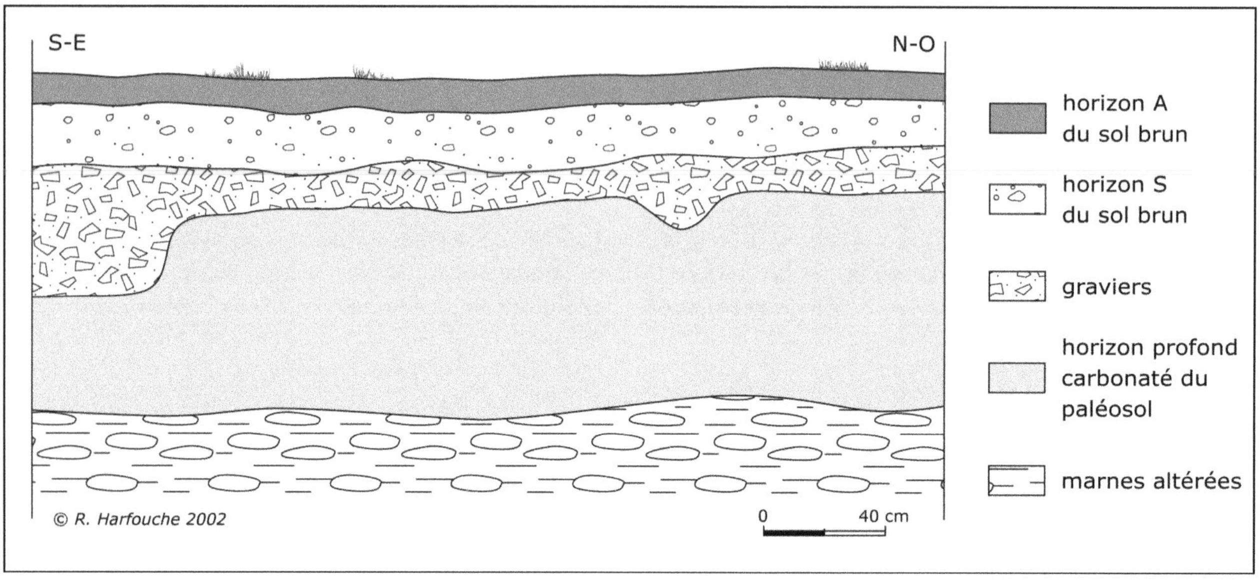

FIG. 45 : SÉQUENCE SÉDIMENTAIRE II.

de mise en place de ces apports, en de nombreux points comparables aux épandages de graviers de la Vaunage toute proche, est rendue possible par l'identification d'un cône de déjection parfaitement daté qui recouvre la nappe de colluvions du piémont nîmois (Fabre 2001). La mise en place de ce cône est estimée au plus tôt au cours du Pléistocène terminal et durant l'Holocène. Les dépôts graveleux de Vaunage peuvent alors être datés, au plus tard, du Pléistocène supérieur. Le paysage géomorphologique du piémont est donc hérité de cette époque qui voit la désagrégation des roches imbibées d'eau sous l'action du gel et leur transport sur le versant en particulier au cours des périodes glaciaires récentes Riss et Würm.

Les dépôts post-glaciaires sont quasi-inexistants. Les colluvions holocènes mises en évidence dans le bassin versant oriental de la Vaunage sont ici presque absentes au profit des épandages caractéristiques des périodes froides quaternaires. Alors qu'au pied du versant de Roque-de-Vif, exposé au nord, le premier niveau de graviers, antérieur à l'époque romaine, ne mesure que quelques centimètres d'épaisseur, les épaisses couches de grèzes litées conservées sur le versant méridional de La Liquière, atteignent plusieurs mètres de puissance. Les phénomènes à l'origine de ces dépôts sur les deux versants relèvent d'évolutions géomorphologiques distinctes. Les pentes du bassin versant occidental de la Vaunage ont acquis leur modelé au cours d'une phase ancienne en domaine périglaciaire, l'action du froid et des alternances de gel et dégel ayant joué un rôle déterminant dans la genèse des formes majeures du paysage. Dans le bassin versant oriental de l'anticlinorium, c'est une évolution récente, holocène, qui est à l'origine des formes actuelles du paysage au droit des pentes.

Les processus pédologiques qui affectent ces dépôts anciens témoignent également de la longue histoire du paysage des pentes. Le sol actuel est un sol brun issu de l'anthropisation des dépôts antérieurs, en équilibre avec les conditions édaphiques et climatiques actuelles. D'importants phénomènes de carbonatation affectent les horizons profonds, bien visibles dans les coupes II et III. La première séquence a conservé la trace d'un horizon profond d'un paléosol dont l'horizon supérieur a disparu (Fig. 45). L'horizon profond est préservé sous un niveau de graviers post-glaciaires d'environ 30 cm d'épaisseur. Le substrat constitué de marnes bleues altérées est visible à la base de la séquence. La surface de l'horizon de carbonatation épais appartenant au paléosol tronqué présente une topographie en terrasses. Les colluvions à graviers post-glaciaires qui colmatent et recouvrent le dénivelé des terrasses contiennent des fragments de céramique non tournée. La taille réduite et l'aspect émoussé des artefacts archéologiques ainsi que la nature du sédiment emballant (des colluvions) indiquent que l'érosion sur les pentes est holocène, vraisemblablement postérieure à l'époque protohistorique. Toutefois, l'importance réelle de ces profils réside dans la présence de cet horizon de carbonatation épais pouvant atteindre 1 m (III), qui confère au sol une couleur blanche caractéristique (Fig. 46). Cette altération pédologique implique une évolution sur la longue durée de ces dépôts. Ils ont subi une pédogenèse longue, depuis le Tardiglaciaire, qui est à l'origine de sols complexes, polyphasés, avec une accumulation carbonatée des horizons inférieurs. Ces colluvions recarbonatées se rapprochent des dépôts encore visibles aujourd'hui dans les vallées intérieures des Alpilles. Lorsqu'ils ont été épargnés par l'érosion actuelle déclenchée par les incendies, ces sols très évolués sont le support d'une forêt de chênes et pins aux troncs massifs qui a permis le maintien de la couverture pédologique sur les pentes au cours des siècles.

Ces données sédimentaires permettent d'éclairer l'histoire géomorphologique récente des pentes, sur le plan des

Fig. 46 : Chemin de la Font de Coucou, profil III. a : vue générale du profil. b : détail du profil. Les horizons profonds du sol présentent des bandes enrichies en carbonates.

façonnements mais aussi des creusements qui affectent les versants.

Le bras du ravin le plus occidental longe le fond du vallon de la Fond du Coucou, zigzagant au gré des limites parcellaires. A la hauteur du pont de pierre qui permet d'accéder aux champs du quartier cadastral de la Coste Basse depuis le chemin qui emprunte le vallon, le tracé du ravin bifurque brutalement en direction de l'est. Le changement de direction brutal des écoulements canalisés est d'autant plus surprenant que ce tracé est en inadéquation avec les contraintes imposées par les dépôts de pente. En superposant ces données aux tracés des ravins à l'échelle du quartier cadastral, il apparaît clairement que le bras aval du ravin recoupe le cône de déjection le plus important qui provient de la combe de la Font du Coucou (Harfouche 1998 : fig. 13). Pourtant, le tracé adopté par l'érosion en amont est conforme aux contraintes imposées par l'histoire géomorphologique récente. Le ravin longe le chemin qui gravit la combe de la Font du Coucou, suivant en cela le tracé imposé par la topographie puisque le ravin et la voie longent tous deux la limite occidentale du cône de déjection. Les directions adoptées par les autres ravins qui griffent les pentes méridionales de La Liquière sont elles aussi imposées par la topographie, les eaux de ruissellement étant canalisées dans les zones déprimées ménagées entre les cônes.

Comment expliquer cette incohérence, d'autant plus qu'elle ne concerne qu'une partie du tracé du bras occidental du ravin de La Coste Basse ?

Des éléments de compréhension peuvent être avancés en considérant les pentes de la colline de La Liquière dans leur ensemble. Les versants de La Liquière sont, rappelons-le, de même que les pentes de la colline jumelle de Roque-de-Vif, les seuls à être lacérés par des érosions spectaculaires. La sensibilité des calcaires marneux à l'érosion a été aggravée par le réseau de failles qui a généré de multiples zones de contact et a de ce fait contribué à fragiliser la roche face aux agressions des agents naturels. Deux accidents majeurs marquent le paysage du bassin versant occidental du Rhôny et les abords de la colline de La Liquière (Fig. 42).

En observant la carte géologique et plus précisément les formations autour du grand linéament constitué par la rivière de Sinsans, il apparaît que cet axe rectiligne est un élément majeur du paysage de la Vaunage. Ce cours d'eau semble former une barrière entre les marnes valanginiennes qui affleurent au sud de la rivière et le complexe des formations du piémont qui affleurent au nord. L'enquête sur le terrain explique cette rupture brutale entre les deux formations. Elle révèle la présence d'un très net dénivelé topographique de part et d'autre du cours d'eau. Ses berges sont matérialisées par une végétation particulière, qui rend le ruisseau parfaitement repérable au sein de la cuvette (ripisylve constituée de peupliers (*Populus*), de frênes (*Fraxinus*) et de saules (*Salix*) associée à un sous-bois buissonnant dense : ronces, Phragmites, *etc.*). La puissance de ce dénivelé est d'environ 10 m entre la berge méridionale de la rivière, abrupte, où affleurent les marnes alternant avec des bancs plus calcaires et la berge septentrionale où la formation valanginienne est rapidement recouverte par les limons calcaires. Par sa hauteur et sa brutalité, une telle anomalie topographique est clairement à mettre en relation avec une histoire tectonique récente de la Vaunage, tectonique dont le rôle prépondérant dans la genèse du paysage de l'anticlinorium a déjà été souligné.

Des observations similaires ont pu être réalisées dans la combe de la Font du Coucou, à l'ouest du vallon où jaillit la source. Un autre miroir de faille de direction nord-ouest / sud-est y a été reconnu par P. Poupet. Il forme la paroi vers l'amont du chemin qui emprunte la combe. Cet évènement tectonique pourrait être une explication au fait que le bras aval du ravin occidental éventre le cône de déjection provenant du vallon de la Font du Coucou. Les eaux qui devaient couler dans l'actuel chemin creux qui gravit la combe auraient donc subitement bifurqué à la suite d'un événement brutal. Faut-il y voire la signature d'un accident tectonique, récent à l'échelle des temps géologiques dont témoigne le miroir de faille visible dans la combe ? Il s'agit simplement d'une hypothèse, mais elle a le mérite d'offrir une explication à l'étrange morphologie actuelle du bas de versant méridional.

Ces deux découvertes d'évènements tectoniques restent difficiles à dater, mais ils pourraient participer d'une néo-tectonique au Quaternaire récent dont les effets sur le paysage ont été reconnus en d'autres endroits dans la région nîmoise (Gèze 1979 : 37 ; Bousquet 1997 : 82-83 ; Granier 1997 ; Combes 1997). Il n'en demeure pas moins que ces accidents ont joué un rôle essentiel dans la genèse du paysage vaunageol.

L'étude des dépôts sédimentaires permet également une relecture de l'histoire géomorphologique quaternaire de la Vaunage (Sapin 1981). Les deux grands cônes détritiques cartographiés en 1981 au nord-est et au sud-est de La Liquière n'ont pas été retrouvés sur le terrain. Dans la zone de confluence entre la rivière de Sinsans et le ruisseau de la source de Fontaran, sur le tracé supposé du cône septentrional, les marnes affleurent partout. A quelques dizaines de mètres en aval, à la hauteur du miroir de faille récemment démontré, les limons et cailloux du complexe des formations du piémont se confondent avec le sol actuel, au nord de la rivière. Au droit d'une nécropole de l'Antiquité tardive, l'épaisseur des sédiments pédogénétisés qui se superposent au substrat marneux n'excède pas 1.50 m. Ces sédiments sont en outre plus limoneux que graveleux. Sur le versant oriental de La Liquière, l'alternance des grèzes litées avec des niveaux plus argileux qui constituent le glacis n'est que rarement présente et tend rapidement à disparaître sur le bas de versant où l'épaisseur des colluvions graveleuses n'excède pas 1 m. Ces dépôts sont quasi inexistants dans la dépression où les sédiments pédogénétisés se superposent directement aux marnes.

Les dépôts retrouvés en arpentant le paysage de Vaunage constituent des apports sédimentaires diffus formant le glacis de piémont, non pas des cônes au sens strict du terme. Les seuls témoignages évidents de cônes d'érosion pléistocène comportant ces faciès caractéristiques d'accumulations de graviers cryoclastiques gélifractés en alternance avec des passées plus limoneuses, se trouvent dans le bassin versant occidental de la Vaunage, au débouché de la combe de la Font du Coucou, sur le piémont méridional de la colline de La Liquière et sur les pentes sud-est du relief (XIX). Des dépôts similaires ont été observés sur le piémont septentrional de la Vaunage, à l'est de la colline de Mauressip, mais ils sont moins puissants. Ailleurs, dans l'anticlinorium, les dépôts de bas de pente sont plus limoneux que graveleux. C'est le cas au sud de la butte-témoin de Mauressip, sur les piémonts septentrio-occidental et occidental de la colline de Roque-de-Vif et de part et d'autre du village de Langlade, dans la partie nord-est de la Vaunage.

1.2.1.13. une mosaïque de sols sur les pentes

Etape indispensable à la compréhension de la relation complexe et dialectique qui se tisse entre les sociétés et leur milieu dès le Néolithique, l'étude de la couverture pédologique au droit de la colline de La Liquière s'est appuyée sur une enquête de terrain conduite depuis le revers de cuesta et les combes qui le déchiquète, jusqu'à la plaine. Il n'a pas été nécessaire d'exécuter des sondages pour examiner les matériaux dans leur épaisseur. La multitude de ravins d'érosion et de chemins encaissés dans les formations sédimentaires ainsi que les murs de soutènement effondrés des terrasses abandonnées ouvrent autant de fenêtres sur le paysage minéral du versant. La reconnaissance des différents sols sur la pente repose essentiellement sur la lecture de ces coupes mises au jour « naturellement » dans le paysage. Les pédopaysages ont été repérés à partir des très nombreuses visites sur le terrain depuis une dizaine d'années. Durant tout ce temps, le paysage a parfois profondément évolué, notamment depuis le programme de replantation engagé par l'Office National des Forêts, après les incendies qui ont ravagé la colline. Tout le plateau et les têtes de vallées qui y prennent naissance sont complètement bouleversés par les puissants engins mécaniques de l'ONF. L'ensemble de ces recherches sur le terrain a donc permis de dresser une carte représentant les unités cartographiques de sols (UCS), reposant sur l'étude de données stationnelles, c'est-à-dire de tous les profils de sols qui ont pu être étudiés à la faveur des talus de chemins, des ravins d'érosion et sur les zones mises à nu par la végétation, là où le sol a été totalement décapé.

Les sols sur les reliefs de La Queyrolle, Panafieu et Artillon n'ont pas été cartographiés car ils sont recouverts d'une végétation dense de chênes kermès et de salsepareille qui rend la lecture des sols difficile. La cartographie des pédopaysages ne concerne donc que la colline de La Liquière *stricto sensus* et ses pentes.

La carte pédologique de la Vaunage n'ayant pas encore été publiée par le service d'étude des sols de la carte pédologique de France de l'Institut National de la Recherche Agronomique, les seuls documents cartographiques disponibles sont ceux de la Compagnie Nationale d'Aménagement du Bas-Rhône-Languedoc (CNABRL). Il s'agit de rapports préalables à l'aménagement hydraulique d'une vaste région du Languedoc méditerranéen qui s'étend du Rhône, à l'est, à l'étang de Leucate, à l'ouest. Les préoccupations qui sous-tendent ce grand projet étant la construction d'un réseau de canaux et de distribution d'eau ainsi que la mise en valeur des terres agricole par irrigation des cultures, l'accent est mis dans ces documents sur le potentiel agronomique des sols et les travaux nécessaires à leur amélioration dans une optique d'exploitation moderne rentable. Si elles sont à n'en pas douter riches en renseignements, ces sources ne suffisent cependant pas, à elles seules, à appréhender les catégories de sols au risque de commettre de graves erreurs d'anachronisme en se contentant de plaquer sur des cartes de sites une carte de sols actuels. Le sol est, ne l'oublions pas, un milieu dynamique en évolution et à ce titre aucune carte de sols actuels ne peut remplacer une lecture directe du paysage qui prend en compte les transformations subies par la couverture pédologique sous l'action des agents de l'érosion qu'ils soient naturels et/ou anthropiques au cours du temps. D'autres faiblesses de la source d'information constituée par les rapports de la CNABRL doivent être signalées. Outre l'orientation de l'interprétation des résultats fondée sur une perception économique moderne des sols qui ne permet pas de retenir les catégories pédologiques établies en l'état, l'entreprise ignore des zones jugées impropres aux cultures. Les unités de paysage écartées sont précisément les hauteurs et les versants. Seul le piémont et la plaine sont envisagés. Pour ces mêmes raisons, les sondages réalisés par la Compagnie en divers endroits de la Vaunage sont tous situés en aval des ravins d'érosion et des pentes, en plaine. C'est donc bien sur l'observation directe et minutieuse du terrain qu'il faut se reposer pour appréhender les sols du versant.

On pourrait penser que les sols sont simplement liés aux conditions géologiques et topographiques, formant ainsi trois grands types selon qu'ils procèdent de l'altération des calcaires durs au sommet de la colline et sur le revers de cuesta, des bancs de calcaire marneux sur les versants et des graviers des cônes de déjection. L'enquête conduite sur le terrain impose un tout autre constat : il existe une bien plus grande variété de sols, souvent conservés à l'état de lambeaux sur les pentes, qui sont plus ou moins évolués et qui ont donc une histoire plus ou moins longue (Fig. 47).

Les sols complexes sur les graviers du glacis

Les sols complexes, polyphasés, développés sur les glacis et cônes pléistocènes du bas de versant sont un premier témoignage de cette diversité. Le sol aujourd'hui cultivé dans les champs en terrasses est un sol brun calcaire (colluviosol sablo-caillouteux, calcaire sur graviers cryoclastiques de glacis de bas de pente quaternaire), mais il est l'héritier d'une longue histoire de la couverture pédologique qui a donné naissance à des sols très évolués dont témoigne la carbonatation profonde des graviers du glacis.

Le complexe de sols sur les calcaires du revers de cuesta

Sous l'apparente unité de la couverture pédologique au sommet du relief se cache une variété de sols dont l'évolution et l'aspect actuel est principalement conditionné par la topographie et l'activité humaine. Sur le plateau et les pentes faibles, des fersialsols plus ou moins épais sont associés à des lithosols sous une futaie assez claire. Dans les zones légèrement déprimées, sous une végétation de ligneux bas et herbacée, les fersialsols sont principalement associés à des rendosols rouges. Il faut donc souligner que l'image traditionnelle véhiculée par la littérature d'un paysage de garrigue minéral et stérile est réductrice au regard de la réalité.

Une large part du revers de cuesta porte des sols minéraux bruts d'érosion. Le front de cuesta ainsi que les pentes méridionales calcaires situées de part et d'autre de la source de la Font du Coucou sont dépourvus d'une importante couverture pédologique au profit d'une végétation de ligneux assez clairs qui prend racine dans les interstices (joints de stratification et diaclases) des bancs calcaires (XXIV) (Fig. 48). Sous la végétation clairsemée de chênes kermès, les sols sont fortement érodés (lithosols calciques). Par endroits, c'est un pavage caillouteux subanguleux sans végétation qui laisse apparaître presque partout la roche-mère, confortant l'observateur pressé dans cette impression de paysage pauvre et ingrat.

Dans l'emprise de l'habitat archéologique, le sol est mince et érodé (VIII) (Fig. 49). De part et d'autre de limites d'enclos formées par un alignement de dalles fichées de chant ou de talus d'épierrement, le sol peu épais contient une importante quantité de graviers et est nappé de cailloux. La compétence des eaux de ruissellement sur le sol nu ayant assuré l'entraînement des phases fines, il en résulte une concentration relative des graviers plus grossiers sur place (peyrosols). C'est une couverture pédologique très érodée qui est visible aujourd'hui. A quelle époque faut-il situer le déclenchement de ce processus ? L'érosion des sols au sommet de la colline, occupée depuis le Néolithique, a pu se poursuivre après l'abandon du site protohistorique, mais la fouille des habitations protohistoriques montre que le sol développé sur les calcaires durs crétacés était déjà mince (Py 1984).

Pourtant, les sols squelettiques au sommet du relief et sur les pentes calcaires côtoient d'autres sols qui ont été d'avantage épargnés par l'érosion. Le moindre replat, agissant comme un piège pour les sédiments fins, a favorisé la pédogenèse et la conservation des sols. Les lithosols sont associés à d'autres sols pour constituer des juxtapositions avec des sols bruns calcaires (calcosols) développés sur

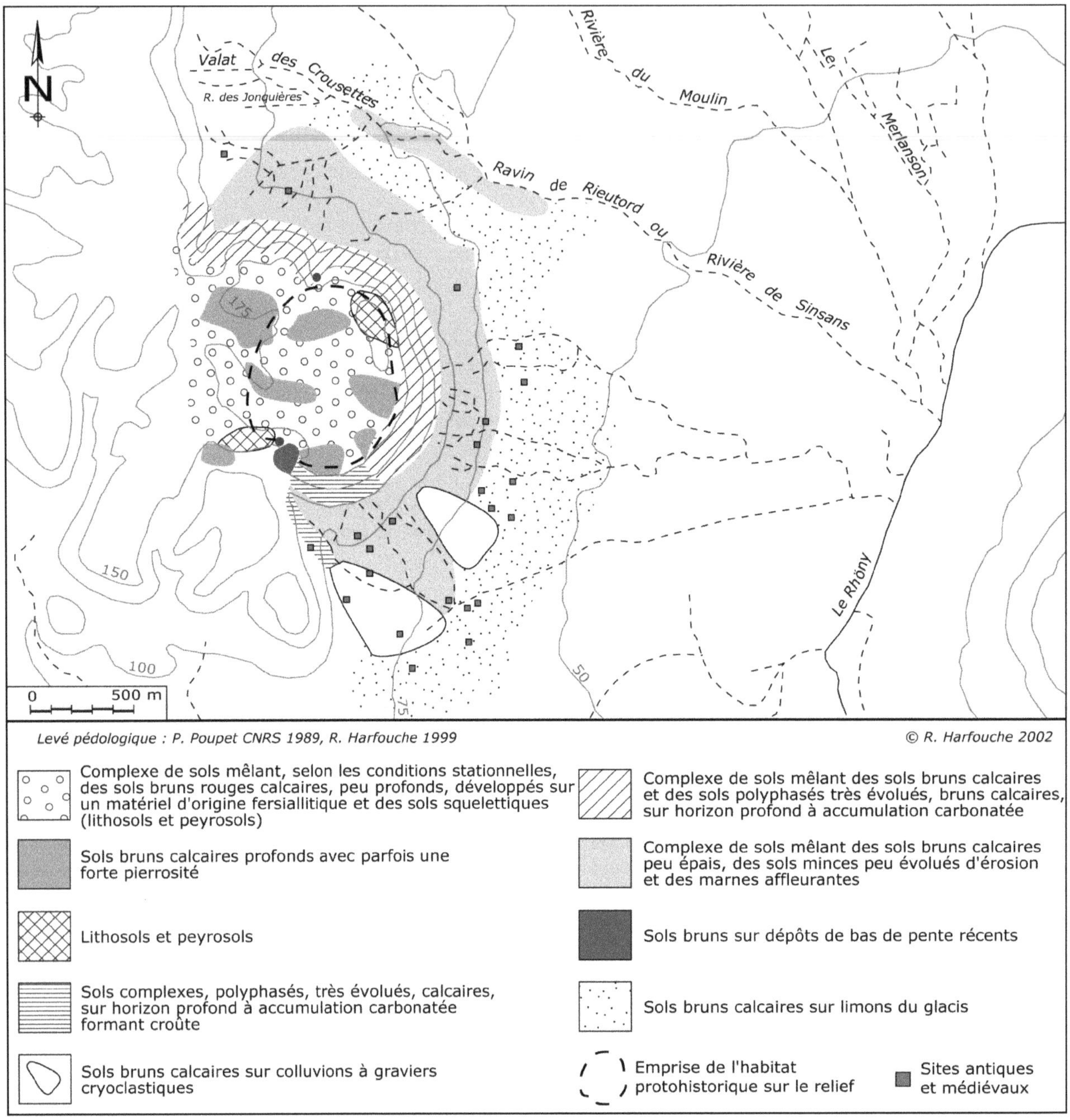

FIG. 47 : CARTE DES SOLS OBSERVÉS AU DROIT DE LA COLLINE DE LA LIQUIÈRE.

FIG. 48 : LITHOSOLS ET PEYROSOLS SUR LES HAUTS DE VERSANTS DU RELIEF DE LA LIQUIÈRE (POINT XXIV).

un fond de sol rouge (fersialsols). Ils représentent les sols développés sur la roche de calcaire dur aujourd'hui visibles dans la garrigue. Ce ne sont pas des sols fersiallitiques mais des sols bruns développés sur des matériaux rouges issus de l'altération des calcaires en contexte climatique rubéfiant (*terra rossa*). La répartition spatiale de ces sols rouges anciens est discontinue. Ils sont aujourd'hui présents à l'état de reliques, tronqués par l'érosion. Très peu épais et argileux, leurs horizons profonds sont restés piégés dans les diaclases des calcaires crétacés. Ces sols anciens ont été repris dans une pédogenèse de type brun calcaire en équilibre avec les conditions climatiques actuelles (Fig. 50). Peu différenciés, ils sont également souvent peu profonds, mais dépassent 15 cm d'épaisseur malgré la pierrosité abondante. Ils avoisinent souvent 30

Fig. 49 : Au sommet du relief de La Liquière, le plateau occupé par l'habitat protohistorique présente des sols très peu profonds, avec une forte charge résiduelle en cailloux et graviers aux arêtes peu émoussées. Dans cette forte pierrosité, on distingue des structures bâties comme cet alignement de dalles plantées de chant, qui ont dû renforcer la base d'un enclos (point VIII).

Fig. 50 : Sol brun rouge calcaire développé sur un matériel d'origine fersiallitique (profil XII).

à 40 cm de hauteur et certains peuvent atteindre 50 cm. Leur profil est principalement constitué d'un horizon organo-minéral A de couleur brun rouge limono-argileux à la structure grumeleuse fine et polyédrique. La charge en éléments grossiers est importante. Des cailloux et éclats de calcaires durs aux arrêtes vives, légèrement émoussées sont disséminés au sein du profil. Cet horizon est en contact direct avec un horizon d'altération C constitué de la roche calcaire fracturée, horizon au sein duquel la structure lithologique de la roche-mère est encore en place. La transition avec la roche-mère est nette mais irrégulière. A la base du sol, dans les fissures des bancs calcaires, celui-ci prend une teinte plus rouge. Le brassage de ses constituants, la charge importante de cailloux et d'éclats calcaires répartis dans l'ensemble du profil, ainsi que son caractère peu différencié sont le résultat d'une mise en culture prolongée.

Les sols issus des matériaux fins, pédogénétisés, piégés dans les zones déprimées du revers de cuesta sont moins chargés en éléments grossiers. La fraction fine est dominante et les cailloux sont rares. La présence de ces sols plus épais sur le sommet de la colline, à côté des lithosols, a été favorisée non seulement par micro-topographie (petits replats et petites dépressions agissant comme un piège à sédiments), mais aussi par la présence d'un parcellaire d'épierrement qui constitue autant de barrières protectrices contre la fuite des sols. Celui-ci est étroitement lié à la mise en culture du sommet de la colline dont on retrouve la signature dans la structure des sols. Les alignements des *clapas* (appellation locale des tas d'épierrement) et des constructions associées (capitelles) s'étendent sur l'ensemble de la colline dans un enchevêtrement de limites plus ou moins hautes et larges. Il est cependant difficile de dire si ce parcellaire a été créé de toutes pièces par les agriculteurs ou s'il s'est appuyé sur des murs protohistoriques préexistants. L'activité agricole récente rend difficile la distinction entre des aménagements protohistoriques effondrés sur eux-même et les amoncellements de pierres dus à une réoccupation historique. De plus les matériaux issus du sous-sol sont tous semblables, des lauzes et des plaquettes calcaires provenant du débit des bancs calcaires. Des constructions anciennes remarquables ont donc pu constituer des limites fortes dans le paysage et être pérennisées, tel le tracé d'un mur protohistorique qui aurait été grossi à mesure que le nettoyage des terrains pour l'agriculture se poursuivait. Car, bien que ce réseau d'enclos rectangulaires et de cabanes adossées ou encastrées dans les murs ne peut plus être identifié à l'habitat « anhistorique » de La Liquière que M. Louis pensait avoir découvert dans les années 1950 (Louis 1955 : 73-76), il n'est pas non plus démontré que l'ensemble de ces aménagements soient postérieurs au XVIIe siècle (Py 1984 : 13).

Enfin, on rencontre également par endroits, en particulier dans les combes des contours déchiquetés du relief, des sols bruns plus profonds, développés sur des matériaux anciens, des graviers cryoclastiques. Ces sols, de plusieurs dizaines de centimètres d'épaisseur, témoignent encore de

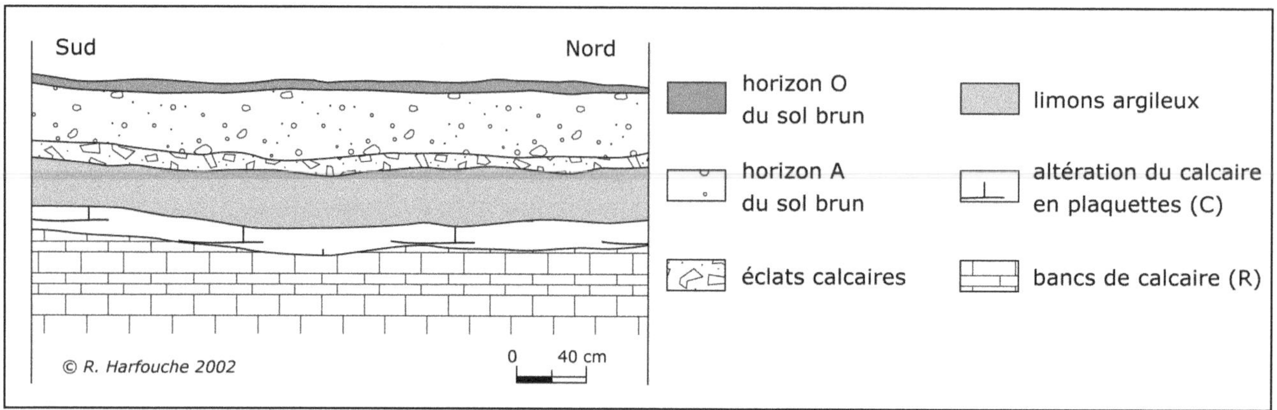

FIG. 51 : SÉQUENCE SÉDIMENTAIRE XIV.

l'étendue de la surface potentielle cultivable sur le relief et dans les combes adjacentes.

Les sols peu évolués et les sols complexes sur les roches calcaires et sur les colluvions des pentes orientales

Ce sont également des sols bruns, profonds, qui se développent sur les calcaires hauteriviens et les dépôts anciens sur les pentes orientales de la colline aujourd'hui recouvertes par une forêt de chênes et de pins dont le développement est encouragé par les reboisements. A l'image de la couverture pédologique des versants méridionaux, ces sols ont aussi une histoire parfois complexe. Ils ont pu être étudiés à la faveur du tracé récent d'un chemin par les forestiers dans le cadre des travaux de reboisement de la colline et de lutte contre les incendies. Cette saignée d'environ 1 km de long traverse les pentes orientales de la colline depuis la source de la Demoiselle jusqu'au Mas de Bertrand, à mi-pente. Elle passe en travers des terrasses de culture abandonnées qui occupent le versant de part et d'autre, dissimulées sous un épais voile de végétation herbacée. Cet axe remarquable a donc entaillé le substrat, offrant ainsi une large fenêtre sur le sous-sol du versant.

Vers le sommet de la pente, non loin de la source de la Demoiselle, les sols fixés sous le couvert protecteur de la pinède et d'une végétation herbacée sont des sols bruns calcaires (calcosols caillouteux et calcosols limono-sableux) développés sur la roche calcaire et les horizons résiduels de sols fersiallitiques (fersialsols). La *terra rossa* a été reprise par la pédogenèse brunifiante. Ces sols, directement issus de l'altération des bancs calcaires sous-jacents, sont relativement peu épais (30-40 cm).

Au sein de l'unité pédo-paysagère, on passe progressivement de calcosols caillouteux à des calcosols limono-sableux (moins riches en graviers et en cailloux). Ces sols bruns calcaires peu épais sont moyennement différenciés. Ils n'ont pas subi une pédogenèse longue. Mais des sols polyphasés développés sur des colluvions de pente recouvrant les bancs de calcaires marneux et de marnes interstratifiés sont également conservés sur le versant (XIV, XIII, V, XV). Ils présentent une stratification complexe constituée d'un sol comportant un horizon superficiel brun calcaire sans différenciation sur un sol complexe.

Situées au tiers de la pente à partir du sommet, vers 125 m NGF, les séquences XIV, XIII et V sont démonstratives de cette succession. Leurs profils sont parmi les plus profonds conservés sur le versant. Elles offrent une image de l'évolution des pentes à l'amont du village actuel de Sinsans, siège d'une importante occupation humaine depuis le début de l'époque romaine.

La première séquence XIV, visible sur 1.50 m de hauteur, présente une succession de niveaux sédimentaires pédogénétisés de 80 cm d'épaisseur reposant sur le substrat rocheux (Fig. 51). Les 30 cm supérieurs correspondent au sol visible aujourd'hui. Il s'agit d'un sol brun calcaire à structure polyédrique qui s'est développé sur un niveau de 5 à 10 cm d'épaisseur constitué d'éclats calcaires anguleux, centimétriques à décimétriques. Ces éléments grossiers coiffent un épais dépôt de limons argileux (25 cm). Quelques rares moellons sont piégés dans les sédiments fins, mais l'essentiel des éléments grossiers est constitué par des graviers émoussés, roulés et altérés. Ces sédiments limoneux ont été soumis à la pédogenèse. Les agrégats millimétriques participent d'une sous-structure grumeleuse. L'horizon pédologique à l'aspect massif, dénué de macro-structures, est aéré et la bioturbation abondante. Il est en contact direct avec un horizon d'altération C de la roche-mère constituée de bancs de calcaires marneux.

Cette séquence a donc conservé la trace de l'évolution du versant sous la forme de deux pédogenèses. La première — la plus ancienne — est matérialisée par un paléosol qui s'est développé à partir des matériaux issus de l'altération de la roche-mère calcaire sous-jacente. Les limons argileux présents au toit des calcaires hauteriviens portent la trace de cette structuration en agrégats pédologiques. Le niveau d'éclats calcaires scelle ce paléosol. La mobilisation des matériaux calcaires sur la pente signe alors un changement dans l'évolution pédologique du versant. Le sol actuel se développe à partir des sédiments fins déposés au dessusde ce niveau de débris calcaires. Il a été progressivement nourri par les apports en provenance de l'amont jusqu'à aujourd'hui.

Quelle signification donner au dépôt d'éléments grossiers calcaires ? Il n'est pas sans rappeler les niveaux constitués de débris calcaires observés sur le versant de la colline de Roque-de-Vif. Le premier niveau mis en évidence dans la coupe du bassin versant oriental de la Vaunage scelle le paléosol qui a évolué depuis le Tardiglaciaire et qui a été mis en culture par les agriculteurs romains. Sa mise en place correspond à la phase d'abandon des aménagements agraires de l'époque romaine. Aucun élément datant certain n'a été retrouvé pour permettre de situer cet évènement dans le cours de l'Holocène sur les pentes de La Liquière. Des fragments de céramique italique ont été retrouvés à proximité de la séquence. Il faut sans doute rapprocher le dépôt conservé sur les pentes orientales de La Liquière de ce premier épisode daté dans l'est de la Vaunage. L'évolution pédologique conduisant à la formation du sol actuel sur le versant oriental de la colline n'est donc pas antérieure à la fin de l'Antiquité.

Cette succession sédimentaire complexe qui a conservé la trace d'une pédogenèse antérieure au développement du sol actuel peut être suivie sur le versant en direction du sud, où elle est encore visible dans la séquence XIII. Celle-ci présente les mêmes caractères texturaux et structuraux que la coupe précédemment décrite.

La séquence V renvoie une image plus complexe de l'évolution du versant (Fig. 52). Elle présente de bas en haut une succession de dépôts et de creusements alternés à des phases de pédogenèse. Le substrat calcaire, visible à la base de la coupe, offre une variation de faciès allant des calcaires durs lithographiques aux marnes et calcaires argileux valanginiens. Les calcaires durs hauteriviens évoluent horizontalement vers des marnes et calcaires argileux qui constituent la roche-mère altérée. Les calcaires marneux se débitent en frites dans une matrice sableuse.

A la base du sol, l'horizon minéral de profondeur C, épais de 10 cm, de couleur jaune, est en continuité avec la roche-mère dont il est issu. Il a une texture limono-sableuse. Ses constituants ont subi, dans toute sa masse, une fragmentation importante qui explique le débit en boule. C'est un horizon qui possède aussi des traits pédologiques d'accumulation de calcaire. Cet horizon enrichi est sous-jacent à un horizon B d'accumulation avec des précipitations de carbonate de calcium en quantité très importante. Les formes de concentrations sont continues, non indurées, formant des encroûtements massifs fragiles, voire quelques croûtes plus dures. De texture fine, limono-sableuse, il possède une structure fragmentaire grumeleuse.

Ces deux horizons forment ensemble un sol brun calcaire à accumulation calcaire (calcosol calcarique) dont les horizons supérieurs ont disparu. Ce paléosol résulte d'une évolution directe du matériau sous-jacent par décarbonatation. Cette altération implique une évolution sur la longue durée et pose le problème de l'âge de ce paléosol monocyclique.

Une première incision correspondant à la naissance d'un ravin d'érosion entaille les horizons profonds conservés du paléosol et la roche-mère valanginienne. Ce vallon, d'une largeur de 5 m pour moins de 2 m de profondeur, est comblé d'éclats calcaires tranchants de toutes tailles (centimétriques à décimétriques) pris dans une matrice limoneuse. Ces éléments tranchants non triés sont répartis dans le comblement à la manière des cellules de cryoturbation. Ceci laisse à penser que la mise en place de cette topographie s'est faite en contexte périglaciaire.

Le paléosol carbonaté et le ravin d'érosion fossile sont tous deux recoupés par une seconde incision qui tronque très nettement l'horizon d'accumulation B du paléosol. De taille plus modeste que la première, cette petite incision ne mesure que quelques centimètres et possède un profil en « V ». Une nappe de graviers calcaires de 5 à 10 cm d'épaisseur souligne cette nouvelle topographie et comble

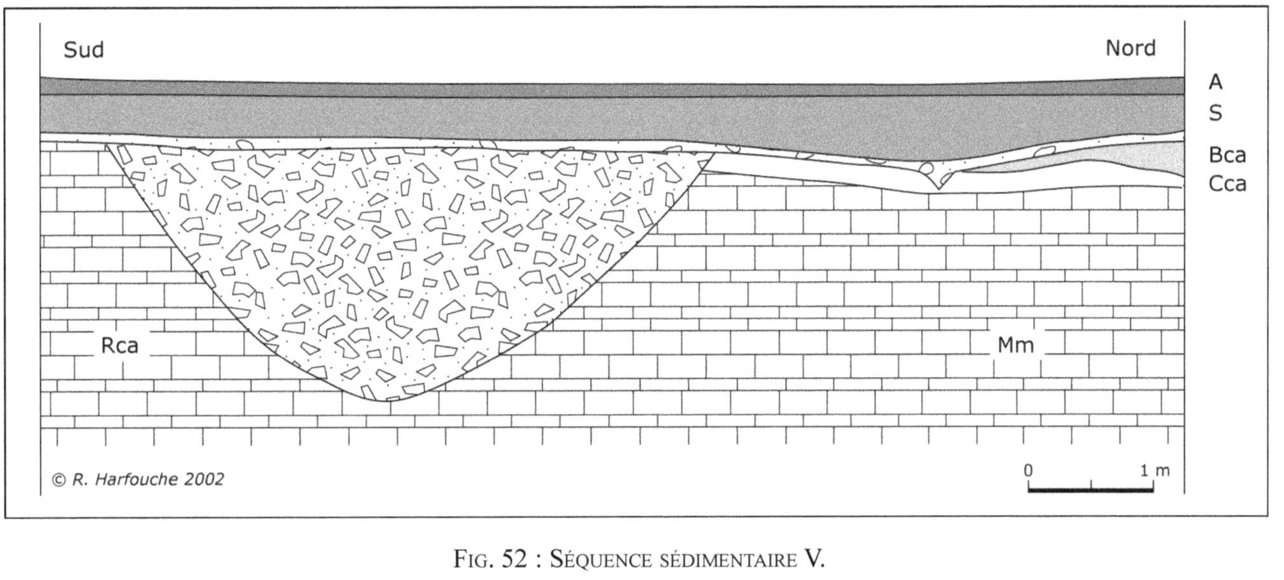

FIG. 52 : SÉQUENCE SÉDIMENTAIRE V.

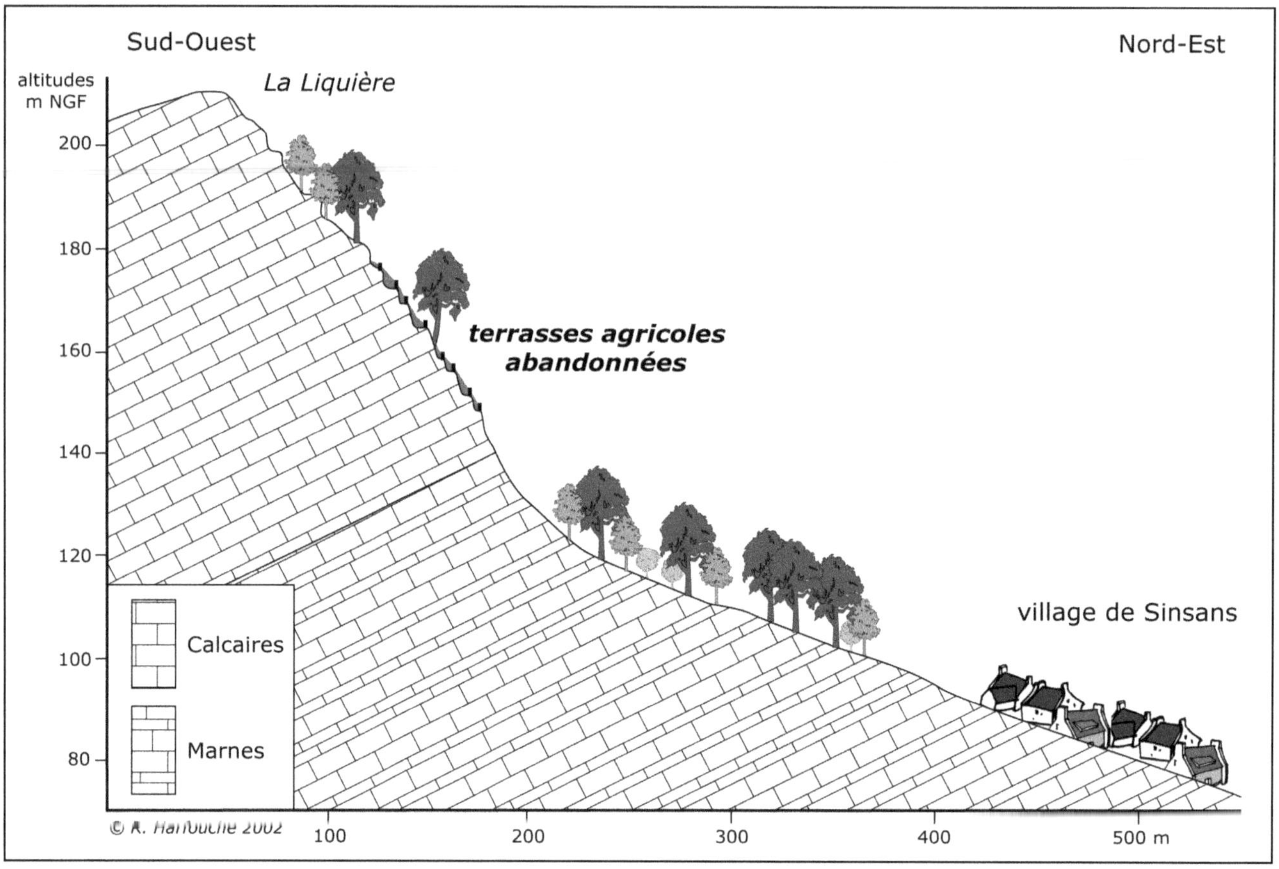

FIG. 53 : PROFIL TOPOGRAPHIQUE DU VERSANT NORD-EST DE LA LIQUIÈRE.

les micro-reliefs. La limite entre le niveau de gravier et les horizons profonds du paléosol sous-jacent est tranchée. Ce fait mérite d'être souligné car la forme des limites et des transitions dans la succession des dépôts et des horizons d'un sol a son importance dans l'interprétation de l'évolution du versant.

Ce niveau de graviers se situe sous le sol actuel. Celui-ci est un sol brun calcaire de 60 à 80 cm d'épaisseur. L'horizon organique A possède une structure fragmentaire grumeleuse marquée par une intense activité biologique, un système racinaire pénétrant et une porosité importante. La transition avec l'horizon sous-jacent est franche. Elle marque le fond du volume autrefois labouré. Au-dessous, l'horizon pédologique d'altération S présente une structure généralisée polyédrique fine et une texture limoneuse. Il comporte, dans toute son épaisseur, des cailloux et graviers calcaires. Ce sol brun calcaire épais, constamment remanié sur la pente, est néanmoins assez différencié.

Les principales questions posées par cette séquence concernent la nature et la date des phénomènes sédimentaires et pédologiques. La première incision correspondant à la naissance d'un ravin d'érosion fossile semble se produire à partir du paléosol brun à accumulation carbonatée. Le niveau de creusement est impossible à restituer en raison de la troncature du paléosol et du sommet du ravin. L'épaisseur du sol brun calcaire et sa bonne conservation dans un contexte topographique très pentu (une pente de 23 degrés entre le sommet du plateau et le piémont) est un argument en faveur de son ancienneté (Fig. 53). Il est cependant difficile d'envisager son âge avec précision, mais son développement a nécessité plusieurs siècles, peut-être durant l'époque moderne ou même médiévale. Le maintien de la couverture pédologique suggère également l'existence suffisamment prolongée d'une protection contre l'érosion.

Les moyens de protection de la couverture pédologique existent sur ce versant. Les terrasses de culture autrefois cultivées sculptent la pente auprès des séquences étudiées. Les murs de ces terrasses sont parfois partiellement ou entièrement conservés lorsqu'elles n'ont pas été détruites par des vallons peu profonds qui correspondent à la partie extrême amont des têtes de ravins qui lacèrent les pentes orientales de la colline, au droit et au sud du village actuel de Sinsans. Les angles de certains murs ont été réarmés après avoir été rongés par l'érosion. L'entretien des terrasses s'est donc poursuivi après la progression de l'érosion. L'abandon définitif de ce système de champs n'est intervenu qu'après. L'état de conservation de certaines constructions et ces réfections consécutives au recul des ravins destructeurs indiquent que cet abandon est relativement récent à l'échelle des temps historiques, sans doute moderne.

La couverture végétale témoigne aussi de l'histoire agricole du versant et de son abandon récent. Elle est constituée d'une forêt de pins d'Alep et de chênes kermès mêlés de thym, de lavande, de graminées, de buis, de *Brachypodium ramosum* et de genêt scorpion.

Le sol épais visible actuellement sur les pentes orientales du relief, à l'amont du village de Sinsans, est donc d'âge indéterminé, mais historique. Il est, de plus, en connexion avec des terrasses de culture probablement médiévales ou modernes, aujourd'hui abandonnées à la sylviculture.

Enfin, il faut signaler la présence sur le versant, à la tête des ravins, de sols bruns calcaires développés sur des dépôts de graviers quaternaires qui coiffent le substrat marneux. Ils ont les caractéristiques principales du sol actuel qui a pris naissance sur les colluvions graveleuses au droit de la combe de la Font du Coucou.

Les sols minces sur les marnes ravinées

L'existence de ces sols, souvent éphémère, est tributaire des conditions édaphiques. Le climat méditerranéen allié au relief relativement contrasté de la Vaunage a une implication directe dans la disparition de la couverture pédologique la plus riche en matière organique qui, sensible au ruissellement, n'a pas résisté aux effets destructeurs des pluies violentes sur les versants. Augmentant les effets du climat, l'absence de couvert végétal générateur de sols a aggravé cette dégradation, ce qui a mis la roche-mère à nu, l'exposant davantage au régime intense des précipitations. De plus, par sa structure et sa lithologie, le substrat marneux constitutif des versants vaunageols est en lui-même très fragile face à l'érosion, ce qui rend la reconquête végétale d'autant plus difficile et compromet la régénération des sols qui absorbent une partie des eaux de pluie. La capacité du substrat marneux tendre à s'altérer sous la végétation de pins et d'arbustes qui colonisent les pentes est donc compensée par la fragilité des roches face à l'activité des eaux de ruissellement. Il en résulte des sols peu évolués car constamment soumis à une érosion puissante (VI, XXIII). Ils sont constitués d'un horizon organo-minéral tout juste épais pour permettre l'enracinement des plantes et qui n'a pas acquis de structure pédologique généralisée (régosols, *badlands*).

Les sols sur les dépôts de bas de pente récents

L'érosion de la couverture pédologique sur les versants calcaires abandonnés se poursuit irrémédiablement. Les matériaux mobilisés sur les pentes, où le couvert végétal clairsemé n'est plus en mesure de fixer les sols, sont transportés et déposés au bas du versant. Ces mouvements sédimentaires ont affecté les pentes calcaires situées directement à l'est de la source de la Font de Coucou (IX). Un sol s'est développé à partir d'un épais dépôt de bas de pente (hauteur supérieure à 1 m) constitué de cailloux mêlés à une matrice limoneuse gris-brun (colluviosol). Ces colluvions sont différentes de celles qui ont été observées dans les autres séquences où les cailloux et les graviers sont déposés en alternance avec des fractions fines. De plus, les concrétions sont ici absentes et les sédiments ne présentent pas de signes de carbonatation. Ces caractères expriment la jeunesse de ce dépôt et du sol qui s'est développé à partir de lui. Celui-ci est peu évolué. Aucune structure stable caractéristique d'un horizon d'altération B ne s'est édifiée. Seul un horizon A de structure fragmentaire grumeleuse à polyédrique témoigne de la pédogenèse qui s'est amorcée après l'arrêt des apports et qui s'est poursuivie jusqu'à aujourd'hui. Le dépôt de ces sédiments s'est effectué à l'époque historique, les colluvions remaniant des tessons protohistoriques. Ce dépôt a pu être conservé grâce à la présence d'un mur de soutènement moderne, aujourd'hui en partie détruit, qui en a retenu la terre et dont il subsiste des pierres dans la coupe.

Le sol très évolué sur les pentes méridionales

L'étude de la couverture pédologique a permis d'identifier un lambeau de sol conservé sur les pentes méridionales du relief qui a été épargné par l'érosion (X) (Fig. 54). L'importance de ce sol réside dans le fait qu'il ne ressemble en rien aux dépôts récents précédemment décrits bien qu'il se trouve dans la même position topographique. Il s'en distingue très nettement par ses caractères pédologiques.

C'est un sol profond (1.5 m), complexe, comportant un horizon superficiel sans différenciation, brun calcaire, sur un profil plus différencié. L'horizon de surface organique A est un horizon brun foncé, de texture fine, limoneuse et de structure grumeleuse, en contact avec un horizon plus clair. La transition entre les deux est nette et régulière. L'horizon sous-jacent, brun jaune clair, est riche en éléments grossiers, des cailloux calcaires de formes irrégulières non altérés.

Le sol s'est développé à partir des marnes bleues et des bancs de calcaires marneux. Les processus d'altération ont largement atteint ces marnes et ces bancs de calcaires marneux qui présentent une altération en boules au sein de l'horizon B. Cet horizon limono-argileux, jaune brunâtre, est de structure massive à sous-structure polyédrique. Il constitue un horizon d'accumulation carbonaté à encroûtements calcaires massifs. Ces accumulations calcaires qui se forment en profondeur dans le sol consolident la masse de l'horizon en réunissant les particules élémentaires.

Ce sol est donc un sol brun calcaire à accumulation carbonatée profonde, épaisse. Il possède un profil très différencié. L'horizon B d'accumulation de calcaire est d'autant plus différencié que le sol est plus ancien. Il s'agit donc d'un sol qui a une longue histoire pédologique. Son évolution s'est poursuivie jusque récemment. Aucun événement lié à l'évolution morphodynamique du versant n'est venu perturber cette longue pédogenèse. Nul dépôt sédimentaire n'a entravé son développement.

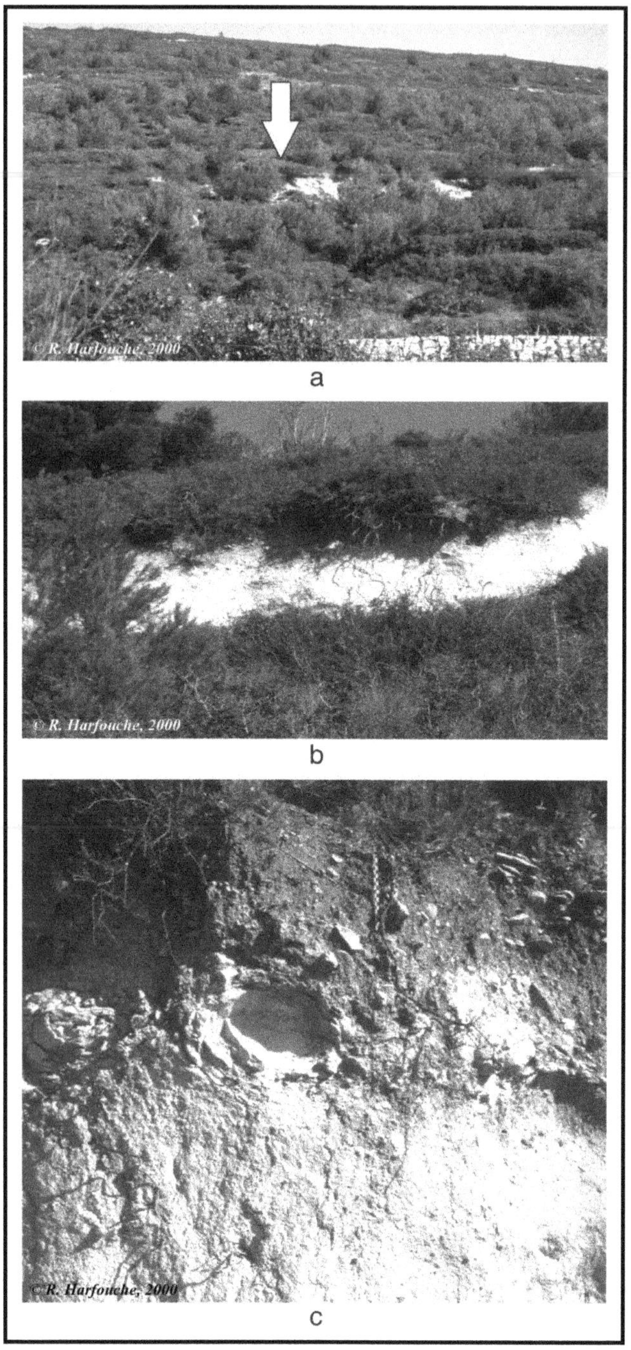

FIG. 54 : SOL ÉVOLUÉ, OBLIGATOIREMENT CONTENU PAR UN MUR DE SOUTÈNEMENT DE TERRASSE DE CULTURE QUI A DISPARU, SUR LE VERSANT DE LA COLLINE DE LA LIQUIÈRE. A : POSITION DE LA COUPE SUR LA PENTE. B : PROFIL DU SOL. C : VUE DE DÉTAIL DU PROFIL.

Ses caractères sont ceux des sols évolués, très anciens, qui rappellent les dépôts carbonatés des graviers des glacis périglaciaires. Ce sol s'est développé sur la très longue durée, à l'abri de toute perturbation d'origine anthropique ou naturelle. Il n'a pas subit les conséquences de l'érosion, responsable du décapage généralisé des couvertures pédologiques meubles, depuis longtemps. Il se distingue en cela des sols holocènes reconnus sur le bas de versant de la colline de Roque-de-Vif, où les horizons supérieurs des couvertures pédologiques sur les versants ont été décapés à plusieurs reprises au cours de phases rhexistasiques. Un profil pédologique présentant des caractères similaires (sol polyphasé comportant un horizon d'accumulation carbonaté) a été observé lors de sondages réalisés par des géographes et des archéologues anglais en Grèce, derrière un mur de soutènement de terrasse agricole (James 1994).

L'analyse de ces reliques de sol permet d'appréhender l'histoire géologique, géomorphologique et pédologique, mais aussi les rapports qui dominent les relations entre les agriculteurs et ces sols. Pour qu'il ait pu subsister sur la pente abrupte (22 degrés entre la rupture de pente et le vallon de la Font du Coucou) et se développer sur la longue durée, sans être érodé, ce sol a nécessairement été protégé. Or, il se situe dans la zone de terrasses de culture aujourd'hui abandonnées sur les hauts de versants, qui surplombent le vallon de la Font du Coucou. Sa présence ne s'explique que par sa liaison étroite avec les structures bâties en pierre sèche.

Le profil conservé sur la pente n'a rien des traits pédologiques qui caractérisent les anthroposols des terrasses cultivées de construction récente sur le piémont. Ces derniers, entièrement fabriqués par l'agriculteur au moment de la construction des terrasses de culture par la destruction, le mélange et le nivellement des horizons des sols antérieurs, ont les caractères de sols moins évolués (calcosols limoneux et caillouteux).

On constate donc une grande ancienneté du sol, très évolué, associée à la présence exclusive de mobilier protohistorique et des murs de soutènement des terrasses. Cette association ne se rencontre nulle pas ailleurs sur le versant. Ceci autorise à formuler l'hypothèse qu'il s'agit là de terrasses, proches de l'habitat perché protohistorique, qui ont pu être cultivées dès cette époque.

1.2.1.14. Les histoires des versants

Si le paysage actuel des versants de Vaunage apparaît comme un environnement ingrat et impropre aux cultures, il y a plusieurs milliers d'années, les pentes de La Liquière tout comme celles des collines de La Queyrolle et d'Artillon étaient recouvertes de terres limoneuses fertiles et cet état a duré au moins jusqu'au début de l'époque romaine.

La corrélation établie entre la cinétique de développement des sols et les terrasses de culture permet de conclure à l'ancienneté de la pétrification du versant. Le plateau étant occupé dès le IVe millénaire, puis surtout dans la première moitié du Ier millénaire avant l'ère chrétienne jusqu'à la colonisation romaine, par un important habitat groupé dont la superficie avoisine 5 ha, cette construction des hauts de versants méridionaux est donc à mettre au compte d'une agriculture organisée, antérieurement à la colonisation romaine. Le contrôle des versants aux fins d'agriculture n'était donc pas ignoré de ces communautés protohistoriques.

Au cœur même de ce « pays » qu'est la Vaunage, un versant voisin de quelques kilomètres de celui de Roque-de-Vif offre donc une autre image de ce qu'a pu être l'espace agricole des agglomérations protohistoriques. Grâce à ces visages différents offerts par les pentes d'une unité de paysage de dimensions relativement réduites comme la Vaunage, il est possible de démontrer que la mise en valeur des sols a relevé de choix spécifiques que les populations d'agriculteurs pré romains ont effectués selon leurs besoins et les caractères propres à chaque versant. Ces choix rendent compte des diversités des situations et rappellent la nécessité, sur le plan méthodologique, de multiplier les fenêtres d'observation afin de dégager la diversité des systèmes d'exploitation et d'éviter les généralisations hâtives. Sur les versants occidentaux de la Vaunage, comme sur les versants orientaux, cette variabilité s'exprime à l'échelle d'un même relief. L'étude du paysage au droit de la colline de La Liquière permet d'opérer une distinction entre les versants septentrional et oriental du relief d'une part, et les versants méridionaux d'autre part. La couverture pédologique et la végétation portent la signature de ces différences. En premier lieu, les pentes septentrionales à la topographie plus marquée sont aujourd'hui très largement gagnées par la garrigue et la recolonisation forestière. En deuxième lieu, la mise en terrasses des champs y est beaucoup moins importante. Enfin, l'étude des sols conservés sur ces versants a montré que les champs n'y sont pas antérieurs à l'époque historique ni vraisemblablement à l'époque médiévale.

L'efficacité des mesures de protection des sols contre l'érosion prises par la communauté d'agriculteurs a permis le maintien de la couverture pédologique. Ces mesures se sont concrétisées par l'aménagement de terrasses de culture bâties en pierre sèche à partir des matériaux collectés sur place issus du débit de la roche calcaire en lauzes. Contrairement à la mise en culture fragilisante des sols, jusqu'à en être destructrice pour eux, constatée sur les plateaux des garrigues, aussi bien dans les terroirs d'*Ambrussum* que dans ceux de l'*oppidum* de Roque-de-Viou, l'exploitation des ressources de la terre s'est ici accompagnée d'une gestion raisonnée du milieu. Elle implique une maîtrise totale des écoulements et du premier moyen de production de l'agriculture, dans la chaîne opératoire du paysan, qui n'est autre que le sol. Ces pratiques anciennes ont également été mises en évidence sur d'autres versants de la Vaunage, autour de la colline de Mauressip.

1.2.1.15. Le paysage particulier de la butte-témoin de Mauressip

Au nord de l'anticlinorium, à l'est de la « Porte de Vaunage », qui permet de quitter le bray en direction du bassin de Sommières, la butte-témoin de Mauressip fait figure d'un chicot de roche dure adossé à la barrière de calcaires qui marque la limite de la Vaunage au nord (Fig. 55). Le relief culmine à 184 m NGF. Son apparence imposante est également due à sa position dans le bray. Il forme une colline bien individualisée par rapport aux crêts qui ceinturent la dépression.

Autour du relief, le substrat marneux est peu présent, remplacé par les calcaires marneux. Des ravinements de

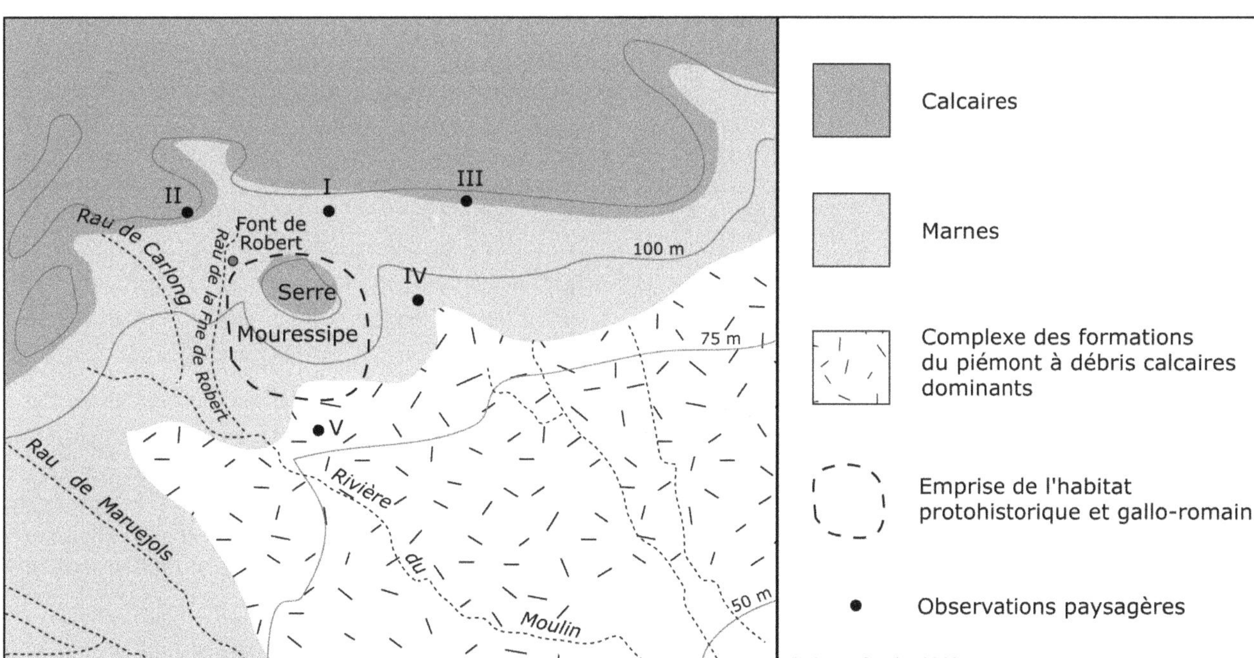

FIG. 55 : CARTE DE LA COUVERTURE GÉOLOGIQUE AU DROIT DE LA COLLINE DE LA SERRE MOURESSIPE (SAINT-CÔME-ET-MARUÉJOLS, GARD, FRANCE).

faible puissance affectent les roches valanginiennes à l'est de la colline et celles-ci affleurent discrètement dans l'ensellement au nord de la butte ainsi qu'à l'ouest, dans la partie amont de la combe du ruisseau de Carlong. Dans cette combe, les calcaires nus dominent le paysage. La couverture pédologique a été décapée par l'érosion.

L'histoire quaternaire des versants est celle-là même qui rythme les façonnements du piémont du relief de La Liquière. A l'est de la butte-témoin, un ancien chemin creux a été progressivement transformé en ravin par l'écoulement concentré des eaux temporaires. Il est aujourd'hui partiellement revégétalisé. Cette dégradation progressive d'un paysage anthropisé qui n'est plus entretenu est bien décrite dans le Panégyrique d'Autun. Le Panégyrique de Constantin évoque le mauvais entretien de la plaine du *Pagus Arebrignus*, à la fin du IIIe et au début du IVe siècle de l'ère chrétienne. Dans cet éloge de l'empereur, à l'occasion de la visite qu'il effectue à Autun au début du IVe siècle de l'ère chrétienne, l'auteur anonyme décrit les aménagements des rives de la Saône qui servaient autrefois au drainage et à l'irrigation des champs : « Quant à la plaine située en contre-bas et qui s'étend jusqu'à la Saône, elle fut, dit-on, assurément riante autrefois, lorsque sur les limites du terroir de chacun une culture continue faisant s'écouler les eaux courantes des fontaines par des canaux à ciel ouvert ; à présent, les canaux obstrués par les destructions, toutes les parties qui, en raison même de leur faible élévation, étaient les plus fertiles, sont converties en fondrières et en marais. » (Panégyriques Latins, VIII, 6 ; Chouquer 1983 : 114, 1993 : 61). En Vaunage, le chemin creux abandonné s'est transformé en un fossé peu large. Les murs des champs en terrasses qui le bordaient se sont écroulés, puis la terre qu'ils contenaient s'est déversée dans le chemin et celui-ci s'est comblé petit à petit. Les flux hydriques vigoureux ont entaillé les sédiments ainsi déposés, donnant au chemin un profil étroit de fossé drainant.

L'érosion de la berge du cours d'eau temporaire a mis au jour une séquence sédimentaire qui ouvre une fenêtre sur les rythmes de la morphogenèse des versants (IV). A la base de cette coupe de 3 m de hauteur, les marnes affleurent et présentent une altération en boules. La roche-mère est entaillée par une incision correspondant à la naissance d'un ravin d'érosion. Ce vallon est ensuite comblé par des colluvions anciennes, des graviers gélifractés, qui recouvrent également les marnes. Ce dépôt d'éclats calcaires est surmonté d'un niveau limoneux, clair, de 20 cm d'épaisseur, exempt d'éléments grossiers. La transition entre les grèzes litées et le dépôt limoneux est nette et continue latéralement.

Le sol actuel s'est développé sur ces dépôts. C'est un sol brun calcaire épais (80 cm) qui présente une différenciation en horizons pédologiques (calcosol). L'horizon profond du sol est brun ocre et de texture limoneuse. Sa structure est polyédrique et il contient des graviers émoussés résultants d'un déplacement sur la pente et d'une altération biochimique. La charge en cailloux et graviers émoussés s'accroît vers le haut du profil. L'horizon intermédiaire est constitué de graviers dans une matrice limoneuse. L'horizon de surface organique brun gris à sec est de structure fragmentaire très grumeleuse. Il est poreux et largement pénétré par le système racinaire.

Ce sol visible actuellement est suffisamment épais et différencié pour ne pas être considéré comme un sol jeune. Il est d'âge indéterminé mais historique. Il doit sa conservation sur la pente au mur de soutènement de la terrasse qui borde le chemin creux et qui l'a contenu pendant plusieurs siècles. Ces sols sont à rapprocher des sols bruns qui ont pu se développer à l'abri de toute érosion naturelle ou anthropique sur le piémont de La Liquière, grâce à la présence de murs de terrasses protecteurs.

Sur le piémont méridional de la colline, les colluvions épaisses de 3 à 4 m, sont des fractions fines (V). Elles se rapprochent davantage des dépôts de bas de pente reconnus sur le bas de versant de la colline de Roque-de-Vif qui sont constitués de matériaux limoneux, que des cônes à graviers mis en évidence sur le piémont de la colline de La Liquière. Là encore, c'est la présence des terrasses de culture qui modèlent le paysage qui a favorisé la conservation de ces sédiments sur de telles épaisseurs.

La colline est occupée dès le début du Ve siècle avant l'ère chrétienne par un habitat composé de « huttes » construites en matériaux périssables, puis, vers le milieu du Ve siècle avant l'ère chrétienne, on y construit des « cabanes en pierre » (Py 1990). Une tour monumentale est élevée au sommet du relief avant la fin du IVe siècle avant l'ère chrétienne. Au IIe siècle avant l'ère chrétienne, la tour construite selon une technique indigène est habillée d'un parement de blocs calcaires de facture hellénistique selon des procédés techniques comparables à ceux mis en œuvre dans l'édification du rempart de Saint-Blaise (Bouches-du-Rhône) (Py 1992). La présence de cette construction édilitaire dans l'anticlinorium est unique. La singularité de l'habitat groupé de Mauressip est renforcée par le choix de techniques de construction grecques. Cette réalisation architecturale marquerait l'entrée de l'agglomération dans les circuits d'échange massaliotes par le biais d'une main-d'œuvre grecque (Py 1990). C'est également à l'époque augustéenne que se développe la production céramique d'un atelier de potier installé dans le vallon de la Fontaine de Robert. Celui-ci produit notamment des amphores (Laubenheimer 1985 : 149-152, 306). Ces découvertes témoignent du dynamisme de l'agglomération et conduisent à s'interroger sur le visage du territoire agricole contrôlé par l'habitat et sur les processus d'exploitation des sols par ses agriculteurs.

L'habitat implanté au sommet de la butte-témoin disparaît progressivement au cours du Ier siècle avant l'ère chrétienne au profit du piémont. La superficie de l'agglomération protohistorique est estimée à plus d'une dizaine d'hectares,

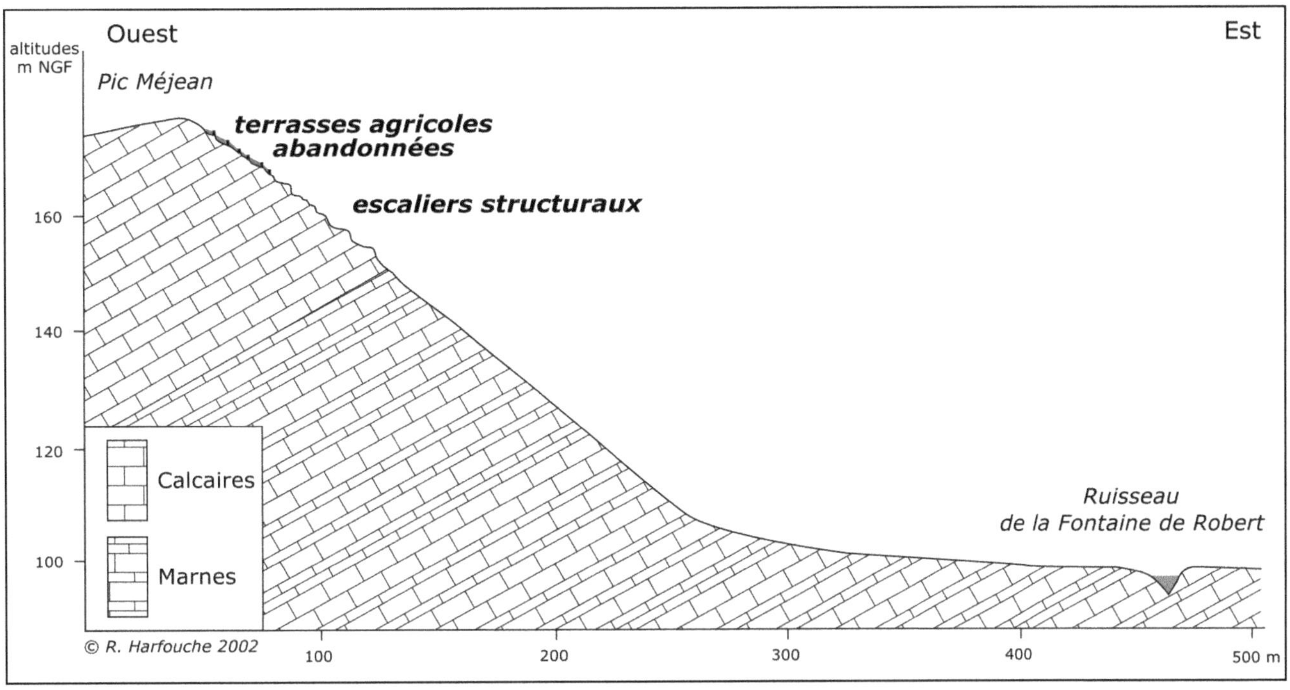

FIG. 56 : PROFIL TOPOGRAPHIQUE DU VERSANT SUD DU PIC MÉJEAN, AUTREFOIS CULTIVÉ EN TERRASSES, AU NORD-OUEST DE LA BUTTE-TÉMOIN DE SERRE MOURESSIPE.

mais le tissu des découvertes archéologique est discontinu. Il est bien difficile dans ces conditions de distinguer ce qui dans les vestiges retrouvés sur le piémont relève de l'agglomération proprement dite et ce qui appartient à des établissements autonomes. Cette difficulté est d'autant plus grande que les gisements répertoriés sont identifiés au cours de prospections au sol à vue et n'ont pas fait l'objet de fouilles. Le piémont oriental est encore fréquenté à la fin du IVe siècle de l'ère chrétienne et au début du Ve siècle de l'ère chrétienne.

Le développement de l'agglomération sur les versants de la colline a favorisé le maintien de la couverture pédologique. Après l'abandon de l'habitat antique, les murs de contention des terres ont contribué à la protection des sols. Ceci explique la faiblesse des colluvions au pied de la colline, tant à l'ouest, dans le vallon du ruisseau de Carlong, aménagé en terrasse dès l'époque augustéenne dans le cadre du développement de l'agglomération, que sur les piémonts méridionaux et orientaux.

1.2.1.16. Des champs en terrasses

A l'ouest de la colline, le versant oriental du relief du Pic Méjean est presque complètement dépourvu de couverture pédologique. Les bancs calcaires affleurants en escaliers structuraux sont rongés par l'érosion (Fig. 56). Ces formes géologiques ont servi de fondation à une succession de murs de soutènement de terrasses agricoles dont il ne subsiste aujourd'hui, après leur abandon, que quelques assises effondrées, voire quelques pierres (II) (Fig. 57). Sur cette pente à 18 degrés, entre le sommet de la colline et le ruisseau de Carlong, une mise en culture

FIG. 57 : LITHOSOLS ET SOLS TRONQUÉS SUR LA PENTE SUD DU PIC MÉJEAN, PRÈS DE L'HABITAT PROTOHISTORIQUE ET GALLO-ROMAIN DE MAURESSIP. TERRASSES DE CULTURE ABANDONNÉES, TRÈS DÉTRUITES ET ESCALIERS STRUCTURAUX (POINT II).

ne peut se dispenser d'un système de défense des sols. De nombreux fragments de céramiques protohistoriques jonchent le sol de ces champs. Sur cette pente raide, la couverture pédologique est très érodée, mais les artefacts ne sont pas émoussés. En aval du système de champs organisés en gradins, la roche-mère constituée de bancs de calcaires durs crétacés a été mise à nu par l'érosion. Le profil du versant est crénelé en escaliers structuraux. Les agriculteurs ont tiré profit des ressauts naturels de la roche pour asseoir les murs sur des fondations solides. La première assise des murs bâtis en pierre sèche repose sur ce socle dur. Elle est construite en pierre sèche verticale et est vraisemblablement ancienne (au moins pluri-séculaire), comme sur les pentes de la Font du Coucou.

FIG. 58 : SOL TRÈS ÉVOLUÉ, AVEC HORIZONS PROFONDS CARBONATÉS, DÉVELOPPÉ SUR LES MARNES DU VALANGINIEN SUPÉRIEUR, À L'ARRIÈRE DE LA BUTTE-TÉMOIN OÙ EST BÂTIE L'AGGLOMÉRATION PROTOHISTORIQUE ET GALLO-ROMAINE DE MAURESSIP (POINT I).

L'état très dégradé de la couverture pédologique reflète la puissance des processus morphodynamiques sur le versant après l'arrêt de l'exploitation agricole et l'abandon de l'entretien des constructions en terrasses. Néanmoins, la disparition des sols sur les pentes n'est pas généralisée à tous les versants.

L'enquête conduite sur le terrain a permis de reconnaître des lambeaux de sols conservés sur les pentes proches de l'habitat protohistorique et gallo-romain de Mauressip. Un sol en particulier a été préservé jusqu'à aujourd'hui sur les pentes proches de la colline (I) (Fig. 58). Il présente les mêmes caractéristiques pédologiques que le sol très évolué conservé sur le versant méridional de la colline de La Liquière (calcosol calcarique). Ce sol est lui aussi un sol épais. Il possède le même horizon profond d'accumulation carbonaté avec des encroûtements massifs. Les calcaires marneux dont il est issu présentent également une altération en boule caractéristique. Ce profil très différencié est celui d'un sol très évolué.

Ces sols développés sur les pentes proches de l'*oppidum* de Mauressip ont donc un degré d'évolution poussé qui implique la très longue durée. Ils sont très anciens. On peut affirmer là encore qu'ils ont été exploités par les agriculteurs protohistoriques, qui ont pris soin de les protéger des effets dévastateurs de l'érosion sous le climat méditerranéen, en élevant des murs de contention des terres.

Si la construction des versants de la Vaunage pour l'agriculture est effective dès la Protohistoire, de vastes systèmes de champs en terrasses ont aussi été aménagés sur le bas des pentes et en plaine.

1.2.1.17. Des systèmes de terrasses de culture sur les bas de versants

Le parcellaire actuel au droit des pentes et du piémont de la colline de La Liquière est organisé selon une topographie en paliers. Les champs de céréales, les vergers et les vignobles qui se développent depuis le milieu de la pente en direction de la plaine sont systématiquement aménagés en gradins (Fig. 33 et 38). Les terrasses sont parfois armées par des murs de pierre, mais elles sont principalement soutenues par des talus gazonnés. Sur les bas de versants méridionaux, les parcelles s'organisent selon des gradins parallèles dans le cadre d'un système cohérent. Ces aménagements semblent entretenir des relations morphologiques avec le réseau de ravins qui lacèrent les versants, en contrebas des murs de soutènement abandonnés. Une cartographie du parcellaire et des ramifications des ravins, a été menée à bien afin de définir ces relations. L'analyse détaillée du parcellaire se faisant nécessairement à l'échelle du quartier cadastral, seule une fenêtre d'environ 60 ha couvrant les pentes méridionales de La Liquière et le vallon de la Font du Coucou a fait l'objet d'une analyse par carto-et photo-interprétation.

Le paysage du bas de versant se présente aujourd'hui sous la forme de systèmes de terrasses abandonnées dans la partie amont. Les champs encore cultivés sont entaillés par des ravins d'érosion spectaculaires, aux multiples ramifications. Les parois des ravins, s'évasant avec la progression de l'érosion, épousent les limites des parcelles. Celles-ci appartiennent à un parcellaire en terrasses orthonormé. Le tracé des ravins de La Coste Basse et de La Coste Haute s'intègrent parfaitement dans ce système (Fig. 36). Il existe donc un lien étroit indéniable entre la genèse et l'aggravation de l'érosion sur les pentes et leur mise en terrasses. Plus largement, l'aspect du versant répond à une organisation générale cohérente du paysage entre le réseau viaire, les champs construits en terrasse et les ravins qui sont vraisemblablement contemporains ou postérieurs au parcellaire. Dater ce parcellaire permettrait de situer la création du système de terrasse et la formation des ravins sur l'échelle du temps.

En l'absence de fouilles archéologiques, une hypothèse peut être formulée à partir de la vision au sol des vestiges archéologiques, pour avancer une date à la mise en place du système de terrasses agricoles qui modèlent aujourd'hui le bas du versant de la colline de La Liquière (Fig. 59). Bien qu'il ne soit pas possible de conclure à l'antiquité des terrasses à partir des seuls artefacts romains retrouvés à la surface des champs, leur distribution est révélatrice de leur mise en place. En effet, un habitat rural gallo-romain découvert en prospection est installé sur l'une des terrasses du système de champs compris entre les deux bras du ravin dans le quartier cadastral de La Coste Basse. Le site a été recoupé par le bras occidental du ravin dont la tête recule inexorablement. Les vestiges de l'habitat ont donc aussi été retrouvés sur la terrasse située à l'ouest du bras occidental du ravin.

L'extension des éléments mobiliers du site bâti couvre la terrasse supérieure et la terrasse inférieure. A

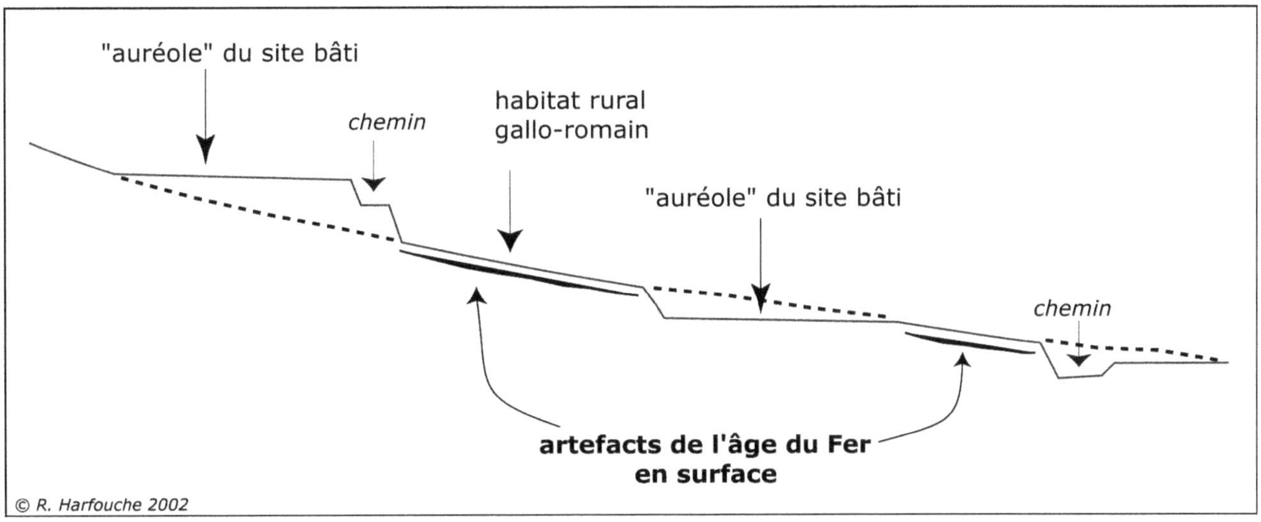

Fig. 59 : Anomalie dans l'image de surface produite par le mobilier archéologique sur le système de terrasses de bas de versant de la colline de La Liquière.

l'emplacement même où ont été découverts les vestiges du site, des artefacts appartenant à un gisement de l'âge du Fer ont également été reconnus en surface. Les vestiges mobiliers de cette même époque n'ont pas été retrouvés sur la terrasse inférieure, mais en aval de celle-ci. La création des talus et des chemins à l'époque romaine expliquerait cette distribution des artefacts. La relation étroite entre l'habitat gallo-romain et le parcellaire de terrasses portant la trace des rejets autour de l'habitat, ainsi que l'anomalie dans l'image de surface du site protohistorique contribuent à valider l'hypothèse selon laquelle le système de terrasses du bas de versant a été créé à l'époque romaine.

Par ailleurs, ce parcellaire en terrasses appartient à une organisation cohérente du paysage. Les lignes directrices de ce système de champs étagés s'inscrivent dans un tissu parcellaire qui relève du cadastre Nîmes A, comme sur les versants de la colline de Roque-de-Vif. Bien qu'il soit plus discret sur les versants occidentaux de la Vaunage, la permanence de ce réseau dans l'aménagement actuel des pentes de la colline de La Liquière témoigne de cette importante phase de conquête extensive des terres de l'anticlinorium dans la première moitié du Ier siècle avant l'ère chrétienne (Fig. 60). Elle est matérialisée par l'aménagement de la topographie en gradins et la gestion des écoulements par le creusement de structures drainantes telles que celles qui ont été retrouvées au droit des pentes de Saint-Dionisy.

La construction des champs en plaine et la maîtrise des écoulements : le rôle des chemins

Trois chemins principaux s'intègrent au parcellaire actuel au droit des pentes et du piémont, au sud et à l'est de La Liquière. Les deux chemins de direction globalement nord-sud sont : le chemin de Montpezat à Calvisson ou chemin vicinal ordinaire n° 2 (chemin de la combe de la Font du Coucou) et le chemin haut de Sinsans à Calvisson. Le troisième chemin de direction globalement est-ouest est le chemin de Souvignargues à Saint-Dionisy, dont il ne subsiste aujourd'hui que la partie occidentale. Il n'est désormais plus praticable vers l'est puisqu'il est remplacé par un ravin d'érosion qui l'a progressivement grignoté en remontant le sens de l'écoulement des eaux, depuis la plaine du Rhôny en direction de l'ouest. C'est le cas le plus représentatif d'un ravin récent qui se substitue petit à petit à un chemin. En effet, sur le cadastre du début du XIXe siècle, c'est le seul ravin qui est encore indiqué comme un chemin carrossable. La mise en place de cette incision est donc extrêmement récente. Elle témoigne de la rapidité à laquelle se développe l'érosion au pied du relief.

L'axe viaire majeur du paysage au droit de la colline de La Liquière est le chemin vicinal ordinaire n° 2 qui gravit la combe de la Font du Coucou. Il a déjà été question de ce grand linéament du paysage qui possède un profil en travers très spectaculaire de chemin creux. Il est bordé de part et d'autre de talus gazonnés, parfois — mais rarement — de murs de champs aménagés en terrasses sur les pentes des collines d'Artillon et de Panafieu. Les talus de taille imposante dépassent fréquemment 3 m de hauteur. Ce grand chemin creux a une double fonction dans le paysage. Il permet la circulation des bêtes, des biens et des hommes depuis la plaine jusqu'à la colline. Il possède également une fonction agrotechnique. C'est un élément essentiel de l'aménagement agraire car il constitue une structure drainante permettant l'évacuation des eaux de ruissellement en canalisant les flux hydriques vers la plaine. Des chemins du même type qui constituent un exutoire pour les eaux lors des précipitations violentes et abondantes qui menacent les sols sur les pentes ont été mis au jour par des fouilles archéologiques, notamment aux portes de la ville de Nîmes protohistorique (Poupet 1993), à Lunel-Viel (Hérault), ainsi que dans la région de Béziers (Hérault) (Poupet 1990b) (Fig. 61). Toutes ces voies

Fig. 60 : Aménagements agraires en Vaunage participant du parcellaire Nîmes A. En trait gras : chemins. En trait fin : limites de parcelles.

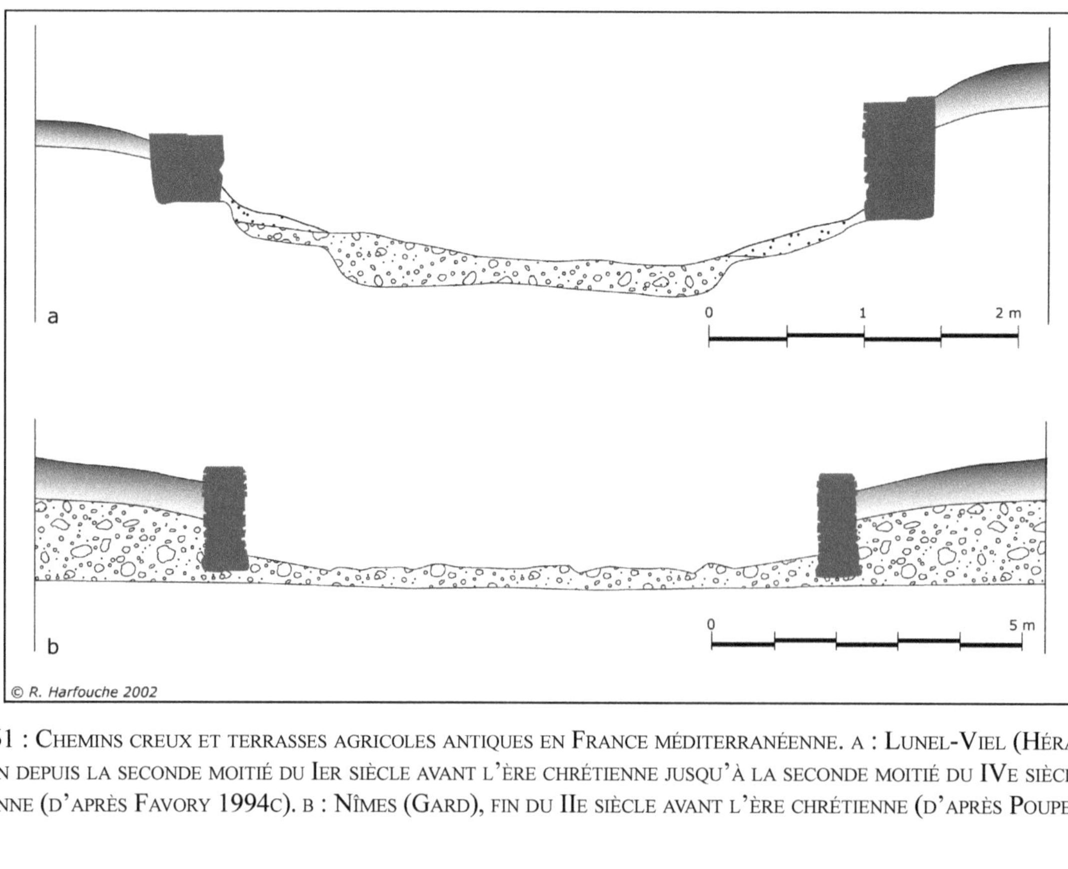

Fig. 61 : Chemins creux et terrasses agricoles antiques en France méditerranéenne. a : Lunel-Viel (Hérault) ; utilisation depuis la seconde moitié du Ier siècle avant l'ère chrétienne jusqu'à la seconde moitié du IVe siècle de l'ère chrétienne (d'après Favory 1994c). b : Nîmes (Gard), fin du IIe siècle avant l'ère chrétienne (d'après Poupet 1993).

FIG. 62 : CHEMIN HAUT DE SINSANS À CALVISSON (GARD, FRANCE) BORDÉ, SUR LA GAUCHE, D'UN CHAMP EN TERRASSE.

ont été découvertes dans des contextes stratigraphiques directement postérieurs à la conquête romaine.

Un autre type de chemins appartient à l'organisation du parcellaire en terrasses sur le piémont. Dans la partie méridionale de son tracé, le profil en travers du chemin haut de Sinsans à Calvisson se présente souvent sous la forme d'un talus gazonné ou d'un mur de soutènement soigneusement construit au pied duquel est creusé le fossé bordant le chemin proprement dit (Fig. 62). Le dénivelé qui sépare le champ occidental du chemin peut atteindre 2 m à 2.50 m au plus profond. De l'autre côté de la surface de roulement, le chemin est limité par un autre petit fossé qui a généralement été gommé du paysage. Il est creusé en limite d'un champ dont la surface est à la même hauteur environ que le niveau du chemin.

Ce profil d'axe viaire se rencontre souvent en Vaunage où il est généralement associé à un parcellaire en terrasse, romain précoce. Le chemin relie parfois deux centres de population importants. C'est le cas du chemin haut de Sinsans à Calvisson qui est probablement un des linéaments les plus remarquables du paysage vaunageol reliant les agglomérations antiques de Calvisson et de Mauressip.

Ce type de construction du paysage rural, associant chemins et terrasses, a été mis en œuvre au pied de la colline de La Liquière où la faible pente ne nécessitait pourtant pas de tels aménagements. D'ailleurs, dans des conditions topographiques similaires en d'autres endroits de la dépression, les constructeurs ont opté pour d'autres solutions. La régulation des eaux de ruissellement a joué un rôle majeur dans la décision prise par les constructeurs d'aménager le versant en terrasses. Le déclenchement de l'érosion après l'abandon de ces systèmes rend bien compte de la nécessité de canaliser les flux hydriques sur la pente pour assurer le maintien des sols.

L'hypothèse qui peut être avancée pour expliquer le tracé du chemin de la combe de la Font du Coucou et du ravin qui le longe a déjà été évoquée. Elle renvoie à l'histoire tectonique récente de l'anticlinorium. Les eaux de la source de la Font du Coucou, qui s'écoulent dans le ravin occidental, ont à un moment donné de l'histoire coulé dans ce chemin creux, en limite du cône de déjection, puis ces eaux ont brusquement coulé vers l'est, en éventrant le cône.

De même que le chemin gravissant la combe de la Font du Coucou, le chemin de Souvignargues à Saint-Dionisy est un aménagement du parcellaire en terrasse d'époque romaine. Bien qu'il soit aujourd'hui presque entièrement transformé en ravin sur le piémont et en fossé dans la plaine, A. Parodi et C. Raynaud ont avancé l'hypothèse d'un tracé viaire ancien qui se poursuit vers l'est, traversant la dépression de part en part. Au pied de la colline de Roque de Vif, le chemin se confondrait alors avec le tracé de l'actuelle route départementale 40 (Parodi 1987 : 13 et 49). Les auteurs mentionnent, à l'occasion de travaux réalisés sur cette même route, la découverte d'un sol empierré sous la chaussée actuelle de la RD 40. Cet empierrement aurait livré des fragments céramiques et une monnaie appartenant au IVe siècle de l'ère chrétienne. Ils en concluent que cette voie était utilisée durant l'Antiquité tardive, la route actuelle ayant emprunté son tracé.

Il semble donc bien que tous ces chemins soient en étroite relation avec des aménagements d'époque romaine qui ont plus ou moins bien survécu jusque dans le paysage actuel. Ils participent de l'organisation des systèmes de terrasse en permettant le cheminement des animaux et des hommes, mais aussi en répondant à un besoin technique fondamental pour l'agriculteur, celui de gérer les flux hydriques sur le versant soumis au climat méditerranéen.

L'aménagement des versants et le déclenchement des processus érosifs

Le relevé des masses parcellaires sur les pentes et le piémont permet de définir l'organisation des ravins par rapport à ces linéaments qui structurent le paysage. Les observations effectuées sur le terrain avaient abouti à une première conclusion selon laquelle les tracés des ravins s'organisaient en fonction du parcellaire occupant l'interfluve principal des deux incisions majeures (quartier cadastral de La Coste Basse). Les ravins épousent très nettement la forme quadrangulaire des champs au bas des pentes (quartiers cadastraux de La Coste Basse et de La Coste Haute). Il est donc possible d'avancer une datation relative pour le déclenchement des processus érosifs à la lumière des rapports que les ravins entretiennent avec le parcellaire. Un premier constat peut être formulé : les ravins qui déchiquètent les pentes méridionales de la colline de La Liquière peuvent être antérieurs à l'organisation du versant en terrasses puisque la direction adoptée par le tracé des parcelles respecte les incisions. Il est cependant plus vraisemblable que les processus érosifs ont été contraints — voire provoqués — par la mise en culture de la pente. Les limites de parcelles établies dans le sens de la pente ont été les axes privilégiés des ruissellements et ont fait naître le réseau des ravins.

Le déclenchement des processus érosifs au droit des pentes de La Liquière est donc bien directement postérieur à l'abandon des aménagements en terrasses construits à l'époque romaine. Les sites archéologiques républicains et du Haut-Empire respectent le parcellaire. Ils sont distribués sur les versants, de part et d'autre des ravins d'érosion. Cette implantation privilégiée des gisements au lendemain de la conquête romaine est pour le moins surprenante. Elle l'est tant par rapport au vide constaté à cet endroit aux époques précédentes que par la densité des gisements retrouvés. Un type d'occupation similaire a été démontré en Provence, sur les pentes et le piémont méridional de la Sainte-Victoire (Bouches-du-Rhône) où des sites protohistoriques et romains ont été rencontrés dans un contexte de versants dégradés, sillonnés de talwegs occupés par des cours d'eau temporaires au régime torrentiel (Jorda 1997). L'étude géomorphologique conduite par M. Jorda sur le piémont de Puyloubier, confrontée aux données de la prospection qui a révélé la présence d'un grand nombre de sites de l'âge du Fer et de l'époque romaine implantés entre les bras des ravins, conclu à la mise en place de ce paysage dégradé antérieurement à la Protohistoire, voire antérieurement à l'Holocène, très probablement au cours du Pléistocène supérieur, dès la dernière phase glaciaire (Würm). Sur les versants de La Liquière et des collines proches où aucun site protohistorique n'a été découvert, il est difficile de conclure à l'existence de ravins dès cette époque, en l'état de la documentation, mais aussi pour les différentes raisons évoquées plus haut.

La localisation actuelle de nombreux sites archéologiques entre les bras des ravins n'en demeure pas moins problématique. Elle pose le problème d'un accès aux différents interfluves. Deux hypothèses peuvent être avancées. La première est fondée sur la relative jeunesse de ces érosions à l'échelle des temps historiques. La mise en place de ces ravins serait postérieure à l'implantation des gisements et ne serait donc pas antérieure à l'Antiquité tardive. Cependant, la présence de ces sites précisément sur les bandes de terre aujourd'hui épargnées par les griffures du ruissellement peut être comprise dans le sens d'une contemporanéité des érosions et des établissements du Haut-Empire qui évitent volontairement les talwegs en s'installant de part et d'autre. Cette seconde hypothèse suppose l'existence d'un accès aux sites notamment aux gisements les plus occidentaux, cernés de ravins, sur les pentes et le piémont au débouché du vallon de la Font du Coucou. Le passage actuel consiste en un pont qui relie le chemin d'accès à la Bergerie Hermet (chemin de Montpezat à Calvisson) à l'interfluve occidental (quartier cadastral de La Coste Basse). Cet ouvrage de franchissement comporte trois arches construites à l'aide de gros moellons parfaitement jointifs. L'ancienneté de ce pont est très probable au regard de sa facture, mais il est impossible de dater sa construction sans informations complémentaires. L'estimation de l'âge de l'ouvrage permettra cependant d'avancer un premier *terminus post quem* à la mise en place du ravin qu'il franchit. Dans le cas où les habitats romains sont contemporains des ravins, l'accès aurait pu se faire à cet endroit ou ailleurs par le biais d'un ouvrage similaire.

L'hypothèse selon laquelle l'accès aux sites aurait pu s'effectuer par le sommet de la colline et les hauts de versant n'est topographiquement pas impossible, puisque la pente n'est pas suffisamment forte pour interdire un cheminement. Cette hypothèse est cependant peu probable, pour des raisons pratiques d'une part, car l'accès par le piémont demeure le plus aisé. D'autre part, l'accès par le plateau suppose un lien étroit et privilégié entre l'habitat de la colline et les établissements de la pente, lien qui n'est à ce jour pas démontré. Les installations de bas de pente doivent donc être appréhendées en tant que telles, indépendamment d'une quelconque emprise d'un autre centre de population qui demeure infondée. De plus, si l'on admet la fonction de l'occupation romaine de la colline de la Liquière telle qu'elle a été avancée par les prospecteurs, à savoir « une fréquentation ou une annexe agraire », il parait difficile de voir un quelconque lien de dépendance instauré par un établissement de nature aussi éphémère.

L'analyse morphologique du parcellaire en terrasses et des chemins qui le traversent permet donc de proposer l'hypothèse suivante concernant l'évolution des versants de la colline de La Liquière, postérieurement au IIe siècle avant l'ère chrétienne : La mise en place des ravins d'érosion est contemporaine ou postérieure à un parcellaire (champs et voies) qui date de l'époque romaine, mais qui a pu reprendre le tracé d'axes viaires antérieurs.

La seule certitude réside dans la genèse de toutes ces érosions qui est antérieure au XIXe siècle puisqu'à une exception près, elles figurent toutes sur le cadastre napoléonien. Cependant, le fond des ravins empruntant des « voies naturelles » dans les dépressions ménagées au contact de deux cônes de déjection, les eaux de ruissellement ont pu, de tous temps, s'évacuer par les mêmes passages sous la forme de petites rivières temporaires. Les pentes de La Liquière devaient donc se présenter comme de multiples croupes plus ou moins marquées sur lesquelles étaient implantés les habitats, séparés par des ruisseaux durant quelques moments de l'année. Connaissant cette micro-topographie, il est plus facile d'appréhender les choix qui ont prévalu à l'implantation des nombreux sites du Haut-Empire sur la pente. Ils occupaient des positions similaires, sur les cônes de déjection qui forment autant de micro-reliefs dominant le reste du paysage.

L'histoire des processus morphodynamiques qui ont affecté la pente de la colline de La Liquière sont à rapprocher de ceux qui ont été observés sur le versant de Saint-Dionisy. La mise en place des érosions y est postérieure au IIIe siècle de l'ère chrétienne. Bien qu'ils soient extrêmement profonds, les ravins adoptent les tracés des terrasses de

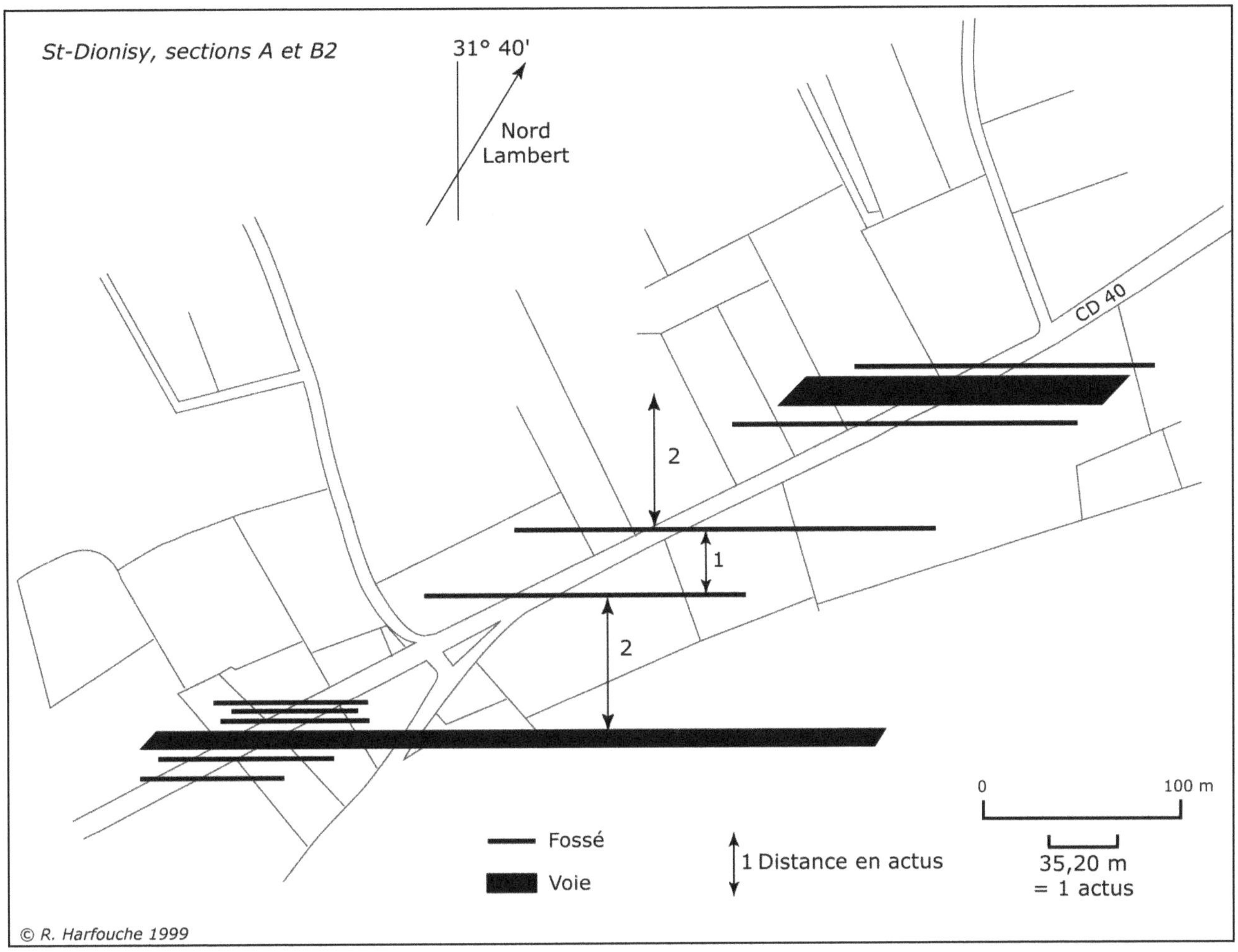

FIG. 63 : PROPOSITION DE RESTITUTION DES DIRECTIONS DES VOIES ET DES FOSSÉS DÉMONTRÉS DANS LA COUPE DE LA RD 40 EN VAUNAGE (D'APRÈS POUPET 1990C).

culture dont la construction post-antique a pu être établie grâce à l'étude des dépôts de bas de pente. Néanmoins, la succession des dépôts indique que les mouvements sédimentaires ont affecté la pente à plusieurs reprises au cours de l'Holocène. L'entretien puis l'abandon des aménagements qui protègent les sols en amont depuis l'Antiquité sont à l'origine de ces transformations qui n'ont pas été retrouvées sur le versant de La Liquière.

Terrasses, chemins et fossés structurent le paysage au lendemain de la conquête romaine. Ils appartiennent au parcellaire mis en place au Ier siècle avant l'ère chrétienne (Nîmes A). Sur le versant nord-ouest de la colline de Roque-de-Vif, des fossés sont creusés en bordure des champs pour drainer les zones de culture (Fig. 63). Aujourd'hui, la distribution des érosions qui lacèrent les pentes est en éventail. Sur le versant septentrional, le tracé des ravins est aussi conditionné par la topographie, mais il est d'une régularité remarquable. Les marnes sont incisées selon de grands axes parallèles. C'est sur ce même versant que le système de terrasses et certains ravins, tel que le ravin des Resclausades, s'inscrivent dans l'organisation du parcellaire romain précoce. Les observations réalisées sur le terrain en profitant de toutes les fenêtres ouvertes sur le sous-sol (talus et les fossés bordiers des chemins du piémont et de la plaine) montrent que les sédiments ne portent aucune signature d'évènements morphodynamiques comparables à ceux qui sont inscrits dans la coupe du versant nord-ouest. Les recouvrements sont faibles, ce qui explique la survivance du parcellaire romain dans le paysage.

La permanence des formes parcellaires de l'époque romaine est encore perceptible au Moyen Âge au travers des sources écrites (Durand 1998 : 155-156). Dès le Xe siècle de l'ère chrétienne, les chartes renvoient l'image d'un paysage aux formes régulières qui privilégie les tracés orthonormés dans une trame homogène. Ce serait là le signe qu'une part importante de l'héritage romain est encore inscrite dans le parcellaire carolingien qui perpétue les champs aux formes quadrangulaires allant jusqu'aux carrés parfaits.

Le parcellaire mis en place à l'époque romaine permet non seulement l'aménagement des versants pour l'agriculture, mais aussi l'assainissement de la plaine humide pour les mêmes desseins. Les miroirs de faille observés, au sud et au nord de la colline de La Liquière commandent le réseau hydrographique et les formes parcellaires. Le réseau d'époque romaine est relativement bien conservé au nord de la rivière de Sinsans, bien moins au sud de celle-ci, où le parcellaire semble lié à une autre occupation (village médiéval de Sinsans ?). Le cours amont du Rhôny a été forcé à cette époque. Il présente un tracé en baïonnette particulièrement bien marqué dans le paysage, au nord de la colline de Roque-de-Vif (Fig. 60). Dans une volonté de rationalisation du paysage, le cours d'eau a été réorienté pour contraindre le réseau hydrographique à entrer dans un nouveau schéma fiscal d'aménagement du territoire. La construction en terrasse, la régulation du réseau hydrographique et la création des chemins en plaine participent du même projet d'aménagement que celui qui affecte les bas de versants.

1.2.2. Espace agricole et espace urbain : l'exemple de Nîmes (Gard)

Les agriculteurs des agglomérations de Roque-de-Viou et de Nages ont choisi d'installer leurs champs sur des terrains peu pentus, dans les combes adjacentes au plateau, tandis que les habitants des collines de La Liquière et de Mauressip ont cultivé les versants autour de la cuvette. La mobilisation des forces de travail nécessaire à la réalisation de ces systèmes de champs pour produire l'alimentation des habitants s'est exprimée à moyenne et petite échelle hors de l'agglomération. Néanmoins, la mise en culture des versants par la construction de terrasses au cours de la Protohistoire a-t-elle seulement concerné l'aménagement des campagnes autour des habitats ? La topographie a-t-elle aussi été réaménagée à grande échelle, au sein même de l'habitat groupé à des fins agricoles ?

1.2.2.1. Les unités du paysage

De même que la Vaunage, la Moyenne Vistrenque appartient aux domaines des collines et des plaines méridionales du Languedoc oriental. Le paysage actuel est le résultat d'un processus qui s'est opéré sur le long terme. L'action des agents naturels conjuguée aux effets de la tectonique qui se sont exercés sur le support géologique ont donné naissance aux éléments majeurs qui structurent aujourd'hui le paysage autour de la ville de Nîmes. Au sud du relief calcaire contre lequel vient s'appuyer l'agglomération antique et moderne, le piémont passe insensiblement à la plaine du Vistre qui se superpose à un ancien bras du Rhône. Aujourd'hui, cette plaine est comblée de formations alluviales limoneuses du Quaternaire. Enfin, plus au sud, le plateau de la Costière, exhaussé à la suite d'un accident tectonique, est formé par d'anciennes terrasses du Rhône. Il est constitué d'apports détritiques caillouteux caractéristiques, plio-quaternaires, d'origine alluviale.

La connaissance des sols de la Moyenne Vistrenque s'appuie essentiellement sur les observations réalisées sur le terrain depuis la fin des années 1980 par P. Poupet, en particulier dans le cadre du premier programme de recherche initié par ce spécialiste de la science du sol et archéologue, sur l'espace rural et ses articulations avec l'agglomération, de l'*oppidum* indigène à la ville moderne (Poupet 1991c ; 1992). Elle s'appuie également sur des observations personnelles effectuées depuis une dizaine d'années, qui ont profité de toutes les fenêtres ouvertes sur le sous-sol par les aménagements récents de la campagne.

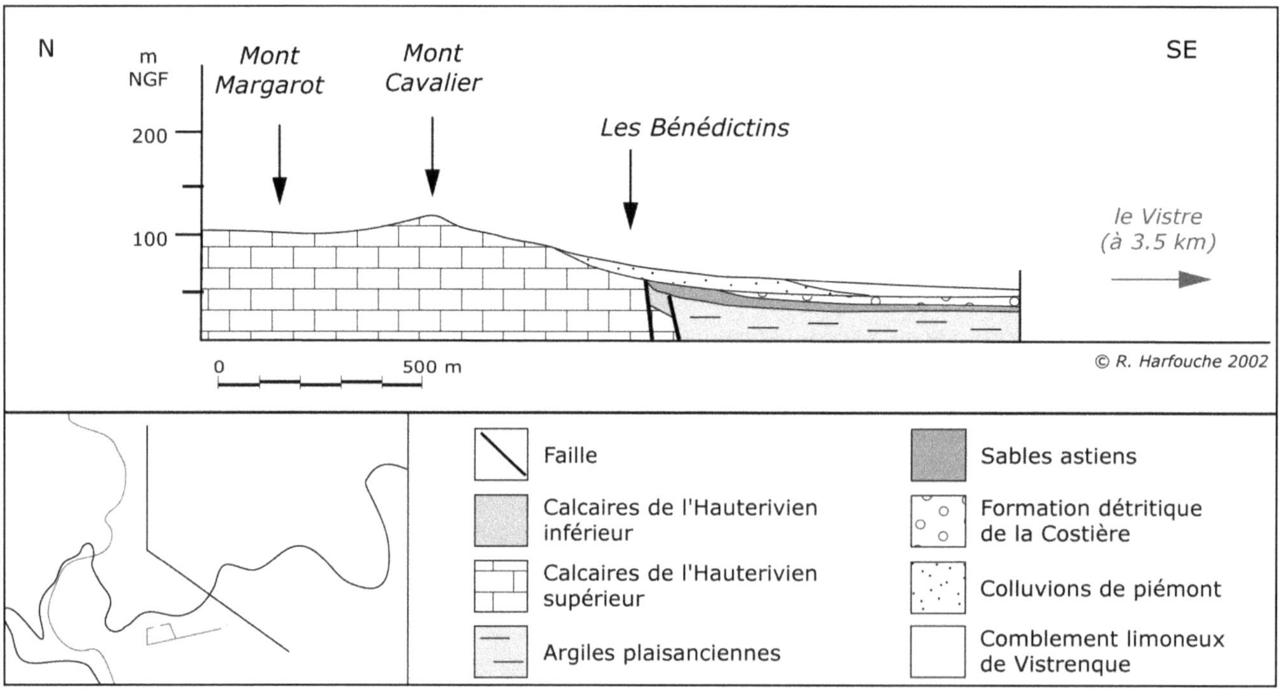

FIG. 64 :COUPE GÉOLOGIQUE DES COLLINES DES GARRIGUES ET DE LA VISTRENQUE AU DROIT DE L'AGGLOMÉRATION DE NÎMES (GARD, FRANCE).

L'unité de paysage qui se situe en amont de la Vistrenque correspond aux premiers contreforts collinaires du Languedoc oriental. Elle est le résultat direct de la tectogénèse oligocène qui a donné naissance au rejet de la faille de Nîmes, accident de grande ampleur qui atteint localement 800 m et qui est en partie à l'origine du graben de la Vistrenque. (Ménillet 1973) (Fig. 64). L'ensemble du massif est formé de plateaux et de collines calcaires très érodées. L'altération des roches combinée à l'érosion massive des sols et la dégradation du couvert végétal sont les facteurs responsables de l'image actuelle d'un milieu pauvre et hostile.

Au plus près de la ville, le relief revêt un aspect déchiqueté, en limite de la plaine du Vistre. De multiples combes découpent les formations calcaires ainsi que les affleurements de calcaires marneux selon une direction nord-sud. Ces vallons qui dévalent les collines de Nîmes en direction de la plaine sont des cours d'eau temporaires qui demeurent secs la majeure partie de l'année et qui portent le nom vernaculaire de « cadereaux ». Lors des très fortes précipitations, les cadereaux se transforment en torrents, cours d'eau brefs mais brutaux qui possèdent une force érosive importante (Ménillet 1973). Ces vallats qui entaillent les calcaires froids au nord de Nîmes ont généralement un fond en V, ou un fond plat, voire en berceau lorsqu'ils atteignent les calcaires marneux au sud du plateau et traversent la plaine du Vistre pour rejoindre le fleuve, là où la pente est beaucoup moins importante. Enfin, la sensibilité des calcaires marneux des hauts de versants à l'érosion a été aggravée par le réseau de failles qui a généré de multiples zones de contact et a de ce fait contribué à fragiliser la roche face aux agressions des agents naturels. Ces vallées jeunes sont donc également la conséquence d'implications tectoniques. Le réseau hydrographique a profité des incisions en les accentuant, creusant son lit dans les dépôts détritiques et charriant les masses sédimentaires en contrebas, en direction du piémont.

Les failles qui fracturent le massif jouent le rôle de barrières ou de drains ce qui provoque, par endroits, des résurgences qui incisent les terrains calcaires (Gèze 1979 : 40). Les calcaires karstifiés sont drainés par un grand nombre de ces sources pérennes ou temporaires qui parsèment la partie méridionale des reliefs. La plus importante de ces sources dont l'écoulement constitue un affluent du Vistre est l'exurgence de la Fontaine de Nîmes. Elle alimente le Vistre de la Fontaine, seul cours d'eau permanent de la Vistrenque hormis le Vistre lui-même.

La maigreur des sols sur les reliefs calcaires est due à la topographie tourmentée qui renforce les processus d'érosion sous l'action du climat et de la pression anthropique, ce qui a conduit certains auteurs à nier l'existence de ces formations pédologiques. Pourtant, les plateaux et les collines calcaires du Crétacé ont généré des sols bruns calcaires et des rendzines qui subsistent en lambeaux résiduels sur les reliefs protégés de l'érosion. Dans les zones déprimées, les colluvions récentes portent des sols peu évolués et les colluvions anciennes des sols bruns calcaires. Des sols bruns plus ou moins lessivés sont également établis sur les limons lœssiques piégés dans les dépressions.

La ville de Nîmes est bâtie sur le géocomplexe formé par le piémont. Cette unité paysagère a subi des apports détritiques successifs au début du Quaternaire et qui se sont poursuivis jusqu'aux époques historiques sous l'impact de l'anthropisation croissante. Le géofaciès constitué par le glacis couvre une grande surface comprise entre le pied des reliefs et la plaine. Il est formé de débris arrachés aux massifs calcaires pris dans une matrice limoneuse et localement cimentés en brèches (sistre). Sa topographie en bas de pente et la composition détritique de cette formation l'exposent d'avantage aux impacts de l'érosion des versants en amont. De ce fait, la base du glacis a été largement détruite et recouverte par des apports postérieurs. Si l'érosion du piémont n'apparaît pas aussi marquée que le découpage des hauts de versants méridionaux, elle n'en est pas moins effective au niveau du glacis. Elle se traduit par de multiples talus formés par des dépôts de bas de pente qui constituent le sommet du glacis, au contact des collines calcaires. Ces cônes détritiques subissent, à leur tour, les mécanismes du ruissellement sur les pentes et sont largement érodés.

Sur le piémont se sont développés des sols bruns calcaires avec des accumulations calcaires qui, par endroits, ont cimenté les débris arrachés aux calcaires crétacés pour former le « sistre ».

Le lieu de passage des nombreux cours d'eau temporaires en provenance des collines est inscrit dans la formation détritique sensible à l'érosion. Dans un contexte topographique assez marqué, leur cours est matérialisé par des vallons à fond en berceau qui creusent leur lit dans la roche tendre. La dynamique des cours des cadereaux s'ajoute à celle du glacis pour augmenter l'érosion des pentes par l'affouillement. Elle se traduit par des apports détritiques provenant des reliefs et par le charruage de matière enlevée au piémont. En effet, les cadereaux incisent à leur tour les talus détritiques érodés du glacis et sont responsables de la mise en place des cônes de déjection, en aval de leur cours, au débouché des massifs calcaires, dans la partie septentrionale du piémont.

Dans la plaine de la Vistrenque qui est dissymétrique, de direction nord-est/sud-ouest, suivant la faille de Nîmes, la moyenne vallée du Vistre est large de 2.5 km (Fig. 65). La plaine est constituée d'apports continus d'alluvions appartenant au Vistre et de matériaux issus du remaniement du glacis d'origine colluviale. La présence du fleuve dans une zone déprimée et la faible profondeur de la nappe phréatique qui peut s'élever en certaines saisons ont conduit à la formation de sols particuliers.

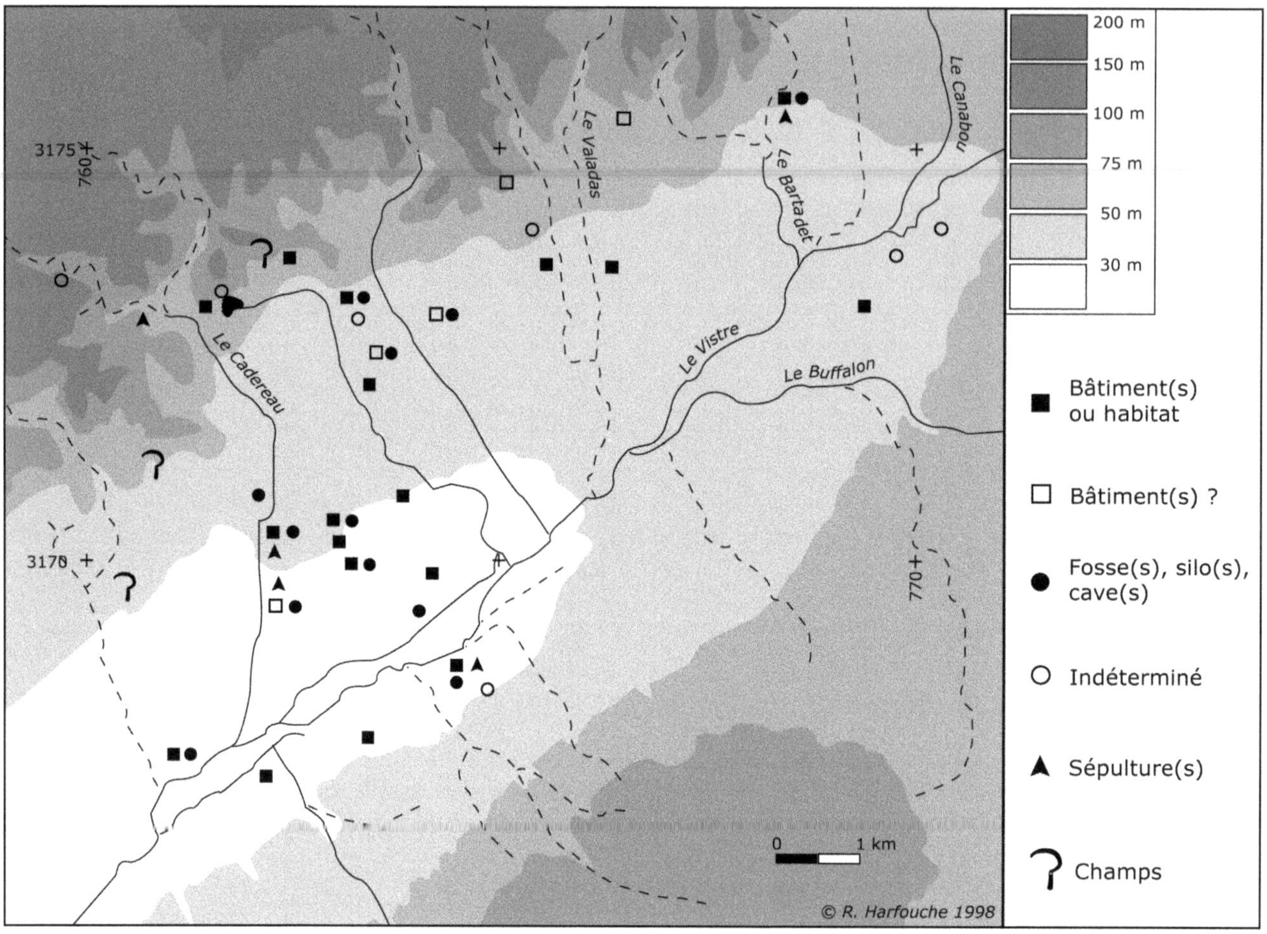

FIG. 65 : IMPLANTATION DES SITES DATÉS ENTRE LE VIE ET LE DÉBUT DU IER MILLÉNAIRE EN MOYENNE VISTRENQUE (D'APRÈS FREITAS 1991 ; GALLIA 1992 ; GALLIA PRÉHISTOIRE 1974 ; GIMON 1923 ; GUTHERZ 1976-78, 1982 ; HARFOUCHE 2000 ; HUGUES 1924-26, 1962 ; JALLOT 2000B ; LOUIS 1929, 1930, 1948, 1955 ; MAZAURIC 1916-17 ; POUPET 2000B ; PY 1981 ; ROGER 1986 ; BASE DRACAR DU MINISTÈRE DE LA CULTURE FRANÇAIS ET OBSERVATIONS PERSONNELLES).

Les limons gris calcaires du Vistre ont donné naissance à des sols noirs hydromorphes et calcimorphes. Là encore, des accumulations calcaires sont localement indurées en croûtes. Elles sont liées à un milieu humide et aux circulations d'eau dans ces sols.

A l'heure actuelle, le cours du Vistre est largement « canalisé » par l'anthropisation massive de la plaine mais cela n'enraye pas sa dynamique fluviale, au contraire, comme en témoignent les inondations récurrentes du fleuve attestées dès le Moyen Âge, sous les effets conjugués des fortes pluies méditerranéennes et de la pression humaine dans ses lits d'inondation.

1.2.2.2. L'implantation humaine antérieure à la ville romaine

L'occupation de la vallée du Vistre, au droit de Nîmes, entre 4500 et 3500 avant l'ère chrétienne, est plutôt discrète (Mazauric 1907, 1909, 1911, 1916-1917 ; Louis 1929, 1930-1935, 1955 ; Gutherz 1982) (Fig. 65). Elle se résume à deux occupations sur les derniers reliefs dominant la plaine, deux autres proches du lit du Vistre, deux sur les limons carbonatés de la plaine, un habitat installé sur la formation de piémont et enfin, un probable lambeau de champ préservé sur la pente des collines calcaires dont il sera question plus loin.

De la fin du IVe au début du IIe millénaire, on constate une multiplication des points de découvertes. La plaine de la Moyenne Vistrenque a accueilli des habitats groupés dont on n'a pu mesurer ni l'extension, ni la durée d'occupation, ni le rythme des déplacements éventuels sur de courtes distances.

L'agglomération protohistorique se développe dès la fin du VIe siècle avant l'ère chrétienne, à partir du sommet du relief où a été élevée la Tour Magne qui constitue un élément de l'enceinte, jusqu'au piémont (Py 1981, 1990 ; Fiches 1989, 1996 ; Monteil 1999) (Fig. 66). Le tronçon du rempart qui délimite son tracé au sud date du IIIe siècle de l'ère chrétienne. Une continuité apparaît dans les choix d'implantation des sites de la Préhistoire récente et du début de la Protohistoire. Des gisements sont installés dans la plaine au IIe millénaire avant l'ère chrétienne. Au cours du Ier millénaire avant l'ère chrétienne, les sites occupent tous

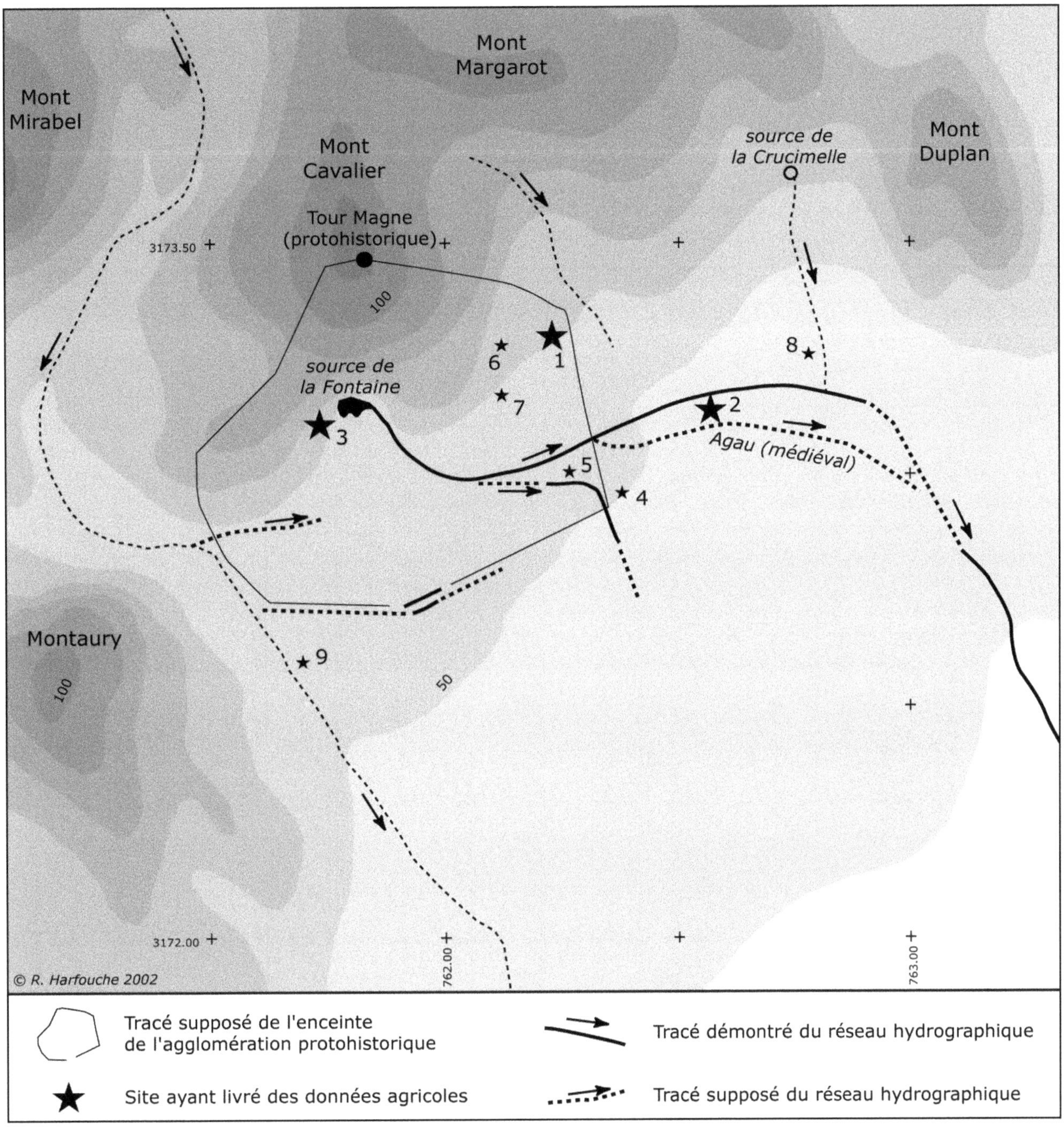

FIG. 66 : IMPLANTATION DES SITES AYANT LIVRÉ DES DONNÉES RELATIVES À L'AGRICULTURE PROTOHISTORIQUE ET ANTIQUE SUR LES PENTES DES COLLINES DOMINANT L'AGGLOMÉRATION NÎMOISE. 1 : VILLÉGIALES DES BÉNÉDICTINS (7, RUE ROUGET-DE-LISLE). 2 : ZAC DES HALLES. 3 : ZAC VILLA ROMA. 4 : PLACE DE LA MAISON CARRÉE. 5 : PLACE D'ASSAS. 6 : LES HESPÉRIDES. 7 : LA FONTAINE DES BÉNÉDICTINS. 8 : RUE FLÉCHIER. 9 : LE FLORIAN (AV. G. POMPIDOU).

les géocomplexes. Plusieurs établissements se répartissent en plaine, habitats dont on mesure encore mal la nature et la fonction dans le territoire de l'agglomération.

L'intérêt de cette micro-région, au-delà de son importance historique, est d'avoir été le lieu de longues recherches sur le paysage qui ont abouti à la publication d'articles synthétiques qui apportent des résultats neufs sur la compréhension de l'organisation et de la construction des paysages (Poupet 1990a ; 1993 ; 2000b ; Harfouche 2000).

1.2.2.3. Les premiers agriculteurs et leurs campagnes

L'idée d'une distribution des champs cultivés entre le bas des pentes et les plaines, par opposition aux collines et aux plateaux voués au pastoralisme, depuis le Ve millénaire jusqu'au Ier siècle avant l'ère chrétienne, a longtemps prévalu (Gasco 1976 ; Vaquer 1986 ; Py 1990). En fait, cette projection de l'aspect des garrigues actuelles sur les paysages du passé, liée à une opposition-complémentarité des terroirs, ignore le caractère fondamentalement mobile de la couverture pédologique et des paysages. Ce qui fut au départ une hypothèse, relative à l'économie et aux pratiques agricoles est devenu, au cours du temps et au fil des publications, une affirmation, qui n'a pourtant jamais été démontrée. On constate à présent que ce schéma est contredit par les résultats des recherches qui ont été obtenus en étudiant l'histoire du paysage de la Vaunage. Qu'en est-il en Moyenne Vistrenque ?

Sur les pentes méridionales du Mont Cavalier, les sites fouillés qui ont pu profiter d'une approche géoarchéologique pour appréhender l'histoire du paysage sont peu nombreux (la Fontaine des Bénédictins, les Villégiales des Bénédictins, la propriété Solignac-Villa Roma et au bas de la pente les fouilles de la ZAC des Halles). Le double regard du pédologue et de l'archéologue, porté sur les excavations accessibles, de la plus petite tranchée aux vastes décapages des chantiers, à la périphérie et sous la ville actuelle, durant les quinze dernières années, autorise une ébauche de compréhension du paysage. Ces travaux ont été complétés par des observations sur les fenêtres ouvertes sur le sous-sol à la faveur des travaux périurbains, afin d'appréhender les conditions d'implantation des sites et des constructions agricoles.

La mise au jour d'un champ néolithique cultivé sur les pentes du Mont Cavalier à Nîmes ainsi que les observations géopédologiques réalisées sur ce versant permettent de dépeindre un paysage différent à la fin de la Préhistoire sur les hauts de versants. Les collines calcaires qui semblent aujourd'hui un milieu hostile et ingrat pour les cultures étaient non seulement habitées mais aussi cultivées dès le Néolithique (Poupet 2000b). Il faut donc restituer un relief qui, dès cette époque, a largement subi les effets de l'érosion aggravés par le déboisement et le ruissellement sur la pente mais qui possédait encore une couverture pédologique plus ou moins bien conservée, apte à être mise en culture.

L'apport de ces travaux récents pour la connaissance de l'exploitation agricole et de l'aménagement des versants antérieurement à la conquête romaine justifie que l'on reconsidère cette documentation sous l'angle de la problématique qui concerne ce travail.

Le cadre de la pente méridionale du Mont Cavalier dans lequel vont évoluer les agriculteurs depuis le Ve millénaire est de ce fait difficilement saisissable dans le détail. Cependant, les quelques données recueillies permettent d'évoquer l'histoire de l'espace agricole du Ve au Ier millénaire au travers des données sédimentaires et pédologiques, en relation avec l'occupation humaine.

Le sous-sol du versant au droit de l'agglomération de Nîmes est représentatif, à plus grande échelle, des conditions

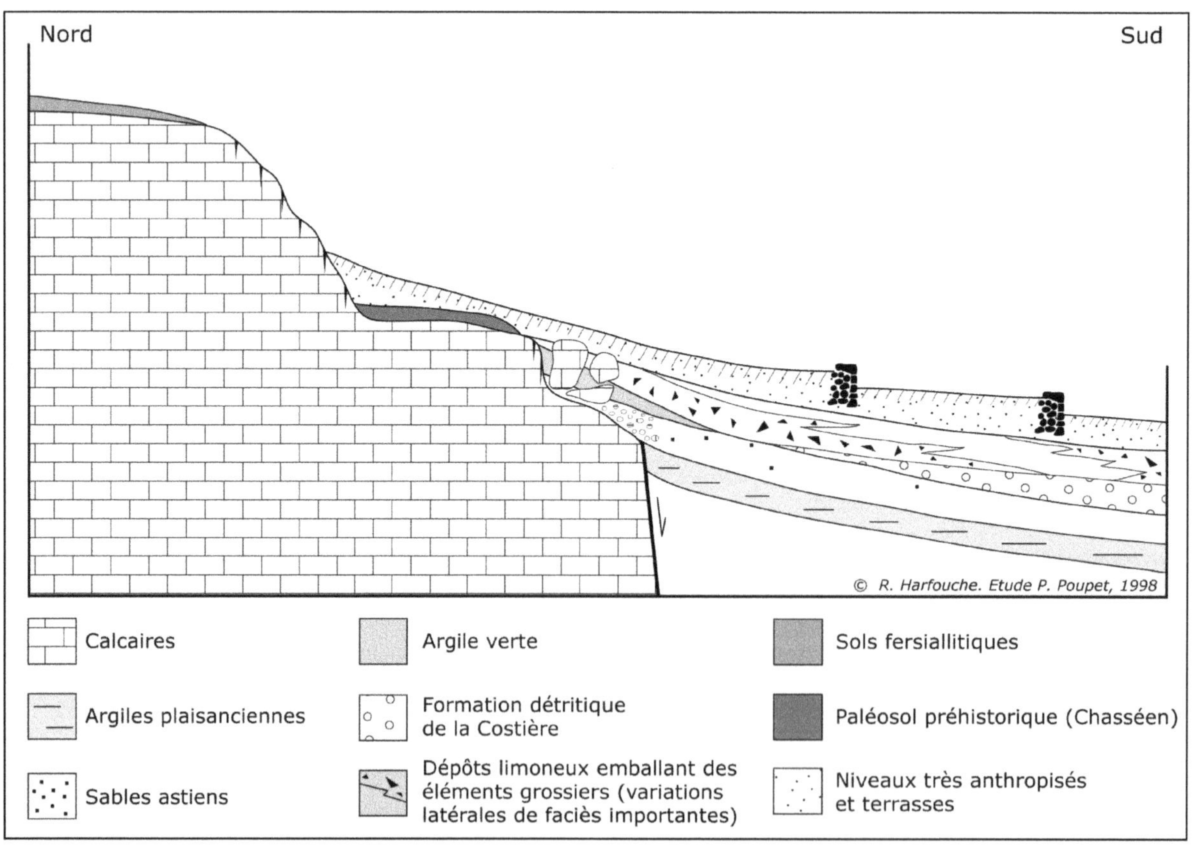

FIG. 67 : SCHÉMA STRATIGRAPHIQUE SYNTHÉTIQUE DU VERSANT DU MONT CAVALIER À NÎMES (QUARTIER DES BÉNÉDICTINS).

géotectoniques de la Vistrenque. Il est donc composé de plusieurs formations qui s'étagent sur la pente, directement sous les premières occupations anthropiques mises au jour par l'archéologie. L'étude de cet environnement à grande échelle permet de mieux saisir la complexité des conditions géopédologiques dans lesquelles se sont installés les premiers agriculteurs et qu'ils ont contribué à façonner dès le Néolithique et tout au long de la Protohistoire (Fig. 67).

Au plus haut, les calcaires sont soit à l'affleurement, soit recouverts par les limons argileux, issus de leur altération. Cette " *terra rossa* " est conservée dans les plusieurs diaclases de la roche. Plus bas, une nette rupture de pente met les calcaires à l'affleurement. Ils ont subi les effets des eaux de ruissellement comme le montrent les lapiez mis au jour. En contrebas de la rupture de pente, au droit de la grande faille de Nîmes, des formations géologiques variées se superposent. Au-dessus des argiles plaisanciennes, les sables mêlés à des galets calcaires très roulés de la plage astienne marquent le retrait des eaux et l'avènement définitif d'un régime continental. Les sables sont recouverts par un dépôt d'argile verte de 60 cm d'épaisseur, qui illustre les variations de dynamique de la sédimentation et des apports continentaux. Cette argile contient des nodules de carbonates. Il faut rappeler à ce propos qu'une production de céramiques à pâte calcaire du Ier siècle avant l'ère chrétienne a été mise au jour à proximité (chantier des Halles). La formation de galets et argiles rubéfiées de Costière qui correspond au vaste delta d'un proto-Rhône associé à une proto-Durance qui venait se jeter dans une baie au droit de Montpellier, se met en place au Pléistocène supérieur. Viennent ensuite des limons plus ou moins argileux qui ne présentent aucune stratification et qui emballent des éléments de roche calcaire de toutes tailles, des graviers aux blocs. Ils recouvrent les derniers dépôts marins astiens sur 1.60 m d'épaisseur. Ces dépôts sont caractéristiques d'une violente crise érosive et de bouleversements d'ordre tectonique qui affectent le profil de la pente et démantèlent brutalement les affleurements calcaires, notamment la falaise morte.

A la fin de la séquence sédimentaire, sous les premiers niveaux très anthropisés, la sédimentation est plus fine, plus argileuse, mais reste très hétérogène latéralement, puisque l'on passe de limons argileux purs à des sédiments plus grossiers. C'est donc sur ces deux derniers faciès sédimentaires continentaux dont l'histoire occupe une grande partie de l'Holocène que des sols variés vont se développer selon les conditions stationnelles (lithosols, fersialsols, rendosols, sol brun calcaire sur matériau d'origine fersiallitique). C'est sur ces sols que vont choisir de s'installer les premiers occupants néolithiques.

Il est un paléosol remarquable parmi cette mosaïque que la fouille a permis de reconnaître. Le mobilier archéologique recueilli dans ce sol est particulier. Il s'agit d'artéfacts lithiques, éléments de faucille présentant le lustré des céréales, datés vers 4500-3500 avant l'ère chrétienne (Chasséen méridional). Ce sol est une rendzine, de couleur brune à noire, peu épaisse. Les caractères macroscopiques observables sur le terrain ont été suffisants pour que le pédologue puisse affirmer que cette rendzine avait évoluée vers le type brunifié anthropique, parce qu'elle avait été cultivée.

Ce sol noir et peu épais, sur la dalle de calcaire, est parfaitement conservé sous d'épaisses colluvions grossières qui l'ont soustrait aux agents de la pédogenèse. Les limons très caillouteux d'origine anthropique qui se sont déposés sur les champs mettent en évidence une érosion brutale des terrains situés plus haut sur la pente, érosion induite par la pression agricole et le déboisement qui ont fragilisé la couverture pédologique. Cet épisode érosif a sans doute été accentué par le déséquilibre intervenu lors de l'abandon des champs cultivés, jusqu'à ce que la végétation reprenne sa place.

L'anthropisation du versant a donc été effective dès le Ve millénaire, bien avant la fixation de l'agglomération protohistorique au VIe siècle avant l'ère chrétienne, près de l'exurgence karstique. L'emplacement choisi par ces premières communautés agricoles pour installer leurs champs a été ces mêmes reliefs calcaires que l'on a considéré, à tort, comme impropres à l'agriculture.

En plaine, les fluctuations du réseau hydrographique ont modelé les berges du fleuve en y déposant des charges sédimentaires transportées par le Vistre au plus fort de son débit. Il en résulte la formation de micro-reliefs de part et d'autre du lit du fleuve en légère élévation par rapport à la plaine. De même, les fluctuations des écoulements hydriques du Vistre créent un environnement direct du fleuve fortement hydromorphe voire marécageux dans le lit majeur du Vistre. L'intégration de tous les rapports géologique, pédologique et hydrographique montre qu'à l'origine la moyenne vallée du Vistre était un milieu humide voire un ancien marécage aujourd'hui asséché (Harfouche 2000) (Fig. 68).

Il n'est donc pas exclu que certaines zones de plaine aient été réservées aux pâturages des bovins majoritaires dans l'alimentation et aux champs tandis que les habitats aient été installés autour des zones humides. Cela aurait aussi été le cas dans le Lunellois (Hérault, France) où des vestiges archéologiques lithiques ont été trouvés en plusieurs endroits dans la plaine. En effet, d'après les observations réalisées par L. Jallot sur cette micro-région, la nature exclusivement lithique des objets recueillis indique probablement que ces lieux n'appartiennent pas à l'espace habité mais qu'ils sont bien à rattacher aux formes d'organisation de l'espace rural.

La restitution d'un tel paysage et des fonctions des terroirs qu'il recouvre permet de porter un autre éclairage sur la rareté des installations reconnues appartenant à ces époques

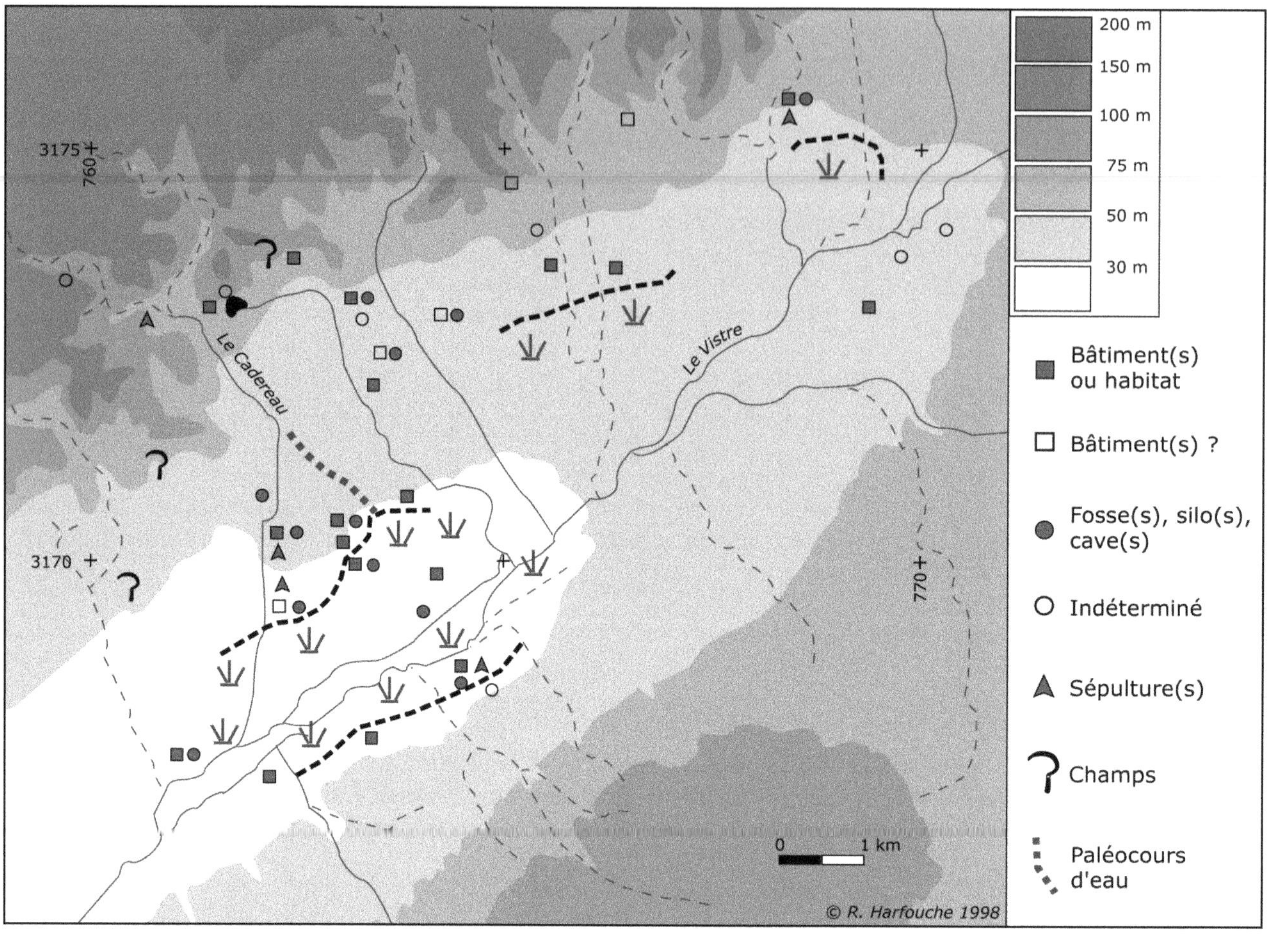

FIG. 68 : PROPOSITION DE RESTITUTION DES ZONES TRÈS HYDROMORPHES ARTICULÉES AUX SITES DATÉS ENTRE LE VIE ET LE DÉBUT DU IER MILLÉNAIRE EN MOYENNE VISTRENQUE.

dans la cuvette de Vaunage. Certaines zones de plaine ont pu être réservées aux pâturages des bovins majoritaires dans l'alimentation. Cela semble non seulement avoir été le cas en Vistrenque, mais aussi en Lunellois.

1.2.2.4. L'espace cultivé de l'agglomération protohistorique

La mise en culture des versants dès le Ve millénaire s'est poursuivie au cours du Ier millénaire avant l'ère chrétienne. Des champs aménagés ont été mis en évidence en plusieurs endroits sur le versant, au nord, à l'ouest et au sud-est de la source de la Fontaine (Poupet 2000b ; 1993). Cependant, l'exploitation de la pente pour produire des ressources alimentaires ne s'est pas poursuivie de manière continue. L'évolution de la dynamique érosive enregistre un déséquilibre du versant post-néolithique. La pente est alors recouverte par des colluvions. Une stabilisation relative des couvertures pédologiques des versants se produit ensuite, au cours du IIe millénaire sans plus de précision. La signature de ce retour à une phase de biostasie est la genèse d'un sol différencié en horizons. Il a pu se développer sur les matériaux détritiques de la pente sans subir les effets dévastateurs de l'érosion.

Lorsqu'ils s'installent au sommet du relief et sur ses pentes, les agriculteurs protohistoriques du VIe siècle avant l'ère chrétienne ont donc trouvé un sol qui s'est développé pendant 2500 ans environ. Il appartient à la catégorie des sols bruns calcaires évolués (calcosols). A la fin du VIe siècle, ce sol est investi par l'homme qui y creuse des fosses et élève des constructions sur poteaux. Cette occupation n'a aucune répercussion apparente sur la nature du sol, ce qui implique la présence, sur le versant, d'une couverture végétale protectrice, au moins de type pelouse. La présence de ces bâtiments et des fosses qui les accompagnent porte à croire que cette partie de la pente appartient toujours à l'espace agricole de la communauté. De plus, l'aspect du sol exclut la présence d'un habitat dense. La construction de bois appartient donc vraisemblablement à la catégorie des annexes agricoles, peut-être un grenier sur poteau.

L'exploitation de ces sols par les agriculteurs protohistoriques a permis de freiner partiellement la dynamique érosive, mais le déplacement de matériaux d'origine pédologique sur la pente s'est toujours poursuivi. Ceci prouve que la stabilité toute relative qui avait régné pendant 2500 ans a été mise à mal par l'arrivée des agriculteurs protohistoriques et que les sols de l'amont subissent de nouveau une forte érosion.

Fig. 69 : Champ labouré à l'araire, daté du deuxième âge du Fer, sur la pente du Mont Cavalier à Nîmes (fouille P. Poupet, CNRS, 1992).

Jusque dans le courant du Ve siècle avant l'ère chrétienne, le versant conserve son caractère rural, lieu de production agricole. Sa fonction va alors changer, puisque des traces d'habitat matérialisées au sol par des foyers ont été mis au jour sur la pente. Les fosses des silos se comblent, la plupart du temps lentement, de matériaux fins, ce qui prouve que le ruissellement sur sols nus est toujours actif sur le versant.

Ce n'est qu'à la fin du Ve siècle avant l'ère chrétienne que l'habitat est abandonné. Le paysage est alors à nouveau soumis à une forte érosion qui détruit les bâtiments, ne laissant que des lambeaux de sols damés, construits et les foyers durcis.

Les dépôts de pente qui s'accumulent ensuite sur 40 à 60 cm ont une origine pédologique et sont plutôt de texture fine constituée de limons et argiles. L'épaisseur de ce sol jeune sur la pente implique une structure de soutènement, un mur construit par l'homme, qui l'a protégé des atteintes de l'érosion. La fouille a mis au jour plusieurs de ces murs, construits au cours de la Protohistoire. La datation précise de l'édification de ces constructions en terrasses reste difficile à établir. Néanmoins, les caractères pédologiques permettent d'attribuer cette première pétrification du versant aux premiers occupants des lieux qui exploitent les sols de la colline vers la fin du VIe siècle avant l'ère chrétienne. L'épaisseur des sédiments pédogénétisés plaide en faveur de cette hypothèse et, surtout, le faible degré d'évolution du sol contenu à l'arrière de ces murs de soutènement.

Ces terrasses qui sont construites dans l'espace agricole de l'agglomération protohistorique sont associées à la présence d'un champ dont la surface topographique a été comme « fossilisée » avec ses sillons de labours (Fig. 69). Les processus morphodynamiques qui ponctuent l'évolution du versant permettent de situer le début de la mise en culture de ce champ au cours du IVe siècle avant l'ère chrétienne. En effet, le déclenchement de l'érosion sur la pente débutant vers la fin du Ve siècle avant l'ère chrétienne, la mise en place des dépôts et la reprise de la pédogenèse impliquent une durée. Cela autorise à placer la mise en culture de cette parcelle vers la fin du IVe siècle avant l'ère chrétienne.

Le dernier labour à l'araire de ce champ protohistorique sur les pentes du Mont Cavalier va être enfoui sous un dépôt complexe provenant à la fois de l'érosion de l'horizon organique, de couleur gris-noir, du sol de la pente et de remblais remaniant les restes de l'habitat du début du second âge du Fer. L'installation d'un habitat groupé au cours du IIe siècle avant l'ère chrétienne, aux dépens de la campagne, signe la fin de la vocation agricole du versant. La pétrification du versant et son façonnement en un système de cultures en gradins se placent donc entre le IVe et le début ou le milieu du IIe siècle avant l'ère chrétienne.

A l'époque romaine, l'ensemble du versant est noyé et donc figé dans la ville à l'intérieur du rempart augustéen. Le paysage rural protohistorique subsistera en lambeaux sous les pavements de mosaïques des riches *domus* du Ier siècle de l'ère chrétienne.

Les pentes de la région nîmoise ont donc été cultivées selon des champs étagés en terrasses dès la Protohistoire, comme dans la Vaunage toute proche. Le versant a été cultivé dès le Néolithique, entre 4500 et 3500 avant l'ère chrétienne, mais c'est au cours du IVe siècle avant l'ère chrétienne, que la construction de murs de contention des terres permet aux agriculteurs protohistoriques de maintenir les sols de leurs champs sur la pente et de maîtriser le milieu, jusqu'au IIe siècle avant l'ère chrétienne, date à laquelle un habitat groupé s'installe en lieu et place de la campagne.

La construction du versant ne s'est pas limitée à la partie amont de la pente. Elle a aussi concerné le piémont. Le bas de pente de l'habitat groupé est cultivé dès les VIe-Ve siècles avant l'ère chrétienne, malgré des conditions locales très hydromorphes dues notamment à la proximité du cours naturel du Vistre de la Fontaine (Poupet 1993). Les fragments de céramiques et d'ossements de faune consommée retrouvés dans le sol ne laissent aucun doute quant à la pratique de la fumure. A l'ouest de la source de la Fontaine, des terrasses sont construites dès le Ve siècle avant l'ère chrétienne (Guillet 1992) (Fig. 70).

Ces découvertes posent alors le problème de l'existence de champs à l'intérieur de l'enceinte supposée de l'agglomération où l'on aurait plutôt imaginé un urbanisme serré comme celui qui a été défini pour la plupart des agglomérations protohistoriques du Languedoc. Les constructions à caractère rural s'intègrent dans le tissu urbain au Ier millénaire avant l'ère chrétienne. Là où l'on ne voyait dans l'enceinte des *oppida* qu'un maillage serré d'habitations desservies par des ruelles étroites, des

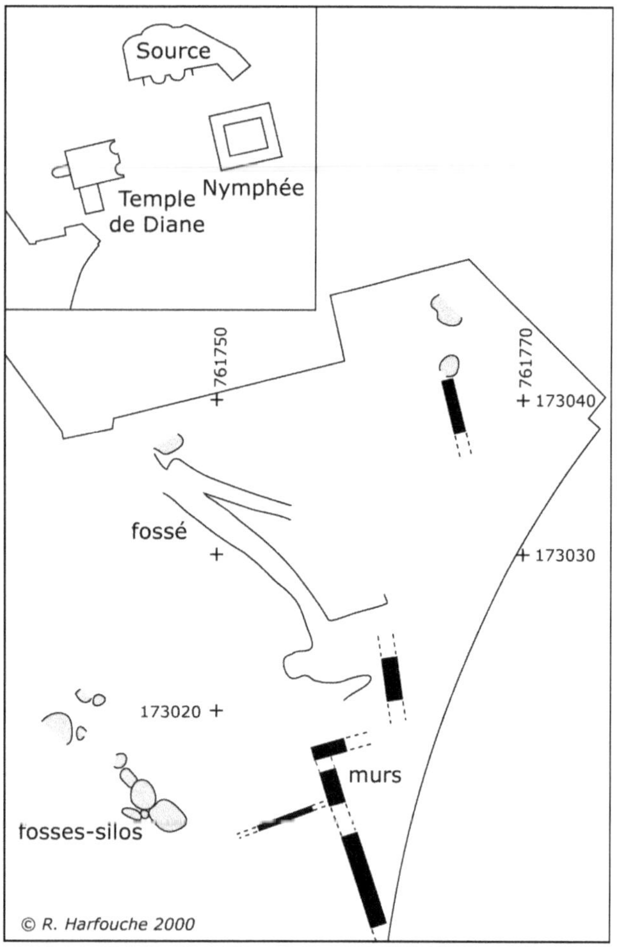

FIG. 70 : PLAN DES MURS DE SOUTÈNEMENT DE TERRASSES PROTOHISTORIQUES (VE SIÈCLE AVANT L'ÈRE CHRÉTIENNE). CONTEXTE RURAL AU PIÉMONT DU MONT CAVALIER (ZAC VILLA ROMA, NÎMES) (D'APRÈS GUILLET 1992).

espaces semblent avoir été dévolus à l'agriculture. La culture en terrasse n'est donc pas l'apanage des espaces ouverts et des zones suburbaines, elle fait partie intégrante de l'urbanisme et reflète en cela l'interpénétration de l'espace urbain et de l'espace rural.

1.2.2.5. Le piémont et la plaine à l'époque romaine

L'aménagement des pentes et de la plaine au lendemain de la conquête romaine est bien perceptible dans la région de Nîmes. Les versants cultivés par les premiers agriculteurs néolithiques et aménagés en terrasses dès l'âge du Fer sont ennoyés par l'urbanisme de l'agglomération romaine qui se développe sur les pentes et le piémont. Aux portes de la ville antique, la reconstruction de la topographie marque la volonté des nouveaux occupants de redessiner le paysage déjà domestiqué par les populations indigènes. Là encore, la construction de champs en terrasses témoigne de la maîtrise de cette technique agricole dès l'Antiquité sur le piémont et dans la plaine du Vistre. A la fin du IIe siècle ou au tout début du Ier siècle avant l'ère chrétienne, la topographie des pentes et du piémont de la ville de Nîmes est radicalement transformée (Fig. 71). Un grand chemin creux qui correspond à un premier état du tracé de la *Via Domitia* et une aire d'ensilage (?) sont mis en place (Poupet 1993). Des champs en terrasses sont associés à un parcellaire de pierre. Un réseau de fossés et des bassins complètent ce dispositif destiné à l'irrigation des cultures par écoulement gravitaire dans des champs-jardins aux portes de la ville. Des champs construits en terrasses, associés à un réseau de fossés, structurent aussi les zones péri-urbaines (Fig. 72). Des murs de soutènement au pied desquels courent des fossés structurent les campagnes à l'extérieur du rempart augustéen (fouilles de l'îlot Grill).

Cette organisation ne se limite pas aux faibles pentes du piémont, elle concerne l'ensemble de la plaine où la reconstruction de la topographie répond à une volonté de gestion raisonnée des ressources hydriques, aux fins de drainage et d'irrigation. Le façonnement de la vallée du Vistre en terrasses, la création d'un réseau de fossés et de voies aux profils de chemins creux, sont intimement liés à la régulation des écoulements et à la distribution de l'eau dans les champs irrigués. Les directions adoptées par ce parcellaire agraire sont celles du réseau cadastral Nîmes A.

Les techniques mises en œuvre pour la construction de ce versant relèvent d'un vaste projet d'aménagement lié à la création de la province de Transalpine. Le parcellaire mis en place dans la plaine de la Vistrenque, associant terrasses de culture, chemins et fossés, répond à la même logique agrotechnique et fiscale que celle qui est à l'origine des aménagements des versants et de la dépression de la Vaunage.

Cette interpénétration de l'espace rural et de l'espace urbain a sans doute concerné d'autres agglomérations protohistoriques dont l'*oppidum* de Marduel (Gard). Situé en Languedoc oriental également, au nord-est de la Vistrenque, cet habitat de hauteur surplombe le Gardon, affluent du Rhône. Le relief calcaire occupé par l'habitat correspond aux derniers contreforts méridionaux du Massif Central compris entre 50 et 100 m d'altitude. Le versant oriental de la colline est une pente douce qui rejoint les terrasses de la vallée du Gardon. Au nord-ouest du relief, la rupture de pente est nette. Le paysage environnant est aujourd'hui celui d'une garrigue caractéristique, constituée d'une chênaie méditerranéenne.

Le site installé sur le relief est habité dès 1000 avant l'ère chrétienne, jusqu'à la fin du Ier siècle avant l'ère chrétienne (Py 1994). La colline est ensuite réoccupée vers le IVe siècle de l'ère chrétienne.

Les maisons protohistoriques sont construites sur la pente, à l'arrière d'une enceinte de pierre protectrice, qui court à l'est et au sud du relief. Ailleurs, les abrupts topographiques constituent de véritables « barrières naturelles ». Le rempart, édifié sur le versant le moins pentu au VIe siècle avant l'ère chrétienne, a été doublé au IIe siècle avant l'ère

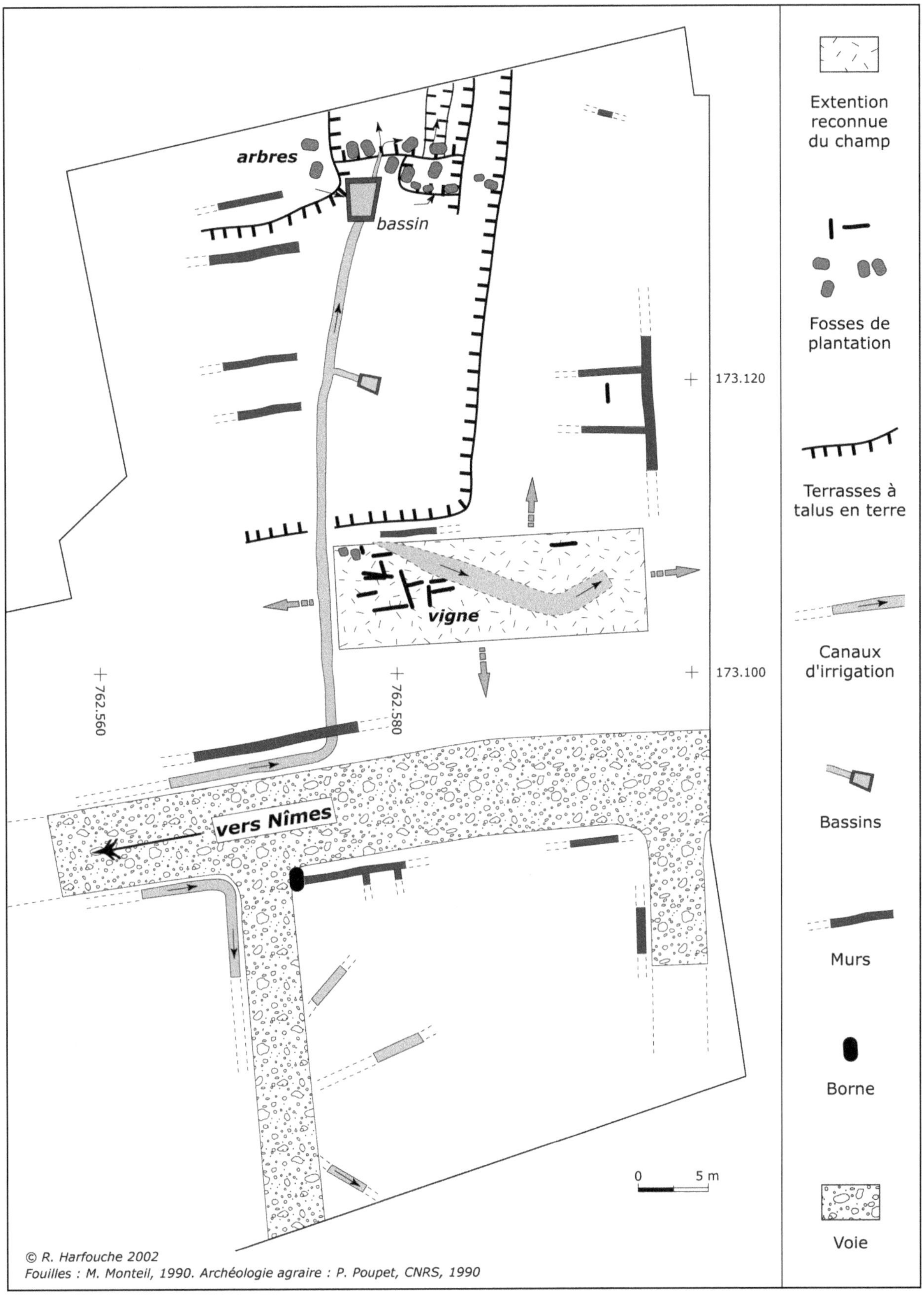

FIG. 71 : PLAN DES AMÉNAGEMENTS AGRAIRES SUR LE PIÉMONT DE NÎMES, À L'EST DU MONT CAVALIER (ZAC DES HALLES) (D'APRÈS POUPET 1993).

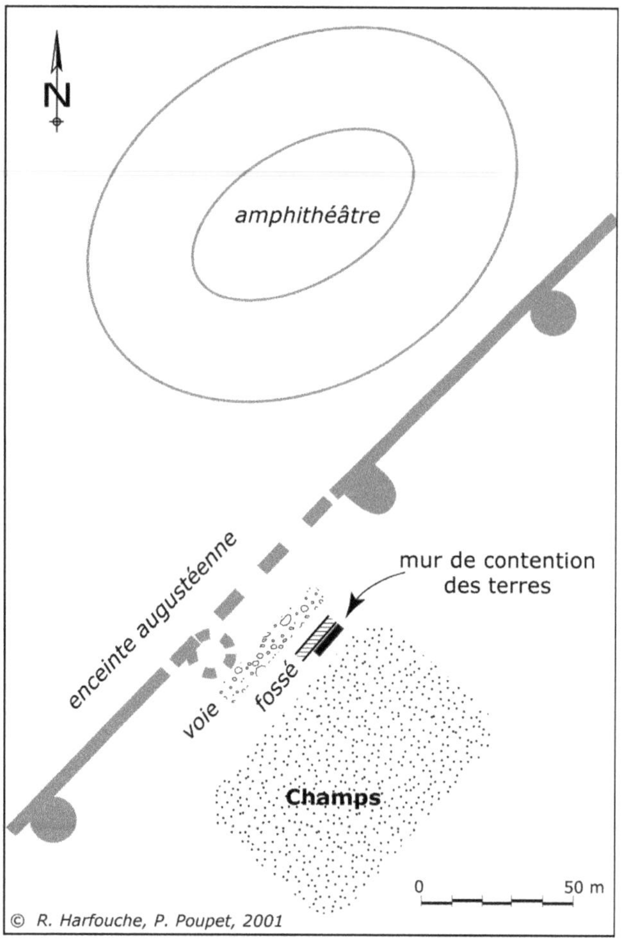

FIG. 72 : MUR DE CONTENTION DES TERRES ET AMÉNAGEMENTS RURAUX AU SUD DE L'ENCEINTE AUGUSTÉENNE DE LA VILLE ROMAINE DE NÎMES.

chrétienne, lorsque la pression des terres, devenue trop forte, a nécessité le renforcement de la structure de soutènement. Les sédiments conservés à l'arrière de l'enceinte ont été transformé par les processus pédogénétiques. Il s'agit de matériaux issus de la décomposition de l'architecture de terre des habitations, ainsi que des sédiments provenant de l'amont de la pente, après l'abandon de l'habitat pré romain. L'épaisseur de ces dépôts protohistoriques, contenus à l'arrière du mur de la fortification, est peu importante au regard de la surface comprise dans le périmètre délimité par l'enceinte et les barrières naturelles (7 ha) (Py 1994). Ce constat implique que l'habitat construit n'occupait pas l'ensemble de l'espace compris à l'intérieur du rempart. Il était relativement dense sur le bas de la pente, à l'arrière de l'enceinte, mais certainement plus lâche sur la pente en amont.

Plus haut sur la pente, la couverture pédologique est conservée. Contre toute attente, dans ce paysage très dégradé, l'érosion n'a pas mis la roche à nu. Les sols issus de la décomposition de la roche-mère calcaire sont peu épais et ne contiennent presque pas de mobilier céramique. La présence de cette couverture pédologique sur la pente, en amont des maisons du Ier millénaire avant l'ère chrétienne, implique l'existence de structures de contention des terres. Des murets construits en pierre sèche sont en partie masqués par la végétation buissonnante. Ils sont étagés sur le versant, au-dessus de l'espace occupé par les habitations, à l'intérieur du périmètre de l'habitat. Les sols peu profonds, légers, de type brun calcaire (calcosols), se sont surimposés à une fersialisation antérieure. Un sol de type rendzine brunifiée (rendosol) d'une épaisseur de 20 cm environ témoigne d'une activité anthropique prolongée, à l'abri de l'érosion. La végétation dégradée comprend essentiellement, outre le chêne vert (*Quercus ilex*), des cistes blancs (*Cistus albinus*), des pistachiers térébinthes (*Pistacia terebinthus*) et des brachypodes rameux (*Brachypodium ramosum*).

La cinétique de développement des sols, corrélée à une végétation très dégradée post-culturale, à la présence de murs de soutènement, à la faiblesse du mobilier archéologique et à la localisation des habitations protohistoriques plus bas sur la pente, permet d'envisager la présence d'un espace voué aux cultures à l'intérieur de l'habitat, à l'amont topographique des maisons. Les analyses anthracologiques confirment un défrichement des sommets du relief dès 900 avant l'ère chrétienne (Chabal 1997 : 116-120). L'exploitation de la chênaie est dès lors motivée par la nécessité pour les populations protohistoriques de s'approvisionner en bois de chauffage et de construction, mais aussi de déboiser des espaces proches des habitations à des fins agricoles.

1.3. Le Languedoc occidental (France)

1.3.1. Les campagnes de Béziers (Hérault)

1.3.1.1. Le paysage de la vallée du Gargailhan

C'est dans la vallée du Gargailhan, à l'est de la ville de Béziers, que des murs de terrasses, des fosses de plantation, des chemins et un réseau complexe de fossés structurant la campagne biterroise des Ier-IVe siècles de l'ère chrétienne, ont été découverts. Ces aménagements n'ont été traités à ce jour que comme de simples linéaments participant d'une grille cadastrale, restituée par les historiens à partir des textes et de la documentation planimétrique, dont ils démontrent l'existence matérielle. Plus généralement, les terrasses agricoles des campagnes biterroises ont été étudiées sous l'angle des centuriations romaines et des cadastres antiques (Clavel-Levêque 1983, 1995 ; Vignot 1994 ; Vidal 1994). Ces constructions sont pourtant d'un apport majeur pour la connaissance des pratiques agricoles sur les pentes et plus généralement, de l'histoire des paysages cultivés. Leur valeur réside, avant tout, dans le fait qu'ils démontrent que les agriculteurs du début de l'ère chrétienne ont été les acteurs d'une protection des sols de la pente par l'établissement de terrasses de cultures et par la gestion de l'eau.

Fig. 73 : La vallée du Gargailhan (Béziers, Hérault, France) vue vers l'ouest. Sur la pente exposée à l'est et mise en terrasses, les dénivelés sont soulignés par les haies (talus boisé). Le dénivelé armé par le mur de terrasse antique est indiqué par la flèche.

Le paysage actuel de la vallée du ruisseau du Gargailhan consiste en un étagement régulier de terrasses de culture associé à des chemins de desserte des champs et à un réseau complexe de fossés (Fig. 73). Les dénivelés entre les différentes terrasses de culture sont de hauteur variable et correspondent pour la plupart à de simples talus où une végétation d'arbres et de broussailles retient les terres. Ils sont très rarement armés par un mur de soutènement visible sous la végétation dense. Le creusement des fossés au bas des talus correspond à un fait technique fondamental dans la protection des sols sur les pentes étagées. Ils sont aménagés au pied des terrasses pour collecter les eaux de ruissellement et les canaliser vers le ruisseau.

L'implantation humaine sur le versant occidental du vallon du ruisseau du Gargailhan est principalement marquée par l'occupation antique. A l'époque romaine, la vallée voit l'installation de deux sites importants sur les pentes occidentales : l'exploitation agricole antique de Font de Cougoul et la *villa* de La Daubinelle occupée entre le IIe et le IVe siècle de l'ère chrétienne.

1.3.1.2. Un paysage construit à l'époque romaine

Les aménagements de l'époque romaine mis au jour dans la vallée du ruisseau du Gargailhan rappellent tout à fait ceux que l'on peut lire dans le paysage actuel. C'est d'ailleurs sous le dénivelé d'une des terrasses modernes qu'a été retrouvé un mur de soutènement bâti dans les premiers siècles de l'ère chrétienne (Fig. 74). Il est principalement construit avec des moellons calcaires équarris dont il ne subsiste que deux à trois assises selon les endroits. Ils sont jointoyés à la terre et parfaitement agencés pour former un mur de retenue bien rectiligne en travers de la pente.

Les indices objectifs d'une relative antiquité de ce dispositif, en dehors des tessons roulés d'amphores et de céramiques communes rattachables sans plus de précision à l'époque romaine, sont la connexion stratigraphique de la construction avec un paléosol parfaitement identifiable et la découverte dans les sédiments sableux qui recouvrent le mur d'un fragment de trompe en terre cuite datable du Moyen Âge. Cependant, si l'on ajoute à ces documents les autres faits anthropiques liés à la construction de cet espace rural qui semblent former un ensemble cohérent avec le mur de soutènement, ainsi que la proximité immédiate de la *villa* de La Daubinelle, occupée entre le IIe et le IVe siècle de l'ère chrétienne, il est alors probable que ce mur, bâti pour retenir les terres d'une terrasse de culture, a été édifié quelque part dans les premiers siècles de l'ère chrétienne.

Le relevé des linéaments structurant le versant de la vallée aujourd'hui permet d'apprécier l'adaptation de ces aménagements au milieu (Fig. 75). La mise en regard de ce document avec le plan des vestiges antiques montre l'évolution du paysage agricole depuis l'Antiquité. Il apparaît ainsi que les constructeurs romains ont aménagé l'environnement selon la même logique de gestion de l'eau et des sols que les agriculteurs du XXe siècle.

Fig. 74 : Mur de soutènement de terrasse romaine mis au jour sous une terrasse moderne à talus gazonné et boisé dans la vallée du Gargailhan (fouille P. Poupet, CNRS, 1989).

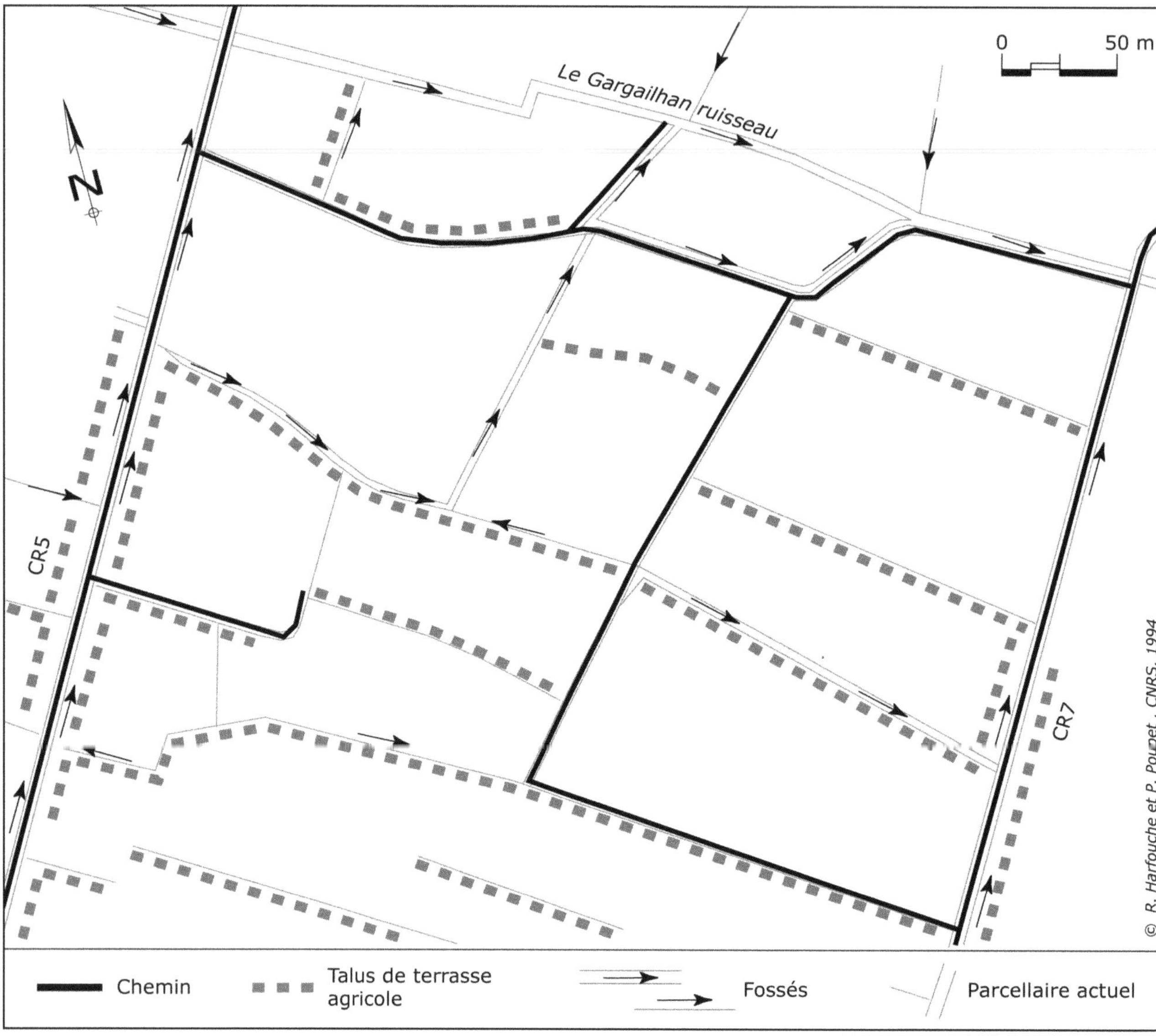

FIG. 75 : LEVÉ CARTOGRAPHIQUE PARTIEL DES AMÉNAGEMENTS DU VERSANT DE LA VALLÉE DU GARGAILHAN SUR LE PLAN CADASTRAL ACTUEL.

En effet, le mur romain (DN1) est doublé sur la terrasse supérieure par un chemin empierré (CH2) (Fig. 76). Un fossé court à son pied comme il en existe encore sur le versant aujourd'hui. Celui-ci est relié à un réseau de fossés de drainage qui ceinturent les parcelles ou bordent les chemins de desserte des champs pour capter les eaux de ruissellement et les diriger vers le ruisseau, car le problème majeur des agriculteurs qui ont construit ce paysage était l'eau.

La construction de ce mur de soutènement et du chemin empierré qui le double sur la terrasse supérieure appartient à une deuxième phase d'aménagement du terroir. Celle-ci est également représentée par le mur MRIII et le fossé 2/4, sur la terrasse supérieure ainsi que par l'ensemble des fossés 27, 20, 21, 22, 23 et 24/36, sur la terrasse inférieure qui est au niveau du lit du ruisseau du Gargailhan.

Dans les environs immédiats de la *villa* de La Daubinelle, d'autres fossés courent au pied de talus de terrasses disparus, mais dont l'analyse archéologique permet de restituer l'existence certaine. En effet, les fossés 1 et 2 ainsi que les fossés 5 et 6, connectés deux à deux, sont en fait le pendant du fossé 27 situé au pied du mur DN1 qui arme le dénivelé entre les deux terrasses voisines. La jonction entre les unités de chacun des deux couples se présente sous la forme d'un élargissement en entonnoir qui rend compte de la dynamique des écoulements et de leur situation au bas d'une rupture de pente. Il faut donc restituer à cet endroit un mur de contention des terres aujourd'hui disparu ou plus vraisemblablement le talus en terre d'un champ en terrasse.

Le plus ancien témoin d'un aménagement techniquement réfléchi en matière d'hydraulique agricole est constitué par le fossé 19 dont le tracé et le comblement sont recouverts par les moellons équarris du mur de soutènement de la terrasse, entre les actuelles parcelles CZ8 et DH7. Il faut placer dans la même phase le grand chemin CH1, totalement

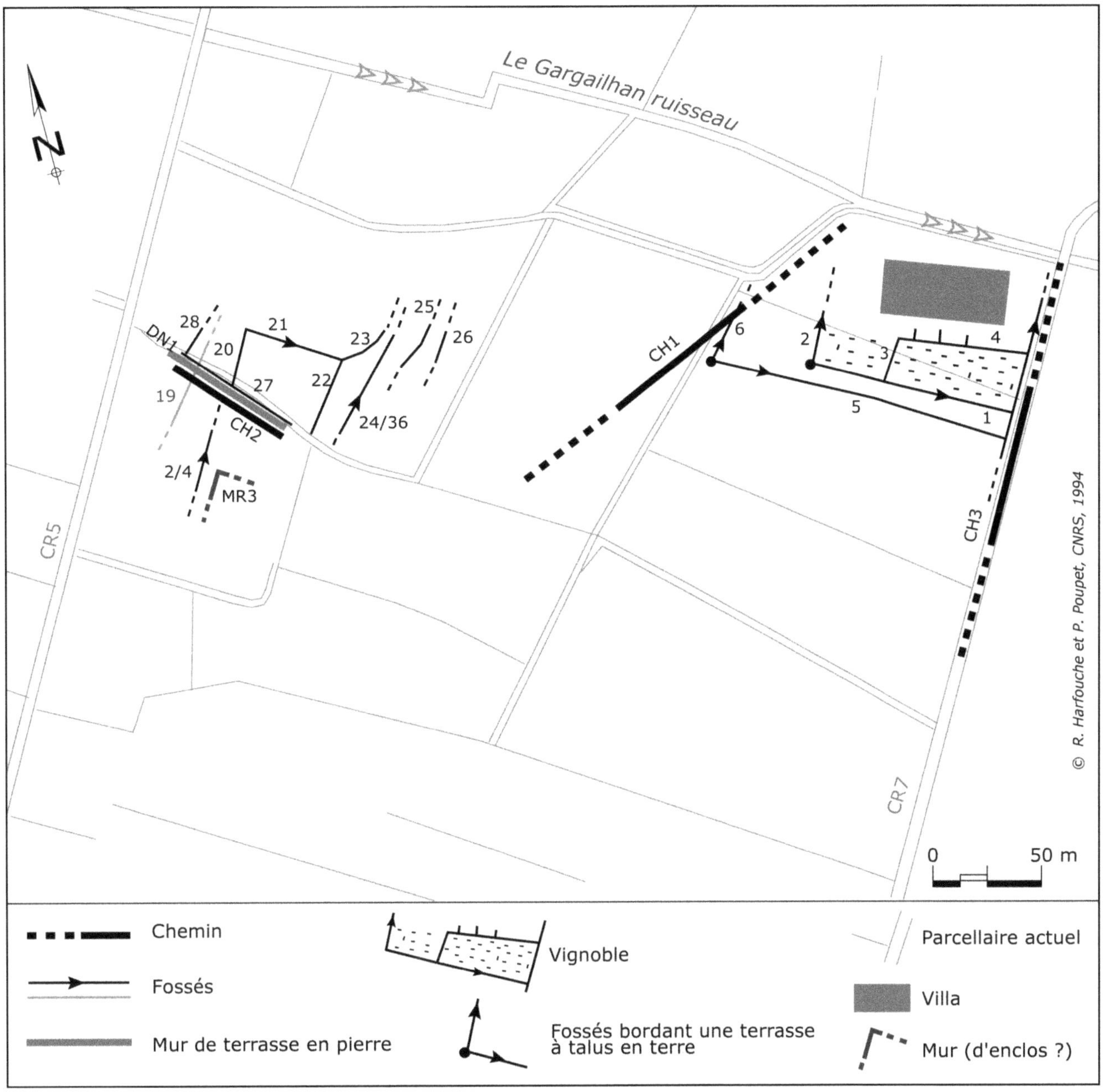

FIG. 76 : PLAN DES VESTIGES DU PARCELLAIRE ANTIQUE EN TERRASSES DE LA VALLÉE DU GARGAILHAN, ARCHÉOLOGIQUEMENT DÉMONTRÉ ET REPORTÉ SUR LE PLAN CADASTRAL ACTUEL.

disparu du paysage aujourd'hui sous l'accumulation des sédiments qui ont colmaté petit à petit la vallée. Seule sa direction peut être retrouvée dans la limite de parcelle et le chemin qui la souligne entre les champs DH4 et DH5.

Le chemin CH1 exprime également une volonté d'assainir les sols et de protéger le versant de l'érosion. Son profil transversal en creux le fait entrer dans la catégorie des chemins appelés régionalement « portandeau » qui servent, comme les fossés et avec eux, à la concentration des eaux de ruissellement et à leur canalisation vers un exutoire, ici le ruisseau du Gargailhan.

Le chemin du quartier de La Daubinelle, creusé dans le sous-sol molassique est large de 3.50 m environ. Sa première surface de roulement, directement au contact de la molasse miocène, présente deux profondes ornières qui ont été comblées. Un as de Claude (41-50) a été retrouvé dans une des ornières. Après une solide recharge constituée de cailloux et de galets mêlés à un sable argileux, une deuxième surface de roulement est jonchée de fragments de tuiles, d'amphores et de céramiques plus fines dont une sigillée marbrée fabriquée à la Graufesenque entre 40 et 80. Le chemin est ensuite abandonné et comblé progressivement, mais rapidement, par les matériaux fins entraînés par le ruissellement sur la pente de la vallée. Il se réduit à un simple fossé puis est totalement gommé du paysage. Le fossé 6, qui appartient à l'évidence à un aménagement contemporain de la *villa* de La Daubinelle, recoupe le comblement du chemin. La durée d'existence

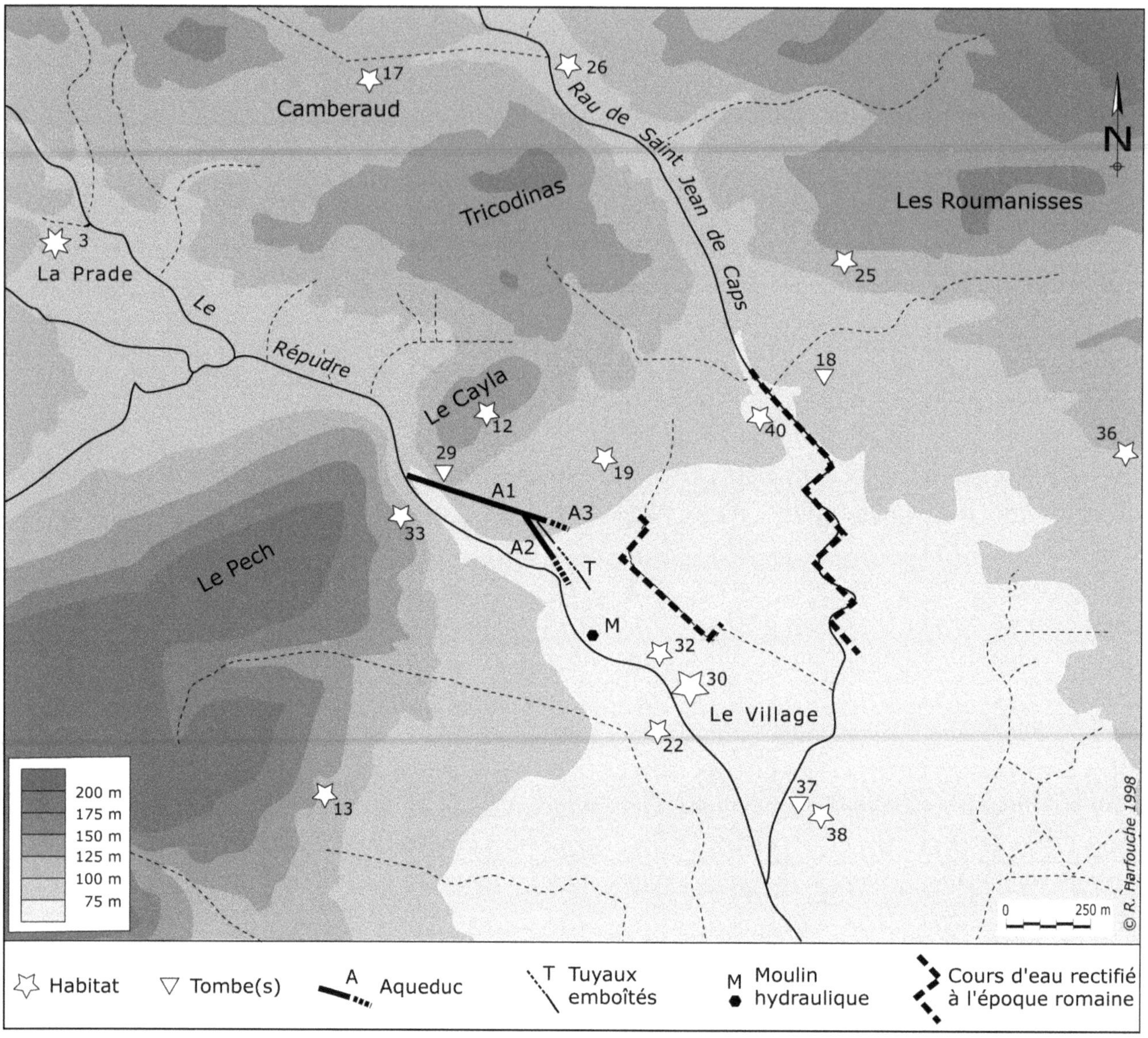

FIG. 77 : CARTE D'IMPLANTATION DES SITES ARCHÉOLOGIQUES D'ÉPOQUE ROMAINE AUTOUR DE MAILHAC (AUDE, FRANCE). 3 : LA PRADE. 12 : LE CAYLA ET LE TRAVERSANT. 13 : POUZOLS. 17 : CAMBERAUD. 18 : FLOURAÏS. 19 : LAS CONDAMINOS ET LE VILLAGE. 22 : LE VILLAGE. 25 : LES ROUMANISSÉS. 26 : SAINT-JEAN DE CAPS-EST. 29 : LOU CAYLA. 30 : LE VILLAGE. 32 : LE VILLAGE ET LES CHEMINS DES PUITS ET DES FONTS. 33 : LES COUROUNELLES. 36 : LAS OULOS. 37 : LAS RINGUOS. 38 : LAS RINGUOS. 40 : LAS BLANCHARDOS (D'APRÈS POUPET 1996).

de cet ouvrage conséquent n'excède donc pas un petit siècle. Il a ensuite été comblé rapidement.

Ces aménagements démontrent la capacité des agriculteurs du début de l'ère chrétienne à maîtriser l'érosion des sols de leurs champs sur la pente en mettant en place un système de gestion des écoulements et de remodelage de la topographie parfaitement adapté au milieu. Le paysage actuel témoigne encore de la pertinence de ces pratiques de l'Antiquité. Il est construit selon la même technique reconnue archéologiquement dès l'époque romaine, au même endroit. Aujourd'hui, comme dans l'Antiquité, la topographie du versant est redessinée pour permettre la protection des sols par une gestion raisonnée des eaux superficielles. Des fossés sont aménagés au pied des terrasses pour collecter les eaux de ruissellement et les canaliser vers le Gargailhan.

1.3.2. Le piémont du Cayla et la plaine de Mailhac (Aude)

1.3.2.1. Les unités du paysage

Le village de Mailhac se trouve dans le bassin molassique du Minervois oriental, dans l'arrière-pays de Narbonne (*Colonia Narbo Martius*), non loin de la fondation coloniale, en 118, de cette ville portuaire par *Cneus Domitius Ahenobarbus*. A une vingtaine de kilomètres au nord, les contreforts méridionaux de la Montagne

Noire constituent un paysage de collines, dont les plus importantes sont appelées *Serres*. Dans ces terroirs où est actuellement établi le vignoble du Minervois, région plus connue pour ses vins déjà appréciés au Ier siècle par Pline le Jeune, les Serres forment un alignement de reliefs, de direction SW-NE, limités au sud par un accident tectonique majeur, qui sépare le bassin molassique du Minervois des dépôts continentaux de l'Ere Tertiaire. La Serre d'Oupia, le Pech et l'unité anticlinale de Mailhac-Bize (Le Cayla, Tricodinas, Les Roumanisses) sont ces reliefs recoupés par le réseau hydrographique qui coule dans de profondes cluses (Fig. 77). Ils correspondent aux contreforts méridionaux du Massif Central et dominent le couloir du fleuve Aude, lieu de passage obligé entre le pays méditerranéen et les contrées atlantiques.

Dans cet espace géographique éminemment stratégique pour les voies commerciales entre l'Italie et l'Espagne, mais aussi vers l'Aquitaine, la mise en valeur des terroirs agricoles a dû s'adapter au climat de type méditerranéen, semi-aride, avec une pluviométrie moyenne annuelle de 500 mm. L'hydrographie est évidemment soumise aux variations de ce climat. Le Répudre, affluent de l'Aude, est la rivière qui offre l'essentiel des ressources en eau du paysage de Mailhac. Elle traverse les reliefs dans la cluse appelée le col des Fonts, où jaillissent de nombreuses sources, en contrebas de la colline du Cayla.

Les bas de versants et la plaine qui s'étendent au pied de ce relief majeur dans l'histoire de l'occupation humaine de cette micro-région sont aujourd'hui modelés en terrasses. Les champs, voués à la culture de la vigne sont situés sur le piémont et dans la dépression, tandis que, plus en amont, les pentes ont été gagnées par une végétation de garrigue. Les terrasses agricoles sont soutenues par des talus gazonnés ou des murs. La principale technique de mise en œuvre est bien la construction de structures de contention des terres en pierre sèche. Ces aménagements affectent des tracés linéaires remarquables dans le paysage. Les axes du parcellaire sont rectilignes et angulaires. On devine difficilement des murs curvilignes qui doivent leurs légères courbes plus à des réfections modernes qu'à un tracé originel. Les eaux de ruissellement sont conduites par les fossés qui courent au pied des terrasses et par les chemins qui affectent souvent un profil en creux entre les murs de contention des terres des champs.

1.3.2.2. L'implantation humaine

La recherche engagée sur l'histoire du paysage autour du site de Mailhac bénéficie d'un avantage considérable sur le plan documentaire grâce à l'énorme masse de données collectées depuis 1929 par O. et J. Taffanel. Ces chercheurs ont enregistré des observations et des renseignements qui leur ont été communiqués depuis des décennies concernant les découvertes effectuées sur un territoire géographique regroupant plusieurs communes. Ils ont longuement et de façon répétée, parcouru les paysages de leur région et sont intervenus sur le terrain chaque fois qu'un indice archéologique arrivait à leur connaissance. L'œuvre d'O. et J. Taffanel a donné naissance à un ouvrage qui a jeté les bases de la Protohistoire du sud de la France et qui a fait de Mailhac un site éponyme à l'échelle européenne (Louis 1955 ; 1958 ; 1960). Il résulte de leurs longues investigations une moisson de données inédites. L'originalité du fonds documentaire ainsi élaboré réside non seulement dans la durée de ce travail consciencieux (une soixantaine d'années), mais également dans la nature variée des observations réalisées. Les données ainsi cumulées ne sont pas seulement des inventaires d'objets ou de morceaux d'architecture découverts de façon fortuite. Elles concernent également des descriptions du sous-sol que les auteurs ont effectuées lors des sondages réduits qu'ils ont pu réaliser. Ce sont ces données qui intéressent plus particulièrement l'étude des paysages. Ces archives sont complétées depuis le début des années 1990 par une approche géoarchéologique des campagnes qui s'appuie sur des observations paysagères et des données extraites du sous-sol à la faveur des fouilles archéologiques réalisées sur les pentes et dans la plaine (fouille qui a poursuivi l'exploration de la nécropole dirigée par T. Janin ; fouille qui a concerné l'habitat et des aménagements agricoles dirigée par E. Gailledrat).

Le piémont et la plaine de Mailhac sont investis dès le Néolithique par les premiers agriculteurs qui y installent leurs habitats et leurs champs (Poupet 1996).

A partir de 900 avant l'ère chrétienne, l'habitat protohistorique est construit sur la colline du Cayla, au nord du village actuel, et sur le piémont du relief, tandis que des nécropoles sont implantées dans la plaine. L'installation perdure jusqu'à l'époque romaine. Les maisons construites sur les hauts de versant sont aménagées en terrasses. Un vaste cimetière occupe la dépression fermée située au pied des reliefs. Son développement est parfaitement synchrone avec l'habitat. La phase la plus ancienne de la nécropole, dite « du Moulin », apparaît au IXe siècle avant l'ère chrétienne. C'est à partir de ce noyau que vont se développer les cimetières postérieurs vers le nord et vers l'ouest : la nécropole du Grand Bassin I, dès 700 avant l'ère chrétienne, puis celle du Grand Bassin II, au VIe siècle avant l'ère chrétienne.

A l'époque romaine, l'habitat n'est plus restreint aux pentes et au piémont du relief. Une modeste agglomération romaine ou une importante *villa* a été localisée sous le village actuel de Mailhac. Les découvertes relatives à l'époque gallo-romaine, effectuées au cours des prospections ou des sondages, ne permettent que des suppositions quant au type d'occupation du sol et au statut des établissements repérés. C'est donc une gageure que de vouloir trancher entre l'existence de plusieurs *villae*, probablement de grande taille, telle que la *villa* de La Prade, accompagnées d'autres bâtiments plus modestes et dispersés dans la campagne, mais, eux aussi, liés à l'exploitation agricole, et la présence à Mailhac d'une petite agglomération gallo-romaine, que ce soit sur l'ancien *oppidum* protohistorique ou sous le village médiéval englobé dans les maisons actuelles. L'occupation des lieux perdure à la fin de l'Antiquité et au Moyen Âge, jusqu'à l'époque moderne.

La qualité de cette zone d'étude tient donc notamment à l'existence conjointe sur plus d'un millénaire d'un habitat et de ses nécropoles. Comment se traduit la continuité de l'occupation dans le paysage exploité par ces sociétés ?

1.3.2.3. La création d'un territoire cultivé à l'époque romaine

L'analyse du paysage et de l'histoire environnementale de la plaine de Mailhac, envisagée par le biais des rapports complexes et dialectiques que les sociétés agricoles entretiennent avec leur milieu, a permis de reconnaître des modifications qui ont affecté tout un écosystème recouvrant l'amont du bassin versant du Répudre et la plaine occupant la dépression d'origine éolienne du bassin molassique (Poupet 2000c). Il faut restituer un système hydrographique parfois différent des lits actuels des rivières et, en conséquence, un paysage plus accidenté, constitué de pointements gréseux et de bas-fonds mal drainés où les écoulements majeurs divaguaient. Les agriculteurs protohistoriques ont choisi de réserver ce vaste terroir hydromorphe aux tombes de leurs morts.

La topographie a peu évolué entre les dernières tombes du second âge du Fer et la fin du IIe siècle avant l'ère chrétienne qui voit l'installation de la colonie de Narbonne et la création de la province romaine. Puis, rapidement, le réseau hydrographique est maîtrisé, les lits artificiellement redressés et conduits selon la volonté de l'aménageur, comme le montre le ruisseau de Saint-Jean-de-Caps. Le cours d'eau adopte un tracé en baïonnette qui n'est pas le fait de la Nature, mais qui est bien celui de l'homme.

1.3.2.4. Un projet ambitieux d'aménagement hydro-agricole

L'aménagement des pentes et de la plaine à l'époque romaine a alors consisté en la construction d'un vaste parcellaire agricole associant des champs en terrasses soutenus par des murs en pierre, des fossés et des chemins. Des aménagements hydrauliques complètent ce dispositif de mise en valeur des terroirs. Le savoir hydraulique et les techniques de construction mis en œuvre sont en totale rupture avec le cadre culturel protohistorique de la fin du second âge du Fer. L'aqueduc découvert sur le piémont témoigne de la maîtrise de la technologie hydraulique par les Romains en milieu rural, un siècle environ avant la construction des grands aqueducs urbains de la Gaule romaine (Harfouche 2001 ; 2005a). Il a été construit vers le milieu du Ier siècle avant l'ère chrétienne. L'abandon total et la destruction partielle de l'ouvrage se situent dans le courant du IIe siècle de l'ère chrétienne. La prise d'eau de l'aqueduc doit être restituée dans le col des Fonts, où jaillissent de nombreuses sources, en contrebas de la colline du Cayla. La destination de l'ouvrage hydraulique est plus énigmatique.

La reconstruction de la topographie sur les pentes et en plaine pour la mise en place d'un parcellaire relève d'un projet d'ingénierie complexe et ambitieux, au sein duquel, terrasses, chemins et aménagements hydrauliques (canalisations, bassin(s) et fossés) sont décidés et réalisés au cours d'un même aménagement de la campagne. Il s'agit d'une mise en valeur nouvelle des terres qui appréhende le terroir tout entier en le remodelant par la construction d'un réseau de circulation et de champs en gradins. En effet, l'étude de l'aqueduc dans son environnement permet d'avancer des arguments en faveur d'une construction simultanée de l'ouvrage hydraulique et des champs en terrasses sur le bas de pente (Fig. 78). Bien qu'il constitue un fait marquant du paysage de la plaine de Mailhac, cet ouvrage n'est pas la seule construction à caractère rural retrouvée sur le piémont de la colline du Cayla. Plusieurs chemins dont le tracé est parfois parallèle à l'aqueduc ainsi que deux bornes ont été mis au jour. La plus petite est implantée sur le bord gauche de l'aqueduc, au droit d'un des regards, comme un repère pour sa réalisation. La seconde borne, plus imposante, est calée dans sa fosse à proximité de l'aqueduc et de façon cohérente avec la direction de l'ouvrage. Il s'agit vraisemblablement d'un *terminus* gromatique ou d'une simple borne de propriété.

La construction de l'aqueduc a donc été réalisée en même temps qu'une transformation de la topographie des champs par la construction de murs de terrasses de culture. Le tracé du système hydraulique a tenu compte de sa destination finale, mais aussi de cette nouvelle topographie. La surface du sol de l'époque romaine correspondant à la période de fonctionnement de l'ouvrage, qui est restituable à partir de la position topographique des bassins, des regards et des bornes, implique l'existence, dès la construction de l'ouvrage, du champ en terrasse dans lequel a été trouvé l'aqueduc. Les sondages réalisés à la fin des années 1960 par O et J. Taffanel dans les parcelles situées directement à l'amont de celle-ci confirment ce constat. Les niveaux archéologiques rencontrés dans les excavations réalisées à l'arrière du mur de contention des terres se trouvaient à seulement 65 cm sous la surface actuelle du champ en terrasse. Le dénivelé construit existait donc bien déjà. La cohérence des formes du parcellaire construit en gradins plaide également en faveur d'un aménagement du piémont dans le cadre d'un même projet. Le tracé de l'aqueduc, qui était visible dans le paysage à l'époque romaine, respecte les axes majeurs de ce parcellaire. De toute évidence, l'ensemble de ces aménagements appartient à un même système agraire dont l'étendue dépasse les pentes des reliefs proprement dites. En aval du tracé de la canalisation, des terrasses de culture ont également été créées. Les vestiges de ces aménagements ont été retrouvés à la faveur de sondages archéologiques, qui ont mis en évidence un mur de contention des terres construit selon la technique de la pierre sèche. L'une des dérivations de l'aqueduc emprunte cette direction. Elle pourrait avoir eu

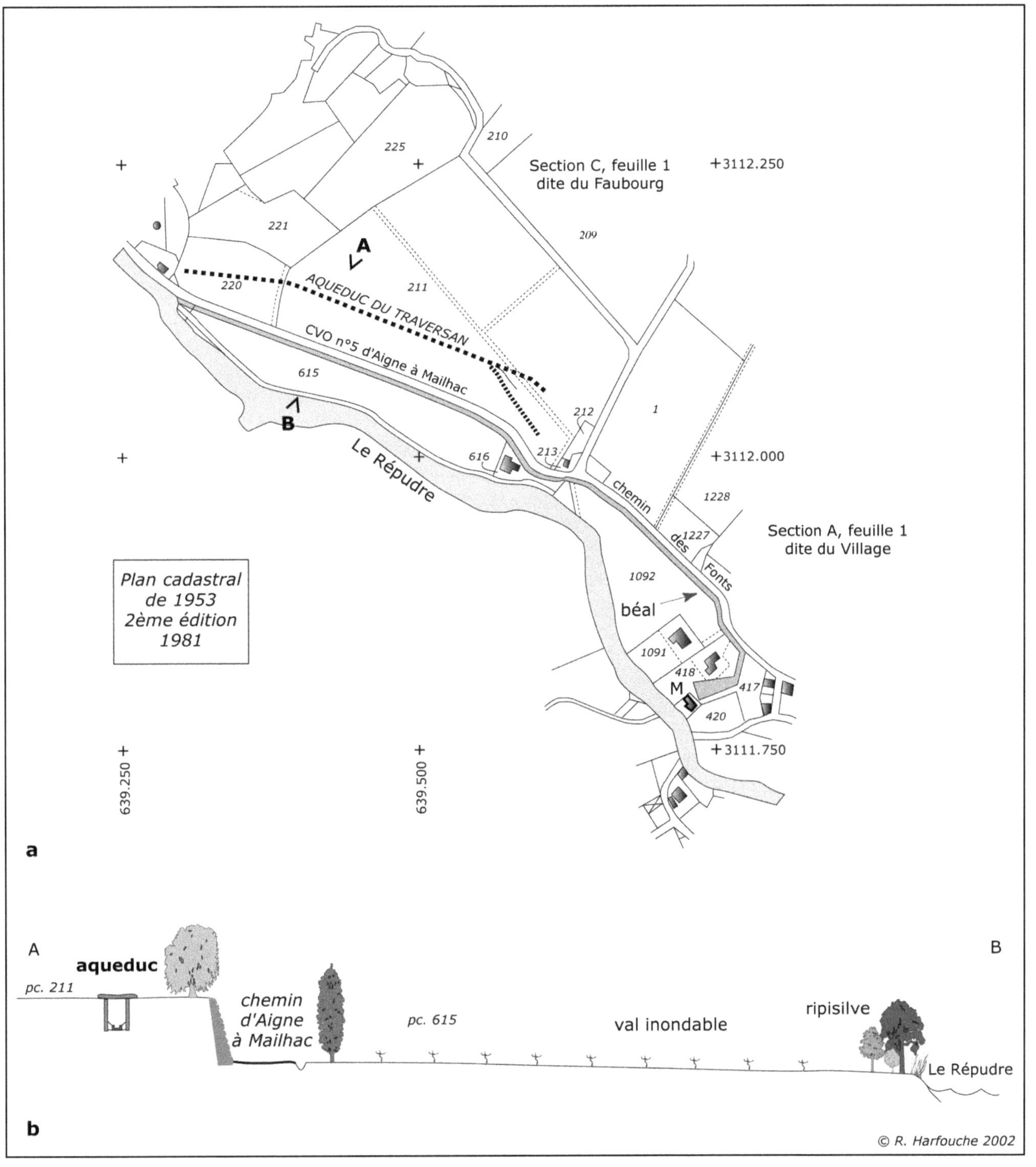

FIG. 78 : L'AQUEDUC DU TRAVERSANT DANS SON ENVIRONNEMENT (MAILHAC, AUDE, FRANCE). A : LOCALISATION DU MOULIN MÉDIÉVAL ET MODERNE DE MAILHAC (M), AINSI QUE LE CANAL D'ALIMENTATION (BÉAL EN LANGUE OCCITANE) SUR L'EXTRAIT DU PLAN CADASTRAL DE LA COMMUNE. B : PROFIL SCHÉMATIQUE DU PIÉMONT AMÉNAGÉ EN TERRASSES À L'ÉPOQUE ROMAINE.

pour fonction l'alimentation en eau de champs en terrasse irrigués.

1.3.2.5. Le drainage et le façonnement de la topographie en plaine

La construction de la topographie n'a pas seulement affecté les pentes et le piémont. Elle a également concerné la plaine et ses faibles pentes. Les fouilles conduites depuis 1993 sur une partie de la nécropole anciennement explorée par O. et J. Taffanel ont permis de conclure à un réaménagement d'ampleur du paysage. La destruction des couvertures des tombes protohistoriques est la conséquence d'une modification radicale de la topographie par l'homme pour établir des champs à l'emplacement de l'espace autrefois dévolu aux morts. Des terrasses de culture modèlent cette

FIG. 79 : TAS D'ÉPIERREMENT D'ÉPOQUE ROMAINE EN BORDURE DU TALUS SÉPARANT DEUX PARCELLES CULTIVÉES, INSTALLÉES SUR LA NÉCROPOLE PROTOHISTORIQUE DU PREMIER ÂGE DU FER. LE REPROFILAGE DU TERRAIN EN TERRASSES ET LES TRAVAUX ARATOIRES ONT PROVOQUÉ L'ARRACHEMENT DES PIERRES CONSTITUTIVES DES TUMULUS RECOUVRANT LES FOSSES, OÙ ÉTAIENT DÉPOSÉS LES INCINÉRATIONS ET LE MOBILIER D'ACCOMPAGNEMENT.

nouvelle topographie. Elles sont associées à des chemins et à des fossés qui courent au pied des murs de contention des terres selon la même logique agrotechnique de structuration de l'espace déjà mise en évidence sur les pentes et sur le piémont. La mise en culture de ce terroir a laissé des traces lisibles dans le sous-sol actuel. Des épierrements ont été retrouvés contre les talus des terrasses de culture lors de la fouille (Fig. 79). Ils proviennent du démantèlement des couvertures des tombes protohistoriques au moment où cet espace perdait sa fonction funéraire et acquérait une nouvelle fonction, agricole. Ces épierrements peuvent être attribués de façon certaine à l'époque romaine. Cette datation reste néanmoins imprécise en raison de la qualité et de la quantité de mobilier recueilli.

1.3.2.6. L'évolution des modes de gestion du territoire au cours de l'Holocène

Les terrasses de cultures créées au pied des reliefs qui dominent la plaine et au cœur de celle-ci, ainsi que l'aqueduc bâti sur le piémont du Cayla, sont une réponse technologique de facture romaine aux conditions naturelles de l'écosystème. Ils ont aussi une valeur historique. Ces aménagements hydro-agricoles ont été construits selon toute vraisemblance pendant une phase de conquête et de mise en valeur des terres agricoles au nord de Narbonne, moins d'un siècle après l'installation des colons romains. L'impact de ces aménagements sur le paysage et sur la population est donc indéniable. Il n'est pas inutile de rappeler que les techniques de mise en valeur de la campagne sont en totale rupture avec le cadre culturel protohistorique de la fin du second âge du Fer. Ils introduisent donc une autre forme d'exploitation des champs.

Les auteurs et acteurs de ce paysage redessiné appartiennent à une communauté aussi bien organisée que riche. Les populations de l'âge du Fer étaient déjà organisées en une société hiérarchisée, au sein de laquelle existaient des personnages très riches, comme en témoigne l'opulence du mobilier funéraire qui accompagne certains défunts dans leur tombe (Taffanel 1998). Cependant, ces communautés ont choisi de cultiver d'autres sols que ceux de la plaine qu'ils n'ont pas drainée. Leur savoir technique en matière de terrasses n'est pas en cause, puisque de tels aménagements leur ont permis de corriger l'inclinaison des pentes des hauts de versants du Cayla au sein de l'habitat dès le début du Ier millénaire avant l'ère chrétienne. Les remparts successifs et les habitations en terrasse qui constituent l'habitat perché en témoignent. Il faut sans doute rechercher les champs pré romains à proximité du village, sur les hauteurs et sur le versant opposé de la colline à la pente moins abrupte que le versant qui domine la plaine alors marécageuse réservée au monde des morts.

Cette étude permet également de conclure à une stabilité générale du paysage depuis l'époque romaine. Les principales modifications du milieu sont assurément plus dues à l'homme, à ses techniques de construction des champs et à sa gestion des sols, qu'à d'hypothétiques péjorations climatiques protohistoriques et historiques dont aucune signature sédimentaire n'a été retrouvée pour l'instant. Ce constat rejoint celui qui a été effectué dans les régions de Nîmes et de Béziers.

1.4. L'Espagne

1.4.1. Variété des approches et de la documentation

L'Espagne connaît bien la culture en terrasse, en particulier la culture en terrasse irriguée. Les exemples sont nombreux, mais bien souvent mal datés, soit parce que le protocole retenu est erroné (simple recueil de fragments céramiques dans le sédiment contenu derrière le mur de contention des terres), soit parce que certaines recherches privilégient l'analyse fonctionnelle et anthropo-sociale de systèmes agricoles attribués à la conquête arabo-musulmane, sans démonstration archéologique (Fig. 80).

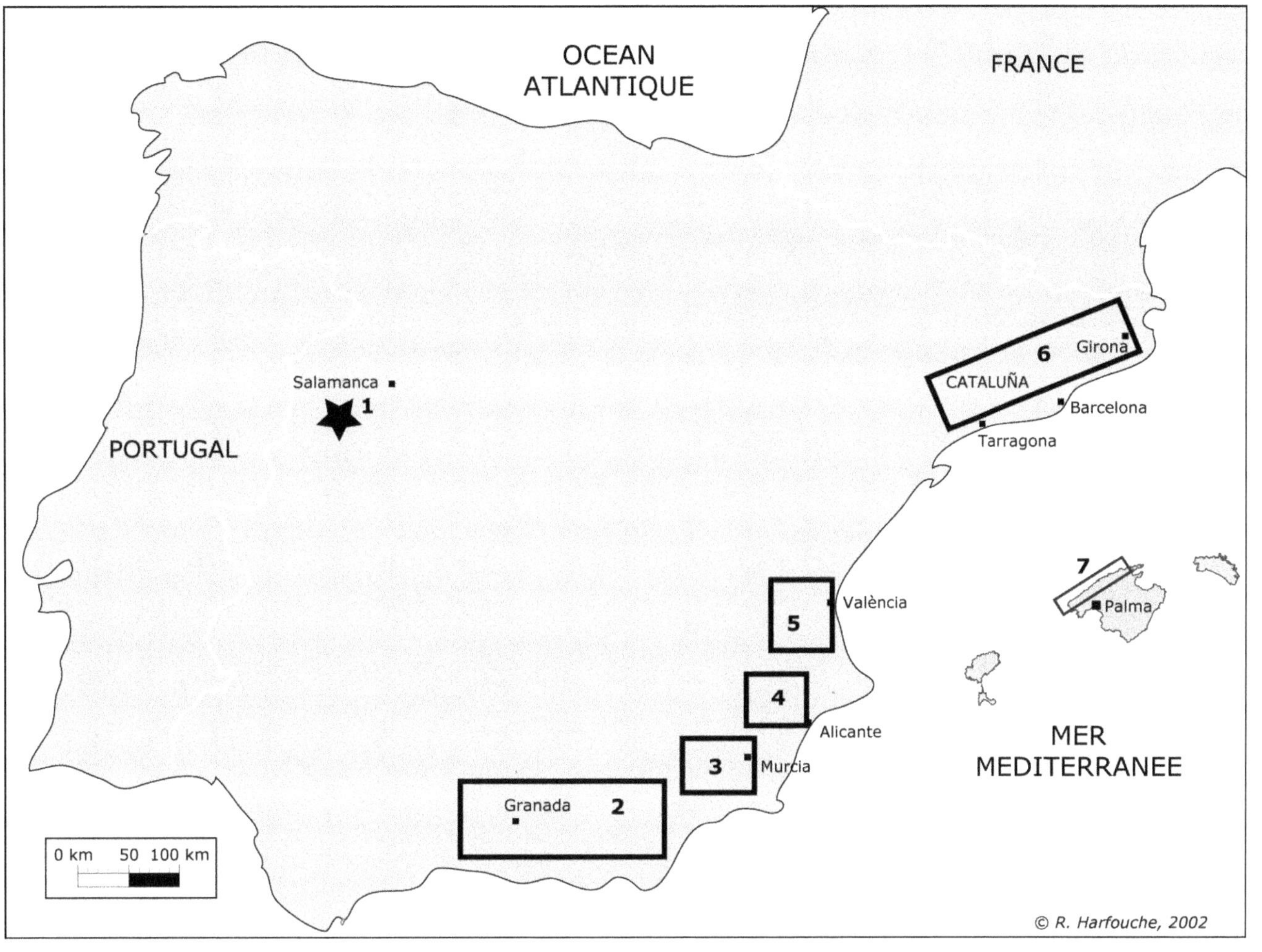

Fig. 80 : Carte de localisation des zones de terrasses agricoles en Espagne, dont la construction est antérieure à l'époque moderne et qui ont fait l'objet de recherches archéologiques. 1 : Las Cavenes de El Cabaco (Salamenca) ; 2 : Andalousie (provinces de Jaen, Granada et Almeria) ; 3 : Province de Murcia ; 4 : Province d'Alicante ; 5 : Province de Valencia ; 6 : Catalogne (provinces de Tarragona, Barcelona et Girona) ; 7 : Serra de Tramuntana (Mallorca).

L'étude des aménagements agricoles est surtout le fait d'historiens et d'archéologues médiévistes tels que M. Barceló ou A. Bazzana, qui se sont attachés à démontrer, à juste titre, la richesse des techniques hydrauliques arabes d'*Al-Andalus*. Ainsi, ce serait dès le IXe siècle et surtout à partir du Xe siècle de l'ère chrétienne que cette pratique gagne de nombreux versants. Beaucoup de paysages en témoignent encore, comme les systèmes de terrasses irriguées dans le Levant (Pays Valencien), en Andalousie (vallées du massif des Alpujarras, vallée du Senes dans la province d'Alméria) et dans la Serra de Tramuntana, à Banyalbufar (Majorque) (Barcelo 1996 ; Cressier 1999). Ces études appréhendent les aménagement dans une perspective technique, anthropologique et historique, mais les systèmes hydro-agricoles ne constituent pas un objet archéologique. De fait leur datation repose sur l'étude du peuplement et leur situation auprès d'habitats fouillés, médiévaux.

C'est aux archéologues et historiens J. M. Palet i Martinez et à M. Ruiz del Arbol que l'on doit des travaux spécifiques aux champs étagés (Palet i Martinez 1997 ; Ruiz del Arbol 1999). Des recherches archéologiques entreprises par F. Criado Boado et P. Ballesteros Arias sur des terrasses au Portugal méritent d'être soulignées, bien qu'elles concernent une région qui se trouve à l'extérieur du domaine strictement méditerranéen, car, d'une manière générale, les fouilles réalisées sur ces aménagements sont souvent récentes et encore peu fréquentes (Criado Boado 2002).

Dans la région de Salamanque, des sondages archéologiques réalisés dans des systèmes de terrasses ont conduit à dater la construction des champs du Ier siècle de l'ère chrétienne (El Cabaco) (Ruiz del Arbol 1999 ; 2000 ; Sanchez-Palencia 2000). Ces travaux pluridisciplinaires associent la fouille archéologique aux analyses polliniques et à l'étude des sources textuelles pour restituer une histoire du paysage construit aux fins d'agriculture, en liaison avec d'autres activités d'exploitation des ressources de la montagne (minières en particulier).

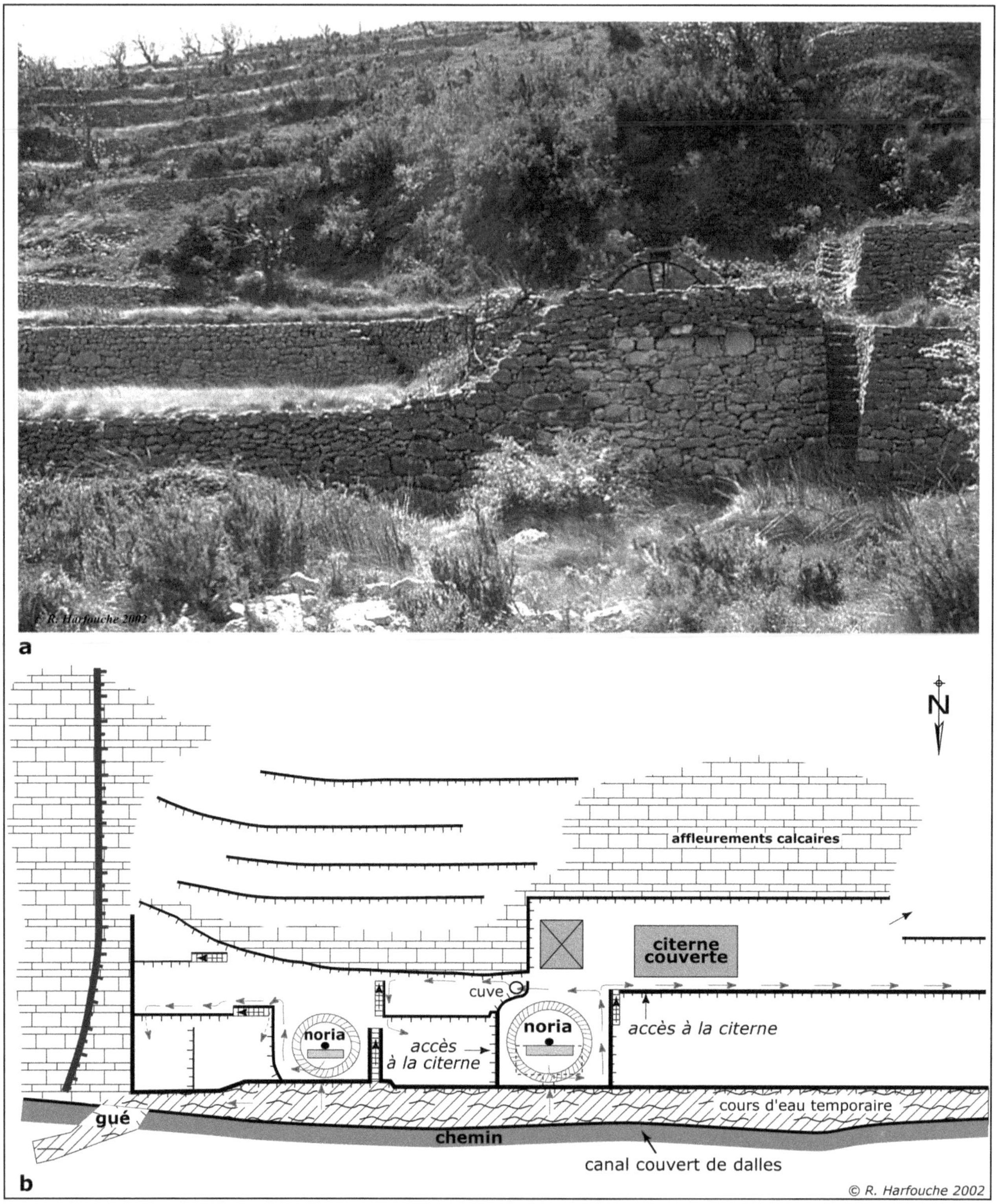

Fig. 81 : a : Champs irrigués en terrasses et norias à Xert (arrière-pays de Vinaros, province de Castelló, Communauté valencienne, Espagne). Au premier plan, le cours d'eau temporaire qui alimente des citernes à l'aplomb desquelles sont installées les norias. Le réseau de canaux court au long des murs de terrasses des trois premiers paliers. Au-dessus, les terrasses ne sont pas irriguées (culture sèche en complant d'amandiers et de céréales). b : Plan schématique des terrasses agricoles et du réseau d'irrigation de Xert.

Sur les côtes méditerranéennes catalanes J. M. Palet i Martinez s'est surtout intéressé à l'étude typologique des murs de soutènement des terrasses de culture. Ses recherches ne portent pas exclusivement sur cette approche puisqu'il a également réalisé des sondages archéologiques dans les terrasses de la région de Barcelone et a confronté ses interprétations avec les résultats palynologiques, dans une perspective interdisciplinaire, pour déterminer les phases de conquête des versants catalans au cours de l'histoire. En Catalogne donc, l'aménagement des versants en terrasses pour l'agriculture s'effectuerait dès le XIe siècle de l'ère chrétienne (Palet i Martinez 1997 ; 2000).

Il faudra ensuite attendre les géographes militaires des XVIe et XVIIe siècle qui apporteront une grande contribution à la documentation iconographique des paysages de terrasses sous la forme de cartes et dessins indispensables au service de la stratégie. A l'époque contemporaine, l'intérêt affiché par les géographes pour l'étude des systèmes de terrasses de culture et des techniques de construction des pentes a beaucoup profité des milliers de dessins réalisés au début du XXe siècle par le géographe Pierre Deffontaines qui a parcouru les paysages méditerranéens en particulier ceux de l'île de Majorque (Ambroise 1993).

1.4.2. Un exemple de terroir en terrasses dans la communauté valencienne

Bien que les travaux sur l'histoire des paysages ruraux espagnols et des techniques agricoles concernent essentiellement le fonctionnement des ouvrages hydrauliques et des systèmes d'irrigation, dans bien des endroits, ces réseaux sont intimement liés à la création de terrasses. Ainsi, sur les pentes des reliefs septentrionaux d'El Maestrazgo, dans la province de Castelló, des systèmes de terrasses agricoles ont été construits pour permettre l'irrigation des cultures à partir des cours d'eau temporaires.

Nous avons pu étudier la pratique de la culture en terrasses irriguée et sèche dans la communauté valencienne, à partir d'un exemple très bien conservé dans un terroir du village de Xert. Au nord de la Rambla Cervera, les versants calcaires de la vallée septentrionale du village de Xert accueillent de nombreuses norias et des jardins irrigués à la lisière de l'agglomération (Fig. 81a). Le massif calcaire formé de gros bancs pluridécimétriques à métriques qui alternent avec des petits bancs calcaro-marneux décimétriques est recouvert en bas de pente par des colluvions clastiques, à graviers émoussés et argiles rouges, recimentés sur les pentes.

Ces pentes supportent des systèmes hydro-agricoles complexes. Des roues hydrauliques construites sur des terrasses distribuent l'eau aux champs eux aussi nécessairement aménagés en gradin pour permettre une irrigation gravitaire et protéger les sols contre l'érosion (Fig. 81b). Les parcelles sont soutenues par des murs construits selon la technique de la pierre sèche en moellons calcaires et sont reliées entre elles par des escaliers parallèles aux murs de soutènement.

Les eaux temporaires du lit du vallon sont collectées dans une citerne aménagée sous la roue. L'eau est ensuite puisée et acheminée depuis la noria vers les différents paliers cultivés. Elle est distribuée aux plantes à l'aide de conduites en terre cuite et de canaux qui courent au sommet des murs des terrasses supérieures. Les tuyaux passent à travers eux pour irriguer les terrasses inférieures. Les pentes situées en amont du système d'irrigation sont également cultivées selon la technique de la terrasse. Les champs supportent des cultures *secano* arbustives (amandiers) et céréalières, en complant.

Le recours à l'arrosage est d'autant plus important que le climat des régions méridionales d'*Al-Andalus* est aride. Les paysages agricoles de l'Espagne méditerranéenne, particulièrement ceux de l'Andalousie et du Levant, doivent beaucoup à cette époque de l'Histoire, malgré la relative discrétion des textes arabes et les sources chrétiennes concernant les aménagements des champs (Bolens 1981 ; Zakri 1990 ; Guichard 1999).

En effet, les agronomes arabes, qui développent dans leur traités certains sujets qui se situent dans le prolongement des écrits agronomiques antiques, recommandent aussi de remodeler la surface des champs sur les pentes pour une exploitation raisonnée des ressources hydrauliques. Dans son ouvrage encyclopédique sur l'agriculture, composé à Séville à la fin du XIIe siècle de l'ère chrétienne, l'agronome Ibn al-'Awwâm indique la démarche à suivre pour empêcher l'eau de stagner dans les cultures et lui permettre de se répandre sur toute la parcelle. Reprenant les propos d'Ibn Bassal, il insiste, dès son introduction, sur la nécessité pour l'agriculteur de savoir « comment se nivelle le terrain pour faciliter le cours des eaux de façon qu'elles arrivent aux diverses parties que l'on veut arroser » (Ibn al-'Awwâm, *Kitâb al-filâha*, article 5 du Prologue). L'auteur explique ensuite la technique à utiliser afin de ramener la surface du sol à cultiver à un niveau presque horizontal. Au cours d'une étape ultime, il conseille d'égaliser les imperfections en compensant les creux et les bosses par des apports de terre judicieusement répartis dans le champ (Ibn al-'Awwâm, *Kitâb al-filâha*, article 3, édition 2000 : 139-142).

L'Espagne n'échappe pas au compartimentage des reliefs méditerranéens. L'installation de réseaux de captage et de conduite de l'eau pour l'irrigation gravitaire dans les vallées implique donc la régulation de la topographie. L'aménagement des pentes en gradins et la mise en place des canaux participent du même projet de construction de l'espace agricole.

1.5. L'Italie

1.5.1. La botte italienne

1.5.1.1. La Grande Grèce

Les recherches conduites sur la colonisation grecque en Grande Grèce ont porté principalement sur les faciès typo-chronologiques des céramiques et des vestiges mobiliers exhumés au cours de fouilles, ainsi que sur les fondations coloniales, avec leurs villes et leurs riches nécropoles. Les campagnes investies par les nouveaux arrivants grecs au fil des vagues de colonisation n'ont été appréhendées qu'au travers du prisme déformant de la grille cadastrale (Adamesteanu 1976 ; Vallet 1983). La question du territoire politique a pris le pas sur celle du territoire vivrier, ainsi que sur les questions relatives à la problématique paysagère et agrotechnique de l'aménagement des anthroposystèmes.

C'est donc dans les travaux conduits sur des problématiques environnementales qui touchent indirectement l'histoire des paysages continentaux qu'il faut rechercher les indices de l'aménagement des pentes à cette époque. Ainsi, à Cumes, les observations géomorphologiques réalisées dans le cadre de recherches sur l'histoire des littoraux, permettent de conclure à une défense des versants à l'aide de murs de contention des terres probablement dès l'époque archaïque, qui voit l'installation, sur le continent, des Chalcidiens fondateurs de la colonie de Pithécusses, sur l'île voisine d'Ischia, en 770 avant l'ère chrétienne (travaux inédits de C. Morhange et J.-Ph. Goiran, CEREGE, Aix-en-Provence. Rapport du programme *Kyme-Cumae*, décembre 1996). (Fig. 82). En effet, la lecture et l'interprétation, par les géographes, des carottes sédimentaires issues des sondages réalisés dans la baie de Cumes, au pied des premiers reliefs occupés par la colonie grecque, indiquent que le versant est aménagé dès l'époque archaïque.

Les niveaux sédimentaires les plus anciens rencontrés correspondent à une plage dont les sables sont pédogénétisés. Par la suite, le paysage pentu, soumis à de violentes précipitations à caractère méditerranéen, connaît plusieurs phases d'érosion qui entraînent des matériaux arrachés aux falaises de tuf volcanique voisines, d'une

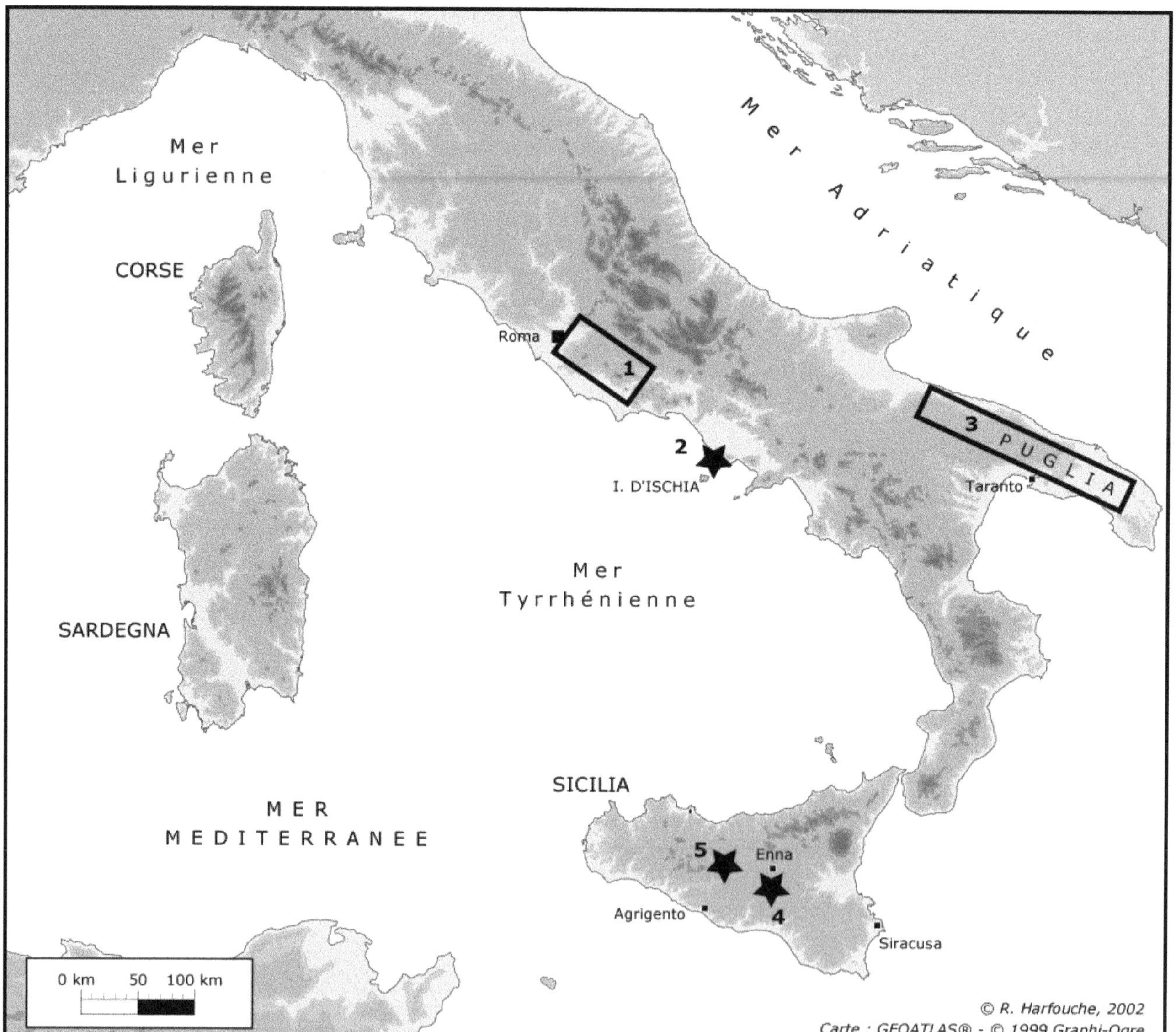

FIG. 82 : CARTE DE LOCALISATION DES ZONES DE TERRASSES AGRICOLES ANTIQUES OU SUPPOSÉES ANTIQUES EN ITALIE. 1 : BASSE SABINE (LATIUM) ; 2 : CUMES (NAPLES) ; 3 : SALENTO ; 4 : MORGANTINA (PROVINCE D'ENNA, SICILE) ; 5 : PIZZO TRE FONTANE (PROVINCE DE CALTANISSETTA, SICILE).

puissance de 3.20 m. Les colluvions, entraînées par les eaux de ruissellement sur les pentes ont constitué des amas de tephras d'origine volcanique sur le bas de versant. Ces matériaux sont enrichis en limons et en argiles à hauteur de 40 % environ, ce qui laisse supposer que l'on est en présence de sédiments ayant évolué sous l'action de la pédogenèse.

A cette phase rhexistasique, qui illustre l'extrême mobilité du milieu, succède une phase de stabilité générale des pentes. Ce moment correspond à l'implantation des premiers colons grecs, en 740 avant l'ère chrétienne qui arment le versant, en construisant des terrasses dont témoigne la présence de sols et de remblais archéologiques contenant des fragments de céramique archaïque. Ces traces d'occupation ont été soustraites à l'érosion grâce à l'existence de structures de soutènement sur la pente.

1.5.1.2. L'Italie romaine

La mise en culture des pentes

Nul doute que l'empreinte des bâtisseurs romains est bien perceptible dans les paysages d'Italie, mais, là encore, elle a été essentiellement perçue par les historiens sous l'angle des cadastres antiques, des formes en plan dessinées par les grilles cadastrales et de leurs implications dans l'histoire économique et coloniale.

Lorsque l'attention des chercheurs s'est portée sur les techniques et les pratiques qui sous-tendent ces parcellaires, les recherches ont concerné la gestion de l'eau par les drainages et l'irrigation, tant il est vrai que les textes latins sont riches d'enseignements sur ces questions. Pourtant, il existe dans ces mêmes textes latins, très sollicités par les historiens, des mentions relatives à la mise en culture des versants.

Ainsi, Siculus Flaccus évoque des constructions en pierre sur les versants. L'auteur indique qu'en plaine aussi l'épierrement des terrains caillouteux sert à la confection de murs de clôture en pierre sèche : « Mais si l'on est en plaine, en terrain caillouteux, alors on nettoie, et de l'amas des pierres on fait des murs » (Siculus Flaccus *De condicionibus agrorum* : 142 , traduction M. Clavel-Lévêque : 45). Au Ier siècle de l'ère chrétienne, Frontin recommande dans son œuvre gromatique la technique à employer pour un *agrimensor* lorsqu'il est en présence d'un champ sur un versant « pour ramener au plan les pentes irrégulières [...] Cette raison nous a été montrée par la nature même des plants » (Frontin, *De limitibus II* : 120-122, traduction M. Clavel-Lévêque : 66-67). Ce passage n'implique bien sûr pas que les cultures se trouvent sur des terrasses, mais témoigne de la mise en valeur des pentes pour l'agriculture à l'époque romaine, époque que l'on associe souvent à la mise en valeur extensive des dépressions au détriment des versants.

Les agronomes latins traitent des avantages de la localisation des champs sur une pente. Bien qu'ils déconseillent de cultiver les versants abrupts, ils privilégient la situation des champs sur une pente à leur localisation sur une topographie plane ou en creux. Ils recommandent de cultiver la vigne (Varron, *Res rusticae*, I, 6, 5 ; Columelle, *De arboribus*, V) et les oliviers (Pline, *Naturalis historia*, XVII, 128, qui reprend au Ier siècle de l'ère chrétienne les propos de Magon, auteur carthaginois du IIe siècle avant l'ère chrétienne ; Columelle, *De arboribus*, XIX) sur les versants et plus généralement de choisir le lieu d'implantation du domaine agricole sur le bas d'une pente (Caton, *De agricultura*, I, 3 ; Varron, *Res rusticae*, I, 12). Ils conseillent de fuir les fonds de vallée et les cuvettes dont les sols sont jugés trop hydromorphes et l'atmosphère insalubre (Palladius, *Opus agriculturae*, I, 5 et 16). Lorsque les champs sont localisés en plaine, ils préfèrent que ceux-ci soient inclinés pour faciliter la gestion des écoulements et favoriser l'irrigation des cultures. Ainsi, selon Varron, « Un terrain en plaine est meilleur quand il s'incline tout entier en pente égale dans une seule direction, plutôt que lorsqu'il est plat au niveau, car en ce cas, quand il n'y a pas d'écoulement pour les eaux, il devient souvent humide ; et s'il est inégal, c'est pire encore, car les trous le rendent marécageux » (Varron, *Res rusticae*, I, 6).

Les auteurs latins ne sont pas moins conscients des problèmes engendrés par l'érosion sur les sols labourés des champs installés sur les pentes que cela soit dû aux effets des labours répétés ou au ruissellement des eaux de pluies (Caton, *De agricultura*, CLXIV, 155). Palladius observe qu'« Il faut d'autre part que le terrain ne soit ni plat au point d'être inondé, ni en pente raide au point de glisser vers le bas, ni encaissé au point de s'enfouir au plus creux de la vallée, ni situé sur un sommet au point de ressentir dans toute leur violence les tempêtes et les coups de chaleur ; toujours utile est en fait la réunion justement dosée de ces différentes conditions, qu'il s'agisse d'une plaine ouverte et permettant l'écoulement des eaux de pluie grâce à une pente à peine marquée, ou d'une colline aux flancs doucement inclinés, ou d'une vallée peu profonde et largement aérée, ou d'une montagne protégée par le rempart d'un sommet plus élevé et abritée d'une manière ou d'une autre des vents mauvais, ou alors haute et escarpée, mais boisée et herbue. » (Palladius, *Opus agriculturae*, I, 5). Pline précise que « Les collines ne sont pas dénudées de leur sol par la culture si on sait les fouir » (Pline, *Naturalis historia*, XVII, 29). Il ajoute concernant la plantation de la vigne et la protection des sols que « Les terrains en pente demandent des fosses plus profondes et qu'on établisse en outre une banquette sur le bord inférieur » (Pline, *Naturalis historia*, XVII, 168) afin de maintenir les terres sur la pente. C'est pour cette même raison fondamentale pour toute agriculture sur les versants que Columelle insiste, au Ier siècle de l'ère chrétienne, sur la nécessité de ménager « un rebord beaucoup plus élevé qu'en plaine » lors du défonçage d'un champ installé sur le versant d'une colline, « étant donné que la terre est attirée de haut en bas » (Columelle, *De re rustica*, III, 13, 8). Il renouvelle son conseil pour le creusement des fosses en vue de planter des arbres : « Que les trous soient

FIG. 83 : VIGNOBLE SUR LE BAS DE VERSANT DU VÉSUVE. FRESQUE DU LARAIRE DE LA MAISON DU CENTENAIRE À POMPÉÏ (CAMPANIE, ITALIE) (IER S. DE L'ÈRE CHRÉTIENNE).

semblables à un four, plus larges au fond qu'en haut, pour que les racines aient plus de place pour s'étaler, qu'il y [pénètre] moins de froid, moins de chaleur en été grâce à l'étroitesse de l'ouverture, que de plus, sur les pentes, la terre du remplissage ne soit pas emportée par les pluies » (Columelle, *De arboribus*, XXI).

L'iconographie rapporte également la pratique de la viticulture sur les versants. Ainsi, la fresque conservée dans la Maison du centenaire à Pompéi représente, au Ier siècle de l'ère chrétienne, un vignoble sur les pentes du Vésuve (Fig. 83). Derrière le dieu Bacchus vêtu d'une grappe de raisin, debout au pied du volcan, s'élèvent des vignes sur jougs couvrant les dernières pentes du relief (Tchernia 1999 : 81, fig. 105).

La construction des versants en terrasses

Certaines études se sont penchées, avec plus ou moins d'intensité, sur les techniques de construction des champs, au-delà de la morphologie des paysages appréhendée à petite échelle et sous l'angle réducteur de la grille fiscale. C'est à l'époque romaine que l'existence de vastes parcellaires agricoles de pierre sèche est assurée, en particulier dans le Salento, au sud-est de la botte italienne (Compatengelo 1989). Des recherches comparables à celle conduites en Espagne sur le plan de la reconnaissance typologique des murs de soutènement sont menées depuis plusieurs années par L. Quilici et S. Quilici Gigli en Italie centro-tyrrhénéenne (Quilici 1997). Dans l'arrière-pays de Rome, des murs de contention des terres encore visibles sur les versants actuels ont vraisemblablement été créés par les Romains. Les systèmes de terrasses en appareil polygonal en Basse Sabine ont été associés à des *villae* datant du milieu du IIe siècle et du début du Ier siècle avant l'ère chrétienne (Quilici Gigli 1995 ; Quilici 1995 ; 1997).

Les sources latines ne sont pas muettes sur la construction des versants en terrasses pour l'agriculture. Le terme grec « ophrys », qui, en fonction du contexte du récit, peut être identifié au champ construit en gradin, selon R. Baladié, est employé dans sa forme latine *supercilium*, dans les Géorgiques de Virgile, publiées en 29 avant l'ère chrétienne, et plus couramment dans les écrits techniques des *agrimensores* comme Agennius Urbicus ou Hygin, au Ier siècle de l'ère chrétienne (Baladié 1974). Ce dernier mentionne à cinq reprises cet aménagement du paysage rural qui est traduit par « talus » dans l'édition française des historiens de Besançon. Cependant, la situation du champ sur un versant et la présence d'une plate-forme selon les propos de l'auteur gromatique implique nécessairement la présence d'une terrasse, qu'elle soit soutenue par un mur ou par un talus gazonné. Un passage explicite souligne ce fait à propos de la délimitation des terrains : « S'ils sont marqués par des talus, (espaces qui sont, à partir du terrain plat, des pentes courtes, jusqu'à 30 pieds de hauteur ; autrement, c'est une colline) : Dans ce cas, on observe la règle selon laquelle depuis là le possesseur d'en haut descend jusque sur le terrain plat et revendique pour lui toute la pente. » (Hygin : *Controverse de fine* : 153-154, traduction O. Behrends : 115-117). Les *gromatici veteres* relatent aussi dans leurs textes les querelles qui surgissent entre les agriculteurs au sujet de la conduite des eaux d'un fleuve, d'une rivière ou de l'eau pluviale dans les champs (Hygin : *Controverse de alluvione*, traduction O. Behrends : 89-97 ; Frontin : 43, 67, traduction O. Behrends : 23, 33).

En réalité, il n'est pas nécessaire pour trouver des mentions de champs construits en terrasses dans les textes, de rechercher le terme qui les désignerait spécifiquement. Parfois, il suffit simplement de relever les indications données par les auteurs antiques sur la fonction des aménagements pour en déduire leur nature. Ainsi, un passage de Siculus Flaccus dans ses écrits sur les « conditions des terres » a été relevé par R. Compatangelo au cours de ses recherches sur le Salento romain, à l'extrémité sud-est de l'Italie. Il y est question de personnes qui « ...bâtissent dans leur propre terre leurs propres murs pour soutenir et garder leurs terrains. » (Compatangelo 1989 : 61). En effet, l'auteur gromatique explique que « si les terrains sont délimités par des substructions et des murs, il convient de voir quels sont les genres de constructions et de murs, puisque certains se servent d'amas de pierre, de remblais, de substructions, pour retenir les terres et les empêcher de glisser. Dès lors, s'il y a des constructions pour protéger les terres, il faut bien voir si elles doivent aussi fournir les limites. De fait, certains veulent que des murs transversaux et obliques, faits de remblais ou de substructions, passent pour marquer les limites. Tout cela se comprend parfois d'après leur aspect : de fait, ils ne peuvent marquer les limites, si quelqu'un en a fait à titre privé sur ses terres pour soutenir et protéger ses champs. En effet, ceux qui fournissent la limite se trouvent être de constitution plus importante que ceux qui sont privés. Néanmoins, dans ce genre de délimitation aussi, il faudra regarder les coutumes régionales. Mais l'on peut tirer aussi quelques informations de la nature des lieux eux-mêmes. En effet, si

Fig. 84 : Miniature du manuscrit Arcerianus A représentant des champs en terrasses voués à la céréaliculture (Wolfenbüttel, Herzog August Bibliothek). Illustration du traité de FRONTIN, De limitibus II, "Sur les limites", selon Lachmann, La. 26, 11-27, 12, fig. 26, ou De arte mensoria, "Sur l'arpentage", selon Thulin, Th. 18, 12-19, 8, fig. 33.

les terres n'exigent pas la confection de murs visiblement faits pour les soutenir, ils pourront passer pour marquer les limites. » (Siculus Flaccus : 136-141, traduction M. Clavel-Lévêque : 42-45). Il s'agit donc bien là de murs de soutènement (*substructiones*) qui impliquent l'existence de terrasses de culture, même modestes, dont il faut protéger les sols contre l'érosion. Ce passage témoigne également de l'existence d'une hiérarchie dans la taille des murs de contention des terres. Il renseigne aussi sur la variété des types de constructions en bordure des champs, amas de pierres (*congestiones lapidum*), talus (*ripae*) ou murs de contention des terres.

Bien que plus rares et moins démonstratives, des représentations de champs en terrasses existent dans la documentation antique. La vignette gromatique 26 du manuscrit Arcerianus A est connue pour illustrer le passage qui décrit la *cultellatio* dans les écrits gromatiques de Frontin, au Ier siècle de l'ère chrétienne (Frontin, *De limitibus II*) (Fig. 84). L'auteur recommande l'emploi de cette technique pour un *agrimensor* lorsqu'il est en présence d'un relief accidenté « pour ramener au plan les pentes irrégulières » (Frontin, *De limitibus II*, traduction Clavel-Lévêque : 121). La représentation, sur la vignette de ce manuscrit du début du VIe siècle de l'ère chrétienne, d'une hauteur aux pentes entièrement modelées par des gradins a donc été interprétée comme une illustration symbolique de la cultellation, les paliers correspondant à « la succession des visées effectuées avec la groma » sur les pentes « couvertes d'arbres croissant verticalement » (Chouquer 1992 : 87). Or, il s'agit à l'évidence, comme le suggère A. Gonzales, de la représentation d'un relief aux versants aménagés en terrasses, banquettes horizontales vouées à la culture d'une céréale barbue, aisément reconnaissable (Gonzales 1994 : 319). Cette vignette gromatique a d'autant plus d'intérêt que les reproductions de ce type connues sont plus tardives, même en Extrême-Orient ou la mise en culture à l'aide de terrasses est précoce.

A la fin du Moyen Âge et au début de la Renaissance les mentions de terrasses de culture deviennent plus explicites, mais demeurent furtives. Ces aménagements sont clairement cités dans des textes littéraires comme le Décaméron de Boccace qui, au XIIIe siècle, compare les champs en terrasses des pentes de Toscane aux gradins d'un théâtre (Ambroise 1993 : 64).

Dans le domaine des sources iconographiques, en 1340, l'agriculture sur les pentes de Toscane est immortalisée par la peinture italienne d'Ambrogio Lorenzetti, mais il est communément admis que les représentations les plus anciennes de cultures en terrasses ne sont pas antérieures à la Renaissance. Au milieu du XVe siècle, le peintre Domenico Veneziano fait figurer à l'arrière-plan de son *Adoration des Mages* un paysage de collines et de montagnes dont les flancs sont sculptés de champs en gradins aux abords de la ville. Des chemins ruraux, des parcelles de culture, des pâturages et des bois ordonnent une campagne humanisée. Ces aménagements apparaissent aussi dans la peinture italienne d'Andrea Mantegna qui exécute un tableau de *La Crucifixion* vers 1456-1459. Sur l'élément central de la prédelle du retable commandé par le protonotaire Gregorio Correr, pour le maître-autel de l'église San Zeno de Vérone, le peintre a figuré au centre, derrière le Christ en croix, un paysage. Celui-ci comprend de forts reliefs dont une pente raide, le long de laquelle monte une rampe d'accès à la ville (Jérusalem) peinte dans le fond. La pente est dominée par un piton aux falaises abruptes. Sur la pente, on remarque des champs séparés par des talus sur lesquels poussent des rideaux d'arbres. Ces ruptures de pente sont construites selon les courbes de niveau (Louvre-peintures italiennes, n° A4209). Un chemin bordé par un mur de soutènement est aussi peint à l'arrière plan du tableau *d'Emérancie, mère de Sainte Anne* peint par Jan Provost vers 1465-1529 (Louvre-peintures allemandes, flamandes et hollandaises, n° 1472).

1.5.2. La Sicile : une île sans terrasses de culture ?

Lorsque l'on traverse les paysages pentus du centre de la Sicile, on est frappé par la quasi-absence de terrasses agricoles dans ce domaine méditerranéen. En effet, les paysages agricoles de la Sicile intérieure, cultivés depuis l'Antiquité, ne sont pas aménagés en terrasses. Cette situation surprenante au regard du relief accusé de l'île est particulièrement prégnante dans la province d'Enna, au cœur de l'île (Fig. 85). L'agglomération d'Enna connaît une occupation grecque, phénico-punique par des Carthaginois, romaine, byzantine, normande et arabe. Personne parmi toutes ses communautés n'a éprouvé le besoin d'établir des champs en terrasses dans cette région très fertile. Un célèbre culte à Déméter et Kore y est rendu par les Hellènes, puis par les Romains dans son équivalence latine, Cérès et Perséphone. Le potentiel agricole des sols

FIG. 85 : PAYSAGE DU CENTRE DE LA SICILE (PROVINCE D'ENNA, SICILE, ITALIE) OÙ LES SOLS SUR LES PENTES SONT CULTIVÉS SANS AMÉNAGEMENTS DE PROTECTION CONTRE L'ÉROSION.

de cette contrée se retrouve dans ce culte qui était rendu pour les moissons et la fertilité de la terre.

Les champs, aujourd'hui travaillés avec des engins mécaniques lourds, sont établis sur les pentes, parfois assez raides, ce qui a favorisé de spectaculaires figures d'érosion. En effet, les sols n'étant pas défendus par des structures de contention des terres, les fossés de drainage ne sont pas creusés au pied des parcelles. Les champs, de grandes dimensions, sont même souvent de longues bandes de terre labourées dans le sens de la pente ! Certains paysans opèrent le choix judicieux de labourer dans le sens perpendiculaire à la pente. Les rares terrasses ne forment pas ici des terroirs pétrifiés. Parfois deux champs sont juxtaposés sur une même pente et portent les mêmes cultures, souvent des arbres fruitiers. L'un est une terrasse à talus gazonné, l'autre pas. Les parcelles en gradins s'étagent sur de petites superficies au contact immédiat de l'habitat rural. Quelques terrasses agricoles bâties devant une ferme rappellent qu'il s'agit d'une initiative individuelle et non d'un projet d'aménagement communautaire.

Au nord de Syracuse, des enclos construits selon la technique de la pierre sèche sillonnent les campagnes, tandis que de rares terrasses aux petites dimensions sont bâties à proximité de fermes ou de maisons, à l'image de celles qui sont encore visibles à l'ouest de la ville ou sur la côte septentrionale de l'île, à l'est de Palerme. Ces terrasses agricoles sont rarement construites en pierre sèche. Elles correspondent plus souvent à de petits talus gazonnés. Les fermes dont elles constituent l'environnement proche sont implantées sur des monticules ou des micro-reliefs. Faut-il en conclure qu'il en était déjà ainsi dans l'Antiquité ? Quels étaient les espaces cultivés alors ?

1.5.2.1. Le plateau des Epipoles de Syracuse

Les observations réalisées sur le plateau des Epipoles de Syracuse, ville fondée par les Corinthiens en 734,

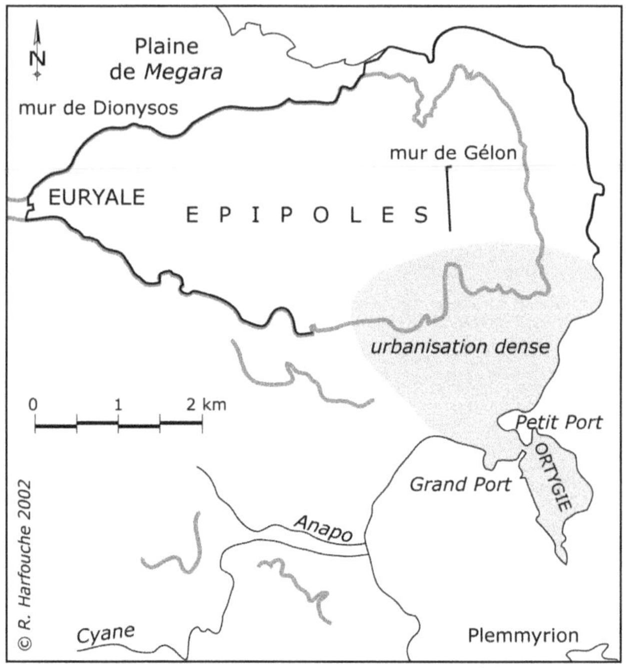

FIG. 86 : EXTENSION DE LA VILLE ANTIQUE DE SYRACUSE ET DU PLATEAU DES ÉPIPOLES (SICILE, ITALIE).

permettent d'appréhender l'espace cultivé au travers de l'histoire des sols et du couvert végétal. La ville grecque, installée dans un premier temps sur la presqu'île d'Ortygie, est ensuite étendue, surtout à partir de 485 sous le tyran Gélon, au vaste plateau calcaire situé au nord, sous l'actuelle ville moderne (Fig. 86). Un mur d'enceinte est bâti au début du Ve siècle avant l'ère chrétienne. Un second rempart, dit « de Dionysos », enserre le plateau en 415 avant l'ère chrétienne. De grands ouvrages hydrauliques sont construits au cours des Ve et IVe siècles avant l'ère chrétienne pour acheminer l'eau depuis la campagne, au nord-ouest, jusqu'à la ville et ses monuments publics qui occupent la partie occidentale du plateau et le sud-est du continent.

A l'ouest et au nord-ouest de Syracuse, le paysage est très minéral. La roche-mère affleurante a été mise à nue par l'érosion depuis suffisamment longtemps pour qu'on puisse y relever la trace de lapiez. Sur cette « dalle » de pierre, une végétation rabougrie tente de se développer sur les horizons profonds des sols fersiallitiques piégés dans les diaclases de la roche. Cette vision contraste fortement avec les paysages de la Sicile intérieure où les sols sont cultivés jusqu'au sommet des reliefs sans être protégés par une quelconque structure de contention des terres. L'érosion drastique des sols sur le plateau calcaire des Epipoles suggère la pratique d'une agriculture sur le long terme sans véritable protection. L'aspect très dégradé du paysage actuel est le résultat de cette pression exercée sur les sols. De longs murs d'épierrement cloisonnent l'espace, mais ces aménagements n'ont manifestement pas constitué des barrières suffisamment efficaces pour maintenir les sols sur place. Ce paysage rocheux rappelle singulièrement

Fig. 87 : Sol très érodé et vestiges de murets sur le bord nord-ouest des Épipoles, près de l'Euryale.

d'autres paysages, notamment sur l'île grecque de Délos aujourd'hui, où la pratique agricole prolongée sans les soins nécessaires apportés aux sols par les agriculteurs a parfois conduit à une dégradation avancée du couvert végétal et du manteau pédologique. C'est donc probablement à l'intérieur de l'enceinte de Dionysos II qu'il faut restituer les champs qui ont été cultivés par les Grecs, sur le plateau (Fig. 87). La plaine qui s'étend aujourd'hui au nord était dans l'Antiquité une dépression marécageuse dont le drainage est tardif à l'échelle des temps historiques.

1.5.2.2. La Sicile intérieure

Dans les vastes étendues de paysages de la Sicile intérieure, paysages cultivés dépourvus de constructions pour la défense des versants, des murs de contention des terres construits en pierre protègent les sols les plus proches des habitats antiques. Cette Sicile intérieure pourrait donc avoir offert un autre visage par le passé. Ainsi, des terrasses discrètes sont aménagées sur les pentes du relief occupé par l'agglomération antique grecque de Morgantina, au sud-est d'Enna, près du bourg de Piazza Armerina, célèbre pour sa grande *villa* romaine, dite de Casale. Ces aménagements se déclinent sous plusieurs formes. Des terrasses en gradins dotées parfois de rampes d'accès alternées qui donnent l'impression de terrasses entrecroisées côtoient des terrasses en demi-lune. Des champs, au tracé linéaire, suivent le trajet du rempart de la ville grecque. Ce constat, qui relève d'une analyse morphologique qui n'a pas encore été réalisée, a conduit certains historiens comme L. Karlson à avancer l'hypothèse de l'ancienneté des aménagements dans l'environnement immédiat de l'agglomération antique (*Agriculture in ancient Greece* 1992 : 133). Il ne fait pas de doute que le lien étroit qui unit les formes parcellaires des champs en terrasses et de la fortification suggère que la construction de ces champs a pu être contemporaine de la création du rempart. Néanmoins, les terrasses ont également pu être bâties postérieurement au mur de la fortification, les constructeurs prenant appui sur le tracé de celui-ci. Enfin, l'orientation identique des terrasses et du mur de ceinture de la ville peut répondre à une logique topographique, les champs, comme le rempart, suivant les courbes du relief. L'âge de ces terrasses de culture, peut-être construites par les Grecs, reste donc à démontrer.

La mise en culture de champs en gradins a pu s'effectuer dès l'âge du Bronze, au cœur de l'île, dans les terroirs très proches des agglomérations protohistoriques, mais aucun argument de datation archéologique ou pédologique ne permet de l'affirmer.

Le site de Pizzo Tre Fontane (commune de Mussomeli, province de Caltanisetta) en Sicile centro-occidentale, illustre cette situation (Amenta 1997). L'habitat occupe un promontoire rocheux qui culmine à 775 m d'altitude, non loin de Caltanissetta, à l'ouest d'Enna, au nord-nord-est d'Agrigente. Cette implantation en hauteur est considérée comme étant typique des villages castelluciens (d'après le site éponyme de l'âge du Bronze qui a donné son nom à un faciès céramique typique de cette période) de la région d'Agrigente. Le site de Pizzo Tre Fontane est une de ces installations indigènes de l'âge du Bronze composé d'un habitat perché et de ses tombes troglodytiques creusées dans la falaise. Les maisons protohistoriques sont construites sur le sommet du relief et sur son versant méridional. Les structures de plan circulaire sont bâties selon la technique de la pierre sèche. Cette technique de construction a également été employée pour l'aménagement d'un axe de circulation qui gravit le plateau depuis le versant septentrional pour rejoindre la zone habitée. Il s'agit d'un chemin bordé d'un muret bâti à l'aide de moellons calcaires de tailles diverses disposés sur cinq à six assises. Les modules les plus modestes reposent sur une première assise constituée de gros blocs aux modules plus imposants.

Le versant méridional du site surplombant la vallée du Fiumichello offre une pente dont l'inclinaison est de 10 degrés. Celle-ci est entièrement façonnée de gradins, depuis la plaine jusqu'au sommet. Les murs de soutènement, partiellement détruits, qui ont servi à contenir les sédiments mobilisés sur la pente afin de créer des plates-formes cultivables, sont encore visibles dans le paysage aujourd'hui. C. Amenta, qui a parcouru le site, affirme qu'il faut restituer les champs des agriculteurs protohistoriques sur les sols fertiles et dénudés de leur couverture forestière originelle dans la vallée. Ce tableau, qui n'a fait l'objet d'aucune démonstration archéologique, ni environnementale, s'inscrit dans une vision anachronique du paysage cultivé. En effet, le déboisement des zones basses relève d'une politique agricole récente. Si la vallée offre aujourd'hui un paysage ouvert, composé d'une mosaïque de grands champs céréaliers intensément cultivés, cette image est celle d'une agriculture moderne à laquelle il faut substituer, pour la période ancienne, celle de sols boisés en fond de vallée. L'espace cultivé protohistorique est donc à rechercher ailleurs que là où se trouvent les cultures aujourd'hui. La fertilité des terres de la vallée invoquée par l'auteur pour rendre compte de la vocation agropastorale des zones basses n'est qu'une appréciation personnelle, en référence à des situations actuelles, et ne constitue pas une preuve de leur utilisation au cours de la Protohistoire et de l'Antiquité. Aucune étude archéologique de ces champs en terrasse n'a été conduite à ce jour, l'intérêt des archéologues étant focalisé sur l'habitat et la nécropole troglodytique située au pied du relief.

Cependant, plusieurs indices perceptibles dans le paysage actuel permettent de proposer une localisation de l'espace cultivé par les occupants du relief, précisément sur le versant mis en terrasse à cet effet et sur le sommet du plateau lui-même. En effet, la couverture pédologique présente un état très dégradé. La roche-mère calcaire, mise à nu, affleure sur la quasi-totalité du site. Le tapis végétal est composé d'essences appartenant au traditionnel cortège de la forêt dégradée dans lequel dominent les arbustes épineux, principalement le genévrier. Ces figures pédologiques et végétales témoignent de l'action prolongée des agriculteurs et de leur impact sur le milieu. Parmi les plantes visibles aujourd'hui, qui ont pu être cultivées par le passé, le blé sauvage pousse encore naturellement sur le plateau. Le site occupé à l'âge du Bronze a également livré des vestiges céramiques moins abondants datant de l'âge du Fer et de l'époque romaine. Bien que les occupations successives depuis l'âge du Bronze, notamment les fréquentations récentes du plateau par les pasteurs de la vallée, aient laissé leur empreinte dans le parcellaire de pierre, ces modifications n'ont pas complètement altéré l'aspect des aménagements antérieurs (terrasses et habitations), qui demeure décelable dans ses formes majeures. A cela s'ajoute la présence de mobilier céramique épars sur l'ensemble du relief, en quantité variable selon les conditions topographiques, datant de l'âge du Bronze.

Tous ces indices suggèrent que ces champs exposés à l'abri des vents dominants, de même que l'habitat protohistorique très proche, ont pu participer de l'aménagement du territoire à l'âge du Bronze, mais aucune démonstration ne vient, à ce jour, étayer l'hypothèse vraisemblable d'un terroir en terrasses agricoles construit par des populations préhelléniques. Les travaux archéologiques conduits dans l'intérieur des terres de l'île sont rares, les chercheurs ayant privilégié les investigations sur les sites côtiers colonisés par les arrivants successifs, notamment phéniciens et grecs.

Chapitre 2

La Méditerranée orientale

2.1. La Grèce

2.1.1. Une recherche récente

En Grèce, les études sur les paysages ruraux et les techniques agricoles ont toujours souffert de l'intérêt, parfois quasi-exclusif, porté par les chercheurs au bâti et à l'architecture monumentale. La richesse de la Thessalie en matière de sites archéologiques pré-classiques a eu comme effet pervers de confiner les travaux archéologiques sur les premières communautés agricoles dans cette région au détriment de nombreux terrains encore vierges. Lorsqu'une curiosité pour les paléopaysages se manifeste, c'est au travers de la lecture des sources grecques, outil de recherche exclusif de l'historien. Il est vrai que les auteurs anciens ont pris conscience très tôt des processus de modification de leur environnement et en ont fait état dans leurs écrits, mais le recours aux textes est de fait limité par le nombre de ces écrits qui est parvenu jusqu'à nous. Le résultat de ces recherches se résume donc souvent à quelques références célèbres comme le *Critias* de Platon (110e, 111). Ce passage, dans lequel l'auteur soumet une description physique de l'Attique, est souvent cité et interprété en termes de phénomènes géomorphologiques complexes (effet « splash » des gouttes d'eau de pluie sur les sols…). Or, Platon indique simplement que la couverture pédologique de l'Attique était autrefois moins dénudée que de nos jours car elle était maintenue sur les versants grâce à une végétation protectrice des sols, plus dense.

L'histoire des techniques agricoles de la Grèce antique est un domaine de recherche qui a principalement été abordé par les historiens, depuis plus d'un siècle, au travers des textes, des sources épigraphiques et de l'iconographie. Ce n'est que récemment que l'archéologie française du monde hellénique s'est penchée sur ce vaste sujet, en s'extrayant des traditionnelles fouilles de complexes architecturaux monumentaux, pour investir la campagne. C'est tout l'intérêt de la contribution anglo-saxonne à l'étude des campagnes grecques. Bien que certains commentateurs tendent à minimiser l'apport de ces recherches, il est indéniable que la connaissance du milieu rural doit beaucoup aux « surveys » conduits à partir des années 1970 et surtout 1980 sur le territoire grec. L'avancée est notable, tant sur le plan de l'approche par l'ouverture aux travaux extra urbains, que sur le plan de la pratique méthodologique et de la réflexion historique que ces nouveaux outils de recherche ont permis de développer.

Enfin, pour comprendre l'état de la recherche sur les aménagements agricoles en Grèce, il faut également distinguer les travaux portant sur les territoires politiques, développés dans la première moitié du XXe siècle, de ceux qui s'intéressent directement au milieu anthropisé. Bien qu'elles se recoupent, ces recherches ne recouvrent pas la même réalité matérielle. Leur objet d'étude est bien « hors les murs » à toutes deux, mais il n'aura échappé à personne que la « géographie historique » (identification et localisation des cités, délimitation des frontières politiques, logique du système routier et non pas des chemins...) n'a jamais conduit à reconstituer un paysage avec ses éléments fondamentaux que sont les roches, les sols, l'eau, la végétation et les aménagements agricoles, ni à reconstituer les techniques utilisées par les paysans, ni leur mode de vie, ni son impact sur l'environnement.

C'est donc aux anglo-saxons que l'on doit d'avoir, les premiers, dès les années 1970, franchi la porte des agglomérations en direction des campagnes. Depuis les travaux d'A. Snodgrass, qui plaidait la cause de la prospection, et J. Bintliff en Béotie, de vastes surveys sont conduits sur plusieurs régions, à l'image des travaux pionniers en la matière de C. Renfrew sur l'île de Mélos (Bintliff 1977 ; Snodgrass 1992). La recherche sur les campagnes ne se limite cependant pas à une archéologie spatiale. L'habitat dispersé le plus remarquable et des structures attenantes aux fermes bien reconnaissables, comme les aires de dépiquage, attirent l'attention des visiteurs depuis le début du XXe siècle. Dans un premier temps, ces constructions sont étudiées selon une démarche très « classique », la fouille se limitant au bâti en dur, sans avoir le souci de comprendre le paysage dans lequel ils s'insèrent. L'école anglo-saxonne est pourtant aussi la première à avoir intégré l'étude de l'environnement par la participation des sciences de la Nature aux travaux sur les aménagements et pour avoir replacé ces constructions dans la trame de l'occupation du sol.

L'intérêt de certains chercheurs pour les champs en terrasses et l'aménagement des pentes aux fins d'agriculture est récent et ces études sont encore peu nombreuses. Il s'agit des travaux pluridisciplinaires de l'écologue O. Rackham avec l'anthropologue J. Moody en Crète, de C. Mee qui intègre les données de la géomorphologie au travail proprement archéologique en Argolide et de l'allemand H. Lohmann qui se penche sur les systèmes de terrasses de culture en connexion avec les fermes antiques de l'Attique (Rackham 1992 ; Lohmann 1992 ; James 1994). Il faut également citer les travaux français et grecs d'historiens qui se sont exprimés à leur tour sur l'espace rural cycladique tels que M.-T. Couilloud-Le Dinahet sur l'île de Rhénée, puis M. Brunet sur l'île de Délos, ou encore l'étude de P. N. Doukellis sur les systèmes de terrasses de l'île de Céos qui, comme P. Brun, considère la question de ces aménagements dans une perspective plus large, en liaison avec le peuplement des Cyclades (Brunet 1990b ; Brun 1996 ; Doukellis 1998).

La mise en évidence de parcellaires construits en terrasses remontant à l'Antiquité en Grèce est principalement fondée sur l'histoire du peuplement des campagnes et la relation entre les champs et les sites archéologiques, principalement ceux qui sont datés de l'époque classique (V-IVe siècles avant l'ère chrétienne). Le raisonnement historique n'est pas sans danger. Comme le souligne P. Brun, les arguments avancés pour affirmer l'antiquité des terrasses grecques sont bien souvent fondés sur un raisonnement « par élimination » et selon des « vraisemblances », générant des reconstitutions fragiles (Brun 1996 : 66). D'ailleurs, celles-ci encouragent le scepticisme des commentateurs et contribuent à renforcer l'idée que les terrasses sont des constructions paysagères récentes de l'histoire des sociétés agricoles. L'engouement pour ce sujet d'étude est relativement neuf à l'échelle de l'histoire de la recherche en Grèce, puisqu'il s'est surtout manifesté au début des années 1990, à la faveur des travaux anglo-saxons en Attique, en Argolide, dans les Cyclades et en Crète. Les avis contradictoires et la faiblesse des données issues de faits conservés dans le sous-sol ont contribué à un foisonnement d'hypothèses plus ou moins étayées.

Malgré l'intérêt qui leur est porté, les champs ne font pas l'objet de fouilles. Ils sont appréhendés selon une logique qui relève de la démarche historique. La démonstration de l'antiquité des aménagements en terrasse ne repose pas sur les faits conservés dans le sous-sol comme le permet une véritable archéologie du champ déjà éprouvée en France méditerranéenne et pratiquée sur des sites du Proche-Orient. Contrairement aux anglo-saxons, l'ouverture de la recherche française à la participation de spécialistes issus des disciplines des sciences de la Nature est extrêmement récente et demeure bien timide. Les recherches conduites sur l'histoire du paysage de l'île de Délos qui associent l'étude des sources écrites par l'historienne M. Brunet, l'archéologie et les géosciences par le spécialiste de la science du sol et archéologue, P. Poupet, ainsi que par l'auteur de ces lignes, font exception. Cette collaboration pluridisciplinaire permet enfin d'intégrer le regard du pédologue sur les sols et d'entreprendre la fouille des aménagements agricoles, terrasses de culture et réseau d'irrigation (Brunet 1997 ; Poupet 2001 ; Harfouche 2003a).

2.1.2. La Grèce continentale

Les arguments de datation fondés sur l'histoire du peuplement ont conduit à identifier les parcellaires de terrasses abandonnées en Attique à des aménagements créés au Ve siècle et surtout au IVe siècle avant l'ère chrétienne (Fig. 88). Sur la base de ses travaux portant sur les parcellaires de l'Attique et de l'île de Rhodes dans les années 1950, J. Bradford a affirmé l'antiquité des terrasses qui sculptent les versants grecs, mais son étude s'est limitée à l'analyse des photographies aériennes (Bradford 1956). Les recherches anglo-saxonnes plus récentes conduites sur les campagnes de l'Attique attribuent les terrasses à l'époque classique car elles sont en relation avec des fermes de cette époque, notamment dans la région du Cap Sounion (Lohmann 1992). Selon le même raisonnement, la présence d'artefacts datant de l'âge du Bronze à la surface du sol des champs en terrasses de la vallée de Berbati en Argolide et l'aspect monumental de l'appareil des murs de contention des terres a conduit les chercheurs à envisager que ces parcellaires ont été construits par les Mycéniens (Wells 1990). Toutefois, les indices matériels comportent également des fragments de céramique moderne. Dans bien des cas, la datation des murs repose aussi simplement sur le fait qu'ils sont construits dans des zones qui ont été peu peuplées avant et après l'Antiquité, à l'image des parcelles en terrasse et des enclos attribués à la colonie romaine de Corinthe par P. Doukellis.

Par ailleurs, les travaux pluridisciplinaires conduits en Argolide, sur la péninsule de Méthana, ont conclu à une stabilité du paysage au cours de l'Holocène, expliquant ainsi la survivance des parcellaires de terrasses de l'époque classique et de la fin de l'époque romaine dans l'environnement actuel (James 1994 ; Mee 1997).

En dépit de ces incertitudes archéologiques qui sont largement dues aux méthodes adoptées, certains auteurs ont reconnu des mots qui désigneraient des terrasses de cultures dans la littérature antique. Dans une étude philologique consacrée au mot grec « *ophrys* » et à ses dérivés latins comme *supercilium*, R. Baladié insiste sur le sens géographique de ces termes, au delà de leur sens le plus courant, dans la littérature poétique notamment, qui désigne l'arcade sourcilière. Il propose d'y reconnaître « toute forme de relief dans laquelle une pente abrupte succède à une surface plane » (Baladié 1974 : 156). Selon le contexte du récit, les termes grecs d'« *ophrys* », de « *teichion* » et d'« *haimasia* » peuvent en conséquence être identifiés au champ construit en gradin, c'est-à-dire la terrasse de culture. Ils désignent alors le bord abrupt de la plate-forme et la terrasse elle-même. Le mot « *ophrys* » est fréquemment utilisé par Polybe au IIe siècle avant l'ère chrétienne.

Plus de vingt-cinq ans après le constat formulé par R. Baladié, d'autres historiens, s'appuyant sur sa démonstration, ont trouvé plus « satisfaisant » de remplacer la traduction de « mur de clôture » admise jusque-là par celle de « terrasse » dans certains textes. L'exemple est donné par un passage de l'idylle I de Théocrite (Thyrsis, 1. 47-48) dans lequel le poète fondateur du genre bucolique dans la première moitié du IIIe siècle avant l'ère chrétienne, emploie le terme

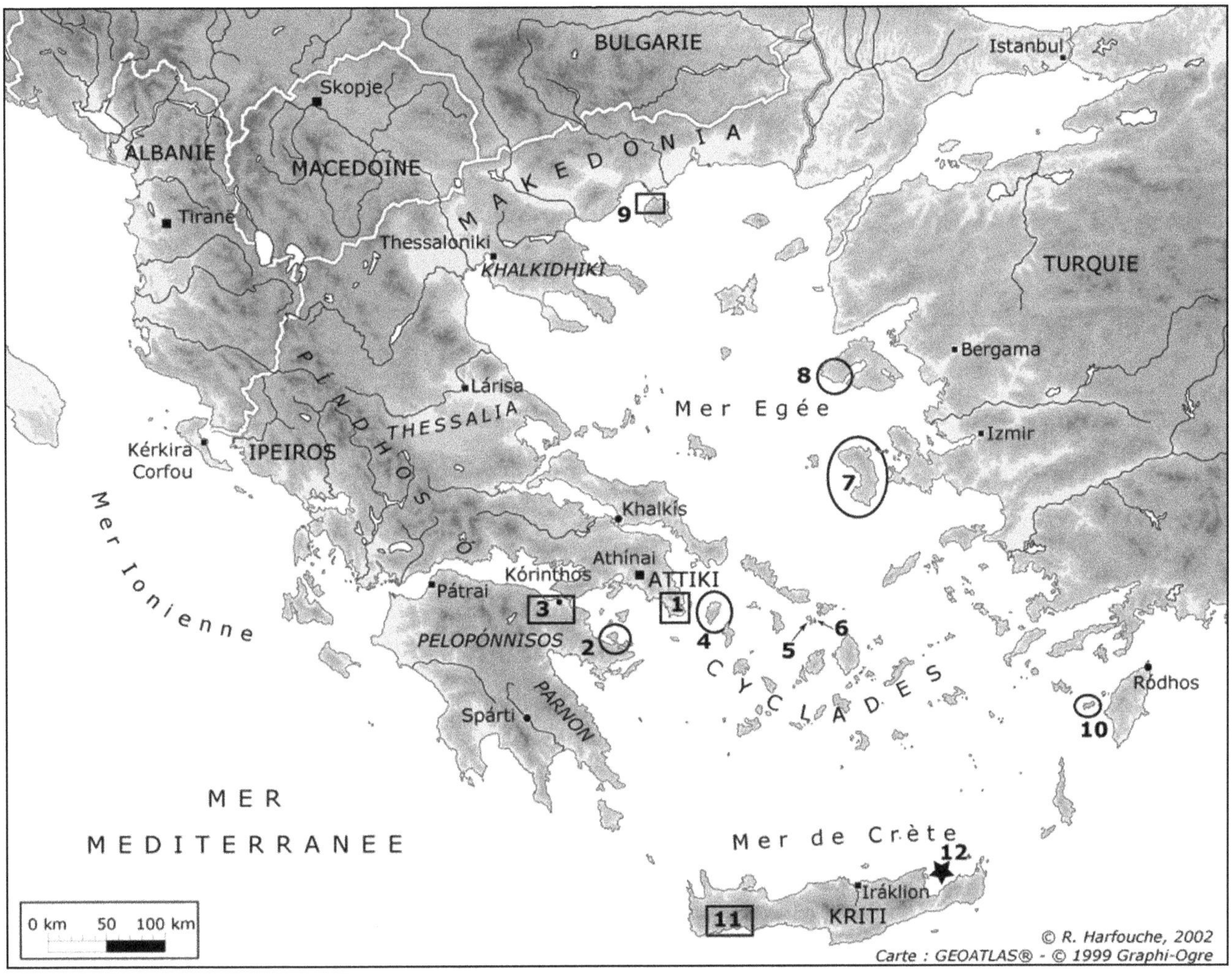

FIG. 88 : CARTE DE LOCALISATION DES ZONES DE TERRASSES AGRICOLES ÉTUDIÉES EN GRÈCE ET DATÉES DE L'ANTIQUITÉ OU SUPPOSÉES ANTIQUES. 1 : ATTIQUE ; 2 : PÉNINSULE DE MÉTHANA ; 3 : TERRITOIRE DE CORINTHE ; 4 : KÉA (CÉOS) ; 5 : RHÉNÉE ; 6 : DÉLOS ; 7 : CHIOS ; 8 : LESBOS ; 9 : THASOS ; 10 : CHALKI ; 11 : RÉGION DE SPHAKIA ; 12 : PSEIRA.

d'« *haimasia* » : « une vigne, que garde un petit garçon assis sur des terrasses » (Brunet 1999 : 26). L'existence des terrasses de culture dans les sources grecques est affirmée à nouveau. Force est de constater cependant que dans certains cas, comme celui-ci, cette substitution ne donne pas plus de sens aux textes qu'elle ne leur en retire. Cette traduction est peut être la meilleure, mais rien dans le sens général donné par ce passage n'indique que le terme grec désigne d'avantage une terrasse qu'un mur de clôture. L'enfant dont il est question peut aussi bien être assis sur un mur de clôture que sur le bord d'un champ en terrasse. Or, c'est précisément ce genre de sources ambiguës qui alimente le débat sur l'absence des terrasses de culture dans les documents antiques et conforte les partisans de cette hypothèse dans leur position.

Selon L. Foxhall, la plus ancienne mention écrite faisant peut-être allusion à des terrasses de culture se trouve dans le chant XVIII, aux lignes 357-359, de l'Odyssée d'Homère. Eurymaque y dit à Ulysse : « Voudrais-tu pas, notre hôte, entrer à mon service ? je t'enverrais aux champs, à l'autre bout de l'île ; tu serais bien payé pour ramasser la pierre et planter de grands arbres ». Il est pourtant seulement question dans ce passage de travailler aux champs où il faudra, entre autres choses, ramasser la pierre. Aucune allusion n'est faite à de quelconques terrasses. Le fait de ramasser des pierres dans un champ ne préjuge pas de leur utilisation. Cela n'implique pas systématiquement la construction de murs de contention des terres. La destination et la fonction de ce geste n'étant pas explicitée, c'est l'action elle-même qui peut être interprétée. Ces vers font simplement état de l'épierrement d'un champ à la manière de ce qui se fait aujourd'hui dans de nombreuses régions méditerranéennes. Cela est aussi mentionné à plusieurs reprises par les auteurs latins (Compatangelo 1989). S'il n'indique en rien la présence de terrasses de culture, ce geste a néanmoins des implications d'ordre pédologique. Il suggère que la roche-mère est non loin de la surface et par conséquent que les sols sont peu profonds.

Un autre passage de l'Odyssée homérique est souvent cité pour rappeler l'ambiguïté du mot « *haimasia* » et insister sur l'absence de termes pour désigner les terrasses dans les textes grecs. Lorsque Ulysse retrouve le domaine de son père Laërte, il s'enquière de lui « au verger plein de fruits. Il entra dans le grand enclos : il était vide ; Dolios et ses fils et ses gens étaient loin ; conduits par Dolios, ils ramassaient la pierre pour le mur de clôture » (Odyssée, XXIV, 224-226). Là encore, aucun élément du texte ne permet de préférer la traduction par le mot « terrasse » à « mur de clôture ».

Il en est de même dans la deuxième scène du deuxième acte du Dyscolos que Ménandre écrit à la fin du IVe siècle ou le début du IIIe siècle avant l'ère chrétienne. Un jeune homme riche, Sostrate, accepte de travailler la terre et demande à son serviteur, Daos, de lui apporter une houe. Ce dernier lui répond : « Prend la mienne et va. En attendant, je vais travailler encore à la construction de la murette. C'est également une besogne à faire » (Dyscolos, II, 2, 375-376). Le terme grec traduit par « murette » est « *haimasia* ». Une indication supplémentaire concernant l'environnement du lieu où se déroule cette action est donnée dans les vers qui précèdent. Gorgias indiquant à Sostrate où se trouve son père, lui dit : « (il travaille) dans le vallon à proximité de nous » (Dyscolos, II, 2, 351). La construction de la murette se fait donc non loin d'un vallon, mais rien ne dit qu'elle a lieu dans un endroit où la topographie exigerait l'édification d'un mur de soutènement de terrasse. Il semble donc vain d'insister sur l'interprétation de ces textes qui ne donnent pas plus de précisions.

Il n'est donc pas utile de se perdre en conjecture sur ce type de sources, d'autant plus que l'on sait à présent que des mentions explicites de terrasses de culture existent, que ces aménagements y soient suggérés ou nommés. Des indices indirects de l'aménagement des versants pour la gestion de l'eau et à la mise en culture existent dans la littérature antique grecque, comme dans la littérature latine, pour qui les recherche. Certaines apportent des indications sur les techniques d'aménagement des parcellaires. Dans ses Plaidoyers civils, l'orateur athénien Démosthène écrit un discours contre Calliclès qui a intenté un procès à son voisin Tisias au sujet d'un mur bâti selon la technique de la pierre sèche que ce dernier est accusé d'avoir construit pour protéger les terres de son champ contre les écoulements torrentiels des eaux de pluies. Cette initiative a eu pour conséquence que les eaux conduites par un chemin limitrophe, ont débordé et inondé le champ de Calliclès. Ce discours est très riche de renseignements sur l'organisation du paysage cultivé et du rôle essentiel des aménagements liés à la gestion de l'eau, tels que les chemins creux qui ont pour fonction de canaliser les eaux de ruissellement et de préserver ainsi les sols dans les champs contre les ravinements qu'elles pourraient occasionner par fortes pluies. Sans cela, l'eau pénètre « les fonds les plus élevés et de ceux-ci elle passe aux autres » rejoignant « le voisin qui cultive le fond inférieur » (Contre Calliclès, LV, 17-19). Ici encore, la seule certitude concerne l'implantation des champs sur une pente, mais aucune indication n'est donnée sur d'éventuelles structures de soutènement. En revanche, il est clair que le mur que Calliclès est accusé d'avoir construit est parallèle au sens de la pente, puisqu'il borde le chemin qui lui-même est construit dans le sens des écoulements. Le mur de pierre sèche s'apparente donc d'avantage à un aménagement intégré à un parcellaire d'épierrement, comme il en existe beaucoup dans les paysages méditerranéens, en limite des champs et qui en protège l'accès. Quant au chemin il s'agit là d'un chemin creux qui sert de rivière intermittente pour évacuer les eaux de ruissellement.

2.1.3. La Grèce insulaire

L'histoire du peuplement de l'îlot crétois de Pseira ainsi que la facture des murs des champs en terrasses qui sculptent ses versants ont conduit à affirmer l'ancienneté des parcellaires agricoles désormais abandonnés de l'île (Rackham1992). Ceux-ci ont été identifiés à des champs de l'âge du Bronze (Minoen moyen, 1750 avant l'ère chrétienne) qui auraient été construits par des agriculteurs minoens dont la présence a été repérée sur le terrain au cours de prospections, mais l'îlot a également été occupé à l'époque byzantine. La pratique de l'agriculture irriguée au moyen de terrasses serait effective dès l'âge du Bronze en Crète où ont été reconnus au moins cinq barrages en relation avec des complexes de terrasses vraisemblablement de cette époque. Ces aménagements n'ont pas fait l'objet d'une publication qui permettrait d'en savoir plus sur les arguments de datation en faveur de cette hypothèse (intervention de V. Watrous au symposium de l'Institut suédois à Athènes, *Agriculture in ancient Greece* 1992 : 132). L'hypothèse a également été avancée de l'existence de terrasses romaines, encore en partie en élévation, dans les parcellaires crétois de la région de Sphakia, au sud-ouest de l'île (Nixon 1994).

L'identification de terrasses de cultures anciennes conservées dans les parcellaires de pierre sèche actuels est difficilement crédible lorsque les seules indices reposent sur une analogie entre le type d'appareil selon lequel est édifié le mur de soutènement et l'architecture des habitations et des monuments publics des sites urbains. C'est néanmoins le seul argument avancé pour proposer une datation archaïque aux terrasses de l'île de Chalki d'après leur « mansory style » (Rackham 1992).

Dans les Cyclades, sur l'île de Kéos, comme sur l'île de Chios, le raisonnement conduisant à conclure à l'antiquité de ces aménagements est fondé sur l'histoire du peuplement, sur des critères architecturaux difficilement vérifiables et sur les prospections au sol, mais la présence de relations chrono-stratigraphiques entre certains murs de champs et des constructions dûment datées rend l'hypothèse plus crédible (Whitelaw 1994 ; Doukellis 1998). Sur l'île de Chios, les terrasses sont mises en relation avec des fermes construites sur certaines d'entre elles et occupées à partir de la deuxième moitié du Ve siècle avant l'ère chrétienne (Isager 1992 : 72).

Sur l'île de Lesbos, des terrasses qui n'étaient plus utilisées dans la première partie du XIXe siècle ont été identifiées à des aménagements antérieurs à l'époque byzantine, mais ce raisonnement s'appuie principalement sur l'histoire du peuplement (Schaus 1994). Des terrasses viticoles romaines ont été reconnues sur le territoire de la cité d'Eresos et l'hypothèse a été avancée que ces aménagements pourraient avoir participé de champs plus anciens encore.

Il ne fait pourtant pas de doute que les Grecs maîtrisaient parfaitement ces techniques, *a fortiori* en milieu insulaire où le relief escarpé ne laisse pas le choix aux agriculteurs pour protéger les sols et gérer l'eau autrement que par la défense des versants à l'aide de murs en pierre, matériau facilement accessible sur place, car les sols ne sont jamais très profonds et la roche affleurant sur les sommets des reliefs.

Dans son écrit politique, le Panégyrique (« discours de la fête »), publié en 380 avant l'ère chrétienne, Isocrate parle en ces termes des « insulaires qui méritent notre pitié quand nous les avons contraints par l'insuffisance de leur territoire de cultiver des montagnes, alors que des continentaux, parce que leur terre est inépuisable, en laissent inculte la majeure partie et, de celle qu'ils cultivent, retirent une telle richesse » (Brun 1996 : 67 ; Panégyrique, IV, 132). Ces écrits sont cités pour signifier la maigreur de la couverture pédologique sur les îles cycladiques, mais ils ne sont jamais discutés en termes d'aménagement des versants (Jardé 1979 : 75). Or, lorsque l'orateur athénien relate la difficulté des habitants des Cyclades à cultiver la terre, contraints de gravir les pentes en l'absence de vastes plaines, cela suppose l'existence de champs en terrasse. Sans cela, les pluies d'orage auraient bien vite fait d'emporter les terres des champs installés sur les versants abrupts de l'île.

Au IVe siècle avant l'ère chrétienne, Aristote met en garde, dans ses Problèmes, contre l'excès d'eau dans les champs implantés sur les pentes car l'eau devient alors nuisible, puisqu'elle ravine le sol et se perd (Problèmes, 866b, 10-15). Platon recommande aussi de maîtriser les eaux de ruissellement, en retenant et dirigeant leur cours pour éviter les dégâts qu'elles peuvent occasionner sur la couverture pédologique des versants cultivés. Dans son dernier ouvrage, les Lois, le philosophe grec mentionne les torts que peuvent causer les eaux de pluie « au laboureur des champs au-dessus [...] par la faute de quelqu'un qui arrête l'écoulement » et inversement, il souligne que « c'est en laissant couler à l'aventure que le laboureur d'en haut fait tort à celui d'en bas » (Lois, VIII, 844c). Ce passage indique clairement que les deux champs sont installés sur une pente. Il est cependant difficile de préciser si cette déclivité est forte, ce qui impliquerait forcément l'existence d'une ou de deux structures de soutènement, ou bien s'il s'agit seulement d'un léger pendage.

Le même cas de figure se présente dans un passage du registre des ventes de biens immobiliers de Ténos (Cyclades, Grèce) datant de la fin du IVe siècle avant l'ère chrétienne. Le texte fait mention de « quatre enclos situés en haut du terrain cultivé » et indique une propriété qui se trouve « en remontant vers les terrains de culture de Callicratès » (Brun 1996 : 67). Cependant rien ne précise qu'il s'agit de « champs surélevés » comme le pense P. Brun qui en déduit à l'évocation d'un système de terrasses. Là encore, la seule certitude tient à la localisation des champs sur les versants, le « haut du terrain cultivé » étant l'amont de la pente.

L'auteur retranscrit également un passage de Strabon à propos des Eginètes dont il juge le contenu empreint d'« allusions plutôt suggestives » : « les habitants faisaient des trous dans le sol et en remontaient la terre dont ils recouvraient ensuite le sol » (Brun 1996 : 67). Aucune déduction ne peut être raisonnablement formulée quant à l'existence de champs en terrasse à partir de cette action. La seule interprétation possible tient au lieu où elle se déroule, sur une pente, la terre étant transportée depuis l'aval vers l'amont de celle-ci, sans doute pour compenser la perte de sédiments due aux effets de l'érosion sur le sol situé en haut de la pente.

Au nord de la Mer Egée, des aménagements en terrasse ont été reconnus auprès de sites antiques sur l'île de Thasos (observations inédites de P. Poupet). A Aghia Paraskevi, un site hellénistique, occupé de la fin du IIe siècle avant l'ère chrétienne jusqu'au Ier siècle avant l'ère chrétienne, est implanté sur une pente sculptée en gradins. Il est associé à un paléosol cultivé qui témoigne de la fonction agricole des terrasses environnant les bâtiments. D'autres champs anciens ont été reconnus dans la partie septentrionale de l'île, à Klima, à la faveur d'une incision dans le lit d'un vallon après un incendie dans une forêt de résineux. Les murs de contention des terres sont construits sur le substrat en appareil de gros blocs assemblés après avoir été retaillés. Ces structures sont bâties dans le vallon à la manière des terrasses-barrage et des « jessour » d'Afrique du Nord. Ils retiennent sur la pente des sédiments limoneux entraînés par les eaux de ruissellement. Des phases plus grossières de cailloux se sont accumulées à la base du parement intérieur du mur laissant penser à un mécanisme de dépôt semblable à celui qui régit le fonctionnement des jessour. Des fragments de céramique antique ont été retrouvés dans ces dépôts inférieurs. Les sols qui se sont développés à l'arrière de ces murs de terrasse antérieurs à la reconquête forestière sont des sols bruns (brunisols).

De même, au nord-ouest de l'île, dans la région de Prinos, de grandes terrasses soutenues par des murs construits en appareil pseudo-isodome frustre barrent un vallon devenu chemin puis transformé en torrent incisif à l'heure actuelle. Ces aménagements se situent à proximité d'un établissement où a été retrouvé un support en pierre percé des trous d'encastrement de jumelles de pressoir (découverte P. Poupet). L'habitat est occupé aux époques archaïque et classique, depuis le VIe siècle jusqu'au IVe siècle avant l'ère chrétienne, puis à l'époque hellénistique.

Les mentions explicites de terrasses en milieu insulaire, qui ne souffrent d'aucune ambiguïté sémantique, demeurent relativement peu nombreuses. Dans le contrat de location de terres par la cité d'Arkésinè sur l'île d'Amorgos (Cyclades), il est question, au IVe siècle avant l'ère chrétienne, de la réparation des « *teichia* », des murs présents sur le domaine à louer. Plusieurs clauses du contrat mentionnent ces murs dont certains délimitent le domaine et le séparent de la route tandis que d'autres se trouvent à l'intérieur de celui-ci : « Le preneur relèvera à ses frais les murs qui s'effondrent. S'il ne les relève pas, il devra une drachme par orgyie. Il devra garnir de protections tous les murs du côté du chemin et les laisser garnis en partant » (Brunet 1998 : 224). Ces murs ont donc une longueur d'au moins 1.75 m (une orgyie). La technique utilisée pour leur protection consisterait à disposer à leur sommet des buissons épineux par analogie avec les moyens mis en œuvre pour les systèmes défensifs (Foxhall 1996 : 50). Il ne serait pas présomptueux de penser, à la suite de T. Homolle, qu'il s'agit là de murs de soutènement de champs, sans quoi la mise en culture des terres sur une île des Cyclades au relief escarpé ne saurait être possible (Homolle 1892 : 284 ; Rackham 1992 : 128 ; Brun 1996 : 67). Cependant une autre clause du contrat indique que « le preneur [...] construira un mur au-dessus du sol ». Le mot utilisé dans ce passage pour désigner le mur est également « *teichion* » et fait référence sans aucun doute à un mur de clôture puisqu'il s'élève au-dessus du niveau de sol du champ. Le terme grec désigne donc bien un mur qui n'a pas nécessairement une fonction de soutènement.

Certains documents iconographiques, très connus, se révèlent d'une richesse insoupçonnée sur ce sujet. Une représentation, en particulier, mérite d'être réexaminée brièvement ici, car si elle est souvent citée et commentée dans une perspective historique difficilement vérifiable, elle ne l'est jamais, à ma connaissance, en termes de culture des versants par la construction de terrasses (Doumas 1992 ; Farnoux 1996). Il s'agit de la fresque connue sous le nom de « Fresque Miniature » qui décore les murs de la pièce 5 de la Maison Ouest d'Akrotiri, à Théra (Cyclades, Grèce) (Fig. 89). Elle était en cours de réalisation au moment de l'éruption volcanique survenue à la charnière entre les XVIe-XVIIe siècles avant l'ère chrétienne. La partie de la frise historiée peinte sur le mur sud, dite fresque « de la flottille », illustre le trajet de sept navires entre deux habitats côtiers. Sur cet exemple rare d'une représentation picturale d'un paysage méditerranéen remontant à l'âge du Bronze récent, les villes sont installées sur le rivage. Elles sont dominées par plusieurs reliefs abrupts assignés à l'arrière-plan. La succession de ces hauteurs suggère une organisation des différentes zones du territoire autour des villes. Les versants les plus proches de l'habitat sont occupés par des pâturages, puisqu'ils sont parcourus par des

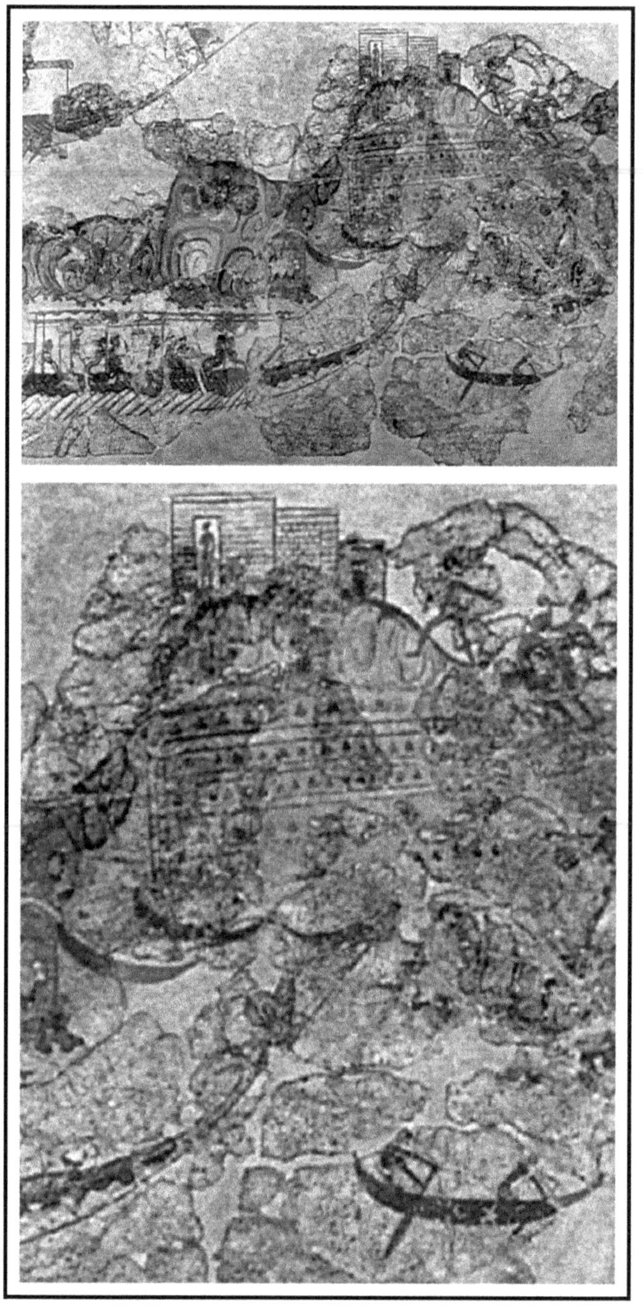

FIG. 89 : DÉTAIL DE LA FRESQUE DITE "DE LA FLOTILLE" TROUVÉE DANS LA PIÈCE 5 DE LA MAISON OUEST À AKROTIRI (THÉRA, CYCLADES, GRÈCE, D'APRÈS DOUMAS 1999).

troupeaux accompagnées de leurs bergers. Les montagnes situées au-delà de la zone de pâture sont le domaine de quelques animaux sauvages. La maigre végétation matérialisée par de rares bosquets sur ces reliefs laisse supposer que les sols doivent être très peu développés ou érodés. Le souci de précision manifesté par le peintre sur l'ensemble de la fresque conduit à penser qu'il ne s'agit pas là d'une simple convention dans la représentation du couvert végétal. Il a souhaité volontairement évoquer une péjoration du milieu sur ces versants méditerranéens à la topographie accidentée. L'organisation fonctionnelle des terroirs rappelle les schémas qui seront élaborés et décrits plus tard par les auteurs grecs et latins selon une succession géographique et économique allant des zones les plus marquées par l'empreinte de l'activité humaine aux plus « sauvages ». A la ville (espace urbain), succèdent la campagne (espace cultivé) puis les confins (pâturages, forêt). L'espace cultivé est bien représenté sur cette fresque, immédiatement aux abords de la ville. Un système de terrasses de culture formé de cinq champs étagés sur le versant est représenté sur les premiers reliefs de la rive vers laquelle se dirige la flottille. Des plantations sont clairement alignées sur les parcelles, mais la nature exacte de l'espèce végétale est indéfinissable. Chaque champ est doté d'un mur de contention des terres, l'ensemble du système est ceint de murs d'épierrement parallèles à la pente, comme il en existe encore aujourd'hui sur de nombreux versants méditerranéens, particulièrement en Grèce et au Proche-Orient (Fig. 90).

Fig. 90 : Systèmes de champs en terrasses avec enclos. a : Chmiss Ouakr ed Dabaa (Bekaa sud-est, Liban). b : Aaita el Foukhar (Bekaa sud-est, Liban). c : Tas d'épierrement formant enclos (Saint-Pons, Ardèche, France).

Bien plus tard, les cultures en terrasses apparaissent dans les descriptions de paysages par des voyageurs tels que P. Belon du Mans qui visite la Grèce au XVIe siècle. Il écrit en 1553 : « La terre cultivée par dessus les rochers, est faite en manière d'eschelons, qui monstre la diligence des juifs du temps passé en accoustrant les terres (…). La mesme diligence de cultiver les montaignes pierreuses est aussi veue au pays de Grèce es isles de la mer Egée, entre lesquelles en avon veu plusieurs maintenant deshabitées, où à peine peuvent estre nourriz cent hommes, qui en nourissaient le temps passé plus de six mille, comme il appert par les collines et petites montaignes qui ont autrefois esté massonez de grosse estoffe à eschelons pour retenir la terre qui pendoit en contre bas, pour faire naistre les plantes… » (Ambroise 1993 : 64)

Au cœur des Cyclades, des parcellaires en terrasses de culture associés à des fermes antiques ont été reconnus sur l'île de Rhénée (Le Dinahet 1983 ; 1987 ; Charre 1993 ; 1999). La régulation de la topographie insulaire est particulièrement spectaculaire dans les petites îles, comme en témoigne encore l'île voisine de Délos où, hors de l'agglomération, l'espace est occupé quasi-intégralement par des ensembles de terrasses quelles que soient les conditions topographiques.

2.1.4. Un paysage particulièrement bien conservé : l'île de Délos (Cyclades)

2.1.4.1. Le paysage délien

Délos est une île minuscule, allongée sur 5 km du nord au sud, pour seulement 1.3 km dans sa plus grande largeur. Cette taille a au moins l'avantage d'offrir un terrain de recherche à dimension humaine, qui peut être intensément exploré, puisque la surface totale de l'île avoisine les 360 ha. Hormis la plaine occupée par la ville antique et les sanctuaires, le paysage de l'île est une succession de reliefs granitiques.

Comme dans la plupart des petites Cyclades soumises à un climat semi-aride, les ressources en eau posent un problème pour l'agriculture, bien qu'aujourd'hui les précipitations annuelles soient comprises entre 400 et 600 mm d'eau (mesures enregistrées sur l'île voisine de Naxos). Elles sont surtout très irrégulières d'une année à l'autre et concentrées sur de courtes périodes en automne et en hiver. L'île est dépourvue de cours d'eau permanent, mais le réseau hydrographique comporte beaucoup de petits ruisseaux temporaires, auxquels il faut ajouter de nombreuses sources. L'aridité de l'île tant soulignée par les commentateurs ne pourrait être qu'une impression (Terrier 1864 ; Déonna 1948 ; Brunet 1996 ; 1999). Un autre paramètre climatique dont il faut tenir compte pour parler de cultures en terrasses est le *meltem*, un puissant vent du nord qui souffle de juin à septembre.

Les sols de l'île forment une mosaïque où se côtoient le meilleur et le pire, en termes d'agriculture. Aujourd'hui, le paysage est abandonné par l'agriculture et il est en cours de dégradation, l'érosion étant activée par des animaux, qui paissent en liberté sur l'île, ainsi que par les brûlis pastoraux qui favorisent les pyrophytes. Le couvert végétal actuel est évidemment très dégradé, ce qui a valu à l'île décrite par les mêmes commentateurs la réputation d'un caillou stérile perdu dans la mer, globalement impropre à l'agriculture.

Délos n'est cependant pas seulement constituée de roches acides, de sables stériles, partiellement couverts d'une végétation rabougrie, épineuse, dans laquelle grouillent des serpents venimeux. Sur cette île qui se présente sous la forme d'un rocher émergeant de la mer, des installations agricoles ont été reconnues depuis le début du XXe siècle (Bellot 1909 ; Cayeux 1911). Les ensembles de terrasses sont parsemés des ruines des fermes antiques identifiables à l'affleurement des bases des murs et à la concentration des tessons de céramique antique (Fig. 91). Ils sont complétés par des systèmes de gestion de l'eau profitable à l'irrigation de certains champs étagés, depuis les contreforts du Mont Cynthe jusqu'à la mer.

2.1.4.2. L'agriculture délienne d'après la lecture des sources épigraphiques

L'île de Délos est, depuis 1873, un domaine réservé de la recherche des Antiquités grecques pour l'Ecole Française d'Athènes, dont les travaux se sont concentrés sur les sanctuaires et sur l'agglomération avec ses demeures et ses monuments. Pendant longtemps, la campagne n'a été étudiée qu'à distance, à partir des sources écrites et iconographiques, ainsi qu'à partir des éléments de pressoir retrouvés dans la ville. Les renseignements issus de ces travaux concernent quelques aspects seulement du paysage de l'île et de ses aménagements. Ces données portent sur les productions, mais les textes sont bien discrets sur les aménagements agricoles des campagnes.

Les champs appartiennent pour la plupart à la dizaine de domaines nommés dans des inscriptions gravées dans le marbre, entre la fin du Ve siècle et le milieu du IIe siècle avant l'ère chrétienne. Ces registres lapidaires, très sollicités par les historiens, sont les comptes exposés au public des administrateurs du sanctuaire d'Apollon (Homolle 1882, 1890-1891 ; Kent 1948 ; Déonna 1948 ;

Fig. 91 : Parcellaires de terrasses et d'enclos sur l'île de Délos (Cyclades, Grèce). Vue générale vers le Sud, le relief de Káto Várdhia et la baie de Phoúrni depuis les contreforts sud du Mont Cynthe. En contrebas, au premier plan, un bassin-réservoir pluvial assurant l'irrigation des terrasses en aval jusqu'à la baie de Phoúrni. Vue rapprochée des terrasses au sud du relief de Káto Várdhia.

Le Dinahet 1983 ; Vial 1984 ; Brunet 1990a ; Reger 1994 ; Chankowski 1998 ; Chankowski-Sablé 1997 ; Prêtre 2002). Ils fournissent quelques informations sur les fermes et les cultures pratiquées dans l'île, ainsi que des données à propos des conditions des baux des fermes du sanctuaire. Les fermes privées, qui existent aussi, ne sont pas concernées par les textes, puisqu'elles n'appartiennent pas au dieu.

Les états des lieux sommairement décrits dans les baux sous la forme d'énumérations font l'inventaire des pieds de vignes et des arbres fruitiers de rapport. Les textes mentionnent aussi les bâtiments avec quelques détails (avec ou sans porte, fonction des pièces...). Ils évoquent aussi l'élevage des ovins (bergeries) et la présence de bovidés (étables). Malheureusement, ces célèbres inscriptions sont quasi muettes au sujet des céréales, au sujet de la proportion des champs labourés par rapport au vignoble et aux vergers, au sujet de la place tenue par les légumineuses et par ce que nous appelons aujourd'hui les légumes. Elles n'en disent pas plus sur les techniques de construction des champs qui supportaient les cultures.

Les produits de la terre délienne autres que les fruits nous sont donc largement inconnus, si ce n'est une seule mention d'orge dans une inscription du IVᵉ siècle avant l'ère chrétienne (*IG*, XI, 2, 7 et 11, a. 308/7 ou 306). Le mot grec que les historiens traduisent par paillère apparaît plusieurs fois dans les inventaires des baux déliens. Les textes mentionnent aussi la présence d'un local spécialisé, nommé local à moulin, sur certaines fermes. L'archéologie a aussi mis au jour un type de moulin complexe, dont on connaît un seul exemplaire complet, trouvé à sa place fonctionnelle, dans une maison de la ville. Dans la seule ferme dégagée, des fragments de meules rotatives ont été observés en remploi dans un mur et dans les couches de destruction. De nombreux éléments liés à des installations de pressurage ont également été mis au jour dans les ruines de l'agglomération, alimentant des débats arrêtés sur la production de vin et d'huile d'olive.

On a donc pu écrire que les campagnes déliennes étaient quasi exclusivement vouées à la viticulture, avec quelques arbres fruitiers et des jardins enclos dont on ignore tout ou presque. En effet, en l'état actuel des recherches archéologiques sur le terrain, il serait abusif de prétendre localiser, parmi les champs qui structurent la campagne délienne, ceux qui ont appartenu à des jardins-potagers et d'estimer la part de ces aménagements par rapport aux champs voués aux cultures de production (Brunet 2001). Les réponses sont, une fois de plus, largement le fait des historiens et des philologues qui s'appuient principalement sur la lecture et l'interprétation des sources écrites, documents lacunaires s'il en est, ne serait-ce que parce qu'ils sont souvent fragmentaires et parce que leur contenu n'est que celui qu'ont bien voulu leur donner leurs auteurs.

2.1.4.3. Les premiers travaux sur les campagnes et l'hypothèse de leur antiquité

Les premiers travaux d'envergure sur l'organisation de l'espace rural délien et le paysage construit pour l'agriculture sont bien antérieurs. Ils sont le fait d'une exploration scientifique conduite par un grand géologue français, L. Cayeux, et un capitaine de la marine nationale, A. Bellot, à la demande de l'Ecole Française d'Athènes, au tout début du XXᵉ siècle (Bellot 1909 ; Cayeux 1911). Les levés topographiques et les observations au sol ont abouti, dès cette époque, à une cartographie précise des aménagements de l'espace rural (fermes, murs de terrasses de culture et d'enclos, réservoirs, sources, carrières…). La précision de ces levés va même jusqu'à faire figurer sur la carte les aires à battre. L'ensemble de ces vestiges est déjà qualifié d'antique.

2.1.4.4. Les travaux extra-urbains

Il faut attendre 1976 pour voir les premiers documents glanés dans les campagnes de Rhénée, l'île voisine, et 1986 sur Délos. Le territoire rural du sanctuaire d'Apollon à Délos a donc commencé à être exploré au sol par quelques historiens, au cours des années 1980, après que les inscriptions des comptes des Hiéropes, administrateurs du sanctuaire de l'Indépendance, leurs aient fourni de précieux et nombreux renseignements sur la vie et l'économie rurale. Quelques travaux archéologiques limités ont été conduits sur les bâtiments d'une seule ferme délienne dont le dégagement a été achevé en 1989 et qui attend d'être exhaustivement publié. Des levés architecturaux ont également concerné plusieurs exploitations sur l'île voisine de Rhénée (Le Dinahet 1983, 1987 ; Charre 1993, 1999).

Les seules études sur l'agriculture qui ne reposent pas sur la lecture exclusive des sources écrites ou l'analyse d'artefacts épars, proviennent des fouilles très récentes conduites par un archéologue spécialiste de l'oléiculture et de la viticulture antiques (Brun 1997). Ces fouilles ont donné lieu aux premières publications d'analyses anthracologiques et carpologiques. Dans le même temps, des analyses archéozoologiques ont été effectuées, qui renseignent sur la composition et la gestion du cheptel de l'île (Leguilloux 2000).

2.1.4.5. L'approche historique du paysage construit

L'étude du paysage s'est donc déroulée en plusieurs étapes. La première a consisté en la démonstration de l'antiquité des terrasses qui repose sur une démarche historique (Brunet 1990b). Les historiens, ne tenant apparemment pas compte des mentions de la carte publiée au début du XXᵉ siècle, ont conclu à l'antiquité des formes bâties en s'appuyant sur les phases de peuplement et d'abandon de l'île.

Cette conclusion n'est en fait qu'une hypothèse vraisemblable, qui s'appuie sur une documentation et des travaux déjà connus au début du siècle, ainsi que sur la connaissance acquise concernant l'occupation humaine de l'île et l'histoire du peuplement. En effet, Délos, qui est occupée depuis la seconde moitié du IIIᵉ millénaire, a été abandonnée à l'époque byzantine (VIIᵉ siècle de l'ère chrétienne). Elle est ensuite totalement dépeuplée. Au XXᵉ siècle, une dizaine de fermes sont construites dans le sud de l'île, la plupart du temps aux emplacements occupés par les fermes antiques ruinées. Les parcellaires des campagnes déliennes n'ont donc pas subi de modifications majeures depuis l'Antiquité.

Pourquoi trancher en faveur de l'époque grecque classique plutôt qu'une autre, dans cette très large fourchette chronologique qui va de l'âge du Bronze à l'époque byzantine, pour dater les aménagements de la campagne ? Les recherches conduites sur les terroirs construits en terrasses agricoles dans les pays voisins, notamment au Proche-Orient, démontrent que de tels aménagements couvrent de vastes espaces au moins dès le IIIᵉ millénaire. Pourquoi ne pas admettre que les populations déliennes de l'âge du Bronze ont déjà construit les terrasses de l'île pour subvenir à leurs besoins ? Ces agriculteurs ont bel et bien cultivé le relief granitique. Des vases de stockage (*pithoi*) ont même été retrouvés dans l'habitat datant de la deuxième moitié du IIIe millénaire. Affirmer que les terrasses agricoles sont antiques et attribuer leur construction préférentiellement aux époques classique ou hellénistique parce que celles-ci sont jugées par les historiens comme étant les plus prestigieuses dans les domaines de l'architecture et de la pensée ne constitue en rien une démonstration.

Les similitudes entre les techniques de construction des murs de soutènement des terrasses et les édifices urbains ne peuvent raisonnablement pas non plus être retenu comme un argument de datation. Les murs de soutènement des terrasses agricoles sont majoritairement bâtis sur la roche-mère granitique, qui constitue l'essentiel du sous-sol, l'autre roche constitutive de l'île étant le gneiss, au nord. Les matériaux employés dans l'élévation des murs de pierre sont ceux qui sont disponibles sur place. On rencontre ainsi en domaine granitique des murs composés de gros blocs parfois équarris, des murs à appareil polygonal, des murs de moellons assisés dont le sommet est couvert par des chaperons en forme de miche de pain, ou encore des murs rythmés par de gros blocs positionnés en orthostates entre les tronçons assisés. Les constructions qui emploient le gneiss font un large usage des pilettes de calage soigneusement disposées entre de gros blocs. L'appareil des murs varie ainsi en fonction des roches, mais aussi au sein d'un même contexte lithologique, en fonction des pierres existantes qui sont issues du débit naturel de la roche.

Enfin, l'articulation des champs aux fermes selon des systèmes spatialement cohérents relève d'une analyse globale du parcellaire qui n'avait pas encore été réalisée. La seule certitude chrono-stratigraphique réside dans le fait que le parcellaire en terrasses est antérieur à un réseau de clôtures édifié à l'époque contemporaine par les éleveurs qui font paître leurs troupeaux sur l'île.

2.1.4.6. La démonstration : les données archéologiques et les sciences de la Terre

Cette analyse correspond à l'étape suivante dans l'étude du paysage délien, qui est l'insertion des fermes dans le plan des terrasses, selon une logique de production agricole et de maîtrise de l'écoulement de l'eau sur les pentes. L'étude morphologique a été entreprise à partir des photographies aériennes, des observations de terrain et des cartes richement renseignées du début du siècle (Poupet 2001 ; Harfouche 2003a, 2005b).

Certes, les terrasses de Délos sont implantées en fonction des conditions topographiques et structurales de l'île. La logique du parcellaire de terrasses tel qu'il est perceptible à l'échelle de l'île entière répond aux contraintes physiques imposées par la pente. Celle-ci commande les stratégies adoptées pour la protection des sols contre l'érosion et pour l'irrigation par gravité. Cette réalité ne doit cependant pas faire ignorer l'existence possible de tissus parcellaires à grande échelle qui répondent à d'autres logiques. L'analyse morphologique en cours est à même d'éclairer ces logiques. Dire que seules les conditions topographiques commandent la construction des champs à l'exclusion de toute logique foncière serait se décharger trop prestement d'une étude qui demeure essentielle pour la compréhension du paysage délien dans sa globalité.

La troisième étape a été entreprise en 1996. Presque un siècle après les premiers travaux du géologue français et du capitaine de la marine nationale, une deuxième approche de cette documentation archéologique antique, exceptionnelle par son état de conservation et sa lisibilité, a de nouveau été conduite avec un double regard, celui du géologue, spécialiste des sols et des techniques agricoles et celui de l'archéologue. Pour la première fois, des sondages géoarchéologiques ont donc été effectués sur les aménagements agricoles de la campagne (Brunet 1997, 1999 ; Poupet 1999, 2001 ; Harfouche 2003a). Plusieurs systèmes de terrasses de culture ont été fouillés ainsi qu'un système d'irrigation par écoulement gravitaire et une aire de dépiquage antique. La localisation de ces sondages a été judicieusement choisie pour répondre à des interrogations ressortissant à la science du sol, à l'histoire des techniques agricoles et à l'archéologie.

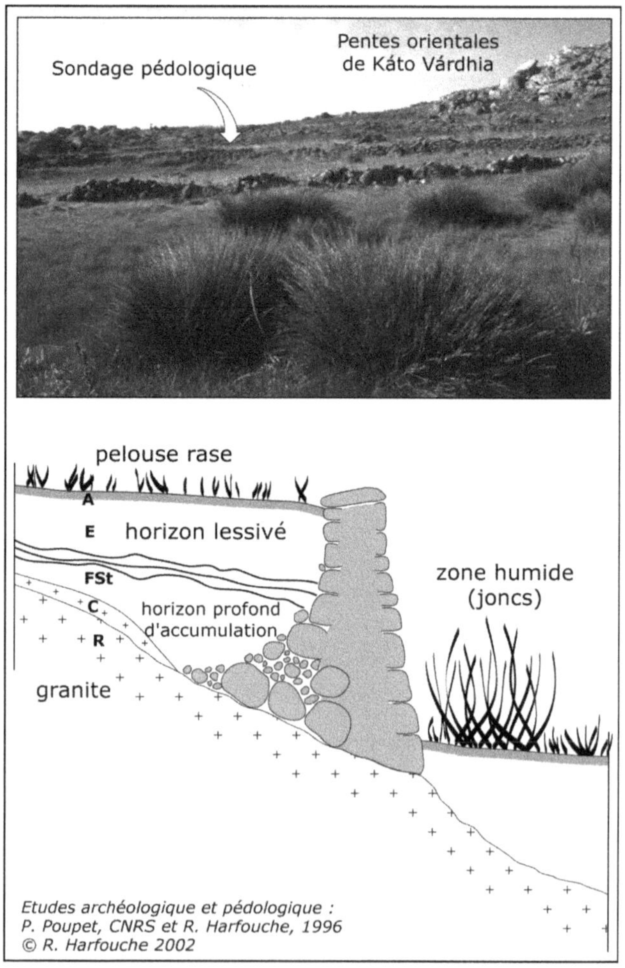

FIG. 92 : LOCALISATION D'UN SONDAGE SUR L'ÎLE DE DÉLOS ET SCHÉMA-COUPE DU SOL TRÈS ÉVOLUÉ DERRIÈRE LE MUR DE LA TERRASSE.

C'est donc dans cette troisième étape que réside le principal intérêt des travaux sur le paysage délien, puisqu'il s'agit de fournir, par la fouille, la preuve tangible de l'ancienneté des aménagements du paysage cultivé. L'un des sondages réalisé dans un champ en terrasse a fourni, outre les quelques tessons de céramique antique mal connue et parfois quelques fragments d'obsidienne totalement allochtone, la preuve irréfutable de la très grande ancienneté de ces champs construits (Fig. 92).

Le mur de soutènement de toutes les terrasses étudiées est toujours bâti sur la roche-mère granitique, qui constitue l'essentiel de l'île. La construction du mur a nécessité le remaniement du sol sur toute sa hauteur pour mettre en place un amas de moellons drainant à la base du parement intérieur du mur. Derrière ce mur protecteur, l'homme a ensuite étalé des sédiments qui étaient forcément déjà pédogénétisés, mais cet instant correspond à une « remise à zéro » de l'horloge pédologique, marquant la date de la construction de la terrasse. A partir de ce moment, un sol très évolué a pu progressivement se former. Son profil présente un horizon lessivé et un horizon en bandes qui témoignent d'une longue durée, bien supérieure à quelques siècles, pour atteindre un tel stade d'évolution (Eluvic fersialsoil).

Ce sont donc les caractères morphologiques du sol contenu par les murs de terrasses qui démontrent la grande ancienneté de ces aménagements. Le pourcentage de céramique antique présent dans le sol n'est pas démonstratif, tout comme sa situation majoritairement en fond de sol. De plus, le mobilier céramique est très mal connu (Brun 1997). Enfin, le lessivage du sol ne permet pas à lui seul de trancher en faveur d'une phase de construction précise, qui se situe entre l'âge du Bronze et l'époque byzantine. La démonstration réside dans le fait que la construction de la terrasse remonte au moins à l'époque byzantine.

2.1.4.7. L'organisation fonctionnelle des terroirs et les pratiques agropastorales

L'analyse intégrée des données morphologiques et pédologiques permet ensuite d'appréhender les formes d'organisation des campagnes, ainsi que les pratiques d'exploitation. L'exemple de la ferme 13 en est une illustration (Fig. 93). Cette ferme est bâtie sur le versant sud-

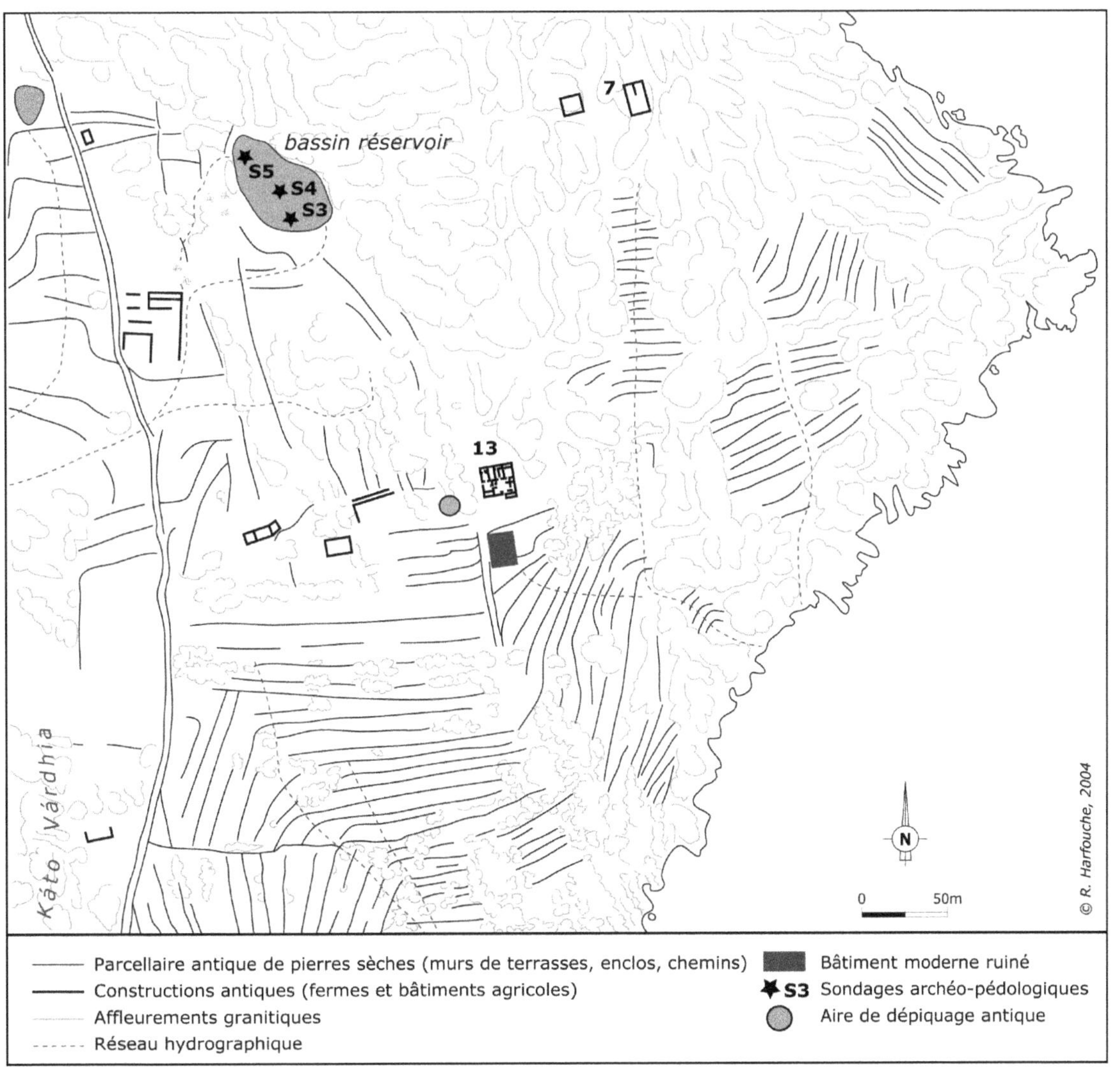

Fig. 93 : Carto- et photo-interprétation autour de la ferme 13, dans la partie méridionale de l'île de Délos.

est de l'île, en limite des affleurements granitiques et des sols cultivés. Une aire de dépiquage antique est construite à proximité, ainsi que d'autres bâtiments. La fonction de ces annexes est encore inconnue (agricole, pastorale ?). Autour de cette ferme, les systèmes de terrasses occupent l'ensemble de l'espace pentu. De longues terrasses linéaires parallèles épousent la topographie. Des aménagements en gradins d'un autre type, plus courts, sont construits dans les lits des cours d'eaux temporaires à la manière des terrasses-barrages. Le climat semi-aride de l'île impose aux fermiers de tirer le meilleur parti des ressources en eau. Les précipitations entraînent les sédiments qui s'accumulent derrière les murs de soutènement des terrasses aménagées en cascade et les cours d'eau temporaires permettent de maintenir plus longtemps l'humidité nécessaire aux cultures dans le sol, voire de les irriguer. Au nord de la ferme, les eaux météoriques étaient collectées dans un bassin construit contre un vaste affleurement rocheux faisant fonction d'*impluvium*, à la manière des systèmes d'approvisionnement en eau des zones pré désertiques, en Orient et en Afrique du Nord.

L'analyse morphologique des enclos et des cheminements renseigne aussi sur la gestion du bétail (Harfouche 2005b). Les systèmes de terrasses s'organisent de part et d'autre d'un grand chemin creux de direction nord-sud. Cet axe majeur constitue l'épine dorsale de l'île et dessert la campagne depuis la ville. Il est bordé de murs de pierre sèche qui protègent les champs situés de part et d'autre des divagations des troupeaux. Un mur de terrasse faisant également fonction de mur de clôture, orienté est-ouest, s'appuie sur ce chemin. Deux systèmes de terrasses distincts s'organisent de part et d'autre de ce mur qui forme une limite entre deux propriétés. La poursuite de l'analyse sur l'ensemble de l'île permettra de mieux caractériser les unités d'exploitation et les pratiques agropastorales liées à l'aménagement des pentes en terrasses.

Ces premiers résultats issus d'une démarche rigoureuse et interdisciplinaire, répondant aux exigences méthodologiques de la recherche archéologique actuelle, permettent d'appréhender sous un angle nouveau le territoire et les techniques agricoles de la Délos antique. A y regarder de plus près avec les outils des sciences de la Terre, des sols et de la Nature, Délos se révèle être un véritable conservatoire de l'histoire d'un paysage rural méditerranéen insulaire. Une autre vision des campagnes de l'île, très éloignée de l'espace rocailleux, quasi inculte des historiens, commence à se dessiner. De plus, les terrasses de cultures déliennes n'étaient pas exclusivement vouées à une agriculture sèche. Les travaux géoarchéologiques récents ont également démontré l'existence d'un système de gestion de l'eau, notamment pour les besoins d'une agriculture irriguée, à partir d'un bassin-réservoir muni d'une vanne (Poupet 2001).

La relecture du Panégyrique d'Isocrate, à la lumière de ces faits nouveaux, confère au plaidoyer pour l'union des cités grecques écrit par l'orateur athénien et publié en 380 avant l'ère chrétienne, une autre dimension. Les « insulaires qui méritent notre pitié quand nous les avons contraints par l'insuffisance de leur territoire de cultiver des montagnes » ne sont manifestement pas si démunis face à leur territoire accidenté (Panégyrique, IV, 132). Ils possédaient indéniablement un savoir-faire en matière de protection des sols et d'irrigation.

2.2. Le Proche-Orient

2.2.1. Des travaux archéologiques pionniers

C'est au Proche-Orient, en Palestine, qu'il faut rechercher les premiers travaux archéologiques sur les aménagements agricoles construits en domaine méditerranéen, à l'extrême fin des années 1950, dans une abondante littérature où se mêlent des données issues d'études scientifiques et des interprétations idéologiques (Maeir 2003 ; Dauphin 2003). A la différence de la recherche archéologique alors en pratique dans le reste des pays riverains de la Méditerranée, qui se désintéresse de ces sujets, les terrasses de culture constituent non seulement des objets d'étude mais aussi des objets de fouille ! La plupart est mise au jour dans le cadre de fouilles pratiquées sur des habitats et sur leur environnement immédiat, mais ces aménagements ne font pas l'objet d'une recherche spécifique.

L'étude avant-gardiste et la plus célèbre en la matière est sans conteste celle qui a concerné le paléopaysage aménagé du Néguev (Evenari 1971). Outre l'intérêt résolument novateur qu'elle porte sur la construction des paysages pour l'agriculture, elle est aussi pionnière par les méthodes interdisciplinaires qu'elle met en œuvre pour comprendre la logique de l'insertion des constructions archéologiques dans leur environnement. Sciences de la Nature, agronomie et ingénierie hydraulique sont mises à profit. Cette démarche pluridisciplinaire pourtant essentielle à la compréhension des relations entre les sociétés et l'environnement demeure peu répandue dans l'archéologie française en Orient aujourd'hui, tandis qu'elle est largement pratiquée par les équipes anglo-saxonnes (Wilkinson 2003). Les recherches conduites par B. Geyer sur les « Marges arides » en Syrie sont un exemple bien trop rare de la pertinence de la pluridisciplinarité pour la connaissance du peuplement des campagnes (Jaubert 1999 ; Geyer 2000, 2001).

Beaucoup plus récents que les études exploratoires sur le Néguev, les travaux conduits par S. Gibson, depuis 1980, dans la région de Jérusalem, portent un intérêt particulier aux terrasses de culture et à l'hydraulique qui leur est associée. Identifiées aux cours de prospections, certaines font ensuite l'objet de fouilles (Gibson 1985, 1991, 2003). Nous avons également engagé en 2001 une première étude géoarchéologique interdisciplinaire des pentes de la montagne libanaise, associant une analyse géopédologique du paysage à la fouille de terrasses agricoles dans la haute vallée du Nahr Ibrahim (programme de l'Université St-Joseph de Beyrouth et de la Direction Générale des

Antiquités du Liban avec le soutien du Ministère des Affaires Étrangères français, resp. P.-L. Gatier) (Harfouche 2003b).

Il faut ajouter à ces recherches, celles qui ont été conduites par une équipe japonaise sur l'oasis syrienne de Taibe, située dans un paysage de steppe désertique, au Nord-Est de la ville romaine de Palmyre (Kobori 1980). L'équipe pluridisciplinaire rassemblait des géographes, des ingénieurs hydrauliciens et des archéologues dont l'objectif principal était l'analyse d'un système de canaux d'irrigation (qanawat, pluriel de « qanat » = canal, en langue arabe). Le protocole suivi embrassait l'étude de l'environnement physique (étude géomorphologique, climatique, caractérisation du couvert végétal et étude de la faune), de l'environnement social à partir d'une enquête ethnologique (cette étape est difficile à réaliser pour l'archéologie), et de l'étude du système d'irrigation antique. Des recherches sur les sources écrites et des prospections ont complété cette démarche interdisciplinaire.

2.2.2. Aux franges du domaine méditerranéen

Les plus anciens témoignages démontrés de constructions de champs en terrasses proviennent des vallées d'Arabie. Certains pourraient avoir existé dès le Ve millénaire dans le wadi Shumlya et le wadi Sana (Yémen) où la construction des murs de soutènement de champs irrigués précèderait l'implantation de sites datant de 3000 avant l'ère chrétienne et seraient probablement contemporains d'occupations humaines datant de 4500 avant l'ère chrétienne (Mac Corriston 2001, 2002). Les hypothèses formulées à partir de ces données demandent cependant à être confirmées par les recherches à venir.

Il faut signaler cependant un témoignage, bien plus tardif, mais particulièrement explicite retrouvé aux portes de la zone méditerranéenne, en Arabie, qui renseigne sur la maîtrise de ces pratiques par les populations locales avant l'ère chrétienne. Un long édit rupestre trouvé dans le Djebel Khalbas au bord du wadi Beihân, fait état des techniques de mise en culture de ces zones circum-méditerranéennes aujourd'hui arides au IIIe siècle avant l'ère chrétienne, dans le royaume de Qataban. Dans ce décret, le roi intime l'ordre de ne plus faire usage de l'eau pour l'irrigation des cultures dans l'espace autrefois cultivé qui appartient à l'*impluvium* du wadi. Celui-ci doit être désormais réservé à la collecte des eaux de ruissellement, qui se concentrent dans les deux wadis affluents du wadi Beihân : « que (ce qui y est) champ de source (devienne) libre de plantation de palmiers, de terrassement de mur de retenue, de culture de légumes, de construction de déversoir et de canaux. Qu'il soit exclu de fabriquer des conduits ou de faire le terrassement d'un mur de retenue et n'importe quel dispositif d'afflux ; et que soient saisis déversoir ou légumes qui se trouvent dans ces terres, et qu'on abolisse leur déversoir ou leur mur de retenue. Qu'il soit bien clair à celui qui voudrait s'y dérober qu'il est interdit d'élever l'eau ou de faire (quoi que ce soit qui) l'arrête en amont : légumes, aiguade, déversoir, mur de retenue » (Pirenne 1982). Bien que la majeure partie des inscriptions orientales qui traitent d'aménagements agraires renseigne principalement sur les techniques hydrauliques de collecte, de rétention et de distribution des eaux pour l'irrigation, certaines font aussi état de techniques de mise en terrasse grâce au lien étroit qui existe entre la construction des champs et leur arrosage. L'objet de cette inscription royale concerne la gestion des ressources hydriques par l'aménagement des cours d'eaux temporaires des wadis, mais la technique employée par les agriculteurs à cet effet est l'édification de murs de retenue des terres, c'est-à-dire des terrasses de culture. Dans ces zones arides, la fonction de ces murs peut être rapprochée de celle des *jessour* d'Afrique du Nord ou des petits barrages du Néguev qui, dans les mêmes conditions climatiques difficiles, permettent non seulement de protéger les sols contre l'érosion, mais aussi (et surtout) de rendre possible la création de ces terres cultivables en piégeant les sédiments entraînés par les cours d'eau à l'aide de murs de retenue construits dans le lit de la vallée. Les techniques de l'agriculture irriguée sont largement développées dans les vallées de la péninsule arabique et se déclinent sous plusieurs formes (Pirenne 1977 ; Brunner 1998 ; Boucharlat 2001), mais l'objectif de tous ces aménagements est la collecte et la redistribution de l'eau maîtrisée, en même temps que la création de terres cultivables par la régulation de la topographie. Ces aménagements en terrasse et les systèmes d'irrigation qui leur sont associés ont été la condition nécessaire à la mise en valeur agricole des vallées depuis l'Antiquité. La description qui en est faite dans les inscriptions antiques recouvre une réalité technique dont témoignent encore les nombreux vestiges de champs et de canaux d'irrigation (Gentelle 1998).

2.2.3. Le Néguev et les Edomites

Plus au nord, dans le Néguev, cette technique est mise à profit au moins dès le IIIe millénaire et au cours de l'époque nabatéenne jusqu'à l'époque byzantine, notamment à Nessana, ville fondée par les Nabatéens où des documents écrits viennent renforcer ce constat (Evenari 1971 ; Finkelstein 1995) (Fig. 94). Cette région aride comporte trois unités paysagères distinctes. En premier lieu, les basses terres fertiles de la plaine côtière et des vallées septentrionales qui sont intensément cultivées, densément occupées et peu utilisées pour le pastoralisme (lowlands). En deuxième lieu, les hautes terres sont moins densément peuplées et davantage vouées au pastoralisme qu'à l'agriculture, mais des sites du IIIe millénaire jusqu'à l'époque byzantine incluse y ont été retrouvés en grand nombre (highlands). Enfin, la zone steppique est peu peuplée par des habitats sédentaires, mais plutôt occupée par des pasteurs nomades qui pratiquent une agriculture sèche saisonnière (steppelands).

Trois types d'aménagements en terrasse ont été reconnus dans le Néguev en 1954 par M. Evenari, L. Shanan et N. Tadmor, à partir de l'analyse des photographies aériennes

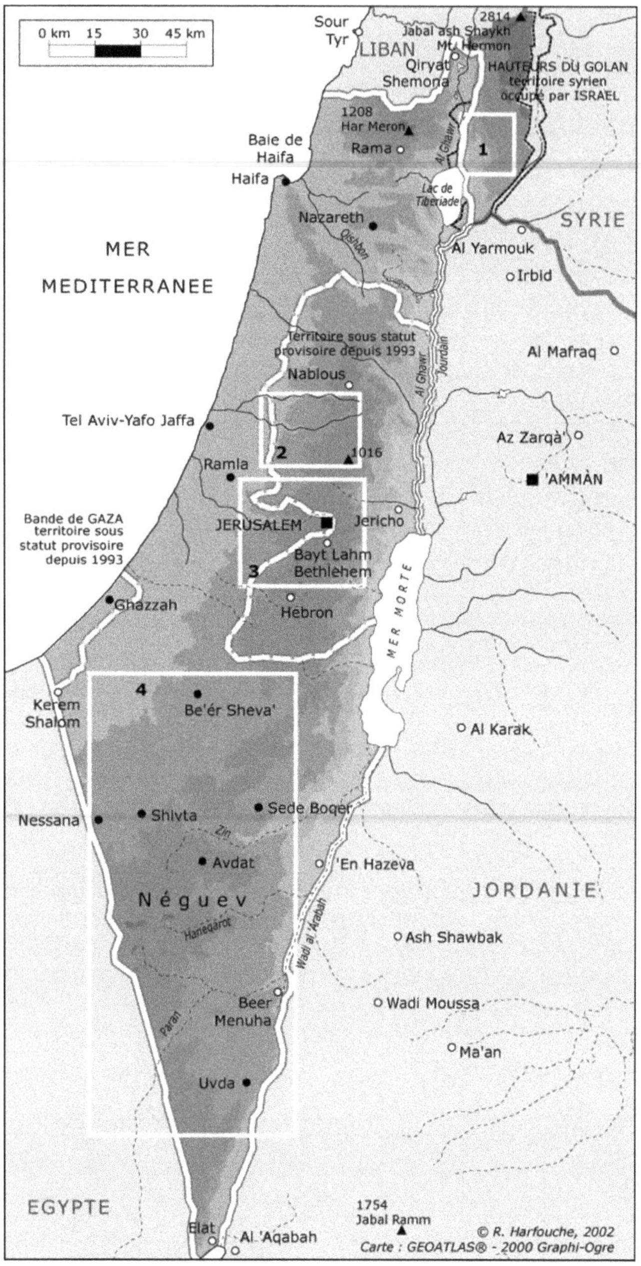

FIG. 94 : CARTE DES RÉGIONS OÙ DES TERRASSES AGRICOLES ANTIQUES ONT FAIT L'OBJET DE RECHERCHES ARCHÉOLOGIQUES, EN ISRAËL ET AU GOLAN . 1 : RELIEFS DU GOLAN ; 2 : SAMARIE ; 3 : JUDÉE ; 4 : NÉGUEV.

et de reconnaissances au sol, qui illustrent la diversité des constructions agricoles.

En premier lieu, ils identifient des terrasses constituées de murs de pierre barrant des vallées étroites. Ces constructions, d'une hauteur de 60 à 80 cm, constituées de cinq à sept assises de pierre, délimitent des surfaces cultivables de 12 à 15 m de largeur. Le principe de ces terrasses est simple. Elles remplissent une double fonction, celle d'un système anti-érosion et celle qui consiste à créer de la terre cultivable en contrôlant les eaux des wadis. Aujourd'hui, certains champs sont encore utilisés par les Bédouins qui y cultivent de l'orge après les pluies de l'hiver. La datation de ces terrasses reste difficile à déterminer en l'absence de fouilles. Les auteurs pensent qu'il s'agit des systèmes de culture les plus anciens du Néguev, car leur principe est simple et que des sites de l'âge du Bronze moyen I ont été retrouvés à proximité.

La deuxième catégorie d'aménagements en terrasse correspond à des systèmes de champs enclos liés à des fermes que les auteurs ont baptisés « runoff farms ». Les fermes sont généralement implantées dans les petits wadis tributaires d'un wadi principal et qui sont environnés de reliefs vigoureux. L'eau de pluie est collectée à l'aide de canaux construits sur les versants qui concentrent les flux hydriques de surface et les dirigent vers les champs en terrasse construits dans le lit du wadi et vers des citernes. Cette technique est également employée dans les *jessour* du Sud tunisien et de Tripolitaine, dont le fonctionnement a été décrit par J. Bonvallot, qui associent des murs de terrasse bâtis dans le lit de l'oued et des aménagements de collecte de l'eau de ruissellement sur les versants (Bonvallot 1979). Les quantités d'eau collectées sont proportionnelles à la taille de l'*impluvium*. A l'époque byzantine, les droits de l'eau si précieuse dépendant de chaque domaine étaient garantis par une législation dont font état les *papyri* de Nessana. Des centaines de fermes dotées d'un parcellaire de ce type ont été reconnues dans le Néguev (fermes de Yoram et de Yehuda, près de l'agglomération aujourd'hui abandonnée d'Avdat, ferme de Michael, près de l'agglomération ruinée de Shivta). Les conduites alimentent un ou plusieurs champs au sein de l'enclos, dans le lit du wadi. L'étendue de ces surfaces cultivées est variable. Certaines fermes comptent une dizaine de terrasses dont les murs de contention des terres, d'une hauteur de 1.5 à 2 m, sont dotés de déversoirs, à la manière des *jessour*. La gestion des eaux de ruissellement permet à elle seule d'augmenter considérablement les rendements de ces terres. Théoriquement, les champs ainsi construits recevraient l'équivalent de 300 à 500 mm/an d'eau, alors que les précipitations sont de seulement 100 mm/an.

Enfin, un troisième ensemble d'aménagements faisant appel à la technique des terrasses se caractérise par l'emploi de grands barrages de dérivation des eaux, construits dans les lits des wadis. Cette technique est bien moins représentée que les terrasses individuelles construites dans les petites vallées et que les systèmes de champs enclos associées aux fermes. De longs murs sont bâtis dans les plaines d'inondation des grands wadis afin de détourner l'eau et de la conduire aux champs en terrasse. Aucune fouille archéologique ne permet d'avancer un âge certain à ces constructions. Plusieurs phases d'aménagement ont été reconnues. La présence de sites archéologiques à proximité permet simplement de proposer une large fourchette chronologique qui va de l'âge du Bronze moyen I au début de l'époque byzantine. Pour M. Evenari, L. Shana et N. Tadmor, ces aménagements de dérivation sont bien trop complexes et ne peuvent donc être que le fait d'une société structurée. Ils excluent qu'ils aient pu être le fait des populations de l'âge du Bronze et préfèrent les rattacher aux époques nabatéenne, romaine ou byzantine. Une inscription nabatéenne a en effet été retrouvée dans l'environnement d'un barrage de dérivation et mentionne la construction d'un barrage sous le règne du roi Rabbel II (88-89 de l'ère chrétienne). Les phases d'aménagement plus anciennes seraient le fait de populations de l'âge du Fer qui étaient organisées, les Edomites, le Néguev étant la région centrale de leur Etat.

A partir de ce raisonnement, un modèle d'évolution chrono-culturel a été élaboré qui aura encore ses adeptes 25 ans plus tard, selon lequel, les populations chalcolithiques du Néguev auraient été des pasteurs nomades, éleveurs de chèvres (Finkelstein 1995 : 37-49). Les communautés de l'âge du Bronze se seraient progressivement sédentarisées, pratiquant toujours l'élevage, mais aussi la céréaliculture, comme en témoignent les meules et les faucilles retrouvées au cours des fouilles réalisées sur les sites d'habitat. La présence de nombreuses et parfois très vastes aires de dépiquage au *tribulum* (pas moins de 32 aires répertoriées dans la vallée d'Uvda autrement appelée wadi Uqfi, sud du Néguev) démontre l'importance de la place dévolue aux cultures à cette période. Elles sont construites en terre battue ou taillées dans la roche. Les fouilles conduites sur une de ces aires indiquent qu'elle a été aménagée au début du IVe millénaire avant l'ère chrétienne ! (Avner 2003). Les analyses polliniques réalisées sur les sédiments prélevés dans les aires de dépiquage ont mis en évidence la présence de céréales. Quel était l'aspect des champs sur lesquels étaient cultivées les céréales avant d'être apportées sur l'aire ?

M. Evenari, L. Shana et N. Tadmor ont envisagé que les formes les plus simples de l'agriculture en terrasse, les murs qui barrent les petites vallées correspondent aux premiers aménagements agricoles du Néguev. A 40 km au nord de la vallée d'Uvda, à Nahal Paran, les aménagements en terrasse du type des *jessour* tunisiens sont composés d'une butte de terre de 50 cm de hauteur, parfois couronnée par des pierres, et constituent une plate-forme de 2 m de large. Dans les sédiments argileux très organiques, entraînés par les eaux du wadi, qui se sont accumulés à l'arrière de l'un de ces murs de terre ont été recueillis des vestiges mobiliers datant de l'époque chalcolithique (Avner 1998 ; 2002). Ces observations fixent un *terminus post quem* à la construction de certaines terrasses, qui pourraient être contemporaines de l'âge du Bronze.

Au cours de l'âge du Fer, le peuplement s'intensifie et l'aménagement du paysage est à son apogée, dans les hautes terres. Terrasses et barrages de dérivation complexes, silos et aires de dépiquage sont mis en relation avec les agglomérations construites dès la fin du IIe millénaire avant l'ère chrétienne et avec les sites dits « agricoles » Ces derniers ont livré des meules et des mortiers, qui sont attribués à des agriculteurs sédentaires pratiquant aussi l'élevage aux XIe et Xe siècles avant l'ère chrétienne (Atar Haro, près de Sede Boqer).

A l'époque byzantine, le système agricole se complexifie et les cultures spécialisées (vigne et olivier) viennent s'ajouter aux cultures sèches et à un pastoralisme plus discret. La céréaliculture, la culture de la vigne et celle des arbres fruitiers sont confirmées par les vestiges archéobotaniques notamment à Nessana où les textes (vers 512-689 de l'ère chrétienne) évoquent aussi des vignes complantées avec des figuiers (Mayerson 1962 : 231 et 258). Ces *papyri* documentent également la pratique de l'aménagement de terrasses-barrages complexes du type des *jessour* de l'Afrique du Nord dans un terroir construit et irrigué très productif, grâce à la maîtrise des sols et de l'eau par les agriculteurs. L'oléiculture et la viticulture sont aussi matérialisées par des pressoirs découverts sur plusieurs sites. Quant à l'élevage, dont on pense qu'il occupait une part plus réduite qu'aux époques précédentes, il est indiqué par la présence d'enclos de parcage associés à plusieurs sites.

2.2.4. Les terroirs en terrasses de Palestine

2.2.4.1. La construction des paysages pré-hellénistiques

Au Levant, on attribue traditionnellement la diffusion de l'agriculture en terrasses vers 1200-539 avant l'ère chrétienne, parallèlement au développement de grandes cités (Levy 1995 ; Faust 2000). Cependant, des fouilles pratiquées sur des terrasses de culture appartenant à de vastes parcellaires autour d'habitats en Judée (Mevasseret Yerushalayim, Khirbet er-Ras, Ay-et-Tell, Manahat, Rephaim Nahal) et en Samarie (Khirbet Jemein) permettent d'affirmer que, si la technique est répandue à l'âge du Fer, elle existe déjà au début de l'âge du Bronze ancien, comme le soulignent les recherches archéologiques conduites sur le site de Sataf, dans la région de Jérusalem (Gibson 1985, 1991 ; Callaway 1993 ; Eisenberg 1993 ; Edelstein 1993). Dès le début du IIIe millénaire, on cultive la vigne et l'olivier sur les pentes occidentales des montagnes de Palestine en créant des terres cultivables et en protégeant les sols au moyen de murs de soutènement en pierre.

Une hypothèse similaire a été formulée au sujet des terrasses agricoles construites sur les versants des reliefs de l'Ajlûn, au nord-ouest de la Jordanie, qui dateraient de l'âge du Bronze (Sapin 1985 ; 1992) (Fig. 95). Une analyse archéologique et pédologique permettrait de vérifier cette hypothèse. Nous avons pu effectuer des observations au cours d'une étude géoarchéologique du paysage de Jérash entreprise en 2001 en collaboration avec P. Poupet, à la demande de l'Institut Français d'Archéologie du Proche-Orient (aujourd'hui IFPO). Les champs en terrasses supportent aujourd'hui des cultures arboricoles, en particulier des oliviers. Les sols rouges fertiles (fersialsols) composent la majeure partie des unités pédologiques notamment autour du site de Jérash. Aujourd'hui, le paysage à l'intérieur de l'enceinte de la ville antique se présente sous la forme de vastes étendues d'amas de pierres desquels émergent

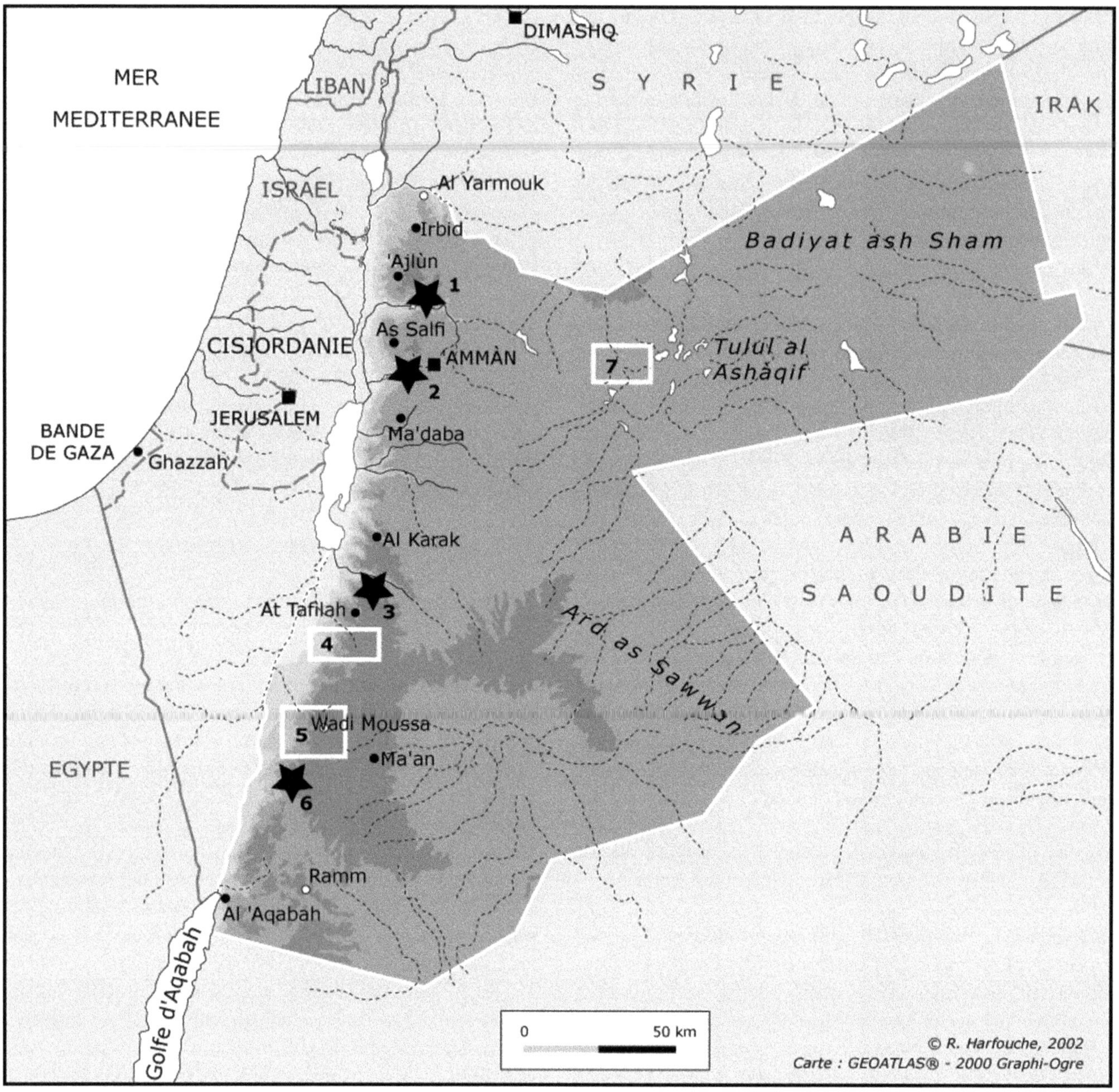

FIG. 95 : CARTE DE LOCALISATION DES ZONES DE TERRASSES ANTIQUES OU SUPPOSÉES COMME TELLES EN JORDANIE. 1 : RELIEFS DE L'AJLUN ET DE JERASH ; 2 : IRAQ AL-AMIR ; 3 : KHIRBET ED-DARIH ; 4 : WADI FAYNAN ; 5 : PÉTRA ET SES ENVIRONS ; 6 : HUMEIMA ; 7 : WADIS AU NORD DE L'OASIS D'AZRAQ.

quelques constructions imposantes, principalement des édifices publics en cours de restauration. Mais les ruines des constructions antiques n'occupent pas l'ensemble de l'espace dans l'emprise du rempart. En plusieurs endroits, la roche calcaire a été mise à nu par l'érosion. Cependant, les sols sont parfois conservés sur la pente, notamment à proximité du temple de Zeus, où quelques murs de soutènement ont protégé la couverture pédologique des effets dévastateurs du ruissellement. Ces terrasses sont situées en périphérie des habitations et des grands monuments, mais elles sont à proximité immédiate de citernes aménagées pour la collecte et la redistribution de l'eau. Il faut sans doute restituer à cet endroit des champs cultivés au cours de l'Antiquité. La mise en culture des pentes aux sols riches est probable dès l'âge du Bronze et même dès l'installation des agriculteurs néolithiques sur le site comme l'indique l'importante érosion des sols et des roches qu'ont généré plusieurs siècles voir des millénaires d'activité agricole intense et non maîtrisée. Des sondages pédo-archéologiques permettraient de confirmer le constat d'une mise en culture durable précoce dans cet espace.

2.2.4.2. Les reconstructions des pentes de l'époque hellénistique au Moyen Âge

Les attestations indiscutables les plus anciennes connues à ce jour de l'aménagement des versants en terrasses de culture en Méditerranée proviennent du Proche-Orient.

L'agriculture en terrasses apparaît comme étant une pratique courante des cultivateurs au travers des écrits juridiques sémitiques émanant du Sanhédrin, le tribunal religieux et civil pour toute la Palestine antique. Créé à la fin du IIIe siècle avant l'ère chrétienne, ce conseil composé de membres de la noblesse sacerdotale juive, des sadducéens, et de docteurs pharisiens, existera jusqu'en 70 de l'ère chrétienne, date de la prise de Jérusalem par les armées romaines. Le Talmud, constitué par la codification de la Loi orale, la Mishna qui remonte aux IIe-IIIe siècles de l'ère chrétienne et par le commentaire de la Mishna, la Gemara datant des IVe-VIe siècles de l'ère chrétienne, rassemble plusieurs livres qui traitent des activités agricoles. Les terrasses de culture et les rideaux sont mentionnés dans cette compilation de textes qui légifèrent les problèmes liés à l'agriculture survenant dans les communautés villageoises de Galilée (Mishna Shev'it (septième) 3, 8-9 ; Mishna Kla'im (mélanges) 6, 1-2 ; Golomb 1971 : 136 ; Gibson 1985 : 143). Ainsi, il est spécifié que, l'entretien des terrasses et du dispositif d'irrigation étant nécessaire pour le maintien des sols sur la pente, l'agriculteur est dispensé du repos sabbatique pour s'adonner à ces activités (Bolens-Halimi 1991 : 154).

Certains auteurs en quête de mentions plus anciennes de la culture en terrasse ont recherché dans l'Ancien Testament des termes hébraïques qui auraient pu désigner ce type de champ qui couvre aujourd'hui les pentes de la Palestine. C.H.J. De Geus s'appuie pour cela sur un passage du deuxième Livre des Rois (3. 16) qui, selon lui, fait référence à un cours d'eau temporaire dont les eaux envahissant soudainement un wadi doivent être retenues afin que la vallée qui est à sec soit alimentée : « The meaning of the passage is clear : the water of a sudden flood is to be retained, so that the wadi which is now completely dry gets flood » (De Geus 1975 : 72). L'auteur effectue alors un rapprochement entre ce qu'il juge être le sens de ce passage — la construction d'un mur de retenue — et les barrages reconnus dans les lits des cours d'eau du Negev qui servent à la mise en culture et à l'irrigation des terres, lorsque les torrents se gonflent des eaux de pluie. Or le passage cité par l'auteur ne fait aucune allusion à un mur de contention des terres. Il y est question, selon les traductions, d'un ravin ou d'une vallée encaissée mais le sens du propos est clair : « Il dit : Ainsi parle le Seigneur : Qu'on creuse des fosses en grand nombre dans ce ravin ! Ainsi parle le Seigneur : Vous ne verrez pas de vent, vous ne verrez pas de pluie, et pourtant ce ravin se remplira d'eau et vous pourrez boire, vous, vos troupeaux et vos bêtes de somme. » (2 Rois, 3, 16-17 ; Traduction Oeucuménique de la Bible, édition Alliance biblique universelle-Le Cerf, 1985), ou encore « et il dit : « Ainsi parle Yahvé : Creusez dans cette vallée des fosses et des fosses », car ainsi parle Yahvé : « Vous ne verrez pas de vent, vous ne verrez pas de pluie, et cette vallée se remplira d'eau, et vous boirez, vous, vos troupes et vos bêtes de somme. » (2 Rois, 3, 16-17 ; La Bible de Jérusalem, édition Desclee de Brouwer, 1978). Dans les deux éditions, la présence de l'eau ne peut être due au ruissellement car il est spécifié que le phénomène a lieu hors de toutes précipitations. Ce passage indique donc simplement qu'il est possible de trouver de l'eau en creusant le fond des vallées grâce à l'inféroflux, la nappe alluviale sous le lit d'étiage du cours d'eau de la vallée ou du ravin. Un autre passage décrit les parcellaires de pierre sèche et les cheminements qui participent d'un vignoble aménagé : « L'ange du Seigneur se plaça alors dans un chemin creux qui passait dans les vignes entre deux murettes » (Nombres, 22, 24 ; Traduction Oeucuménique de la Bible, édition Alliance biblique universelle-Le Cerf, 1985) ou « L'ange de Yahvé se tint alors dans un chemin creux, au milieu des vignes, avec un mur à droite et un mur à gauche » (Nombres, 22, 24 ; La Bible de Jérusalem, édition Desclee de Brouwer, 1978). La présence d'un chemin creux dont le rôle, il ne faut pas l'oublier, est non seulement de permettre la circulation des animaux et des personnes, mais aussi la canalisation pour l'évacuation des eaux de pluie pourrait suggérer que le vignoble est aménagé sur une déclivité. Mais il est impossible de dire si les murs bordiers du chemin creux soutiennent les terres des champs ou s'ils constituent de simples clôtures.

La construction de terroirs en terrasses pour l'agriculture sur les versants de Palestine se poursuivra donc durant les époques hellénistique (Khirbet er-Ras), romaine (Sataf), byzantine (Tell Yarmouth, Ras et-Tawil) et médiévales (Sataf) avec plus ou moins d'intensité selon les régions (Gibson 1985, 1991 ; Faust 2000 ; Miroschedji 1993). Les parcellaires romains et byzantins s'appuient le plus souvent sur les structures préexistantes. Les paysages sont ainsi successivement réaménagés en respectant les constructions antérieures. En effet, celles-ci sont efficaces car adaptées à l'environnement. Leurs constructeurs ont pris en compte les principes techniques fondamentaux de protection des sols et l'irrigation des cultures qui rendent ces aménagements fonctionnels et performants sur le plan technique dans le contexte topographique, géologique et climatique des montagnes méditerranéennes orientales.

2.2.5. L'aménagement des versants en montagne : le Mont-Liban

La montagne libanaise offre un cadre privilégié pour l'étude des systèmes de terrasses agricoles et des techniques de protection des sols. Les paysages y échappent encore par endroits aux agressions de l'urbanisation galopante qui grignote à grande vitesse les reliefs côtiers détruisant irrémédiablement des pans entiers du patrimoine architectural traditionnel. Les paysages terrassés de la montagne libanaise n'ont fait l'objet d'une recherche archéologique que très récemment (Fig. 96). En 2001, nous avons entrepris une première étude des terrasses agricoles dans l'arrière-pays de Sidon (programme de l'Université de Varsovie et de la Direction Générale des Antiquités du Liban, resp. T. Waliszewski, prof. Université de Varsovie) ainsi qu'une seconde étude sur les paysages de terrasses agricoles de la haute vallée du Nahr Ibrahim (caza de Jbaïl, mouhafaza du Mont-Liban).

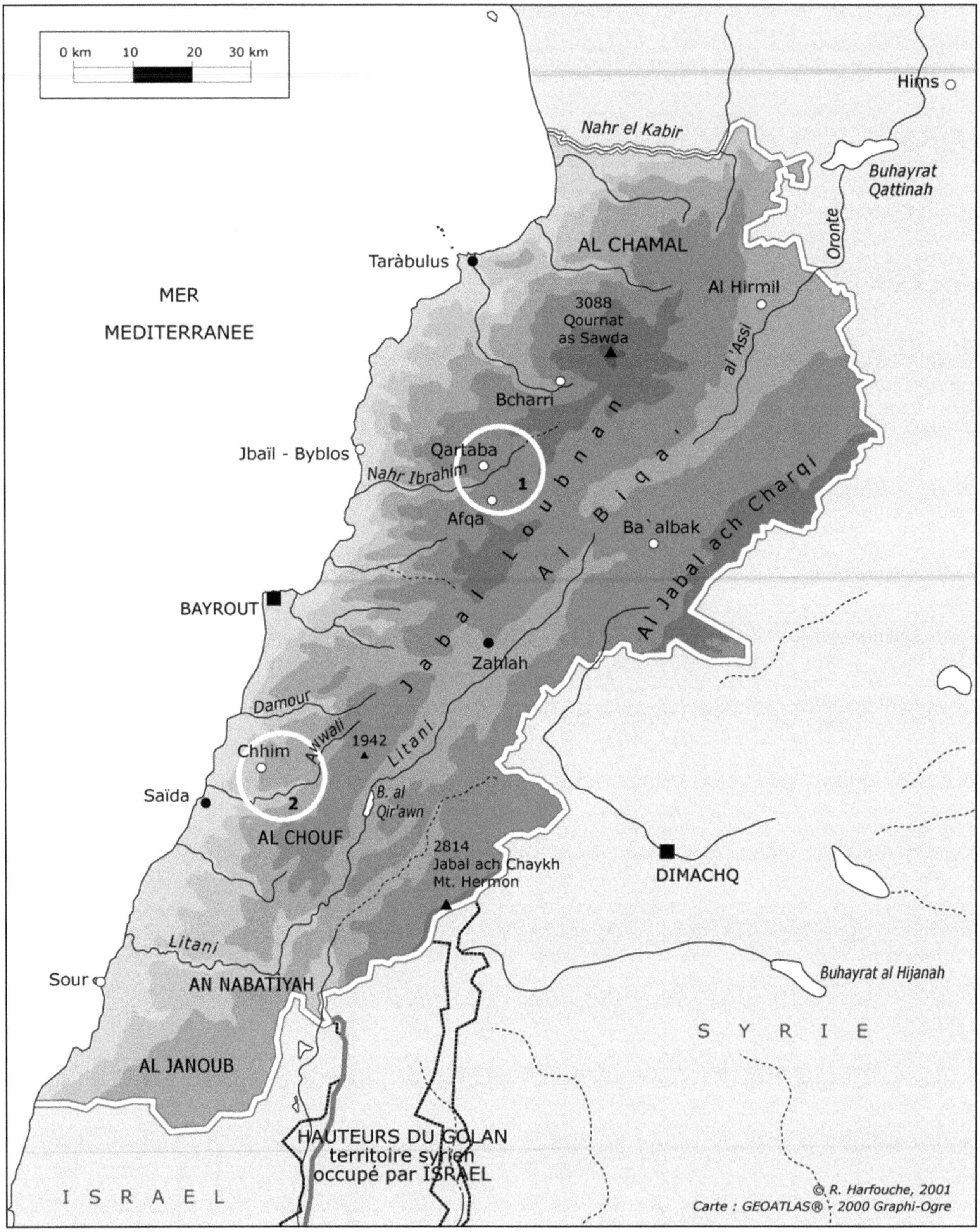

FIG. 96 : CARTE DE LOCALISATION DES ZONES DE TERRASSES AGRICOLES ANTIQUES ÉTUDIÉES AU LIBAN.
1 : HAUTE VALLÉE DU NAHR IBRAHIM (ENVIRONS DU SITE ARCHÉOLOGIQUE DE YANOUH) ;
2 : ARRIÈRE-PAYS DE SIDON (ENVIRONS DU SITE ARCHÉOLOGIQUE DE CHHÎM).

Il ne fait cependant pas de doute que les habitats construits et aménagés en terrasses sur les versants tirent de leur environnement agricole construit les produits de leur subsistance et de leur commerce. Ainsi, les habitants de l'agglomération romaine et byzantine de Chhîm, dans l'arrière-pays de Sidon, ont cultivé massivement les oliviers sur les pentes calcaires aménagées en terrasses pour la commercialisation de l'huile. Les olives récoltées étaient pressées dans les nombreuses huileries de l'agglomération (Waliszewski 2004).

2.2.5.1. Le paysage de la haute vallée du Nahr Ibrahim

La haute vallée du Nahr Ibrahim, le fleuve Adonis de l'Antiquité, dans l'arrière-pays de la ville antique de Byblos (Jbaïl), est une incision profonde dans des terrains essentiellement calcaires et gréseux. L'histoire structurale et les cycles d'érosion ont dégagé des replats, légèrement inclinés vers la vallée, sur lesquels se sont installés les villages d'agriculteurs, comme le village d'El Mogheïri et un autre habitat groupé aujourd'hui abandonné : un tell reconquis par la chênaie. Le reste du versant est une succession d'à-pic et de pentes ponctuées d'affleurements rocheux. La couverture pédologique est majoritairement composée de fersialsols voisinant avec des sols beaucoup moins intéressants au plan agricole (peyrosols et lithosols). A la différence de l'île de Délos, les ressources en eau ne manquent pas. Sous un aspect plutôt aride en été, le Mont Liban est le massif le plus arrosé du Proche-Orient. Il reçoit en moyenne entre 1000 et 1500 mm de pluie par an. De nombreuses et puissantes sources jaillissent à la base des hauts plateaux nourrissant des torrents permanents. Les sommets enneigés contribuent également aux ressources hydrauliques. De plus, le versant occidental de la montagne est ouvert aux influences maritimes.

Les versants abrupts de la haute vallée du Nahr Ibrahim sont entièrement sculptés de gradins, principalement voués à la culture des arbres fruitiers et aux productions potagères, plus rarement, aux céréales. L'agriculture y est en pleine transformation, avec la mode de l'arboriculture et ses profits espérés. Toutefois, des acteurs d'une autre agriculture moins tournée vers le marché peuvent encore témoigner. La morphologie du paysage et l'hydrogéologie favorisent l'étagement altitudinal des activités et des aménagements qui y sont liés (Fig. 97). Cet étagement s'observe aussi bien du sud au nord, perpendiculairement au fleuve, que d'ouest en est, dans le sens de la vallée. Dans ce paysage de montagne, les systèmes de terrasses se succèdent jusqu'au pied des à-pic sommitaux.

Sur le bas du versant, les pentes sont cultivées autour des habitations selon un étagement des cultures en terrasses, mais dès que l'on s'éloigne des maisons, le paysage actuel, souvent minéral, est couvert d'une maigre végétation arbustive.

Plus haut sur le versant, les terroirs sont étagés sur les pentes et sur une série de replats et plateaux séparés par des à-pic, résultats d'une géomorphologie dictée par la nature des roches et l'histoire structurale qui commandent aussi la présence de l'eau. Vers 1200 m d'altitude, les plus hauts canaux d'irrigation marquent la limite entre les champs inférieurs irrigables occupés par les céréales, les légumineuses et les arbres fruitiers et l'espace dévolu aux cultures sèches principalement composées de vignes avec quelques oliviers et figuiers.

Les replats supérieurs ont autrefois supporté une agriculture en terrasse. Leur abandon récent ouvre aujourd'hui ces espaces au bétail, comme c'est le cas au-dessus de l'à-pic, à plus de 1400 m d'altitude. Là, un vaste plateau accidenté appelé Tadmor (« Palmyre » en arabe) présente également des zones terrassées qui étaient autrefois cultivées en blé, en orge et en seigle et qui sont aujourd'hui abandonnées aux troupeaux de chèvres et de moutons (Fig. 98). D'importantes traces d'occupation antique, byzantine et médiévale y ont été reconnues.

Enfin, les hauts plateaux et leurs pelouses d'altitude (entre 1500 m et 2000 m d'altitude) sont le lieu privilégié du pastoralisme.

Dans des conditions topographiques extrêmes, la pratique de l'agriculture n'est rendue possible que par la protection des sols à l'aide de murs de contention des terres. Ces systèmes de champs se déclinent sous plusieurs formes. Des terrasses aux murs rectilignes parallèles côtoient des champs dont le tracé des structures de soutènement épouse les courbes des pentes déchiquetées. Dans les vallées étroites, au-dessus de 1700 m d'altitude, des murs de pierre sèche sont aménagés dans les lits des wadis à l'image des terrasses-barrages du wadi Tim Rtiba dans la région d'el-'Aquoura (Abdul-Nour 2001 : fig. 13).

2.2.5.2. Une exploitation intégrée des paysages terrassés

Dans cette montagne où l'on pratique encore une agriculture non mécanisée, pré-industrielle, l'ethnologie apporte sa contribution à la reconnaissance de l'histoire des formes du paysage exploité, à celle des pratiques et des techniques ainsi qu'à toutes les étapes de la production agricole, depuis le labour à l'araire et à la houe, jusqu'à la récolte à la faucille et au dépiquage. Les pratiques communautaires de construction et d'entretien des systèmes de terrasses et des réseaux d'irrigation associés peuvent être étudiés. On peut également appréhender le rapport étroit entre élevage et champs en terrasses. La lecture de l'agriculture en terrasse se faità partir de l'outil et de l'instrument : l'araire et le *tribulum (maouraj)* sont tractés par une mule, un âne, une vache, une paire de bœufs ou même de moutons ! (Harfouche 2003a) Au-dessous de 1200 m d'altitude, dans les champs en gradins, l'aire de dépiquage *(baïdar)* ne fait plus partie du paysage pétrifié de la montagne. Elle existe pourtant, mais elle est éphémère. Construite sur le champ en terrasse le plus venté, à partir d'un torchis argileux soigneusement lissé et damé, elle sera détruite après le dépiquage, les matériaux du torchis étant intégrés au sol

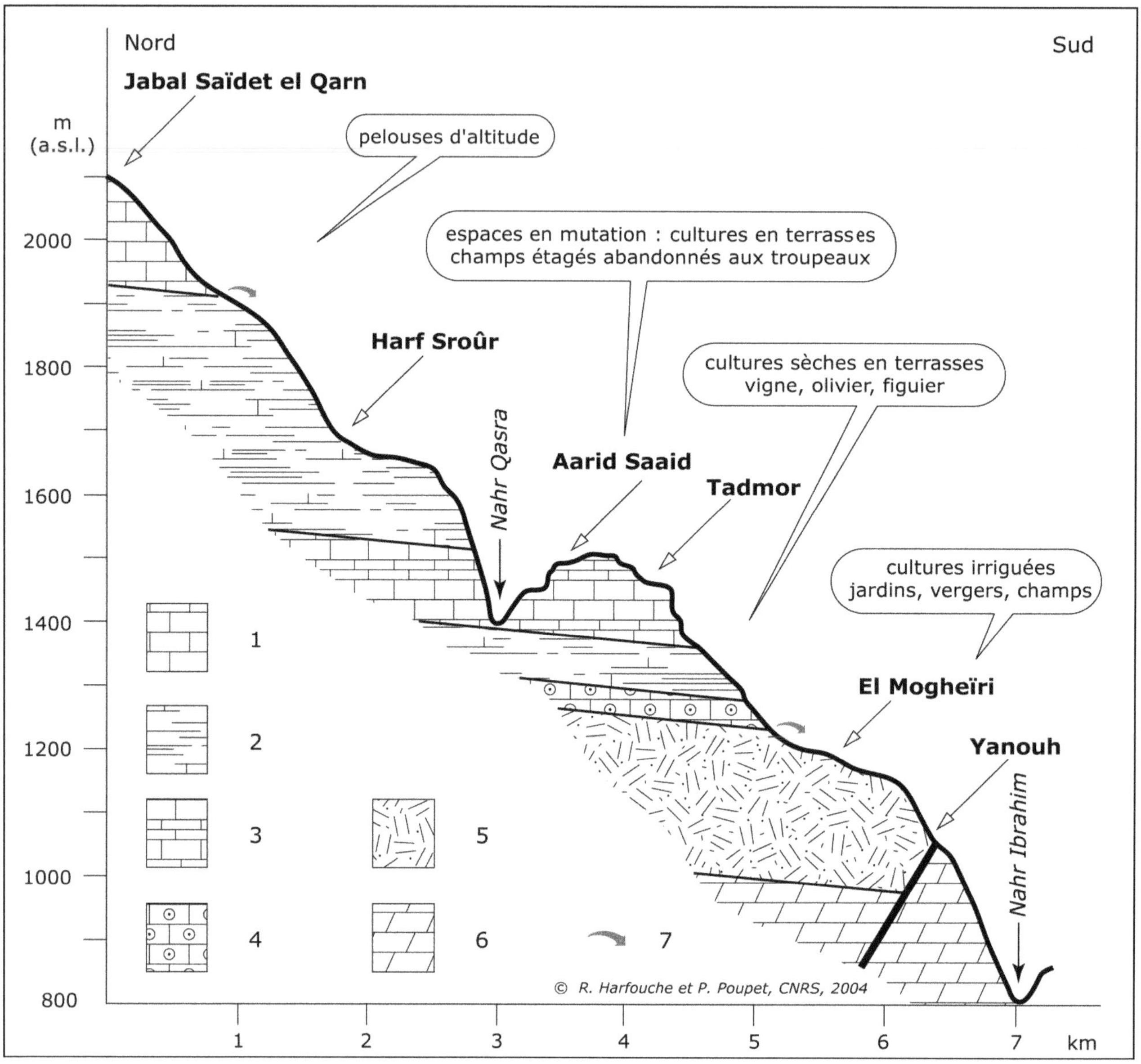

FIG. 97 : PROFIL TOPOGRAPHIQUE ET COUPE GÉOLOGIQUE DU VERSANT SEPTENTRIONAL DE LA HAUTE VALLÉE DU NAHR IBRAHIM, AU DROIT D'EL MOGHEÏRI (CAZA DE JBEIL, MOUHAFAZA DU MONT-LIBAN). 1- CALCAIRES, MARNO-CALCAIRES, DOLOMIES ET CALCAIRES DOLOMITIQUES DU CRÉTACÉ MOYEN, CÉNOMANIEN. 2- GRÈS, ARGILES, MARNES ET MATÉRIAUX VOLCANIQUES DU CRÉTACÉ INFÉRIEUR ET DE L'ALBIEN. 3- CALCAIRE DE LA « FALAISE DE BLANCHE » (APTIEN). 4- CALCAIRES OOLITHIQUES ET BIOCALCARÉNITES DU JURASSIQUE. 5- BRÈCHES VOLCANIQUES, BASALTES ET MARNES DE L'OXFORDIEN. 6- DOLOMIES, CALCAIRES ET CALCAIRES DOLOMITIQUES DU JURASSIQUE. 7- SOURCES PÉRENNES. L'ÉTAGEMENT DES TYPES D'EXPLOITATION DU SOL APPARAÎT LIÉ À L'ALTITUDE ET AUX POTENTIALITÉS HYDRAULIQUES.

FIG. 98 : TERRASSES AGRICOLES ANCIENNEMENT CULTIVÉES SUR LE PLATEAU DE TADMOR DANS LA HAUTE VALLÉE DU NAHR IBRAHIM.

du champ par les labours suivants. Matières minérales et matières végétales enrichissent alors le sol pour les prochaines semailles.

Dans ces terroirs à vocation agricole, le bétail de la ferme se résume le plus souvent à deux bovins pour le travail attelé aux champs et pour la production laitière et fromagère familiale. Une mule complète parfois ce cheptel de cultivateurs. Quelques agriculteurs possèdent aussi un petit élevage de moutons et de chèvres qui sont en stabulation pendant les longs mois d'hiver. Après la fonte des neiges, ils sont conduits sur les hauts plateaux, dans ces zones exclusivement vouées à l'élevage et où le paysage s'en ressent : roches affleurantes, substrat caillouteux et maigre végétation très dégradée sur des lithosols dominants. Plus bas, les changements dans l'exploitation du sol font que des espaces autrefois dévolus à l'agriculture deviennent des lieux privilégiés des troupeaux (ex. Tadmor).

Le paysage rural est finalement partagé entre terres de parcours d'un côté, champs de l'autre, avec toutefois une certaine perméabilité de ces derniers aux troupeaux après la récolte. Les sols fersiallitiques maintenus sur les versants par les murs de contention des terres comptent parmi les sols les plus fertiles de la planète. Pour maintenir leur productivité, les agriculteurs pratiquent la jachère, mais le procédé le plus courant est l'épandage du fumier *(zibl)* transporté depuis l'étable sur les champs après la récolte. La proportion des troupeaux par rapport à la surface des terroirs est trop faible pour que la stabulation produise les quantités de fumier suffisantes. Aussi, les résidus du dépiquage sont en partie enfouis dans le champ après que la paille *(teben)* ait été ramassée pour la construction en torchis, la litière et le fourrage. De fait, agriculteurs et éleveurs exploitent la montagne selon un étagement des activités de production, mais dans un espace non cloisonné. Les frontières entre les terrains de culture et les zones de pacages sont perméables. Le troupeau se déplace au gré des ententes et des demandes entre les cultivateurs et les propriétaires du bétail. On échange le droit de pacage sur les champs en terrasses contre du lait ou du fromage ou contre des charges de fumier. Le parcellaire de pierre, terrasses encloses et chemins bordés de murs préviennent les divagations des animaux. Le parcours des troupeaux ne se limite pas aux champs de céréales moissonnées. Dans cette montagne, le complant est roi. On laisse également paître les moutons dans les vergers pour le précieux fumier. Le paysage actuel prend aussi ses racines dans une lointaine antiquité.

2.2.5.3. Une montagne vue d'en bas

Encore récemment, les historiens accompagnés d'architectes spécialistes des monuments antiques et quelques très rares archéologues qui se sont aventurés dans la haute vallée du Nahr Ibrahim ne voyaient dans cette montagne qu'un lieu de passage entre le littoral des célèbres cités phéniciennes et la plaine de la Bekaa. Levant les yeux depuis la côte vers ces reliefs, ils focalisaient leur attention sur l'aspect monumental de la voie antique taillée en escalier dans le roc à la passe Semaâne, avec ses inscriptions rupestres romaines, voie qui permet de rejoindre Yammoûné (et son célèbre poljé) puis la plaine de la Bekaa. Ils contemplaient cette montagne parsemée de temples hellénistiques et romains, ainsi que de tombes rupestres. Quelques découvertes de mobilier de l'âge du Bronze dans des grottes sont vite attribuées, sans arguments convaincants, à des occupations temporaires (Baroudi 1991 ; Salame-Sarkis 1991). On voit même dans les vestiges recueillis en divers endroits de la montagne la signature d'individus qui s'adonnaient à l'« exploitation des bois, portage et banditisme » (Chevallier 1971 : 4-8). Cette montagne en apparence inhabitée était aussi balisée par des inscriptions forestières romaines gravées sur ordre de l'empereur Hadrien (117-138) (Breton 1980 ; Abdul-Nur 2001). Ces inscriptions nous renseignent sur la forêt antique et sa gestion, forêt célèbre pour ses cèdres emblématiques et tant convoités comme le montre la frise du transport naval du bois, placée dans le palais de Sargon II (VIIIe s.) à Khorsabad, en Assyrie. S'appuyant sur la lecture et l'interprétation de cette documentation exceptionnelle, ainsi que sur des schémas sortis de leur imagination, les commentateurs ont affirmé que la mise en valeur agricole durable de la montagne libanaise commence seulement sous l'impulsion des premiers villages chrétiens (Alpi 1998 : 204). L'édification de ce paysage pétrifié montagnard est même attribuée à l'expansion des Chrétiens maronites, au XIIe siècle (présents dès le Ve siècle de l'ère chrétienne dans la haute vallée du Nahr Ibrahim), sans que cette affirmation ne soit vérifiée par l'archéologie (Weulersse 1946 ; Lewis 1953). Avant cette implantation « civilisatrice », la montagne est décrite comme un espace « parcouru par des populations marginales de chasseurs et de bûcherons [qui] reste, pendant toute l'Antiquité hellénistique, romaine et byzantine, celui d'une immense sylve » (Planhol 1993 : 158-159).

Il est donc communément admis que les civilisations successives, depuis le Néolithique, ont habité la côte, tournant le dos à la montagne que l'on imagine couverte d'une forêt dense jusqu'au Moyen Âge, exploitée pour le bois de cèdre notamment. La lisibilité de l'exploitation agricole de la montagne libanaise est pourtant directement accessible à qui la recherche. L'histoire rurale est écrite dans la pierre. Les pierres des maies de pressoir, le rocher taillé pour aménager des fouloirs à raisins et les cuves rupestres sont attribués à une exploitation moderne, au mieux médiévale, sans qu'aucun élément de datation n'appuie de telles affirmations.

Les fouilles récentes conduites sur le village romain et byzantin de Chhîm par l'équipe polonaise dirigée par T. Waliszewski permettent aujourd'hui de remettre en cause, s'il le fallait encore, ces affirmations primitivistes. Cependant, ces recherches concernent l'occupation des premiers contreforts collinaires de l'arrière-pays de Sidon et non pas la montagne proprement dite (Waliszewski 2004).

2.2.5.4. Des systèmes hydro-agricoles

L'histoire de l'anthropisation de la montagne est donc encore largement méconnue. Une étude géoarchéologique est conduite depuis 2001 sur les paysages de terrasses des versants. Une première approche de ces terroirs a consisté en une analyse des types de construction du point de vue de leurs matériaux, des techniques architecturales, de leur fonction agrotechnique, ainsi que de leur place dans l'organisation générale du système de protection des versants. Quatre grands types d'appareil ont ainsi été reconnus : les moellons de grès, les gros blocs de grès, les moellons calcaires parallélépipédiques et les moellons polygonaux de basalte. L'étude a également permis de sérier les murs de contention en deux grands types : les systèmes à murs rectilignes que l'on rencontre plutôt dans le domaine pétrographique des grès, quelle que soit la pente, d'une part, et, d'autre part, les systèmes à murs courbes établis sur les pentes des combes du massif calcaire. Ce deuxième type présente également un système original de régulation des écoulements hydriques de surface associé à la circulation des personnes et des animaux au sein des champs étagés. La forme du plan parcellaire est également étudiée, pour comprendre sa logique interne intimement liée à la circulation des individus, des animaux et de l'eau, au type de culture, à l'outillage aratoire et aux conditions topographiques. Deux types de forme ont été reconnues : celle du domaine irrigable à partir de nombreuses sources pérennes et celle des espaces de piémont obligatoirement voués à une agriculture sèche.

2.2.5.5. Le façonnement des pentes pour l'agriculture

L'étape suivante a consisté en la réalisation de sondages archéologiques derrière des murs de terrasses, sondages dont la localisation a été judicieusement choisie pour répondre à des interrogations, ressortissant à la science du sol, à l'histoire des techniques agricoles et à l'archéologie (Harfouche 2004). Il s'agissait d'appréhender les phases d'aménagement du paysage agricole construit et d'éclairer un peu plus les évènements naturels (érosion et sédimentation) et anthropiques (arasement et remblaiement), ainsi que les phases de stabilité où les processus pédologiques prennent le dessus, pour comprendre les moments lents et les brutales accélérations de la construction des paysages, tels que l'on peut les appréhender du regard aujourd'hui. Cette approche a permis notamment de démontrer l'ancienneté de la construction des murs de pierre sèche dans le Mont-Liban et leur rôle dans l'évolution du paysage.

Un premier sondage a été réalisé derrière le mur de soutènement d'une terrasse agricole dans un système de champs étagés sur la pente, à proximité immédiate de l'une des nombreuses églises qui parsèment le versant de la vallée. La terrasse explorée appartient à un système de champs parallèles, étagés sur la pente qui ne sont plus cultivés depuis plusieurs années, servant désormais de lieu de pâture pour les vaches d'un fermier voisin. Ces champs relèvent du premier système défini à l'issue de la première analyse typologique des aménagements agricoles. L'une des terrasses supporte une église médiévale ruinée qui vient s'adosser au mur de soutènement de la terrasse supérieure. La cohérence de ce système et les rapports chrono-stratigraphiques entretenus par les murs de soutènement des champs et les parois de l'édifice religieux laissent supposer que l'ensemble de ce parcellaire et des constructions qu'il supporte est contemporain d'un même projet d'aménagement de la pente. Les données du sous-sol ont permis de démontrer cette hypothèse et de préciser la chronologie de ces aménagements. Le mur de la terrasse actuelle est doté d'un amas de cailloux à sa base, à l'intérieur de la terrasse, selon une technique destinée à assurer un drainage du sol du champ.

L'analyse du parement extérieur a conduit à identifier plusieurs étapes de réfection du mur. En effet, le paysage a été construit et reconstruit au cours de plusieurs phases de mise en valeur et d'entretien des champs. La fouille a permis de démontrer qu'une terrasse de culture, construite antérieurement à l'actuelle, date des XIIe-XIIIe siècles. Le mur de soutènement parementé de ce champ ancien est fondé sur le substrat gréseux et présente une orientation presque identique au mur de la terrasse actuelle. Il est construit selon la technique de la pierre sèche comme cela est toujours le cas dans le paysage aujourd'hui.

Les versants de la vallée connaissent donc au moins deux phases d'aménagement importantes au cours du Moyen Âge. Toutefois, il s'agit seulement de la reconstruction d'un paysage déjà aménagé par des populations antérieures dont on commence seulement à percevoir le rôle dans le façonnement des pentes de la montagne libanaise.

Un véritable tell qui n'a pas attiré l'attention qu'il mérite de la part des chercheurs focalisés sur les lieux de culte monumentaux et le corpus épigraphique a été facilement découvert sur une éminence qui domine la vallée, au lieu-dit *el Khrayeb* (« les ruines », en arabe). On y avait reconnu, sous ce toponyme révélateur, les ruines de quelques bâtiments identifiés à des chapelles maronites (Assaker 1990). Cet habitat probablement ceint d'un rempart est occupé depuis l'âge du Bronze ancien (2500-2000) jusqu'à l'époque médiévale. Il prouve que la montagne n'était pas seulement un lieu de culte, un vaste espace pour une activité sylvicole contrôlée et une sépulture. Les sondages archéo-pédologiques réalisés dans les systèmes de terrasses agricoles à proximité immédiate du tell ont permis de montrer la stratification du paysage rural.

Un système de terrasses se développe, en contrebas de l'important dénivelé qui peut être interprété comme un rempart. Les champs autrefois cultivés en céréales, n'ont été abandonnés que depuis quelques décennies. L'excavation a mis en évidence un système de murs de terrasses agricoles, antérieur aux champs actuels (Fig. 99). Deux murs parallèles étagés sur la pente ont été dégagés (MR2 et

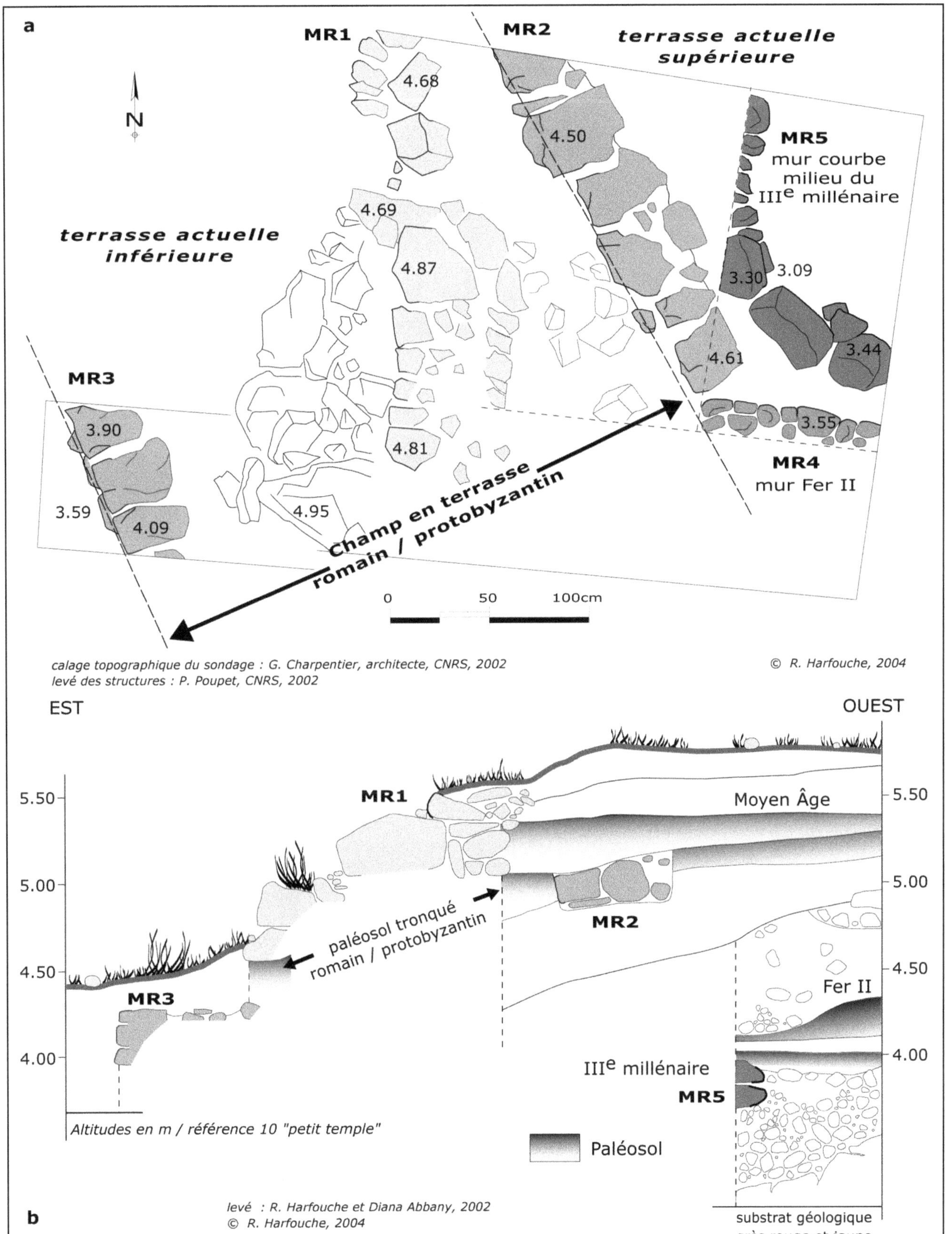

FIG. 99 : SONDAGE ARCHÉOLOGIQUE DANS UNE TERRASSE AGRICOLE SUR UN VERSANT DE LA HAUTE VALLÉE DU NAHR IBRAHIM AU LIBAN (YANOUH, CAZA DE JBEIL, MOUHAFAZA DU MONT-LIBAN). A : PLAN DES MURS MIS AU JOUR ; B : SECTION RECOUPANT LES MURS DE TERRASSES.

MR3). Le champ qu'ils bordaient offrait une étroite bande cultivable de 3 m de large environ. Cette mise en culture de parcelles en gradins serait datable de l'époque médiévale d'après l'étude du mobilier céramique. Toutefois, la fouille et l'analyse stratigraphique ont démontré un hiatus dans la stratification correspondant à un réaménagement de la pente postérieur aux murs de terrasses, qui a conduit au décapage d'une épaisseur de sédiments difficilement appréciable. La datation se rapporte donc davantage à cet événement qu'aux champs en terrasses eux-mêmes qui peuvent donc appartenir à une époque largement antérieure. L'analyse stratigraphique croisée aux données pédologiques recueillies sur le paléosol de la terrasse plaide en faveur de l'époque romaine/protobyzantine (Fig. 100). Le mur de contention des terres actuellement visible (MR1) est en relation avec deux phases de mise en culture post-byzantines.

Le résultat sans doute le plus inattendu est la découverte de niveaux d'occupation permanente et d'aménagements du paysage très antérieurs à l'époque hellénistique. Un court tronçon d'architecture identifiable à un mur d'habitat (MR4) datant des Xe-VIe siècles avant l'ère chrétienne est implanté dans le sens de la pente. La datation de ce mur a été obtenue par l'examen du mobilier céramique contenu dans les niveaux stratifiés en relation avec lui. Un très petit tronçon d'architecture de forme courbe peut être sans ambiguïté rattaché au IIIe millénaire avant l'ère chrétienne (MR5). L'étroitesse du sondage à caractère géoarchéologique et pédologique ne permet pas d'aller plus loin dans l'interprétation (terrasse, habitat, silo ?). Il n'en demeure pas moins que ces fouilles archéologiques ont démontré l'existence d'une occupation durable et d'une construction des versants de la montagne dès le IIIe millénaire avant l'ère chrétienne. La découverte d'un sceau dans un niveau qui a livré du mobilier céramique attribué à l'âge du Fer marque également l'importance de l'occupation humaine sédentaire et organisée dans ces hauteurs que l'on croyait inhabitées avant l'époque médiévale et les Maronites.

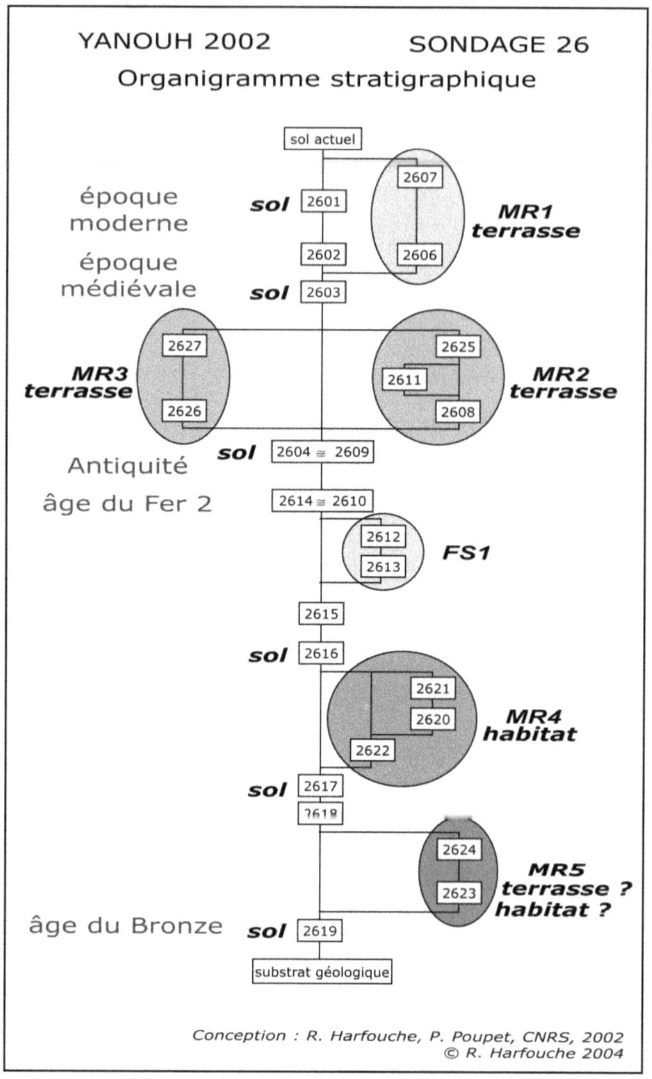

FIG. 100 : ORGANIGRAMME STRATIGRAPHIQUE RELATIF AU SONDAGE ARCHÉOLOGIQUE RÉALISÉ DANS UNE TERRASSE AGRICOLE SUR UN VERSANT DE LA HAUTE VALLÉE DU NAHR IBRAHIM (YANOUH).

2.2.5.6. Histoire de la construction des versants

Les travaux géoarchéologiques ont permis de transformer radicalement la vision que le monde savant pouvait avoir du paysage de la haute vallée du Nahr Ibrahim et de l'occupation humaine des sols de la montagne libanaise. Quatre phases d'aménagement des pentes ont été mises en évidence dans les sondages géoarchéologiques. La mise en convergence de ces données avec les résultats de sondages archéologiques réalisés sur le sanctuaire antique et avec les observations de terrain hors des architectures imposantes dévoile peu à peu l'histoire des pentes de la vallée.

La construction de terrasses nécessitant la mise en œuvre de techniques élaborées et de gros moyens humains coordonnés, en raison de la nature du terrain, pour préserver les sols sur les pentes et maîtriser les écoulements hydriques superficiels, il est marquant de constater que ces travaux sont probablement déjà effectués dès le milieu du IIIe millénaire. Les documents datés de l'âge du Bronze collectés dans les grottes ne sont plus les seuls attestant une fréquentation précoce de la montagne, que l'on pouvait alors qualifier d'épisodique. Les agriculteurs occupent bien les pentes de la montagne, dès le IIIe millénaire, là où les sols sont légers et profonds, et de façon durable à l'échelle du temps de l'agriculture vivrière. L'étude laisse également entrevoir une occupation de longue durée du IIIe au Ier millénaire. S'ils régulent largement les versants cultivés à l'époque médiévale, les murs de soutènement sont déjà utilisés dans une stratégie de protection des sols dès 2700-2400 avant l'ère chrétienne. La maîtrise des écoulements et la lutte contre l'érosion relèvent donc de connaissances agronomiques et de savoir-faire mis en pratique dès les débuts de l'agriculture, par les premiers paysans qui ont conquis ces territoires reculés aux reliefs escarpés. Cependant, les phénomènes érosifs n'ont pas été maîtrisés pour autant. Un trait érosif majeur où la nature subit une crise rhexistasique dont l'agriculteur et les variations climatiques peuvent se partager la responsabilité a été identifié. Cet événement brutal dont la datation n'est pas encore assurée pourrait remonter au début du IIIe millénaire. Cette crise érosive est-elle due à l'influence d'une variation climatique ou bien à l'anthropisation intense et à une surexploitation du milieu fragilisé ? Les observations réalisées ne sont pas encore suffisantes pour espérer répondre à cette interrogation. Plus généralement pour tout le Proche-Orient, et singulièrement pour le Liban, le manque de données précises est patent. De plus, l'opinion des auteurs diverge quant au rôle effectif du climat et à la part prise par les agriculteurs pasteurs dans ces changements qui affectent l'environnement (Geyer 1997 ; Sanlaville 1997, 2000).

À partir du Ier millénaire avant l'ère chrétienne, l'occupation humaine des versants paraît plus prégnante. Elle durera, sans interruption significative, jusqu'à la fin du VIIe siècle, marquant le paysage de son empreinte. À l'époque romaine, la pression des pratiques agricoles et sylvicoles sur le milieu est sensible. L'empereur Hadrien tente de réglementer l'exploitation de la forêt par des inscriptions rupestres, gravées le long de la vallée entre 250 et 2000 m d'altitude (exemple de l'inscription n° 5001) :

> IMP [ERATORIS] HAD [RIANI] AV
> G [VSTI] DEFINITIO
> SILVARVM
>
> De l'empereur Hadrien Auguste,
> La délimitation des forêts.

Cependant, dans l'état actuel des recherches sur le paysage, rien ne permet d'affirmer que ces inscriptions « s'emploient à limiter [...] un grand mouvement de défrichement » (Gatier 2003 : 113). En compilant l'ensemble des textes gravés (environ 250 inscriptions) dans les affleurements rocheux, ces inscriptions délivrent le message suivant : *Imperatoris Hadriani Augusti, Definitio silvarum, Arborum Genera Quatuor cetera privata*, des numéros et le sigle VIG (De la part de l'empereur Hadrien Auguste ; Délimitation des forêts ; Quatre genres d'arbres [lui sont réservés], les autres aux particuliers).

Nous ignorons quelles étaient les quatre essences arborées réservées à l'usage de l'empereur. Partant du principe que ces bois étaient destinés à l'architecture navale et au regard de la végétation actuelle, les historiens et les géographes ont identifiés ces quatre essences au cèdre, *Cedrus libani*, au sapin de Cilicie, *Abies cilicica*, au genévrier à feuilles de cyprès, *Juniperus exelsa* et au chêne *Quercus sp.* (Vaumas 1954).

Quelle place occupaient les activités agropastorales dans cette forêt mise en défens par l'empereur Hadrien ? Deux types d'inscriptions renseignent sur l'usage des forêts dans le cadre de la *definitio sylvarum*, règlement forestier qui distingue sur le terrain deux types de massifs, soumis à deux gestions différentes : les *sylvae caeduae* que les historiens identifient à des « forêts destinées à être coupées à des époques régulières » et les *sylvae pascuae* qui correspondent à des « pré-bois ou forêts de pacage » (Breton 1980 : 28). Ainsi, les inscriptions de la montagne libanaise — et singulièrement de la haute vallée du Nahr Ibrahim — qui comportent dans leur formule les sigles « DFS » seuls, abréviation de *D(e)f(initio) s(iluarum)* (IMP HAD AVG DFS), sont considérées comme « des bornes frontières qui affirment la propriété impériale du sol et des arbres », tandis que les sigles « AGIVCP » seuls, abréviation de *a(rborum) g(enera) IV c(etera) p(riuata)* (IMP HAD AVG DFS AGIVCP), marquent un droit d'usufruit sur les terrains, en particulier pour le pacage, pour abreuver les troupeaux, pour la coupe du bois (à l'exclusion des quatre essences défendues), pour le ramassage des glands, etc. (Breton 1980 : 29).

Au moins au IIe siècle de l'ère chrétienne, la gestion du bétail était articulée à l'exploitation sylvicole, comme elle l'est encore aujourd'hui. On sait d'ailleurs par les agronomes latins que les bois constituaient un espace de pacage de choix (Varron, *Res rusticae*, II, 5, 11). La lisibilité de ces pratiques pour les périodes anciennes se résume à ce qui est gravé dans la pierre et aux prémices d'une étude sur les ossements de faune, en l'absence de travaux archéologiques sur les structures pastorales. Néanmoins, les études archéologiques et pédologiques renseignent sur l'articulation entre le bétail et le parcellaire agricole. En effet, l'analyse des sols des champs en terrasses, mis au jour dans les fouilles réalisées en contrebas du tell, a permis de reconnaître la technique d'amendement par fumure dès le IIIe millénaire sous la forme de très petits tessons considérablement fragmentés et de déchets organiques multiples intégrés aux sols cultivés qui étaient aussi probablement pâturés.

Après le VIIe siècle, la pédogenèse reprend naturellement ses droits, y compris dans la zone du sanctuaire, ce qui indiquerait alors, sinon un abandon des lieux, du moins une réduction de la pression anthropique sur l'écosystème ou un mode de gestion de l'espace différent (réorganisation des terroirs, part plus importante de l'élevage ?). Peut-être faut-il attribuer à cette période l'abandon des terrasses pré-médiévales en aval de l'habitat groupé ?

Les XIIe-XIIIe siècles signent un nouvel élan d'aménagement (et de réaménagement) durable du paysage agricole. Les techniques de mise en valeur des pentes, déjà maîtrisées depuis le IIIe millénaire, se répandent avec la dilatation de l'espace cultivé. Toutefois, bien des murs de terrasses actuels sont beaucoup plus récents. Cette agriculture protectrice des sols et de l'eau est en net recul aujourd'hui. Les photographies du début du XXe siècle montrent des systèmes de terrasses partiellement abandonnés, dont les sols (peyrosols et lithosols) sont livrés à l'érosion et sur lesquels une maigre végétation tente de se faire une place, quand elle ne disparaît pas sous la dent des moutons et surtout des chèvres (Harfouche 2003c).

L'histoire plurimillénaire du paysage rural de la montagne libanaise, singulièrement de la mise en terrasse des pentes, commence à s'entrouvrir. Des ruptures ont marqué l'histoire de l'écosystème, mais en définitive, ce sont bien plusieurs phases de grande stabilité qui ont été mises en évidence, dans l'évolution des pentes. Les processus pédologiques ont transformé durablement les matériaux sédimentaires donnant une signature d'une grande stabilité du paysage de montagne, parfaitement maîtrisé par les sociétés ou bien protégé par un manteau végétal dense et équilibré. Des paléosols sont ainsi parvenus jusqu'à nous, après avoir été enfouis sous des remblais. La mise en convergence de toutes ces données stratigraphiques devra aboutir à parfaitement cerner ces épisodes biostasiques du paysage rural. Les paléosols, plus ou moins conservés sur la totalité de leurs profils, caractérisent la stabilité de la couverture sédimentaire sur la longue durée. Dans ces montagnes levantines aux reliefs escarpés, la construction du champ nécessite la mise en œuvre de techniques élaborées et de gros moyens humains, pour préserver les sols sur les pentes et maîtriser des écoulements hydriques superficiels. Les populations qui se sont succédées ont réalisé ces travaux dès le IIIe millénaire. L'analyse des sols permet de suggérer l'usage de la technique d'amendement par fumure dès cette époque, par la présence de très petits tessons fragmentés et de déchets organiques. L'habitat est également très proche du champ.

La haute vallée du Nahr Ibrahim est une montagne méditerranéenne, conservatoire des paysages et des pratiques sur la longue durée, où tout reste à découvrir et à étudier, en croisant les sources et les disciplines.

2.2.6. Le Royaume Nabatéen et le Sud jordanien

C'est également à l'âge du Bronze que pourraient remonter les aménagements en terrasses des parcellaires du wadi Faynan dans le Sud jordanien (Barker 1999) (Fig. 95). Les Nabatéens sont renommés pour leur maîtrise de l'hydraulique sur les pentes qu'ils mettent en œuvre pour aménager les territoires autour de leurs agglomérations, comme à Pétra et à Humeima (Al-Muheisen 1990, 1992, 1995, 1996, 1997 ; Oleson 1995). Celle-ci s'accompagne parfois d'une régulation de la topographie en terrasses, autour de leurs villes en Jordanie comme à Pétra (wadi es Siyyagh, wadi Turkmaniyé), et de leurs villages (ex. Khirbet-ed-Darih) (Al-Muheisen 1986, 1999 ; Villeneuve 1988) (Fig. 101). Cependant, la datation des terroirs de terrasses n'est pas toujours assurée. Les arguments (mobilier archéologique recueilli à la surface des champs et histoire du peuplement de la région) sont insuffisants pour permettre de préciser la datation des structures.

FIG. 101 : TERRASSES AGRICOLES CONSTRUITES EN TRAVERS D'UN RAVIN (RAS AL MAGHARIQ), À PROXIMITÉ DE L'AGGLOMÉRATION NABATÉENNE DE PÉTRA (JORDANIE). LES CHAMPS, AUJOURD'HUI ABANDONNÉS, SONT INTERPRÉTÉS COMME DES ZONES MISES EN VALEUR À L'ÉPOQUE NABATÉENNE.

FIG. 102 : LE DOMAINE CULTIVÉ EN TERRASSES IRRIGUÉES DE TYROS (IRAQ AL-AMIR, JORDANIE) AU BORD DES GORGES DU WADI SIR, NICHÉ DANS LES RELIEFS DU REBORD OCCIDENTAL DU PLATEAU JORDANIEN. VUE RAPPROCHÉE DU PALAIS D'HYRCAN LE TOBIADE CONSTRUIT AU IIE SIÈCLE AVANT L'ÈRE CHRÉTIENNE SUR UN PODIUM, AU CENTRE D'UN PLAN D'EAU ARTIFICIEL.

Certaines ont pu avoir été construites à l'époque byzantine (Gentelle 1984).

2.2.7. Les terroirs construits hellénistiques et médiévaux à l'est du Jourdain.

Dans certains cas, lorsque les sources écrites signalent la mise en culture des pentes sans évoquer les terrasses, le contexte topographique suffit à suggérer leur existence. Ainsi, nul ne saurait imaginer l'existence d'une agriculture sans terrasses sur les versants des montagnes andines ou chinoises alors que la plus ancienne mention de cultures sur les pentes trouvée en Chine ne signale pas ce procédé. L'agriculture sur les versant est mentionnée dès le Ier millénaire dans les textes d'Orient. Les versants y sont cultivés en particulier pour l'arboriculture. Entre 704 et 681 avant l'ère chrétienne, sous le règne de Sénnachérib, le roi néo-assyrien plante dans son domaine « toutes sortes de plantes et d'arbres fruitiers, des arbres tels qu'il en pousse dans les montagnes de Chaldée » (traduction B. Lion). Un texte de Sargon II témoigne également de la culture d'arbres fruitiers sur les hauteurs, entre 721 et 705 avant l'ère chrétienne : « Je créai un grand parc, image de l'Amanus, où l'on planta toutes sortes de plantes aromatiques et odorantes venues de Syrie, et des arbres fruitiers des montagnes » (traduction B. Lion). Les cultures sont étagées sur les pentes de jardins construits à l'image des domaines conservés dans le paysage et auxquels on a parfois donné le nom de « paradeisos », tels que le domaine hellénistique d'Hyrcan le Tobiade (Jordanie) ou le jardin antique et médiéval du Qasr el-Heir el Gharbi (Syrie) doté d'un système d'irrigation composé d'un barrage construit à l'époque romaine barrant le wadi et d'un réseau de canalisations pour alimenter les parcelles quadrangulaires (Gentelle 1981 ; Schlumberger 1986). Les termes de « jardin » et de « parc » y désignent les terrains cultivés. Le parcellaire de terrasses environnant le palais d'Hyrcan le Tobiade, dans le domaine de Tyros, à Iraq-al-Amir (région d'Amman, Jordanie) est bien créé à l'époque hellénistique comme le rapporte l'historien Flavius Joseph au Ier siècle de l'ère chrétienne (Gentelle 1981 ; Will 1982, 1991). Il décrit une oasis verdoyante sur le versant du Wadi Sîr où s'élevait le palais entouré de champs construits en gradins et irrigués. Une étude géoarchéologique a été engagée en 2000, en collaboration avec P. Poupet, sur l'histoire de ce paysage, à la demande de l'IFAPO (Fig. 102). Les premiers travaux sur le terrain mettent en évidence une stabilité

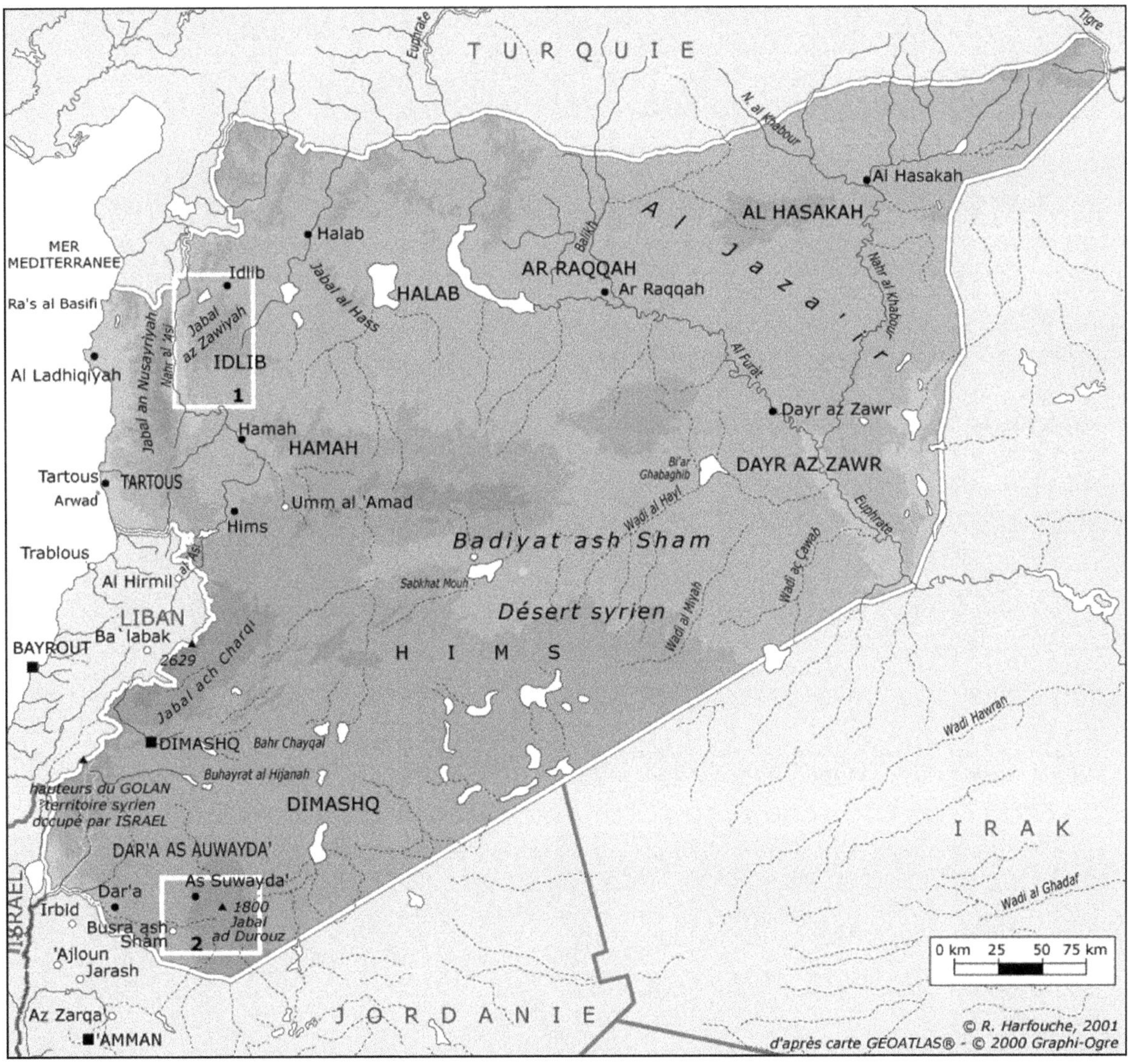

Fig. 103 : Carte de localisation des zones de terrasses agricoles antiques qui ont fait l'objet de recherches archéologiques en Syrie. 1 : Le Massif calcaire de Syrie du Nord (Jabal az Zawiyah) ; 2 : Le Jabal Hauran (Djebel Druze).

de la couverture pédologique sur des versants occupés dès la Préhistoire. L'activation de l'érosion sur les pentes abruptes et dépourvues d'un couvert végétal protecteur est récente. Des sols très évolués, plurimillénaires, ont cependant pu être maintenus sur ces pentes très fortes et en partie déboisées, à l'abri de l'érosion, grâce à des aménagements de contention des terres.

Dans le désert jordanien au nord de l'oasis d'Azraq, un parcellaire de pierre semble avoir été édifié à la fin de l'époque romaine puis par les Omeyyades (Gilbertson 1984).

2.2.8. Les vastes parcellaires « fossiles » de Syrie

Des terroirs de pierre sèche, parfois conservés sur de grandes étendues comme les vastes parcellaires « fossiles » composés de murs de soutènement et de talus d'épierrement du Hauran (Djebel Druze), dans le sud de la Syrie, sont sans doute à rattacher aux époques romaines et byzantines (Gentelle 1985 ; Villeneuve 1985) (Fig. 103). La maîtrise des sols et de l'eau pour l'agriculture est néanmoins déjà acquise par les populations de l'âge du Bronze moyen (Braemer 1988 ; 1990). La collecte des eaux de ruissellement associée à des barrages de dérivation des eaux concentrées dans les wadis permet aux agriculteurs de cultiver des champs irrigués dès le milieu du IVe millénaire autour du site de Jawa, par exemple. Dans ces reliefs basaltiques, c'est un système agricole complexe associant barrages, réservoirs et canaux de distribution munis de vannes qui est la condition technique nécessaire pour arroser les cultures et conduire l'eau potable aux enclos des animaux et aux habitations. Un système efficace et adapté aux conditions de l'environnement, similaire à celui-ci, a encore été adopté au début du IIIe millénaire par les communautés d'agriculteurs qui se sont établies dans ces montagnes (Khirbet el-Umbashi, Hébariyeh) et sur les rives de la Mer Morte, plus à l'ouest.

Les changements qui affectent l'évolution des versants à l'âge du Bronze sont également perceptibles dans la vallée de l'Euphrate syrien. A la suite d'une phase au cours de laquelle le fleuve a tendance à inciser ses alluvions, pendant le VIe millénaire et au début du Ve millénaire, celui-ci entame une phase de sédimentation qui conduit à la formation d'une terrasse fluviatile qui est datée par les géographes de la fin de l'âge du Bronze moyen ou de l'âge du Bronze récent (Geyer 1997). Ce remblaiement correspond-t-il à une mobilisation des sédiments sur les pentes, consécutive à un déboisement incontrôlé qui aurait mis les sols à nu et les aurait exposés à l'érosion en l'absence de structures de soutènement ?

C'est également aux époques romaine et byzantine qu'ont été érigés des terrasses et des enclos dans les reliefs calcaires qui dominent les plaines d'Antioche et de Chalcis (Nord de la Syrie). Ils seront repris à l'époque médiévale, puis transformés à l'époque moderne (Tate 1992).

2.2.9. Les hauteurs du Golan

Dans le Golan, ces aménagements sont l'œuvre des populations qui se sont succédées dans la région depuis l'âge du Bronze (Er-Ramthaniyye), aux époques hellénistique (Farj), romaine (Farj, Na'aran) et byzantine (Na'aran, Kfar Naffakh) (Gibson 1990 ; Dauphin 1992-1993). Des phases ont été reconnues dans l'aménagement du paysage autour de certains sites comme Er-Ramthaniyye qui reposent sur une analyse chrono-stratigraphique des murs de soutènement des terrasses et des enclos à partir des photographies aériennes et d'observations *in situ*. L'histoire du peuplement de la région vient en appui de la reconstitution.

Chapitre 3

L'Afrique du Nord

3.1. Les terrasses linéaires des massifs pré sahariens

3.1.1. L'aménagement hydro-agricole des pentes

L'intérêt porté à l'étude des aménagements ruraux en Afrique du Nord est étroitement lié à son histoire coloniale. Une documentation abondante a été alors collectée par le biais de la photo-interprétation et des inventaires concernant, en particulier, les aménagements hydrauliques. Cette époque a vu aussi se développer des dérives interprétatives empreintes de présupposés culturels. La recherche archéologique et historique a commencé à se libérer progressivement de ce lourd passé. Le développement des travaux pluridisciplinaires en direction des campagnes est relativement récent. En Libye, par exemple, un projet pluridisciplinaire associe l'étude du peuplement et des aménagements agricoles à l'évolution de l'environnement dans une perspective historique (Barker 1996).

La pratique de l'agriculture en terrasses est répandue dans les massifs pré sahariens auxquels appartient l'Aurès (Fig. 104). Les terrasses aujourd'hui abandonnées, à l'image de celles qui ont été étudiées par M. Cote dans les Nemencha (Djebel Hanout-Kbir), ont appartenu à un système de champs irrigués grâce à la collecte et à la canalisation des eaux pluviales qui gonflent les oueds de façon saisonnière (Cote 1968). La pratique de l'agriculture irriguée en terrasses a permis de produire blé et olivier dans des conditions climatiques et topographiques qui auraient pu être tenues pour difficiles sans l'ingéniosité des agriculteurs. Le paysage actuel dégradé témoigne des possibilités offertes par la maîtrise de l'eau et des sols qui a permis par le passé de tirer parti de la richesse de ces reliefs. Ph. Leveau souligne que l'antériorité des parcellaires en terrasses dans les massifs pré sahariens à la colonisation française est assurée dans toute la zone qui s'étend des monts du Hodna à la région de Khenchela-Aîn Beida au nord des Monts Nemencha (Leveau 1990 : 28). La construction des paysages est même souvent bien plus ancienne.

Des sources latines comme les tables de Lamasba, une agglomération antique de l'Algérie orientale (l'actuelle Mérouana), détaillent la distribution de l'eau dans une aire vraisemblablement mise en terrasse de culture sous le règne de l'Empereur Elagabal, entre 218 et 222 de l'ère chrétienne (Shaw 1982). Il s'agit d'une inscription émanant des autorités locales qui réglemente l'utilisation des eaux captées à l'Aqua Claudiana, une source qui permet d'irriguer les champs de 81 colons exploitants. Le décret stipule que l'eau doit être répartie entre les agriculteurs selon un calendrier précis déterminé en fonction des jours et des heures. La distribution se fait sur une base topographique par *scalae*. L'emploi de ce terme pour désigner les parcelles concernées par le tour d'eau laisse supposer que les champs sont construits en terrasses, puisqu'ils sont « étagés » sur une pente.

Dans les monts de l'Aurès, l'aménagement des versants remonte à l'Antiquité. Au VIe siècle de l'ère chrétienne, l'historien byzantin Procope, qui occupait les fonctions de secrétaire de Bélisaire, le général de l'empereur, fait un récit de la guerre entre Maures et Vandales en Afrique du Nord, dans l'Aurès, sous le règne de Justinien. La relecture de ce récit par M. Janon démontre que cette région aujourd'hui considérée comme une contrée aride impropre aux cultures n'offrait pas cette image dans l'Antiquité (Janon 1980 ; Leveau 1993c). Dans le récit de Procope, l'Aurès est une montagne riche en eau et fertile, occupée par des populations sédentaires qui possédaient un savoir dans le domaine des techniques hydrauliques pour l'exploitation agricole. Celles-ci sont décrites par le biographe de Justinien : « La rivière Amigas descend de l'Aurès et dans la plaine, arrose la terre selon la volonté des hommes ; les indigènes dirigent le flot à l'endroit et au moment le plus utile. Dans la plaine, on trouve de nombreux canaux entre lesquels se divisent les eaux qui, en les alimentant tous, disparaissent sous le sol pour réapparaître plus loin à la surface et se former à nouveau en rivière. Ces dispositifs intéressent la plus grande partie de la plaine et donnent aux habitants le moyen en plaçant ou en enlevant des barrages de terre devant les canaux, de faire des eaux de la rivière l'usage qu'ils veulent. » (*B. V.*, IV, 19, 11-14 ; Janon 1980 : 349).

Les réseaux d'irrigation n'ont pas seulement concerné le piémont et la plaine qui s'étend au pied du relief. Les Aurasiens se sont adonnés à l'agriculture irriguée sur les versants du massif montagneux. Le paysage de l'Aurès est décrit par Procope en des termes qui ne laissent pas de doute quant à l'existence de systèmes de culture protecteurs des sols et d'une gestion raisonnée des ressources en eau :

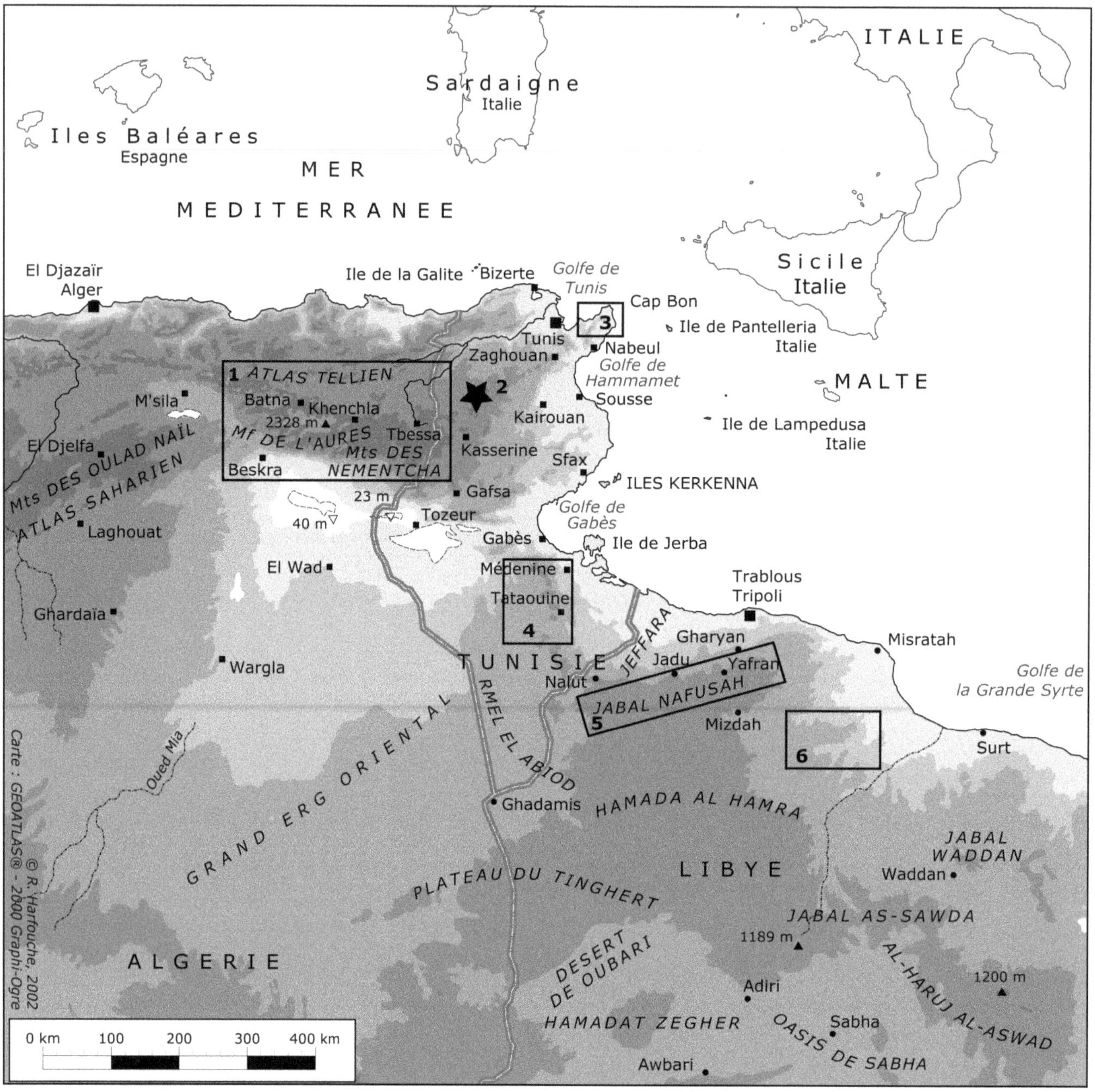

FIG. 104 : CARTE DE LOCALISATION DES ZONES DE TERRASSES AGRICOLES ANTIQUES OU SUPPOSÉES COMME TELLES EN ALGÉRIE ORIENTALE, EN TUNISIE ET EN LIBYE OCCIDENTALE. 1 : MONTS DE L'AURÈS ET DES NEMENCHA ; 2 : RELIEFS DU SRAA OUERTANE (HAUTE VALLÉE DE L'OUED EL HTAB) ; 3 : PÉNINSULE DU CAP BON ; 4 : RELIEFS DU SUD TUNISIEN (DAHAR) ; 5 : JEBEL NEFOUSA ; 6 : RÉGION DES OUEDS SOFEGGIN ET ZEMZEM.

« Cette montagne est située en Numidie, à 19 jours de voyage de Carthage et est tournée vers le midi [...]. Quand on s'en approche elle ne présente pas d'accès et il faut escalader les falaises. Mais quand après cette ascension on arrive au sommet, on découvre des plateaux, des sols fertiles et des routes faciles, de bons pâturages, des jardins couverts d'arbres admirables et partout des terres labourables. Des sources jaillissent des falaises. Leurs eaux sont paisibles et forment des rivières sinueuses qui coulent en murmurant. Ce qu'il y a de plus étonnant c'est la taille du blé et de tous les fruits qui poussent à cet endroit : ils sont le double de ceux qui poussent en Libye. » (Ce passage est extrait d'un texte que M. Janon présente dans sa publication comme « la synthèse de différents passages » de Procope relatifs à l'Aurès, *Aed.* IV, 7, 2-5 ; *B.V.*, III 8, 5-IV, 13, 22-25 ; Janon 1980 : 346). Le tableau dépeint par l'historien grec originaire de Palestine, de ce massif montagneux, au Ve siècle de l'ère chrétienne, suggère une maîtrise des sols et de l'eau pour une irrigation sur les pentes. Cette agriculture florissante n'est possible dans les conditions topographiques et climatiques qui caractérisent ces massifs que grâce à la construction de terrasses et à l'utilisation des eaux temporaires des oueds et des quelques cours d'eau pérennes. Les agriculteurs Aurasiens ont donc su tirer parti de ces eaux bénéfiques plus abondantes dans les montagnes pour la céréaliculture et l'arboriculture. Elles arrosent des versants construits en terrasses, à l'image de celles que J. Despois et M. Cote ont étudiées (Despois 1956 ; Cote 1968).

Les vastes parcellaires de terrasses et d'enclos construits en pierre sèche sur les rives méridionales de la Méditerranée ont été mis en relation avec la colonisation romaine, car ils se confondent avec des limites cadastrales romaines et en respectent la métrique. Ainsi, de vastes étendues de terrasses agricoles étagées sur les versants des monts de l'Aurès, en particulier sur les pentes des Nemencha, au sud, ont été définitivement considérées, dès le début du XXe siècle, comme des constructions romaines en raison des rapports que ces parcellaires entretiennent avec l'habitat romain et au regard des techniques employées pour leur édification jugées « romaines » (Gsell 1902).

Dans la région de Saint-Donat, en Algérie, des parcellaires présentant une organisation cohérente qui s'intègre dans la grille cadastrale romaine ont été identifiés à des champs construits par les colons (Soyer 1973, 1976). C'est également le cas dans la région de Tébessa où des sources écrites témoignent de l'aménagement des versants en terrasses, au moins dès le Ve siècle de l'ère chrétienne. En effet, les tablettes Albertini découvertes en Algérie, dans la région de Tébessa, au début du XXe siècle, font état de champs construits sur des versants (Courtois 1952 : 196-197). Ces actes de ventes de la fin du Ve siècle de l'ère chrétienne sont rédigés à l'encre sur des planches de cèdre de l'Atlas. Elles concernent un domaine situé dans une région au paysage accidenté et mentionnent à plusieurs reprises des parcelles nommées *gemiones*, dont il est parfois question, en termes plus précis de *gemio superior*. La succession des champs en terrasse sur la pente ne fait là non plus aucun doute.

Des murs construits selon la technique de la pierre sèche ou liés au mortier et aménagés sur les pentes de l'oued Tine en Tunisie ont été interprétés selon le même raisonnement « cadastral » (Peyras 1991). Leur fonction première est de protéger les sols cultivés contre les méfaits de l'érosion par le ruissellement de surface. Selon J. Peyras, il s'agit d'aménagements d'époque romaine bien qu'ils soient distribués sans logique apparente dans le paysage, car leur tracé se confond « parfois » avec des limites cadastrales et qu'ils sont situés dans une zone géographique qui a été occupée par les Romains.

En Libye les parcellaires de pierre sèche en terrasses, construits selon de longues bandes parallèles sur les versants des oueds et associés à des canaux d'irrigation, sont également attribués à l'époque romaine sans aucune fouille archéologique (communication orale par B. Bousquet et P.-Y. Péchoux au 126e Congrès des sociétés historiques et scientifiques, Toulouse, avril 2001).

3.1.2. Un parcellaire célèbre pourtant méconnu dans le Tazbent.

Il existe des champs de plus petites dimensions que les parcelles linéaires attribuées aux colons romains et qui appartiennent à des parcellaires organisés, mais moins réguliers et plus compartimentés que les grands linéaments des matrices cadastrales romaines. Ces terroirs sont antérieurs à la colonisation romaine. Ils sont, selon toute vraisemblance, indigènes. Les aménagements de la région de Tébessa, en Algérie, connus sous le nom de « quadrillages du Tazbent », sont emblématiques de ces parcellaires pré romains. Souvent cités par les commentateurs, ils souffrent néanmoins de n'avoir pas fait l'objet d'une étude approfondie. Depuis l'analyse qu'en a fait G. Camps, il y a 40 ans, aucune étude nouvelle n'a permis d'en connaître d'avantage sur la date de construction de ces champs, sur leurs caractères agrotechniques et sur leurs auteurs.

On ne dispose d'aucun levé topographique depuis que ces aménagements de pierre ont été découverts par les ingénieurs du service cartographique en 1946 et cartographiés à partir des photographies aériennes du Douar Tazbent en 1947 (Leveau 1993a : 33, fig. 6). Le parcellaire ruiné est signalé par ses découvreurs, dans les reliefs calcaires, à 15 km à l'ouest de Tébessa. Ce qui interpelle l'observateur est la régularité relative des lots qui, loin de la rigidité des cadastres romains, se plient aux caprices de la topographie (Camps 1961 : 73). Les lopins de terre, délimités par des murs construits selon la technique de la pierre sèche, sont de 20 à 50 m de côté. Des linéaments plus étroits, identifiables à des cheminements, séparent des ensembles parcellaires. Les murs de soutènement sont très peu hauts bien qu'ils arment un versant pentu depuis le lit de l'oued jusqu'à 1320 m d'altitude. Leur largeur oscille entre 60 et 80 cm. Ils sont fondés sur la roche-mère et leur élévation est constituée de lauzes issues du débit naturel en plaquettes du substrat calcaire.

La fonction agricole de ce vaste parcellaire qui s'étend sur plus d'1 km^2 est considérée par les commentateurs comme étant acquise, les murs de soutènement permettant de maintenir les sols sur la pente ainsi que de réguler les flux hydriques et ce, malgré leur faible hauteur. Ce qui a suscité les commentaires est bien la difficile datation de ces aménagements, en l'absence d'une étude géoarchéologique. Celle-ci reste à faire pour démontrer l'âge de ces champs et appréhender leurs auteurs ainsi que pour saisir précisément leurs fonctions agrotechniques.

L'interprétation chronologique avancée par G. Camps en faveur d'une origine pré romaine, fait appel à des arguments très éclectiques, d'une valeur scientifique inégale.

En premier lieu il signale la présence de mobilier lithique à la surface du sol des lots, ce qui ne peut raisonnablement pas être retenu comme un argument de datation.

Le deuxième argument évoqué est relatif aux techniques de constructions. L'auteur relève une similitude entre la technique de construction en plaquettes calcaires assemblées à sec des tombeaux mégalithiques du Djebel Mistri et les murets du Tazbent édifiés à l'aide d'un matériau calcaire et selon un procédé identique. Rien n'exclu qu'une population soit fidèle à une même technique pour réaliser la demeure de ses morts et les champs des vivants. Cependant, la nature lithologique et l'érosion naturelle du substrat calcaire impliquent le débit des roches en plaquettes, ce que souligne G. Camps lui-même : « ils utilisèrent les plaquettes calcaires qui jonchent le sol » (Camps 1961 : 76). Alors pourquoi ne pas envisager que cette technique de construction, qui semble commune aux tombeaux et aux champs, réponde à une logique de construction intimement liée aux caractères et à l'évolution naturelle du substrat ? Les tombeaux, comme les champs, sont édifiés sur le même massif calcaire à partir des mêmes matériaux, disponibles sur place. Aussi, des populations différentes ont pu, à des moments différents de l'histoire, (même espacés dans le temps) utiliser les matériaux disponibles sous la même forme, pour les assembler selon une technique architecturale qui s'impose : la construction à sec. L'argument architectural ne constitue pas à lui seul un argument décisif pour attribuer la construction des sépultures et des parcellaires aux mêmes auteurs.

En troisième lieu, G. Camps fait état des travaux de J. Baradez qui a relevé sur les photographies aériennes des relations chrono-stratigraphiques entre les parcellaires du Tazbent et les centuriations romaines. Il en résulte ce qui est sans aucun doute l'argument le plus convaincant pour affirmer l'origine pré romaine des champs du Tazbent, à savoir que le cadastre romain se surimpose à eux. Cette analyse ne permet cependant pas de préciser la datation des structures dont on peut seulement écrire qu'elles sont assurément antérieures à la construction du parcellaire romain qui les recoupe.

Enfin, l'auteur établit une comparaison ethnologique entre le mode de vie des communautés sédentaires berbères du Maroc qui cultivent des champs en terrasses dont ils possèdent la technique et le savoir-faire et les constructeurs des parcellaires du Tazbent (Camps 1987 : 10). Cet argument qui reste une extrapolation tant géographique que chronologique est bien difficile à suivre. Il ne constitue pas une démonstration en lui-même pour dater et définir un mode de culture dans un autre espace géographique quelles que soient les similitudes techniques constatées entre les deux zones. Par ailleurs, un tel raisonnement implique de pouvoir déterminer ce qui, dans ces aménagements, relève de la sphère culturelle et ce qui relève du domaine agrotechnique. Ces constructions sont étroitement liées aux conditions du milieu. Elles sont parfaitement adaptées au climat et au relief des régions de l'Afrique septentrionale. Leur existence en des lieux et à des époques différentes peut parfaitement se comprendre en termes de sols, de roches et d'eau, sans recourir à l'explication culturelle. De plus, pour renforcer son hypothèse, G. Camps s'appuie sur les travaux linguistiques pour affirmer le caractère berbère des aménagements du Tazbent. L'origine berbère des plantes cultivées (céréales et légumineuses) et des outils aratoires (araire manche-sep) en Afrique du Nord aurait survécu dans les termes qui désignent ces cultures aujourd'hui chez les Berbères. Les mots des céréales et des légumineuses auraient une racine berbère et leur extension géographique à toute la « Berbérie » renforcerait cette hypothèse. De ces considérations linguistiques, dont certaines sont sujettes à des controverses, G. Camps déduit l'antériorité des constructions agricoles du Tazbent à la colonisation romaine, concluant que les termes de la vie rurale agricole en Afrique du Nord n'ont pas de racines arabes ni de racines latines.

Il ressort de l'ensemble des arguments avancés une « ambiance » plus que des faits quant à la date de construction de ces parcellaires et quant à l'identité de leur auteurs. Les seuls éléments indiscutables proviennent de l'analyse morphologique réalisée à partir de l'interprétation des photographies aériennes par J. Baradez. La datation avancée par G. Camps et qui est admise par la plupart des commentateurs est l'époque des Royaumes Numides ou Royaumes indépendants. Les auteurs seraient donc indigènes et non les colons romains. Ils pourraient même être bien antérieurs à la deuxième guerre punique et au règne de Massinissa, prince numide allié de Rome, qui vainquit le roi de Numidie Syphax en 203 avant l'ère chrétienne à la tête d'une armée romaine et à qui l'on attribue la mise en valeur agricole extensive de la Numidie. Seule certitude, il existe des parcellaires pré romains dont les « quadrillages » du Tazbent sont un exemple renommé mais qui reste encore à étudier.

3.2. Les *jessour* du Sud tunisien et de Tripolitaine

3.2.1. Qu'est-ce qu'un *jessour* ?

Il convient avant toute chose de préciser le vocabulaire. Le terme arabe « jessour » est le pluriel de « jesser » qui signifie « pont ». Ces constructions sont parfaitement adaptées aux conditions climatiques du milieu semi-aride où les précipitations sont violentes et très irrégulières depuis les reliefs libyens aux massifs montagneux marocains (Bonvallot 1979 ; Ballais 1990). Il s'agit d'un mur de soutènement construit en pierre ou en terre en travers de l'oued (Fig. 105). Il permet la constitution d'une terrasse lors des fortes précipitations qui concentrent les eaux de ruissellement dans les lits des vallées, entraînant des sédiments fins (limons et argiles) qui viennent s'accumuler à l'arrière du mur-barrage. L'origine étymologique du terme « jessour » est berbère pour certains, mais le mot lui-même est arabe. Le sommet de ces murs permettant aussi de circuler d'un versant à l'autre ceci explique, au moins en partie, cette appellation. Le terme de *jesser* désigne non seulement la surface du champ ainsi créé mais aussi le mur construit dans le lit de l'oued. Dans les régions du sud-est tunisien, dans les Matmata et dans le Jebel

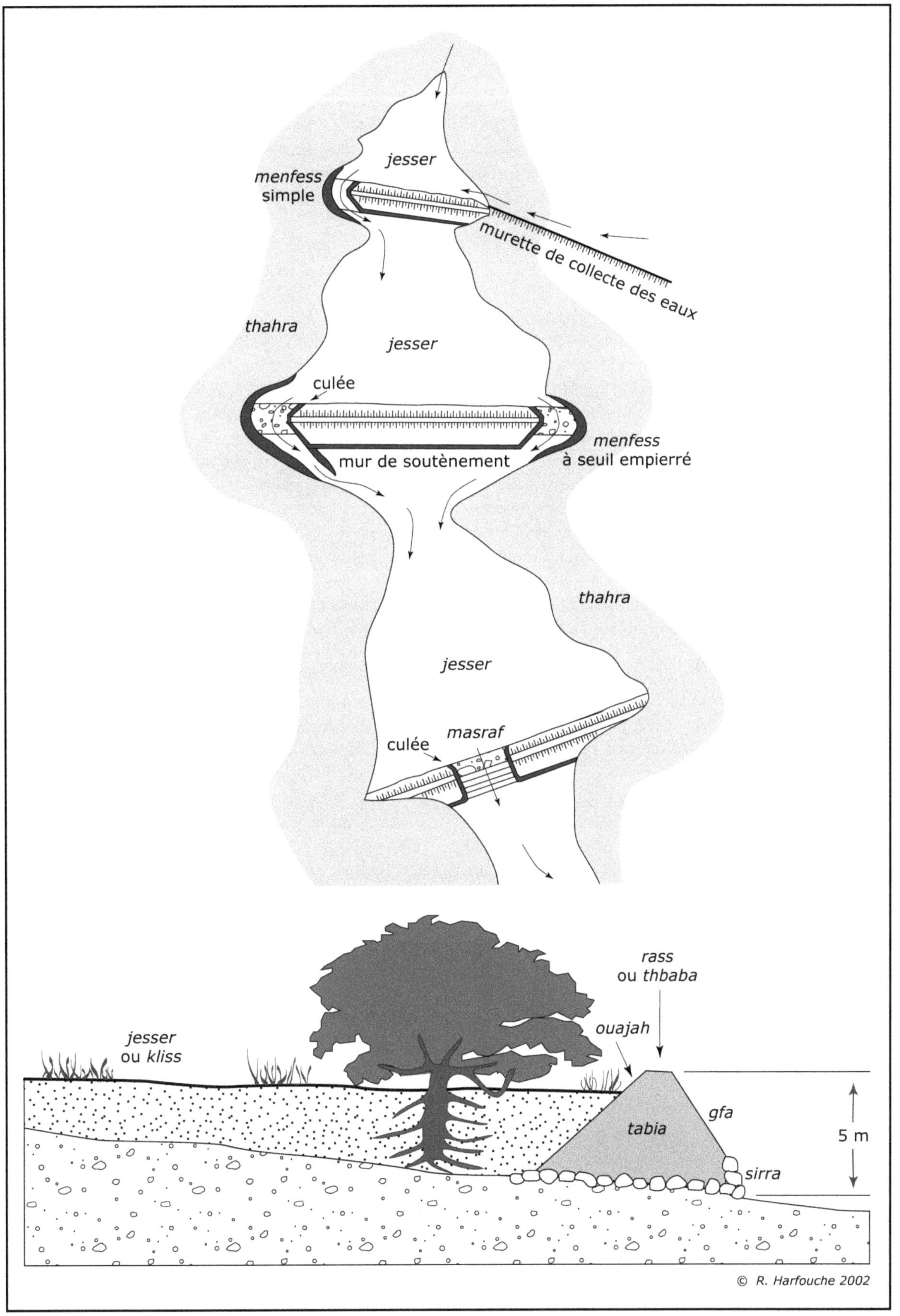

FIG. 105 : SCHÉMA EN PLAN ET EN COUPE DE JESSOUR (D'APRÈS BONVALLOT 1979).

étudiés par J. Despois, le muret porte le nom de « tabia » ou encore « katra ». Le *jesser* est doté d'un canal de fuite ou déversoir qui permet de ne retenir à l'arrière du mur-barrage qu'une partie seulement des eaux de ruissellement et des sédiments qu'elles transportent. Le reste est entraîné en contrebas grâce au déversoir ménagé dans la levée de terre pour alimenter le champ situé en aval. La surface de chaque champ étagé en gradins est légèrement inclinée permettant la circulation des eaux. Le déversoir est, selon les cas, bâti en pierre sèche ou aménagé à même la roche affleurante, à la base des versants. Il porte le nom de « menfess » lorsqu'il est placé sur le côté ou de « masraf », s'il perce la *tabia* en son centre.

Ces aménagements ont plusieurs fonctions. Ils permettent de créer de la terre cultivable en piégeant les alluvions fines, de protéger les sols qui se développent à l'arrière du mur contre l'érosion, de les enrichir régulièrement par l'épandage de sédiments riches en matières minérales et organiques (fumiers des pâturages situés sur les hauteurs), de palier le déficit hydrique en permettant aux eaux de ruissellement de s'infiltrer dans le sol et d'être stockées durant plusieurs jours, ainsi que de maîtriser l'énergie des eaux brutales susceptibles de provoquer des crues dévastatrices. Ce système ingénieux permet la culture des céréales ainsi que la pratique de l'arboriculture de l'olivier, du figuier et même du palmier gourmand en eau dans des zones qui sembleraient hostiles à sa culture. En effet, le stock hydrique résultant de l'infiltration des eaux de ruissellement dans le sol, induit par la présence du *jesser*, est estimé par P. Baduel en 1980 à un apport en humidité équivalent à 500 mm d'eau par an en moyenne, pour une pluviométrie annuelle d'environ 200 mm/an (Ben Ouezdou 2001a).

Un muret construit en travers du versant de la vallée et relié à l'arrière du mur de soutènement complète le dispositif de collecte de l'eau. Il permet de canaliser les eaux de ruissellement sur les pentes en direction du champ, selon un procédé similaire aux systèmes hydro-agricoles observés dans le Néguev. Cette alimentation latérale ou « hammala » constitue un apport complémentaire au système qui se nourrit principalement des eaux concentrées dans l'oued en provenance de l'amont.

La profondeur de la terre arable varie selon que l'on se situe directement à l'arrière de la *tabia*, où la sédimentation est épaisse, ou plus en amont du champ, au contact du mur du *jesser* supérieur ou encore sur les bords de la plate-forme où le sol est bien moins profond. Ces parties de la surface cultivable offrent des possibilités de cultures différentes et sont individualisées par des noms particuliers (« marjaa », en amont, « safha », sur le côté).

3.2.2. La construction des oueds pour l'agriculture

Ces aménagements que l'on pourrait rattacher à la famille des terrasses de culture, mais qui s'en distinguent par leur fonctionnement hydro-agricole si particulier, ont attiré l'attention des géographes depuis J. Despois et ses observations sur le Djebel Nefousa, en 1935, jusqu'aux travaux, plus récents, de S. Nasri et J. Albergel en Tunisie centrale et ceux de H. Ben Ouezdou, dans le sud de la Tunisie (Ben Ouezdou 2001a ; les travaux de S. Nasri et J. Albergel (INRA-ESAM) ont été présentés au colloque international « l'eau en montagne. Gestion intégrée des hauts bassins-versants » tenu à Megève (Haute-Savoie, France) les 5 et 6 septembre 2002, dans une communication intitulée « La collecte des eaux de ruissellement dans la Tunisie centrale : lacs collinaires, banquettes de rétention et tabis. Fonctionnement, intérêt et complémentarité »). Les recherches conduites par l'équipe de l'UNESCO Libyan Valleys Archaeological Survey a donné un éclairage historique à l'aménagement agricole des paysages libyens (Barker 1996). Quelle place faut-il attribuer à ces constructions dans la création des paysages cultivés de l'Afrique pré saharienne ? Il est nécessaire pour comprendre le rôle des *jessour* et des terrasses agricoles dans le façonnement des paysages actuels de considérer les conditions très particulières du milieu pré désertique.

Les massifs montagneux calcaires dans le sud-est de la Tunisie constituent un long relief de cuesta qui s'étend de Matmata au nord-ouest, jusqu'à la Libye occidentale. La cuesta domine, vers l'est, une vaste plaine qui se développe au pied des reliefs, jusqu'au littoral du Golfe de Gabès. La succession de crêts qui dominent la dépression constituent une unité de paysage, le Jebel, qui culmine à 700 m d'altitude. Le front de cuesta et les versants aux pentes accusées ont été largement découpés par l'érosion qui est à l'origine d'un paysage lanièré dans lequel alternent promontoires et vallées. Le revers de cuesta présente un pendage doux et correspond à une autre unité paysagère, le Dahar, qui s'incline progressivement vers l'ouest, pour disparaître sous le désert du grand Erg Oriental. Une végétation de steppe clairsemée occupe la partie septentrionale du plateau, tandis que la moitié méridionale du relief voit son couvert végétal se raréfier. Le plateau du Dahar est lui aussi sculpté par les agents de la morphogenèse. Il est parcouru par des oueds dont les eaux puissantes ont incisé la roche calcaire pour aller se perdre dans le désert, générant un paysage caillouteux qui porte le nom vernaculaire de « Hamada » (Ben Ouezdou 2001a). Ces vallées de cours d'eau à écoulement temporaire, caractéristiques du réseau hydrographique de l'Afrique du Nord, ont des comportements et des profils variables en fonction des conditions stationnelles. Elles accusent de faibles pentes dans l'ensemble, mais sont encaissées et étroites à l'est et plus évasées et profondes à mesure qu'elles se rapprochent du désert occidental. Elles drainent les reliefs calcaires aux pentes abruptes, entaillant profondément la roche.

Les conditions climatiques sont ici, comme ailleurs en Afrique du Nord, caractérisées par des précipitations irrégulières et inégalement réparties sur les reliefs. Hormis dans certaines zones, les pluies ne dépassent pas 200 mm d'eau par an. L'ensemble de la région est donc soumise à un climat aride, générant pour les populations de graves problèmes d'eau.

Dans ce contexte, où les conditions de l'écosystème semblent plus difficiles à domestiquer par les agriculteurs que celles des montagnes du nord de la Tunisie et de l'Algérie, l'aménagement des oueds des massifs du Jebel, selon un système ingénieux de *jessour*, apparaît inéluctable pour pratiquer l'agriculture. Ce qu'il faut souligner à ce stade du discours, c'est l'adaptation de ce système de champs étagés aux conditions climatiques et topographiques, qui le rend indispensable à toute communauté humaine sédentaire ayant investi ces régions.

Les reliefs montagneux des Matmata doivent leur nom à la tribu berbère qui les peuplent, mais l'occupation humaine de ces contrées arides au paysage fortement minéral remonte au Néolithique. C'est dire si les sociétés ont depuis longtemps su tirer parti des ressources naturelles de cette région pour assurer leur subsistance. L'image offerte aujourd'hui par ce milieu peu végétalisé, où le rocher a souvent été mis à nu par l'érosion pluri-séculaire, est celle d'un espace difficile à apprivoiser pour l'agriculteur. Sa mise en valeur ne saurait se faire qu'au prix d'importants efforts d'aménagement pour collecter, conduire et distribuer l'eau. La maîtrise de cet agent naturel prend ici toute sa valeur. Le contrôle de l'eau est indispensable à plusieurs titres. Sur les versants des régions septentrionales de la Méditerranée, il s'impose afin de préserver les sols contre l'érosion générée par les ruissellements concentrés sur les pentes. La conduite de l'eau relève avant tout d'un souci de drainage et, dans un second temps, d'irrigation. Dans les massifs pré sahariens, la maîtrise des ressources en eau est la condition *sine qua none* pour créer de la terre cultivable, arroser les cultures et préserver les qualités agronomiques des sols ainsi générés. C'est pour ces raisons que les aménagements qui permettent aux habitants de survivre dans ces écosystèmes ont traversé le temps. En effet, les populations qui se sont succédées ont été confrontées au même problème, qu'elles que soient les conditions sociales et historiques de leur implantation, tribus berbères ou militaires romains installés sur le *limes* dans des fortins et des camps.

Les arguments avancés par les géographes en faveur d'une origine locale pour cette technique agricole, reposent principalement sur les conditions naturelles et l'histoire du peuplement. L'occupation antique de certaines régions où ont été identifiés les *jessour* est peu prégnante, notamment dans les Matmata et dans la région de Tataouine. Peu de traces auraient été retrouvées de la présence permanente de communautés puniques, romaines et byzantines, tandis que les populations berbères ont occupé ces reliefs jusqu'à la conquête arabo-musulmane, au VIIe siècle de l'ère chrétienne (Ben Ouezdou 2001b).

Des murs barrant des oueds pour recueillir les eaux de ruissellement et les sédiments qu'elles charrient ont été mis au jour par l'érosion récente dans les reliefs de la dorsale tunisienne. Ces constructions sont complétées par un réseau de canalisations pour l'irrigation des cultures et ont été associées à des fermes romaines dotées d'huileries par leur proximité avec ces bâtiments (Ben Baaziz 2000 : 317). Dans les massifs montagneux du sud-est tunisien, les ouvrages d'hydraulique agricole attribués à l'époque romaine (IIe-IIIe siècles de l'ère chrétienne), sur le plateau du Dahar ou dans la plaine, se présentent sous la forme de barrages de dérivation des eaux temporaires des oueds et des eaux de ruissellement pour l'irrigation des champs en terrasses (Ballais 1990). Certaines de ces constructions ont été reconnues dans l'Oued Ouni et dans l'Oued Morteba, dans la région de Dehibat (Ben Ouezdou 2001b : 22).

Le regroupement actuel des populations dans les oasis résulte d'un choix culturel lié à la conquête arabo-musulmane, au mode de vie nomade et à la culture du palmier qui requiert beaucoup d'eau. Les systèmes d'irrigation des oasis du Gabès et du Jérid, dans le Sud tunisien, ont remplacé les terrasses arrosées des *jessour* qui sculptent les versants et le fond des vallées, mais il ne faut pas sous-estimer pour autant la place de ces constructions hydro-agricoles dans le peuplement antique.

Dans son *De controversiis agrorum*, Agennius Urbicus, qui aurait repris en les commentant dans son texte des considérations de Frontin selon K. Lachmann, fait état de ce type de controverse en Afrique où il constate que la relation des sociétés à l'eau diffère par rapport aux régions de la rive septentrionale de la Méditerranée : « En Italie et dans certaines provinces, c'est un grave préjudice de laisser aller de l'eau dans le territoire d'autrui ; mais dans la province d'Afrique, de ne pas laisser passer » (*Gromatici Veteres*, éd. K. Lachmann, p. 88, cité par Trousset 1986 : 104). A ce propos, l'auteur gromatique, dont on ne connaît pas les dates auxquelles il a vécu, décrit dans ces litiges des aménagements qu'il juge particuliers à l'agriculture africaine : « Comme c'est un pays très aride, la plus grande source de conflits, c'est quand quelqu'un retient l'eau pour la faire couler sur son bien : car ils font des barrages, la reçoivent et la retiennent pour qu'elle s'y infiltre plutôt que de s'écouler » (*Gromatici Veteres*, éd. K. Lachmann, p. 63, cité par Trousset 1986 : 104 ; Leveau 1993b : 179). Ces barrages, nommées *aggeres*, ont donc pour fonction de contenir l'eau ainsi concentrée pour lui permettre de s'infiltrer dans le sol du champ. Celui-ci se trouve par conséquent à l'arrière de la digue. La description de l'agrimensor porte à croire que ces *aggeres* sont des murs de soutènement. Ils sont identifiables aux *tabia* des *jessour* dont Agennius Urbicus décrit le fonctionnement dans ce passage (Shaw 1984 : 138 et 143 ; Trousset 1986 : 104). Plus récente, la législation justinienne (*Corpus iuris civilis*), publiée dans la première moitié du VIe siècle de l'ère chrétienne, puise ses sources dans les œuvres des jurisconsultes républicains et augustéens ainsi que dans la loi des XII tables qui remonte au Ve siècle avant l'ère chrétienne. Le rôle des *aggeres* est également évoqué dans l'œuvre juridique de l'empereur, ces levées de terre permettant de collecter et de contenir les eaux pour qu'elles s'infiltrent dans le sol plutôt qu'elles ne se perdent (Rougé 1982).

L'entretien des *jessour* et la gestion de l'eau relèvent d'un savoir-faire qui s'est transmis d'une génération à l'autre par des paysans qui ont éprouvé l'efficacité de ce système de mise en valeur de l'espace. La codification de l'usage des eaux si précieuses est attestée dès le Moyen Âge par un écrit majeur légiférant l'entretien des *jessour* et la distribution des ressources hydriques (Ben Ouezdou 1999). C'est l'adaptation de ce système au milieu, sa fonctionnalité, associées à une réglementation stricte et protectrice concernant l'exploitation de ces aménagements au sein de la communauté, qui expliquent la pérennité de ces systèmes. L'auteur, Abou al-Abbass Ahmad bin Mouhamad bin Bakr al-Firstai al Nafousi, est originaire de la région de Tataouine et a vécu dans le Djebel Nefousa. Il connaît donc parfaitement les paysages et le fonctionnement des aménagements hydro-agricoles de ces montagnes du pré-désert qui seront, neuf siècles plus tard, au cœur d'une étude incontournable du géographe J. Despois. C'est donc une archive exceptionnelle à la fois par sa valeur scientifique et historique intrinsèque et parce qu'elle décrit des techniques et des pratiques qui ont pu être étudiées avec les moyens de la science moderne. Abou al-Abbass décrit dans son ouvrage, au XIe siècle de l'ère chrétienne, les règlements des eaux dans les vallées cultivées en terrasses du jebel tunisien. Ce texte réglemente l'édification et l'entretien des *jessour* et des aménagements hydrauliques au sein du système agraire villageois. Les parcelles reçoivent des champs labourés et des vergers. Parmi les contraintes imposées aux cultivateurs, certaines expliquent la survivance de ces aménagements dont le bon fonctionnement a été garanti par un code de conduite rigoureux, à travers le temps. Ainsi, chaque paysan est tenu d'entretenir son champ et de ne pas retenir toute l'eau pour son seul usage. Cette codification écrite n'est pas une création *ex nihilo*. Elle s'appuie sur des préceptes antérieurs, déjà en vigueur au sein des communautés d'agriculteurs.

Ce texte témoigne aussi d'une existence de ces aménagements en Tunisie et en Libye dès les plus hautes époques, puisqu'il stipule que « celui qui hérite d'un terrain doté d'un *impluvium* et dans lequel il y a les ruines des constructions, du *jisr* et du déversoir [...], il lui est permis de réhabiliter cet *impluvium*, de relever les *jessour* et de les renforcer, de reconstruire les murs et de faire ce qui est nécessaire sur les ruines des murs qui entourent le bien et de suivre ces limites et de s'y contenir » (traduction littérale R. Harfouche). Ce type d'aménagement était donc répandu bien avant le XIIe siècle, puisqu'il est tombé en ruine.

Il reste donc à mettre en place une étude géoarchéologique pour permettre de réellement démontrer l'âge de ces constructions et ce faisant, d'en appréhender les auteurs ainsi que les conditions historiques de leur mise en place.

TROISIÈME PARTIE

Quels agrosystèmes pour quelles sociétés ?

Chapitre 1

Ebauche d'une évolution à l'échelle du bassin méditerranéen

1.1. La mise en place des paysages terrassés

Cette étude multiscalaire a permis d'ébaucher une évolution qui n'est pas linéaire mais dynamique, à l'échelle du bassin méditerranéen. Elle a également permis de replacer le domaine méditerranéen dans un ensemble géographique, agro-technique et historique plus large (Fig. 106).

Il apparaît dans bien des cas que la mise en place de ces paysages s'est effectuée entre le IIIe et le début du Ier millénaire, démontrant en cela une structuration de l'espace et des savoirs en matière de gestion des ressources en sol et en eau, notamment de la part des populations protohistoriques. L'aménagement des versants en terrasses remonte au milieu du IIIe millénaire en Grèce cycladique

Localisation		Apparition de l'agriculture (av. ou de l'ère chrétienne)	Apparition de la construction en terrasses agricoles (av. ou de l'ère chrétienne)
Est de l'Asie	Chine	9500-7500	Néolithique ? ; 1100-770
	Japon et Corée	3000-1000	date inconnue
Sud et Sud Est de l'Asie et Océanie	Inde et Indochine	5000-3000	1100 (Pakistan)-300
	Philippines	3000-1400	Ier s. av. l'ère chrétienne
	Papouasie Nouvelle Guinée	7000	date inconnue mais supposée ancienne
	Polynésie	1600 av. l'ère chrétienne -XIe s. de l'ère chrétienne	Xe s. de l'ère chrétienne
Sud Ouest de l'Asie	Proche et Moyen Orient	11000 - 8000	Néolithique ? ; 3300 - 1200
Europe	Méditerranéenne	6000	dès le IIIe millénaire en Orient ; dès le IIe millénaire en Occident
	de l'Est	5000-3000	date inconnue
	de l'Ouest	5000-3000	2000 av. l'ère chrétienne (Suisse)
Afrique	du Nord	4500	Néolithique ? ; 1000 - 500 av. l'ère chrétienne (Ethiopie)
	Subsaharienne	3000-1000	XIVe s. de l'ère chrétienne
Péninsule arabique	Yémen	6000-5000 ?	dès 4500 av. l'ère chrétienne ? ; 3000 av. l'ère chrétienne
Amérique	Mésoamérique	8000-3000	1500 av. l'ère chrétienne
	Amérique du Sud	3000-2000	2000 - 500
	Amérique du Nord	3000-1000	1000 av. l'ère chrétienne ? ; XIe s. de l'ère chrétienne

Fig. 106 : Tableau récapitulatif des dates approximatives d'apparition de la construction en terrasses pour l'agriculture, d'après les données issues du terrain et le récolement bibliographique.

et au Proche-Orient. Les multiples fonctions et propriétés des terrasses en font le support technique d'agricultures qui dépassent le cadre strictement méditerranéen. On les rencontre dans les systèmes agricoles de nombreuses sociétés, depuis la Chine et les Philippines, jusqu'à la Cordillère des Andes en passant par la Péninsule Arabique et les Alpes suisses, où l'on compte 2000 km de murettes dans le Valais central. Dans ces montagnes proches du domaine méditerranéen, les parcellaires de terrasses agricoles sculptent les pentes vraisemblablement dès le IIe millénaire avant l'ère chrétienne (Canton de Neuchâtel, Valais, Centre des Grisons et Engadine) (Perret 1950 ; *La Suisse du Paléolithique...* 1998 : 162-163). Des recherches récentes sur la construction des versants aux fins d'agriculture dans les montagnes des Pyrénées (France) ont démontré, à partir de fouilles archéologiques, que des systèmes de terrasses sont également aménagés à 2000 m d'altitude au IIe millénaire avant l'ère chrétienne (Harfouche 2005b).

Selon les lieux et les époques, plusieurs modèles sociaux ont été proposés pour justifier de la monumentalité des réalisations et de l'ingéniosité de leurs constructeurs. L'opinion la plus courante attribue de tels ouvrages à des sociétés étatiques au sein desquelles le pouvoir décisionnel est centralisé. Cette construction intellectuelle, qui a ses détracteurs et ses partisans, a encore été récemment réaffirmée, notamment pour expliquer le développement de l'irrigation en Méditerranée et en Orient (Mazoyer 1997 ; Briant 2001). Selon ce modèle, le pouvoir de bâtisseurs qu'ont les sociétés est envisagé comme un facteur de domination sur celles qui sont jugées incapables de s'unir autour d'un même projet. Ces communautés sont alors condamnées à être soumises ou assimilées. C'est ainsi qu'ont été envisagées les relations entre les civilisations conquérantes et colonisatrices de la Méditerranée et les communautés indigènes des territoires conquis. Il ne faut pourtant pas négliger les échanges et les déplacements de populations qui ont tissé les trames des paysages méditerranéens. Quel est le rôle des grands domaines impériaux et seigneuriaux du IIIe millénaire au Proche-Orient, avec leurs ingénieurs et le développement de techniques d'aménagement du territoire contrôlé et exploité ? Plus généralement, quel est le rôle de l'organisation villageoise des communautés de l'âge du Bronze dans la structuration des paysages ? Sans exclure une origine plus ancienne de ces systèmes de culture (Néolithique ?) qui n'aurait pas encore été démontrée par les fouilles archéologiques, il apparaît que le développement des habitats groupés du IIIe millénaire en Méditerranée orientale et dès le IIe millénaire en Méditerranée occidentale est étroitement lié à l'appropriation durable des versants pour l'agriculture.

Il est donc opportun de reconsidérer le tableau dominant qui a été brossé des sociétés protohistoriques, singulièrement en Méditerranée nord-occidentale, à la lumière de ces premiers résultats. Dans une contribution récente, qui invite à réfléchir sur la vision des sociétés celtiques qu'a une certaine branche de la recherche, depuis plusieurs décennies, O. Buchsenschutz décrit en quelques mots choisis une conception des communautés de l'âge du Fer qui a longtemps prévalu dans la sphère méditerranéenne et qui pèse encore lourdement sur la recherche aujourd'hui. Ainsi, « les cultures de l'âge du Fer seraient soit classées dans une case de l'évolution générale de l'humanité, comme une phase tribale en route vers l'urbanisation, soit dans la périphérie du monde méditerranéen, dont elles s'efforceraient par tous les moyens de rejoindre le niveau culturel et d'adapter les standards. » (Buchsenschutz 1998 : 75). L'évolution de la recherche archéologique dans le domaine méditerranéen français qui borde le Golfe du Lion est instructive en la matière. Cette vision de la société protohistorique mérite un arrêt et une attention particulière, car elle a une incidence directe sur la recherche en direction de l'agriculture et des champs.

1.1.1. Savoir technique et sociétés protohistoriques

La société protohistorique de la France méditerranéenne est formée d'un fond indigène, certes hétérogène dans ses formes d'expression et dans ses faciès culturels micro-régionaux, mais qui a évolué dans ses structures et ses techniques, globalement et selon des rythmes plus ou moins parallèles, avec des décalages selon les zones géographiques, au fur et à mesure que sa perméabilité aux apports extérieurs et que le niveau de ses capacités d'adaptation le rendaient possible.

Dès 1982, la vision qui prévaut dans l'archéologie protohistorique du Languedoc place les sociétés de l'âge du Fer — jusque vers le IVe siècle avant l'ère chrétienne — à un niveau de développement qualifié de « préhistorique » et de « traditionnel », en opposition au « monde méditerranéen classique », principalement la Grèce (Py 1982, 1990, 1993a). On constate aisément ce qu'une telle conception a de péjoratif dans la gradation établie. Le modèle ainsi élaboré repose d'avantage sur une conception primitiviste de ces sociétés que sur des faits réellement démontrés.

Il faut d'abord voir l'évolution sur place d'une société émergeant des brumes épaisses de la méconnaissance dans laquelle est toujours l'âge du Bronze, à l'exclusion de l'âge du Bronze final. Le coup d'accélérateur est donné à cette lente évolution de populations, dont l'immobilisme et l'archaïsme sont sans cesse rappelés, par l'arrivée des navigateurs, commerçants et colons, venus de l'Est aux VIe-Ve siècles avant l'ère chrétienne. Sous l'impulsion de ces contacts et échanges, la société indigène jusqu'alors caractérisée par une économie reposant sur une production à l'échelle de la cellule familiale, voit le développement de ses structures de production. Cette mutation aboutit à la création de surplus et à une complexification de l'organisation sociale qui détermine le passage « de la structure tribale à la structure micro-étatique » (Py 1993a : 140).

Cette opposition et cette évolution se retrouvent dans la distinction artificielle opérée entre les techniques de construction faisant appel au bois et à la terre et celles utilisant la pierre. L'indigène passe progressivement de la grotte à la hutte (construction en matériaux « périssables »), à la cabane (base en pierre ou creusée dans le rocher et élévation en matériaux « périssables », en terre ou en adobes), puis à la case en pierre autrement appelée maison.

L'habitat de terre et de bois, qualifié de léger et périssable, aurait été une adaptation au mode de vie des populations qui ne seraient pas encore sédentaires, au premier âge du Fer en Languedoc (VIIIe-Ve siècles avant l'ère chrétienne). Il est indispensable de souligner, à ce stade du discours, que la reconnaissance et la fouille de constructions en architecture de terre relève d'une évolution récente dans la pratique de l'archéologie protohistorique. En effet, avant le début des années quatre-vingt, le domaine méditerranéen est considéré comme étant celui du règne de la pierre sèche, affirmation sans doute inspirée par la fréquence des tas d'épierrement, des capitelles et des murs de terrasses observés dans les garrigues. Ce caractère est même mis à contribution alors, pour opposer ce sud méditerranéen à un vaste nord, avec lequel il ne pouvait pas y avoir de rencontre ni de comparaison possible.

En dépit de la multiplication des découvertes démontrant l'existence d'un habitat protohistorique dispersé en plaine, la littérature archéologique languedocienne récente renvoie encore cette image d'une mobilité de l'habitat induite par l'utilisation de matériaux d'architecture « légers » (Nuninger 1998 : 25, 2000 : 45). La plupart de ces sites découverts au cours de prospection n'a pourtant encore jamais fait l'objet de fouilles. Il paraît donc difficile de préjuger de leur superficie réelle (qualifiée de réduite) et de leur fonction de lieu de « fréquentation » temporaire qui impliquerait un mode de vie « semi-sédentaire ».

Les arguments évoqués en faveur d'une mobilité de l'habitat (ou « sédentarisation inachevée ») et par conséquent d'un déplacement des hommes et de leurs activités de production, ne résident pas seulement dans la nature des matériaux constitutifs de l'habitat et des techniques de construction. Ils sont également puisés dans la distribution aléatoire des habitations de taille modeste. Les fouilles réduites ne l'ont pourtant jamais objectivement démontré. Tout ceci témoignerait d'un urbanisme « spontané », « sans règle », synonyme de temporaire (Py 1982 : 107). Les communautés du début de l'âge du Fer maîtrisaient pourtant l'organisation de leurs habitats. Certains offrent même un plan aux rues perpendiculaires comme en témoigne le site de Mez-Notariou (Ouessant, Finistère), dès 750 avant l'ère chrétienne (Le Bihan 2001). De même, les recherches conduites par J. Chausserie-Laprée en Provence soulignent la diversité des modes d'habitat et des techniques architecturales à l'âge du Fer, en particulier de la construction en terre, qui dément une évolution linéaire des techniques et de la structuration de l'espace habité (Chausserie-Laprée 2000).

L'absence de fortification ou de système défensif d'envergure ainsi que des aires d'ensilage, l'absence de grandes nécropoles au profit de petits groupements de tumulus dispersés, qui seraient la conséquence directe de la mobilité du groupe humain, viennent à l'appui de cette vision particulière de la société protohistorique (Garmy 1979). Ces nécropoles existent pourtant en Languedoc occidental et elles sont également présentes en Languedoc oriental, où elles n'ont jamais fait l'objet de fouilles d'envergure, comme ce fut le cas en Vaunage.

Enfin, cette preuve de la mobilité de l'habitat serait perceptible dans une économie vivrière majoritairement fondée sur l'élevage et dans la présence de « hiatus stratigraphiques » sur quelques habitats groupés. Or, la suprématie des activités pastorales sur le travail de la terre n'a jamais été raisonnablement démontrée. De plus, les hiatus interprétés dans l'occupation des sites doivent être replacés dans le contexte géopédologique. Cet argument d'importance mérite à ce niveau du discours un arrêt et une attention particulière. Les sites sur lesquels sont fondées ces interprétations sont implantés au sommet des reliefs ou en milieu lagunaire. Un bref examen de leur situation est nécessaire pour comprendre la fragilité de ces interprétations.

A partir des années 1970, les fouilles concernant les habitats se sont développées, mais elles ont d'abord touché quelques agglomérations bâties sur les reliefs des garrigues languedociennes, la plupart connues depuis un siècle environ et souvent repérables aux éboulis des remparts qui formaient des linéaments facilement remarquables dans le paysage. L'habitat qualifié de dispersé ou d'intermédiaire était totalement ignoré, d'abord pour l'ensemble de l'âge du Fer puis, après quelques révisions de point de vue, pour les Ve-IVe siècles avant l'ère chrétienne, en l'absence de prospection au sol et malgré quelques découvertes fortuites. Une conclusion évidente s'imposait : la population était regroupée dans de grandes agglomérations fortifiées, localisées sur les hauteurs des reliefs, les *oppida*.

La recherche archéologique s'est donc attachée à dégager les bâtiments et les enceintes, les problématiques restant focalisées sur les échanges commerciaux entre les indigènes et les sociétés étrusques, phénico-puniques, grecques puis romaines, sur l'impact essentiel des fondations coloniales grecques et sur la chronologie archéologique.

Sur ces hauteurs, la maigre épaisseur des sédiments constitutifs des couches archéologiques, en raison de leur faible enfouissement, a totalement été reprise par les processus de transformation pédogénétique. Il en résulte que les caractères morphologiques du sol actuel, développé sur les strates de calcaire — et sur le site archéologique — masquent une éventuelle stratification protohistorique. Cela constitue un sérieux handicap pour certaines fouilles antérieures au début des années quatre-vingt comme celles du site protohistorique emblématique de La Liquière, en Vaunage, qui n'a pas pu fournir une stratification réelle lors de la fouille. La nature des dépôts et leur interprétation sont d'ailleurs souvent absentes des publications. Comment se référer alors aux divisions réalisées dans les lots de mobilier et dans la chronologie, et donner crédit aux hiatus dans l'occupation, qui démontreraient la semi-sédentarité des groupes humains ?

C'est une situation similaire qui se rencontre sur les sites en milieu lagunaire, détruits par les crues saisonnières, et où la stratification est toujours réduite ou totalement masquée par des phénomènes pédologiques postérieurs.

De plus, bien des zones d'ombre existent dans la connaissance des activités de production et des pratiques agricoles des communautés protohistoriques. Les indigènes de la Gaule méditerranéenne se déplaceraient selon un cycle dont la périodicité n'est jamais clairement définie, sans que l'on sache vraiment s'il s'agit de rotation des différents villages successifs sur un vaste territoire ou de déplacement d'une partie de la population dans le cadre d'une transhumance par exemple.

La pratique de la transhumance est d'ailleurs évoquée comme une facette de la sédentarisation inachevée. Elle n'est pourtant pas plus un synonyme de non-sédentarité ou de nomadisme que les qualificatifs de « saisonnier » ou d'« estival » (Py 1982 : 108 ; Garcia 1996 : 9). Il suffit de jeter un rapide coup d'œil à l'histoire des sociétés qui ont peuplé les bords de la Méditerranée pour s'apercevoir que la transhumance est indissociable d'une « sédentarité effective des villages agricoles et des villes » et d'une division du travail très nette au sein du groupe (Braudel 1977, rééd. 1985 : 35-38). Les travaux récents conduits dans le cadre d'études archéologiques et ethnologiques sur les activités pastorales en domaine grec (sud-ouest de la Crète et montagnes du Pindus, au nord-ouest du contient), insistent également sur la nécessaire sédentarité du groupe : « greater specialisation and long-distance transhumance is possible only if some people are engaged in serious agriculture » (Nixon 2001 : 409).

Cette association intime entre nomadisme et sociétés primitives n'est pas le fruit de conceptions nouvelles, puisque cette dualité appartient déjà à l'univers de la pensée grecque. Nomadisme et pastoralisme vont de pair et sont le lot des groupes humains qui ne pratiquent pas l'agriculture, évoluant dans un paysage sauvage à la périphérie du monde civilisé. Cela est perceptible dans la poésie homérique, les récits d'Hérodote ou encore ceux de Thucydide qui, déplorant la précarité de la Grèce des origines, insiste sur l'importance de l'exploitation du sol et des ressources du territoire (Jacob 1991 : 92-93).

Enfin, selon ce modèle, la société protohistorique de la France méditerranéenne reposerait sur une organisation communautaire, contrairement aux sociétés voisines qui connaissent la hiérarchisation. Pourtant, les travaux archéologiques conduits notamment sur les nécropoles protohistoriques suggèrent au contraire une hiérarchisation poussée de la société (Louis 1958 ; 1960 ; Taffanel 1998). La relecture des habitats datant de l'âge du Fer exhumés au cours de fouilles archéologiques anciennes et ceux qui ont fait l'objet de fouilles récentes conduit également à envisager l'existence d'une organisation pyramidale de ces communautés et même celle d'une aristocratie au sein de ces groupes (Arcelin 1999 ; Chazelles 1999 ; Chausserie-Laprée 2000). Ces données archéologiques sont cependant reléguées au rang de particularités locales par les tenants d'une société protohistorique qui ignore la spécialisation dans les activités de production. Les villageois mènent une vie collective dans laquelle la famille nucléaire, groupe le plus restreint, se suffit à elle-même : elle est à la fois pasteur, chasseur, potier, métallurgiste, maçon, commerçant et accessoirement soldat et... agriculteur ! Il est alors légitime de s'interroger sur la place réelle réservée à l'agriculture dans une société telle que celle-ci.

1.1.2. La place de l'agriculture

Parler de champs ne peut être dissocié — à tout point de vue — du discours relatif aux paysans. Les questions des techniques, des outils, de la main-d'œuvre sont liées à la manière dont les archéologues et les historiens conçoivent les sociétés paysannes. Il n'est donc pas inutile de rappeler que l'agriculture est bien la principale occupation des populations de la fin de l'âge du Bronze et des deux âges du Fer méditerranéens. La place qui lui est dévolue au sein du modèle est celle d'une activité « indigente », handicapée par son « faible niveau technique » et la « pauvreté » de son outillage. Elle est, de ce fait, la source d'un maigre rendement contraint par ces instruments rudimentaires et peu diversifiés, ainsi que par les connaissances techniques précaires des agriculteurs. Ceci ne peut donc que conduire à « l'épuisement rapide des ressources exploitables à peu de frais » autour de leur habitat (Py 1982 : 106).

Cette condition précaire confère à l'agriculture un intérêt minime dans l'économie de subsistance des populations protohistoriques, qui serait donc fondée sur le pastoralisme ; activité principale pour des hommes dont le mode de vie traditionnel est issu de la Préhistoire récente, et qui ignorent de ce fait les « formes de production plus rationnelles » (Py 1982 : 109). Les pratiques agricoles sont alors reléguées au rang d'activités complémentaires dans le cadre d'une économie allant jusqu'à être qualifiée de « pastoralo-agraire » (Py 1993a : 78). Or, ce rôle mineur de l'agriculture, dont il est souvent question dans la littérature, n'a pas plus été démontré que la place dominante de l'élevage. L'état des connaissances concernant les champs et les techniques de leur mise en valeur protohistoriques sera longtemps résumé à un unique document iconographique représentant une scène de labour attribué à 900-750 avant l'ère chrétienne (Garmy 1981 : 62). « La pratique de la culture et en particulier du labour des terres est démontré pour le BFIIIb par une scène figurée sur un vase des gisements lagunaires. Le motif incisé en double trait montre un attelage à deux bêtes tirant une sorte d'araire conduit par un homme » (Garmy 1981 : 62). De même, l'« essor » de la production et des pratiques agricoles n'ont jamais fait l'objet d'une démonstration dûment argumentée. Il est néanmoins mis, une fois de plus, sur le compte d'influences étrangères. Cette avancée graduelle salvatrice est réalisée grâce aux colons grecs puis romains, animés par l'esprit d'« économie de marché », qui exploitent enfin la campagne, « orientent » et « rationalisent » la production indigène, introduisant un « réel progrès » dans le domaine des instruments agricoles, progrès jusque-là ignoré (Py 1982 : 108).

Le regard ainsi porté sur les sociétés protohistoriques antérieures à l'arrivée des colons de Méditerranée orientale n'est pas sans évoquer la vision subjective et péjorative de l'altérité chez les auteurs grecs. Il rappelle le modèle du voyage civilisateur véhiculé par une longue tradition historique hellénocentriste. Celle-ci puise ses racines dans les textes antiques, à l'image de la fascinante expédition (phénicienne ?) d'Hannon sur les côtes occidentales de l'Afrique, relatée dans un manuscrit grec, entre l'extrême fin du Ve siècle et la fin du Ier siècle avant l'ère chrétienne, et décrite comme un voyage de colonisation de contrées « barbares », comme un transfert de civilisation (Jacob 1991 : 77).

Pourtant, les résultats palynologiques et anthracologiques acquis au cœur de la région languedocienne qui a focalisé les recherches archéologiques sur les périodes protohistoriques montrent une anthropisation poussée du littoral de la région de Montpellier dès la fin de l'âge du Bronze (Chabal 1997 : 105-106 ; Puertas 1998 : 145, 149). Comment concilier cette interprétation et l'image misérabiliste d'une société aux techniques de mise en culture archaïques, à la production agricole réduite et à la sédentarité inachevée ?

Les arguments évoqués, pour tenter de justifier l'existence d'une agriculture protohistorique réduite, concernent notamment le nombre d'ossements fauniques retrouvés sur les sites dans la première moitié du Ier millénaire avant l'ère chrétienne. Ce dénombrement est jugé important en comparaison des époques postérieures. Ceci serait l'indice d'un pastoralisme dominant au détriment d'une agriculture presque absente. Or, il est indispensable de garder à l'esprit que cette importance des restes fauniques est tributaire de la qualité et de la quantité des sites, qui ne sont de toute façon que très partiellement fouillés. De plus, s'il pouvait réellement être démontré, l'élevage dominant n'implique nullement une consommation minime des denrées végétales. L'évaluation de cette consommation repose quant à elle sur une appréciation et non sur la documentation matérielle, puisque l'espace cultivé proprement dit et les structures de production agricole des sociétés protohistoriques n'ont jamais fait l'objet d'une recherche en soi. La consommation des produits de la terre cultivée par un groupe de paysans et leur production agricole restent donc à quantifier.

D'autres affirmations sont également avancées en faveur d'un rendement négligeable de l'agriculture, telle que la rareté des structures de stockage et des outils retrouvés sur les fouilles. Pourtant, la faiblesse relative des découvertes ne peut être confondue systématiquement avec un faible niveau de développement de l'activité agricole. On ne peut surseoir à un examen de cette documentation sous l'angle des méthodes archéologiques et ignorer les transformations du métal en outils différents au cours de l'histoire. Par ailleurs, l'outil et la terre représentent pour le paysan son bien le plus précieux dont témoignent les inventaires des biens de la fin de l'époque médiévale et du début de l'époque moderne (Le Roy Ladurie 1966). Il n'est donc pas surprenant que les instruments ne soient pas retrouvés par les fouilleurs dans les habitats après leur abandon. De plus, il a été oublié que cette rareté concerne également les outils de maçon et de charpentier, sans que cela signifie pour autant qu'il y ait peu de maisons ! Force est de constater que la relation établie entre la faiblesse relative des découvertes d'outils agricoles et l'existence d'une agriculture réduite ne peut être conclue de manière aussi simpl(ist)e. Il faut rappeler qu'au milieu du XXe siècle, il existait dans le domaine méditerranéen des paysans, qui ne possédaient pas d'outils encombrants, pas de herses ni de rouleaux, pas de semoirs ni de moissonneuses, ni de machine à battre. Les quelques pièces de métal présentent dans l'exploitation agricole étaient celles du char à deux roues et du soc de l'araire. La maison était une pièce unique, avec son foyer au centre et la meule rotative dans un coin. Quand au stockage des produits d'une agriculture, où la place de la production céréalière est primordiale, quelques vanneries et sacs de toile suffisaient à engranger la récolte annuelle (Le Lannou 1941). De même, M.-C. Amouretti rapporte les observations réalisées par C. Connel en 1980 sur l'outillage conservé dans une petite propriété paysanne à Amorgos (Grèce), qui souligne l'importance du bois comme matériau dans la panoplie des outils de l'agriculteur grec encore à la fin du XXe siècle (Amouretti 1986 : 109). Le même constat peut être formulé concernant les communautés villageoises de la montagne libanaise qui pratiquent encore une agriculture non mécanisée.

En réalité, la simplicité de l'outillage n'est pas contradictoire avec la pratique d'une agriculture efficace et durable, c'est-à-dire qui satisfait les besoins de la population. Elle n'exclut pas non plus une certaine culture intensive qui, elle, repose aussi sur d'autres critères, relatifs à la qualité du sol, à la superficie et à la main-d'œuvre.

Pourtant, l'ensemble de ces affirmations a peu à peu formé un discours dominant, construit à partir d'une documentation rare, très dispersée, et de qualité inégale. Le discours repose alors, en grande partie, sur des présupposés très arrêtés, concernant ce prétendu archaïsme des techniques agricoles des cultivateurs de la Protohistoire languedocienne.

Il n'est pas de doute que le discours dominant forgé au fil du temps, conférant un rôle minime aux travaux des champs et à l'exploitation des ressources cultivées de la campagne, véhicule une vision misérabiliste des sociétés de la fin de l'âge du Bronze et de l'âge du Fer, préjugeant de leur capacité à mettre en valeur et à contrôler leur territoire. Ce schéma évolutionniste, qui présente le développement de la société protohistorique du sud de la France selon une perspective linéaire et la décrit selon une conception archaïsante et primitiviste, laissant peu de place à l'agriculture, est pourtant encore vivace dans certains écrits archéologiques récents. On parle encore d'une « agriculture réduite » dans la première moitié du Ier millénaire avant l'ère chrétienne et d'une faible production tributaire d'un outillage « rare et peu diversifié » (Garcia 1993 : 222, 1996 : 9 ; Chardenon 2000 : 292-293).

Faut-il encore rappeler que toutes les sociétés, depuis l'Antiquité jusqu'à un passé très récent, ont eu une alimentation dont la base était majoritairement issue de la sphère végétale, les produits carnés ne représentant qu'une faible part de la nourriture ? Au risque de succomber à un truisme qui semble pourtant nécessaire, ajoutons que la production en quantité importante de ces denrées alimentaires variées impose la pratique de l'agriculture. Il faut donc se rendre à l'évidence, l'ensemble des activités de production que représente cette activité ne peut raisonnablement pas permettre une mobilité des communautés et de leur habitat. Ces sociétés sont avant tout des groupes d'agriculteurs sédentaires et héritiers d'une longue histoire agraire qui puise ses racines jusqu'au Néolithique. Ils exploitent les terroirs complémentaires d'un territoire qu'ils contrôlent ; ils ne sont pas perpétuellement confrontés à une production alimentaire difficile due à une agriculture indigente. Le groupe humain auquel appartiennent les agriculteurs et dont ils constituent la majorité, repose aussi sur la spécialisation du travail. S'il existe quelques individus de la communauté qui partent en transhumance avec le troupeau, ceci reste encore à démontrer.

A l'issue de cet état des lieux, on comprend aisément que beaucoup de chercheurs n'accordent pas à ces cultivateurs le bénéfice de la construction durable de versants en terrasses, pas plus que de la gestion raisonnée des ressources hydriques. Ces réalisations impliquent des savoir-faire agricoles et des capacités d'organisation. Elles sont assurément incompatibles avec les qualités d'indigence et d'archaïsme dont on affuble les sociétés protohistoriques, jugées incapables de maîtriser l'aménagement des campagnes de façon extensive et la mise en valeur de l'espace dans le cadre d'un projet préconçu.

C'est donc vers une démarche archéologique spécifique en direction des champs et des activités dont ils sont le théâtre qu'il faut se tourner pour asseoir des hypothèses sur des faits réellement démontrés. Certes les données disponibles sont rares comparées aux époques plus récentes, mais les vides laissés par la recherche ne sauraient cautionner l'idée que l'on peut éluder la confrontation nécessaire des convictions à la réalité du terrain.

La démonstration du développement des parcellaires en terrasses dès le IIe millénaire avant l'ère chrétienne sur les versants de la Méditerranée occidentale permet non seulement de réviser ce tableau misérabiliste des modes de production agricole, mais aussi de reconsidérer l'espace agricole de ces communautés au plan de sa situation (versants), ainsi qu'au plan des pratiques et donc des savoirs qu'ils ont construits, en matière de gestion des sols et de l'eau. Au-delà des pratiques de culture, la question qui est posée est également celle de la part des choix opérés par ces sociétés dans la gestion de leur milieu et la part des contraintes physiques, techniques ou territoriales (économiques, sociales, politiques) qui influent sur leur mode de production.

1.2. L'extension des parcellaires

Le milieu du Ier millénaire avant l'ère chrétienne signe l'extension des parcellaires en terrasses, tant en Méditerranée orientale qu'occidentale. Ce phénomène n'est cependant pas nécessairement un signe de rupture avec la période précédente. A un niveau global, il reflète d'avantage une continuité qui réside dans le renforcement des pratiques mises en œuvres au cours des siècles passés. Les conditions du changement se perçoivent à un niveau local, entre deux versants ou entre deux micro-régions. Les facteurs à l'origine de ces modifications sont à rechercher dans l'histoire à grande échelle des communautés qui ont façonné ces terroirs.

En Grèce, l'extension des parcellaires se produit dans le cadre de l'organisation politique, sociale et économique de la cité grecque. Il reste à approfondir l'étude pour définir précisément et dans toute sa complexité le lien qui peut être établi entre l'affirmation de la cité, au milieu du Ier millénaire, et le développement des systèmes d'exploitation agricole des paysages pentus.

En Méditerranée occidentale, la question centrale de l'articulation de l'espace exploité à l'habitat permet de cerner le sens des changements et des continuités dans l'exploitation des sols pour l'agriculture. L'aménagement des versants à l'époque protohistorique en terrasses de cultures est étroitement lié à l'exploitation du territoire des agglomérations, à petite et moyenne distance. La production des aliments et l'exploitation vivrière se concentrent dans le finage le plus proche de l'habitat voire au sein de celui-ci. Les activités de production alimentaire et les aménagements du paysage qu'elles exigent en matière de protection des sols et de gestion hydraulique se distribuent aux portes même des agglomérations indigènes. La variétés des sols disponibles sur les plateaux calcaires, sur les pentes des vallées et des combes qui déchiquètent les reliefs ainsi que sur les piémonts, offre autant de possibilités aux agriculteurs. La construction de terrasses de culture ne relève donc pas d'une nécessité mais d'un choix délibéré de mise en valeur de certaines zones, en créant un micro-climat favorable aux cultures. Cette liberté est bien illustrée en Vaunage où les versants méridionaux de la colline de La Liquière ont été aménagés dès le VIe siècle avant l'ère chrétienne, tandis que les pentes de la colline voisine de Roque-de-Viou ont été délaissées au profit de celles de la combe de Saint-Dionisy, ouverte vers le sud et dotée d'une source dont le captage permet la culture sur des terrasses irriguées.

Comment expliquer les évolutions morphodynamiques différentes entre des versants proches, tels que celui de la Font du Coucou qui a été façonné en terrasses, au moins dès la fin de l'âge du Bronze, et celui de Saint-Dionisy qui est aménagé à partir du IIe siècle ? Sont-elles le reflet de modifications dans l'agrosystème ? Sans remettre en cause la stabilité générale démontrée du climat méditerranéen au cours de l'Holocène, il n'est pas exclu que des oscillations aient pu constituer des facteurs déclencheurs de l'érosion sur les pentes. Ces changements (un refroidissement ou une pluviosité accrue) ont pu conduire les agriculteurs à délaisser les champs sur un versant exposé au nord, tel que celui en amont de Saint-Dionisy, plus sensible à ces modifications. Abandonnées, les pentes dénudées sont alors la proie des agents naturels qui favorisent le déclenchement des processus érosifs. *A contrario*, les terrasses construites sur les pentes méridionales de La Liquière, bien ensoleillées, ont continué à être exploitées. L'aménagement des versants et le maintien ou non de ces terroirs en gradins répondent donc à des besoins spécifiques en matière d'agriculture. Les cultures développées sur les terrasses plusieurs fois abandonnées de la colline de Roque-de-Vif n'ont sans doute pas survécu à des modifications (climatiques ou sociales) qui ont contraint les agriculteurs à renoncer à ces terroirs.

La variété des modes de culture constatée autour des agglomérations se retrouve également à l'intérieur de l'emprise des remparts des habitats indigènes. Les terrasses agricoles aménagées au sein de l'agglomération de Nîmes ont été le support d'une production céréalière et sans doute de cultures vivrières dans des jardins-potagers pour la consommation des habitants. L'organisation des terroirs par les sociétés indigènes s'exprime donc dans l'environnement immédiat des habitats, mais elle résulte de choix pensés en fonction des potentialités des sols et des ressources en eau. Elle démontre le savoir agronomique des sociétés capables de mesurer les qualités des terroirs et de les exploiter en fonction de leurs besoins. Elle rend compte également de leur aptitude à construire le territoire en transformant les contraintes environnementales — topographiques notamment — pour créer de nouveaux terroirs par la construction de systèmes de terrasses. Pour bien mesurer ce savoir-faire des agriculteurs protohistoriques, il faut garder à l'esprit l'étendue des sols cultivables sur les hauteurs et dans les combes et leur richesse agronomique à cette époque. Le façonnement des versants apparaît alors comme une opération non pas destinée à accroître l'espace agricole, mais pour répondre à des besoins spécifiques en modifiant le climat sur la pente, en approfondissant les sols et en apportant aux plantes les nutriments nécessaires à leur croissance.

La logique d'exploitation des ressources disponibles impose que l'installation de l'habitat épargne les sols les plus prometteurs. La localisation des agglomérations sur les reliefs érodés participe de ces choix de gestion des ressources du territoire. En effet, l'agriculture protohistorique reste dépendante de la qualité agronomique des sols disponibles. En Vaunage, en Vistrenque, dans l'environnement de l'habitat de Mailhac, comme à *Ambrussum*, le territoire des habitats groupés est étendu, mais il n'est pas assez vaste pour permettre aux agriculteurs, qui veulent pratiquer une agriculture intensive, d'abandonner leurs champs et de déplacer leurs habitats pour permettre la reconstitution des ressources du sol. Cette agriculture itinérante, qui a pu exister aux époques précédentes et qui s'est maintenue dans d'autres régions du nord de la Gaule durant l'époque protohistorique, n'est plus envisageable dès l'âge du Bronze final dans le Midi méditerranéen, au regard de la densité du réseau de peuplement. L'appropriation du sol est alors définitive. L'habitat perché assure le contrôle de la matière première des groupes humains, et qui le restera jusqu'à la révolution industrielle : le sol. Les prospections récentes et les travaux d'archéologie préventive montrent l'importance numérique des habitats et leur distribution dans toutes les unités de paysage (collines, versants, piémonts, plaines). Les sociétés sont donc confrontées, pour maintenir leur production, à la nécessité de préserver les qualités agrologiques des sols.

La démonstration de l'existence de pratiques d'amélioration des richesses organo-minérales des sols par l'amendement est un argument supplémentaire en faveur de la sédentarité définitive des peuples et de leur appropriation des terres. L'archéologie des techniques d'amendement dont l'apparition est étroitement liée à l'usage des enclos pour la stabulation, reste à faire pour ces époques. Certains historiens considèrent que l'amélioration des potentialités des sols relève de savoirs agronomiques dont la maîtrise ne serait pas antérieure au XVIIIe siècle de l'ère chrétienne, période qui signe la naissance de la science agronomique (Sigaut 1995). Les diverses techniques physico-chimiques modernes d'enrichissement des sols constituent certes une avancée considérable pour la valorisation des sols, mais les populations de l'âge du Fer n'étaient pas ignorantes de techniques d'amélioration des qualités des couvertures pédologiques. Leurs activités leur permettaient de produire du fumier pour fertiliser les sols des champs en terrasses, au moins à petite échelle. La fumure des terres était pratiquée notamment dans les champs de l'*oppidum* de Nages par l'épandage des déchets domestiques et, peut-être, la vaine pâture. De tels apports suffisent à maintenir la fertilité des sols développés sur les massifs calcaires et ceux qui sont contenus par les murs de terrasses sur les pentes. La création du mur ayant elle-même permis un approfondissement du sol et favorisé la pénétration et le stockage des eaux de ruissellement et d'irrigation dans les horizons profonds, le seul frein au rendement des terres ne réside plus que dans la puissance de l'outillage. Son efficacité n'est cependant pas à remettre en cause. Il est adapté au travail des sols concernés, ou devrait-on plutôt dire que le choix des terres cultivables est en accord avec les conditions techniques de l'époque.

De plus, le développement de formes d'exploitation de la terre qui font appel à une autre main-d'œuvre que celle constituée par les membres de la cellule familiale permet de palier l'insuffisance des techniques agricoles. Dans ce cas, la construction, l'entretien et la culture des champs en terrasses ne sont plus le labeur des seuls paysans de la maisonnée, mais deviennent l'affaire de brassiers, paysans dépendants de l'exploitant, selon un modèle socio-économique développé dans l'étude des campagnes de l'Afrique du Nord (Kolendo 1976). Reste qu'il est bien difficile de situer dans le temps ce passage d'un système économique fondé sur l'unité domestique et la production autosuffisante dans le cadre d'une petite exploitation familiale à une exploitation qui génère des surplus en développant le travail à bras. Si l'on admet l'hypothèse proposée à partir des recherches conduites sur l'espace cultivé de l'*oppidum* d'*Ambrussum*, ces nouvelles pratiques semblent acquises dès le IIIe siècle avant l'ère chrétienne. Elles ont été observées, dans un premier temps, au travers des formes du tissus urbain et de l'organisation des unités domestiques. Le système économique des populations du second âge du Fer, tel qu'il a pu être perçu au travers de l'évolution des habitations, ne repose plus sur l'autosubsistance (Fiches 1986 : 22). La création de surplus, dès le IIIe siècle avant l'ère chrétienne, permet aux agriculteurs de l'*oppidum* de dépasser le stade de la production familiale et autarcique pour une autre forme d'exploitation de la terre. Le développement d'une aristocratie indigène à la veille de la conquête romaine renforce cette hypothèse (Fiches 1989). Elle marque son emprise terrienne par la distribution des monuments funéraires et des tombes sur les frontières du territoire. Cette fonction symbolique que revêt la nécropole dans la représentation du territoire cultivé est également présente autour de la colline de La Liquière, les morts étant ensevelis dans la combe de la Bergerie Hermet. A Mailhac, les tombes sont distribuées dans la plaine, au pied de l'habitat perché. Les recherches conduites dans les vallées libyennes confirment ce constat. Sur l'autre rive de la mer Méditerranée, les nécropoles marquent aussi les limites de l'espace cultivé (Mattingly 1997 : 204).

Le paysage porte donc la trace des changements qui s'opèrent dans le monde rural. La diversification des terroirs des agglomérations de hauteur, notamment en direction de la plaine, est effective dès le IIIe siècle avant l'ère chrétienne. Les sols des plateaux calcaires et des pentes les plus proches de l'habitat (sur les hauts de versants et dans les combes où la dégradation des sols est la plus importante) ne sont plus les seuls à subvenir aux besoins des communautés et à supporter une agriculture soutenue. On peut cependant s'interroger sur l'ancienneté de l'exploitation des dépressions, antérieurement au IIIe siècle avant l'ère chrétienne, au regard de la multiplication des découvertes qui ont révélé la continuité de l'occupation des plaines par des habitats dès la fin de l'âge du Bronze et l'existence de sites implantés dans les dépressions dès le Néolithique.

Contrairement à la Préhistoire récente où la présence de champs dans les dépressions est supposée, la mise en culture et la structuration de l'espace agraire des plaines protohistoriques du Languedoc oriental sont archéologiquement démontrées. C'est le cas notamment en Vistrenque, où dès le VIe siècle avant l'ère chrétienne la moyenne plaine du Vistre est entièrement drainée et cultivée dans le cadre d'un parcellaire organisé et d'un réseau d'habitats progressivement mis au jour. Des fossés et de probables traces de palissades datés des Ve-IVe siècles avant l'ère chrétienne ont été mis au jour dans le quartier dit Sur le Mas Neuf (Nîmes, 1981, HZ, parcelles 149, 152, 155, 165). Plus au sud, dans le quartier de Mas de Vignole-Nord, des fossés proches de bâtiments datés des Ve-IVe siècles avant l'ère chrétienne ont été découverts (Nîmes, 1981, HY, 208). Ce sont encore des fosses, un puits et des bâtiments en terre crue et bois datés du Ve siècle avant l'ère chrétienne, qui sont installés au bord du Vistre, dans une zone palustre, à l'est de l'agglomération nîmoise (commune de Caissargues, cadastre de 1987, section AZ, Moulin Villard). Au sud de l'agglomération, la maîtrise de l'eau pour l'agriculture en plaine est bien illustrée par les champs du Mas Carbonnel où une petite parcelle rectangulaire (6 x 15 m environ) a été révélée par les fossés qui la ceinturent et par de petites raies parallèles séparant des billons de faible largeur (50 à 60 cm) (Fig. 107). Ce champ a pu être daté approximativement de la fin du second âge du Fer par les fragments de céramiques non tournées, du IIe siècle avant l'ère chrétienne, retrouvés dans le comblement des fossés et par la superposition stratigraphique d'un complexe funéraire à incinération du début du Ier siècle de l'ère chrétienne dont certains aménagements viennent recouper le comblement d'un fossé de bordure de la parcelle. Dans la dépression de la Vaunage qui a très probablement été exploitée au Ier millénaire avant l'ère chrétienne, comme en témoigne la présence des sites d'habitat, un vide archéologique inexpliqué subsiste depuis la Préhistoire récente au cœur de la cuvette, au nord-est de Calvisson. C'est à cet emplacement précis que J. Sapin situe un bas fond marécageux en s'appuyant sur les résultats des sondages géologiques qui ont révélé la présence du substrat marneux à environ 9 m de profondeur alors que sont enfouissement n'excède pas deux mètres dans les alentours (1994, X, Campeyroux, Les Aubes. Y, Plans-Bas). Selon l'auteur, ce « creux de subsidence à caractère palustre » ne sera drainé qu'à l'époque romaine (Sapin 1981). Pourtant, il est aujourd'hui démontré que le drainage des zones humides n'est pas une innovation technique romaine mais que cette entreprise, qui relève d'un projet d'aménagement réfléchi ce qui suppose une certaine organisation sociale, a existé dès la Protohistoire.

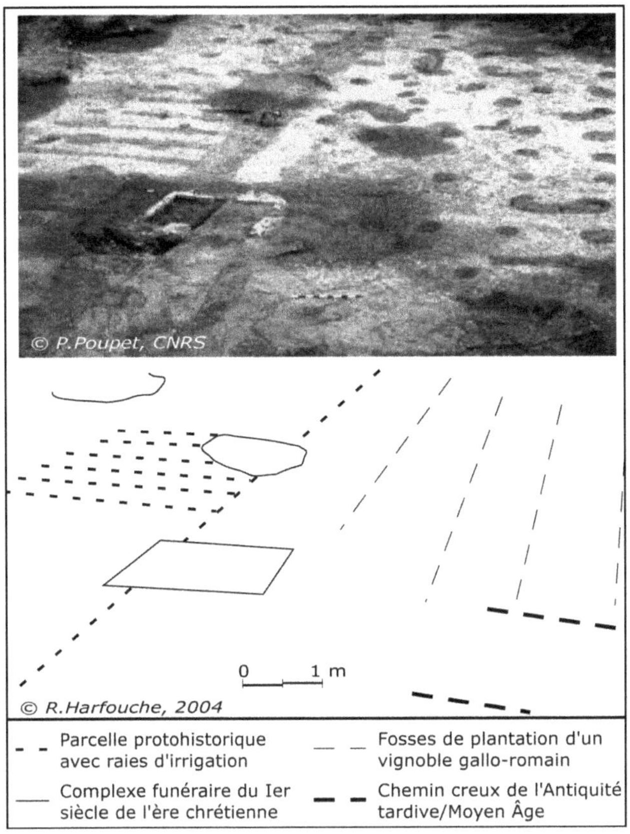

FIG. 107 : CHAMPS CULTIVÉS DANS LA PLAINE DE LA VISTRENQUE (MAS CARBONNEL, NÎMES, GARD, FRANCE) (D'APRÈS POUPET 1999).

Alors, pourquoi n'avoir pas assaini cette partie de la cuvette comme cela semble avoir été le cas plus à l'ouest et au nord, où ont été installés les habitats, annexes agraires qui supposent la proximité des champs ?

Est-il possible d'affirmer que les sites et les champs en plaine dépendent des agglomérations de hauteur, tant que l'on n'a pas encore saisi la nature de ces installations, leur véritable statut dans le réseau de peuplement, ainsi que la nature des relations (relations de dépendance ?) qu'ils entretiennent avec l'habitat groupé perché ? Sans les réponses à ces questions fondamentales, il est difficile de dépasser les commentaires virtuels, d'autant plus que la majorité de ces sites n'est connue qu'à partir de la seule vision de surface au cours de prospections pédestres à vue. Leur interprétation comme annexes agraires reste une hypothèse à vérifier. Cependant, une autonomie totale de ces établissements, quelle que soit leur nature, vis à vis des agglomérations n'est pas envisageable à l'échelle de micro-régions où les paysages compartimentés génèrent des unités spatiales dont les superficies sont peu étendues. Cela a été souligné pour la Vaunage et concerne aussi les rapports entre terroirs de collines et de plaine dans la moyenne vallée du Vistre et dans la région de Mailhac. Les agriculteurs protohistoriques ont donc exploité plusieurs terroirs — dont certains ont été aménagés en terrasses agricoles — en misant sur la complémentarité des sols au sein d'un même territoire. Ils ont choisi d'investir et de construire certains lieux selon leurs besoins et dans le cadre de projets d'aménagement préconçus qui font appel à des connaissances en matière de protection des sols et d'agronomie. Ils étaient parfaitement conscients de l'érosion hydrique des couvertures pédologiques et de la nécessité de maîtriser les écoulements sur les pentes, comme ils avaient évalué les avantages climatiques que procure la construction en terrasses pour certains végétaux cultivés.

1.3. Construction et reconstruction des versants

Entre le Ier siècle avant l'ère chrétienne et le IIe siècle, et à d'autres reprises à partir du XIe siècle, on assiste à la construction ou la reconstruction (selon les lieux) des versants en terrasses.

Les populations préromaines ont cultivé les hauteurs. Elles ont aussi façonné les versants et certaines zones basses qui n'étaient pas toujours vouées à l'élevage des bovins. Avant l'époque romaine, à un moment de l'histoire des communautés protohistoriques qu'il est difficile de situer précisément sur l'échelle du temps, l'exploitation agricole dépasse largement le cadre de la production vivrière. Les parcellaires en terrasse construits sur les versants et dans les vallées qui se révèlent peu à peu témoignent de l'emprise des sociétés sur leur paysage dont ils investissent tous les géocomplexes. Cependant, la reconstruction de la topographie sur les pentes et en plaine pour la mise en place d'un vaste parcellaire associant, terrasses, chemins et aménagements hydrauliques (fossés, chemins creux, canalisations, bassins) relève d'un projet d'ingénierie complexe et ambitieux mis en place dès le IIe siècle avant l'ère chrétienne. La recréation du paysage participe alors d'une nouvelle approche de l'espace cultivable et de l'exploitation des ressources du territoire. Elle est incarnée par une mise en valeur des terres d'une autre ampleur. Les terroirs sont appréhendés dans leur ensemble et remodelés par la construction d'un réseau de circulation et de champs en gradins.

Ce changement majeur dans la construction des paysages aurait pu générer des déséquilibres au sein de l'environnement qui était exploité jusqu'alors à une autre échelle, par de multiples communautés. Mais c'est oublier que si le changement d'organisation provoque la destruction des aménagements et la dégradation des sols, cela est seulement la conséquence d'une exploitation incontrôlée ou d'un abandon des terres. Les colons romains ont reconstruit la topographie, selon des techniques savamment maîtrisées et une ingénierie hydraulique complexe qui n'a pas entraîné de bouleversements majeurs dans l'histoire des sols. La pérennité du réseau de l'habitat en Vaunage depuis le début de l'époque romaine témoigne d'une exploitation rationnelle de l'environnement et d'une stabilité globale du paysage humanisé. Les vagues successives de reconquête et d'abandon des versants depuis la fin de l'époque romaine ont marqué l'histoire géomorphologique à l'échelle du versant, entraînant un remodelage du paysage après l'an Mil. Toutefois, ces fluctuations n'ont pas généré de déséquilibres majeurs dans les écosystèmes.

Par ailleurs, la reconstruction de la topographie qui a accompagné la nouvelle mise en valeur des terres n'a pas seulement concerné les vastes plaines cadastrées et drainées des provinces conquises, selon l'image la plus courante véhiculée par les commentateurs. Certes, la puissance de l'ingénierie romaine s'est exprimée par l'engagement de vastes opérations de drainage, notamment dans les plaines du Languedoc (Vaunage, vallée du Vistre, bassin de Mailhac), mais ce remodelage des paysages a aussi concerné les versants.

Une problématique moins évidente après une première analyse relève donc de la stratégie choisie par les constructeurs pour rationaliser ces paysages. Les colons commencent-ils par drainer de manière massive et systématique les zones basses et les plaines marécageuses qui n'étaient pas cultivées par les populations protohistoriques ? Ou choisissent-ils d'accaparer en premier lieu les terroirs déjà bâtis par les agriculteurs indigènes ? En admettant que le drainage soit une opération technique plus complexe que l'irrigation et la technique de construction en terrasse, pourquoi ne pas envisager que la décision de gagner des terres en zones conquises sur les marais à l'époque romaine, témoigne indirectement du fait que la mise en culture des versants était largement engagée avant l'installation des colons, ainsi que le soulevait Ph. Leveau (Leveau 1993c) ? Il ne reste alors plus que l'assainissement des terres marécageuses pour augmenter l'espace cultivable.

L'approche multiscalaire révèle que les situations varient selon les micro-régions et qu'au sein d'un même projet de conquête de terres, les nouveaux occupants ont su adapter leurs stratégies en fonction des conditions préexistantes. Ainsi, de vastes terroirs construits sont créés dans la région de Mailhac, dans des espaces qui n'étaient pas toujours cultivés à l'arrivée des colons (plaine marécageuse à vocation funéraire). En d'autres lieux, notamment en région nîmoise (Vaunage, vallée du Vistre), les parcellaires mis en place à l'époque romaine ne font que redessiner une topographie déjà construite par les populations qui cultivaient les lieux. Les aménagements s'insèrent ensuite dans la trame fiscale cadastrale précoce (ex. Vaunage). Les processus de reconstruction des champs sur des reliefs tourmentés et des hauts de versants abrupts sont plus difficiles à identifier au travers de la grille de lecture imposée par la matrice cadastrale. La logique topographique d'implantation des parcelles en terrasses l'emporte sur la rigidité du quadrillage fiscal pour déterminer la forme, la taille et l'orientation des unités cultivées. Il a néanmoins été démontré que les vastes projets d'aménagement liés à la colonisation romaine ne marginalisent pas les sols des versants qui sont déjà productifs et déjà contrôlés par les populations protohistoriques, mais ils les intègrent à la nouvelle trame parcellaire, associant terrasses de culture, chemins et fossés. Il faut donc faire une place aux terroirs en terrasse dans la représentation que nous avons des terres confisquées aux peuples soumis par le pouvoir romain dont parle à plusieurs reprises Cicéron dans son discours *Pro Fonteio* (Clavel-Levêque 1987 : 38-39). Ainsi que l'avait décrit F. Favory au sujet de la grille cadastrale républicaine, elle « fonctionne comme un instrument chargé de briser le cadre territorial des communautés indigènes et comme un outil d'intégration de ces communautés dans la nouvelle cohérence provinciale » (Poupet 1989 : 261).

Il reste à définir plus finement le rythme et les modalités de ces changements que l'on ne pourra cerner qu'en approfondissant et en multipliant les études à grande échelle. C'est à cette seule condition que la lecture ne sera pas brouillée par une approche exclusivement globalisante qui tend à amplifier le phénomène de rupture qu'auraient induite les bouleversements massifs liés à la conquête romaine, au détriment de *scenarii* plus nuancés qui ont pu exister dans les relations entre les peuples.

La reconstruction des versants entre le Ier siècle avant l'ère chrétienne et le IIe siècle concerne toutes les unités paysagères : plaines, bas de versant collinéens, et mêmes les versants montagneux que l'on considérait à l'écart de l'exploitation agricole du territoire, notamment au Mont-Liban. La construction des pentes se poursuivra sans interruption majeure jusqu'au VIIe siècle, en particulier en Grèce et au Proche-Orient (Mont-Liban, Palestine).

Le rôle des *villae* et plus généralement des grands propriétaires dans la reconstruction de ces paysages a été maintes fois posée, mais en l'absence d'une archéologie des versants terrassés. Il faut à présent poursuivre les recherches en direction des champs construits sur les pentes pour tenter de définir l'emprise réelle des domaines sur le paysage.

A partir du XIe siècle, un nouvel élan de construction ou de reconstruction des versants modifie souvent durablement ces mêmes unités paysagères. Selon les lieux, ce phénomène a pu se produire plus précocement, en particulier en France méditerranéenne (IXe-Xe siècles ?) ou dans le prédésert africain (VIIe-VIIIe siècles ?). Des phases d'intensification de l'aménagement des paysages ont même été mises en évidence dans les campagnes de la Méditerranée occidentale au cours des siècles suivants (XIIe-XIIIe siècles). Une fois de plus, cette évolution des paysages terrassés à l'échelle du bassin méditerranéen doit être nuancée par des histoires différentes à l'échelle micro-régionale. La diversité des situations s'exprime au plan des facteurs et des acteurs à l'origine de ces aménagements. La volonté communautaire se serait exprimée au cours du Moyen Age durant lequel les défrichements forestiers pour la construction des versants n'ont pas seulement été initiés par les seigneuries et les abbayes, mais sont nées d'initiatives villageoises (Durand 1998). Cette décision communautaire s'est également exprimée dans le processus de structuration des campagnes d'*al-Andalus* (Bazzana 1987 ; Barceló 1995 ; Cressier 1999). Elle a aussi été avancée pour expliquer la construction des versants en terrasses des montagnes de l'Afrique du Nord avant la colonisation romaine, par des communautés villageoises, indigènes, (Camps 1961 ; Shaw 1984 ; Barker 1996).

D'une manière générale, la création des terroirs en terrasses sur les pentes méditerranéennes a souvent été mise en relation avec des évènements historiques médiévaux voire seulement modernes et contemporains. Certains travaux qui nient l'existence de terrasses antérieurement à l'époque moderne sont datés, mais gardent le handicap d'avoir ignoré la recherche archéologique et historique dans le bassin méditerranéen, qui démontrait au même moment l'existence de ces aménagement bien avant l'extension maximale des parcellaires de terrasse à l'époque moderne et contemporaine (Blanchemanche 1990). Il est cependant vrai que la plupart des paysages de pierre sèche actuels en milieu méditerranéen sont le résultat de réaménagements modernes, même s'ils gardent en eux l'empreinte de constructions antérieures.

L'aménagement des versants sur les rives nord-occidentales de la Méditerranée s'est surtout effectué au cours de grandes vagues de conquête et de reconquête des sols sur les pentes aux XVIe-XVIIe siècle et du XIXe siècle (Le Roy Ladurie 1966 ; Castex 1983 ; Frapa 1997 ; Reparaz 1990 ; Blanchemanche 1990 ; Rebours 1990 ; Blanc 2001). Ces phases massives de pétrification des versants ont été attribuées, selon les régions et les époques, à une volonté de mettre en place une agriculture spécialisée ou à une faim de terre, conséquence d'une poussée démographique. Ainsi, les vignobles de l'île de Pantelleria, au large du sud-ouest de la Sicile, ceux de Banyuls et de Porto, comme les cultures de châtaignier en Cévennes ont mobilisé les forces de travail pour réaliser des parcellaires gigantesques sur des versants abrupts. L'aménagement du paysage échappe parfois au groupe ou à un quelconque pouvoir central. La conquête des terres sur les pentes, la protection des sols et la création d'un système hydraulique performant est le résultat d'une initiative paysanne individuelle. Cette volonté créatrice a pour moteur principal la faim. Elle s'inscrit dans une économie de subsistance fragilisée au moindre essor démographique ou à la première crise économique. Ce modèle a été développé principalement à partir de l'étude des populations habitant des zones montagneuses reculées, marginalisées. Il a été envisagé pour expliquer l'aménagement de ces paysages cloisonnés aux époques médiévale et moderne. Les terrasses et les réseaux hydrauliques qui leur sont associés dans la France méditerranéenne, singulièrement dans les Cévennes et en Ardèche, sont le produit de cette volonté humaine qui s'est exprimée depuis le Moyen Age (Le Roy Ladurie 1966 ; Blanc 2001).

Dans les Cyclades grecques, les paysages de terrasses actuels largement abandonnés sont le résultat de l'aménagement extensif des versants depuis le XVIIIe siècle jusqu'au XIXe siècle (Brun 1996 : 63-120). C'est également au XIXe siècle que les pentes libanaises ont été le plus densément cultivées au moyen de parcellaires en terrasses. Aujourd'hui, l'économie de marché a paradoxalement poussé à l'abandon des terrasses agricoles et à la recréation de nouveaux paysages artificiels à l'aide d'engins mécaniques qui donnent naissance à des banquettes plus imposantes vouées à des cultures plus rentables. Ces transformations très rapides de l'agriculture actuelle et des paysages du même coup sont patentes dans les montagnes du Proche-Orient, au Liban, dans le sud de la Syrie et en Jordanie.

Chapitre 2

Terrasses et transmission des savoirs

2.1. Acquisition et diffusion des savoirs

2.1.1. Un examen nécessaire

On pourrait s'interroger sur la nécessité d'entreprendre une réflexion sur la transmission des savoirs techniques en matière d'agriculture dans le domaine méditerranéen. Certains y voient un sujet éculé, tandis que d'autres avancent qu'il s'agit d'une démarche obsolète. Il est sans doute plus fructueux, comme le souligne Ph. Leveau, de comparer des systèmes culturaux en les envisageant du point de vue des rapports qu'ils entretiennent avec l'ensemble de la société plutôt que de rechercher des origines aux techniques de culture et d'irrigation (Leveau 1995 : 63).

Cependant, la question de la transmission des savoirs en Méditerranée a souffert de graves distorsions et d'une certaine confusion. Elle mérite donc d'être posée à nouveau à partir d'un récolement des données bibliographiques existantes, qui n'a jamais été réalisé concernant les terrasses de cultures, et des données inédites acquises au cours de ce travail. La difficulté de l'analyse de cette documentation tient au fait que les données publiées sont dispersées et inégalement réparties dans les pays riverains de la Méditerranée. De plus, les conditions historiques de la recherche diffèrent selon les espaces géographiques ce qui rend les comparaisons délicates. Aussi, ce chapitre n'a pas l'ambition de résoudre ceux qui demeurent de grands problèmes historiques. Il souhaite apporter, au travers d'un état des lieux nécessaire, un éclairage différent aux questions posées.

2.1.2. La Méditerranée, espace d'échanges et de transmission des savoirs

Dans leurs écrits, les auteurs contemporains, qu'ils soient historiens, géographes, ethnologues, naturalistes ou sociologues, se plaisent à rappeler que la Méditerranée est ancrée dans notre imaginaire collectif. Il n'est pas de travaux, de l'introduction géographique à l'ouvrage entièrement consacré à ce domaine, qui ne reviennent sur la place privilégiée qu'occupe ce mot évocateur dans l'esprit de nos contemporains. Il est vrai qu'il appelle des images de paysages pittoresques baignés de soleil où il fait bon vivre, entre vignobles et oliveraies, mais ce ne sont pas ses caractères physiques qui expliquent la place privilégiée que tient la Méditerranée dans la pensée des peuples. Le poids de ce mot dans l'imaginaire collectif contemporain est dû en grande partie à la dimension historique de cet espace géographique, où les « civilisations méditerranéennes », de l'Egypte pharaonique à la Rome antique, en passant par la Grèce classique, ont marqué durablement la pensée européenne.

Le bassin méditerranéen est souvent considéré, depuis les auteurs grecs et latins eux-mêmes, comme un milieu favorable aux échanges, où les modes de vie des sociétés sont le résultat d'emprunts entre peuples voisins (Jacob 1991 : 68-71). Il est décrit comme un « carrefour » pour la circulation des hommes et des idées et donc pour la diffusion des techniques, favorisée par les contacts entre les cultures. Cependant, l'étude des échanges en Méditerranée, par le biais de l'archéologie en particulier, a été dominée par l'intérêt qu'ont porté les chercheurs à la circulation des produits. C'est pourquoi la place qui est généralement accordée à cet espace d'échange se limite aux circulations commerciales des produits emblématiques tels que l'huile et le vin, au détriment de la circulation des techniques et à la transmission des savoirs liées à la pratique même de l'agriculture.

La fascination des auteurs pour certaines cultures méditerranéennes les a conduits à les charger d'une mission « civilisatrice » à l'égard des autres peuples. Les auteurs antiques vantaient la grandeur de la civilisation gréco-romaine par rapport au reste des communautés méditerranéennes (Nicolet 1978 : 890 ; Hartog 1980 rééd. 1991). Les voyageurs des XVIIe-XIXe siècles ont alimenté par leurs récits une fascination pour l'Orient considéré comme le berceau de toutes les innovations. Pour d'autres, l'histoire des savoirs en Méditerranée est à mettre sur le compte du « miracle grec », de l'Empire romain fédérateur, de l'Egypte ancienne, ou encore du génie arabo-andalous. Dans ce contexte historique et historiographique, les positions divergentes des chercheurs ajoutent à la difficulté de déterminer l'origine des techniques agricoles mises en pratique dans la construction des paysages méditerranéens. La diffusion des savoirs techniques, notamment en matière d'agriculture, telle qu'on la connaît aujourd'hui, s'est-elle réellement opérée de l'Orient vers l'Occident ? Existe-t-il un foyer oriental qui voit la naissance des techniques d'aménagement des versants, de protection des sols et d'exploitation des ressources en eau ou y-a-t-il une origine multipolaire à ces modes de construction et de gestion des terroirs ? Où, quand, comment sont-elles apparues en Méditerranée nord-occidentale ? L'archéologie permet-elle de mettre en évidence des étapes qui témoigneraient d'une diffusion de méthodes d'exploitation agricoles innovantes, depuis un berceau principal oriental, en direction des sociétés indigènes de la Méditerranée occidentale, par le biais des vagues successives de populations phénico-puniques, étrusques, grecques, romaine et enfin arabes qui ont abordé leurs côtes ? Ont-elles été transmises par les Phéniciens, les Grecs, les Etrusques, les Romains ou la conquête arabe, seulement au Moyen-Age ? Les agronomes arabes ont-ils seulement traduit des connaissances acquises par les Grecs ? Ces interrogations qui ont un fondement historique indéniable sont aussi étroitement liées à la culture des chercheurs eux-mêmes. Alors que des chercheurs européens s'interrogent sur le rôle des auteurs arabes dans la transmission des savoirs, le problème ne se pose pas dans ces termes chez les chercheurs arabisants et dans les pays de culture arabe. Les auteurs arabes ne sont pas des traducteurs-copistes, mais de véritables savants qui ont une œuvre originale, riche des lectures des travaux de leurs prédécesseurs et de l'apport d'expériences nouvelles.

2.1.3. Facteurs et vecteurs de la transmission des savoirs techniques

Les divers circuits historiques des « transferts de techniques » reposent pour un certain nombre sur des schémas idéologiques élaborés dans des contextes politiques spécifiques. La pensée colonialiste a beaucoup influencé les écrits sur ce sujet. Bon nombre d'affirmations issues de travaux orientés ont néanmoins été considérées au fil du temps comme des faits acquis. La chronologie de ces diffusions, les circuits et les vecteurs restent à déterminer.

Ainsi que le rappelle Ph. Leveau, la question de la diffusion ou non des techniques importées est étroitement liée à la réceptivité des sociétés à la nouveauté (Leveau 1993c). Les populations restent hermétiques aux nouvelles techniques soit par ignorance, soit par refus volontaire d'accepter un apport extérieur. Ce refus peut être motivé par un rejet de l'étranger, d'autant plus que celui-ci affiche des ambitions conquérantes. C'est notamment la position qu'ont pu adopter les populations indigènes à l'égard des colons grecs et romains.

De plus, l'adoption des techniques importées doit répondre à un besoin des sociétés locales. Cela peut être un besoin éprouvé ou nouvellement créé au contact des arrivants. Dans tous les cas, la transmission des savoirs dépend de l'existence de facteurs favorables, qu'ils soient liés au fonctionnement économique ou à l'organisation sociale des sociétés qui reçoivent les pratiques nouvelles.

Le facteur démographique a été souvent évoqué pour expliquer l'adoption de nouvelles techniques et leur intégration progressive dans le système agraire indigène. En effet, l'augmentation de l'effectif humain contraint les agriculteurs à augmenter leur production. Deux choix s'imposent alors à eux.

Le premier consiste, pour ces populations, à partir à l'assaut de nouvelles terres. C'est la solution qui a été retenue au cours des différentes phases de croît démographique qui ont scandé les époques médiévale et moderne depuis le IXe siècle de l'ère chrétienne. Elles sont à l'origine de grandes vagues de déforestation des pentes et de drainage des zones humides. L'extension de l'espace agricole apparaît comme la seule possibilité envisageable pour des sociétés disposant d'un outillage simplement constitué d'instruments à bras pour compenser une production céréalière insuffisante. Considérant la paysannerie languedocienne à l'aube du XIXe siècle, l'historien E. Le Roy Ladurie n'hésite pas à mettre en cause l'outillage et les techniques jugées archaïques qui interdisent aux agriculteurs d'augmenter les rendements des terres. L'extension des surfaces cultivées pallie l'inefficacité des moyens techniques et des connaissances nécessaires qui doivent être mis en pratique pour répondre aux besoins de nourriture supplémentaire.

La seconde stratégie qui s'offre aux sociétés pour compenser cette carence de nourriture ne nécessite pas d'augmenter la surface cultivable. Elle réside dans l'adoption de moyens de production plus performants. La transmission de nouveaux savoirs intervient à ce moment où les communautés sont dans l'obligation de renoncer à l'originalité de leurs techniques agricoles pour adopter ou adapter des techniques nouvelles qui leur permettent d'augmenter le rendement de leurs terres.

Enfin, l'acceptation de l'innovation technique étrangère peut aussi être motivée par l'entrée dans un système économique nouveau. Le besoin de produire d'avantage naît de l'adhésion des sociétés à de nouveaux circuits d'échanges. Elles accèdent alors à de nouveaux biens de consommation et sont contraintes de s'ouvrir aux nouvelles conditions commerciales des communautés étrangères, qui impliquent pour elles de transformer leur système de production. Ces changements sont perceptibles encore aujourd'hui dans la montagne libanaise où l'industrialisation des méthodes culturales et la transformation du parcellaire foncier sont la conséquence de l'adhésion à une nouvelle économie marchande qui prône la productivité. Ces transformations se traduisent au sol par l'adoption de méthodes agriculturales puissamment mécanisées, pour la création de terrasses arboricoles sur une topographie totalement remodelée (culture spéculative des pommiers et des tomates sous serre au Liban et plantation massive d'oliveraies en Jordanie). La pression humaine exercée sur les versants se traduit également par l'emploi excessif de produits chimiques et la surexploitation des ressources en eau. Le schéma a été décrit pour les périodes plus anciennes, notamment pour expliquer l'impact de la colonisation grecque sur la production agricole et les techniques des sociétés indigènes du sud de la Gaule (Clavel-Lévêque 1977).

Mais quels sont les documents dont dispose la recherche qui permettent d'étayer ou de nuancer ces reconstitutions historiques ?

2.1.4. Les sources documentaires

Appréhender les filiations entre les techniques et les circuits de transmission des savoirs dans le domaine des aménagements agricoles est un exercice ardu au regard de la qualité de la documentation disponible. Son interprétation est souvent délicate et les données sont inégalement réparties selon les régions. Quels sont les vecteurs et les témoignages disponibles pour esquisser quelques commentaires synthétiques ?

En premier lieu, les sources écrites renseignent sur les circuits de transmission, mais les textes sont peu prolixes dans le domaine des techniques agricoles. Les savants, plus que les acteurs des paysages construits pour l'agriculture, ont eu accès directement à des textes anciens ou de leurs contemporains, ressortissant à une autre sphère culturelle, et les ont assimilés. Ils ont également eu accès à des traductions de ces écrits. Ainsi, certains auteurs antiques et médiévaux renseignent sur des filiations techniques en désignant la société à laquelle la technique a été empruntée. C'est le cas des auteurs grecs qui reconnaissent avoir adopté des techniques innovantes égyptiennes ou encore des agronomes arabes qui se sont nourris des connaissances perses notamment (exemple du *Kitâb al-filâha al-nabatiyya* ou le livre de l'agriculture nabatéenne d'Ibn Wahshiyya) (Amouretti 1986 ; El Faïz 1995 ; Bolens 1981). Cependant, ces évocations sont rares et concernent souvent des inventions ponctuelles (une machine, un procédé...), rarement des pratiques agricoles courantes, comme la technique de la mise en terrasse (Amouretti 1993). De plus, ces témoignages ne sont pas toujours précis et l'écrivain fait parfois seulement référence à des idées communément admises de son temps concernant les auteurs de ces innovations.

La seconde voie de transmission des savoirs est le discours oral ou l'appropriation des connaissances « sans médiation écrite » selon les termes d'A. Djebbar (Djebbar 2001 : 123-125). L'acquisition de ces savoirs repose sur la pratique, l'observation ou la relation orale. De la transmission de ces acquis entre les hommes, il ne reste aucune trace écrite pour le chercheur contemporain qui doit se résoudre à tenter de restituer les circuits et le contenu de ces échanges par des moyens indirects. L'argument généralement utilisé par l'archéologue est l'existence d'une technique en un lieu géographique donné, à un moment de l'histoire, et sa présence aussi à un autre endroit à un moment postérieur de l'histoire sous une forme plus ou moins identique (!). Ce type de document archéologique sert à dresser des cartes diffusionnistes en ignorant deux paramètres essentiels.

Le premier est l'avancement inégal des recherches selon les régions, qui rend difficile les comparaisons au plan des découvertes les plus anciennes entre différents espaces géographiques. Les travaux conduits récemment sur l'histoire du paysage de la montagne pyrénéenne ainsi que sur celle de la montagne libanaise, que l'on croyait inoccupée durablement avant l'époque médiévale et qui s'avère construite pour l'agriculture dès l'âge du Bronze, témoignent du danger qu'il y a à élaborer des circuits de diffusion des techniques sans tenir compte de l'état de la recherche (Harfouche 2005b).

Le second paramètre réside dans le fait qu'il est difficile d'appréhender la filiation entre les techniques, sans considérer que celles-ci peuvent être le résultat de deux évolutions indépendantes. L'existence d'une même technique en deux endroits à des moments différents de l'histoire n'implique pas que la plus récente a été introduite par les auteurs de la plus ancienne. C'est pourtant ce raisonnement qui a longtemps prévalu dans les études sur l'origine et la transmission des savoirs en Méditerranée, en particulier concernant la pratique de l'agriculture en terrasses, lorsque cette dernière n'a pas été considérée comme exclusivement moderne.

2.2. Une pratique antérieure au Moyen Age

Le premier constat qui peut être formulé sur le sujet, à l'issue de cette étude et à partir des faits démontrés par l'archéologie, est que la construction des paysages méditerranéens en terrasses n'est pas issue d'une pratique agricole moderne, ni même médiévale. Une question demeure cependant : quelle est l'origine des savoirs qui soutendent ces vastes parcellaires en Méditerranée nord-occidentale, notamment en Espagne où ce sujet alimente encore de vifs débats ?

Pour de nombreux auteurs, la création des paysages de terrasses en Espagne est intimement liée à l'introduction, avec la conquête arabe, de nouvelles cultures qui nécessitent l'irrigation (Bolens 1981 ; Bazanna 1987 ; Barcelo 1996).

A quand remonte la construction de ces vastes paysages construits ? Pour K. Butzer et son équipe « the Hispano-Romans practiced sophisticated irrigation on a major scale, their basic agrosystem survived during the Late Roman and Visigothic economic depression and subsequent reintensification represented a revival of the Roman system under conditions of demographic and economic growth » (Butzer 1985 : 504, cité par Barceló 1996). L'historien M. Barceló rétorque qu'il n'existe aucune preuve archéologique ni textuelle de la survivance de ces techniques romaines dans les paysages espagnols et préfère minorer la portée des lois wisigothiques qui mentionnent des règles relatives à la distribution des ressources en eau dans un système de canaux d'irrigation, les « acequias » arabes (*saqia* = terme arabe désignant un aménagement qui sert à irriguer/arroser) (Barceló 1996 : 17).

On rencontre donc une opinion courante qui tend à opposer l'apport des Romains à l'hydraulique et celui des Arabo-musulmans de l'époque médiévale. Selon ce courant de pensée, les premiers ont contribué à acheminer l'eau vers les villes, tandis que les seconds ont irrigué les campagnes (*El agua...* 1995). L'aménagement des versants en terrasses de culture au sein d'un système hydro-agricole appartenant à un même projet d'artificialisation de l'espace ne saurait donc être antérieur à l'époque médiévale. L'idée la plus répandue dans la recherche sur les espaces ruraux espagnols attribue donc encore la création des paysages agricoles visibles aujourd'hui à plusieurs phases d'aménagements qui débutent au lendemain de la conquête arabo-musulmane. Pour certains historiens tels que M. Barceló et T.F. Glick, l'origine romaine des systèmes de terrasses irriguées du Levant et de l'Andalousie relève de la spéculation, tant pour les aménagements du Pays Valencien que pour les systèmes des vallées du massif des Alpujarras. (Barceló 1995 ; 1996). Seule une filiation avec les techniques orientales est reconnue.

La diffusion des savoirs en matière d'hydraulique et de protection des sols se serait produite à partir de plusieurs foyers, notamment un foyer syrien et un autre yéménite. Le cas est envisagé pour expliquer la présence en Espagne de l'irrigation à l'aide de barrages et de roues horizontales, semblables aux norias de l'Oronte (Cressier 1996). L'introduction des techniques complexes d'irrigation en terrasses dans la serra de Tramuntana à Banyalbufar (Majorque) serait également le fait de populations venant d'Arabie au lendemain de la conquête yéménite en 902-903 de l'ère chrétienne (290 de l'Hégire). Cette hypothèse repose sur une similitude constatée dans les techniques mises en œuvre sur l'île et les « ma'gil » de type yéménite étudiés par J. Pirenne en Arabie du Sud (Pirenne 1977 : 21-34). De plus, la présence d'un groupe yéménite à Majorque qui a gouverné l'île au nom du sultan omeyyade de Cordoue jusqu'en 961-962 de l'ère chrétienne (350 de l'Hégire) et qui y est demeuré influent jusqu'à la conquête catalane plaide en faveur de cette thèse (Barcelo 1996 : 29). Ainsi, l'introduction des techniques sur Majorque serait l'œuvre des différentes vagues d'immigrés venus sur l'île depuis le Pays Valencien au Xe siècle de l'ère chrétienne et sans doute par des circuits directs, mais plus rares, depuis le Maghreb où ces techniques étaient connues et maîtrisées.

Par ailleurs, la technique des terrasses irriguées étant dans certaines régions espagnoles, notamment à Majorque, intimement liée à la technique des galeries de captage de l'eau ou des qanats pris au sens large (Boucharlat 2001), la compréhension des circuits de diffusion des systèmes hydro-agricoles pourrait être perçue indirectement en considérant les circuits de diffusion des galeries d'approvisionnement, construction qui a d'avantage fait couler d'encre (Briant 2001). Selon ce raisonnement, cette technique très spécifique de collecte de l'eau à partir de galeries souterraines aurait été transmise par des communautés yéménites puisque le plus ancien témoignage d'une galerie de captage en Espagne date de 753-754 de l'ère chrétienne (136 de l'hégire), à l'ouest de Cordoue, et a été construit par un yéménite (Barcelo 1996 : 38).

La part des savoirs orientaux dans le façonnement des paysages de l'Espagne méditerranéenne au Xe siècle est donc largement admise par les commentateurs. Cependant, si cette relation peut être adoptée dans le cadre de la mise en place de systèmes irrigués complexes utilisant les galeries de captage, aucun élément ne permet d'affirmer que la technique de l'agriculture en terrasse (irriguée) n'ait pas été maîtrisée par les populations antérieures de la péninsule ibérique. Les agronomes andalous sont les héritiers de savoirs qui sont bien souvent d'origine préislamique, qui leur ont été transmis notamment par les écrits grecs et sémitiques dont ils ont analysé et commenté le contenu pour développer leurs propres réflexions et créations (Bolens-Halimi 1991). Mais cette littérature n'est pas la seule à avoir contribué au développement de la pensée et des savoirs musulmans. Des sources plus anciennes encore ont participé à la constitution de l'héritage intellectuel des sociétés musulmanes dans le domaine des sciences, notamment les savoirs babyloniens (1800-1600 avant l'ère chrétienne) (Djebbar 2001). Il ne faut pas non plus sous-estimer la part évidente de l'observation des techniques agricoles mises en pratique dans les campagnes orientales et dans les régions sous contrôle musulman, plus à l'est dans le continent asiatique.

2.3. Un foyer oriental ?

L'Orient a depuis longtemps été considéré comme un foyer de diffusion des techniques agricoles depuis le croissant fertile, autour de 8000 avant l'ère chrétienne, en particulier des techniques de l'agriculture irriguée vers le reste des pays riverains de la Méditerranée. Les nombreuses tablettes épigraphiques cunéiformes en langue sémitique akkadienne qui ont été trouvées sur le site de Mari, en Mésopotamie, renseignent sur les techniques de construction et sur l'entretien des réseaux d'irrigation des champs au XVIIIe siècle avant l'ère chrétienne ainsi que sur le statut de leurs acteurs (travailleurs, contrôleurs de l'eau...) dans une zone steppique dont les habitants ont eu des contacts avec les sociétés du Proche-Orient méditerranéen (Finet 1990 ; Durand 1990 ; *Documents épistolaires du palais de Mari* 1997, 1998). Le système d'irrigation décrit est composé de barrages ou barrières (*muballittum*), de troncs d'arbres assemblés comme des pieux (*tarqullum*). La palissade ainsi construite dans le lit du cours d'eau a pour fonction d'en élever le niveau pour alimenter les canaux d'irrigation et pour protéger la prise d'eau située en amont contre les dépôts d'alluvions. Il s'agit donc d'un système de « barrage-épis » qui alimente des canaux (*râkibum*) contrôlés par des vannes (*errêtum*) qui desservent les champs (Documents épistolaires du palais de Mari 1998 : 579-531). Le code d'Hammurapi composé dans les dernières années de son règne (1792-1750 avant l'ère chrétienne) fait aussi état de ces techniques (Lois 55-56 ; *Le code d'Hammurapi* 1996 : 62-63), mais ces sources ne sont pas les témoignages les plus anciens. L'irrigation des cultures est mentionnée antérieurement dans un autre document, dès le début du IIIe millénaire (*Documents épistolaires du palais de Mari* 1998 : 575).

Il ne fait donc pas de doute que la maîtrise des sols et de l'eau pour la pratique d'une agriculture de subsistance s'est imposée en Méditerranée orientale au moins dès le IIIe millénaire. Le façonnement des paysages ne concerne pas seulement les massifs montagneux du Proche-Orient, où la pratique d'une agriculture sèche ou irriguée est rendue possible grâce à la gestion des eaux de ruissellement sur les versants et à la création de terrasses. La construction des paysages concerne également la frange péri-méditerranéenne, milieu plus aride où le climat et la dynamique du réseau hydrographique superficiel et souterrain imposent le recours à l'irrigation à l'aide de canaux, de barrages et de réservoirs aménagés à la surface du sol et à l'aide de qanats (Kobori 1980 ; Geyer 1990 ; Banning 1996 ; Wilkinson 1998 ; Farshad 1998). Ainsi, dès le VIe millénaire, les villages d'agriculteurs implantés sur les berges de l'Euphrate qui incise alors ses alluvions ont dû irriguer les sols développés sur les terrasses fluviatiles autour de leurs habitats afin de les cultiver (Geyer 1997). Mais cette pratique est bien plus ancienne encore puisqu'au pied des reliefs du Zagros, dans la moyenne vallée du Tigre, l'irrigation est pratiquée par les communautés villageoises de la culture de Samara à l'aide de canaux qui distribuent l'eau du fleuve aux champs au cours du VIIe millénaire (Viollet 2000).

Ces techniques sont parfaitement maîtrisées et d'usage courant aux champs, comme au village. Les installations de collecte et d'évacuation des eaux sont déjà présentes dans l'habitat à l'image des systèmes de rigoles de conduite et d'évacuation de l'eau par gravité qui ont été retrouvés dans les maisons et entre les habitations du village d'El-Kowm (Syrie), dès la première moitié du Ve millénaire (Stordeur 2000 : 43-44). Si elles ont pu générer autour de leurs agglomérations de tels systèmes de gestion de l'eau pour la « viabilisation » de vastes territoires qui sans cela seraient demeuré incultes, ces communautés ont sans doute aussi réussi à maîtriser les techniques, bien plus simples, de la construction en terrasse et à mettre en œuvre les moyens humains et matériels nécessaires au remodelage de la topographie. En effet, la technique de construction des terrasses en pierre sèche est parfaitement maîtrisée dans l'habitat méditerranéen oriental, tout comme dans les villages préhistoriques et protohistoriques des régions méditerranéennes occidentales. Des villages sont aménagés en terrasse dès l'aube de l'agriculture comme le village de Jerf el Ahmar (Syrie), par exemple, qui est implanté dans la moyenne vallée de l'Euphrate et occupé dès la fin du Xe millénaire (Stordeur 2002).

Il ne fait pas de doute que les communautés orientales du bassin méditerranéen maîtrisaient les techniques hydro-agricoles nécessaires à la mise en valeur des versants et cela depuis les débuts de l'agriculture, mais peut-on pour autant leur attribuer la paternité exclusive de ces techniques présentes sur d'autres rives de la Méditerranée ? Qui l'aurait transmise vers l'ouest et par quels moyens ?

2.4. Une diffusion par les sociétés phénico-puniques ?

La place dévolue aux Phéniciens dans l'histoire méditerranéenne a été majorée par les commentateurs au regard des données dont disposent l'archéologie et l'histoire sur eux. Cette place privilégiée qui leur a été attribuée au sein des échanges méditerranéens a été nourrie notamment par la surinterprétation d'un texte qui a longtemps été présenté comme le témoignage du rôle majeur des Phéniciens dans le développement agricole des terres méditerranéennes, notamment africaines. La lecture du récit du périple d'Hanon a conduit de nombreux historiens à rechercher à tout prix la validation de l'histoire par le texte (Jacob 1991). Les Phéniciens sont ainsi perçus comme les auteurs d'innovations en matière de techniques agricoles et comme un vecteur de la diffusion des connaissances acquises auprès d'autres peuples. On a ainsi pu écrire que « les Grecs, en recevant, par le canal des Phéniciens, l'agriculture et les autres arts de l'Egypte, les modifièrent selon la nature de leur sol » (Mongez 1815-1818 : 45). C'est par rapport à cette longue tradition de commentateurs qu'il faut considérer le poids de l'idéologie qui a conduit, jusque dans la première moitié du XXe siècle, à attribuer aux colons puniques la première mise en valeur des paysages de l'Afrique du Nord (Basset 1921). Selon ces mêmes commentateurs, c'est aux puniques que revient l'introduction des techniques agricoles performantes qui reposent sur une science de l'eau et du sol (irrigation, terrasses de culture, arboriculture, araire...) déjà mises en évidence par l'archéologie au Proche-Orient et au Moyen-Orient.

Or, les Phéniciens sont bien mal connus par l'archéologie. Au Levant, berceau de ces communautés, la recherche s'est longtemps résumée au commentaire de leurs activités à partir des textes, en particulier la correspondance des rois de la cité de Byblos, et à partir des objets et des monuments exhumés au cours de fouilles anciennes sur des sites prestigieux exclusivement côtiers (Byblos, Tyr, Sidon...). Ces travaux de dégagements gigantesques ont mis au jour des tombeaux, des temples et des murs dont la datation est souvent mal assurée. Néanmoins, des conclusions en ont été tirées quant au mode de vie des fameux Phéniciens. On a ainsi vite conclu qu'ils étaient des marchands navigateurs (cf. le périple d'Hanon), en sous-estimant leurs activités agricoles et leur rôle dans l'aménagement du territoire. Aujourd'hui encore, les sites fouillés selon les méthodes de l'archéologie moderne sont rares et toujours situés sur la côte à l'instar de Ras Shamra-Ougarit et de Tell Qazel, tous deux en Syrie. Cependant, les fouilles récentes conduites sur le site de Chhim ont entrouvert une porte riche de perspectives concernant le peuplement phénicien de l'arrière-pays, par la mise au jour de niveaux d'occupation (pour le moment à vocation cultuelle) datant de cette période, dans les premiers contreforts collinéens.

Ces vides cruels de la recherche sont en partie dus au retard accumulé par 18 ans de guerre fratricide au Liban, au cours desquels la recherche de la survie et les inquiétudes sur un avenir incertain l'emportent tout naturellement sur les préoccupations historico-culturelles. Des discours ont néanmoins été élaborés sur la mission « civilisatrice » des Phéniciens au cœur du monde méditerranéen, comme l'ont été les écrits sur le rôle des Grecs puis des Romains dans la genèse de l'Occident latin chrétien.

Il en résulte que les Phéniciens dont parlent la plupart des commentateurs sont des Phéniciens de « seconde main ». Ils sont surtout connus d'après les travaux sur les colons Puniques en Afrique du Nord, puis par l'histoire des Carthaginois en Espagne et les colonies qu'ils essaiment sur les rivages de la Méditerranée occidentale (Gras 1989). Les conditions historiques de la recherche doivent donc être considérées, pour mesurer l'accumulation d'assertions en cascade, depuis le Levant jusqu'au détroit de Gibraltar en passant par la Tunisie et la Sardaigne, dans la compréhension du rôle réel des Phéniciens, acteurs supposés des paysages aménagés pour l'agriculture en Méditerranée. Le territoire vivrier de Carthage, par exemple, est connu indirectement par les textes qui permettent de suivre sont développement au fur et à mesure des conquêtes carthaginoises (Camps 1961). Il n'en demeure pas moins que la réalité matérielle des terroirs aménagés n'a fait l'objet d'aucune étude. Les aménagements de grande hydraulique attribués aux Carthaginois ont servi de point de départ aux commentateurs pour affirmer systématiquement la paternité des constructions hydro-agricoles de l'espace rural africain aux Puniques. Récemment encore, des aménagements de collecte de l'eau (réservoirs, citernes) trouvés dans les campagnes sont attribués aux Phéniciens en s'appuyant sur la présence de céramique à la surface des vestiges ruinés et sur la base d'une typologie des enduits hydrauliques très contestée (communication orale présentée par H. Baklouti au colloque sur le contrôle et distribution de l'eau dans le Maghreb antique et médiéval, à Tunis en 2002). Bien que les arguments de datation avancés soient clairement fragiles, il est encore difficile de s'extirper du poids de la tradition littéraire pour envisager objectivement les faits. Cela passe par une étude de ces aménagements en relation avec l'écosystème, ce que permet une démarche géoarchéologique. Les recherches conduites sur l'histoire des paysages de la montagne libanaise ont montré que loin de n'être que des marchands navigateurs, les Phéniciens ont aussi occupé les vallées intérieures et y ont pratiqué une agriculture savante au moyen de terrasses.

2.5. Une introduction grecque ?

Faut-il attribuer aux Grecs l'introduction, dans le sud de la France, de la technique de l'agriculture en terrasses ? La connaissance des champs par l'archéologie étant récente en France méditerranéenne, ces interprétations reposent surtout sur la lecture des sources littéraires, en particulier les célèbres écrits de Strabon et de Justin. Il est vrai que les Grecs maîtrisaient parfaitement ces techniques ainsi que celle de l'agriculture en terrasses, comme en témoigne encore l'île de Délos.

Le rôle de Marseille grecque sur le territoire qu'elle contrôle et sur les sociétés de sa périphérie a souvent été soulevé concernant l'agriculture, mais les commentateurs ont surtout puisé leurs arguments dans la tradition littéraire antique. Strabon rapporte, au début du Ier siècle de l'ère chrétienne, que les Marseillais ont diffusé l'oléiculture sur leur territoire (*Géographie*, IV, 1, 2). Quant à l'historien romain Justin, il écrit au IIe ou au IIIe siècle de l'ère chrétienne, dans son abrégé de l'histoire universelle que Trogue Pompée rédige à l'époque augustéenne et dont le manuscrit n'est pas parvenu jusqu'à nous, que ce sont les Marseillais qui « habituèrent » les Gaulois « à tailler la vigne et cultiver l'olivier » (XVLIII, 4, 2). On a donc coutume d'attribuer, aux Phocéens l'introduction de la vigne et de l'olivier en Gaule du Sud, à partir de la colonie marseillaise. Les colons romains n'auraient à leur actif que le développement de ces cultures et de l'exportation de leurs produits. L'étude des installations agricoles liées à la transformation des récoltes de raisins et d'olives est venue en appui à cette reconstitution historique. Ainsi, les pressoirs des huileries découvertes dans l'agglomération hellénisée d'Entremont, datées de la fin du IIe siècle de l'ère chrétienne, sont de technique grecque et ont pu être, au moins pour l'un d'entre eux, installé(s) par les Grecs de Marseille (Goudineau 1984). Les récentes analyses morphométriques sur le bois d'olivier conduites par J.-F. Terral remettent en cause la rigidité de ce schéma, puisqu'elles démontrent l'existence d'une conduite de l'olivier (*Olea europea L.*) par les agriculteurs du sud de la France et de l'Espagne depuis le Néolithique ! (Terral 1997, 1999, 2000). Nul besoin d'invoquer une introduction de l'oléiculture par les Grecs dans les pays riverains de la Méditerranée nord-occidentale où ils ont essaimé leurs colonies pour rendre compte de la culture de cet arbre dans ces régions. Le rôle qu'ont pu jouer les Grecs dans l'extension des cultures ou la transformation des techniques agricoles reste donc à mesurer.

Les champs qui auraient appartenu à la *chôra* marseillaise sur lesquels ces cultures étaient pratiquées n'ont pas fait l'objet d'études spécifiques avant les travaux novateurs en Provence de Ph. Boissinot (Boissinot 1995). Des hypothèses avaient été avancées concernant l'apparition de la technique de construction en terrasse sur les versants qui, elle aussi, aurait été introduite par les Grecs en France méditerranéenne. C'est la conclusion proposée par le géographe J. Nicod, dès 1951, au sujet de certaines terrasses de la Provence qui seraient antérieures à l'époque romaine, héritées de techniques grecques qui auraient été diffusées dans le sud de la France grâce à la colonie de Marseille (Nicod 1951). La fouille de champs dans la cité marseillaise n'a pas permis de confirmer ni d'infirmer cette hypothèse, puisque les parcellaires mis au jour, outre qu'ils appartiennent à l'époque hellénistique, sont situés dans des zones planes où les agriculteurs n'ont pas ressenti le besoin de recourir à des structures de contention des terres. La seule conclusion que l'on puisse tirer concernant la question spécifique des terrasses agricoles est que les vignobles de plaine qui auraient été plantés dans la *chôra* n'étaient donc pas tous aménagés en gradins, comme cela a été le cas dans les plaines languedociennes à l'époque romaine.

2.6. La place des Etrusques

Le rôle des Etrusques dans la diffusion des savoirs agricoles est souvent oublié ou réduit à quelques réalisations hydrauliques — surtout dans le domaine technique du drainage — dont on ne connaît pas encore d'exemples identiques dans d'autres cultures, comme les *cuniculi*, cousins des qanats (Viollet 2000). Il ne faut pourtant pas sous-estimer l'héritage étrusque dans les savoirs des sociétés au contact desquelles ils ont été et dans la technique romaine. C'est sans doute pourquoi Ph. Leveau souligne en 1993 que les Romains sont les « héritiers d'une technologie mise au point dans le bassin oriental et transmises par les Etrusques et les Grecs » qu'ils diffusent à leur tour à l'Ouest et en Afrique du Nord (Leveau 1993c : 34). Il reste à présent à démontrer l'impact des Etrusques sur leur environnement en matière d'aménagements hydro-agricoles. Il est nécessaire pour cela d'étudier les campagnes sous l'angle des champs et des constructions liées à la gestion de l'eau qui ne soient pas seulement des ouvrages de grande hydraulique.

2.7. Le rôle de Rome

2.7.1. Le poids de l'historiographie

Le rôle de Rome dans la modification des paysages est réputé pour la réalisation de grands projets d'aménagement agraire à petite échelle. Les profonds changements induits par ces actions concernent aussi bien les campagnes italiennes que les territoires nouvellement annexés. La question de la part des Romains dans la diffusion et l'amélioration des techniques agricoles dans le bassin méditerranéen a longtemps souffert d'anachronismes avec la conquête territoriale à l'époque contemporaine par les puissances occidentales. Ces dérives sont illustrées par les propos édifiants que R. Cagnat consigne dans son ouvrage sur l'armée romaine en Afrique, réédité pour la deuxième fois en 1912. E. Fentress rapporte ces écrits dans le livre qu'elle consacre, soixante-sept ans plus tard, aux frontières de l'Empire romain sur le continent africain, en s'élevant contre ce penchant irréfrénable que l'Occident chrétien a de revendiquer son origine latine : « Nous pouvons donc sans craindre [...] comparer notre occupation de l'Algérie et de la Tunisie à celles des mêmes provinces africaines par les Romains [...]. La seule différence, c'est que nous avons fait en moins d'un siècle plus qu'ils n'avaient accompli en trois cents ans. Que le mérite en revienne à l'époque d'outillage perfectionné où nous vivons, à notre fortune ou, osons le dire, à certaines de nos qualités, tout l'avantage est, pour le moment, de notre côté. » (Cagnat 1912 : 776, cité par Fentress 1979 : 143, 148-149). Cela conduit donc à relativiser bon nombre de conclusions formulées concernant l'aménagement des paysages ruraux, conclusions qui sont considérées aujourd'hui par beaucoup d'auteurs comme des acquis historiques.

L'empreinte de Rome sur les paysages n'en demeure pas moins réelle. Il n'est plus possible de suivre J. Despois dans son raisonnement sur l'absence de termes grecs et latins pour désigner les terrasses de cultures qui conduirait à minimiser la part de Rome dans le façonnement des paysages méditerranéens. Les conséquences de la conquête romaine sur l'environnement et le mode de vie des populations envahies est certain. Ce changement est traditionnellement assimilé au drainage massif des zones palustres en vue d'augmenter les surfaces cultivables en plaine. Il est rarement question d'attribuer à la puissance romaine la mise en valeur systématique de terres nouvellement conquises sur les pentes et sur les reliefs accidentés, si caractéristiques des paysages méditerranéens. Cet aspect de l'histoire agricole doit certainement d'avoir été négligé à la difficulté technique que représente l'opération de drainage. Celle-ci s'accorde d'avantage avec l'image traditionnellement véhiculée de la puissance de la « civilisation » romaine et de sa suprématie sur les autres peuples de la Méditerranée. En effet, cette opération technique ne peut être conduite que par une société organisée, capable de fédérer ses membres autour d'un grand projet. De plus, les Romains possèdent le savoir-faire technique nécessaire pour mener à bien ces opérations de grande envergure. Ils ont mis en application ces connaissances sur leur territoire d'origine et si le résultat des travaux engagés n'a pas été pérenne, cela tient d'avantage à des facteurs humains (décisionnels) qu'à la qualité technique des mesures engagées (exemple du drainage du lac Fucin et l'analyse de Ph. Leveau 1993c).

Les qualités de bâtisseurs des Romains ne font pas de doute, même si elles ont souvent été exagérées. Elles ne l'ont pas tant été au sujet de la fonctionnalité des ouvrages, mais par l'ampleur de l'intervention des colons sur le paysage et sur le mode de vie et de cultiver des populations locales. La construction ou la reconstruction des paysages à l'époque romaine est néanmoins une réalité incontestable.

2.7.2. L'Afrique romaine

L'importance démesurée attribuée à l'intervention romaine sur les campagnes des zones méditerranéennes conquises, est donc particulièrement prégnante dans une large part de la littérature française concernant l'histoire de l'Afrique du Nord. Parmi les travaux qui ont beaucoup compté dans la propagation de l'idée selon laquelle le façonnement des paysages de l'Afrique du Nord et les techniques mises en œuvre sont introduites par Rome, sont ceux de J. Birebent qui publie en 1964 l'inventaire des constructions hydrauliques de l'Algérie orientale et qu'il rapporte à l'Empire romain. Son étude repose sur des appréciations subjectives de la « rusticité » des techniques employées, qui écartent des auteurs latins (Shaw 1984). Dans ce cas seulement, les aménagements sont attribués aux populations locales, berbères. A l'inverse, la facture d'une construction soignée, monumentale, ne peut être que d'inspiration romaine. Ce type de raisonnement qui s'appuie sur une appréciation architecturale a souvent été utilisé dans le domaine des techniques agricoles avec plus ou moins de succès. Les travaux japonais pluridisciplinaires engagés sur l'oasis de Taibé en Syrie, ont conduit leurs auteurs à identifier les qanats participant du système hydraulique de l'oasis à des constructions pré-islamiques en se fondant sur leur facture romaine (Kobori 1980).

Un autre aspect de la littérature française sur l'Afrique du Nord consiste à attribuer aux conquérants italiques le rejet des populations vaincues aux confins du territoire annexé, dans les zones de relief. Cette reconstitution historique est étroitement liée à une vision aujourd'hui largement contestable et contestée. Elle oppose la montagne, milieu jugé difficile et inhospitalier, à la plaine aux sols fertiles dont la mise en valeur ne peut être effective que grâce au génie technique des sociétés « civilisatrices ». Cette vision simpliste réduit les reliefs à des « zones-refuges », gagnées sous la contrainte exercée par l'avancée des populations conquérantes. Selon ce schéma, la mise en culture des pentes ne résulte pas d'un choix délibéré, mais d'une nécessité. Cela revient à poser le problème de l'acquisition du savoir-faire technique permettant de protéger les sols et de créer des surfaces cultivables par des agriculteurs qui sont acculés à domestiquer les versants, dont on suppose implicitement qu'ils n'étaient pas cultivés auparavant. Dans ce contexte d'affrontement, tel qu'il a été dépeint par les commentateurs, il est exclu d'envisager que l'armée conquérante ait transmis son savoir à des populations non réceptives, réticentes face à l'étranger persécuteur.

Un éclairage nouveau a été apporté par la relecture des sources écrites qui ont servi à échafauder les thèses reposant sur un antagonisme profond entre Rome et les sociétés qu'elles contrôlent. Cette contestation du modèle antagoniste et guerrier est également venue de l'archéologie (Leveau 1993c). Il résulte de ce réexamen de la documentation que la présence des communautés indigènes sur les hauteurs et l'avancée des armées romaines dans leur direction ne sont pas le signe d'actions offensives de la part de Rome en direction des populations autochtones rebelles. Ces mouvements sont liés à des déplacements dans le cadre du mode de vie des sociétés locales. Ainsi, au Haut-Empire, les mouvements de populations indigènes depuis les montagnes de l'Aurès en direction des plaines occupées de façon permanente par les Romains sont liées à la pratique de la transhumance. L'intervention de l'armée romaine est justifiée par la surveillance de ces axes. C'est donc une situation pacifique et non guerrière qui se dégage de la relecture des sources écrites entre les habitants de deux unités paysagères différentes, mais qui ne sont pas hermétiques l'une à l'autre. L'influence de Rome sur les populations des territoires envahis s'est manifestée par l'intégration de la culture romaine plus que par son refus. La diffusion des techniques d'aménagement du paysage rencontre alors un contexte favorable.

Il ne serait pas utile de rappeler ces étapes de l'évolution de la recherche qui ont été plus largement développées par Ph. Leveau en 1993, si ce n'est que ces raisonnements ont profondément marqué la réflexion et les travaux entrepris sur les campagnes de l'Afrique du Nord en dressant un tableau largement déformé des conditions de l'aménagement du territoire. Dans bien des cas, le rôle des différents acteurs dans la construction des paysages reste donc à définir.

2.7.3. Les provinces du bassin nord-occidental de la Méditerranée

En France méditerranéenne, la construction et la reconstruction des paysages terrassés à l'époque romaine est donc à présent démontrée, au moins en Languedoc à Lunel-Vieil (Hérault), dans les campagnes de Béziers (Hérault), sur les pentes et dans la plaine de Nîmes (Gard), dans le bassin de Mailhac (Aude), sur les bas de versants et dans la plaine de la Vaunage (Gard).

En Espagne, dépassant les querelles anthropo-historiques sur l'origine romaine ou arabo-musulmane de ces techniques, les témoignages archéologiques de terrasses agricoles font donc remonter cette pratique à l'époque romaine, comme dans la région de Salamanque. Malgré le courant fort qui attribue le façonnement des paysages pentus pour l'agriculture à l'époque médiévale, l'existence d'une filiation entre les paysages de terrasses irriguées dans l'Espagne méditerranéenne romaine et ceux de l'époque médiévale a été avancée pour la région valencienne, dès 1908, par J. Ribera dans son étude sur la huerta valencienne puis par K. Butzer et son équipe. L'héritage antique est bien présent dans cette région de l'Espagne en matière de techniques hydrauliques. Ainsi, le territoire de Burriana (Province de Valencia) porte les traces des aménagements d'époque romaine qui ont servi de support aux infrastructures hydrauliques médiévales. La ville est installée dans la basse vallée du Rio Palencia, au sud de l'actuelle ville de Villareal. Un réseau de canalisations d'époque romaine a été mis en évidence entre le Rio Mijares où se trouve le captage, au nord de Villareal, et la région de Burriana. Il est associé à plusieurs sites antiques dont l'occupation se poursuit durant l'époque médiévale musulmane. L'espace hydraulique est alors aménagé selon la logique définie par le réseau d'irrigation antique. Le nombre de canalisations augmente et le réseau se complexifie, mais il s'inscrit dans la continuité des techniques romaines. Avec la conquête chrétienne et la fondation de Villareal vers 1270 par Jacques Ier d'Aragon, les pratiques agricoles favorisent les cultures sèches « secano » dans les terrains non irrigués (Guichard 1999 : 133).

2.8. Une technique indigène ?

Le terme « indigène » est entendu dans son sens strict qui est selon la définition du dictionnaire Robert, la chose : « qui est née dans le pays dont il est question ».

2.8.1. L'Afrique du Nord

L'appartenance des parcellaires agricoles aujourd'hui abandonnés de l'Afrique du Nord à l'époque romaine n'est pas toujours assurée. Les travaux conduits par M. Solignac sur les installations hydrauliques en Tunisie ont montré, dès la première moitié du XXe siècle, que beaucoup d'aménagements attribués à l'époque romaine ne sont que médiévaux (Solignac 1952). La construction des paysages pour l'agriculture, en particulier sur les pentes et dans le fond des oueds, apparaît, dans certains cas, bien plus ancienne. Des auteurs tels que J. Coignet et, plus récemment, S. El Amami ont souligné, en 1925 et en 1977, l'existence d'une hydraulique agricole ancienne, non romaine, trop souvent minorée, voire ignorée (Coignet 1925 ; El Amami 1977). Elle n'est pourtant pas moins ingénieuse que celle qui est attribuée aux Romains, car elle est parfaitement adaptée aux conditions du milieu. Par ailleurs, pour J Coignet, un grand nombre d'installations hydrauliques, qui sont essentiellement des bassins-réservoirs et qui ont été reconnus dans les campagnes africaines, dont la construction est traditionnellement attribuée aux colons romains, ne seraient que des aménagements liés à l'alimentation en eau des villes et des exploitations agricoles, non pas à l'irrigation des champs.

Les savoir-faire mis en œuvre pour la construction des versants montagneux ont sans doute aussi une origine pré romaine. C'est le cas en particulier des montagnes de Tripolitaine en Lybie, des Matmata en Tunisie, des Nemencha et des Aurès en Algérie, de l'Anti-Atlas et du Haut-Atlas au Maroc. Cette maîtrise technique s'exerçait notamment dans le domaine de l'irrigation qui était pratiquée bien avant la conquête romaine (Euzennat 1992). L'hypothèse de l'antériorité des aménagements à la colonisation latine s'appuie principalement sur l'hétérogénéité des techniques de construction (dues à plusieurs auteurs de cultures différentes ?) et sur la présence de certains systèmes de terrasses hors des aires de répartition des sites romains ou de la zone d'influence romaine.

C'est pour ces raisons que J. Despois propose d'attribuer l'aménagement des pentes des massifs pré sahariens depuis le Maroc jusqu'à la Libye à des populations pré romaines (Despois 1956). Il avance un argument majeur en faveur de cette hypothèse en constatant que la zone géographique d'extension des terrasses ne couvre pas les territoires contrôlés par Rome. Ces champs sont absents de la frange septentrionale de l'Afrique où se trouvent les plaines centuriées. Les parcellaires de champs étagés sur les pentes des reliefs échappent à la logique d'organisation de la matrice coloniale. Ils appartiennent à un autre projet d'aménagement dont les auteurs ne sont pas romains, mais des populations locales.

On peut ajouter à cela une évidence, qui semble pourtant avoir échappé à bon nombre de commentateurs : les populations sédentaires qui habitent les hauteurs avant l'arrivée des Phéniciens, des Grecs et des Latins, cultivaient déjà ces terroirs pentus. Les solutions techniques sont engendrées par le besoin de protéger l'outil de production fondamental de l'agriculteur qu'est le sol et de subvenir aux besoins en eau nécessaires à la croissance des plantes. Lorsque Procope décrit l'Aurès, aux terres fertiles vouées à la céréaliculture et à l'arboriculture, cultivées par les Aurasiens, il parle des populations indigènes qu'il qualifie de « Maures ».

Ayant pris connaissance de tous ces faits, il est tentant de suivre B. D. Shaw lorsqu'il souligne que les caractères dits « romains » des systèmes africains sont à mettre sur le compte d'une intégration des sociétés indigènes conquises dans la sphère culturelle et technologique romaine. Ainsi, les tables de Lamasba, généralement considérées comme le reflet d'une organisation romaine du paysage, renseignent sur des techniques d'aménagement de la topographie et de gestion hydraulique indigènes (Shaw 1982 ; 1984). Elles sont basées sur une organisation sociale indigène dans le cadre d'une communauté « preliterate », « that employed a very « low-level » technology ». Pour l'auteur, il ne fait pas de doute que ce système et la plupart de ses composantes « are demonstrabbly African at base ». Au-delà de leur intérêt agro-technique certain, ces textes renseignent sur la transmission des savoirs techniques entre deux sphères culturelles. Ils traduisent l'acceptation par les communautés non romaines d'innovations techniques introduites par les colons. A l'inverse, ces précieux documents suggèrent l'intégration des vétérans dans le tissu social africain. B. D. Shaw résume ainsi l'enjeu majeur que soulèvent les conclusions de cette analyse : « The Africans at Lamasba undeniably were part of a Roman technological world, but the question must remain open as to how conscious they were of subsuming part of that technology in the building and upkeep of their irrigation system, and as to how much the external technology merely fit into pre-existent economic forms. [...] in spite of their undeniable presence in not significant numbers, *veterani* too fit very nicely into the African social system of the irrigation community. Too nicely, in fact, to offer us any easy explanation for the social metamorphosis that produced this hybrid of Roman and African economy and society in the ancient Maghrib. » (Shaw 1982 : 93-95).

2.8.2. La Péninsule Ibérique

La diffusion des techniques de gestion de l'hydraulique agricole dans les systèmes de terrasses irriguées de l'Espagne méditerranéenne, à partir de plusieurs foyers orientaux est donc généralement admise par les historiens et les archéologues. Les circuits de cette transmission de savoirs reste cependant à établir. L'un de ces cheminements semble avoir passé par le Maghreb. Les techniques agricoles andalouses et celles mises en œuvre dans le Maghreb participant d'une même logique, certains commentateurs ont été conduits à les considérer dans une même réflexion sur l'origine et la formation des systèmes agraires (Despois 1956 ; Barcelo 1996). Ainsi, les systèmes de terrasses irriguées de certaines zones de l'Andalousie orientale et des Alpujarras trouveraient leur origine dans l'immigration de populations claniques et tribales berbères en provenance de l'Anti-Atlas et du Haut Atlas ou depuis le Rif, plus proche (Barceló 1996). Cette thèse est principalement fondée sur un argument philologique développé au milieu du XXe siècle par J. Berque à partir de l'analyse d'un glossaire notarial des populations Chleuhs et de ses équivalents étymologiques en langue française (Berque 1950). Le mot « batira », très employé dans les registres notariés, désigne la parcelle et par extension le champ irrigué, construit en terrasse. L'équivalent berbère de ce mot est « tisirit » ou « tirit ». L'auteur suggère qu'il s'agit d'une déformation berbère (du langage chleuh) de « matira », qui désigne l'opération de préparation du sol avant le semi et le labour. La technique consiste à creuser des sillons (raies d'irrigation) qui déterminent des surfaces rectangulaires. La parcelle ainsi définie porte le nom de « matira » et ce vocable désigne par extension la petite parcelle irriguée. Quant au terme « tirit » ou « tisirit », il désigne dans le même temps la parcelle irriguée et la parcelle à semer. Le terme « batira » est enregistré sous le sens de terrasse dans le lexique hydraulique actuel du Maghreb. Or, on retrouve cette étymologie dans les toponymes valenciens de « Beter » et « Abatera ». En de nombreux endroits, cette étymologie correspond à des zones de terrasses irriguées anciennes (Barceló 1996 : 31). Pour M. Barceló, il ne fait pas de doute que ce sont là des preuves irréfutables de l'implantation en *al-Andalus*, de populations berbères de langue Chleuh. Cette filiation expliquerait aussi les ressemblances entre les systèmes de terrasses irriguées des massifs des Alpujarras, en particulier celui de Guájar Faraguit sur la rive d'un affluent du Río Guadalfeo, et les parcellaires étagés sur les versants de l'Atlas.

Bien que l'argumentation toponymique et l'argument de « ressemblance » aient leurs propres limites, il n'est pas exclu que ces migrations de populations, entre le continent africain et la Péninsule ibérique, aient été le vecteur de la transmission d'idées en matière de savoirs agricoles et de techniques. Rien n'exclut non plus que ces échanges aient pu avoir lieu dès les déplacements des premiers agriculteurs, au Néolithique ! L'origine autochtone des techniques de l'agriculture en terrasse et de l'agriculture irriguée est généralement acceptée dans les zones arides et semi-arides où l'agriculture est impossible sans l'irrigation et sans la protection des sols contre l'érosion, notamment en Arabie et au Néguev. Dès le début du XXe siècle, des auteurs ont posé la question de la gestion de l'eau par les populations préromaines, dans les régions du sud-est de l'Espagne. Ces questions n'ont cependant jamais fait l'objet de recherches précises dûment argumentées par des faits. Ces systèmes hydro-agricoles indigènes, dont nous ne disposons pas encore des preuves matérielles de leur existence, auraient servi de support au développement de l'agriculture romaine. Le seul argument, en l'état actuel de la recherche, en faveur de l'existence de systèmes de terrasses irrigués en Espagne méditerranéenne, antérieurement à l'époque romaine et avant les différentes vagues de migrants, depuis la colonisation phénicienne, repose sur l'occupation du sol. Ici, comme dans tous les paysages méditerranéens accidentés, la présence d'agriculteurs sédentaires depuis le Néolithique implique la mise en place de systèmes de protection des sols contre l'érosion et la gestion des ressources hydrauliques pour subvenir à leurs besoins alimentaires par l'agriculture. Mais n'oublions pas que cette évidence ne constitue en rien une démonstration. A. Gilman et J. B. Thornes avancent même l'hypothèse de l'existence d'une agriculture irriguée, il y a 5000 ans, dans le sud de l'Espagne (Guilaine 1994 : 105). Cette région, où sont implantés de nombreux villages néolithiques, aurait connu un climat sensiblement plus aride qu'aujourd'hui imposant la pratique de l'irrigation pour les cultures aux communautés qui y était installées de manière permanente. Toutefois, l'hypothèse d'une modification climatique reste très contestée. Les seuls arguments admis sont des faits archéologiques qui indiquent que les techniques de collecte et d'acheminement de l'eau étaient maîtrisées par les premières populations sédentaires. Dès la fin du IVe ou au IIe millénaire avant l'ère chrétienne, l'eau est dirigée dans des conduites vers les villages pour l'alimentation des habitants. Des vestiges d'un aqueduc lié à un habitat occupé sans interruption du Néolithique à l'âge du Bronze ancien, dans la province de Grenade (Cerro de la Virgen à Orce), ont été mis au jour. On attribue également aux habitants néolithiques de Los Millares l'aménagement d'une conduite qui permettait d'acheminer et de distribuer l'eau d'une source aux maisons situées à l'intérieur de l'enceinte en passant par un réservoir construit à l'amont du village (Guilaine 1994 : 105).

Enfin, il faut souligner, à la suite de M. Barceló, le faible nombre de systèmes hydrauliques faisant appel à la technique des qanats dont l'attribution aux Romains est certaine dans les régions coloniales. C'est pourtant à partir de ce type de document que s'est développée l'idée selon laquelle les savoirs hydrauliques romains sont à l'origine des aménagements encore visibles dans les paysages méditerranéens qui ont été sous domination romaine. De plus, une technique aussi complexe que celle des qanats ne peut être comparée à la construction de champs en terrasses et à la création d'un réseau de canalisations aériennes. La première technique hydraulique relève d'une technique complexe et originale, tandis que la seconde implique des connaissances qui ont été à la portée des populations depuis les débuts de l'agriculture, comme en témoignent les terrasses construites dans les habitats depuis le Néolithique.

2.8.3. La Gaule du Sud

Les plus anciennes traces archéologiques de champs cultivés soutenus par des murs de pierre sèche démontrés sur les reliefs du sud de la France datent de la Protohistoire, dans la montagne pyrénéenne et sur les versants des premiers contreforts collinéens de la région de Nîmes et de la colline de La Liquière en Vaunage (Gard). La maîtrise des sols et de l'eau n'était cependant pas ignorée des premiers agriculteurs de la Préhistoire récente. Des murs de soutènement construits selon la technique de la pierre sèche étaient édifiés dans leur habitat et sur le bord des cours d'eau, ainsi que des bassins-réservoirs hydrauliques, comme en témoignent les réservoirs découverts dans le village daté de la fin du Néolithique à Souvignargues (Gard) et les aménagements de berge construits à sa périphérie, en bordure d'un paléo-vallon.

En Gaule du Sud, comme dans les territoires des autres provinces romaines, les populations maîtrisaient un savoir technique qui ne doit rien à l'arrivée des colons latins.

2.9. Pour une histoire de la transmission des savoirs

En matière de connaissances hydrauliques et agricoles, les constructions des paysages sont le produit à la fois de savoirs hérités, mais encore de connaissances acquises par une pratique quotidienne du milieu exploité et parcouru, et aussi de procédés empruntés à d'autres sociétés ou observés et adaptés aux besoins de la communauté dans laquelle ces nouveaux savoirs ont été introduits. L'ensemble de ces facettes du savoir se conjuguent d'innombrables manières à l'image de la variabilité des conditions physiques, des pratiques sociales et économiques.

C'est en se fondant sur l'ensemble de ces paramètres que l'archéologue défini une « culture », qu'il identifie à un groupe humain, et la distingue d'une autre. Ce sont donc ces traits propres à une communauté que le chercheur va traquer dans les formes d'aménagement et d'exploitation des terroirs pour fonder son raisonnement sur une transmission éventuelle de connaissances mises en pratique entre deux sociétés, qu'il distingue au plan culturel, ou entre deux régions aux caractères physiques différents qui induisent un système d'exploitation distinct. C'est dire l'importance de donner un contenu à ces différentes facettes du savoir qui fondent chaque communauté et de pouvoir distinguer sous la forme d'une technique ou d'une pratique ce qui relève de chaque catégorie de connaissances, héritées, acquises, empruntées et/ou adaptées.

La tâche devient encore plus complexe lorsque l'on envisage que l'aspect culturel des sociétés est le résultat du mélange de pratiques qui sont à la fois des comportements induits par la vie en communauté et par les variables physiques des paysages. La pratique quotidienne des paysages et la connaissance qui en découle sont elles-mêmes génératrices de comportements qui peuvent être partagés par plusieurs communautés vivant dans des espaces au fonctionnement régi par des variables physiques semblables, mais peuvent aussi être génératrices de singularités dans le comportement qui fonde l'identité communautaire.

En l'état actuel d'avancement de la recherche sur les paysages cultivés et sur les techniques agricoles méditerranéens, force est de constater que nous ne disposons pas de témoignages de l'acceptation, massive et à petite échelle, par des groupes indigènes de l'unité technique romaine, ni étrusque, ni grecque, ni phénicienne. Nous ne disposons pas non plus de faits concernant des transformations radicales à l'échelle de la société qu'aurait inévitablement induite l'adoption de nouvelles techniques. La réceptivité des populations africaines, par exemple, qui ont adopté des traits culturels phéniciens, grecs et romains reflète des adoptions et des adaptations à grande échelle, qui s'intègrent à la trajectoire sociale, culturelle et économique des populations réceptrices. Ainsi, bon nombre des caractères dits « romains » des systèmes agricoles africains ne sont que le reflet de l'intégration des sociétés indigènes conquises dans la sphère culturelle et technique romaine. Celles-ci adoptent, adaptent et transforment à leur tour les savoirs et les pratiques dont elles ont besoin, mais aucun bouleversement technique massif induit par la colonisation n'est décelable dans le domaine de l'aménagement des pentes pour l'agriculture en Méditerranée.

De plus, la technique de construction des versants en terrasses et la gestion de l'eau dans ces systèmes, si elles relèvent d'un projet ingénieux, n'en sont pas pour autant des techniques difficiles à maîtriser. Elles impliquent un savoir-faire certain et des connaissances en matière de sols, de topographie et d'eau, mais ces savoirs semblent avoir été à la portée de toutes les sociétés pré-industrielles. Le paysan connaît sa terre et son environnement. S'il lui arrive de commettre des erreurs dans la gestion de son milieu, en franchissant les seuils de tolérance, ce n'est pas par méconnaissance de son cadre de vie, mais par les choix fatals qu'il opère dans la gestion des ressources.

Les contacts, les échanges et les transmissions d'idées sont des réalités de l'histoire des peuples qui se rencontrent, cohabitent et se mélangent. Il ne s'agit pas d'ignorer les transmissions de savoirs et de techniques qui résultent de ces rencontres, mais simplement de relativiser la portée des actions de certains peuples sur les autres communautés. C'est le constat auquel conduit l'étude de l'aménagement des versants en plusieurs endroits des pays riverains de la Méditerranée. Les filiations entre les modes de vivre et d'aménager son environnement des sociétés existent à partir du moment où des contacts et des échanges réguliers se mettent en place entre elles, sur un même espace géographique ou à la faveur de voyages. Il n'est pas surprenant que les Romains soient les héritiers d'une technique mise au point dans le bassin oriental et transmise par les Etrusques et les Grecs, mais il reste difficile de mesurer ce qui dans cet héritage technique est spécifiquement oriental et ce qui résulte d'un savoir original latin. C'est là une question essentielle qui reste ouverte en matière de savoirs techniques et de leur transmission entre les différentes communautés culturelles du bassin méditerranéen.

Seule la multiplication des études approfondies, nécessairement appliquées à des espaces géographiques à grande échelle, permettra d'apporter des clés d'interprétation à ce problème fondamental de l'histoire des sociétés.

Chapitre 3

Quelles techniques ? À quelles fins ?

L'agriculture en terrasses, si caractéristique des montagnes méditerranéennes au sens large, n'a pas été adoptée partout. Malgré leur situation géographique pourtant propice à ces aménagements, la Sardaigne, l'Apennin, la Sicile intérieure et la Kabylie comptent peu de cultures en terrasses. Pourquoi construire ou ne pas construire des champs en terrasses ? La répartition de ces aménagements dépend donc d'autres facteurs que ceux exclusivement techniques. Il s'agit, régionalement, de la qualité du sol, qui dans les contextes géo-pédologiques trop argileux n'est pas favorable à l'édification de parcelles en gradins ou encore des traditions locales (Despois 1959). Ainsi, dans les régions tropicales, de vastes surfaces ont été aménagées en terrasses, souvent irriguées, comme les rizières étagées de Chine et des Philippines. Par ailleurs, la création et le maintien des terrasses agricoles supposent la pérennité du peuplement et la disponibilité d'une main-d'œuvre abondante. En effet, la mise en culture et l'entretien des terrasses nécessitent un travail harassant. Il faut remonter la terre et réparer les murs lorsque ceux-ci s'éboulent. C'est pourquoi dans les sociétés développées contemporaines, notamment en Europe, la culture en terrasses n'est maintenue ou adoptée que lorsqu'elle fournit des produits d'une certaine qualité, économiquement rentables.

Une approche globalisante à l'échelle du bassin méditerranéen et sur la longue durée permet de dégager des constantes et des particularités dans l'organisation fonctionnelle des paysages terrassés méditerranéens et de souligner la variété des facteurs et de leurs combinaisons qui sont à l'origine de ces terroirs.

3.1. Terrasses et unités de paysage

La question technique de l'aménagement des versants pour l'agriculture en Méditerranée au fil de l'histoire recouvre, comme aujourd'hui, des réalités matérielles qui sont fonction d'unités paysagères.

3.1.1. Versants en pente douce et piémonts

Ces ensembles sont, en premier lieu, les versants en pente très douce à modérée (les bas de versants) en domaine montagnard et dans les reliefs situés à plus basse altitude. Les terrasses s'y étagent de manière plus ou moins continue. Elles se présentent souvent sous la forme de systèmes de champs parallèles à mur de contention des terres en pierre ou à talus herbeux. Les plates-formes sont relativement larges et longues car la faible inclinaison de la pente le permet. Ces pentes cultivées possèdent souvent des sols fertiles, relativement profonds bien drainés et bien exposés. L'accès aux champs depuis la plaine ne présente pas de problèmes majeurs car la topographie du piémont est relativement douce. Ces pentes ont été cultivées dès l'Antiquité, comme cela est le cas en Languedoc (Vaunage, Vistrenque, Mailhacois, Biterrois), en Grèce (exemple de la péninsule de Méthana en Argolide), ou encore dans le Salento italien. On y a cultivé des céréales, mais aussi des arbres fruitiers, des vignes et des oliviers. Elles sont encore largement cultivées aujourd'hui.

Sur les versants progressivement abandonnés depuis le début du XXe siècle, ce sont ces pentes qui sont délaissées en dernier ressort. En Vaunage, les érosions spectaculaires qui affectent aujourd'hui le bas de versant témoignent de la dégradation récente de ces paysages autrefois maîtrisés. Ils sont d'ailleurs aujourd'hui l'objet d'une reconquête des terres sur les parcelles en friches et sur la garrigue pour établir des vignobles. Cette reconquête s'opère aujourd'hui, comme cela était le cas durant les grandes vagues de peuplement des versants au Moyen Age et à l'époque moderne, depuis la limite supérieure des parcelles cultivées sur le piémont en direction des champs en terrasse abandonnés qui s'étagent vers le sommet du relief.

3.1.2. Versants abrupts

La deuxième unité de paysage aménagée en terrasses correspond aux versants aux pentes plus raides et à la morphologie plus accusée que les premiers. Les systèmes de terrasses y sont aujourd'hui discontinus et sont généralement abandonnés à la garrigue conquérante. Cela concerne trois types d'unités au sein de ce grand ensemble. Ce sont, en premier lieu, les hauts de versants des reliefs du sud de la France, de la Grèce et de l'Italie, par exemple. Le deuxième sous-ensemble est celui des versants montagnards, à l'image des versants du Mont Liban. Enfin, un dernier ensemble correspond aux versants des vallées encaissées à l'image des wadi*s* jordaniens.

Ces versants, dont beaucoup sont aujourd'hui abandonnés et soumis à l'érosion, ont été cultivés et leurs aménagements entretenus depuis le IIIe millénaire pour certains et au cours de l'Antiquité (Vaunage, vallée du Vistre et bassin de Mailhac en France, reliefs de l'agglomération de Chhim dans l'arrière-pays de Sidon et haute vallée du Nahr Ibrahim au Liban, Wadi Sir à Iraq al-Amir en Jordanie). Ces pentes ont été vouées à la céréaliculture et à la vigne, mais elles ont pu également accueillir des cultures arbustives. Les agriculteurs protohistoriques du Sud de la France n'ont pas hésité à mettre en culture des versants concaves, abrupts, mais exposés vers le sud, tandis que des pentes plus douces se trouvant à la même distance de leur habitat n'étaient pas déboisées (Vaunage). Ces choix ont pu être liés à la nécessité de pratiquer des cultures non céréalières nécessitant un bon ensoleillement (vigne ? olivier ?), mais cela reste à démontrer par la fouille archéologique.

Enfin, il ne faut pas oublier les vallées aménagées des oueds et des wadi*s* des régions pré désertiques qui constituent des unités de paysages aménagées individualisables dont la singularité par rapport aux autres espaces méditerranéens s'est exprimée depuis l'installation des premiers agriculteurs.

3.2. Techniques actuelles et techniques anciennes

Aucun changement fondamental n'a été décelé dans les principaux types de construction de terrasses agricoles depuis l'Antiquité. L'ensemble des techniques qui ont été mises en œuvre par les agriculteurs protohistoriques et antiques est encore utilisé aujourd'hui (Fig 108). La diversité rencontrée dans les paysages actuels, au plan des formes et des techniques d'aménagement est également présente dans les paysages pré-modernes.

3.2.1. Des techniques variées

3.2.1.1. Les terrasses linéaires

Les terrasses soutenues par un mur de pierre sont cependant les aménagements de pente les plus caractéristiques de la maîtrise des versants en domaine méditerranéen (Fig. 109). Elles sont représentatives de la domestication d'un paysage perçu comme hostile ; Un paysage de versant qualifié de « minéral », où la couverture pédologique est jugée trop mince pour être cultivée et où la pierre nécessaire à la construction des murs abonde, qu'elle soit directement issue de l'érosion de la roche affleurante ou de l'épierrement du sol par les paysans.

La diversité des terrasses à mur de soutènement appareillé en pierre tient en particulier aux propriétés de la roche-mère qui sert de support à la construction du mur de soutènement et de matière première à sa réalisation. Elle tient aussi à la topographie du versant (le mur peut en

<table>
<tr><th>Types de terrasses</th><th colspan="3">Terrasses linéaires</th><th>Terrasses en demi-lune</th><th>Terrasses-barrages
Jessour
Runoff terraces</th><th>Rideaux
ou
Lynchets</th></tr>
<tr><td rowspan="4">Matériaux</td><td colspan="3">Mur de pierre</td><td rowspan="4">Mur de pierre</td><td rowspan="2">Mur de pierre</td><td rowspan="4">Talus végétalisé</td></tr>
<tr><td colspan="3">Mur de terre</td></tr>
<tr><td colspan="3">Talus</td><td rowspan="2">Mur de terre</td></tr>
<tr><td colspan="3">Soutènement en matières végétales</td></tr>
<tr><td rowspan="2">Disposition</td><td colspan="3">Parallèles</td><td rowspan="2">généralement en quinconce</td><td rowspan="2">Perpendiculaires au lit de la vallée, du vallon ou du ravin</td><td rowspan="2">parallèles ou non</td></tr>
<tr><td colspan="3">Suivant les courbes topographiques</td></tr>
<tr><td rowspan="7">Cheminement</td><td rowspan="4">Rampes</td><td colspan="2">Mur-rampe (circulation en épingle à cheveux, alternée)</td><td rowspan="7">Rampes</td><td rowspan="7">Marches perpendiculaires</td><td rowspan="7">Rampes</td></tr>
<tr><td rowspan="2">Parallèles</td><td>position identique</td></tr>
<tr><td>position inverse (circulation en épingle à cheveux, alternée)</td></tr>
<tr><td colspan="2">Perpendiculaires</td></tr>
<tr><td rowspan="3">Escaliers</td><td colspan="2">Parallèles</td></tr>
<tr><td colspan="2">Perpendiculaires</td></tr>
<tr><td colspan="2">Volants</td></tr>
</table>

FIG. 108 : TECHNIQUES DE CONSTRUCTION DES PRINCIPAUX TYPES DE TERRASSES AGRICOLES ET DE CHAMPS EN GRADINS DANS LE MILIEU MÉDITERRANÉEN.

Fig. 109 : Diversité des paysages terrassés. a : Banyuls (Pyrénées-Orientales, France). b : Castejón de Monegros (Provincia de Huesca, Espagne). c : Pégairolles-de-l'Escalette (Hérault, France). d : Xert (Provincia de Castelló, Espagne). e : Jaulin (Provincia de Zaragoza, Espagne). f : Caussols (Alpes-Maritimes, France). g : Saint-Jean-du-Gard (Cévennes, Gard, France). h : El Mejdel (Caza de Jbeil, Liban).

suivre le tracé courbe ou l'ignorer et demeurer rectiligne) et à la hauteur et l'inclinaison du mur (le constructeur peut lui donner un fruit plus ou moins important). Enfin, l'inclinaison de la surface du champ peut varier considérablement, en particulier selon qu'il s'agit de champs construits pour pratiquer l'irrigation gravitaire (parcelle quasiment plane) ou que l'objectif principal de l'agriculteur est de favoriser le drainage du sol pour des cultures arbustives comme la vigne, ce qui requiert une pente plus forte. De plus, cette variété de constructions s'exprime par les différents aménagements associés aux champs qui sont liés à la collecte, la conservation et la redistribution de l'eau (citernes, canaux, fossés, vannes, chemins creux...), au stockage (abris, cabanes...), à la transformation des produits agricoles (séchoirs) et à la circulation des hommes, des animaux et de l'eau (rampes d'accès, sentiers, chemins creux...).

Dans le vignoble de Banyuls, les champs en terrasse parallèles sont répartis de part et d'autre d'un système de chemins bordés de murs. Ce réseau de circulation organisé en épis sert à l'évacuation des eaux de ruissellement sur la pente (Figs. 109a et 110). Dans les paysages où la topographie offre des courbes molles, les champs sont de longues parcelles qui épousent les courbes de niveau, comme dans la province espagnole de Huesca, où le blé est cultivé sur des terrasses allongées qui ondulent selon les courbes du terrain (Fig. 109b). Sur les versants pierreux, l'épierrement du sol pour la préparation du champ avant de le cultiver génère des parcellaires en terrasses bordés par des talus de pierre (« clapas » en occitan) qui marquent la limite entre les parcelles ou les propriétés. Ces amas de pierre, distribués dans l'axe de la pente, peuvent atteindre des proportions gigantesques, comme sur les versants de la vallée de la Lergue, affluent de l'Hérault, entre les parcelles de vigne de Pégairolles-de-l'Escalette (Fig. 109c). Ces paysages forgés au fur et à mesure des pratiques agricoles, contrastent nettement avec la rigidité des systèmes de terrasses dotés de techniques d'irrigation faisant appel à des machines de puisage et des conduites de distribution de l'eau aux parcelles. Ces derniers sont conçus au cours

FIG. 110 : VIGNES EN TERRASSES À BANYULS (PYRÉNÉES ORIENTALES, FRANCE).

d'un même projet d'aménagement, comme les systèmes de terrasses irriguées à l'aide de noria en Espagne (Figs. 109d et 81). Mais l'aménagement des pentes en terrasses agricoles peut aussi être une forme d'organisation de l'espace limitée à une petite unité paysagère, à un géotope. Ainsi, des cônes d'érosion sont sculptés en gradins et destinés à la céréaliculture dans la région de Saragosse en Espagne (Fig. 109e). Sur le plateau de Caussols, dans les Alpes-Maritimes, de petites dolines sont cultivées en terrasses (Fig. 109f). Les fonds de vallées accueillent aussi des parcelles en gradin qui supportent des cultures ou des prés comme en Cévennes, où de longs murs parallèles sont distribués dans l'axe du cours d'eau (Fig. 109g). La surface des parcelles est assez importante et elles sont relativement larges, car la topographie le permet. L'accès se fait par des rampes parallèles. Il n'en est pas de même sur les hauts de versants pentus où les murs de terrasse parallèles sont hauts et proches les uns des autres, réservant une mince langue de terre qui fait office de champ. Ces paysages ne sont pas rares dans la haute vallée du Nahr Ibrahim, dans le Mont-Liban, où de longues parcelles en terrasses serrées accueillent des arbres fruitiers (Fig. 109h). La circulation entre les champs sur ces pentes abruptes est rendue possible grâce à des escaliers volants.

Enfin, dès lors que les fonctions techniques élémentaires qui ont commandé la construction du mur de soutènement sont assurées (solidité du mur, fonction drainante), les possibilités architecturales sont multiples et la diversité des parements est à la mesure de l'imagination des hommes : infinie (Fig. 111a et b). En milieu calcaire, les murs de contention des terres peuvent être constitués de lauzes assemblées selon la technique de la pierre sèche, posées horizontalement (Fig. 111a, 1) ou verticalement (Fig. 111a, 2). Le sommet des murs est parfois couronné de chaperons, souvent dressés à la verticale. En domaine granitique, les boules de granite de taille conséquente peuvent composer une première assise au mur. Les blocs de toute taille sont ensuite assemblés pour élever la structure. Celle-ci peut être coiffée de chaperons constitués de « pains » de granite, disposés côte à côte. Ce dispositif est utilisé sur l'île de Délos, depuis l'Antiquité (Fig. 111a, 3 et 4).

Les terrassiers emploient aussi des techniques de construction mixtes, associant deux types de modules ou de matériaux. Ainsi à Xert, en Espagne, un mur de terrasse bâti à l'aide de pierres calcaires comporte alternativement, depuis sa base, de grosses dalles parallélépipédiques et des moellons (Fig. 111a, 5). Sur l'île cycladique de Délos, dans la petite presqu'île septentrionale dont le sous-sol est composé de gneiss, les murs de terrasse sont construits à l'aide de grands monolithes de gneiss. Les espaces compris entre les éléments monolithiques sont comblés avec des pilettes issues du même matériau (Fig. 111a, 6). Cette technique architecturale se retrouve dans les constructions urbaines antiques, où les carreaux de granite alternent avec des pilettes issues de diverses roches (granite, gneiss, marbre...) (Fig. 111a, 7). En

FIG. 111A : TECHNIQUES DE CONSTRUCTION DES MURS DE CONTENTION DES TERRES DES CHAMPS. 1 : CALCAIRE (VILLETELLE, HÉRAULT, FRANCE). 2 : CALCAIRE (SAINT-CÔME-ET-MARUÉJOLS, GARD, FRANCE). 3 : GRANITE (DÉLOS, GRÈCE). 4 : CHAPERONS (DÉLOS, GRÈCE). 5 : CALCAIRE (XERT, PROVINCIA DE CASTELLÓ, ESPAGNE). 6 : GNEISS ET PILETTES (DÉLOS, GRÈCE). 7 : HABITAT ANTIQUE : GRANITE ET PILETTES (DÉLOS, GRÈCE).

FIG. 111B : TECHNIQUES DE CONSTRUCTION DES MURS DE CONTENTION DES TERRES DES CHAMPS. 1 : CALCAIRE (SAINT-CÔME-ET-MARUÉJOLS, GARD, FRANCE). 2 : CALCAIRE (VILLETELLE, HÉRAULT, FRANCE). 3 - CALCAIRE (IRAQ AL-AMIR, JORDANIE). 4 : GNEISS ET AMPHIBOLITES (SITIROS, THASOS, GRÈCE). 5 : SCHISTES ET ESCALIER PARALLÈLE (CÉVENNES, FRANCE). 6 : CALCAIRE ET ESCALIERS VOLANTS (EL MEJDEL, CAZA DE JBEIL, LIBAN). 7 : CALCAIRE ET ESCALIER PARALLÈLE (SAINT-CÔME-ET-MARUÉJOLS, GARD, FRANCE).

France méditerranéenne calcaire, les grands monolithes parallélépipédiques dressés de chant peuvent constituer l'armature d'un mur de terrasse. Des moellons et des dalles de plus petite taille sont posés verticalement entre ces éléments massifs (Fig. 111b, 1). Cette architecture ordonnée contraste avec les murs composés de lauzes, également disposés verticalement, mais dont les éléments sont assemblés sans organisation apparente (Fig. 111b, 2). Les constructeurs ont donné à certains parements une disposition en épis ou en arête de poisson. Sur les versants où des éboulis naturels ont formé des chaos de pierre, comme sur les pentes du Wadi Sir à Iraq al-Amir en Jordanie, les paysans ont profité de la présence de ces pierres pour élever des murs de terrasse en disposant des moellons entre les gros blocs de calcaire informes (Fig. 111b, 3).

Sur les versants peu pentus de Sitiros, sur l'île de Thasos, en Grèce, les murs des terrasses, peu élevés, sont construits à l'aide de dalles soigneusement superposées (Fig. 111b, 4). Le même soin est donné à l'édification des murs et des escaliers des terrasses en Cévennes schisteuses (Fig. 111b, 5). Les murs de contention des terres constitués de moellons calcaires peuvent aussi être d'une facture soignée, comme les assemblages de lauzes de schiste ou de calcaire (Fig. 111b, 6). La forme des pierres issues du débit naturel de la roche (lauzes ou moellons) ne constitue pas un obstacle à l'habileté du constructeur. C'est le cas des terrassiers du Mont-Liban qui ont édifié des murs pour l'arboriculture sur des pentes abruptes, à partir de pierres informes, mais savamment agencées pour maintenir les sols sur la pente. Ils y ont intégré des escaliers volants, parfois au nombre de deux, opposés sur un même mur. Ce moyen de circulation est une alternative aux rampes d'accès lorsque la pente est trop forte. De plus, il permet de ne pas empiéter sur la surface cultivable du champ inférieur, comme le ferait un escalier parallèle (Fig. 111b, 5 et 7) ou, d'avantage, un escalier perpendiculaire au mur.

La diversité des techniques de construction rappelle, s'il le fallait encore, que ce paramètre constitue un sérieux handicap à la datation des champs en terrasses sur la seule base de l'analyse de leur parement.

Les terrasses dotées de murs de soutènement en pierre sèche qui s'étagent sur la pente selon des systèmes de champs parallèles munis de rampes d'accès latérales, sont présentent dès le IIe millénaire en France méditerranéenne (Pyrénées, colline de La Liquière en Vaunage), et dès le IIIe millénaire en Grèce (île de Délos) et en Palestine (Judée et Galilée). Ces parcellaires sont parfois traversés par des chemins bordés de murs construits en pierre sèche, sur l'île grecque de Délos dans l'Antiquité, sur les versants en terrasse de la montagne libanaise (parcellaire de la haute vallée du Nahr Ibrahim), dans le Salento romain en Italie et dans la région de Jérusalem en Palestine, en particulier à l'âge du Fer.

La gestion des écoulements sur les versants est aussi maîtrisée grâce à la construction de structures drainantes à l'arrière du mur de soutènement. Au pied du parement intérieur du mur de pierre, des amas de cailloux et de moellons ont été mis en place par le passé, comme aujourd'hui, pour permettre de drainer les horizons profonds du sol et préserver les racines des cultures du trop-plein d'eau. Dans les systèmes de terrasses antiques de l'île de Délos, le rôle filtrant du mur construit selon la technique de la pierre sèche est complété par ce dispositif drainant. Cette même technique a été en usage dans la montagne libanaise, notamment à l'époque médiévale.

Les systèmes de terrasses encloses sont également construits en Méditerranée orientale dès le IIIe millénaire, comme cela se rencontre couramment aujourd'hui sur les versants des montagnes grecques et proche-orientales. La fresque de la flotille peinte sur les murs d'Akrotiri (Théra) indique que ces aménagements sont en usage dès l'âge du Bronze dans les Cyclades. Des systèmes de terrasses encloses sont aussi aménagés dans les campagnes déliennes antiques.

La présence de ces murs latéraux est systématiquement mise en relation par les commentateurs avec une volonté de la part des agriculteurs de protéger leurs récoltes contre les dommages occasionnés par les troupeaux qui dévorent et piétinent les cultures lorsqu'ils paissent en liberté (Harfouche 2005b). Sur les rives orientales de la Méditerranée où le pastoralisme s'est développé à plusieurs moments de l'histoire, les ensembles de champs en terrasse sont plus souvent enclos que dans les régions occidentales de la Méditerranée.

La protection contre « la dent du troupeau » n'est sans doute pas la seule explication. Les paysages orientaux se distinguent également des paysages occidentaux par une plus grande dégradation des sols et du couvert végétal dès les plus hautes époques. La couverture pédologique y est bien souvent plus mince. Le maintien des sols sur la pente et leur approfondissement n'est pas seulement le résultat de la présence des murs de contention des terres, mais aussi des murs protecteurs latéraux. Les systèmes de terrasses fermés sont ainsi un moyen d'améliorer et de conserver les sols dans des environnements très dégradés. Ils ne sont pas seulement des aménagements défensifs contre des animaux ravageurs. La présence de ces aménagements n'est donc pas à mettre systématiquement sur le compte d'une situation conflictuelle entre cultivateurs et éleveurs. Elle ne peut pas non plus être interprétée sans plus d'investigations en termes d'importance du cheptel et de place du pastoralisme dans l'économie des sociétés qui ont construit ces parcellaires.

D'autres techniques de construction ont été reconnues dans les paysages antiques restitués. Des terrasses romaines maintenues à l'aide de talus en terre ont été mises en évidence dans le sud de la France (région de

Béziers). Les terrasses à talus gazonnés se rencontrent plus généralement sur les versants des vallées à faible pente et sur les piémonts, voire en plaine. Il s'agit souvent de parcelles qui ont la forme de grandes bandes horizontales, à la surface plus ou moins inclinée, que les agronomes nomment couramment banquettes. Elles se rencontrent donc souvent sur les piémonts.

3.2.1.2. Les terrasses en demi-lune

Un autre type d'aménagement consiste en la construction de murets en pierre curvilignes. C'est à ce groupe qu'il faut rattacher les « lunettes » que M. Lachiver définit comme des cercles en pierres disposés autour des arbres. Leur forme en demi-cercle est adaptée à certaines cultures telles que la vigne et l'olivier qui ne sont pas très exigeantes en eau. Chaque muret soutient généralement un individu. Ce type de construction se rencontre souvent dans l'environnement proche de l'habitat, rarement sur les versants éloignés du centre de peuplement. La mise en terrasse semble s'imposer d'avantage pour ce type de cultures, d'un simple point de vue agrotechnique. En effet, contrairement aux sols recouverts par une végétation cultivée ou naturelle (céréales, pâturages, forêt…) qui les protège de l'érosion, les sols destinés à recevoir des cultures arbustives sont d'avantage exposés aux effets de l'érosion car les eaux de ruissellement se concentrent naturellement entre les pieds des arbres et ravinent le sol. La construction de murs de contention des terres individuels permet de maintenir les sédiments aux pieds de chaque plante et de canaliser les écoulements entre les murs, sans négliger la capacité du sol à absorber l'eau.

Les murs de soutènement de terrasses en demi-lune n'ont pas encore été reconnus par l'archéologie, mais on ne peut exclure leur existence.

3.2.1.3. Les terrasses de fond de vallée ou terrasses-barrages

La gestion des écoulements et la création de terre cultivable ne se limitent pas aux versants. Elles s'étendent aussi aux fonds de vallées ou de ravins d'érosion. Elles consistent alors dans l'édification de murs de pierre ou de terre perpendiculaires au talweg qui forment de véritables barrages pour retenir les sédiments transportés par les eaux. Ce dispositif permet aussi de capter les eaux de ruissellement pour l'irrigation. Il se rencontre aussi bien sur les rives septentrionales de la Méditerranée, en Italie et dans le sud de la France par exemple, qu'en Afrique du Nord ou au Proche-Orient. Dans ces deux dernières régions, les versants offrent les conditions favorables à la récupération et à la rétention de l'eau de ruissellement pour une organisation rationnelle de l'irrigation des champs nécessairement aménagés en terrasses (Evenari 1971 ; Shaw 1984 ; Trousset 1999). Ce sont ces zones qui illustrent de la manière la plus explicite le rôle crucial de la terrasse pour l'agriculture, tant sur le plan de la gestion de l'eau, que sur celui de la création de sols. Elle est une réponse parfaitement adaptée aux conditions géomorphologiques, pédologiques, hydrologiques et climatiques du milieu. Cet aménagement du paysage rendu nécessaire se traduit, rappelons-le, par la construction de murs de soutènement sur les versants et de murs de barrages en travers des talwegs en terre ou en pierre. Ils permettent la création de nouvelles terres cultivables en piégeant, à l'arrière de la structure bâtie, les sédiments provenant de l'érosion des versants, sous l'effet du ruissellement, lors des fortes précipitations qui caractérisent le climat de ces zones. Cette technique est aussi un moyen judicieux d'utiliser au mieux les ressources hydriques pour arroser les cultures et maintenir le degré d'humidité nécessaire au sol. L'évaporation est plus réduite lorsque l'eau est directement emmagasinée dans le sol, conformément à ce procédé, que s'il fallait la recueillir dans une surface ouverte, un bassin, pour la conduire ensuite vers le champ. L'exemple le plus abouti sur le plan technique parmi ces constructions est celui des *jessour* des oueds d'Afrique du Nord.

Les murs de terrasses qui barrent les vallées et les ravins d'érosion sont édifiés au Proche-Orient (Néguev et Nabatène) et des constructions semblables reconnues en Italie centro-tyrrhénienne ont été attribuées à l'époque romaine. Les murs de soutènement en terre ou en pierre de type *jessour*, les *aggeres* des *agrimensores* latins ou encore les aménagements de l'édit du Royaume de Qataban en Arabie, ont été aménagés dès l'âge du Bronze au Néguev et probablement dès le Néolithique dans cette région et en Afrique pré saharienne.

3.2.1.4. Les chemins et les fossés

Enfin, la régulation de la topographie et la maîtrise des écoulements ne se font pas uniquement par le biais des terrasses, mais aussi par les aménagements qui leur sont associés. Les chemins n'ont pas pour seule fonction de permettre le déplacement d'un point à un autre. La création de chemins creux et de fossés permet aussi de canaliser les eaux de ruissellement pour leur évacuation ou pour l'irrigation des cultures. Ils ont aussi un rôle important dans la structuration des paysages. L'archéologie en démontre l'existence très tôt, notamment sur les versants de la France méditerranéenne. Ces techniques sont parfaitement connues et maîtrisées sur les rives de la Méditerranée orientale où elles sont emblématiques des « civilisations de l'eau », ainsi que les nomment les commentateurs. Les communautés d'agriculteurs qui vivent dans les contrées septentrio-occidentales du bassin méditerranéen n'ont jamais été gratifiées de ce surnom. Pourtant, elles possèdent des savoirs en matière d'hydraulique et ont aussi aménagé les versants assurément dès le IIe millénaire avant l'ère chrétienne et au cours de l'Antiquité, notamment dans la montagne pyrénéenne et en Languedoc (Biterrois, Lunellois, Vaunage, Vistrenque). Les textes grecs et latins décrivent des parcellaires de pierre sur les versants traversés par des chemins délimités par des murs (Démosthène, *Contre Calliclès*, LV, 17-19 ; Siculus Flaccus : 142 ; Traduction M. Clavel-Lévêque : 45). Il s'agit là de chemins creux qui permettent de concentrer les flux hydriques en servant de rivières intermittentes, semblables au « portandeau » de la région de Béziers en Languedoc et qui existent dans tout le pourtour méditerranéen.

3.2.1.5. Les aménagements de plaine

La gestion des ressources hydriques s'impose aussi en plaine. Elle permet notamment d'éviter les nappes d'inondation. Il est aussi parfois nécessaire d'endiguer les cours d'eau en plaine et de drainer les fonds de vallées et les cuvettes humides pour les rendre cultivables. C'est aussi en plaine que se rencontrent des formes d'aménagement identiques à celles pratiquées sur les versants. Les terrasses de cultures, en particulier, ne sont pas une spécificité des pentes abruptes. Elles contribuent aussi, dans les plaines, à la protection des sols et à la lutte contre l'érosion, mais elles ont surtout un rôle dans la gestion de l'eau. Associées aux réseaux de chemins et de fossés, elles permettent de drainer ainsi que de collecter et de redistribuer les eaux de ruissellement pour l'irrigation.

Les chemins creux et les champs bâtis qui se révèlent progressivement à l'archéologue sont aussi parfois bordés par des haies dont il est plus difficile de restituer la présence, comme dans la région de Nîmes (Gard, France). Ces rideaux végétaux jouent, eux aussi, un rôle complexe dans la régulation climatique, en procurant un ombrage dans les chemins et les champs et en abritant les cultures du vent ce qui limite la déshydratation, dans la régulation hydrique, la régulation biologique et la rétention des sols sur les pentes, ainsi que le souligne O. de Serres au XVIe siècle. Les multiples fonctions de la haie n'ont pas échappé aux agronomes antiques, non plus.

3.2.2. De terre, de pierre ou de bois ?

De nombreux écrits ont porté à croire que la technique de construction en pierre sèche est immémoriale, traditionnelle, antédiluvienne, tandis que les talus gazonnés relèveraient d'une technique d'aménagement récente, moderne, attestée par les agronomes italiens et par O. de Serre depuis le XVIe siècle seulement (Blanchemanche 1990 ; Lewuillon 1991 ; Leveau 1990, 1993b). Il apparaît pourtant clairement à la lumière de ce travail que l'on ne peut établir un lien direct entre l'une ou l'autre technique et un moment de l'histoire. Les vestiges archéologiques permettent d'affirmer que les terrasses à talus en terre gazonnés ont existé avant l'époque moderne et même médiévale.

La construction des murs de terrasses agricoles selon la technique de construction en pierre sèche est avérée depuis l'Antiquité sur les trois continents méditerranéens. Les murs élevés en terre sont aussi présents au moins dès le IIIe millénaire, surtout dans les zones pré désertiques, dans les *tabia* des *jessour* d'Afrique et dans les terrasses du Néguev.

Il n'est pas possible d'affirmer à la suite d'O. Rackham et de J. Moody que le soin apporté à la construction des murs de soutènement en pierre des terrasses est étroitement lié à la fonction de celles-ci (Rackham 1992). Selon cette étude, les terrasses de facture soignée sont vouées à l'arboriculture, tandis qu'une attention moindre est portée à l'édification des murs de soutènement des parcellaires en gradins destinés à la culture des céréales. Les vestiges archéologiques ne confirment pas cette hypothèse. Ainsi, les murs de soutènement des terrasses romaines de la vallée du Gargailhan (Béziers, France), qui n'ont pas porté des arbres, sont néanmoins construits selon des assises régulières.

L'usage de la terre ou de la pierre n'est pas exclusif d'une micro-région. Ces matériaux ont souvent été sollicités conjointement dans la mise en terrasse des pentes. En Languedoc comme en Tripolitaine, un même système de terrasses comprend des champs soutenus par des murs construits en moellons selon la technique de la pierre sèche ou liés à la terre et des champs protégés par des talus en terre. Le parcellaire en terrasse construit au début de l'époque romaine dans la vallée du Gargailhan dans le cadre de la colonisation en est une illustration dûment datée.

Parfois, seule la technique des terrasses à talus herbeux a été mise en pratique. Sur les pentes de la vallée du Vistre, le système de terrasses agricoles contemporain de l'aménagement des abords de la *Via Domitia* mis au jour à la faveur des fouilles archéologiques est intégralement construit en terre. La voie romaine elle-même n'est alors qu'un chemin creux en terre bordé de murets en pierre. Pourtant le versant en amont est aménagé en terrasses dotées de murs de soutènement en pierre dès le Ier millénaire avant l'ère chrétienne.

Ces témoignages sur la diversité des paysages construits éclairent sous un autre jour les questions de méthode relatives à la datation de ces aménagements à partir des techniques de construction. Il apparaît encore plus difficile après ce constat de vouloir attribuer l'exclusivité d'une technique de construction à une société ou à une époque. Les faits archéologiques mettent à mal toutes les tentatives d'échafauder une typo-chronologie qui reposerait seulement sur les matériaux mis en œuvre et leur agencement au sein du mur.

Plutôt que de persister dans cette voie qui a conduit à des anachronismes et à des interprétations abusives au sujet de terrasses actuelles supposées antiques, on préfèrera sans doute s'interroger sur les raisons de cette diversité, surtout lorsque des techniques différentes se côtoient au sein d'un même projet d'aménagement, comme cela est le cas dans le parcellaire romain de Béziers. Comment expliquer le recours à des matériaux et des techniques dissemblables sur une petite superficie, au cœur d'un système homogène et cohérent, dans les mêmes conditions géomorphologiques, sur les mêmes sols et avec les mêmes préoccupations hydrologiques (drainer un versant pour le cultiver) ?

Bien qu'il soit plus discret en domaine méditerranéen qu'en Asie par exemple, l'usage du bois dans l'aménagement des versants mérite d'être souligné.

Dans son traité d'agriculture du début du XIVe siècle de l'ère chrétienne, Wang Zheng expose en détail la construction, l'amendement et la gestion des champs en terrasses. Il fait de ce type de construction un lieu commun dans la création des terres cultivables. Car, malgré l'éloignement de ces contrées par rapport au domaine méditerranéen, il est utile de rappeler qu'en de nombreux endroits en Chine, comme sur le pourtour méditerranéen, l'élément fondamental qui conditionne la construction des champs est la topographie accidentée, paramètre qu'ont en commun ces deux régions du globe. Aussi, il n'est pas inutile de considérer ces sources qui demeurent sans équivalent dans le cadre géographique strict concerné par ce travail. L'agronome illustre son propos par une représentation qui montre une nouvelle fois la richesse documentaire de ces auteurs. Il s'agit d'un système de terrasses régulières installées de part et d'autre d'un cours d'eau qui prend sa source dans les hauteurs incultes des montagnes. Le cours d'eau a un tracé en épingle à cheveux et trois systèmes de terrasses droites, plus ou moins étroites, sont représentés sur les versants de sa vallée. Les plus larges sont celles qui se trouvent au plus près du cours d'eau, c'est-à-dire sur le bas de la pente, tandis que les champs en amont sont plus étroits, ce qui est très probablement à mettre sur le compte d'une topographie plus abrupte. Au pied de chaque terrasse coule de l'eau provenant du cours d'eau vraisemblablement par le biais de fossés appartenant à ce qui doit être un système d'irrigation (Wang Xing-guang 1991 : 194-195, fig. 5). Une autre représentation de cet instructif ouvrage illustre ce lien étroit qui existe entre la mise en terrasse des versants et l'irrigation. Sur les pentes d'une montagne, des terrasses ont été aménagées. A leurs pieds, un système de fossés permet à l'eau de pluie ainsi collectée de se déverser de terrasse en terrasse, irriguant les champs et arrosant les cultures. Pour protéger les sols contre les effets destructeurs des écoulements hydriques de surface, des barrières de bambou suffisamment solides soustraient les sols à l'érosion tout en permettant à l'eau de filtrer à travers ses barrières protectrices pour se déverser dans le champ en aval (Wang Xing-guang 1991 197, fig. 10). Cette technique de construction de structure de contention des terres pourrait sembler exotique en regard des murs de soutènement et des talus traditionnellement évoqués en milieu méditerranéen, en parlant de terrasses de cultures. Pourtant ce type d'aménagement en « matériaux légers », connu également dans le nord de l'Inde, ne semble pas avoir été étranger à des pays riverains de la Méditerranée, si l'on en croît la description d'O. de Serres. De même, la fonction filtrante de la structure de soutènement correspond à un fait fondamental dans la fabrication des terrasses, qu'elles soient dotées d'un mur de pierre sèche ou construites en matières végétales, comme en témoigne le fonctionnement des systèmes hydrauliques et des terrasses d'Afrique du Nord.

3.2.3. Terrasses et hydraulique

Le lien étroit qui lie les aménagements de pente à la maîtrise des ressources hydriques est aussi au fondement de la typologie développée à la fin des années 1950 par Spencer et Hale concernant les terrasses de culture (Spencer 1961). Ils distinguent trois types fondamentaux : les terrasses liées à l'agriculture inondée, les terrasses de cultures sèches et celles qui sont le support de cultures irriguées. Chacun de ces systèmes répond à une gestion spécifique des eaux sur les versants.

3.2.3.1. Zones pluvieuses et zones arides

Il faut donc distinguer les versants de la zone méditerranéenne *stricto sensu* qui sont soumises aux agressions des eaux temporaires, des versants des zones pré désertiques où l'activité de l'eau issue des précipitations épisodiques s'exerce avec plus de dynamisme sur les sols. Cela conduit à départager, d'une manière quelque peu abrupte, les régions riveraines de la Méditerranée d'une part et les zones aux franges du domaine méditerranéen d'autre part (pré désert d'Afrique, zones actuellement désertiques du Proche-Orient, telles que le Néguev).

Dans le premier cas, l'aménagement des versants par la création de terrasses est intimement lié à la régulation de la pente pour augmenter la surface cultivable, en ramenant à un niveau presque horizontal des terres en pente. Le souci de la gestion de l'eau de ruissellement par la régulation des flux hydriques à la surface du sol, pour drainer les terrains et/ou irriguer les cultures, est étroitement lié à la correction de la topographie, mais cela relève d'une préoccupation qui apparaît généralement « secondaire ». Il existe bien sûr de nombreux exemples où la construction de terrasses a pour objectif de gérer l'eau sur la pente pour arroser les cultures ou évacuer l'eau en aval en la canalisant. C'est le cas notamment en plaine, où la déclivité du relief n'impose pas *a priori* de mettre en place des structures de soutènement, sinon pour conduire l'eau entre les champs et d'un champ à un autre, comme cela a été réalisé depuis l'Antiquité dans les zones basses du Languedoc, en vallée du Vistre, en Vaunage et dans le bassin de Mailhac.

Dans les régions plus arides, les phénomènes érosifs sont plus exacerbés et le problème de l'eau se pose avec plus d'acuité. Le façonnement des pentes et des fonds de vallées par la création de terrasses, notamment du type des *jessour*, est motivé, d'avantage que dans les zones plus pluvieuses, par la collecte de la ressource hydrique essentielle à la survie des plantes et des hommes. La construction de murs de soutènement en terre ou en pierre répond en premier lieu à un besoin de collecter et de redistribuer l'eau pluviale qui court sur les versants et gonfle le lit des oueds épisodiquement. Cette ressource précieuse, car elle est rare, ne doit pas se perdre pour étancher la soif des cultures et maintenir une humidité suffisante au sol. Cette préoccupation d'approvisionner les sols en eau n'est pas la seule raison de l'aménagement des pentes en terrasses. La protection des sols sur les versants contre l'érosion impose, ici aussi, la création de murs de soutènement, d'autant plus que l'effet des pluies violentes sur la couverture pédologique qui a souffert de la sécheresse est aggravé. Les murs des *jessour* construits dans les lits des cours d'eau temporaires témoignent de ce besoin de créer des terres cultivables en inversant les effets de l'érosion. De nuisible, elle devient bénéfique, entraînant les sédiments fins limoneux arrachés aux pentes et aux sommets des reliefs pour constituer des sols fertiles.

3.2.3.2. Terrasses et irrigation

Les sources antiques sont riches en enseignements sur les techniques liées à la gestion de l'eau aux champs. L'objectif est ici d'insister sur le fait essentiel que l'irrigation, qui induit souvent sur les versants la construction de terrasses, n'est pas l'exclusivité des civilisations dites des « cultivateurs de l'eau », selon une tradition archéologique pour laquelle l'agriculture méditerranéenne est une agriculture sèche par obligation. Les documents antiques sont plus prolixes sur ces pratiques dans les régions extra méditerranéennes où la sécheresse et le régime des pluies les rendent indispensables. Néanmoins, l'irrigation n'est pas seulement une technique spécifique des marges arides, des oasis et de la vallée du Nil... Les textes et l'iconographie témoignent de l'existence de champs irrigués en milieu méditerranéen dans l'Antiquité. Il reste donc à dire quelques mots encore sur les documents qui renseignent sur les techniques mises en œuvre par l'agriculteur méditerranéen pour arroser et assainir son champ qui peut être construit en terrasse.

Au Proche-Orient, dès l'âge du Bronze (XIVe – XIIIe siècle avant l'ère chrétienne), les listes de villages ou les relevés fiscaux de la ville d'Ougarit (actuelle Ras Shamra) située au nord de Lattaquié, au pied des reliefs côtiers de Syrie, opèrent une distinction au sein des zones de culture entre, d'une part les « terres sèches » qui doivent s'en remettre aux pluies pour produire des végétaux, et d'autre part « les terres de sources » sur lesquelles l'irrigation est possible à partir des points d'eau.

L'iconographie romaine renseigne aussi sur la présence de machines élévatoires de l'eau qui alimentent les canaux d'irrigation. Ainsi, une mosaïque retrouvée à Apamée (Syrie), datant de 469 de l'ère chrétienne, représente un jardin ou un verger irrigué par une noria (Dulière 1974). Le principe de cette roue qui utilise la force motrice de l'eau pour remonter celle-ci dans des godets-pales pourrait remonter à l'époque hellénistique comme en témoigne une peinture d'Alexandrie (Balty 1987).

Le lien étroit qui lie les aménagements de pente à la maîtrise des ressources hydriques n'a pas échappé aux agriculteurs du passé. La pratique de l'agriculture irriguée par gravité appelle la construction de terrasses, comme sur les îles de petites dimension aux reliefs escarpés ou encore sur les versants du Mont Liban. L'argument topographique rejoint alors la nécessité agronomique. Les anciens agriculteurs qui ont été confrontés à ce problème topographique y ont répondu par la création de vastes systèmes de terrasses antiques irriguées, notamment sur l'île grecque de Délos dans l'Antiquité et sur l'île de Majorque à l'époque médiévale.

La pratique de l'irrigation dans les paysages méditerranéens est attestée dans les textes grecs dès le VIIIe siècle avant l'ère chrétienne. Elle y est même présentée comme une pratique courante ! Un passage de l'Iliade décrit l'aménagement d'un champ où des rigoles sont creusées pour permettre l'écoulement des eaux captées à partir d'une source : « Qui n'a vu un homme tracer des rigoles partant d'une source sombre, pour guider les cours de l'eau à travers plants et jardins ? Un hoyau à la main, il fait sauter ce qui obstrue chaque canal. L'eau se précipite, roulant en masse les cailloux, et vivement s'écoule, murmurante, sur la pente du terrain, dépassant même celui qui la conduit. » (Homère, *Iliade*, XXI, 258-264). Platon indique que le contrôle des eaux de pluie n'est pas seulement nécessaire pour éviter les dégâts qu'elles peuvent causer dans les champs, mais aussi pour irriguer les parcelles (*Lois*, 761 a-c), notamment par des canaux creusés dans les jardins (Platon, *Timée* 77 c-e). Il précise aussi les contraintes auxquelles sont soumis les agriculteurs pour l'utilisation de ces eaux et les techniques mises en œuvre pour leur acheminement jusqu'au champ : « Toute personne physique ou morale qui veut user pour l'alimentation en eau potable, pour l'irrigation ou plus généralement, pour les besoins de son exploitation, des eaux dont elle a le droit de disposer, peut obtenir le passage par conduite souterraine de ces eaux sur les fonds intermédiaires » (Platon, *Lois*, VIII, 844a et c ; Louis 1982). Le procédé d'irrigation par des conduits souterrains et des rigoles est aussi signalé par Aristote (Aristote, *Météorologiques*, I, 350). Théophraste (vers 370-vers 287 avant l'ère chrétienne) recommande dans ses ouvrages sur les plantes l'irrigation des cultures, en particulier les légumes et les arbres qui affectionnent l'eau. Il mentionne la présence de fossés qui appartiennent à l'aménagement des champs et précise que l'eau qui court dans ces fossés est mauvaise car elle transporte les graines des mauvaises herbes (Théophraste, *Cause des plantes*, 3, 19, 1 ; *Histoire des plantes*, 7, 5, 1-2 ; 2, 6, 3 ; Argoud 1987). Strabon donne des indications plus précises sur la localisation géographique de ces techniques employées dans les paysages cultivés de la rive septentrionale de la Méditerranée, au moins dès le Ier siècle avant l'ère chrétienne. En décrivant les conditions hydrologiques et géologiques des Alpes italiennes, il s'intéresse à un peuple ligurien, les Salassi, qui vivent dans la vallée d'Aoste. Il rapporte que ceux-ci exploitent l'or et se servent des eaux d'une rivière dont ils ont détourné le cour pour leurs travaux, ce qui provoque la colère des habitants de la vallée, situés en aval, car ils sont privés de cette ressource nécessaire à l'irrigation de leurs terres (Strabon, *Géographie*, IV, 6, 7).

Dans les textes latins, les références à l'irrigation pourraient sembler plus rares que celles qui concernent la lutte contre l'excès d'eau. Les auteurs vantent les mérites de l'irrigation notamment pour les cultures arbustives. Ils conseillent même de maintenir une inclinaison à la surface des champs situés en plaine pour permettre l'irrigation selon un système d'écoulement par gravité, à même le sol. Caton recommande aux propriétaires de préférer, pour le choix d'une terre, un jardin irrigué à défaut d'un vignoble (*De agricultura*, I, 7). Palladius décrit l'aménagement des jardins et des vergers pour l'irrigation depuis la collecte de l'eau jusqu'à sa distribution aux cultures. Le champ « aura une situation idéale, si une pente douce lui permet de recevoir une eau courante divisée en plusieurs bras. En l'absence de source, il faut, ou bien creuser un puits, ou bien, si ce n'est pas possible, construire un bassin à un niveau supérieur, destiné à recueillir l'eau de pluie, avec laquelle on pourra arroser le jardin pendant les grandes chaleurs de l'été. » (*Opus agriculturae*, I, 34, 1-2). L'auteur décrit ensuite la construction du terrain destiné aux cultures arrosées et le fonctionnement du système d'irrigation : « Il faut faire des plates-bandes longues et assez étroites, c'est-à-dire ayant douze pieds de long sur six de large, ce qui permet d'enlever les mauvaises herbes des deux côtés. Si le terrain est humide ou arrosé, il faut en exhausser les bords à la hauteur de deux pieds ; mais dans les pays secs un seul pied suffira. Si entre les plates-bandes il coule de l'eau d'une manière habituelle, il faudra que le niveau des allées soit plus élevé que celui des plates-bandes, afin que l'eau puisse être dirigée de haut en bas sur chacune de celles-ci ; lorsqu'elle a bien abreuvé la terre assoiffée d'une plate-bande, on peut alors arrêter son écoulement pour la diriger sur les autres. » (Palladius, *Opus agriculturae*, I, 34, 7). La technique utilisée dans ce passage est celle de l'inondation en nappe à partir d'une conduite d'eau, un fossé, creusé en bordure de plates-bandes rectangulaires mesurant 3.60 m de long et 1.80 m de large chacune (Fig. 112). Elles sont bordées par une allée de chaque côté et parfois d'un fossé. L'eau est dirigée pour arroser les plantations en ouvrant le fossé sur la/les planche(s) de culture. On peut donc faire l'économie de la restitution complexe imaginée par le traducteur de Palladius, R. Martin, à la note 14 du chapitre 34 (p.155) pour lequel « on ne trouve chez les autres agronomes anciens aucune mention du système d'irrigation perfectionné qui est ici décrit, et qui consiste à faire traverser le jardin par une série de petits canaux, vraisemblablement en maçonnerie ou en terre cuite, surélevés par rapport aux plates-bandes, et munis de tuyaux d'écoulement permettant d'arroser directement ces dernières. ».

L'irrigation ne se limite pas aux vergers et aux cultures maraîchères (Columelle, *De re rustica*, X, 143-154) comme cela est souvent répété dans les écrits qui abordent la question de l'agriculture méditerranéenne dans l'Antiquité. Pline l'Ancien rapporte que l'irrigation des vignobles et des champs de céréales était pratiquée dans les campagnes italiennes, autour de Sulmone, la ville des Paeligni située dans une riche vallée traversée par le Sangro : « La trop grande âpreté du vin exige en tout cas l'arrosage des vignobles sur le territoire de Sulmone, en Italie, dans le canton Fabien, où l'on arrose aussi les champs cultivés. Fait étonnant, cette eau tue les herbes et nourrit les céréales, et l'arrosage remplace le sarcloir. Dans ce même territoire, en hiver, surtout s'il y a une couche de neige ou une gelée, de peur que le froid ne brûle les vignes, on y fait arriver l'eau pour en baigner les ceps ; c'est ce que les gens du lieu appellent « attiédir » ; par un curieux effet du soleil sur une rivière, celle-ci est d'un froid à peine supportable en été. » (*NH*, XVII, 250). L'auteur signale aussi la présence de vignobles irrigués en Espagne (*NH*, XVII, 249).

Même dans les zones peu pentues, le souci de la gestion de l'eau de ruissellement par la régulation des flux hydriques à la surface du sol pour drainer les terrains et/ou irriguer les cultures est étroitement liée à la correction de la topographie. Ainsi, dans les plaines et sur les piémonts languedociens (vallée du Vistre, Vaunage, bassin de Mailhac) où la déclivité du relief n'impose pas *a priori* de mettre en place des structures de soutènement, la construction de terrasses a pour objectif, depuis l'Antiquité, de gérer l'eau sur la pente pour arroser les cultures ou évacuer l'eau en aval en la canalisant.

Bien qu'ils déconseillent fortement d'installer les champs dans les zones basses et les cuvettes humides, les agronomes

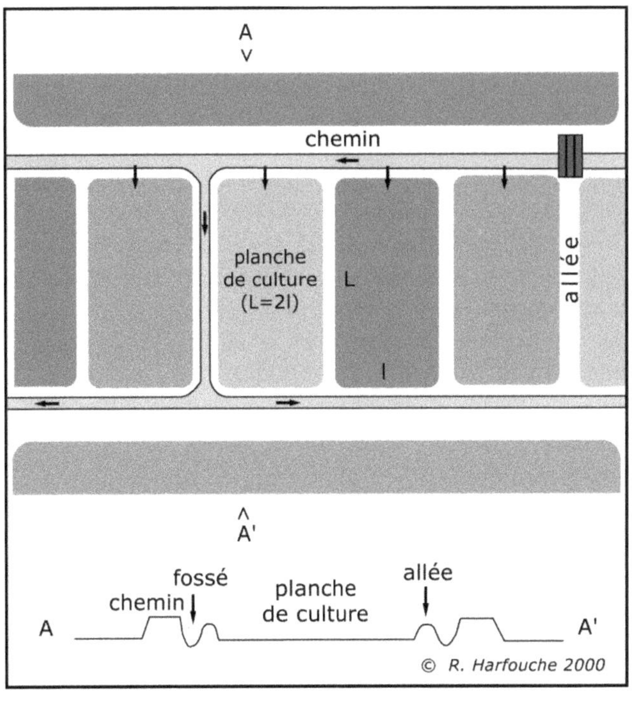

FIG. 112 : SCHÉMA DU SYSTÈME D'IRRIGATION DÉCRIT PAR PALLADIUS (OPUS AGRICULTURAE, I, 34, 7).

latins traitent de la démarche à suivre pour rendre des terres marécageuses salubres, en les drainant (Caton, *De agricultura*, L, 43 et CLXIV, 155 ; Pline, *NH*, XVIII, 47 et 179 ; Palladius, *Opus agriculturae*, I, 34, 4). La fréquence de ces recommandations suggère que les agriculteurs étaient souvent confrontés à ce problème dans les plaines de la Méditerranée nord-occidentale. C'est sans doute ce qui explique aussi que les auteurs parlent des systèmes de culture irrigués des provinces romaines d'Afrique du Nord en termes élogieux (Procope, Guerre vandale, IV, 19, 11-14 ; Janon 1980 : 349). Ce type d'agriculture est lié selon leurs propos à la nécessité, sous un climat plus « chaud » que celui qui prévaut sur les rives septentrionales de la Méditerranée, de palier le manque d'humidité des sols. Seule la maîtrise de l'eau permet d'expliquer la fertilité et les rendements « extraordinaires » de cette région qui surprennent Pline l'Ancien (*NH*, XVIII, 188-190). C'est aussi parce que « l'irrigation est mesurée et réglée par l'homme » que les terres de la Babylonie sont fertiles (Pline, *NH*, XVIII, 170 ; Hérodote, *Histoires*, I, 193).

Aujourd'hui, ce sont dans ces zones irriguées, lorsqu'elles sont abandonnées, que l'érosion sur les versants est la plus importante, tant la maîtrise des écoulements sur la pente est cruciale pour la conservation des sols. Les effets de l'érosion sont particulièrement perceptibles sur les basses terrasses alluviales des oueds d'Afrique du Nord.

3.3. Terrasses et parcours du bétail

Les commentateurs insistent souvent sur les conflits d'intérêts entre cultivateurs et éleveurs, notamment dans les zones pré désertiques, au point d'affirmer qu'il existerait, par essence, une « concurrence entre le monde de la culture et celui de l'élevage » (Brun 1996 : 102). Un vif débat a été engagé à la fin des années 1980 entre les partisans d'une spécialisation de l'élevage et d'une opposition entre éleveurs (souvent considérés comme nomades) et cultivateurs dans l'économie de la cité grecque (Skydsgaard 1988) et les tenants d'une exploitation intégrée des ressources agro-pastorales (Hodkinson 1988). Ce débat s'est élargi au problème du caractère intensif ou extensif de l'élevage, accentuant la vision dualiste d'une économie tournée, selon les opinions, soit vers de grands troupeaux transhumants, soit vers la stabulation de quelques animaux sur les exploitations agricoles. L'élevage conçu comme une activité autonome relève d'une vision restrictive et souvent fondée sur un exemple ethnologique très évident (Forbes 1994).

Les sources épigraphiques relatives à l'élevage en Grèce ancienne ont fait l'objet d'une synthèse récente par C. Chandezon (2003). Si l'on parcourt le corpus, les inscriptions qui sont interprétées comme des témoignages de conflits entre cultivateurs et éleveurs sont trop rares et leur contenu discutable. De même, les études archéozoologiques et les fouilles archéologiques en milieu rural manquent cruellement au débat, singulièrement pour les périodes historiques. Les inscriptions déliennes qui font état de bergeries et d'étables dans les fermes et la réglementation qui punit les dégradations faites aux vignobles par le petit bétail ont conduit les historiens à envisager sur l'île, comme sur toutes les petites Cyclades, une gestion du troupeau exclusivement fondée sur la stabulation. Ces conclusions s'appuient aussi sur des extrapolations à d'autres lois édictées dans le monde grec, notamment sur les îles d'Amorgos (*IG* XII 7, 62 l. 35) et d'Ios (*IG* XII, 5, 1-2), qui interdisent la divagation des troupeaux sur les terres des dieux. Or, ces sources font référence aux champs des domaines sacrés. Qu'en était-il des modes de gestion des terres cultivées qui ne possédaient pas un statut religieux ? De plus, les amendes prévues par la réglementation délienne indiquent indirectement que les troupeaux quittaient leur espace de stabulation dans l'année.

La stigmatisation de l'opposition culture/élevage par les historiens se nourrit aussi de quelques mentions, plus tardives, relevées chez les agronomes latins et extraites de leur contexte littéraire. L'une des plus célèbres est celle de Varron qui propose une explication historique à la réglementation locative interdisant aux chèvres de pénétrer dans les espaces de culture : « Elles se nourrissent en effet avec prédilection des arbrisseaux sauvages et, dans les lieux cultivés, elles broutent les jeunes pousses. D'où est venu le nom de *capra* (chèvre), dérivé de *caprese* (brouter). C'est là l'origine de la clause qu'on a coutume d'introduire dans les baux de location d'une propriété : que le métayer ne fasse pas paître la progéniture d'une chèvre dans la propriété. Car leurs dents sont fatales aux plantations » (*Res rusticae*, II, 3, 7). Cette opposition entre élevage et cultures chez les auteurs latins comme Varron doit être replacée dans le contexte de l'analyse systématique, héritée de l'école aristotélicienne, et dans celui de la séparation de la culture et de l'élevage, ce dernier étant exclu par l'auteur de la sphère de l'agriculture proprement dite. En effet, c'est dans le cadre d'un débat introductif à son œuvre agronomique concernant l'appartenance ou non de l'élevage à l'agriculture que Varron met en garde contre les dégâts causés aux cultures par le petit bétail (*Res rusticae*, I, 2, 18). En soulignant la cohabitation difficile entre les deux activités, sous certains aspects, il justifie le choix qu'il fait de traiter séparément dans son écrit les deux types de production. De plus, l'ensemble des recommandations des auteurs latins pour empêcher chèvres et moutons de pénétrer dans les parcelles cultivées concernent une limitation dans le temps (pendant que les vignes et les arbres sont à l'état de jeunes plants et par la suite pendant qu'ils bourgeonnent) et non dans l'espace (Varron, *Res rusticae*, I, 2, 18 ; Virgile, *Georgica*, II, 371 ; Pline, *NH*, XV, 8 ; Columelle, *De re rustica*, V, 6, 21 et *De Arboribus*, XX). D'ailleurs, les agronomes sont parfaitement conscients de l'utilité de laisser paître les caprinés dans les champs pour fertiliser les sols. Ils recommandent cette pratique, aussi bien dans les espaces ensemencés que dans les vergers (Caton, *De agricultura*, 30 et 47 ; Varron, *Res rusticae*, I, 2, 21 et II, 2, 12 ; Pline, *NH*, XVII, 55 et 203).

L'étude des pratiques de l'agriculture en terrasses et de l'organisation fonctionnelle de ces parcellaires démontre également que le bétail avait sa place aux champs. Sur l'île de Délos et sur les versants terrassés de la montagne libanaise, il existe une complémentarité dans les activités agro-pastorales qui s'exprime dans la forme des aménagements (enclos, couloirs de traite, abreuvoirs, terrasses encloses) et dans la gestion des ressources en sols (fumure) (Harfouche 2005b). A Délos, un des domaines du dieu porte le nom de *Leimôn* que certains historiens traduisent par « prairie » et d'autres par « pâturage », mais selon P. Brun (1996 : 60 et 94) le sens plus général du mot « terrain de pâture », sans connotation végétale, est le plus juste. Cette ferme comporte une bergerie et une étable. Où situer les espaces de pâture sur l'île, puisque l'arboriculture et la céréaliculture/légumineuses se partagent les terrains ? Les seules zones qui ne sont pas aménagées en terrasses pour l'agriculture sont les chaos et les surfaces où les roches affleurent, mais où pousse aujourd'hui une maigre végétation très dégradée. De tels lieux existent à Délos, par exemple au nord de la ferme 13, bien qu'ils soient peu importants, car des zones extrêmement pentues ont également été aménagées pour être cultivées. Ces espaces ont pu constituer des terrains de pacage pour les moutons et les chèvres, en particulier au moment où les champs sont mis en défens. Les auteurs latins témoignent de l'utilisation privilégiée de ces unités paysagères pour la conduite des caprinés (Varron, *Res rusticae*, II, 1, 16 ; II, 3, 6-8 ; Virgile, *Georgica*, III, 314-315). Les lieux de pâture sont parfois enclos et des couloirs de traite ont été reconnus (Harfouche 2005b).

L'île présente d'autres lieux de parcours pour le bétail. Des terrains privés mentionnés dans les sources épigraphiques portent le nom de *Schinous*, nom qui est dérivé du pistachier lentisque, plante aujourd'hui absente de Délos (Vial 1984 : 325-328). Les arbres présents dans l'Antiquité ne se résumaient donc pas à la fructiculture, mais comptaient également un cortège d'espèces ligneuses typiquement méditerranéennes parmi lesquelles se trouvaient le pistachier lentisque et le nerprun ou alaterne. Celui-ci a donné son nom à l'une des fermes d'Apollon, sise sur l'île de Rhénée, appelée *Rhamnoi*. On ignore la superficie occupée par ces espaces arborés qui ont pu servir de lieux de pacage (arbres clairsemés, bosquets ?). Le parcours du bétail pour la nourriture ne se limite pas aux espaces incultes. Les agriculteurs devaient mettre en défens leurs champs, mais ils avaient la possibilité de faire pâturer les troupeaux après la récolte, les résidus du traitement de la moisson après le dépiquage constituant un complément alimentaire substantiel.

Les sols de Délos, il faut le rappeler, sont une mosaïque où se côtoient le meilleur et le pire en termes d'agronomie. Le couvert végétal joue un rôle important dans la production de biomasse qui sera intégrée aux minéraux dans les sols pour constituer la structure. Dans l'ensemble, les sols granitiques cultivés de l'île appellent la jachère, le repos du sol préconisé par Xénophon, les agronomes latins et O. de Serres au XVIe siècle, permettant de constituer une réserve d'humidité par le labour et la reconstitution des principes nourriciers (Varron, *Res rusticae*, I, 29 ; Columelle, *De re rustica*, II, 4 et XI, 12 ; Palladius, *Opus agriculturae*, II à IX ; Pline, *NH*, XVIII, 181 ; O. de Serres II, 2). Mais ces sols nécessitent aussi une fertilisation pour palier les prélèvements faits par les plantes, car si la fertilisation n'est pas suffisante, ils deviennent moins productifs. L'apport de matière organique est alors indispensable et la seule solution est de favoriser l'élevage. Les Grecs étaient conscients de l'utilité de laisser sur le champ les matières végétales nécessaires à la lutte contre l'érosion et à l'enrichissement du sol, puisque les baux interdisent le transport des chaumes, des broussailles, des boues, de l'herbe et de la litière hors du domaine loué (Amouretti 1986 : 62). À Délos, les champs pouvaient être amendés par l'épandage du fumier récolté dans les bergeries et les étables des fermes. L'usage du fumier est préconisé dans les baux d'Arkésiné à Amorgos et du verger d'Héraclès à Thasos, mais aucun fumier animal n'est attesté à Délos à l'exception de la colombine (Salviat 1972). Les comptes des gestionnaires du dieu enregistrent la vente de fiente des tourterelles au profit du sanctuaire (Déonna 1948). Celle-ci est préconisée par Théophraste (*C. P.* III, 17, 5) et dans les Géoponiques (II, 21) comme l'engrais le plus actif par rapport au fumier de bovins.

Une autre solution pour fertiliser les sols déliens est de laisser le troupeau sur les champs après la récolte. Cette pratique était en usage sur l'île en mai 1864 lorsque L. Terrier s'y rend (Terrier 1864). Il observe que les habitants de l'île voisine de Myconos y cultivaient l'orge et le seigle, qui « viennent mieux que le blé au milieu de ces pierres », dans certains endroits des hauteurs « qu'on a essartés pour leur faire place ». Le visiteur ajoute qu'après les moissons à la faucille, les troupeaux broutaient les chaumes. Ce témoignage souligne également l'importance, sous-estimée par les commentateurs, de la reconquête végétale dans l'évolution de l'environnement de l'île. Le pacage après la récolte pouvait également se faire sur un verger, comme cela se pratique aussi dans la montagne libanaise. Sur l'île cycladique de Céos, une coutume attestée au XVIIIe siècle donnait à une personne le droit de pacage sur le terrain cultivé par une autre après la récolte des fruits (Doukellis 1998). Aujourd'hui encore, dans les Cyclades, des troupeaux de moutons paissent dans les vergers.

Dans la montagne libanaise également, par le passé (comment le démontrent l'archéologie, la pédologie et les inscriptions d'Hadrien) et encore aujourd'hui, agriculture, élevage et forêt participent d'une économie intégrée qui s'exprime au travers du parcellaire et des pratiques rurales.

Il n'y a donc pas concurrence entre milieu cultivé et milieu pâturé, mais une succession dans le temps et une interaction dans l'espace. L'historien P. Doukellis a bien décrit cette « distinction entre espace de culture et espace de pâturage [qui] ne se fait pas dans l'espace mais dans le temps » (Doukellis 1998 : 317). La lisibilité des activités humaines dans le milieu est parfois source de confusions et d'erreurs, car les pratiques les plus visibles ne sont pas nécessairement les plus typiques.

La rétraction des parcellaires en terrasses qui a été démontrée à certaines époques ne doit donc pas être nécessairement mise sur le compte d'un changement radical dans le mode de production qui serait fondé sur une dualité culture/élevage, dont on sait à présent qu'elle masque des pratiques plus complexes. L'abandon de certains systèmes de terrasses peut relever d'autres facteurs que celui d'un hypothétique basculement dans les types de productions, qui ferait que l'on passerait d'une mise en culture extensive à une spécialisation économique tournée vers l'élevage.

3.4. Terrasses et cultures arbustives

La construction des versants aux fins d'agriculture a-t-elle été motivée par la mise en place d'une agriculture spécialisée ? Cette thèse a été avancée pour expliquer le travail des terrassiers à l'époque moderne dans les Alpes-Maritimes et le Var, ainsi que dans les Cévennes où les agriculteurs du XIXe siècle ont été motivés par le développement de l'arboriculture du mûrier et du châtaignier (Castex 1983 ; Blanchemanche 1990). Cette même logique a été à l'origine du réaménagement des versants en Vaunage à partir du XVIIe siècle en étroite liaison avec l'essor commercial de la viticulture (Le Roy Ladurie 1996 ; Barry 1962). L'expansion de la viticulture et de l'oléiculture dans les régions méditerranéennes a-t-elle pu être un moteur de l'aménagement des versants dans l'Antiquité ? La mise en terrasse des versants correspond-elle alors à une exploitation marginale de la campagne ? Le terme de « marginal » pouvant être compris comme une exploitation spécialisée des terres, cette fonction dévolue aux versants peut-elle expliquer à elle seule la pétrification des pentes par la construction de terrasses ?

3.4.1. Terrasses, oliviers et arbres fruitiers

Cette question sous-entend le lien étroit qui existerait entre les paysages pentus construits et l'arboriculture. On a coutume de rattacher la culture en terrasses à l'arboriculture (oliviers, fruitiers) et à la viticulture. Pourtant, en de nombreux endroits, les agriculteurs cultivent ces végétaux sur des versants, sans nécessairement recourir à une reconstruction de la topographie en gradins. Ainsi, en Kabylie, la culture de l'olivier est réalisée sur des pentes fortes qui ne sont pas armées par des structures de soutènement. La lutte contre l'érosion hydrique est assurée par la présence de fossés qui permettent de canaliser les écoulements de surface (Despois 1959 : 108). Il n'en demeure pas moins que certains parcellaires aménagés en terrasses agricoles sur les versants des montagnes de l'Afrique du Nord, datés de l'époque romaine, ont pu être le fait de riches propriétaires terriens disposant de capitaux (Leveau 1990 : 29 ; Barker 1996).

En Attique, à l'époque classique, la culture de l'olivier correspondrait à quelques arbres dispersés dans les champs et les vignes en complant (Amouretti 1986 : 196). C'est le tableau qu'en ont dressé les commentateurs, ne trouvant nulle trace dans les sources écrites antiques d'oliveraies qui auraient induit l'existence de cultures spéculatives. Les prospections et les fouilles conduites sur certaines fermes à la fin des années 1980 ont conduit H. Lohmann à avancer une toute autre hypothèse selon laquelle, à l'époque classique, la culture spéculative de l'olivier serait à l'origine de l'aménagement massif des campagnes en terrasses (Lohmann 1992). Les propriétaires vivant à la ville investissent dans les cultures à forte valeur ajoutée tels que l'olivier ou la vigne par rapport aux céréales. Ainsi se seraient développées l'oléiculture et la viticulture en Béotie dès le VIe siècle avant l'ère chrétienne et la culture extensive de l'olivier en Attique au Ve et surtout à partir du IVe siècle avant l'ère chrétienne sur de vastes parcellaires en gradins. Selon ce modèle, la création de systèmes de terrasses est la conséquence d'une volonté marchande, spéculative, qui s'exprime par la mise en place de cultures spécialisées. Bien différente du moteur de la misère qui a poussé les paysans des époques médiévale et moderne à façonner les paysages des Cévennes, cette initiative s'inscrit dans des préoccupations économiques commerciales en temps de paix et de stabilité.

Une hypothèse similaire, attribuant le développement de la culture en terrasse à l'expansion des cultures arboricoles, a été formulée pour expliquer l'aménagement des versants aux fins d'agriculture dès l'âge du Bronze en Palestine (Levy 1995 ; Finkelstein 1995 ; Faust 2000).

En France méditerranéenne, singulièrement en Provence, dans le département du Var, la production d'huile est à son sommet entre la fin du Ier siècle et le IIe siècle de l'ère chrétienne (Brun 1986, 1993). Mais la culture de l'olivier est avérée, en Provence, dès le IVe siècle avant l'ère chrétienne et les récentes analyses morphométriques réalisées sur le bois de cet arbre, rappelons-le, conduisent à démontrer l'existence d'une conduite de l'olivier (*Olea europea L.*) par les agriculteurs du sud de la France et de l'Espagne depuis le Néolithique ! (Terral 2000). L'olivier est cultivé dès le IIe siècle avant l'ère chrétienne, en Languedoc, à *Lattara*, dès le début du Ier siècle avant l'ère chrétienne dans les campagnes de l'agglomération d'*Ambrussum* et dès le milieu du Ier siècle avant l'ère chrétienne en Vistrenque (Leveau 1991 ; Garcia 1992 ; Chabal 1997). Néanmoins, le sud de la Gaule importe massivement l'huile d'Espagne au Haut-Empire, comme en témoignent les études sur les conteneurs céramiques (Leveau 1993c : 54).

Dans la perspective du développement d'une arboriculture spécialisée qui aurait généré une construction des versants, la fonction agricole des terrasses n'est plus de supporter des cultures pour permettre à une ou plusieurs familles de vivre en autarcie, comme cela a été avancé concernant les champs protohistoriques en Gaule méridionale ou au sujet des terrasses des populations libyennes villageoises des massifs présahariens d'Afrique. Il ne s'agit pas de cultures de subsistance pratiquées sur des parcelles familiales, mais bien de cultures commerciales. De là à dire que l'effort nécessaire pour construire les terrasses ne peut être consenti que si la valeur commerciale des productions est importante, le pas a aisément été franchi (Foxhall 1996).

Or, il est bien réducteur de limiter la genèse des parcellaires en terrasses à une volonté économique marchande et spéculative qui participe d'un système économique tel que ceux qui sont décrits par les historiens pour le IVe siècle avant l'ère chrétienne en Grèce et sous l'Empire romain.

Par ailleurs, des fouilles récentes conduites sur de grands domaines romains ont mis au jour de vastes vergers, mais ces cultures arbustives spéculatives sont situées en plaine, non pas sur les versants, notamment dans la plaine rhodanienne sur les terres des *villae* de La Ramière à Roquemaure (Gard, France) dès la fin du Ier siècle avant l'ère chrétienne (*Archéologie du TGV...* 2002 : 889-919).

3.4.2. Terrasses et vignobles

La culture de la vigne est pratiquée dans le sud de la France, dans la *chôra* de Marseille, dès la première moitié du VIe siècle avant l'ère chrétienne. Le vin est exporté dès le milieu du VIe siècle avant l'ère chrétienne dans les amphores massaliètes (Bats 1990). Cependant, l'essor de la viticulture à l'époque antique dans le sud de la France débute au Ier siècle avant l'ère chrétienne et a lieu surtout à partir du IIe siècle de l'ère chrétienne jusqu'au IVe siècle (Brun 1993 ; Buffat 1998). Cette estimation s'appuie sur le nombre important de cuves de vinification découvertes à ces époques. Le vin fait partie des produits d'exportation. Le développement de la viticulture spéculative à l'époque romaine aurait pu être le vecteur de l'aménagement des pentes, aux sols plus adaptés, car légers et caillouteux, à la culture d'une vigne de qualité. Cela suppose que les producteurs aient fait le choix de la qualité de leurs produits, mais était-ce leur souci ? Peut-on projeter des préoccupations qualitatives contemporaines sur les stratégies de production des agriculteurs du passé ?

Les sources écrites nous rapportent qu'en Espagne romaine, la vigne est irriguée pour augmenter ses rendements (Pline, *NH*, XVII, 249). On n'hésitait pas également à planter des vignes dans des zones humides, à l'instar des *palustres vinae* que possédait l'oncle de Columelle qui vivait dans le sud de l'Espagne (*De re rustica*, XII, 21, 4). En Gaule Narbonnaise, l'archéologie a permis de retrouver des traces de vastes vignobles antérieurs au début de l'ère chrétienne, appartenant à l'époque républicaine, mais ils sont toujours situés en plaine. Depuis la découverte, au tournant des années 1990, en Languedoc, d'un vignoble datant de l'époque républicaine, dans la plaine du Vistre au sud de la ville actuelle de Nîmes (Poupet 1999), d'autres champs ainsi plantés ont été mis au jour. Dans la *chôra* de la colonie de Marseille, ils datent de l'époque hellénistique, tandis que dans la moyenne vallée du Rhône, ils sont attribués à l'époque romaine et que dans le delta du Lez, ils appartiennent à un vignoble de la fin de la Protohistoire (Boissinot 1997a ; Jallot 2000a).

A l'inverse, des terrasses de culture antérieures au IIe siècle de l'ère chrétienne, voire protohistoriques, ont été retrouvées sur les pentes de Nîmes, mais elles n'étaient pas destinées à recevoir un vignoble ou un verger. Quelles cultures étaient alors pratiquées sur ces terrasses ? Les faits archéologiques démontrent qu'il existe des oliveraies et des vignes en plaine et inversement, des prés et des terres sur les terrasses. Il faut sans doute relativiser cette dichotomie, le développement de l'archéologie préventive ayant favorisé les grands décapages en plaine où ont été mis au jour de vastes vignobles et de très rares vergers antiques. Dans la vallée du Gargailhan, près d'une *villa* occupée entre le IIe et le IVe siècle,les traces d'un vignoble, sous la forme de trous de plantations, ont été reconnus sur les champs en terrasses construits au plus près du bâtiment, comme cela est encore d'usage dans beaucoup de régions méditerranéennes, notamment en Grèce et au Liban, où des vignes sont plantées sur les terrasses les plus proches de la ferme, le plus souvent dans le cadre d'une production familiale (Fig. 76). Un second exemple d'arboriculture en terrasses a été mis au jour sous la ville de Nîmes où un vignoble occupe le piémont au IIe siècle avant l'ère chrétienne (Fig. 71). A partir du Ie siècle avant l'ère chrétienne, le parcellaire est totalement remodelé autour d'un grand chemin qui n'est autre que la voie Domitienne.Le versant est aménagé en terrasses à talus en terre etil est découpé par des murs de clôture. Un réseau d'irrigation est construit avec des bassins et un partiteur.Les terrasses supportent une arboriculture irriguée dont il reste les traces sous la forme de fosses de plantation. Lors de la fouille, les archéologues ont identifié ces creusements de diverses tailles à des silos en soulignant que le sédiment comblant les fosses était de même nature que le sol des terrasses, très hydromorphe. Le contexte pédosédimentaire étant celui d'une zone humide, il n'y a rien de surprenant à ce que le remplissage des fosses soit très hydromorphe, tout comme le sol des terrasses. Quant à l'interprétation de silos, on comprend mal pourquoi ils auraient été creusés en bordure de terrasse, sur le talus. Le système d'irrigation mis au jour s'accorde bien avec la pratique de cultures arboricoles ou du complant. La taille variée des fosses pourrait correspondre à deux types d'arbres : un groupe majoritaire de fosses de forme subquadrangulaire appartenant à des plants cultivés et les éléments d'une haie basse, pour les plus petits creusements.

En l'état actuel de la documentation, il est possible d'affirmer, au regard des faits archéologiques, que les champs en terrasse n'étaient pas toujours destinés à des cultures arbustives. Leur construction n'est donc pas nécessairement liée à la mise en place d'une agriculture spécialisée. Il serait alors imprudent d'établir, de manière générale, une relation de cause à effet entre l'essor de l'arboriculture et de la viticulture d'une part, et la création de terroirs en terrasses dans l'Antiquité d'autre part. Cette relation potentielle entre l'aménagement des versants et les cultures spécialisées est étroitement liée aux conditions de mise en valeur des terres. Or celles-ci varient selon les micro-régions, ainsi qu'il a été démontré. L'augmentation de la production agricole dans les régions où les zones basses étaient déjà cultivées a certainement conduit à étendre l'espace cultivé en direction des versants. C'est le cas dans la cité de Nîmes, en Vaunage et dans la vallée du Vistre, où les zones basses sont déjà aménagées pour l'agriculture dès le Ier siècle avant l'ère chrétienne, bien avant l'essor de l'économie viticole au Haut-Empire.

Un autre aspect troublant concerne la vocation agricole des basses plaines dès le IIIe siècle avant l'ère chrétienne. Que dire de ces campagnes où les dépressions étaient vouées à la culture de la vigne, alors que l'on s'attendrait à retrouver ces cultures sur les versants selon les schémas agronomiques actuels ? Les agriculteurs de l'Antiquité étaient parfaitement conscients des qualités favorables des sols sur versants pour la culture de la vigne et des arbres. Les auteurs grecs mentionnent ces cultures sur les pentes et les agronomes latins les recommandent. Le géographe grec Strabon rapporte de manière précise ce mariage heureux entre les sols légers des versants et la culture de la vigne et de l'olivier. Il décrit, dans la deuxième moitié du Ier siècle avant l'ère chrétienne, la campagne autour de Marseille, « plantée d'oliviers et de vignobles » sur un « sol rocailleux » : « Les Massaliotes possèdent un territoire planté d'oliviers et de vignes, mais pauvre en céréales à cause de la mauvaise qualité du sol » (*Géographie*, IV, 1, 5 ; Hermary 1999 : 175). Force est donc de constater que les conditions agronomiques que nous pensons aujourd'hui, selon nos propres goûts, favorables à une production viticole de qualité sur les sols méditerranéens des nombreux versants, n'ont pas été systématiquement préférées à celles des sols de la plaine souvent très humide. Sans exclure l'existence de vignobles sur les pentes, que le hasard des fouilles archéologiques n'a pas encore permis de retrouver, la création de vignobles en plaine, sur des sols parfois fortement hydromorphes, comme dans le delta du Lez, peut être mise en relation avec une volonté économique de production de grandes quantités de vin. Les rendements fournis par les pieds de vignes plantés sur des sols bruns, hydromorphes et très argileux étaient certainement supérieurs à ceux qui pouvaient être obtenus sur les sols variés, mais globalement plus légers, qui constituent les unités pédologiques des versants. Le rapport quantité/surface plantée étant plus avantageux en plaine, ces vignobles pourraient être la matérialisation au sol d'une agriculture spéculative pour une production viticole de masse, avec une densité de ceps à l'hectare proche de 11000 plants. Cette hypothèse s'accorderait bien avec le fait qu'à l'époque romaine une large part du produit était destinée à l'exportation (Leveau 1993c).

Dans quelle mesure cette stratégie économique a-t-elle pu également être le fait des populations antérieures, puisque la culture de la vigne était déjà pratiquée en plaine au moins dès le IIIe siècle avant l'ère chrétienne ? Faut-il en conclure que les communautés pré romaines largement hellénisées avaient déjà fait le choix de ces cultures spéculatives ? Qui en seraient les initiateurs, des indigènes qui ont été au contact de différentes populations (phéniciennes, étrusques, grecques) ou des colons grecs ? Ou faut-il simplement mettre ces choix agronomiques sur le compte d'un goût pour ce type de produit ? Le vaste vignoble mis au jour sur plus de deux hectares et demi dans le delta du Lez, dans l'environnement du site portuaire de *Lattara*, est à ce jour le seul exemple correctement daté, antérieur à la colonisation romaine en France méditerranéenne. L'analyse croisée de l'évolution de la fréquence des fragments de *dolia*, des amphores vinaires importées et des pépins de raisins effectuée sur l'agglomération portuaire indique une augmentation des proportions de pépins de raisins qui coïncide avec une réduction des quantités d'amphores importées massaliètes et italiques et avec une augmentation des *dolia*, entre 225 et 125 avant l'ère chrétienne (Py 1993b : 55-56). A cette époque, les importations de vin diminuent donc au profit d'une augmentation des conteneurs locaux (*dolia*) destinés à recevoir le produit d'une vinification régionale. Le vignoble de la campagne lattoise témoigne de cette pratique agricole dont le produit n'était peut-être pas destiné à l'exportation, ainsi que cela sera le cas plus tard, à l'époque romaine, mais à une consommation locale. Une production viticole indigène a également été avancée pour interpréter la présence de pépins et des raisins entiers carbonisés retrouvés dans l'agglomération protohistorique de Martigues qui datent de 400/375 avant l'ère chrétienne (Marinval 1993 : 80).

La conquête romaine et l'intégration des populations indigènes dans le système agraire romain accentueront la pression anthropique sur les paysages, notamment par la reconstruction de la topographie en plaine. Les vastes parcellaires romains, en particulier ceux des cultures arboricoles et de la vigne, témoignent de l'intensification des pratiques agraires. Cependant, la production de ces cultures et leur commercialisation n'était pas étrangère aux sociétés de l'âge du Fer. Le vignoble marseillais mis au jour et le parcellaire grec restitué dans la *chôra* d'Agde impliquent que des transformations dans l'aménagement du territoire et les systèmes agraires étaient déjà largement engagées avant la conquête romaine et ses effets dynamisants sur l'économie et les techniques agricoles indigènes (Boissinot 1995 ; Clavel-Levêque 1983).

3.5. Terrasses et démographie

On mesure aisément l'enjeu historique que représente la démonstration de l'existence de versants aménagés pour l'agriculture antérieurement aux grands défrichements médiévaux. Les paysages construits s'interprètent en termes économiques, culturels mais aussi sociaux. La dilatation et le rétrécissement des terroirs en terrasses ont été mis en relation avec des fluctuations démographiques. La conquête de nouveaux terroirs sur les pentes est la conséquence d'un développement économique dont les effets sur la population se sont traduits par une poussée des natalités et une baisse des mortalités qui contraint à la recherche de terres nouvelles sur les pentes (Le Roy Ladurie 1966 ; Blanchemanche 1990). La création de terrasses sur des versants pentus jusque-là dépourvus de cultures est alors nécessaire pour supporter l'intensification des pratiques agricoles. Cette hypothèse a été proposée par des géographes à partir de faits historiques sociaux et économiques, modernes et contemporains, liés aux poussées démographiques des XVIe-XVIIe siècles et du XIXe siècle (Castex 1983 ; Brun 1996 ; Frapa 1997 ; Reparaz 1990 ; Rebours 1990 ; Blanc 1984 ; 2001). Elle a également été avancée par des historiens médiévistes, qui imputent la construction des terrasses à une augmentation de la population responsable de grands défrichements sur les versants à partir du XIe siècle, ainsi que par des historiens byzantinistes (Durand 1998 : 311 ; Dauphin 1998). Les historiens et les archéologues qui étudient les sociétés antiques et protohistoriques ont également repris cette hypothèse à leur compte, malgré les difficultés qu'il y a à démontrer des fluctuations démographiques pour ces périodes. Ainsi, le développement des parcellaires en terrasses au Proche-Orient qui daterait essentiellement de l'âge du Fer ne serait pas la conséquence de l'introduction de nouvelles technologies (réservoirs hydrauliques, outillage en fer), mais coïnciderait avec une augmentation de la population et l'expansion de l'arboriculture (Levy 1995 ; Finkelstein 1995 ; Faust 2000).

Nul doute qu'une croissance démographique a pu jouer un rôle dans l'histoire de territoires antiques exigus, où les plaines sont rares, entraînant une faim de terres. Les reliefs accidentés ne manquent pas en domaine méditerranéen et le cloisonnement des paysages en est une caractéristique. La pression démographique qui s'exerce sur les sols est particulièrement sensible en milieu insulaire. Depuis les Baléares jusqu'aux petites îles égéennes, les territoires se confondent avec des terroirs de pentes abruptes. Il n'est donc pas surprenant que les habitants des petites îles cycladiques aient eu à partir à l'assaut des versants à chaque croissance démographique. L'essor économique qui a offert des conditions favorables à l'extension des terroirs cultivés dans la deuxième moitié du XIXe siècle et au début du XXe siècle après la création de l'Etat néo-hellénique n'était certainement pas le premier dans l'histoire des îles égéennes. Les pentes grecques sont déjà cultivées au XVIIe siècle et bien antérieurement.

Nous ne disposons cependant pas de données textuelles et archéologiques permettant d'évaluer la population et de mesurer ses fluctuations avant l'époque médiévale. Les trois variables majeures que sont la natalité, la mortalité et la migration nous échappent.

Des tentatives ont été réalisées dans certains contextes particulièrement favorables (Tate 1992). Toutefois, les « villes mortes » romaines et byzantines de la Syrie du Nord n'ont pas d'équivalent dans le sud de la France. Des estimations de population ont été proposées concernant certains habitats de Gaule méridionale, mais rares sont les sites fouillés exhaustivement. De plus, l'évaluation de l'espace potentiellement cultivé nécessaire pour l'alimentation des habitants d'un village ou d'une ville exclut la part de la production à l'exportation et celle des importations qui contribuent à la consommation des populations sur place. Il est donc difficile de juger des besoins réels d'une population en matière de sols et de ressources de leur territoire, seulement à partir d'une estimation du nombre d'habitants. Quant aux cartes de points de découvertes archéologiques dressées à l'issue de rapides prospections pédestres, elles ne constituent pas des grilles de lecture des fluctuations démographiques. Elles souffrent de carences trop importantes concernant des éléments essentiels tels que la datation des sites, l'évaluation de leur extension et la détermination de leur fonction. A cela s'ajoutent des problèmes taphonomiques qui rendent l'utilisation de ces documents cartographiques hasardeuse pour disserter sur les pulsations du tissu démographique.

Par ailleurs, l'hypothèse démographique suppose, pour être validée, de délimiter le territoire d'une communauté, ce qui n'est pas une chose aisée (Leveau 1995). Cela est possible lorsqu'il s'agit de territoires insulaires de petites dimensions, sur lesquels nous disposons de données textuelles comme à Délos, mais ces situations sont rares.

Il est ensuite nécessaire de démontrer que la population s'est maintenue (de gré ou de force) dans les limites de son territoire durant le croît démographique, devant alors se résoudre à étendre son espace agricole à la verticale. Il faut donc être en mesure de démontrer que la population ne souhaite pas étendre son territoire en plaine, car elle ne veut pas se déplacer ou qu'elle refuse de cultiver certaines zones ou encore qu'elle n'est pas en mesure d'étendre son territoire car elle se heurte à d'autres communautés qui l'en empêchent.

Cette interprétation suppose également que lorsque ce besoin de terres se fait sentir, la mise en culture des plaines est totale ou du moins que l'espace agricole dans les zones basses n'est plus extensible.

Enfin, selon ce modèle, la mise en culture des versants ne serait qu'une « solution forcée » pour des populations d'agriculteurs bornés qui cultiveraient préférentiellement la plaine, ce qui n'a pas toujours été le cas, en particulier au cours de la Protohistoire en France méditerranéenne.

3.6. Terrasses et montagne-refuge

L'interprétation de type démographique a eu les faveurs des historiens et des géographes pour décrire des phénomènes socio-économiques médiévaux et modernes en période de croissance économique et de situation politique stable sur des territoires pacifiés, mais l'aménagement des versants en terrasses a aussi été considéré en regard de moments d'instabilité de l'histoire. La construction des versants pour l'agriculture serait la conséquence directe de la fuite des populations depuis les zones de plaine en direction des hauteurs. L'installation des hommes sur les versants est considérée comme un choix forcé de la part de sociétés réduites à abandonner les sols riches des cuvettes et des vallées pour les terres jugées rocailleuses et stériles des pentes méditerranéennes. On a souvent cherché à expliquer les vides apparents dans l'occupation du sol en plaine et sur les hauteurs, selon les époques, en opposant ces deux modes de peuplement. Les mettre en regard a conduit à générer cette vision d'une évolution en balancier selon laquelle les sociétés oscillent constamment entre la volonté d'investir la plaine nourricière et le retranchement contraint dans les hauteurs ingrates, en attendant de pouvoir regagner les creux plus faciles à exploiter et proches des grands axes économiques (voies terrestres et fluviales).

Les principales raisons avancées pour expliquer la colonisation des reliefs soulignent donc le rôle de refuge des zones de hauteur face aux invasions et aux persécutions en particulier religieuses, ainsi que pour échapper aux maladies qui sévissent dans les zones marécageuses (Parain 1936, 47-48). Cette explication a été avancée pour justifier de la construction des terrasses agricoles sur les versants de la montagne libanaise par les chrétiens maronites chassés de Syrie par les Byzantins au VIIe siècle de l'ère chrétienne, sous le règne de l'empereur Justinien II, ou encore sur les pentes de la montagne yéménite par les nombreuses minorités de l'Islam, en particulier les zaïdites (Planhol 1997 : 65). Selon cette vision, les zones basses étaient donc occupées en temps de paix, grâce à une stabilité économique et politique, tandis que les reliefs accueillaient les populations au moment des guerres et dans un climat d'insécurité. Si au cours d'une histoire récente des mouvements de ce type sont avérés, la dichotomie entre plaines et montagnes relève bien souvent de thèses non démontrées, *a fortiori* pour les périodes anciennes qui préoccupent l'archéologie. On a souvent cherché à expliquer les vides apparents dans l'occupation du sol en plaine et sur les hauteurs, selon les époques, en opposant ces deux modes de peuplement plutôt que de s'interroger sur les méthodes et les outils de l'archéologie et de l'histoire. De plus, cette vision repose sur un jugement de valeur quant aux potentialités de la plaine à répondre aux besoins des sociétés et à être naturellement préférée par eux au contraire des hauteurs répulsives, jugées stériles et difficiles à apprivoiser qui ne peuvent donc raisonnablement être investies par des populations que sous la contrainte.

Ainsi, un lien direct a été établi entre la genèse et/ou l'affirmation de ce moyen de production agricole que constituent les systèmes de terrasses et les grandes vagues de conquêtes territoriales qui ont scandé l'histoire des sociétés méditerranéennes. Les populations conquérantes désireuses d'accaparer les plaines fertiles refoulent les indigènes persécutés dans les hauteurs ingrates où un coût humain et un effort de mise en valeur colossaux sont nécessaires pour faire fructifier les terres jugées pauvres. Cette explication a été avancée dans le cadre des travaux sur les conquêtes romaine et arabo-musulmane en Afrique du Nord. La question se pose également concernant les autres formes de conquête qui se sont manifestées à l'échelle du bassin méditerranéen, notamment la colonisation grecque en Méditerranée nord-occidentale.

L'installation des groupes humains sur les versants est alors considérée, encore une fois, comme un choix forcé de la part de sociétés réduites à abandonner les sols riches des cuvettes et des vallées pour les terres systématiquement jugées rocailleuses et stériles des pentes méditerranéennes. Un tel schéma suppose que l'érosion des sols est largement engagée sur les reliefs au moment où les colons chassent les populations vaincues vers les massifs montagneux. En effet, la dégradation des paysages méditerranéens est amorcée dès la fin du Néolithique sur les rives nord-occidentales de la Méditerranée, en Grèce et dans les zones plus arides, en Afrique du Nord et au Proche-Orient, où les conditions climatiques ont accéléré le processus. Cependant, l'image catastrophiste de reliefs stériles généralisés relève d'une vision anachronique du paysage qui renvoie à une perception actuelle des garrigues et des maquis méditerranéens. Or, c'est oublier que les sols rouges fersiallitiques comptent parmi les sols les plus fertiles de la planète. Ce constat conduit à revoir l'appréciation que les commentateurs portent sur la valeur des terroirs et par conséquent sur les choix qui ont été opérés par les agriculteurs antiques pour implanter leurs champs. Sans toutefois porter un jugement de valeur et alimenter l'opposition souvent exagérée entre les hauteurs et les plaines, on peut se poser la question de la solution la plus avantageuse qui permet de cultiver, au moins dans un premier temps, au moindre coût humain. S'agit-il de l'assainissement des plaines ou de la mise en valeur des sols potentiellement productifs et adaptés à un outillage léger, situés sur les hauteurs ?

Ph. Leveau a rappelé la lecture abusive des sources antiques qui a conduit les commentateurs à surinterpréter le rôle de l'armée romaine dans le processus de refoulement des populations locales sur les hauteurs, en Afrique (Leveau 1990, 1993c). De plus, la relecture par M. Janon de la description que fait Procope des monts de l'Aurès, au Ve siècle de l'ère chrétienne, montre que les populations sédentaires qui vivaient dans cette montagne y pratiquaient la céréaliculture et l'arboriculture grâce à une maîtrise des sols et de l'eau au sein de terroirs irrigués en terrasses (Janon 1980). Les parcellaires « fossiles » du Tazbent témoignent également de cette agriculture en terrasse par des sociétés qui habitent les hauteurs bien avant la colonisation romaine (Camps 1961).

La construction des versants n'est donc pas nécessairement le fait de populations pourchassées, acculées par des colons envahisseurs. Elle résulte aussi de choix agro-techniques qu'une étude géoarchéologique des paysages permet de démontrer. Il apparaît ainsi qu'en France méditerranéenne, les agriculteurs néolithiques cultivaient déjà les versants, réservant des zones basses aux troupeaux de bovins. Les communautés protohistoriques cultivaient aussi les sols fertiles sur les hauteurs (fersialsols, rendosols) autour de leurs habitats. Elles ont aussi choisi d'aménager en terrasses certains versants bien exposés, dès le Ier millénaire avant l'ère chrétienne, comme cela a pu être démontré en Languedoc (Vaunage). Dès lors, l'aménagement des pentes peut être la conséquence d'un choix volontaire d'habiter près des terres qui répondent aux besoins agricoles et pastoraux des populations et dont l'exploitation est adaptée aux techniques et à l'outillage en usage. La localisation de l'habitat sur les reliefs n'est dans ce cas pas assimilable à une zone de refuge, mais à une volonté de contrôler et de protéger la première source de richesse d'une communauté paysanne : le sol. Ce choix implique également que les paysans possèdent une connaissance des sols et de leurs qualités agronomiques et qu'ils maîtrisent le savoir-faire nécessaire à leur protection et à leur soin. Avec l'époque romaine, les sols des pentes, qui sont déjà maîtrisés par les populations indigènes, sont intégrés dans la nouvelle trame parcellaire qui gagne les espaces antérieurement marginalisés ou vouées à l'élevage, dans certaines zones humides.

Les recherches géoarchéologiques initiées en collaboration avec P. Poupet dans les Pyrénées et au Liban sur l'histoire des paysages de la montagne vont également dans ce sens, en démontrant une mise en culture durable des versants respectivement dès le IIe millénaire avant l'ère chrétienne et dès le IIIe millénaire. Ces résultats novateurs conduisent à reconsidérer le concept monolithique de montagne-refuge et de marge qui est souvent attaché à ces reliefs.

3.7. Terrasses et fluctuations climatiques

Peut-on alors établir un lien entre l'évolution des parcellaires sur les versants et d'éventuelles fluctuations climatiques qui auraient pu provoquer l'abandon de systèmes de terrasses ? L'interprétation stratigraphique de la coupe de Saint-Dionisy qui a été étudiée sur le piémont de la colline de Roque-de-Vif en Vaunage (Gard, France) a permis de dégager des moments forts dans le façonnement du paysage au droit du versant et soulève plusieurs problèmes relatifs à l'origine de ces phénomènes.

Faut-il voire dans les phases successives de rhexistasie, matérialisées par un colluvionnement important en bas de pente, alternant avec des moments de stabilité relative, une évolution provoquée par l'homme (alternance de cycles de déprise agricole/maîtrise des sols) ou s'agit-il d'une évolution « naturelle », avec des « crises » ou des « péjorations » climatiques ? Toute la difficulté à apprécier le rôle de l'homme réside dans l'ignorance du degré de fragilisation du milieu à partir duquel le versant réagit à une péjoration climatique. Situer ce moment sur l'échelle du temps revient à être en mesure de déterminer le seuil à partir duquel se produit le passage d'une dynamique à l'autre.

Dans la recherche archéologique, l'argument climatique a longtemps prévalu pour expliquer certaines données historiques. Il a été invoqué pour commenter la « chute » des grandes« civilisations »(Mycène, Egypte, Mésopotamie...) qui se trouvaient dans l'impossibilité « d'instaurer des systèmes sociaux et économiques stables » face aux bouleversements climatiques, les grandes migrations telles que « l'arrivée en France des cavaliers à la grande épée de fer », le passage du nomadisme à la sédentarité, ou encore l'absence des habitats dans les plaines et les fonds de vallées (Demougeot 1965 ; Rognon 1983 ; Jockenhövel 1999 : 56). Il faut attendre les années 1970 pour que se substitue à l'origine naturelle des phénomènes étudiés un modèle qui mette en exergue la part du facteur humain dans la transformation du milieu. Défendu par les géographes et les agronomes après la décolonisation, il a trouvé écho chez les historiens des textes et les archéologues qui l'ont adopté dans l'étude des sociétés antiques (Leveau 1993a : 24). Aujourd'hui, il semble que l'on assiste à un retour du modèle climatique dans la littérature archéologique car il permet de palier au vide documentaire constaté pour certaines époques qui semble plus vraisemblablement lié aux aléas des découvertes archéologiques. Ce penchant pour l'explication climatique est encouragé par la préoccupation de l'avenir écologique de la planète qui est au cœur de nombreux débats d'actualité (Kandel 1998 ; Lamarre 1999 : 237-246 ; Joussaume 1999).

Le climat méditerranéen a des conséquences indirectes sur les activités humaines, plus particulièrement sur les activités fondamentales qui rythment le mode de vie des communautés agro-pastorales. La genèse des sols doit beaucoup aux conditions climatiques particulières du climat méditerranéen qui agissent sur les mécanismes géochimiques. La sécheresse estivale intervient dans la précipitation des oxydes de fer et les pluies favorisent les phénomènes de décarbonatation et de lessivage, mais les corrélations entre les paramètres climatiques d'une part et les sols ainsi que les grandes formations végétales d'autre part sont tributaires d'un autre facteur prépondérant qui est le mode d'exploitation agricole (Tricart 1988).

La variabilité du climat méditerranéen s'exprime non seulement à l'échelle spatiale, mais aussi à l'échelle temporelle par l'alternance d'années à fortes précipitations avec des années quasi arides. Cette variabilité interannuelle est particulièrement prégnante dans le sud de l'Espagne ainsi que dans certaines régions d'Afrique du Nord et du Proche-Orient où la gestion des ressources en eau est un enjeu vital (Bonvallot 1979 ; Sanlaville 2000). Ces variations, même minimes, dans les températures et les précipitations peuvent avoir des conséquences décisives sur la gestion des écosystèmes si les techniques de maîtrise de l'eau ne sont pas adaptées et si la stabilité des sols n'est pas assurée.

D'un point de vue méthodologique, cela pose le problème de la mise en évidence de ces fluctuations dans les stratifications archéologiques. Comment distinguer dans une coupe pédosédimentaire, les effets d'un changement annuel ou saisonnier voire d'un événement catastrophique de courte durée de ceux d'une modification longue pluriannuelle voire séculaire ?

Les sources sollicitées pour l'étude des phénomènes climatiques sont nombreuses et de nature variée. Elles relèvent d'un éventail d'outils et de méthodes mis en place dans le cadre de disciplines souvent bien éloignées du champ des connaissances que recouvre l'archéologie (géosciences, physique, biologie végétale). Certaines de ces sources mettent en évidence des phénomènes très probablement liés au climat. Pour d'autres, l'interprétation des résultats en termes de changements ou même de fluctuations climatiques est problématique.

3.7.1. Les écueils des sources écrites

Qu'il s'agisse des textes grecs ou des traités d'agriculture latins, les documents antiques semblent regorger, à première vue, de mentions relatives au climat dans l'Antiquité. Pourtant, un regard plus attentif posé sur ces sources fait constater l'absence d'indices probants qui permettraient de juger d'une permanence ou d'un changement dans le climat antique par rapport à l'actuel. Les considérations climatiques sont souvent liées à un discours anthropologique, dans les textes grecs, par exemple (Jacob 1991 ; Lenfant 1996). Lorsqu'elles ne le sont pas, les renseignements qu'elles fournissent sont souvent d'ordre général et se limitent à des références météorologiques, non climatiques. Le déroulement et la qualité des saisons étant essentiels pour les travailleurs de la terre, les poèmes et les traités d'agriculture mentionnent la venue de « l'hivers pluvieux » (Hésiode, *Les travaux et les jours*, 451) et mettent en garde l'agriculteur qui se laisserait surprendre par « l'arrivée du clair printemps » ou de « la saison des pluies » (Hésiode, *Les travaux et les jours*, 492-493). On apprend également qu'au VIIIe siècle avant l'ère chrétienne, les jours d'hivers sont froids et ensoleillés et qu'il souffle aussi « un vent de bourrasque » (Hésiode, *Les travaux et les jours*, 494, 548-552). Au premier siècle de l'ère chrétienne, Pline évoque « tempêtes », « grêles » et « ouragans » qui frappent les cultures durant l'hiver et il mentionne les orages d'été et les « hivers tardifs » qui sont nuisibles (*NH*, XVIII, 278, 354 et XVII, 16).

Tous ces caractères ne suffisent pas à argumenter en faveur d'un changement climatique. Ils sont signalés au contraire comme des faits habituels contre lesquels il faut se prémunir. Certaines indications laissent même supposer que les conditions climatiques de l'Antiquité n'étaient pas éloignées de celles d'aujourd'hui. Ainsi, pour Hésiode comme pour nous, l'année est constituée de deux saisons, sèche et humide. Elle est aussi ponctuée par des pluies d'automne et des pluies d'hivers (*Les travaux et les jours*, 415-416, 450-451). L'auteur rapporte qu'en Béotie (Grèce), les moissons ont lieu dès le mois de mai, sept mois après les semailles, comme cela se fait aujourd'hui (*Les travaux et les jours*, 385, 571-572, 614 ; Argoud 1987). Pline constate une différence entre le climat de l'Italie et celui de l'Afrique du Nord qu'il qualifie de plus chaud. Il témoigne ainsi des contrastes remarquables qui existent toujours entre les rives de la Méditerranée. L'auteur évoque aussi les micro-climats qui caractérisent les pays riverains de la Méditerranée nord-occidentale, en particulier en Gaule, et qui ont une incidence certaine sur les cultures qui y sont pratiquées et sur la localisation des champs (*NH*, XVII, 20-21).

Les textes font aussi état de phénomènes géomorphologiques tels que les régimes torrentiels des cours d'eau qui débordent de leur lits et provoquent l'érosion des terres (Hygin, *De condicionibus agrorum*, 89 et 123, traduction Behrends 2000 : 61, 93). Il est cependant difficile de dire si cela relève d'un changement climatique induisant une pluviosité accrue ou s'il s'agit d'un comportement habituel d'un cours d'eau soumis à un climat méditerranéen identique à l'actuel. Cela semble être le second cas, puisque ces phénomènes sont signalés par les auteurs gromatiques comme faisant partie des controverses auxquelles ils sont confrontés et qu'ils doivent résoudre.

Les auteurs qui se sont penchés sur la question du climat à l'époque romaine ont montré la richesse des sources latines en rassemblant une documentation dispersée et hétérogène, principalement composée de témoignages textuels mais aussi épigraphiques, inscriptions et de dédicaces lapidaires. Ces sources ont été utilisées pour étayer l'hypothèse d'un changement climatique caractérisé par un adoucissement des températures et une pluviosité accrue qui seraient survenus à la fin du IIe siècle de l'ère chrétienne (Provost 1984). Cette approche des sources écrites ayant trouvé un grand écho auprès des archéologues, il convient de consacrer quelques lignes aux arguments qui y sont développés. La confrontation des sources écrites avec des données archéologiques, principalement des indices de la variation des eaux fluviales recueillis par les archéologues ainsi que les résultats issus des recherches sur les variations des glaciers alpins, a fait l'objet de grandes réserves de la part de certains archéologues, historiens et spécialistes des sciences de la Nature (Ferdière 1980 ; Magny 1992a ; Leveau 1993c : 28). Bien que les exemples archéologiques retenus reposent sur des faits supposés mais non avérés (Ferdière 1980 : 29), un parallèle est établi entre ces conclusions et des exemples dispersés dans toute la France, pour y voire les signes d'une variation généralisée du niveau des eaux. Ces affirmations se heurtent cependant à la qualité de la documentation et à la datation des phénomènes. Les exemples compilés n'ont pas fait l'objet d'observations précises qui permettent de conclure sans équivoque à l'existence d'inondations généralisées. De plus, la contemporanéité de tous ces faits n'a pas été démontrée. Aussi, peut-être faut-il envisager qu'une grande partie de la documentation collectée fasse référence à des faits exceptionnels, des catastrophes bien différentes d'une crise climatique. Dans nombre de cas, les sources écrites sont le témoignage d'une suite d'évènements exceptionnels qui ont frappé les populations et qui sont de ce fait consignés (Le Roy Ladurie 1966 ; 1967). Enfin, les épisodes de crues mentionnés par les sources font partie du fonctionnement d'un hydrosystème. Leur ampleur et leur récurrence peuvent être liées à la pression anthropique exercée sur le milieu, par l'aménagement intense des lits des cours d'eau, en dehors de toute interférence climatique.

3.7.2. Les données issues de l'archéologie et des sciences de la Terre

Les multiples sources d'information qui semblent apporter une réponse commune en faveur d'un argument climatique font référence à des observations de nature très différentes. Certaines renvoient à des domaines où les variations enregistrées sont indéniablement liées au climat : variations du niveau des lacs, variations des glaciers alpins, variations des concentrations isotopiques $^{18}O/^{16}O$ sur les coquilles marines en Méditerranée et sur les glaciers du Groenland, variation de la teneur de l'atmosphère en ^{14}C (Magny 1995 ; Kilian 1996 ; Van Geel 1999). D'autres comme les mouvements sédimentaires ou les variations des flux hydriques ne sont pas nécessairement imputables au climat. C'est pourtant dans le domaine de l'étude des séquences sédimentaires qu'ont été développées les interprétations de type climatique qui ont le plus marqué la recherche archéologique récente. Depuis l'identification des remblaiements remarquables que C. Vita-Finzi a baptisés « Younger Fill » et qui ont été mis sur le compte d'un dérèglement climatique généralisé à l'échelle du bassin méditerranéen, l'explication de type climatique fait aujourd'hui l'objet d'un engouement renouvelé (Vita-Finzi 1969 ; Bintliff 1977, 1982 ; Fedoroff 1995 ; Berger 1997). Pourtant, les travaux de géographes et de spécialistes de la science du sol sont revenus sur l'hypothèse élaborée par C. Vita-Finzi. Ils démontrent, à partir d'études micro-régionales, la diversité spatiale et chronologique des phénomènes morphologiques qui affectent les versants et les fonds de vallées méditerranéens et insistent sur la difficulté qu'il y a devant une séquence sédimentaire détritique à distinguer la part des variations climatiques de celles des activités anthropiques (Wagstaff 1981 ; Bousquet 1983 ; Barker 1996). Il existe en effet plusieurs séquences sédimentaires, réparties en divers endroits, mises en place à différentes époques et dont la cause ne peut être exclusivement d'ordre climatique. Elles peuvent faire intervenir d'autres facteurs parmi lesquels figure l'homme. Elles peuvent également résulter de la combinaison des deux. Dans ce cas, les fluctuations des débits hydriques et les érosions observées peuvent être très localisées géographiquement. Elles ne couvrent pas nécessairement une surface régionale, continentale ou planétaire. Les points d'observation qui demeurent très ponctuels dans ce domaine ainsi que la variété des méthodes et les difficultés de corrélation dans les réponses recueillies font que les arguments pour évaluer l'étendue, la durée et l'intensité des variations climatiques qui ont pu exister depuis le Néolithique demeurent insuffisants.

A l'heure actuelle, certaines micro-régions peuvent enregistrer au cours d'une année un été plus chaud ou un automne plus long, sans que cela n'affecte pour autant l'ensemble du pays et même au-delà. De même, si le 3 Octobre 1988 la ville de Nîmes a connu une crue « catastrophique », historique, le département du Gard et la France n'ont pas été touchés par des inondations dues à une crise climatique. Rappelons d'ailleurs la distinction qu'opère M. Jorda entre la « crise climatique » et la « catastrophe » qui, elle, désigne un phénomène exceptionnel qui peut survenir au cours d'une période de calme et de stabilité générale (Jorda 1987). De même, il faut distinguer le « temps » du « climat », « c'est-à-dire un phénomène météorologique dont la durée n'excède pas quelques jours et une oscillation climatique qui se manifeste par une tendance recouvrant au minimum plusieurs décades » (Magny 1992a : 5).

Or, la plupart des traces d'érosion, incisions ou recouvrements sédimentaires mis en évidence dans les fouilles archéologiques n'ont pas l'intensité ou la durée démontrée qui permettent de les identifier aux conséquences de faits climatiques. Des phases de « crises climatiques » reconnues en archéologie couvrent bien plusieurs centaines d'années, mais la contemporanéité de tous ces phénomènes n'est pas démontrée. Si les décalages chronologiques constatés d'un site à l'autre peuvent être imputables à la méthode et à la qualité des vestiges archéologiques, ils peuvent être à l'échelle d'une région le résultat de particularités locales dans l'évolution des paysages ou ils peuvent être le reflet d'une combinaison des facteurs climatiques et humains dans la fragilisation du milieu.

De plus, les dates proposées à ces faits recouvrent, dans l'état actuel de la chronologie relative, des périodes telles que plusieurs formes d'occupation ont pu se succéder au sein d'une même fourchette chronologique et avoir un impact différent sur l'environnement. Les multiples sites à partir desquels les observations susceptibles d'impliquer le facteur climatique ont été effectuées entrent alors d'autant plus facilement dans cette période et sont d'autant plus nombreux. Parmi ces sites, certains ont permis d'observer des phénomènes datés par la méthode du radiocarbone tandis que d'autres sont seulement situés dans une chronologie relative. Ces derniers contribuent cependant à valider la même hypothèse que les premiers. Ceci aboutit à une situation où les phases de « crise climatique » invoqués se juxtaposent et/ou se superposent selon les auteurs. Ainsi, certains distinguent une instabilité climatique à l'âge du Bronze ancien (Jorda 1992), d'autres durant tout l'âge du Bronze (Audibert 1962), à l'âge du Bronze final (Vérot-Bourrély 1995), à l'âge du Bronze final et au premier âge du Fer (Bravard 1992 ; Provansal 1992) ou plus généralement à l'âge du Fer (Bravard 1992), au premier âge du Fer et une partie du second (Magny 1992b) ou plus simplement, une instabilité générale affecte l'ensemble des âges des Métaux (Jorda 1992). Des travaux plus récents fondés sur l'interprétation de séquences pédosédimentaires et de résultats paléobotaniques ont conduit à reconnaître l'existence de pas moins de huit crises climatiques qui scandent une grande partie de l'Holocène ! (Berger 1997).

En réalité, les faits observés témoignent surtout de la diversité des approches (et donc de la qualité de la documentation) et plaident parfois en faveur d'une vision plus nuancée. Ainsi, les mouvements sédimentaires enregistrés par M. Provansal et M. Jorda en Provence reflètent une réalité plus complexe où les facteurs anthropiques et climatiques se combinent (Jorda 1991a, 1991b ; Leveau 1993a). Les effets du climat sont exacerbés par la pression anthropique dans des conditions géomorphologiques où les pentes et les sols sont nus sur une roche-mère calcaire et dure. Les sociétés participent donc largement à la fragilisation des versants par leurs interventions répétées sur le milieu et les exposent de ce fait d'avantage aux effets de l'érosion par ruissellement. Un des intérêts majeurs de ces résultats est qu'ils ont été reconnus sur une vaste étendue géographique. Ils concernent toute une région couvrant la basse vallée de l'Arc et la périphérie de l'étang de Berre où les rythmes morphogéniques sont identiques d'un bassin versant à un autre. Ces travaux rappellent également que l'on ne peut pas négliger la part des paramètres physiques spécifiques à chaque milieu qui réagissent différemment aux agressions du climat. On ne peut évaluer l'impact du facteur climatique si l'on ne considère pas la fragilité des roches face à l'érosion et si l'on ne connaît pas l'état du sol et de la couverture végétale qui l'ont subi. De plus, l'action du climat sur l'évolution géomorphologique d'un milieu montagnard aux reliefs fragiles comme celui des Alpes du Sud ne se traduit pas de la même manière que dans les collines calcaires proches des côtes, reliefs plus modestes de la Provence et du Languedoc.

Il faut donc vraisemblablement relativiser l'ampleur des phénomènes climatiques durant l'Antiquité. L'impact des sociétés sur le milieu est venu s'ajouter très tôt aux effets du climat pour modeler le paysage actuel. Le détritisme holocène en France méditerranéenne, comparé à d'autres pays méditerranéens tels que la Grèce et l'Italie où le bilan érosif est beaucoup plus important, souligne le rôle prépondérant d'autres facteurs que le climat, ce qui explique les particularités locales (Jorda 1993). Enfin, si l'on considère le climat à l'échelle de l'Holocène, l'impact des « crises climatiques » qui ponctuent l'histoire de l'homme entre le Néolithique et le Moyen Âge par des variations brutales et des déséquilibres écologiques apparaît moindre. Il faut donc souligner à la suite de R. Kandel cette « relative stabilité du climat » holocène et opérer une distinction entre les faits qui ressortissent réellement à un changement climatique — dont la manifestation excède, par définition, plusieurs décennies —, et les « fluctuations à l'intérieur d'un même climat » (Kandel 1998 : 45, 67). Selon M. Magny, l'amplitude des oscillations climatiques est relativement stable au cours de l'Holocène et les conditions climatiques actuelles se seraient imposées très vite dès le début de cette période (Magny 1995 : 117). Les travaux récents conduits par des géographes en collaboration avec des palynologues, en Provence, sur le Bassin du Saignon dans les Alpes du Sud et sur le Marais des Baux abondent en ce sens (Bruneton 2001). Ils démontrent qu'un climat très proche du climat méditerranéen actuel, caractérisé par de forts contrastes saisonniers (précipitations hivernales et sécheresse estivale), s'est mis en place dès la fin du Tardiglaciaire. Ils mettent également en avant une stabilité climatique à l'Holocène qui concorde avec les données enregistrées en d'autres endroits des Alpes du Sud matérialisées par une phase de pédogenèse après 7200 BP. C'est un constat similaire qui a été effectué au terme de plusieurs études réalisées sur l'ensemble du bassin méditerranéen. Dans des régions aux paysages et aux conditions socio-économiques aussi variées qu'en Afrique du Nord, qu'en Grèce ou qu'au Proche-Orient, des spécialistes des sciences de la Nature et géographes ont mis en évidence le rôle déterminant des activités humaines dans l'évolution de ces paysages (Bousquet 1983 ; Sanlaville 1997 ; Zangger 1995 : 73 ; Mørch 1995 : 37 ; Barker 1996).

Il ne s'agit aucunement de remettre en cause l'existence de modifications climatiques avérées mais de relativiser un tableau idyllique dans lequel l'histoire de l'environnement se résumerait à une succession nette, sans nuances, de phases de stabilité climatique et d'épisodes de crise, auxquelles l'homme serait étranger.

Le problème de fond est de savoir sous quelle forme peut être enregistré le signal climatique détectable facilement par l'archéologue. Les seuls signaux possibles sont :

— l'érosion totale ou partielle des sols, mais dans ce cas, il y a souvent confusion entre une succession de couches sédimentaires meubles et des horizons pédologiques.
— la sédimentation, c'est-à-dire le dépôt d'apports de matériaux provenant de l'amont topographique.
— la modification des traits pédologiques, le plus couramment évoqué étant l'hydromorphie (interprétée comme une modification climatique vers plus d'humidité et vers une pluviosité accrue) ou les dépôts carbonatés (interprétés comme le signal d'une sécheresse accrue). Formulées sous la plume de chercheurs qui ne sont pas des pédologues, ces interprétations simplistes sont sources d'erreurs. Par exemple, lorsque l'on observe un sol avec des traits d'hydromorphie patents, nous n'avons aucun moyen de dire qu'il n'était pas comme cela dès sa formation.

D'une manière plus générale, tout ce qui relève de l'érosion et de la sédimentation peut très bien être interprété en termes d'impact des sociétés sur l'environnement, sans nécessairement avoir recours à l'interprétation climatique. C'est d'ailleurs précisément pour ces raisons que le signal sédimentaire si souvent évoqué par certains archéologues ou par certains géographes travaillant avec des archéologues ne peut pas être considéré comme un signal climatique.

La séquence de colluvionnement post-antique observée sur la coupe de Saint-Dionisy est connue sur les rives de la Méditerranée. Elle correspond à ce qu'il est commun d'appeler « Younger Fill », à la suite de C. Vita-Finzi. La réactivation du remblaiement au cours de l'Antiquité tardive matérialisée par ces atterrissements serait la conséquence de la désorganisation des terroirs et de l'effondrement de la démographie concordant avec une phase de péjoration climatique. Peut-on transposer ces explications à l'histoire d'un versant de la Vaunage ? Il ne faut pas oublier que les travaux de géographes et de spécialistes de la science du sol sont revenus sur cette interprétation climatique, soulignant la diversité spatiale et chronologique de ces remblaiements et démontrant ainsi la difficulté qu'il y a devant une séquence sédimentaire détritique à faire la part des variations climatiques de celles des activités anthropiques.

L'image reflétée par la stratification complexe de la partie orientale de la coupe est celle d'un versant qui a vécu et dont l'histoire chaotique est scandée par des changements, qui ont plus ou moins mobilisé les sédiments sur la pente. L'absence de dépôts majeurs post-romains sur le piémont occidental de la colline suggère, au contraire, une relative stabilité du paysage depuis l'Antiquité. L'hypothèse climatique suffit-elle, voire peut-elle, justifier cette différence nette dans la puissance des dépôts et donc dans les processus qui ont affecté le modeste versant sur une distance d'environ 100 m ? ou cette répartition est-elle d'avantage révélatrice d'un traitement différent des sols sur la pente, de la part des agriculteurs ?

Une certitude réside dans la preuve d'une relativement faible mobilité du paysage des pentes de la Vaunage qui est donnée par un examen attentif des dépôts observables dans les talus des chemins creux et les berges des fossés, dans la cuvette. L'image catastrophiste, qui est souvent donnée de ces versants soumis à l'érosion dans les restitutions archéologiques, est celle de paysages totalement dénudés, recouverts par des sols toujours peu évolués, puisque perpétuellement rajeunis à la suite des crises érosives récurrentes. Cette interprétation doit plus à l'imagination de leurs auteurs qu'à la réalité observable sur le terrain. Dans les faits, la capacité du couvert végétal à coloniser les pentes est telle que les sols sont toujours partiellement protégés. La dynamique d'un paysage ne s'exprime donc pas seulement sur le plan des processus sédimentaires, plus particulièrement sur celui de fréquentes mobilisations de la couverture pédologique, mais aussi sur le plan des mécanismes biologiques suffisamment actifs pour protéger et permettre la régénération rapide des sols fragilisés. L'histoire des versants de Vaunage n'est donc pas une simple succession schématique de violents et brutaux décapages, qui évacuent vers le bas de la cuvette l'intégralité de la couverture pédologique, et de longues pauses géomorphologiques, où les sols se reconstituent, progressivement colonisés par le couvert végétal. Elle est seulement la somme de petits évènements très localisés et étalés dans le temps, à l'échelle de la parcelle, aux effets souvent antagonistes, avec parfois des mobilisations de matériaux meubles plus importantes et rapides.

3.8. Terrasses et avantages agronomiques

A l'évidence, les causes de l'aménagement des versants ne doivent donc pas être recherchées exclusivement dans le large éventail des facteurs historiques et dans l'explication climatique. Le poids de l'écosystème ne doit pas être sous-estimé, dans le milieu très contrasté, tant sur le plan climatique que topographique qu'est le milieu méditerranéen.

3.8.1. Terrasses et régulation de la topographie

Le remodelage de la topographie d'un versant s'impose dans certains cas comme l'unique solution, en l'absence de tout autre choix, pour créer et maintenir des sols cultivables, en particulier dans les petites îles aux reliefs escarpés des Cyclades, des Baléares et de Pantelleria à l'extrême sud-ouest de la Sicile, ainsi que sur les versants abrupts des Cinqueterre (Italie) et des vallées encaissées tels que les wadis du Mont Liban et de la Jordanie. Le vignoble de Banyuls (Roussillon, France) illustre parfaitement ce cas de figure. Dans ce paysage où la montagne tombe directement à la mer, la mise en culture des versants passe par la régulation de la pente. Les agriculteurs antiques ont eux aussi certainement été confrontés à ce problème topographique. C'est le cas également sur l'île de Délos qui est littéralement un rocher dans la mer où le relief est partout accidenté. L'unique dépression ménagée dans le relief étant occupée par l'agglomération antique, les champs visibles aujourd'hui s'organisent sous la forme de vastes systèmes de terrasses antiques qui couvrent la quasi-totalité de la surface escarpée de l'île. Dans le cas de Délos, comme dans celui de Banyuls, l'eau ne peut être maîtrisée et les sols protégés que par la construction de gradins. De plus, pour faire face à la topographie accidentée, la gestion de l'eau devient indispensable. La construction de champs en terrasses sur les pentes a non seulement pour objectif de prévenir l'érosion des sols en aplanissant la surface topographique, elle permet aussi d'agrandir cette surface en la ramenant presque à l'horizontale.

Cet argument topographique et hydrologique est également perceptible dans les zones où la pratique de l'agriculture irriguée justifie l'implantation des champs sur les versants. Le facteur déterminant topographique rejoint alors la nécessité agronomique. Dans la frange aride du pourtour méditerranéen, en Afrique du Nord ou au Proche-Orient, encore plus qu'ailleurs, la collecte de l'eau et sa redistribution aux cultures n'est accessible et profitable que sur les pentes et la création de terres cultivables est la raison première de l'aménagement en terrasses agricoles.

Le rôle des terrasses agricoles en milieu insulaire est donc particulièrement prégnant sur les îles de petites dimensions aux reliefs escarpés, où les plaines font cruellement défaut aux agriculteurs, mais aussi d'îles plus importantes notamment à Majorque à l'époque médiévale. Là, la mise en terrasse concentre tous les aspects essentiels de cette technique, la maîtrise des sols sur la pente, l'approfondissement du sol, l'augmentation des surfaces cultivables, la collecte et la redistribution de l'eau pour l'irrigation. Dans ce cas, les terroirs en terrasses ne sont pas des terroirs marginaux ou spécialisés au sein d'un espace agricole plus large. Ils constituent les terroirs majeurs.

3.8.2. Terrasses, sols et paléosols

Les terrasses agricoles présentent également des avantages agricoles intimement liés à la gestion des ressources en sol (Fig. 113). Elles permettent de retenir l'humidité dans les sols sur les déclivités. La présence d'une structure de contention des terres rend ainsi possible l'infiltration de l'eau dans le sol qui minimise les effets de l'érosion par ruissellement et qui apporte l'humidité nécessaire au sol et à l'évolution de la plante. Ces aménagements (mur ou talus arboré) engendrent non seulement des transformations sensibles dans les flux d'eau, mais ils ont également des effets sur l'évolution du sol (Fig. 114). En effet, l'agriculture sur les versants au moyen de terrasses, a des implications directes sur les caractères pédologiques des sols et par conséquent sur leurs qualités agronomiques (Sandor 1992 ; Morlon 1992 ; Dick 1994). La présence du mur de contention des terres aux qualités filtrantes et drainantes permettant d'améliorer la profondeur et la qualité du sol, elle a donc des conséquences directes sur la cinétique des sols. La construction d'un mur a pour effet de modifier les propriétés physiques, chimiques et biologiques des sols qui sont nécessairement remaniés lors de la construction du champ. En premier lieu, les sols qui se forment dès l'instant zéro de la construction de la terrasse sont généralement issus de sédiments déjà pédogénétisés plutôt que d'un apport de matière première provenant de carrières. Les sols qui préexistent à la construction de la terrasse possèdent donc déjà des caractères structuraux et texturaux particuliers. Ils vont ensuite se développer différemment à l'arrière du mur de soutènement qui va avoir des propriétés protectrices permettant une évolution pédologique lente à l'abri de l'érosion.

Les processus géomorphologiques et les façons culturales induisent également des transformations pédologiques au niveau des propriétés du sol et de son évolution. Le degré de modification du sol varie selon les pratiques culturales (techniques agricoles, outillage, amendement), la durée de la mise en culture du champ et la sensibilité de l'environnement à ces activités. Le rôle du temps dans l'évolution des sols cultivés des champs en terrasses pré industriels qui intéressent l'archéologie est marquant. Les sols très évolués de l'île de Délos et ceux des pentes de la colline de La Liquière en Vaunage témoignent de ces transformations qui se sont effectuées sur la longue durée. Les modifications ne se limitent pas aux horizons supérieurs du sol, mais ont profondément marqué l'intégralité de son épaisseur jusqu'à la roche-mère altérée.

Les changements les plus remarquables dans les sols des pentes mises en terrasses sont l'épaississement

Types de terrasses	Terrasses linéaires		Terrasses en demi-lune	Terrasses-barrages *Jessour* *Runoff terraces*	Rideaux ou *Lynchets*
Sédimentation	Colluviale		Colluviale	Colluviale et alluviale	Colluviale
Principaux caractères pédologiques	Epaississement des horizons A		Léger épaississement de l'horizon A	Epaississement de l'horizon A	Epaississement de l'horizon A
	Sol enterré			Sol enterré	Sol enterré
	Horizons rechargés			Développement des horizons profonds	Horizons remaniés
	Importants changements structuraux et texturaux	Horizons néoformés	Augmentation de l'humidité	Augmentation des composés organiques	Horizons homogénéisés par le travail agricole
		texture, structure et porosité modifiées		Cas de diminution des composés organiques	
	Modification chimique			Augmentation de l'humidité	Horizons rechargés
	Modification biologique		Augmentation du potentiel de rétention d'eau	Augmentation du potentiel de rétention d'eau	
	Augmentation de l'humidité			Possibilité de développement de sols polyphasés	Horizons agricoles
	Augmentation du potentiel de rétention d'eau				Inclusions hétérogènes (ex. charbons, céramiques)
	Possibilité de développement de sols polyphasés			Inclusions hétérogènes (ex. charbons, céramiques)	
	Horizons agricoles				

FIG. 113 : PROCESSUS SÉDIMENTAIRES, CARACTÈRES PÉDOLOGIQUES ET PROPRIÉTÉS DES PRINCIPAUX TYPES DE TERRASSES AGRICOLES ET DE CHAMPS EN GRADINS DANS LE MILIEU MÉDITERRANÉEN.

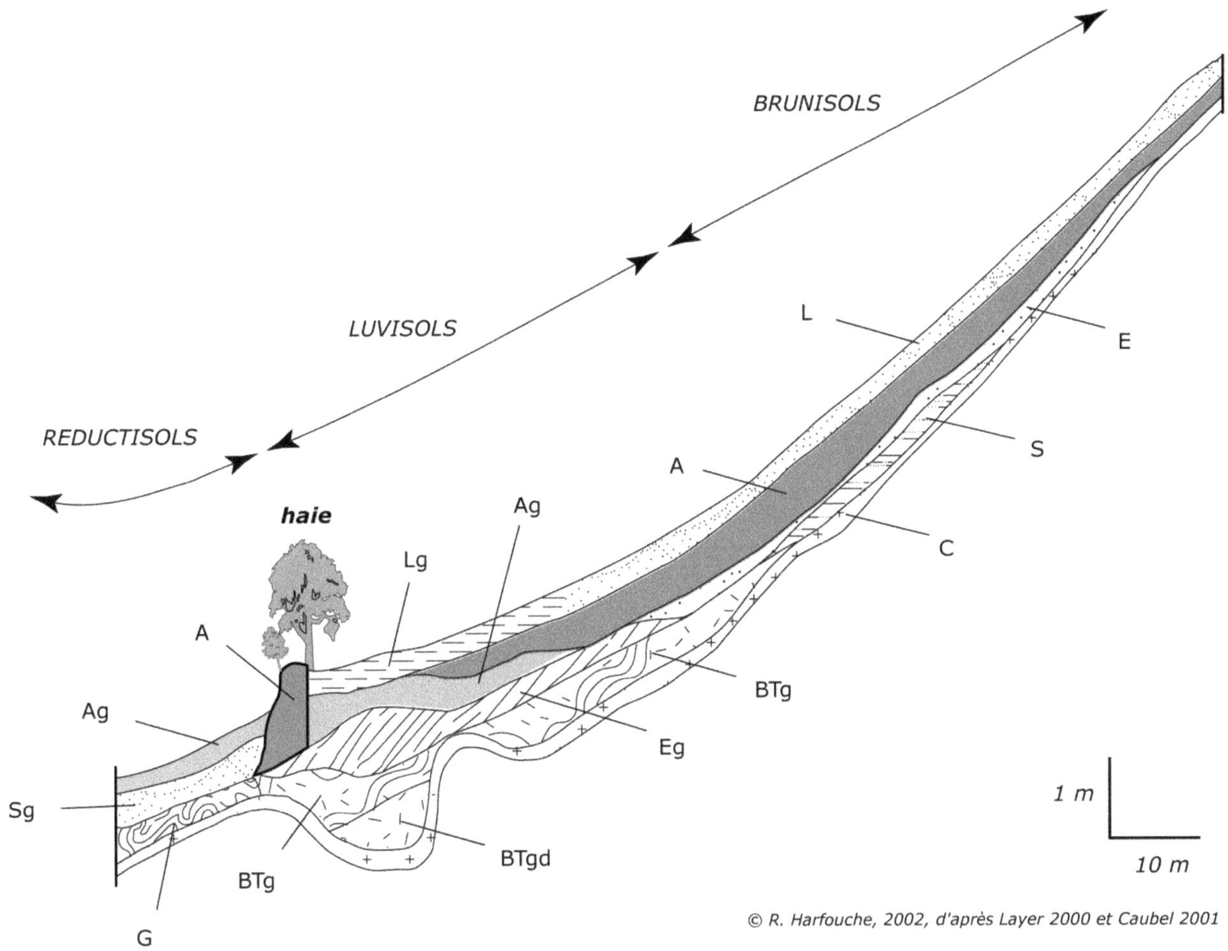

L : horizon labouré

Lg : horizon labouré rédoxique

A : horizon organo-minéral ou hémiorganique

Ag : horizon organo-minéral rédoxique

E : horizon éluvial

Eg : horizon éluvial rédoxique

S : horizon structural d'altération

Sg : horizon structural rédoxique

G : horizon hydromorphe, réductique

BTg : horizon illuvial, argileux, rédoxique

BTgd : horizon argilluvial, rédoxique, dégradé

C : altérite de la roche-mère

FIG. 114 : MODIFICATION DES FLUX D'EAU ET DES SOLS SUR UNE PENTE PAR L'ÉTABLISSEMENT D'UN TALUS PLANTÉ D'UNE HAIE (D'APRÈS LAYER 2000 ET CAUBEL 2001).

de l'horizon de surface et l'enfouissement des horizons « d'origine » à la suite du remplissage. Ces modifications sont essentielles pour la survie du végétal et le développement du sol. Le nivellement et l'approfondissement de celui-ci permet à la plante de trouver l'humidité nécessaire à sa croissance par les racines au plus profond du sol.

Lorsque l'évolution du sol est plurimillénaire, comme cela est le cas pour les terrasses dont il est question dans ce travail, ces sédiments déjà pédogénétisés et remaniés lors de la construction du mur vont être à leur tour l'objet d'une nouvelle pédogenèse. De plus, les processus géomorphologiques et les cycles de déprise et de conquête agricole génèrent des sols complexes comme les sols polyphasés des pentes de la Vaunage. Nous sommes donc bien loin des modifications moins marquées qui ont été relevées par les pédologues sur les sols des petites banquettes et des « lynchets » et qui sont dues à la faible hauteur des murettes et à une sédimentation naturelle progressive à l'arrière des murs de soutènement ou des haies (Taylor 1996 ; Sandor 1998).

L'agriculture sur les versants, rendue possible par la construction de terrasses, a aussi des implications directes sur le climat. Elle a pour effet de créer des micro-climats favorables à certaines cultures. La situation des champs sur les versants offre des avantages climatiques pour certaines cultures, arboricoles en particulier, tant sur le plan de l'ensoleillement que sur celui de la protection contre le gel. En 1600, dans l'ouvrage qu'il offre au roi Henri IV, O. de Serres recommande de prévenir le gel qui sévit dans les vallées en cultivant les arbres et les vignes sur les pentes ensoleillées. Dans le Troisième Lieu de son *Théâtre d'agriculture et mesnage des champs*, consacré à la culture de la vigne, il traite de l'utilité des « bancs », « colles » et « traverses » pour l'exploitation agricole des coustaux méditerranéens. Ainsi, « ... pour la vigne seront rejettés les fonds des valées, que les sommets des montaignes ; estans autant ou plus à craindre les bruines de ceux-là, que les froidures de ceux-ci [...] A la qualité de la terre convient joindre la situation, dont le coustau l'emporte par dessus la plaine et la montaigne » (p.228). Rappelons que la pratique de l'arboriculture et de la viticulture sur les versants est aussi attestée dans les sources antiques, aussi bien grecques que romaines.

Les plantes bénéficient également d'un ensoleillement plus intensif qu'en plaine, lié à l'angle des rayons solaires sur la pente. De plus, la présence des plates-formes successives sur le versant crée des turbulences dans les vents qui empêchent l'air froid de frapper les cultures. Enfin, lorsque les terrasses sont dotées de murs de soutènement en pierre, le matériau rocheux renvoie la chaleur des rayons du soleil sur les cultures.

Ces aspects qui sont essentiels pour certaines cultures, arboricoles en particulier, a vraisemblablement présidé au choix des agriculteurs protohistoriques de Vaunage de cultiver certaines pentes exposées au sud plutôt que les versants septentrionaux.

Conclusion

Au fil de cette exploration des paysages ruraux méditerranéens qui se place à l'interface entre les sciences humaines, singulièrement l'histoire des techniques et des savoirs, et les géosciences, les versants aménagés en terrasses se révèlent être de formidables enregistreurs de l'évolution des pratiques agricoles et plus globalement des structures agraires. De paysages anhistoriques, ils sont devenus, comme d'autres objets de l'archéologie, le miroir des sociétés par la manière dont elles les façonnent.

Les aménagements agricoles des versants n'ont rien de bien spectaculaire. Pourtant, leur richesse réside dans le fait que leur existence implique un savoir technique, une maîtrise des données environnementales (climat, saisons, sols, hydrologie...) et une ingénierie dans la gestion de l'eau et la régulation de la topographie. Si les hommes n'avaient pas la possibilité de mesurer scientifiquement la variabilité micro-climatique induite par le relief et son aménagement, ils avaient conscience de ce phénomène en observant la végétation. C'est pourquoi, derrière l'humilité qui n'est qu'apparente de ces techniques, se cache l'ingéniosité de leurs constructeurs. Ils ont su percevoir leur environnement et tirer parti des potentialités qu'il leur offrait. Ainsi, l'histoire des paysages terrassés méditerranéens ne renvoie pas seulement à des préoccupations agricoles et archéo-agronomiques, elle est un moyen efficace d'appréhender les sociétés. Les groupes humains se retrouvent au travers des paysages qu'ils façonnent, qu'ils aménagent en fonction de leurs besoins, de leurs connaissances, de leurs limites techniques et de leurs rapports sociaux.

Les contraintes imposées par les paramètres naturels sur les pentes ne sont pas étrangères à la perception que l'on a traditionnellement des structures agraires antiques. La reconstruction des paysages aux époques grecque et romaine correspond à une réalité. Elle est surtout visible dans les plaines, car elle introduit des formes d'organisation caractéristiques et surtout contraignantes pour les composantes naturelles du milieu (réseau hydrographique, topographie, végétation...). Or l'appropriation des versants est, elle aussi, bien réelle à ces époques. Sa manifestation est simplement moins spectaculaire que les grands réseaux quadrillés grecs et romains d'Italie, d'Espagne, de Gaule méridionale, du Levant et d'Afrique du Nord. Les paysages de versants gardent la trace des héritages successifs, même si elle est plus discrète que dans les vastes plaines. Ils ont été un des moteurs du développement des sociétés qui ont su maîtriser les sols et tirer profit des contraintes de leur milieu. C'est précisément leur adaptation aux conditions de leur environnement et leurs qualités techniques qui ont fait des systèmes de terrasses agricoles des aménagements fonctionnels qui ont pu traverser le temps.

Ce travail a souhaité mettre en lumière, sous un éclairage nouveau, un sujet essentiel pour comprendre les sociétés anciennes, définir une problématique et proposer une méthode d'approche qui prend en compte les caractéristiques « naturelles » et anthropiques des paysages cultivés. D'autres auraient pu proposer d'autres interprétations et d'autres méthodes. Je reprendrai donc ici à mon compte une phrase de G. Camps : « Plus qu'un résultat imparfait c'est une méthode qui est exposée » (Camps 1961 : 8). C'est grâce à une analyse conjointe des paysages par l'archéologie et la science des sols qu'a pu être démontré, en plusieurs endroits du bassin méditerranéen, la présence de terroirs construits en terrasse dès les III-IIe millénaires, en particulier dans les massifs montagneux. Ces travaux ont aussi montré la variété des solutions agro-techniques mises en œuvre en fonction du milieu et des pratiques.

C'est également par le biais de cette approche croisée qu'il a été possible d'ébaucher une évolution qui n'est pas linéaire, mais dynamique, à l'échelle du bassin méditerranéen et de déceler les continuités et les ruptures dans l'utilisation des champs construits et exploités. L'intérêt d'une double approche géopédologique et archéologique des paysages dépasse donc le problème épineux de la chronologie. C'est en effet le profil du sol qui intègre le mieux l'histoire du paysage, histoire que l'on peut décrire comme la succession de phases où la nature et l'ampleur de l'exploitation agricole varient, et où les modifications du couvert végétal protecteur s'inscrivent dans l'épaisseur des profils et dans les accumulations de bas de versant. La multiplication des points d'observation permet, comme cela a été fait en France méditerranéenne, en Grèce, au Liban et en Jordanie de reconnaître les grands changements dans l'histoire des sociétés. La succession d'évènements qui appartiennent bien à l'histoire des sociétés est en effet responsable de la nature des sols et des qualités agrologiques des paysages. Une analyse rigoureuse de l'histoire de l'environnement se doit d'en tenir compte.

D'ailleurs, l'ébauche d'une évolution de ces paysages n'a de sens que parce qu'elle repose sur des études à grande échelle qui, elles, révèlent la variété spatiale et temporelle des dynamiques et l'imbrication des variables « environnementales » et sociales dans la genèse et la transformation de ces paysages. L'interprétation de ces variations à courte distance soulève la question délicate de la part des choix opérés par les sociétés dans la gestion de l'espace et celle de la conjoncture qui a pu aggraver une situation difficile et provoquer l'abandon de certains parcellaires. Cela montre également que la construction de ces paysages n'est pas toujours subie en réaction à une poussée démographique ou à un refoulement des populations indigènes vers les hauteurs jugées hostiles par de nouveaux arrivants, dans un contexte de colonisation par exemple, mais elle relève de choix de la part des sociétés.

Certes, les grands travaux que nécessite la création de terrasses agricoles et de chemins creux, qui sont réalisés dans les sociétés pré modernes au prix d'importants terrassements, ne sont pas le fait du hasard. Ils sont étroitement liés à une conception planifiée de l'espace rural et à des considérations agronomiques. Ils impliquent l'existence d'une organisation sociale capable de mobiliser l'énergie collective nécessaire à la construction des paysages. La difficulté tient au visage qu'il faut donner à cette force bâtisseuse, qui ne doit pas être perçue exclusivement sous l'angle conflictuel. La mobilisation des forces productives s'est exprimée dans l'économie coloniale, mais aussi au sein du système agraire des populations indigènes bien antérieurement. Il reste cependant à déterminer si la création des terroirs en terrasses relève d'un aménagement collectif des versants à l'initiative des paysans eux-même, ou si, comme cela semble se dessiner peu à peu à la lumière des recherches sur les nécropoles protohistoriques en France méditerranénne et grâce à la relecture des habitats anciennement dégagés, l'aménagement des campagnes s'est effectué au sein d'une société hiérarchisée dominée par une aristocratie dont les membres ont certainement un pouvoir de décision.

Il n'en demeure pas moins que, dans de nombreux cas, le (les) instigateur(s) de ce projet d'aménagement nous sont encore inconnu(s). Les hypothèses foisonnent, mais il reste difficile de décrire précisément leurs auteurs antiques en l'absence de documents écrits précis. Comme l'a bien montré B. D. Shaw, en étudiant la communauté de Lamasba, il s'agit d'une question complexe car il faut garder à l'esprit le poids des interpénétrations culturelles, l'héritage culturel et technique des sociétés et leurs facultés à adapter et transformer selon leur besoins les savoirs qu'ils acquièrent (Shaw 1982). Il est cependant indéniable que les vastes parcellaires en terrasses et leurs aménagements de contrôle de l'eau témoignent d'une organisation sociale et d'une cohésion importante au sein d'un groupe pour mobiliser les individus autour de l'effort collectif qu'exigent la construction et l'entretien de ces systèmes agricoles. Ce constat est le même qu'il s'agisse d'une communauté villageoise ou d'une société éminemment hiérarchisée. Il l'est d'autant plus lorsque la mobilisation des individus est au service d'une stratégie productiviste destinée à générer des excédents.

Les versants construits depuis les débuts de l'agriculture témoignent des savoir-faire qui ont traversé le temps en matière d'hydraulique et de maintien des sols sur les pentes. Des aspects de cette diversité ont été préservés, mais pour combien de temps ? Des pans entiers de ces paysages ont été abandonnés et les connaissances qui sont à l'origine de leur construction ont été elles aussi progressivement oubliées ou déformées.

L'étude de paysages encore bien conservés comme il en existe au Proche-Orient et en Afrique du Nord permet de mieux comprendre la signification des lambeaux de paysages anciens des milieux très transformés, voire irrémédiablement détruits, dans d'autres régions méditerranéennes. La multiplication des études à grande échelle aidera sans doute aussi à expliquer ces évolutions différentes qui sont à l'origine de la mosaïque de paysage et de communautés qui constituent le monde méditerranéen.

Cette recherche sur l'histoire des paysages et des techniques agricoles est nécessaire et pressante car l'évolution actuelle des sociétés vers une agriculture industrielle productiviste menace les diversités socio-culturelles du monde rural. Il est urgent d'étudier les savoir-faire et les procédés techniques afin de préserver ces connaissances et d'envisager la manière de les adapter aux conditions de vie actuelles pour une meilleure gestion des ressources souvent non renouvelables de la planète. Les parcellaires de terrasses agricoles contemporaines sculptent les pentes à proximité immédiate des habitats protohistoriques, au Proche-Orient, au Liban (Yanouh et Chhim), en Israël (particulièrement la région de Jérusalem) et en Jordanie (Iraq al-Amir). En France méditerranéenne, les champs récents sont édifiés non seulement à l'extérieur des sites archéologiques mais aussi dans leur emprise et sur leurs ruines (Nîmes et Vaunage).

Si l'on n'étudie pas rapidement ces paysages menacés et en cours de destruction, il ne restera plus, pour comprendre les sociétés qui les ont construits, que les témoignages picturaux, paysages de terrasses du Haut Atlas peints par J. Majorelle, campagnes lointaines figées sur la toile par des siècles de peinture italienne... Dans bien des cas, des pans entiers de montagnes sculptés par des générations de paysans n'ont pas été immortalisés par la peinture ou la photographie. De ceux-là, il ne restera bientôt plus de trace, à l'image des terrasses pré-industrielles du Mont Liban, paysages sans cesse mutilés par l'urbanisation grandissante des côtes ou par les bouteurs au service d'une agriculture productiviste dans les vallées d'altitude. Le temps presse. Car bien que la protection de ce patrimoine culturel et économique que représentent les paysages cultivés n'est pas incompatible avec la pratique d'une agriculture moderne, la perspective du profit rapide, aux pratiques destructrices pour l'environnement et à terme pour les hommes, n'attend pas. Pourtant les recherches conduites sur la lutte contre l'érosion des sols et le développement de stratégies agricoles qui réhabilitent les terrasses et les systèmes hydrauliques dits traditionnels, comme la GCES (Gestion Conservatoire de l'Eau, de la Biomasse et des Sols), ont démontré que la pratique d'une agriculture intense et productive est possible grâce à l'efficacité de ces aménagements anti-érosifs (Roose 1998).

Bibliographie

Abréviations

ADAJ : Annual of the Department of Antiquities of Jordan.
AFES : Association Française pour l'Etude du Sol.
ALUB : Annales Littéraires de l'Université de Besançon.
APDCA : Association pour la Promotion et la Diffusion des Connaissances Archéologiques.
ARALO : Association pour la Recherche Archéologique en Languedoc Oriental.
BAAL : Bulletin d'Archéologie et d'Architecture Libanaises.
BAH : Bibliothèque Archéologique et Historique.
BAR : British Archaeological Reports.
BASOR : Bulletin of the American School of Oriental Research.
BCH : Bulletin de Correspondance Hellénique.
BEAN : Bulletin de l'Ecole Antique de Nîmes.
BRGM : Bureau de Recherches Géologiques et Minières.
BSESNN : Bulletin de la Société d'Etude des Sciences Naturelles de Nîmes.
CNRS : Centre National de la Recherche Scientifique.
CRAI : Comptes-Rendus de l'Académie des Inscriptions et Belles Lettres.
CTHS : Comité des Travaux Historiques et Scientifiques.
DAF : Documents d'Archéologie Française.
DAM : Documents d'Archéologie Méridionale.
DARA : Documents d'Archéologie de Rhône-Alpes.
DHA : Dialogues d'Histoire Ancienne.
EFA : Ecole Française d'Athènes.
EFR : Ecole Française de Rome.
EHESS : Ecole des Hautes Etudes en Sciences Sociales.
HSR : Histoire et Sociétés Rurales.
IEJ : Israel Exploration Journal.
IFAPO : Institut Français d'Archéologie du Proche-Orient.
INA : Institut National Agronomique.
INRA : Institut National de la Recherche Agronomique.
MAM : Monographies d'Archéologie Méditerranéenne.
MSH : Maison des Sciences de l'homme.
ORSTOM : Office de la Recherche Scientifique et Technique d'Outre-Mer.
PUF : Presses Universitaires de France.
PUM : Presses Universitaires du Mirail.
RACF : Revue Archéologique du Centre de la France.
RAN : Revue Archéologique de Narbonnaise.
REA : Revue des Etudes Anciennes.
REL : Revue d'Etudes Latines.
ROMM : Revue de l'Occident Musulman et de la Méditerranée.
SHAJ : Studies in the History and Archaeology of Jordan.
SRA : Service Régional de l'Archéologie.
TMO : Travaux de la Maison de l'Orient.

Sources écrites

Aristote. *Météorologiques*. Traduction : P. Louis, collection G. Budé, Les Belles Lettres, Paris, 1982.

Aristote. *Problèmes*. Traduction : P. Louis, collection G. Budé, 3 volumes, Les Belles Lettres, Paris, 1991-1993-1994.

Caton (Marcus Porcius). *De agricultura*. Traduction : R. Goujard, collection G. Budé, Les Belles Lettres, Paris, 1975, 342 p.

Columelle (Lucius Junius Moderatus). *De arboribus*. Traduction : R. Goujard, collection G. Budé, tome XII-1ère partie, Les Belles Lettres, Paris, 1986.

Columelle (Lucius Junius Moderatus). *De re rustica*. Traduction : E. de Saint-Denis, collection G. Budé, Livre X, Les Belles Lettres, Paris, 1969.

Columelle (Lucius Junius Moderatus). *De re rustica*. Traduction : J.-Ch. Dumont, collection G. Budé, Livre III, Les Belles Lettres, Paris, 1993.

Démosthène. *Plaidoyers civils*. Traduction : L. Gernet, collection G. Budé, tome III, discours XLIX-LVI, Les Belles Lettres, Paris, 1959.

Diderot 1751 : DIDEROT (D.), ALEMBERT (J. Le Rond d').— *Encyclopédie, ou dictionnaire raisonné des sciences, des arts et des métiers*. Paris, 1751, publication sur CD-Rom, éditions Redon, 2000.

Documents épistolaires du palais de Mari. Tome I. Traduction : J.-M. Durand, Littératures anciennes du Proche-Orient, éditions du Cerf, 16, 1997, 654 p.

Documents épistolaires du palais de Mari. Tome II. Traduction : J.-M. Durand, Littératures anciennes du Proche-Orient, éditions du Cerf, 17, 1998, 688 p.

Frontin. *L'œuvre gromatique*. Traduction : M. Clavel Lévêque *et al.*, Comission Européenne (Cost Action G2), Office des publications officielles des communautés européennes, Luxembourg, 1998, 120 p.

Hésiode. *Les travaux et les jours*. Traduction : P. Mazon, collection G. Budé, Les Belles Lettres, Paris, 1996, 158 p.

Homère. *Iliade*. Traduction : P. Mazon, collection G. Budé, Les Belles Lettres, Paris, 1962.

Homère. *L'Odyssée*. Traduction : V. Bérard, collection G. Budé, tome XII, chants XVI-XXIV, Les Belles Lettres, Paris, 1997.

Hygin. *L'œuvre gromatique*. Traduction : O. Behrends *et al.*, Comission Européenne (Cost Action G2), Office des publications officielles des Communautés européennes, Luxembourg, 2000, 202 p.

Ibn al-'Awwâm. *Le livre de l'agriculture. Kitâb al-filâha.* Traduction : J.-J. Clément-Mullet, éditions Actes Sud, collection Thesaurus, Arles, 2000, 1027 p.

Ibn al-'Awwâm. *Kitâb al-filâha*. Édition en arabe et traduction en espagnol de J. A. Banqueri, 2 volumes, Imprenta Real, Madrid, 1802.

Ibn Khaldûn. *Discours sur l'histoire universelle. Al-Muqaddima.* Traduction : V. Monteil, éditions Actes Sud, collection Thesaurus, Arles, 1997, 1132 p.

Ibn Wahshiyya. *Kitâb al-filâha al-nabatiyya*. Edition en arabe de T. Fahd, Institut Français de Damas, Damas, 3 volumes parus en 1993, 1995 et 1998.

Idrîsî. *La première géographie de l'Occident*. Traduction du chevalier Jaubert, revue par A. Nef, Flammarion, Paris, 1999, 517 p.

Isocrate. *Panégyrique*. Traduction : G. Mathieu et E. Brémond, collection G. Budé, Les Belles Lettres, Paris, 1987.

La Bible. Traduction œcuménique de la Bible, Société Biblique Française, édition Alliance biblique universelle-Le Cerf, 1985.

La Bible de Jérusalem. Traduction sous la direction de l'Ecole Biblique de Jérusalem, édition Desclee de Brouwer, 1978.

Le Code d'Hammurapi. Traduction : A. Finet, Les éditions du Cerf, Paris, 1996, 156 p.

Ménandre. *Le Dyscolos*. Traduction : J.-M. Jacques, collection G. Budé, Les Belles Lettres, Paris, 1963.

Palladius (Rutilius Taurus Aemilianus). *Opus agriculturae*. Traduction : R. Martin, collection G. Budé, tome II- Livres I et II, Les Belles Lettres, Paris, 1976.

Panégyriques Latins. Traduction : E. Galletier, collection G. Budé, tome I-Panégyriques VI-X, Les Belles Lettres, Paris, 1952.

Platon. *Lois*. Traduction : A. Diès, collection G. Budé, tome XII- 1ère partie, Les Belles Lettres, Paris, 1956.

Platon. *Timée - Critias*. Traduction : A. Rivaud, collection G. Budé, Les Belles Lettres, Paris, 1925.

Pline l'Ancien (Caïus Plinius Secundus). *Naturalis Historia*. Livre XV. Traduction : J. André, collection G. Budé, Les Belles Lettres, Paris, 1960.

Pline l'Ancien (Caïus Plinius Secundus). *Naturalis Historia*. Livre XVII. Traduction : J. André, collection G. Budé, Les Belles Lettres, Paris, 1964.

Pline l'Ancien (Caïus Plinius Secundus). *Naturalis Historia*. Livre XVIII. Traduction : H. Le Bonniec et A. Le Bœuffle, collection G. Budé, Les Belles Lettres, Paris, 1972.

Serres (Olivier de). *Le Théâtre d'agriculture et Mesnage des champs*. 1600, rééd. Actes Sud, 1996, 1465 p.

Siculus Flaccus. *De condicionibus agrorum*. Traduction : M. Clavel Lévêque *et alii*, Diaphora 1, Jovene editore, Naples, 1993, 158 p.

Strabon. *Géographie*. Traduction : F. Lasserre, collection G. Budé, Tome II, Livres III-IV, Les Belles Lettres, Paris, 1966.

Varron (Marcus Terentius). *Res rusticae*. Livre premier. Traduction : J. Heurgon, collection G. Budé, Les Belles Lettres, Paris, 1978.

Varron (Marcus Terentius). *Res rusticae*. Livre II. Traduction : C. Guiraud, collection G. Budé, Les Belles Lettres, Paris, 1985.

Virgile (Publius Vergilius Maro). *Géorgiques*. Traduction : E de Saint-Denis, collection G. Budé, Les Belles Lettres, Paris, 1995.

Ouvrages et articles

Abbé 2003 : ABBE (J.-L.).— Aménager l'environnement au Moyen Âge : les entreprises d'assèchement des étangs languedociens (Biterrois et Narbonnais). *In :* FOUACHE (E.) (ed.).— *The mediterranean world. Environment and History*, Elsevier Pub. Comp., Paris , 2003, p. 419-428.

Abdul-Nour 2001 : ABDUL-NOUR (H.).— Les inscriptions forestières d'Hadrien : mise au point et nouvelles découvertes. *In : Archaeology and History in Lebanon*, 2001, p. 64-95.

Adamesteanu 1976 : ADAMESTEANU (D.), VATIN (C.).— L'arrière-pays de Métaponte. *CRAI*, 1976, p. 110-123.

Agriculture in ancient Greece 1992 : *Agriculture in ancient Greece*. Proceedings of the Seventh International Symposium at the Swedish Institute at Athens, 16-17 May 1990, Acta Instituti Atheniensis Regni Sueciae, 4°, XLII, Paul Aströms Förlag, Stockholm, 1992, 182 p.

Albertini 2000 : ALBERTINI (L.).— Histoire et évolution des terrasses agricoles méditerranéennes. *Mémoires de l'Académie des Sciences Inscriptions et Belles-Lettres de Toulouse*, vol. 162, 18e série, tome I, Toulouse, 2000, p. 59-74.

Alcaraz 1999 : ALCARAZ (F.).— *Les terrasses méditerranéennes entre terroirs et paysages (nord-ouest du bassin méditerranéen).* Thèse de Doctorat en Géographie, Université de Toulouse II, 1999, 2 vol., 655 p.

Aliger 1966 : ALIGER (M.).— Station chasséenne « Sur le Village » à Nages-et-Solorgues (Gard). *Cahiers Ligures de Préhistoire et d'Archéologie*, 15, 1966, p. 303-307.

Aliger 1980 : ALIGER (M.).— *La Vaunage gallo-romaine*. Nîmes, 1980.

Al-Muheisen 1986 : AL-MUHEISEN (Z.).— *Techniques hydrauliques dans le sud de la Jordanie en particulier à l'époque nabatéenne.* Thèse de Doctorat, Université de Paris I, 2 volumes, 1986, 234 p. et 271 pl.

Al-Muheisen 1990 : AL-MUHEISEN (Z.).— Maîtrise de l'eau et agriculture en Nabatène : l'exemple de Pétra. *ARAM*, 2, 1-2, 1990, p. 205-220.

Al-Muheisen 1992 : AL-MUHEISEN (Z.).— Modes d'installations agricoles nabatéennes dans la région de Pétra et dans le Wadi Arabah. *SHAJ*, 4, 1992, p. 215-219.

Al-Muheisen 1995 : AL-MUHEISEN (Z.), TARRIER (D.).— La protection du site de Pétra à l'époque nabatéenne. *SHAJ*, 5, 1995, p. 721-725.

Al-Muheisen 1996 : AL-MUHEISEN (Z.), TARRIER (D.).— Menace des eaux et mesures préventives à Pétra à l'époque nabatéenne. *Syria*, LXXIII, 1996, p. 197-204.

Al-Muheisen 1997 : AL-MUHEISEN (Z.), TARRIER (D.).— Ressources naturelles et occupation du site de Pétra. *SHAJ*, 6, 1997, p. 143-148.

Al-Muheisen 1999 : AL-MUHEISEN (Z.), VILLENEUVE (F.).— Khirbet edh Dharih. Temple et tombeaux dans un village nabatéen. *In : Jordanie. Sociétés, rites et religions*. Dossiers de l'Archéologie, 244, 1999, p. 54-59.

Alpi 1998 : ALPI (F.).— La Phénicie chrétienne, une province au cœur de l'Empire chrétien d'Orient. *In : Liban, l'autre rive*. Flammarion et Institut du Monde Arabe, Paris, 1998, p. 202-210.

Ambroise 1993 : AMBROISE (R.), FRAPA (P.), GIORGIS (S.).— *Paysages de terrasses*. Edisud, 1993, 189 p.

Ambroise 1999 : AMBROISE (B.).— *La dynamique du cycle de l'eau dans un bassin versant. Processus, facteurs, modèles*. Editions HGA, Bucarest, 1999, 200 p.

Amenta 1997 : AMENTA (C.).— Insediamento prehistorico di Pizzo Tre Fontane nel territorio de Mussomeli. *Sicilia Archéologica*, 93. 94. 95, 1997, p. 59-86.

Amin 1988 : AMIN (S.), YACHIR (F.).— *La Méditerranée dans le monde. Les enjeux de la transnationalisation*. Editions La Découverte / Toubkal / Université des Nations Unies, 1988, 128 p.

Amouretti 1986 : AMOURETTI (M.-C.).— *Le pain et l'huile dans la Grèce antique. De l'araire au moulin*. ALUB, 328, 1986, 333 p.

Amouretti 1993 : AMOURETTI (M.-C.), COMET (G.).— *Hommes et techniques de l'Antiquité à la Renaissance*. Armand Colin, Cursus Histoire, Paris, 1993, 186 p.

Amouretti 1995 : AMOURETTI (M.-C.).— Naissance de l'agronomie. La place des anciens grecs. *Histoire et sociétés rurales*, 3, 1995, p. 215-223.

Amouretti 1998 : AMOURETTI (M.-C.).— La transmission des connaissances agronomiques dans l'Antiquité : l'exemple des écrits techniques et militaires. *In : Traditions agronomiques européennes. Elaboration et transmission depuis l'Antiquité*. Editions du CTHS, 1998, p. 17-26.

Arcelin 1999 : ARCELIN (P.).— L'habitat dans l'image sociale des Gaulois du Midi : La question des résidences aristocratiques. *In* : *Habitat et société*. Actes des XIXe Rencontres Internationales d'Archéologie et d'Histoire d'Antibes, éditions de l'APDCA, Sophia Antipolis, 1999, p. 439-479.

Archéologie du TGV... 2002 : *Archéologie du TGV Méditerranée*. MAM, 8, 9, 10, 2002.

Argoud 1987 : ARGOUD (G.).— Eau et agriculture en Grèce. *In : L'eau et l'homme en Méditerranée. IV : L'eau dans l'agriculture*. TMO, 14, 1987, p. 27-43.

Argoud 1992 : ARGOUD (G.), MARANGOU (L.), PANAYOTOPOULOS (V.), VILLAIN-GANDOSSI (Ch.) (éd.).— *L'eau et les hommes en Méditerranée et en Mer Noire dans l'Antiquité. De l'époque mycénienne au règne de Justinien*. Actes du Congrès international d'Athènes, 20-24 mai 1988, European Coordination Center for Research and Documentation in Social Sciences (Vienna) - Centre National de Recherches Sociales (EKKE) (Athènes) - Centre de recherches Néo-Helléniques/FNRS de Grèce, Athènes 1992, 555 p.

Arnold 1990 : ARNOLD (B.).— *Cortaillod-Est et les villages du lac de Neuchâtel au Bronze final. Structure de l'habitat et proto-urbanisme*. Archéologie neuchâteloise, 6, Neuchâtel, 1990.

Assaker 1990 : ASSAKER (G.).— *Yanouh, siège des patriarches maronites (750-1277)*. Imprimerie Al-Hawat, Jbaïl, Liban, 1990 (en langue arabe).

Audibert 1962 : AUDIBERT (J.).— *La civilisation chalcolithique du Languedoc oriental*. Bordighera, Montpellier, 1962, 211 p.

Avner 1998 : AVNER (U.).— Settlement, agriculture and paleoclimate in Uvda Valley, southern Negev Desert, 6th-3rd millennia BC. *In* : ISSAR (A.S.), BROWN (N.) (ed).— *Water , environement and society in times of climate change*. Kluwer Academic Publishers, Pays-Bas, 1998, p. 147-202.

Avner 2002 : AVNER (U.).— Ancient water management in the southern Negev. *ARAM*, 13-14 (2001-2002), 2002, p. 403-421.

Avner 2003 : AVNER (U.), ANDERSON (P.), BUI THI MAI, CHABOT (J.), CUMMINGS (L.).— Ancient threshing floors, threshing tools and plant remains in 'Uvda Valley, southern Negev desert, Israel. A preliminary report. *In* : ANDERSON (P.) *et al.* (dir.).— *Le traitement des récoltes : un regard sur la diversité du Néolithique au présent*, éditions APDCA, 2003, p. 455-475.

Baize 1995 : BAIZE (D.), JABIOL (B.).— *Guide pour la description des sols*. INRA éditions, Paris, 1995, 375 p.

Baladié 1974 : BALADIE (R.).— Sur le sens géographique du mot grec « ophrys », de ses dérivés et de son équivalent latin. *Journal des Savants*, 1974, p. 153-191.

Ballais 1990 : BALLAIS (J.-L.).— Terrasses de culture et jessours du Maghreb oriental. *Méditerranée*, 3-4, 1990, p. 51-53.

Balty 1987 : BALTY (J.-C.).— Problèmes de l'eau à Apamée de Syrie. *In : L'eau et l'homme en Méditerranée. IV : L'eau dans l'agriculture*. TMO, 14, 1987, p. 9-23.

Banning 1996 : BANNING (E.B.).— Highlands and lowlands : Problems and survey frameworks for rural archaeology in the Near East. *BASOR*, 301, 1996, p. 25-45.

Barceló 1995 : BARCELO (M.).— Saber lo que es un espacio hidráulico y lo que no es : o al-Andalus y los feudales. *In : Archéologie des espaces agraires méditerranéens au Moyen Age*, Castrum 5, Casa de Velázquez, EFR, 1999, p. 277-285.

Barceló 1996 : BARCELO (M.), KIRCHNER (H.), NAVARRO (C.).— *El agua que no duerme. Fundamentos de la archeología hidráulica andalusí.* Editions Sierra Nevada 95 / El legado andalusí, Maracena (Grenade), 1996, 123 p.

Barker 1996 : BARKER (G.), MATTINGLY (D.) (ed.).— *Farming the desert, The UNESCO Libyan Valleys Archaeological Survey.* UNESCO Publishing, Paris, Department of Antiquities, Tripoli, Society for Libyan Studies, London, 2 vol., 1996.

Barker 1999 : BARKER (G.) *et al.*— Environment and land Use in the Wadi Faynan, Southern Jordan : the third Season of Geoarchaeology and Landscape Archaeology (1998). *Levant*, 31, 1999, p. 255-291.

Baroudi 1991 : BAROUDI (F.), GHAOUCHE (A.), KALLAB (O.).— Mgharet MAR HANNA de l'âge du Bronze au Moyen-Age. *Liban souterrain* 3, 1991, p. 6-12.

Barry 1962 : BARRY (J.-P.), LE ROY LADURIE (E.).— Histoire agricole et phytogéographique. *Annales ESC*, 3, 1962, p. 434-447.

Basset 1921 : BASSET (H.).— Les influences puniques chez les berbères. *Revue Africaine*, LXII, 1921, p. 340-374.

Bats 1990 : BATS (M.) (dir.).— *Les amphores de Marseille grecque.* Etudes massaliètes, 2, Aix-en-Provence/ Lattes, 1990.

Bazzana 1987 : BAZZANA (A.) *et al.*— L'hydraulique agraire dans l'Espagne médiévale *In : L'eau et les hommes en Méditerranée.* Paris, CNRS, 1987, p. 43-66.

Beeching 1991 : BEECHING (A.), BROCHIER (J.-L.).— Quelle carte ? carte de quoi ? *Les Nouvelles de l'Archéologie*, 45, 1991, p. 12-14.

Bellot 1909 : BELLOT (A.).— *Carte de l'île de Délos au 1/10000 avec un commentaire explicatif.* Exploration archéologique de Délos, I, Paris, 1909, 44 p., 6 ph., IX tab. et 2 pl.

Ben Baaziz 2000 : BEN BAAZIZ (S.).— *Rohia et le Sraa Ouertane dans l'Antiquité.* Tunis, 2000, 394 p.

Ben Ouezdou 1999 : BEN OUEZDOU (H.), MAMOU (A.), HASAN (M.).— *Kanun al miah wa al-tahouia al-maiya bijanoub Ifriqia fi al-'asr al-wasit.* Université de Tunis, Tunis, 1999, 267 p. (en langue arabe).

Ben Ouezdou 2001a : BEN OUEZDOU (H.).— Les aménagements de petite hydraulique dans le Sud-Est de la Tunisie. Un savoir-faire traditionnel au service du développement durable. *In : Patrimoine et co-développement durable en Méditerranée occidentale (Gouvernance Environnementale).* Actes du séminaire International de Tunis-Hammamet (23-27 mai 2000), Tunis, 2001, p. 251-259.

Ben Ouezdou 2001b : BEN OUEZDOU (H.).— *De Matmata à Tataouine. Ksour, jessour et troglodytes.* Tunis 2001, 78 p.

Benseddik 1983 : BENSEDDIK (N.), FERDI (S.), LEVEAU (Ph.).— *Cherchel.* Alger, 1983.

Berdoulay 1988 : BERDOULAY (V.).— Idées aristotéliciennes et effets-discours dans la géographie d'origine méditerranéenne. *Annales de Géographie*, 542, 1988, p. 404-418.

Berger 1974 : BERGER (G.-M.).— *Carte géologique de la France à 1/50000, feuille de Sommières*, XXVIII-42, BRGM, Orléans, 1974.

Berger 1997 : BERGER (J.-F.).— Géoarchéologie du bassin valdainais (Drôme). *In* : *Dynamique du paysage. Entretiens de géoarchéologie.* DARA, 15, 1997, p. 103-128.

Berger 2005 : BERGER (J.-F.) *et al.* (dir.).— *Temps et espaces de l'Homme en société. Analyses et modèles spaciaux en archéologie.* Actes des XXVe Rencontres Internationales d'Archéologie et d'Histoire d'Antibes, éditions APDCA, Sophia Antipolis, 2005, 1 CD-Rom et 534 p.

Berque 1950 : BERQUE (J.).— Un glossaire notarial arabo-chleuh du Deren. *Revue Africaine*, 1950, p. 357-398.

Bertoncello 2000 : BERTONCELLO (F.).— Le rocher de Roquebrune, un mode d'occupation original à l'Âge du Fer. *In* : CHAUSSERIE-LAPREE (J.) (dir.).— *Le Temps des Gaulois en Provence.* Martigues, Musée Ziem, 2000, p. 117-119.

Bertrand 1968 : BERTRAND (G.).— Paysage et géographie physique globale. Esquisse méthodologique. *Revue de Géographie des Pyrénées et du Sud-Ouest*, 39, 3, Toulouse, 1968, p. 249-279.

Bertrand 1975 : BERTRAND (G.).— Pour une histoire écologique de la France rurale. *Histoire de la France rurale*, 1, Seuil, 1975, p. 34-113.

Bertrand 1984 : BERTRAND (G.).— Les géographes français et leurs paysages. *Annales de Géographie*, 516, 1984, p. 218-229.

Bertrand 1992 : BERTRAND (J.-M.).— *Cités et royaumes du monde grec : espace et politique.* Carré Histoire, Hachette, Paris, 1992, 206 p.

Bertrand 2000 : BERTRAND (C.), BERTRAND (G.).— Le géosystème : un espace-temps anthropisé. Esquisse d'une temporalité environnementale. *In : Les temps de l'environnement.* Actes des journées du PIREVS (Toulouse, 5-7 novembre 1997), PUM, Toulouse, 2000, p. 65-76.

Billard 1997 : BILLARD (R.).— *La vigne dans l'Antiquité.* Editions Jeanne Laffitte, Marseille, 1997, 560 p.

Bintliff 1977 : BINTLIFF (J.).— *Natural environment and human settlement in prehistoric Greece.* BAR Supplementary series, 28, 1977.

Bintliff 1982 : BINTLIFF (J.), VAN ZEIST (W.).— *Paleoclimates, paleoenvironments and human communities in the eastern Mediterranean region* *in later prehistory.* BAR Supplementary series, 133, 1982.

Birebent 1964 : BIREBENT (J.).— *Aquae Romanae : Recherches sur l'hydraulique romaine dans l'Est algérien.* Alger, 1964.

Birot 1953 : BIROT (P.), GABERT (P.) *et al.*— *La Méditerranée et le Moyen-Orient.* Tome 1, PUF, Paris, 1953, 552 p.

Birot 1956 : BIROT (P.), DRESH (J.).— *La Méditerranée et le Moyen-Orient.* Tome 2, PUF, Paris, 1956, 526 p.

Blanc 1984 : BLANC (J.-F.).— *Paysages et paysans des terrasses de l'Ardèche.* Presses de l'Imprimerie du Vivarais, Annonay, 321 p.

Blanc 2001 : BLANC (J.-F.).— *Terrasses de l'Ardèche,* Le Cheylard et Peaugres, Imprimeries Jean Chevalier et Alpha, 2001, 155 p.

Blanchemanche 1990 : BLANCHEMANCHE (Ph.).— *Bâtisseurs de paysages.* Editions MSH, 1990, 329 p.

Bloch 1929 : BLOCH (M.).— *Les caractères originaux de l'histoire rurale française.* 1929, rééd. 1988, Armand Colin, Paris, 316 p.

Boissinot 1995 : BOISSINOT (Ph.).— L'empreinte des paysages hellénistiques dans les formations holocènes de Saint-Jean du Désert (Marseille). *Méditerranée,* 3-4, 1995, p. 33-40.

Boissinot 1997a : BOISSINOT (Ph.).— Archéologie des façons culturales. *In* : *La dynamique des paysages protohistoriques, antiques, médiévaux et modernes.* Actes des XVIIe Rencontres Internationales d'Archéologie et d'Histoire d'Antibes, éditions APDCA, Sophia Antipolis, 1997, p. 85-112.

Boissinot 1997b : BOISSINOT (Ph.), BROCHIER (J.-E.).— Pour une archéologie du champ. *Les formes du paysage,* 3, Errance, Paris, 1997, p. 35-56.

Bolens 1981 : BOLENS (L.).— *Les agronomes andalous du Moyen Age.* Département d'histoire générale de la faculté des lettres de l'Université de Genève, 13, Librairie Droz, Genève, 1981, 305 p.

Bolens-Halimi 1991 : BOLENS-HALIMI (L.).— Mentalités agraires sémitiques en Al-Andalus. *In* : CAUVIN (M.-C.) (dir.).— *Rites et rythmes agraires.* TMO, 20, Lyon, 1991, p. 149-156.

Bonnassie 1975 : BONNASSIE (P.).— *La Catalogne du milieu du Xe à la fin du XIe siècle : croissance et mutation d'une société.* 2 tomes, PUM, Toulouse, 1975.

Bonneau 1979 : BONNEAU (M.), SOUCHIER (B.).— *Pédologie. 2. Constituants et propriétés du sol.* Masson, Paris, 1979, 459 p.

Bonvallot 1979 : BONVALLOT (J.).— Comportement des ouvrages de petite hydraulique dans la région de Médenine (Tunisie du Sud) au cours des pluies exceptionnelles de mars 1979. *Cahiers de l'ORSTOM,* série Sciences Humaines, vol. XVI, 3, 1979, p. 233-244.

Bou Kheir 2002 : BOU KHEIR (R.).— *Etude des risques d'érosion hydrique des sols par télédétection et SIG (au Liban).* Thèse de troisième cycle, INA, 2002.

Boucharlat 2001 : BOUCHARLAT (R.).— Les galeries de captage dans la péninsule d'Oman au premier millénaire avant J.-C. : questions sur leurs relations avec les galeries du plateau iranien. *In :* BRIANT (P.) (dir.).— *Irrigation et drainage dans l'Antiquité, qanats et canalisations souterraines en Iran, en Egypte et en Grèce.* Thotm éditions, Paris, 2001, p. 157-183.

Bourguet 1998 : BOURGUET (M.-N.).— De la Méditerranée. *In :* BOURGUET (M.-N.) *et al.* (dir.).— *L'invention scientifique de la Méditerranée. Egypte, Morée, Algérie.* EHESS, Paris, 1998, p. 7-28.

Bourin 1995 : BOURIN (M.).— Délimitation des parcelles en Bas-Languedoc aux Xe et XIe siècles. *In : Campagnes médiévales : l'Homme et son espace. Etudes offertes à Robert Fossier,* Publications de la Sorbonne, Paris, 1995, p. 73-85.

Bousquet 1983 : BOUSQUET (B.), DUFAURE (J.-J.), PECHOUX (P.-Y.).— Temps historiques et évolution des paysages égéens. *Méditerranée,* 2, 1983, p. 3-25.

Bousquet 1997 : BOUSQUET (J.-C.).— *Géologie du Languedoc-Roussillon.* BRGM et Les Presses du Languedoc, Montpellier, Orléans, 1997, 142 p.

Bouteyre 1994 : BOUTEYRE (G.), DUCLOS (G.).— *Carte pédologique de France à 1/100000. Feuille d'Arles.* INRA, Olivet, 1994, 1 carte et 302 p.

Bradford 1956 : BRADFORD (J.).— Fiefd work on areal discoveries in Attica and Rhodes. *Antiquaries Journal,* 36, 1956, p. 172-180.

Braemer 1988 : BRAEMER (F.).— Prospections archéologiques dans le Hauran. II. Les réseaux de l'eau. *Syria,* LXV, 1988, p. 99-137.

Braemer 1990 : BRAEMER (F.).— Formes d'irrigation dans le Hawran (Syrie du Sud). *In :* Geyer (B.) (dir.).— *Techniques et pratiques hydro-agricoles traditionnelles en domaine irrigué.* Actes du colloque de Damas, 27 juin-1er juillet 1987, tome 2, BAH, CXXXVI, IFAPO, Paul Geuthner, Paris, 1990, p. 453-471.

Braudel 1977 : BRAUDEL (F.) (dir.).— *La Méditerranée.* Flammarion, Paris, 1977, rééd. 1985, 223 p.

Bravard 1992 : BRAVARD (J.-P.), VEROT-BOURRELY (A.), SALVADOR (P.-G.).— Le climat d'après les informations fournies par les enregistrements sédimentaires fluviatiles étudiés sur des sites archéologiques. *Les Nouvelles de l'Archéologie,* 50, 1992, p. 7-13.

Breton 1980 : BRETON (J.-F.).— *Les inscriptions forestières d'Hadrien dans le Mont Liban.* BAH, CIV, IFAPO, Paul Geuthner, Paris, 1980, 98 p.

Briant 2001 : BRIANT (P.) (dir.).— *Irrigation et drainage dans l'Antiquité, qanats et canalisations souterraines en Iran, en Egypte et en Grèce.* Thotm éditions, Paris, 2001, 190 p.

Briffaud 1998 : BRIFFAUD (S.).— L'expédition scientifique de Morée et le paysage méditerranéen. *In* : BOURGUET (M.-N.) *et al.* (dir.).— *L'invention scientifique de la Méditerranée. Egypte, Morée, Algérie.* EHESS, Paris, 1998, p. 289-297.

Brochier 1991 : BROCHIER (J.-L.).— Environnement et culture : Etat de la question dans le Sud-Est de la

France et principes d'étude autour du Chasséen de la moyenne vallée du Rhône. *In* : BEECHING (A.) *et al.* (dir.).— *Identité du Chasséen.* Actes du colloque international de Nemours 1989, Mémoires du Musée de Préhistoire d'Ile-de-France, 4, 1991, p. 315-326.

Brun 1986 : BRUN (J.-P.).— *L'oléiculture antique en Provence. Les huileries du département du Var.* Suppl. RAN, 15, 1986.

Brun 1990 : BRUN (J.-P.).— Des terrasses de culture massaliotes sur l'île de Porquerolles ? *Méditerranée*, 3-4, 1990, p. 13-16.

Brun 1993 : BRUN (J.-P.).— L'oléiculture et la viticulture antiques en Gaule : instruments et installations de production. *In : La production du vin et de l'huile en Méditerranée.* Suppl. BCH, 26, 1993, p. 307-341.

Brun 1996 : BRUN (P.).— *Les archipels égéens dans l'Antiquité grecque (V-II siècles avant notre ère).* Annales Littéraires de l'Université de Franche-Comté, 616, Les Belles Lettres, Paris, 1996, 255 p.

Brun 1997 : BRUN (J.-P.), BRUNET (M.).— Une huilerie du premier siècle avant J.-C. dans le quartier du Théâtre à Délos. *BCH*, 121, 2, 1997, p. 573-615.

Brunel 1999 : BRUNEL (G.).— ARCHAEOMEDES. Des *Oppida* aux métropoles. Archéologues et géographes en vallée du Rhône. Anthropos, 1998. Comte rendu de lecture. *HSR*, 12, 1999, p. 165-167.

Brunet 1990a : BRUNET (M.).— Contribution à l'histoire rurale de Délos aux époques classique et hellénistique. *BCH*, 114, II, 1990, p. 669-682.

Brunet 1990b : BRUNET (M.).— Terrasses de cultures antiques : l'exemple de Délos, Cyclades. *Méditerranée*, 3-4, 1990, p. 5-12.

Brunet 1993 : BRUNET (R.), FERRAS (R.), THERY (H.).— *Les mots de la géographie : dictionnaire critique.* RECLUS, Montpellier et La Documentation Française, Paris, collection Dynamiques du territoire, 1993, 518 p.

Brunet 1996 : BRUNET (M.).— La campagne délienne. *In* : *L'espace grec. Cent cinquante ans de fouilles de l'Ecole française d'Athènes.* Fayard, Paris, 1996, p. 59-65.

Brunet 1997 : BRUNET (M.), POUPET (P.).— Délos. Territoire délien. *BCH*, 121, 2, 1997, p. 776-782.

Brunet 1998 : BRUNET (M.), ROUGEMONT (G.), ROUSSET (D.).— Les contrats agraires dans la Grèce antique. Bilan historiographique illustré de quatre exemples. *HSR*, 9, 1998, p. 211-245.

Brunet 1999 : BRUNET (M.).— Le paysage agraire de Délos dans l'Antiquité. *Journal des Savants*, Janvier-Juin 1999, éditions Académie des Inscriptions et Belles-Lettres, De Boccard, Paris, 1999, p. 1-50.

Brunet 2001 : BRUNET (M.).— Le *courtil* et le *paradis. Tecnai. Techniques et sociétés en Méditerranée.* Maisonneuve et Larose, Paris, 2001, p. 157-168.

Bruneton 2001 : BRUNETON (H.), MIRAMONT (C.), ANDRIEU-PONEL (V.).— Deux enregistrements morphosédimentaires des rythmes climatiques en domaine méditerranéen du Tardiglaciaire à l'Atlantique (bassin du Saignon, Alpes du Sud, Marais des Baux, Basse Provence). *Quaternaire*, 12, 1-2, 2001, p. 109-125.

Brunner 1998 : BRUNNER (U.).— The Man-Made Wadi Floors of Yemen.*Congrès Mondial de Science du Sol*, 20-26/08/1998, Actes publiés sur CD-Rom, Montpellier 1998, 7 p.

BSR 1992 à 1996 : *BSR du Languedoc-Roussillon.* Publication du Ministère de la Culture, 5 volumes, Montpellier, 1992 à 1996.

Buchsenschutz 1998 : BUCHSENSCHUTZ (O.).— De l'archéologie de l'âge du Fer à l'histoire des Celtes. *In : Studien zur archäologie der kelten, römer und germanen in mittel-und westeuropa*, hommages à Alfred Haffner, éd. Verlag Marie Leidorf GmbH, 1998, p. 75-80.

Buffat 1998 : BUFFAT (L.), PELLECUER (C.).— Productions oléicoles et viticoles dans les établissements ruraux de Narbonnaise occidentale. Le point sur les équipements de transformation et de stockage. *Bulletin de liaison AGER*, 8, 1998, p. 3-5.

Burnouf 2001 : BURNOUF (J.) *et al.*— Les relations sociétés/milieux physiques depuis la fin du Tardiglaciaire : les apports du programme Loire. *Quaternaire*, 12, 1-2, 2001, p. 5-13.

Butzer 1985 : BUTZER (K.), MATEU (J.), BUTZER (E.), KRAUS (P.).— Irrigation Agrosystems in Eastern Spain : Roman or Islamic Origins ? *Annals of the Association of American Geographers*, 75, 1985, p. 479-509.

Cagnat 1912 : CAGNAT (R.).— *L'armée romaine en Afrique sous les empereurs.* Paris, 1912 (2e éd.).

Callaway 1993 : CALLAWAY (J. A.).— Ai. *In* : STERN (E.) (ed.).— *The New Encyclopedia of Archaeological Excavations in the Holy Land.* Vol. 1, The Israel Exploration Society and Carta, Jerusalem, 1993, p. 39-45.

Camps 1961 : CAMPS (G.).— *Massinissa ou les débuts de l'Histoire.* Université d'Alger, Alger, 1961.

Camps 1987 : CAMPS (G.).— *Les Berbères. Mémoire et identité.* Errance, Paris, 1987, 260 p.

Castex 1983 : CASTEX (J.-M.).— L'aménagement des pentes et des sols dans les Alpes Maritimes et le Var. *Méditerranée*, 1, 1983, p. 3-15.

Caubel 2001 : CAUBEL (V.).— *Influence de la haie de ceinture de fond de vallée sur les transferts d'eau et de nitrate.* Thèse de Doctorat, INRA, ENSAR, 2001, 155 p.

Cayeux 1911 : CAYEUX (L.).— *Description physique de l'île de Délos (première partie).* Exploration archéologique de Délos, IV, 1, Paris, 1911, 216 p., V pl.

Chabal 1997 : CHABAL (L.).— *Forêts et sociétés en Languedoc (Néolithique final, Antiquité tardive).* DAF, 63, éditions de la MSH, Paris, 1997, 188 p.

Chandezon 2003 : CHANDEZON (C.).— *L'élevage en Grèce (fin Ve-fin Ier s. a. C.). L'apport des sources épigraphiques.* Scripta Antiqua 5, Ausonius, Bordeaux, 2003.

Chankowski 1998 : CHANKOWSKI (V.).— Le compte des hiéropes de 174 et l'administration du sanctuaire d'Apollon à la fin de l'Indépendance délienne. *BCH*, 122, 1, 1998, p. 213-238.

Chankowski-Sablé 1997 : CHANKOWSKI-SABLE (V.), FEYEL (C.).— Comptes de la fin de l'Indépendance délienne. *BCH*, 121, 1, 1997, p. 103-124.

Chardenon 2000 : CHARDENON (N.).— Agriculture à l'âge du Fer et outillage à Mailhac (Aude). *In* : *Els productes alimentaris d'origen végétal a l'edat del Ferro de l'Europa Occidental : de la produccio al consum.* Actes du XXIIe colloque international pour l'étude de l'Age du Fer, Gérone (Espagne), mai 1998, Monografies del Museu d'Arqueologia de Catalunya-Girona, 18, 2000, p. 281-295.

Charre 1993 : CHARRE (R.), LE DINAHET (M.-T.), YANNOULI (V.).— Vestiges antiques à Rhénée. *In : Recherches dans les Cyclades.* Collection de la Maison de l'Orient Méditerranéen, 23, 1993, p. 123-142.

Charre 1999 : CHARRE (R.), LE DINAHET (M.-T.).— Sites de fermes à Rhénée. *In : Territoires des cités grecques.* Actes de la table-ronde internationale organisée par l'Ecole française d'Athènes, 31 octobre - 3 novembre 1991. BCH, supplément 34, 1999, p. 135-157.

Chausserie-Laprée 2000 : CHAUSSERIE-LAPREE (J.).— Villages gaulois en Provence : genèse et évolution du fait urbain. *In* : *Le temps des Gaulois en Provence.* Musée Ziem, Martigues, 2000, p. 31-42.

Chazelles 1999 : CHAZELLES (C.-A. de).— Les maisons de l'Âge du Fer en Gaule méridionale, témoins de différentes identités culturelles et reflets d'une certaine disparité sociale. *In* : *Habitat et société.* Actes des XIXe Rencontres Internationales d'Archéologie et d'Histoire d'Antibes, éditions de l'APDCA, Sophia Antipolis, 1999, p. 481-498.

Chevallier 1971 : CHEVALLIER (D.).— *La société du Mont-Liban à l'époque de la révolution industrielle en Europe.* BAH, 91, Paul Geuthner, Paris, 1971.

Chiva 1991 : CHIVA (I.).— Pour une grammaire du paysage agraire. *Etudes Rurales*, 121-124, 1991, p. 21-26.

Chouquer 1983 : CHOUQUER (G.).— La genèse des paysages du Centre Est de la Gaule. Polymorphisme et production d'une identité rurale. *DHA*, 9, 1983, p. 113-140.

Chouquer 1989 : CHOUQUER (G.).— La Klee des champs (structures mentales et histoire des paysages). *Mélanges Pierre Lévêque*, 2, ALUB, Besançon, 1989, p. 95-135.

Chouquer 1992 : CHOUQUER (G.), FAVORY (F.).— *Les arpenteurs romains. Théorie et pratique.* Errance, Paris, 1994, 183 p.

Chouquer 1993 : CHOUQUER (G.).— *Histoire d'un paysage de l'époque gauloise à nos jours. Entre Bourgogne et Franche-Comté.* Errance, Paris, 1993, 119 p.

Chouquer 2000 : CHOUQUER (G.).— *L'étude des paysages. Essais sur leurs formes et leur histoire.* Errance, Paris, 2000, 208 p.

Chtcheglov 1976 : CHTCHEGLOV (A.).— *Polis et Chora. Cité et territoire dans le Pont-Euxin.* ALUB, 476, Besançon, 1976, rééd. française 1992, 302 p.

Claval 1988 : CLAVAL (P.).— Les géographes français et le monde méditerranéen. *Annales de Géographie*, 542, 1988, p. 385-403.

Clavel-Levêque 1977 : CLAVEL-LEVEQUE (M.).— *Marseille grecque. La dynamique d'un impérialisme marchand.* Editions Jeanne Laffite, Marseille, 1977, rééd. 1985, 218 p.

Clavel-Levêque 1983 : CLAVEL-LEVEQUE (M.).— Cadastres, centuriations et problèmes d'occupation du sol dans le Biterrois. *In* : CLAVEL-LEVEQUE (M.) (dir.).— *Cadastres et espace rural.* Editions du CNRS, Paris, 1983, p. 207-258.

Clavel-Levêque 1987 : CLAVEL-LEVEQUE (M.).— Questions de méthodes et approches comparatives : cadastres et histoire. *In* : CHOUQUER (G.), CLAVEL-LEVEQUE (M.), FAVORY (F.), VALLAT (J.-P.).— *Structures agraires en Italie centro-méridionale. Cadastres et paysages ruraux.* EFR, 100, Rome, 1987, p. 3-57.

Clavel-Levêque 1995 : CLAVEL-LEVEQUE (M.).— *Atlas des cadastres de la Gaule, 1. Le réseau centurié Béziers B.* ALUB, 542, Paris, 1995.

Coignet 1925 : COIGNET (J.).— La question de l'hydraulique agricole en Tunisie. *Tunisie agricole*, 1925, p. 76-83.

Colomer 1990 : COLOMER (A.), COULAROU (J.), GUTHERZ (X.).— *Boussargues (Argelliers, Hérault). Un habitat ceinturé chalcolithique : les fouilles du secteur ouest.* DAF, 24, 1990, 224 p.

Combes 1997 : COMBES (P.) *et al.*— L'aqueduc romain de Nîmes et l'enregistrement d'évènements sismiques. *In : Archéologie et sismicité : autour d'un grand monument, le Pont du Gard.* APDCA, Sophia-Antipolis, 1997, p. 75-123.

Comet 1998 : COMET (G.).— Le statut intellectuel des savoirs agricoles au Moyen Age, référents et vecteurs. *In* : *Traditions agronomiques européennes. Elaboration et transmission depuis l'Antiquité.* Editions du CTHS, Paris, 1998, p. 27-41.

Compatangelo 1989 : COMPATANGELO (R.).— *Un cadastre de pierre. Le Salento romain.* ALUB, 403, Paris, 1989, 277 p.

Cote 1968 : COTE (M.).— Géomorphologie et dynamique des bassins-versants élémentaires en régions méditerranéennes. *Etudes méditerranéennes*, 12, Poitiers, 1968, p. 221-227.

Coulet 1971 : COULET (E.).— A propos d'un « pays » languedocien : la Vaunage. Essai de présentation morphogénétique. *BSESNN*, L I, 1971, p. 283-314.

Courtois 1952 : COURTOIS (C.) *et al.*— *Tablettes Albertini. Actes privés de l'époque vandale (fin du Ve siècle).* Editions Arts et métiers Graphiques, 35, Paris, 1952, 345 p.

Cressier 1996 : CRESSIER (P.).— A propos des apports orientaux dans l'hydraulique agraire d'al-Andalus :

observations sur le barrage. *In : Spanien und der orient im frühen und hohen mittelalter*. Berlin, 1996, p. 142-156.

Cressier 1999 : CRESSIER (P.).— Châteaux et terroirs irrigués dans la Province d'Almería (X-XVe siècles). *In : Archéologie des espaces agraires méditerranéens au Moyen Age.* Castrum, 5, 1999, p. 439-453.

Criado Boado 2002 : CRIADO BOADO (F.), BALLESTEROS ARIAS (P.).— La arqueologia rural : contribucion al estudio de la genesis y evolucion del paysaje tradicional. *In : Congresso de ingenieria civil, territorio y medio ambiente.* 1, Madrid, 2002, p. 461-479.

Crozat 1999 : CROZAT (S.).— Les données de la flore actuelle : ethnobotanique et archéologie. *In :* BOURQUIN-MIGNOT (C.) *et al.— La botanique.* Errance, Paris, 1999, p. 171-186.

Dabas 1998 : DABAS (M.), DELETANG (H.), FERDIERE (A.), JUNG (C.), ZIMMERMANN (W. Haio).— *La prospection.* Errance, collection « Archéologiques », Paris, 1998, 224 p.

Daget 1977a : DAGET (Ph.).— Le bioclimat méditerranéen : caractères généraux, modes de caractérisation. *Vegetatio*, 34, 1, 1977, p. 1-20.

Daget 1977b : DAGET (Ph.).— Le bioclimat méditerranéen : Analyse des formes climatiques par le système d'Emberger. *Vegetatio*, 34, 2, 1977, p. 87-103.

Dauphin 1992-1993 : DAUPHIN (C.), GIBSON (S.).— Ancient settlements in their landscapes : the results of ten years of survey on the Golan Heights (1978-1988). *Bulletin of the Anglo-Israel Archaeological Society*, 12, 1992-1993, p. 7-31.

Dauphin 1998 : DAUPHIN (C.).— *La Palestine byzantine : Peuplement et Populations.* BAR International Series, S 726, 3 vol., Oxford, 1998, 1042 p.

Dauphin 2003 : DAUPHIN (C.).— Review Article : Rural Landscape, Settlement Archaeology and Political Ideology. *Bulletin of the Anglo-Israël Archaeological Society*, 21, 2003, p. 65-86.

De Geus 1975 : DE GEUS (C.H.J.).— The importance of archaeological research into the palestinian agricultural terrasses, with an excursus on the hebrew word *gbi. Palestine Exploration Quarterly*, 1975, p. 64-74.

Dedet 1973 : DEDET (B.), PY (M.).— Les tombes protohistoriques de la Bergerie Hermet à Calvisson (Gard). *Gallia*, 31, 1973, p. 37-59.

Dedet 1976 : DEDET (B.), PY (M.).— *Introduction à l'étude de la Protohistoire en Languedoc oriental.* Edition ARALO, 5, Caveirac, 1976, 142 p.

Dedet 1985 : DEDET (B.), PY (M.).— *L'occupation des rivages de l'étang de Mauguio (Hérault) au Bronze final et au premier Age du fer.* Tome III, Edition ARALO, 13, Caveirac, 1985, 139 p.

Delano Smith 1979 : DELANO SMITH (C.).— *Western Mediteranean Europe. A Historical Geography of Italy, Spain and Southern France since the Neolithic.* Academic Press, 1979, 453 p.

Delort 1993 : DELORT (R.).— Pour une histoire de l'environnement. *In : Pour une histoire de l'environnement. Travaux du programme interdisciplinaire de recherche sur l'environnement.* CNRS, Paris, 1993, p. 5-8.

Demangeot 1996 : DEMANGEOT (J.).— *Les milieux naturels du globe.* Armand Colin, Paris, 1996, 337 p.

Demougeot 1965 : DEMOUGEOT (E.).— Variations climatiques et invasions. *Revue Historique*, 1965, p. 1-22.

Déonna 1948 : DEONNA (W.).— *La vie privée des Déliens.* EFA, Travaux et mémoires, fasc. VII, De Boccard, Paris, 1948, 200 p.

Derruau 1986 : DERRUAU (M.).— *Les formes du relief terrestre. Notions de géomorphologie.* Masson, Paris, 1986, 120 p.

Despois 1956 : DESPOIS (J.).— La culture en terrasses dans l'Afrique du Nord. *Annales ESC*, 1956, 1, p. 42-50.

Despois 1959 : DESPOIS (J.).— Pour une étude de la culture en terrasses dans les pays méditerranéens. *In : Actes du colloque international de l'Université de Nancy, 2-7 sept. 1957*, Annales de l'Est, mémoire n° 21, 1959, p. 105-117.

Di Giovanni 1997 : DI GIOVANNI (G.).— *Piazza Armerina. La civilisation romaine à travers les mosaïques de la villa de Casale.* Palerme, 1997, 60 p.

Dick 1994 : DICK (R. p.), SANDOR (J. A.), EASH (N. S.).— Soil enzyme activities after 1500 years of terrace agriculture in the Colca Valley, Peru. *Agriculture Ecosystems and Environnement*, 50, 1994, p. 123-131.

Dieudonné 1989 : DIEUDONNE (N.).— La prospection au sol : étude bibliographique. *RACF*, 28, 2, 1989, p. 217-228.

Dion 1934 : DION (R.).— *Essai sur la formation du paysage rural français.* Arrault, Tours, 1934, rééd. Guy Durier, Neuilly-sur-Seine, 1981, 169 p.

Djebbar 2001 : DJEBBAR (A.).— *Une histoire de la science arabe.* Editions du Seuil, Paris, 2001, 384 p.

Doukellis 1998 : DOUKELLIS (P.N.).— Versants pierreux et champs de culture à Céos. *In : Kea-Kythnos : History and Archaeology.* Proceedings of an International Symposium Kea-Kythnos, 22-25 June 1994, De Boccard, Paris, 1998, p. 309-330.

Doumas 1999 : DOUMAS (C.).— *The wall-paintings of Thera.* Kapon editions, the Thera foundation, Athens, 1999, 191 p.

Drouin 1998 : DROUIN (J.-M.).— Bory de Saint-Vincent et la géographie botanique. *In : L'invention scientifique de la Méditerranée. Egypte, Morée, Algérie.* Editions de l'EHESS, Paris, 1998, p. 139-157.

Duby 1973 : DUBY (G.).— *Guerriers et paysans (VII-XIIème s.). Premier essor de l'économie européenne.* Gallimard, Paris, 1973, 308 p.

Duby 1975 : DUBY (G.), WALLON (A.) (dir.).— *Histoire de la France rurale. Tome 1 : Des origines à 1340.* Seuil, Paris, 1975, 624 p.

Duby 1991 : DUBY (G.).— Quelques notes pour une histoire de la sensibilité au paysage. *Etudes Rurales*, 121 à 124, 1991, p. 11-14.

Duchaufour 1968 : DUCHAUFOUR (P.).— *L'évolution des sols. Essai sur la dynamique des profils*. Masson et Cie, Paris, 1968, 94 p.

Duchaufour 1976 : DUCHAUFOUR (P.).— *Atlas écologique des sols du Monde*. Masson, Paris, 1976, 178 p.

Duchaufour 1977 : DUCHAUFOUR (P.).— *Pédologie. 1. Pédogenèse et classification*. Masson, Paris, 1977, 477 p.

Duchaufour 1984 : DUCHAUFOUR (P.).— *Pédologie*. Masson, Paris, 1984, 220 p.

Dulière 1974 : DULIERE (C.).— Mosaïques des portiques de la Grande Colonnade. Fouilles d'Apamée de Syrie. *Miscellanea*, 3, Bruxelles, 1974, p. 26-27.

Dupuis 1979 : DUPUIS (P.).— Contribution botanique à l'étude des haies et de leur histoire. *In : Prospection archéologique systématique sur le tracé de l'autoroute A.71 Bourges-Montluçon. Rapport préliminaire*. 1979, p. 85-98.

Durand 1990 : DURAND (J.-M.).— Problèmes de l'eau et irrigation au royaume de Mari : l'apport des textes anciens. *In* : GEYER (B.) (dir.).— *Techniques et pratiques hydro-agricoles traditionnelles en domaine irrigué*. Actes du colloque de Damas, 27juin-1er juillet 1987, tome 1, BAH, CXXXVI, IFAPO, Paul Geuthner, Paris, 1990, p. 101-142.

Durand 1998 : DURAND (A.).— *Les paysages médiévaux du Languedoc (X-XII siècles)*. PUM, Toulouse, 1998, 491 p.

Durand-Dastès 1998 : DURAND-DASTES (F.) *et al.— Des oppida aux métropoles. Archéologues et géographes en vallée du Rhône*. Anthropos, collection VILLES, Paris, 1998, 280 p.

Edelstein 1993 : EDELSTEIN (G.).— The Manahat excavations. *In* : STERN (E.) (ed.).— *The New Encyclopedia of Archaeological Excavations in the Holy Land*. Vol. 4, The Israel Exploration Society and Carta, Jerusalem, 1993, p. 1281-1283.

Eisenberg 1993 : EISENBERG (E.).— Rephaim, Nahal. *In* : STERN (E.) (ed.).— *The New Encyclopedia of Archaeological Excavations in the Holy Land*. Vol. 4, The Israel Exploration Society and Carta, Jerusalem, 1993, p. 1277-1280.

El agua... 1995 : *El agua en la agricultura de al-Andalus*. Alcazaba, Lunwerg Editores, Almería, 1995, 189 p.

El Amami 1977 : EL AMAMI (S.).— Le discrédit des technologies indigènes. Histoire de l'hydraulique agricole en Tunisie. *Actuel Developpement*, 17, 1977, p. 54-58.

El Faïz 1995 : EL FAÏZ (M).— *L'agronomie de la Mésopotamie antique. Analyse du livre de l'Agriculture nabatéenne de Qûtâmä*. Ed. Brill, 1995, 332 p.

Emberger 1942 : EMBERGER (L.).— Un projet de classification des climats du point de vue phytogéographique. *Bulletin de la Société d'Histoire Naturelle de Toulouse*, 2, 1942, p. 1-77.

Emberger 1963 : EMBERGER (L.), GAUSSEN (H.), BAGNOULS (F.).— *Bioclimats méditerranéens*. Carte UNESCO, échelle 1/5000 000e, 1963.

Espérandieu 1934 : ESPERANDIEU (E.).— *Répertoire archéologique du département du Gard. Période gallo-romaine*. Fédération historique du Languedoc méditerranéen et du Roussillon, Montpellier, 1934.

Euzennat 1992 : EUZENNAT (M.).— Grande et petite hydraulique en Afrique romaine. *In* : ARGOUD (G.) *et al.* (ed.).— *L'eau et les hommes en Méditerranée et en Mer Noire dans l'antiquité*. Actes du Congrès International (Athènes 1988), Athènes, 1992, p. 75-94.

Evenari 1971 : EVENARI (M.), SHANAN (L.), TADMOR (N.).— *The Negev. The challenge of a desert*. Harvard University Press, England, 1971, rééd. 1982, 437 p.

Fabre 1984 : FABRE (G.).— *Carte géomorphologique du Languedoc oriental au 1/200000*. Editions du CNRS, Paris, 1984.

Fabre 2001 : FABRE (G.), MONTEIL (M.).— Sur l'hydrogéomorphologie d'un espace à forte anthropisation urbaine : le site de Nîmes (Languedoc, France) du Pléistocène supérieur à l'Antiquité ; impacts postérieurs. *Comptes Rendus de l'Académie des Sciences*, 333, 2001, p. 435-440.

Fabre 2005 : FABRE (G.), FICHES (J.-L.), LEVEAU (P.).— Recherches récentes sur les aqueducs romains en Gaule méditerranéenne. *Gallia*, 62, 2005, p. 5-12.

Farnoux 1996 : FARNOUX (A.).— Image et paysage : l'exemple de la Maison Ouest de Théra. *In :* SIEBERT (G.) (ed.).— *Nature et paysage dans la pensée et l'environnement des civilisations antiques*. Actes du colloque de Strasbourg, 11-12 juin 1992. Université de Strasbourg, travaux du centre de recherches sur le Proche-Orient et la Grèce antiques, 14, De Boccard, Paris, 1996, p. 21-30.

Farshad 1998 : FARSHAD (A.), ZINCK (J. A.).— Traditional agriculture in semiarid western Iran. A case study of the Hamadan region. *Congrès Mondial de Science du Sol*, 20-26/08/1998, Actes publiés sur CD-Rom, Montpellier 1998, 7 p.

Faust 2000 : FAUST (A.).— The rural community in Ancient Israel during Iron Age II. *BASOR*, 317, 2000, p. 17-39.

Favory 1988 : FAVORY (F.).— Le site de Lattes et son environnement (France, Hérault) d'après les images aériennes et les documents planimétriques. *Lattara*, 1, 1988, p. 15-56.

Favory 1994a : FAVORY (F.), RAYNAUD (C.).— *Rapport de prospection systématique. Commune de Calvisson*. SRA Languedoc-Roussillon, Montpellier, 1994, 26 p.

Favory 1994b : FAVORY (F.), GIRARDOT (J.-J.), RAYNAUD (C.), ROGER (K.).— L'habitat gallo-romain autour de l'étang de l'Or (Hérault). Hiérarchie, dynamique et réseaux du IIème siècle avant au Vème siècle après J.-C. *Mélanges Pierre Lévêque*, 8, ALUB, Besançon, 1994, p. 123-215.

Favory 1994c : FAVORY (F.), PARODI (A.), POUPET (P.), RAYNAUD (C.).— Lunel-Vieil et son territoire. *In : Les campagnes de la France méditerranéenne dans l'Antiquité et le haut Moyen Age*. DAF, 42, 1994, p. 163-245.

Favory 1995 : FAVORY (F.), RAYNAUD (C.).— *Rapport de prospection systématique. Commune de Saint-Côme-et-Maruéjols.* Service Régional de l'Archéologie du Languedoc-Roussillon, Montpellier, 1995, 26 p.

Favory 1997 : FAVORY (F.).— Retour critique sur les centuriations du Languedoc oriental, leur existence et leur datation. *Les formes du paysage*, 3, Errance, Paris, 1997, p. 96-126.

Favory 1998 : FAVORY (F.), FICHES (J.-L.), RAYNAUD (C.).— La dynamique de l'habitat gallo-romain dans la basse vallée du Rhône. *In : ARCHAEOMEDES. Des oppida aux métropoles*, chap. III, Anthropos, collection VILLES, Paris, 1998, p. 73-115.

Favory 1999a : FAVORY (F.), RAYNAUD (C.).— le territoire : un modèle de l'organisation de l'espace en archéologie rurale ; étude de cas dans la cité antique de Nîmes. *In* : *Habitat et société.* Actes des XIXe Rencontres Internationales d'Archéologie et d'Histoire d'Antibes, éditions APDCA, Sophia Antipolis, 1999, p. 499-518.

Favory 1999b : FAVORY (F.), GIRARDOT (J.-J.), NUNINGER (L.), TOURNEUX (F.-P.).— *ARCHEOMEDES II* : une étude de la dynamique de l'habitat rural en France méridionale, dans la longue durée (8000 av. J.-C.-1600 ap. J.-C.). *Bulletin de liason AGER*, 9, 1999, p. 15-35.

Fedoroff 1995 : FEDOROFF (N.), COURTY (M.-A.).— Le rôle des facteurs anthropiques et naturels dans la dynamique actuelle et passée des paysages méditerranéens. *In* : *L'homme et la dégradation de l'environnement.* Actes des XVe Rencontres Internationales d'Archéologie et d'Histoire d'Antibes, éditions APDCA, Sophia Antipolis, 1995, p. 115-141.

Fentress 1979 : FENTRESS (E.).— *Numidia and the Roman Army. Social, Military and Economic Aspects of the Frontier Zone.* BAR International Series, 53, Oxford, 1979.

Ferdière 1980 : FERDIERE (A.).— La fouille, pourquoi faire ? *In : L'archéologie aujourd'hui.* Hachette, Paris, 1980, p. 23-60.

Ferdière 1983 : FERDIERE (A.) (dir.).— *Un site rural gallo-romain en Beauce : DAMBRON.* Publication de la Fédération Archéologique du Loiret, 1983, 180 p.

Ferdière 1995 : FERDIERE (A.), RIALLAND (Y.).— La prospection archéologique systématique sur le tracé de l'autoroute A 71 (section Bourges-sud du Cher). Première partie. *RACF*, 34, 1995, p. 5-87.

Fiches 1986 : FICHES (J.-L.).— *Les maisons gallo-romaines d'Ambrussum (Viletelle, Hérault) : la fouille du secteur IV, 1976-1980.* DAF, 5, 1986, 140 p.

Fiches 1989 : FICHES (J.-L.).— Tombes et monuments lapidaires dans l'espace rural arécomique (III-Ier siècles avant notre ère). *Mélanges P. Lévêque*, 2, Les Belles Lettres, Paris, 1989, p. 207-235.

Fiches 1996 : FICHES (J.-L.), VEYRAC (A.) (dir.).— *Carte archéologique de la Gaule. Nîmes, 30/1.* Académie des Inscriptions et Belles-Lettres, Paris, 1996.

Finet 1990 : FINET (A.).— Les pratiques de l'irrigation au XVIIIe siècle avant notre ère en Mésopotamie d'après les textes de Mari et le Code de Hammurabi. *In* : GEYER (B.) (dir.).— *Techniques et pratiques hydro-agricoles traditionnelles en domaine irrigué.* Actes du colloque de Damas, 27juin-1er juillet 1987, tome 1, BAH, CXXXVI, IFAPO, Paul Geuthner, Paris, 1990, p. 143-152.

Finkelstein 1995 : FINKELSTEIN (I.).— *Living on the Fringe. The archaeology and history of the Negev, Sinai and neighbouring regions in the Bronze and Iron Ages.* Monographs in Mediterranean Archaeology, 6, Sheffield Academic Press, Scheffield, 1995, 196 p.

Forbes 1994 : FORBES (H.).— Pastoralism and settlement structures in ancient Greece. *In :* DOUKELLIS (P. N.) et MENDONI (L. G.) (eds).— *Structures rurales et sociétés antiques.* ALUB, 508, Paris, 1994, p. 187-196.

Fourteau 1983 : FOURTEAU (A.-M.).— Paysage et botanique : les haies de Sagonne (Cher). *Archéologie Médiévale*, XIII, 1983, p. 155-183.

Foxhall 1996 : FOXHALL (L.).— Feeling the earth move : cultivation techniques on steep slopes in classical antiquity. *In :* SHIPLEY (G.), SALMON (J.) (ed.).— *Human landscapes in classical Antiquity.* Leicester-Nottingham Studies in Ancient Society, vol. 6, 1996, p. 44-67.

Frapa 1997 : FRAPA (P.).— Restanques, faïsses ou banquettes : l'homme, l'eau et la pente. *Etudes Vauclusiennes*, LVIII, 1997, p. 59-66.

Freitas 1991 : FREITAS (L. de), JALLOT (L.), PAHIN-PEYTAVY (A.-C.), SENEPART (I.).— Le site de Moulin Villard (Caissargues, Gard). Premiers éléments sur un site de plaine chalcolithique en Vistrenque. Hommage au Dr Jean Arnal, *Archéologie en Languedoc*, 1990/1991, p. 95-108.

Gallia Informations 1992 : *Gallia Informations*, Languedoc-Roussillon, 1992, 1, 1993, p. 107-108.

Gallia Préhistoire 1974 : *Gallia Préhistoire*, Informations Archéologiques, Circonscription de Languedoc-Roussillon, 17, 2, 1974, p. 657-658.

Garcia 1992 : GARCIA (D.).— Les éléments de pressoirs de Lattes et l'oléiculture antique en Languedoc méditerranéen. *Lattara*, 5, 1992, p. 237-258.

Garcia 1993 : GARCIA (D.).— *Entre Ibères et Ligures. Lodévois et moyenne vallée de l'Hérault protohistoriques.* RAN, supplément 26, 1993.

Garcia 1995 : GARCIA (D.).— Le territoire d'Agde grecque et l'occupation du sol en Languedoc central durant l'Age du fer. *In : Sur les pas des Grecs en Occident, hommages à A. Nickels.* Etudes Massaliètes, 4, Errance, Paris, 1995, p. 137-167.

Garcia 1996 : GARCIA (D.).— Dynamique de développement de la ville de Lattara. *Lattara*, 9, 1996, p. 7-24.

Garmy 1974 : GARMY (P.).— Cinq ans de recherches sur l'*oppidum* protohistorique de Roque-de-Viou. *RAN*, VII, 1974, p. 1-24.

Garmy 1979 : GARMY (P.).— Un village de l'Age du bronze final IIIb à la Bergerie Hermet (Calvisson, Gard). *DAM*, 2, 1979, p. 5-15.

Garmy 1980 : GARMY (P.), PY (M.).— Nouvelles données sur l'*oppidum* de Roque-de-Viou (Gard), fouilles 1972-1975. *BEAN*, 15, 1980, p. 27-90.

Garmy 1981 : GARMY (P.).— *Les habitats de l'âge du Bronze Final IIIb de Vaunage (Gard) dans leur contexte du Languedoc oriental*. Thèse de 3e cycle, EHESS, 2 vol., Paris, 1981, 129 p.

Gasco 1976 : GASCO (J.).— *La communauté paysanne de Fontbouisse*. Archives d'Ecologie Préhistorique, EHESS, 1, Toulouse, 1976.

Gatier 2003 : GATIER (P.-L), CHARPENTIER (G.), HARFOUCHE (R.), MAQDISSI (M.), MERCIER (F.), NORDIGUIAN (L.), PIERI (D.), POUPET (P.).— Mission de Yanouh et de la haute vallée du Nahr Ibrahim. Rapport préliminaire (1999-2001). *BAAL*, 5-2001, 2003, p. 93-152.

Gaussen 1927 : GAUSSEN (H.).— Les cultures en terrasses dans le bassin méditerranéen occidental. *Annales de Géographie*, 201, 1927, p. 276-278.

Gentelle 1981 : GENTELLE (P.).— Un « paradis » hellénistique en Jordanie : étude de géo-archéologie. *Hérodote*, 1981, p. 70-101.

Gentelle 1984 : GENTELLE (P.).— Prospections à Petra. Traces de champs autour de Petra. *In :* VILLENEUVE (F.) (dir.).— *Contribution française à l'archéologie jordanienne*. IFAPO, 1984, p. 24-27.

Gentelle 1985 : GENTELLE (P.).— Eléments pour une histoire des paysages et du peuplement du Djebel Hauran septentrional. *In : Hauran I*, BAH, 124, 1985, p. 19-62.

Gentelle 1998 : GENTELLE (P.).— La nature et l'irrigation. *In :* BRETON (J.-F.) *et al.— Une vallée aride du Yémen antique. Le wâdî Bayhân*. Editions Recherches sur les Civilisations, Paris, 1998, p. 75-125.

George 1971 : GEORGE (P.).— *L'environnement*. PUF, collection « Que-sais-je ? », Paris, 1971.

George 1978 : GEORGE (P.).— *Précis de géographie rurale*. PUF, Paris, 1963, réed.1978.

Germer-Durand 1872-1874 : GERMER-DURAND (E.).— *Cartulaire du chapître de l'église Notre-Dame de Nîmes*. Nîmes, 1872-1874.

Geyer 1990 : GEYER (B.) (dir.).— *Techniques et pratiques hydro-agricoles traditionnelles en domaine irrigué*. Actes du colloque de Damas, 27 juin-1er juillet 1987, 2 tomes, BAH, CXXXVI, IFAPO, Paul Geuthner, Paris, 1990, 521 p.

Geyer 1997 : GEYER (B.), BESANCON (J.).— Environnement et occupation du sol dans la vallée de l'Euphrate syrien durant le Néolithique et le Chalcolithique. *Paléorient*, 22, 2, 1997, p. 5-15.

Geyer 2000 : GEYER (B.).— Des fermes byzantines aux palais omayyades ou l'ingénieuse mise en valeur des plaines steppiques de Chalcidique. *In : Aux origines de l'archéologie aérienne. A. Poidebard (1878-1955)*. Presses de l'Université Saint-Joseph, Beyrouth, 2000, p 109-122.

Geyer 2001 : GEYER (B.) (dir.).— *Conquête de la steppe et appropriation des terres sur les marges arides du Croissant fertile*. TMO, 36, Lyon, 2001, 218 p.

Gèze 1979 : GEZE (B.).— *Guide géologique. Languedoc méditerranéen, Montagne Noire*. Masson, Paris, 1979, 191 p.

Gibson 1985 : GIBSON (S.), EDELSTEIN (G.).— Investigating Jerusalem's rural landscape. *Levant*, XVII, 1985, p. 139-155.

Gibson 1990 : GIBSON (S.), DAUPHIN (C.).— Landscape archaeology at Er-Ramthaniyye in the Golan Heights. *In : Archéologie et Espaces*. Actes des XVIIe Rencontres Internationales d'Archéologie et d'Histoire d'Antibes, éditions de l'APDCA, Sophia-Antipolis, 1990, p. 35-45.

Gibson 1991 : GIBSON (S.), IBBS (B.), KLONER (A.).— The Sataf project of landscape archaeology in the judaean hills. A preliminary report on four seasons of survey and excavation (1987-89). *Levant*, XXIII, 1991, p. 29-54.

Gibson 2003 : GIBSON (S.).— From Wildscape to Landscape : Landscape Archaeology in the Southern Levant. Methods and Practice. *In :* MAEIR (A.) *et al.— The rural landscape of ancient Israel*. BAR International Series, 1121, BAR Publishing, Oxford, 2003, p. 1-25.

Gilbertson 1984 : GILBERTSON (D.), KENNEDY (D.).— An archaeological reconnaissance of water harvesting structures and wadi walls in the jordanian desert, north of Azraq oasis. *ADAJ*, 28, 1984, p. 151-162.

Gimon 1923 : GIMON (E.).— *Les origines de Nîmes, époque préhistorique et protohistorique*. Gomès, Nîmes, 1923, 167 p.

Glacken 2000 : GLACKEN (C.).— *Histoire de la pensée géographique. I - L'Antiquité*. Editions du CTHS, Paris, 2000, 297 p.

Golomb 1971 : GOLOMB (B.), KEDAR (Y.).— Ancient agriculture in the Galilee Mountains. *IEJ*, 21, 1971, p. 136-140.

Gonzales 1994 : GONZALES (A.).— Par monts et par images. Les paysages d'altitude dans le *Corpus Agrimensorum Romanorum*. *DHA*, 20, 1, p. 309-338.

Goudineau 1984 : GOUDINEAU (Ch.).— Un contrepoids de pressoir à huile d'Entremont (Bouches-du-Rhône). *Gallia*, 42, 1984, p. 219-221.

Granier 1997 : GRANIER (T.), COMBES (P.).— La tectonique récente et la sismicité dans la région de l'aqueduc de Nîmes. *In : Archéologie et sismicité : autour d'un grand monument, le Pont du Gard*. Editions APDCA, Sophia-Antipolis, 1997, p. 53-61.

Gras 1989 : GRAS (M.), ROUILLARD (P.), TEIXIDOR (J.).— *L'univers phénicien*. Arthaud, Paris, 1989, 284 p.

Gras 1995 : GRAS (M.).— *La Méditerranée archaïque*. Armand Colin, Paris, 1995, 189 p.

Gsell 1902 : GSELL (S.).— *Atlas Archéologique de l'Algérie*. Alger, 1902.

Guichard 1999 : GUICHARD (V.).— Le paysage rural du Shark al-Andalus vu à travers la documentation chrétienne de l'époque de la Reconquête. *In : Archéologie des espaces agraires méditerranéens au Moyen Age*, Castrum, 5, Casa de Velázquez, EFR, 1999, p. 129-135.

Guilaine 1991 : GUILAINE (J.) (dir.).— *Pour une archéologie agraire.* Armand Colin, Paris, 1991, 576 p.

Guilaine 1994 : GUILAINE (J.).— *La mer partagée. La Méditerranée avant l'écriture. 7000-2000 avant Jésus-Christ.* Hachette, Paris, 1994, 456 p.

Guillet 1992 : GUILLET (E.) *et al.*— Un monument à portique tardo-hellénistique près de la source de la Fontaine à Nîmes (Gard). *DAM*, 15, 1992, p. 57-89.

Gutherz 1975 : GUTHERZ (X.).— *La culture de Fontbouisse. Recherches sur le Chalcolithique en Languedoc oriental.* Edition ARALO, 2, Caveirac, 1975, 120 p.

Gutherz 1976-78 : GUTHERZ (X.).— La jarre « rhodanienne » du Pont-de-Justice à Nîmes (Gard). *BEAN*, 11-12-13, 1976-78, p. 11-30.

Gutherz 1982 : GUTHERZ (X.).— La région nîmoise à l'époque de la Préhistoire. *In : Histoire de Nîmes*, Edisud, 1982, p. 11-25.

Gutherz 1982-86 : GUTHERZ (X.), PY (F.), VAQUER (J.).— Le village chalcolithique de plein-air de Font-Aran. Saint-Côme et Maruéjols (Gard). *BEAN*, 17, 1982-86, p. 47-55.

Harfouche 1998 : HARFOUCHE (R.).— *Histoire du paysage et aménagements des campagnes en Némausais (Gard) : Les pentes de La Liquière en Vaunage.* Mémoire de DEA, Université de Provence, Aix-en-Provence, 1998, 113 p.

Harfouche 2000 : HARFOUCHE (R.), POUPET (P.).— L'espace agricole de la Préhistoire récente en moyenne Vistrenque (Nîmes, Gard). *In : Sociétés et espaces.* Actes des troisièmes rencontres méridionales de Préhistoire récente, novembre 1998, Archives d'écologie Préhistorique, Toulouse, 2000, p. 135-146.

Harfouche 2001 : HARFOUCHE (R.), POUPET (P.).— Un ouvrage hydraulique précoce dans son contexte rural de la Province romaine Gallia Transalpina, près de Narbonne (Colonia Narbo Martius) : l'aqueduc du Traversan à Mailhac (Aude-France). *In : Cura Aquarum in Sicilia*, Proceedings of the Tenth International Congress on the History of Water Management and Hydraulic Engineering in the Mediterranean Region, Syracuse, May 16-22, 1998, *Bulletin Antieke Beschaving, BABESCH* supplement, 6, 2001, p. 135-144.

Harfouche 2003a : HARFOUCHE (R.), POUPET (P.).— Cultiver et battre la récolte en Grèce cycladique dans l'Antiquité. *In :* ANDERSON (P.) *et al.* (dir.).— *Le traitement des récoltes : un regard sur la diversité du Néolithique au présent.* Actes des XXIIIe Rencontres Internationales d'Archéologie et d'Histoire d'Antibes, éditions de l'APDCA, Sophia-Antipolis, 2003, p. 269-294.

Harfouche 2003b : HARFOUCHE (R.), POUPET (P.).— Yanouh : Les formes du paysage : histoire et exploitation des ressources minérales et des sols. *In :* GATIER (P.-L.) *et al.*— Mission de Yanouh et de la haute vallée du Nahr Ibrahim : rapport préliminaire (1999-2001). *BAAL*, 5-2001, 2003, p. 132-137.

Harfouche 2003c : HARFOUCHE (R.).— Le Père Joseph Delore, un observateur attentif de la nature et de la vie rurale. *In :* NORDIGUIAN (L.) (dir.).— *Les « petites écoles » du Mont-Liban. Joseph Delore s. j. (1873-1944).* Presses de l'Université Saint-Joseph, Beyrouth, 2003, p. 66-85.

Harfouche 2003d : HARFOUCHE (R.).— *Histoire des paysages méditerranéens au cours de la Protohistoire et de l'Antiquité : aménagements et agriculture.* Mémoire de thèse de doctorat en achéologie, Université de Provence (Aix-Marseille I), Aix-en-Provence, 2003, 635 p.

Harfouche 2004 : HARFOUCHE (R.), POUPET (P.).— Les sondages dans les terrasses agricoles. *In :* GATIER (P.-L.) *et al.*— Mission de Yanouh et de la haute vallée du Nahr Ibrahim. Rapport préliminaire 2002. *BAAL*, 6-2002, 2004, p. 230-234.

Harfouche 2005a : HARFOUCHE (R.), SANCHEZ (C.), POUPET (P.).— Aménagements hydrauliques ruraux et paysage de Narbonnaise à Mailhac (Aude, France). *Gallia*, 62, 2005, p. 119-130.

Harfouche 2005b : HARFOUCHE (R.).— Retenir et cultiver le sol sur la longue durée : les terrasses de culture et la place du bétail dans la montagne méditerranéenne. *Anthropozoologica*, 40,1, 2005, p. 45-80.

Hartog 1980 : HARTOG (F.).— *Le miroir d'Hérodote. Essai sur la représentation de l'autre.* Gallimard, Paris, 1980, rééd. 1991, 390 p.

Hermary 1999 : HERMARY (A.), HESNARD (A.), TREZINY (H.).— *Marseille grecque. La cité phocéenne (600-49 av. J.-C.).* Errance, Paris, 1999, 181 p.

Hodkinson 1988 : HODKINSON (S.).— Animal husbandry in the greek polis. *In :* WHITTAKER (C. R.) (ed).— *Pastoral Economies in Classical Antiquity.* Cambridge Philosophical Society suppl. 14, Cambridge, 1988, p. 35-74.

Homolle 1882 : HOMOLLE (T.).— Comptes des hiéropes du temple d'Apollon Délien. *BCH*, 6, 1882, p. 1-167.

Homolle 1890-1891 : HOMOLLE (T.).— Comptes et inventaires des temples déliens en l'an 279. *BCH*, 14, 1890, p. 389-511 et 15, 1891, p. 113-168.

Homolle 1892 : HOMOLLE (T.).— Contrats de prêt et de location trouvés à Amorgos, *BCH*, 16, 1892, p. 262-294.

Horden 2000 : HORDEN (P.), PURCELL (N.).— *The corrupting sea. Astudy of Mediterranean history.* Blackwell Publishers, 2000, 761 p.

Hugues 1924-26 : HUGUES (A.).— Au sujet de la grotte de la Fontaine. *BSESNN*, 1924-26, p. 143.

Hugues 1962 : HUGUES (C.).— Poignard et hallebarde du Chemin bas d'Avignon. *Rhodania*, 1962, 2, p. 23-30.

Isager 1992 : ISAGER (S.), SKYDSGAARD (J.).— *Ancient greek agriculture. An introduction.* Routledge, London, New-York, 1992, 234 p.

Jacob 1991 : JACOB (C.).— *Géographie et ethnographie en Grèce ancienne*. Armand Colin, Paris, 1991, 183 p.

Jallot 2000a : JALLOT (L.).— Lattes. Port Ariane II. *BSR Languedoc-Roussillon 1999*. Publication du Ministère de la Culture, Montpellier, 2000, p. 116-119.

Jallot 2000b : JALLOT (L.).— Indices chasséens dans le quartier des Bénédictins. *In* : *Le quartier antique des Bénédictins à Nîmes (Gard)*. DAF, 2000, p. 41-43.

James 1994 : JAMES (P.), MEE (Ch.), TAYLOR (G.).— Soil erosion and archaeological landscape of Methana, Greece. *Journal of Field Archaeology*, 21-4, 1994, p. 395-416.

Janon 1980 : JANON (M.).— L'Aurès au VI siècle, note sur le récit de Procope. *Antiquités Africaines*, 15, 1980, p. 345-351.

Jardé 1979 : JARDE (A.).— *Les céréales dans l'Antiquité grecque. La production*. Bibliothèque des Ecoles Françaises d'Athènes et de Rome, 130, De Boccard, Paris, 1979, 237 p.

Jaubert 1999 : JAUBERT (R.) *et al*.— *Land Use and vegetation cover. Semi-arid areas of Aleppo and Hama provinces (Syria)*. Cahiers de Recherche du GREMMO, Lyon, 1999, 106 p, 1 carte (texte en anglais, français et arabe).

Jockenhövel 1999 : JOCKENHÖVEL (A.).— Qui était l'homme de l'âge du bronze ? *In : L'Europe au temps d'Ulysse. Dieux et héros de l'âge du bronze*. Catalogue de la 25e Exposition d'Art du Conseil de l'Europe, Réunion des Musées Nationaux, 1999, p. 54-59.

Jorda 1987 : JORDA (M.) *et al*.— Morphogenèse postglaciaire des régions intra-alpines françaises du Sud ; le bassin de Barcelonnette (Ubaye) du Tardiglaciaire au Sub-boréal. *In :* GUILAINE (J.) *et al.* (éd.).— *Premières communautés paysannes en Méditerranée occidentale*, éditions du CNRS, Paris, 1987, p. 61-69.

Jorda 1990 : JORDA (M.), PROVANSAL (M.), ROYET (R.).— L'histoire « naturelle » d'un site de l'âge du Fer sur le piémont méridional des Alpilles : le domaine de Servanne (Mouriès). *Gallia*, 47, 1990, p. 57-66.

Jorda 1991a : JORDA (M.) *et al*.— Erosion et détritisme holocène en Basse Provence calcaire. L'impact de l'anthropisation. *Phisio-Géo*, 22-23, 1991, p. 37-47.

Jorda 1991b : JORDA (M.), MAGNIN (F.), PROVANSAL (M.).— Un témoin de l'anthropisation progressive du milieu en Basse Provence : la nappe alluviale holocène du Vallat Neuf (Etang de Berre-Bouches-du-Rhône). *Comptes Rendus de l'Académie des Sciences de Paris*, 312, série II, 1991, p. 921-927.

Jorda 1992 : JORDA (M.).— Morphogenèse et fluctuations climatiques dans les Alpes françaises du sud de l'âge du Bronze au Haut Moyen Age. *Les Nouvelles de l'Archéologie*, 50, 1992, p. 14-20.

Jorda 1993 : JORDA (M.), PARRON (C.), PROVANSAL (M.), ROUX (M.).— Erosion et détritisme holocène en Basse Provence calcaire. L'impact de l'anthropisation. *In* : LEVEAU (P.), PROVANSAL (M.) (dir.).— *Archéologie et environnement : de la Sainte-Victoire aux Alpilles*. Aix-en-Provence, 1993, p. 225-247.

Jorda 1997 : JORDA (M.), MOCCI (F.).— Sites protohistoriques et gallo-romains du massif de la Sainte-Victoire dans leur contexte morphodynamique. *In* : *La dynamique des paysages protohistoriques, antiques, médiévaux et modernes*. Actes des XVIIe Rencontres Internationales d'Archéologie et d'Histoire d'Antibes, éditions APDCA, Sophia Antipolis, 1997, p. 211-229.

Joussaume 1999 : JOUSSAUME (S.).— *Climat d'hier à demain*. Editions du CNRS, 1999, 143 p.

Jung 1999 : JUNG (C.).— *Morphogenèse, fonctions et évolution de la centuriation B d'Orange et essai de restitution diachronique des paléopaysages du Tricastin (Drôme-Vaucluse)*. Thèse de Doctorat d'Archéologie, Université de Tours, 2 volumes, 1999, 366 p et 135 figures.

Kandel 1998 : KANDEL (R.).— *L'incertitude des climats*. Hachette Littératures, Paris, 1998, 207 p.

Kanélopoulos 1998 : KANELOPOULOS (C.).— Les savoirs agricoles chez Hésiode et Xénophon. *In : Traditions agronomiques européennes. Elaboration et transmission depuis l'Antiquité*. Editions du CTHS, Paris, 1998, p. 133-142.

Kent 1948 : KENT (J. H.).— The Temple estates of Delos, Rheneia and Mykonos. *Hesperia*, 17/4, 1948, p. 243-338.

Kilian 1996 : KILIAN (M.), VAN DER PLICHT (J.), VAN GEEL (B.).— Dating raised bogs : new aspects of AMS 14C Wiggle Matching, reservoir effect and climat change. *Quaternary Science Reviews*, 14, 1995, 1996, p. 959-966.

Kobori 1980 : KOBORI (I.) (ed.).— *Qanawat romani of Taibe oasis*. Rapport n° 1, Tokyo, 1980.

Kolendo 1976 : KOLENDO (J.).— *Le colonat en Afrique sous le Haut-Empire*. ALUB, 447, Paris, rééd. 1991, 145 p.

La Suisse du Paléotithique... 1998 : *La Suisse du Paléolithique à l'aube du Moyen Age. Age du Bronze*. SPM III, Société suisse de préhistoire et d'archéologie, Bâle, 1998.

Lachiver 1997 : LACHIVER (M.).— *Dictionnaire du monde rural*. Fayard, Paris, 1997.

Lafon-Delaplace 1986 : LAFON-DELAPLACE (C.).— *Images du paysan et de la société rurale en Occident à la fin de l'Antiquité (IV-VI s.)*. Thèse de Doctorat, Université de Paris IV-Sorbonne, 1986.

Lamarre 1999 : LAMARRE (D.), PAGNEY (P.).— *Climats et sociétés*. Armand Colin, Paris, 1999, 272 p.

Lancha 1981 : LANCHA (J.).— *Recueil général des mosaïques de la Gaule. III. Province de Narbonnaise, 2, Vienne*. Gallia, supplément 10, éditions du CNRS, Paris, 1981.

Laubenheimer 1985 : LAUBENHEIMER (F.).— *La production des amphores en Gaule Narbonnaise*. ALUB, 327, Besançon, 1985, 466 p.

Layer 2000 : LAYER (B.).— *Effets du système haie/talus sur l'organisation des horizons et des stocks de carbone dans les versants du massif armoricain*. Mémoire de DEA, DEA national de science du sol, ENSAR, 2000, 20 p.

Lazaris 1998 : LAZARIS (S.).— Contribution à l'étude de l'hippiatrie grecque et de sa transmission à l'occident (XIII-XV siècles). *In : Traditions agronomiques européennes. Elaboration et transmission depuis l'Antiquité.* Editions du CTHS, Paris, 1998, p. 143-169.

Le Bihan 2001 : LE BIHAN (J.-P.), VILLARD (F.).— *Archéologie d'une île à la pointe de l'Europe : Ouessant. Tome 1 : Le site archéologique de Mez-Notariou et le village du premier âge du Fer.* Centre de Recherches archéologiques du Finistère, Revue Archéologique de l'Ouest, 2001.

Le Bissonnais 2002 : LE BISSONNAIS (Y.) *et al.*— *L'érosion hydrique des sols en France.* IFEN-INRA, 2002.

Le Coz 1990 : LE COZ (J.).— *Espaces méditerranéens et dynamiques agraires. Etat territorial et communautés rurales.* Options méditerranéennes, série B : études et recherches, 2. Centre International des Hautes Etudes Agronomiques Méditerranéennes (CIHEAM), Montpellier , 1990, 393 p.

Le Dinahet 1983 : LE DINAHET (M.-T.).— Identification des domaines d'Apollon à Rhénée. *In : Les Cyclades. Matériaux pour une étude de géographie historique.* Editions du CNRS, Paris, 1983, p. 135-140.

Le Dinahet 1987 : LE DINAHET (M.-T.).— Rhénée. *Palaia Vardhia. BCH*, 111, 1987, p. 655-662.

Le Lannou 1941 : LE LANNOU (M.).— *Pâtres et paysans de la Sardaigne.* Tours, 1941.

Le Meur 1998 : LE MEUR (N.).— Paysage et poésie lyrique grecque. *In :* MAUDUIT (C.), LUCCIONI (P.) (ed.).— *Paysages et milieux naturels dans la littérature antique.* Collection du Centre d'Etudes Romaines et Gallo-Romaines, nouvelle série, 17, Université Lyon 3, Lyon, 1998, p. 19-38.

Le Roy Ladurie 1966 : LE ROY LADURIE (E.).— *Les paysans de Languedoc.* 2 tomes, Mouton, Paris et La Haye, 1966, 1034 p.

Le Roy Ladurie 1967 : LE ROY LADURIE (E.).— *Histoire du climat depuis l'an Mil.* Flammarion, Paris, 1967, 380 p.

Lebeau 1986 : LEBEAU (R.).— *Les grands types de structures agraires dans le monde.* Masson, Paris, 1986, 170 p.

Legros 1996 : LEGROS (J.-P.).— *Cartographie des sols. De l'analyse spatiale à la gestion des territoires.* Presses polytechniques et universitaires romandes, Lausanne, 1996, 321 p.

Leguilloux 2000 : LEGUILLOUX (M.).— L'alimentation carnée au Ier millénaire avant J.-C. en Grèce continentale et dans les Cyclades : premiers résultats archéozoologiques. *In : Paysage et alimentation dans le monde grec.* Pallas, 52, 2000, p. 69-95.

Lenfant 1996 : LENFANT (D.).— Milieu naturel et différences ethniques dans la pensée grecque classique. *In :* SIEBERT (G.) (ed.).— *Nature et paysage dans la pensée et l'environnement des civilisations antiques.* Actes du colloque de Strasbourg, 11-12 juin 1992. Université de Strasbourg, travaux du centre de recherches sur le Proche-Orient et la Grèce antiques, 14, De Boccard, Paris, 1996, p. 109-120.

Leroi-Gourhan 1971-1973 : LEROI-GOURHAN (A.).— *Evolution et techniques, tome 1 : L'homme et la matière, tome 2 : milieu et techniques.* Albin Michel, Paris, 1971-1973, 348 et 476 p.

Leroi-Gourhan 1994 : LEROI-GOURHAN (A.).— *Dictionnaire de la Préhistoire.* PUF, Paris, 1994, 1277 p.

Les terrasses de cultures... 1990 : Les terrasses de cultures méditerranéennes. *Méditerranée*, 3-4, 1990, 94 p.

Leveau 1984 : LEVEAU (P.).— La question du territoire et des sciences de l'Antiquité : la géographie historique, son évolution de la topographie à l'analyse de l'espace. *REA*, LXXXVI, 1-4, 1984, p. 85-115.

Leveau 1990 : LEVEAU (P.).— L'occupation du sol dans les montagnes méditerranéennes pendant l'Antiquité : apport de l'archéologie des paysages à la connaissance historique. *In : La montagne dans l'Antiquité.* Actes du colloque de la Société des Professeurs d'Histoire Ancienne de l'Université (SOPHAU), Pau, mai 1990, Publications de l'Université de Pau et des Pays de l'Adour, cahier n° 23, 1990, p. 5-37.

Leveau 1991 : LEVEAU (P.) *et al.*— Les origines de l'oléiculture en Gaule du sud. Données historiques, archéologiques et botaniques. *Revue d'Archéométrie*, 15, 1991, p. 83-94.

Leveau 1993a : LEVEAU (P.), PROVANSAL (M.), ROUX (M.) (dir.).— *Archéologie et environnement : de la Sainte-Victoire aux Alpilles.* Aix-en-Provence, 1993, 551 p.

Leveau 1993b : LEVEAU (P.), SILLIERES (P.), VALLAT (J.-P.).— *Campagnes de la Méditerranée romaine.* Hachette, Paris, 1993, 309 p.

Leveau 1993c : LEVEAU (P.).— Sociétés antiques et écologie des milieux montagnard et palustre (La construction des paysages méditerranéens). *In* : LEVEAU (P.), PROVANSAL (M.).— *Archéologie et environnement : de la Sainte-Victoire aux Alpilles.* Aix-en-Provence, 1993, p. 17-44.

Leveau 1995 : LEVEAU (P.).— Le *limes* d'Afrique à l'épreuve de nouveaux concepts (Apport du point de vue « systémique » à la notion de limite et de frontière). *In : Frontières terrestres, frontières célestes dans l'Antiquité.* Centre de recherche sur les problèmes de la frontière, Presses Universitaires de Perpignan, 1995, p. 57-65.

Levy 1995 : LEVY (T. E.) (ed.).— *The archaeology of society in the Holy Land.* London, Leicester University Press, 1995.

Lewis 1953 : LEWIS (N.).— Lebanon. The mountain and its terraces. *The geographical Review*, XLIII, 1953, p. 1-14.

Lewuillon 1991 : LEWUILLON (S.).— Les murs de pierre sèche en milieu rural. *In* : GUILAINE (J.) (dir.).— *Pour une archéologie agraire.* Armand Colin, Paris, 1991, p. 193-221.

Lohmann 1992 : LOHMANN (H.).— Agriculture and country life in classical Attica. *In*: WELLS (B.)

(ed.).— *Agriculture in ancient Greece*. Proceedings of the Seventh International Symposium at the Swedish Institute at Athens, 16-17 May 1990, Acta Instituti Atheniensis Regni Sueciae, 4°, XLII, Paul Aströms Förlag, Stockholm, 1992, p. 29-57.

Louis 1929 : LOUIS (M.).— La station préhistorique de Languissel. *Rhodania*, congrès de Cannes-Grasse, 1929, p. 182-193.

Louis 1930-35 : LOUIS (M.).— Note sur une découverte d'objets préhistoriques aux portes de Nîmes. *BSESNN*, 47, 1930-35, p. 25-28.

Louis 1948 : LOUIS (M.).— *Préhistoire du Languedoc méditerranéen et du Roussillon*. Nîmes, 1948.

Louis 1955 : LOUIS (M.), TAFFANEL (O.), TAFFANEL (J.).— *Le premier Age du fer languedocien. Première partie, les habitats*. Bordighera, Montpellier, 1955, 207 p.

Louis 1958 : LOUIS (M.), TAFFANEL (O.), TAFFANEL (J.).— *Le premier Age du fer languedocien. Deuxième partie, les nécropoles à incinération*. Bordighera, Montpellier, 1958.

Louis 1960 : LOUIS (M.), TAFFANEL (O.), TAFFANEL (J.).— *Le premier Age du fer languedocien. Troisième partie, les tumulus, conclusions*. Bordighera, Montpellier, 1960.

Louis 1982 : LOUIS (P.).— L'eau et sa législation chez Platon et Aristote. *In : L'eau et l'homme en Méditerranée. III*. TMO, 14, 1982, p. 103-109.

Mac Corriston 2001 : MAC CORRISTON (J.), OCHES (E.).— Two early Holocene check dams from Southern Arabia. *Antiquity*, vol. 75, n° 290, 2001, p. 675-676.

Mac Corriston 2002 : MAC CORRISTON (J.), OCHES (E.), WALTER (D.), COLE (K.).— Holocene Paleoecology and Prehistory in Highland Southern Arabia. *Paléorient*, 28/1, 2002, 61-88.

Maeir 2003 : MAEIR (A.), DAR (S.), SAFRAI (Z.).— *The rural landscape of ancient Israel*. BAR International Series, 1121, BAR Publishing, Oxford, 2003, 158 p.

Magny 1992a : MAGNY (M.), RICHARD (H.).— Histoire du climat, archéologues et historiens : une nécessaire clarification. *Les Nouvelles de l'Archéologie*, 50, 1992, p. 5-6.

Magny 1992b : MAGNY (M.), RICHARD (H.).— Essai de synthèse. Vers une courbe de l'évolution du climat entre 500 B.C. et 500 A.D. *Les Nouvelles de l'Archéologie*, 50, 1992, p. 58-60.

Magny 1995 : MAGNY (M.).— *Une histoire du climat*. Errance, Paris, 1995, 176 p.

Malvis 1990 : MALVIS (J.-M.).— Découverte d'un réseau de fossés antiques à Lunel (Hérault). *DHA*, 16, 2, 1990, p. 356-358.

Marcelin 1931 : MARCELIN (P.).— Essai sur le sol et l'homme dans la Garrigue de Nîmes. *CHA*, 1, 1931, p. 20-24.

Marcelin 1933-1934 : MARCELIN (P.).— Les sols et l'homme dans le Gard. *BEAN*, 1933-1934, p. 42-44.

Marignan 1893 : MARIGNAN (E.).— Carte préhistorique de la basse vallée du Vidourle dans le département du Gard et une partie de la Vaunage. *BSESNN*, Nîmes, 1893, p. 1-13.

Marinval 1993 : MARINVAL (F.).— Economie végétale entre Montagne Sainte-Victoire et Alpilles du Mésolithique à l'Age du Fer. *In* : LEVEAU (P.), PROVANSAL (M.) (dir.).— *Archéologie et environnement : de la Sainte-Victoire aux Alpilles*. Aix-en-Provence, 1993, p. 75-82.

Marzocchella 2000 : MARZOCCHELLA (A.).— Storie di contadini alle falde del Vesuvio. *Archeo*, Anno XVI, 4/182, avril 2000, p. 36-45.

Mattingly 1997 : MATTINGLY (D.).— Modèles d'occupation agricole et archéologie des paysages dans les oueds de la Tripolitaine romaine. *In : La dynamique des paysages protohistoriques, antiques, médiévaux et modernes*. Actes des XVIIe Rencontres Internationales d'Archéologie et d'Histoire d'Antibes, éditions APDCA, Sophia Antipolis, 1997, p. 195-209.

Mauduit 1998 : MAUDUIT (C.), LUCCIONI (P.) (ed.).— *Paysages et milieux naturels dans la littérature antique*. Collection du Centre d'Etudes Romaines et Gallo-Romaines, nouvelle série, 17, Université Lyon 3, Lyon, 1998, 147 p.

Mayerson 1962 : MAYERSON (P.).— The ancient agricultural regime of Nessana and the central Negeb. *In : Excavations at Nessana, vol I*, British school of archaeology in Jerusalem, London, 1962, p. 211-269.

Mazauric (sans date) : MAZAURIC (F.).— *Recherches et Aquisitions*. Registre des Entrées aux musées de Nîmes. Manuscrit conservé au musée archéologique de Nîmes, sans date.

Mazauric 1907 : MAZAURIC (F.).— Recherches et Aquisitions. *Mémoires de l'Académie du Gard*, 1907, p. 65-366.

Mazauric 1908 : MAZAURIC (F.).— Recherches et Aquisitions. *Mémoires de l'Académie du Gard*, Nîmes, 1908.

Mazauric 1909 : MAZAURIC (F.).— Recherches et Aquisitions. *Mémoires de l'Académie du Gard*, 1909, p. 222-224.

Mazauric 1911 : MAZAURIC (F.).— Recherches et Aquisitions. *Mémoires de l'Académie du Gard*, 1911, p. 51-55

Mazauric 1916-17 : MAZAURIC (F.).— Recherches et Aquisitions. *Mémoires de l'Académie du Gard*, 1916-17, p. 14.

Mazoyer 1997 : Mazoyer (M.), ROUDART (L.).— *Histoire des agricultures du Monde du Néolithique à la crise contemporaine*. Editions du Seuil, Paris, 1997, 544 p.

Mee 1997 : MEE (C.), FORBES (H) (ed.).— *A Rough and Rocky Place : the landscape and settlement history of Methana peninsula, Greece*. Liverpool University Press, 1997.

Meffre 1990 : MEFFRE (J.-C.).— Habitats augustéens et aménagements des versants. Séguret (Vaucluse). *Méditerranée*, 3-4, 1990, p. 17-21.

Ménillet 1973 : MENILLET (F.).— *Carte géologique de la France à 1/50000, feuille de Nîmes*. XXIX-42, BRGM, Orléans, 1973.

Menu 1994 : MENU (B.) (éd.).— *Les problèmes institutionnels de l'eau en Egypte ancienne et dans l'Antiquité méditerranéenne*. Colloque AIDEA, Vogüé 1992, Bibliothèque d'étude, t. CX, Institut Français d'Archéologie Orientale, Le Caire, 1994, 326 p.

Meynier 1970 : MEYNIER (A.).— *Les paysages agraires*. Armand Colin, Paris, 1970, 206 p.

Mills 1982-1986 : MILLS (S.).— L'habitat ceinturé de Boussargues (Argelliers, Hérault) dans son contexte local et régional. Peuplement, économie et environnement. *BEAN*, 17, 1982-1986, p. 77-89.

Miquel 1997 : MIQUEL (A.).— La géographie. *In :* RASHED (R.) (dir.).— *Histoire des sciences arabes. Tome 3 : Technologie, alchimie et sciences de la vie*. Editions du Seuil, Paris, 1997, p. 55-71.

Miroschedji 1993 : MIROSCHEDJI (P. de).— Jarmuth, Tel. *In* : STERN (E.) (ed.).— *The New Encyclopedia of Archaeological Excavations in the Holy Land*. Vol. 2, The Israel Exploration Society and Carta, Jerusalem, 1993, p. 661-665.

Mongez 1815-1818 : MONGEZ (A.).— *Mémoire sur les instrumens d'agriculture des anciens. Premier mémoire : Sur les charrues. In : Histoire et mémoires de l'Institut Royal de France, Classe d'Histoire et de Littérature Ancienne*, Paris, Tome II, 1815, p. 616-665 ; *Mémoire sur les instrumens d'agriculture employés par les anciens. Second mémoire, ibidem*, Tome III, 1818, p. 2-73.

Monteil 1999 : MONTEIL (M.).— *Nîmes Antique et sa proche campagne*. MAM, 3, 1999, 528 p.

Moody 1990 : MOODY (J.), GROVE (A.T.).— Terraces and enclosure walls in the Cretan landscape. *In :* BOTTEMA (S.), ENTJES-NIEBORG (G.), VAN ZEIST (W.) (ed.).— *Man's role in the shaping of the eastern mediterranean landscape*. Proceedings of the INQUA/ BAI symposium (Groningen, Netherlands, 6-9 march 1989), A.A. Balkema, Rotterdam, Pays-Bas, 1990, p. 183-191.

Mørch 1995 : MØRCH (H.).— The Segermes Region, Tunisia. Geographical Studies. *In*: DIETZ (S.), LADJIMI SEBAÏ (L.), BEN HASSEN (H.) (ed.).— *Africa Proconsularis. Regional Studies in the Segermes Valley of Northern Tunesia*. The Carlsberg Foundation and The Danish Research Council for the Humanities, Copenhagen, 1995, p. 24-55.

Morlon 1992 : MORLON (P.) (coord.).— *Comprendre l'agriculture paysanne dans les Andes Centrales. Pérou-Bolivie*. INRA, 1992.

Muxart 1990 : MUXART (T.), COSANDEY (C.), BILLARD (A.).— *L'érosion sur les hautes terres du Lingas. Un processus naturel, une production sociale*. Editions du CNRS, Paris, 1990, 146 p.

Neboit 1985 : NEBOIT (R.).— Le poids du déterminisme physique dans le fonctionnement des géosystèmes méditerranéens. *In : La mobilité des paysages méditerranéens. Hommage à Pierre Birot*. Revue géographique des Pyrénées et du Sud-Ouest, travaux II, Toulouse-1984, 1985, p. 317-322.

Nicod 1951 : NICOD (J.).— Le rôle de l'homme dans la dégradation des sols et du tapis végétal en Basse Provence calcaire. *Revue de Géographie Alpine*, IV, 1951, p. 711-748.

Nicod 1990 : NICOD (J.).— Murettes et terrasses de culture dans les régions karstiques méditerranéennes. *Méditerranée*, 3-4, 1990, p. 43-50.

Nicolet 1978 : NICOLET (C.).— L'impérialisme romain. *In : Rome et la conquête du monde méditerranéen. Tome 2 : Genèse d'un empire*. PUF, Paris, 1978, rééd. 1997, p. 883-920.

Nixon 1994 : NIXON (L.), PRICE (S.), MOODY (J.), RACKHAM (O.).— Rural settlement in Shakia, Crete. *In : Structures rurales et sociétés antiques*. Actes du colloque de Corfou 14-16 mai 1992, ALUB, 508, Paris, 1994, p. 255-264.

Nixon 2001 : NIXON (L.), PRICE (S.).— The diachronic analysis of pastoralism trhough comparative variables. *Annual of the British School at Athens*, 96, 2001, p. 395-424.

Nuninger 1998 : NUNINGER (L.), RAYNAUD (C.).— La Vaunage (Gard) à l'Age du Fer : questions de méthode et de traitement de la documentation archéologique. *In :* MAUNE (S.) (dir.).— *Recherches récentes sur les établissements ruraux protohistoriques en Gaule méridionale (IXe-IIIe s. av. J.-C.)*. Actes de la table-ronde de Lattes (mai 1997). Editions Monique Mergoil, Montagnac, 1998, p. 9-28.

Nuninger 2000 : NUNINGER (L.), RAYNAUD (C.).— Dynamique et système de peuplement en Vaunage (Gard) du VIIIème au IVème siècle avant J.-C. *In : Mailhac et le Premier Âge du Fer en Europe occidentale*. Hommages à Odette et Jean Taffanel. Actes du Colloque International de Carcassonne, 17-20 septembre 1997, MAM, 7, 2000, p. 35-52.

Oleson 1995 : OLESON (J.-P.).— The origins and design of nabataean water-supply systems. *SHAJ*, 5, 1995, p. 707-719.

Palet i Martinez 1997 : PALET I MARTINEZ (J.M.).— *Estructuració i evolució del territori entre l'època íbero-romana i l'altmedieval segles II-I aC—X-XI dC*. Estudis i Memóries d'Arqueologia de Barcelona, Centre d'Arqueologia de la Ciutat, Institut de Cultura, Ajuntament de Barcelona, 1997.

Palet i Martinez 2000 : PALET I MARTINEZ (J.M.), RIERA MORA (S.).— Evolucion y antropizacion del paisaje en zonas de baja montana mediterranea : estudio arqueologico y paleoambiental de los sistemas de terrazas en la sierra litoral catalana. *In : Cost Action G2, Analisis paleoambientals i estudi del territori*. Barcelona, 2000, p. 101-117.

Parain 1936 : PARAIN (C.).— *La Méditerranée. Les hommes et leurs travaux*. Gallimard, Paris, 7e édition, 1936, 225 p.

Parodi 1987 : PARODI (A.) *et al*.— La Vaunage du III siècle au milieu du XII siècle. Habitat et occupation des sols. *Archéologie du Midi Médiéval*, V, 1987, p. 3-59.

Paskoff 1997 : PASKOFF (R.), TROUSSET (P.).— Evolution du littoral de la Tunisie depuis l'Antiquité. *In : La dynamique des paysages protohistoriques, antiques, médiévaux et modernes*. Actes des XVIIe Rencontres Internationales d'Archéologie et d'Histoire d'Antibes, éditions APDCA, Sophia Antipolis, 1997, p. 413-430.

Pasquier 1981 : PASQUIER (L.).— *Le Cailar, le Vistre et le Rhôny à travers l'histoire*. Editions Lacour / Rediviva, Nîmes, 1981, 416 p.

Perret 1950 : PERRET (S.).— Terrasses de culture et tertres allongés protohistoriques dans les forêts du pied du Jura neuchâtelois. *Archives suisses d'anthropologie générale*, XV, 1, 1950, Genève, p. 42-71.

Peyras 1991 : PEYRAS (J.).— *Le Tell Nord-Est tunisien dans l'Antiquité*. Paris, 1991.

Pirenne 1977 : PIRENNE (J.).— *La maîtrise de l'eau en Arabie du Sud antique. Six types de monuments techniques*. Paris, Mémoires de l'Académie des Inscriptions et Belles-Lettres, 1977.

Pirenne 1982 : PIRENNE (J.).— La juridiction de l'eau en Arabie du Sud antique d'après les inscriptions. *In :* METRAL (F. et J.) (ed.).— *L'homme et l'eau en Méditerranée et au Proche-Orient. II. Aménagements hydrauliques et législation*. TMO, Lyon, 1982, p. 81-102.

Planhol 1993 : PLANHOL (X. de).— *Les nations du Prophète. Manuel géographique de politique musulmane*. Paris, 1993.

Planhol 1997 : PLANHOL (X. de).— *Minorités en Islam. Géographie politique et sociale*. Paris, 1997.

Poncet 1957 : PONCET (J.).— Pour une histoire rurale de l'Afrique du Nord : A propos des cultures en terrasses. *Annales ESC*, 3, 1957, p. 455-460.

Pottrain 1974 : POTTRAIN (A.).— *L'occupation gallo-romaine de la Vaunage (Gard)*. Mémoire de Maîtrise, Université de Lille, dactylographié, 1974.

Poupet 1988a : POUPET (P.).— Fixité et mobilité des paysages. Les sciences de la terre et la restitution de l'espace rural. *La Pensée*, 262, 1988, p. 43-55.

Poupet 1988b : POUPET (P.), CHAZELLES (C.-A. de).— Approche dimensionnelle des calibres dans la construction en pierre protohistorique. La granulométrie des solins et des murs. *Lattara*, 1, 1988, p. 175-185.

Poupet 1989 : POUPET (P.), FAVORY (F.).— Le territoire d'*Ambrussum*. *In* : FICHES (J.-L.).— *L'oppidum d'Ambrussum et son territoire*. Monographies du Centre de Recherches Archéologiques, 2, 1989, p. 241-266.

Poupet 1990a : POUPET (P.), MONTEIL (M.), SAUVAGE (L.).— Les structures agraires antérieures à l'urbanisme augustéen à Nîmes, ZAC des Halles (Gard). *DHA*, 16, 2, 1990, p. 349-355.

Poupet 1990b : POUPET (P.), BONIFAS (B.), VIDAL (L.).— Les campagnes biterroises de la vallée du Gargailhan. Données nouvelles. *DHA*, 16, 2, 1990, p. 343-349.

Poupet 1990c : POUPET (P.).— La Vaunage : Problème de la mise en culture des piémonts dans l'Antiquité. *In : Archéologie et Espaces*. Actes des XVIIe Rencontres Internationales d'Archéologie et d'Histoire d'Antibes, éditions de l'APDCA, Sophia-Antipolis, 1990, p. 389-394.

Poupet 1991a : POUPET (P.).— Le paysage au microscope. *In* : CHOUQUER (G.), FAVORY (F.).— *Les paysages de l'Antiquité*. Errance, Paris, 1991, p. 25-46.

Poupet 1991b : POUPET (P.).— Archéo-agronomie en Languedoc : Etudes des faits techniques et du milieu dans les pratiques agricoles. *Bulletin de liaison AGER*, 1, 1991, p. 3-6.

Poupet 1991c : POUPET (P.) (coord.).— *Nîmes, la ville et ses campagnes. Rapport scientifique du programme Nîmes rurbain*. Service Régional de l'Archéologie du Languedoc-Roussillon Montpellier, 1991.

Poupet 1992 : POUPET (P.) (coord.).— *Nîmes, la ville et ses campagnes. Rapport scientifique du programme Nîmes rurbain*. Service Régional de l'Archéologie du Languedoc-Roussillon, Montpellier, 1992.

Poupet 1993 : POUPET (P.), SAUVAGE (L.), MONTEIL (M.).— La campagne avant la ville. *Les fouilles de la ZAC des Halles à Nîmes (Gard)*. BEAN, supplément 1, 1993, p. 29-79.

Poupet 1994 : POUPET (P.).— Sols paléosols et structures agraires. *In : Les campagnes de la France méditerranéenne dans l'Antiquité et le haut Moyen Age*. DAF, 42, 1994, p. 311-324.

Poupet 1996 : POUPET (P.), HARFOUCHE (R.), JANIN (T.), MARCHAND (G.).— L'espace rural mailhacien. Archéologie, géosystème et paléoenvironnement. *Rapport du Projet Collectif H09-H11 du Ministère de la Culture* « Mailhac, inventaire et expertise du matériel archéologique du territoire communal », Service Régional de l'Archéologie du Languedoc-Roussillon, Montpellier, 1996, p. 6-106.

Poupet 1998 : POUPET (P.).— Protohistoric and ancient agriculture in the Mediterranean region : dominion and improvment of soil. *Congrès Mondial de Science du Sol*, 20-26/08/1998, Actes publiés sur CD-Rom, Montpellier 1998, 7 p.

Poupet 1999 : POUPET (P.).— La pédologie. *In* : BRAVARD (J.-P.) *et al.*— *La géologie. Les sciences de la Terre*. Errance, Paris, 1999, p. 93-138.

Poupet 2000a : POUPET (P.), HARFOUCHE (R.).— A la recherche des champs protohistoriques en Languedoc méditerranéen (France) : gestion des sols et moyens de production. *In* : *Els productes alimentaris d'origen végétal a l'edat del Ferro de l'Europa Occidental : de la produccio al consum*. Actes du XXIIe colloque international pour l'étude de l'Age du Fer, Gérone (Espagne), mai 1998, Monografies del Museu d'Arqueologia de Catalunya-Girona, 18, 2000, p. 221-236.

Poupet 2000b : POUPET (P.).— L'anthropisation des pentes du Mont Cavalier : archéologie agraire en milieu urbain. *In : Le quartier antique des Bénédictins à Nîmes (Gard)*. DAF, 81, 2000, p. 27-41.

Poupet 2000c : POUPET (P.).— Eléments pour l'histoire du paysage au piémont du Cayla (Mailhac, France).

In : Mailhac et le Premier Âge du Fer en Europe occidentale. Hommages à Odette et Jean Taffanel. Actes du Colloque International de Carcassonne 17-20 septembre 1997. MAM, 7, 2000, p. 185-194.

Poupet 2001 : POUPET (P.).— Science du sol et archéologie. A propos d'un exemple délien. *Etudes Rurales*, 153-154/janvier-juin 2000, 2001 p. 91-114.

Prêcheur-Canonge, sans date : PRECHEUR-CANONGE (T.).— *La vie rurale en Afrique romaine d'après les mosaïques*. PUF, Paris, sans date.

Prêtre 2002 : PRETRE (C.) (textes réunis par).— *Nouveaux choix d'inscriptions de Délos. Lois, comptes et inventaires*. De Boccard, Paris, 2002, 286 p.

Provansal 1992 : PROVANSAL (M.).— Le rôle du climat dans la morphogenèse à la fin de l'âge du Fer et dans l'Antiquité en Basse Provence. *Les Nouvelles de l'Archéologie*, 50, 1992, p. 21-26.

Provansal 1993 : PROVANSAL (M.), BERTUCCHI (L.), PELISSIER (M.).— Les milieux palustres de Provence occidentale, indicateurs de la morphogenèse holocène. *In* : LEVEAU (P.), PROVANSAL (M.) (dir.).— *Archéologie et environnement : de la Sainte-Victoire aux Alpilles*. Aix-en-Provence, 1993, p. 249-266.

Provansal 1997 : PROVANSAL (M.).— Terrasse de culture et fonctionnement du milieu en Provence. *Etudes Vauclusiennes*, LVIII, 1997, p. 71-75.

Provost 1984 : PROVOST (M.).— L'homme et les fluctuations climatiques en Gaule dans la deuxième moitié du II siècle après J.-C. *Revue Archéologique*, 1, 1984, p. 71-78.

Provost 1999 : PROVOST (M.) *et al.— Carte archéologique de la Gaule. Le Gard.* 30/2 et 30/3. Académie des Inscriptions et Belles Lettres, Paris, 1999, 865 p.

Puertas 1998 : PUERTAS (O.).— *Palynologie dans le delta du Lez. Contribution à l'histoire du paysage de Lattes*. Lattara, 11, 1998, 181 p.

Py 1972 : PY (M.).— *Les oppida de la Vaunage, fouilles 1958-1968*. Thèse de troisième cycle, 5 tomes, Montpellier, 1972.

Py 1975 : PY (M.), TENDILLE (C.).— Fouille d'une habitation de la deuxième moitié du VI siècle sur l'*oppidum* de la Font du Coucou (Gard). *RAN*, VIII, 1975, p. 33-65.

Py 1978 : PY (M.).— *L'oppidum des Castels à Nages (Gard)*. Gallia, supplément XXXV, 1978.

Py 1981 : PY (M.).— *Nîmes préromaine*. Gallia, supplément XLI, 1981, 242 p.

Py 1982 : PY (M.).— Civilisation indigène et urbanisation durant la Protohistoire en Languedoc-Roussillon. *Ktema*, 7, 1982, p. 101-119.

Py 1984 : PY (M.).— La Liquière, village du premier Age du Fer en Languedoc oriental. *RAN*, supplément 11, 1984, 363 p.

Py 1990 : PY (M.).— *Culture, économie et société protohistorique dans la région nîmoise*. 2 volumes, collection EFR, 131, Rome, 1990, 958 p.

Py 1992 : PY (M.).— Les tours monumentales de la région nîmoise. *In : Espaces et monuments publics protohistoriques de Gaule méridionale*. Dossiers DAM, 15, 1992, p. 117-125.

Py 1993a : PY (M.).— *Les gaulois du Midi*. Hachette, Paris, 1993, 288 p.

Py 1993b : PY (M.), GARCIA (D.).— Bilan des recherches archéologiques sur la ville portuaire de *Lattara* (Lattes, Hérault). *Gallia*, 50, 1993, p. 1-93.

Py 1994 : PY (M.) *et al.*— Stratigraphie du Marduel (Saint-Bonet-du-Gard). VI. Les niveaux du Bronze final au milieu du Ve s. av. n. è. sur le Chantier Central. *DAM*, 17, 1994, p. 201-265.

Quézel 1985 : QUEZEL (P.), BARBERO (M.).— *Carte de la végétation potentielle de la région méditerranéenne. Feuille n° 1 : Méditerranée orientale*. Editions du CNRS, Paris, 1985.

Quézel 2000 : QUEZEL (P.).— *Réflexions sur l'évolution de la flore et de la végétation au Maghreb méditerranéen*. Ibis Press, Paris, 2000, 117 p.

Quilici 1995 : QUILICI (L.).— Interventi di incentivazione agraria in un fundus visto da Varrone lungo la via Salaria. *In : Interventi di bonificia agraria nell'Italia romana*. « L'Erma » di Bretschneider, Roma, 1995, p. 157-181.

Quilici 1997 : QUILICI (L.), QUILICI GIGLI (S.).— Aménagement et défense des hauteurs en Italie centro-tyrrhénienne. *In : La dynamique des paysages protohistoriques, antiques, médiévaux et modernes*. Actes des XVIIe Rencontres Internationales d'Archéologie et d'Histoire d'Antibes, éditions APDCA, Sophia Antipolis, 1997, p. 541-556.

Quilici Gigli 1995 : QUILICI GIGLI (S.).— Bonifica agraria a difensa dei territori montani : alcuni interventi nella bassa Sabina. *In : Interventi di bonificia agraria nell'Italia romana*. « L'Erma » di Bretschneider, Roma, 1995, p. 129-156.

Rackham 1992 : RACKHAM (O.), MOODY (J.A.).— Terraces. *In* : Wells (B.) (éd.).— *Agriculture in ancient Greece*. Proceedings of the Seventh International Symposium at the Swedish Institute at Athens, 16-17 May 1990, Acta Instituti Atheniensis Regni Sueciae, 4°, XLII, Paul Aströms Förlag, Stockholm, 1992, p. 123-130.

Rackham 1996 : RACKHAM (O.).— Ecology and pseudo-ecology : the exemple of ancient Greece. *In* : SHIPLEY (G.), SALMON (J.) (ed.).— *Human lands capes in classical antiquity*. Leicester-Nottingham Studies in Ancient Society, 6, 1996, p. 16-43.

Raynaud 1991 : RAYNAUD (C.) (éd.).— *Autour de l'étang de l'Or. Recherches sur les cantons de Lunel et Mauguio (Hérault)*. Bulletin de liaison et bilan des travaux 1990, atelier municipal d'archéologie, Besançon, 1991.

Raynaud 1996a : RAYNAUD (C.).— Les campagnes rhodaniennes : quelle crise ?. *In* : *Le troisième siècle en Gaule Narbonnaise*. Editions APDCA, Sophia Antipolis, 1996, p. 189-212.

Raynaud 1996b : RAYNAUD (C.).— Nages, les Espériau. *In* : *Formes de l'habitat rural en Gaule Narbonnaise*, 3, éditions APDCA, Sophia Antipolis, 1996, 12 p.

Rebours 1990 : REBOURS (F.).— Versants aménagés et déprise rurale dans l'est des Alpes Maritimes. *Méditerranée*, 3-4, 1990, p. 31-36.

Référentiel pédologique 1995 : *Référentiel pédologique*. INRA et AFES, Paris, 1995.

Reger 1994 : REGER (G.).— *Regionalism and change in the economy of independent Delos, 314-167 BC*. University of California Press, Berkeley, Los Angeles, Oxford, 1994, 396 p.

Reparaz 1987 : REPARAZ (A. de) (dir.).— *L'eau et les hommes en Méditerranée*. Editions du CNRS, Paris, 1987, 316 p.

Reparaz 1990 : REPARAZ (A. de).— La culture en terrasses, expression de la petite paysannerie méditerranéenne traditionnelle. *Méditerranée*, 3-4, 1990, p. 23-29.

Rialland 1995 : RIALLAND (Y.).— L'analyse des résultats de la prospection : un outil pour les archéologues. *RACF*, 34, 1995, p. 51-87.

Robert 1981 : ROBERT (P.).— *Dictionnaire alphabétique et analogique de la langue française*. Paris, 1981.

Roche 1963 : ROCHE (M.).— *Hydrologie de surface*. Editions de l'ORSTOM et Gauthiers Villars, Paris, 1963, 430 p.

Roger 1981 : ROGER (J.-M.).— Les couvertures fontbuxiennes en pierres sèches. Les balbutiements de la fausse voûte (2300 à 1800 av. J.-C.). *Bulletin de la Fédération Archéologique de l'Hérault*, 3, 1981, p. 15-18.

Roger 1982 : ROGER (J.-M.), VALETTE (P.).— Introduction à l'étude d'un habitat de plein air du bronze ancien languedocien. Les Iragnons-Perrier, Codognan (Gard). *Codougnan en Langue D'oc. Bulletin spécial du carrefour culturel codognanais*, 1982, p. 5-24.

Roger 1982-1986 : ROGER (J.-M.).— Recherches récentes sur le peuplement de la vallée du Rhôny (Gard) du néolithique à l'Age du bronze. *BEAN*, 17, Nîmes, 1982-1986, p. 13-46.

Roger 1986 : ROGER (J.-M.), Gutherz (X.).— L'habitat néolithique du Mas de Miraman à Nîmes (Gard). *Cahiers ligures de Préhistoire et de Protohistoire*, Nouvelle Série, 3, 1986, p. 209-225.

Roger 1988 : ROGER (J.-M.).— Un aspect de l'économie des néolithiques en Languedoc oriental. Contribution à la problématique du Puech de la Fontaine (Congénies, Gard). *In : Le Chasséen en Languedoc oriental. Hommage à Jean Arnal*. Collection Préhistoire, Université Paul Valéry, 1, Montpellier, 1988, p. 289-321.

Roger 1990 : ROGER (J.-M.).— La communauté chasséenne du Puech de la Fontaine à Congénies, Gard. *BEAN*, 22, Nîmes, 1990, p. 9-30.

Rognon 1983 : ROGNON (P.).— Essai de définition et typologie des crises climatiques. *Paléoclimats*. Cahiers du Quaternaire, n° hors série, éditions du CNRS, 1983, p. 151-164.

Ron 1966a : RON (Z.).— Agricultural terraces in the Judean Mountains. *IEJ*, 16, 1, 1966, p. 33-44.

Ron 1966b : RON (Z.).— Agricultural terraces in the Judean Mountains. *IEJ*, 16, 2, 1966, p. 111-122.

Roose 1998 : ROOSE (E.), DE NONI (G.).— Apport de la recherche à la lutte antiérosive. Bilan mitigé et nouvelle approche. *Etude et Gestion des Sols*, 5, 3, 1998, p. 181-194.

Rossignol 2002 : ROSSIGNOL (J.-P.).— *Fonctionnement hydrodynamique des sols de versant en amont de petits barrages en région semi-aride du Nord-Mexique (Ranch Atotonilco)*, Thèse de doctorat, Institut National de l'Horticulture, 2002.

Roudil 1970 : ROUDIL (J.-L.), SOULIER (M.).— Le Néolithique final et le Chalcolithique en Languedoc oriental. *In* : *Les civilisations néolithiques du Midi de la France*. Actes du colloque de Narbonne, Carcassonne, 1970, p. 117-119.

Roudil 1974 : ROUDIL (J.-L.), BAZILE (F.), SOULIER (M.).— L'habitat campaniforme de Saint-Côme-et-Maruéjols (Gard). *Gallia Préhistoire*, 17-1, 1974, p. 181-217.

Rougé 1982 : ROUGE (J.).— La législation justinienne de l'eau. *In* : METRAL (F.) et (J.) (dir).— *L'homme et l'eau en méditerranée et au Proche-Orient. II : Aménagements hydrauliques, état et législation*. TMO, 3, Lyon, 1982, p. 111-115.

Rougerie 1991 : ROUGERIE (G.), BEROUTCHACHVILI (N.).— *Géosystèmes et paysages. Bilan et méthodes*. Armand Colin, Paris, 1991, 302 p.

Roupnel 1932 : ROUPNEL (G.).— *Histoire de la campagne française*. Plon, Paris, 1932, rééd. 1981, 408 p.

Ruellan 1993 : RUELLAN (A.), DOSSO (M.).— *Regards sur le sol*. Universités francophones, Foucher, Paris, 1993, 192 p.

Ruellan 2000 : RUELLAN (A.).— La couverture pédologique : un milieu à 4 dimensions ; les chronoséquences pédologiques pour comprendre les paysages. *In : Les temps de l'environnement*. Actes des journées du PIREVS (Toulouse, 5-7 novembre 1997), PUM, Toulouse, 2000, p. 61-64.

Ruiz del Arbol 1999 : RUIZ DEL ARBOL (M.), SANCHEZ-PALANCIA (J.).— Les « terrasses » de la fuente de la Mora (El Cabaco, Salamanque, Espagne) : l'occupation et l'organisation du territoire dans le nord-ouest de la Lusitanie. *DHA*, 25, 1, 1999, p. 213-221.

Ruiz del Arbol 2000 : RUIZ DEL ARBOL (M.), SANCHEZ-PALANCIA (J.).— Organización y exploitación del territorio en el noreste de Lusitania : las cavenes de el cabaco. *In : Arqueologia da antiguidade na península ibérica*. Actas do 3e Congresso de Arqueologia Peninsular, VI, Porto, 2000, p. 115-126.

Salame-Sarkis 1991 : SALAME-SARKIS (H.).— Rapport préliminaire sur les découvertes archéologiques de la grotte de MAR HANNA dans la région de Aaqoura. *Liban souterrain*, 3, 1991, p. 13-25.

Salviat 1972 : SALVIAT (F.).— Bail thasien pour un terrain planté. *BCH*, 96, 1972, p. 363-373.

Sanchez-Palencia 2000 : SANCHEZ-PALANCIA (J.), RUIZ DEL ARBOL (M.).— Estructuras agrarias y explotacíon minera en Lusitania nororiental : la zona arqueologica de Las Cavetres (El Cabaco, Salamanca).

In : Sociedad y cultura en Lusitania romana. IV Mesa Redonda Internacional, Merida, 2000, p. 345-358.

Sandor 1992 : SANDOR (J.A.).— Long-term Effects of Prehistoric Agriculture on Soils : Examples from New Mexico and Peru. *In :* HOLLIDAY (V.T.) (ed.).— *Soils in Archaeology. Landscape Evolution and Human Occupation.* Smithsonian Institution Press, Washington and London, 1992, p. 217-245.

Sandor 1998 : SANDOR (J.).— Steps toward soil care : ancient agricultural terraces and soils. *Congrès Mondial de Science du Sol*, 20-26/08/1998, Actes publiés sur CD-Rom, Montpellier 1998, 6 p.

Sanlaville 1997 : SANLAVILLE (P.).— Les changements dans l'environnement au Moyen-Orient de 20000BP à 6000 BP. *Paléorient*, 23, 2, 1997, p. 249-262.

Sanlaville 2000 : SANLAVILLE (P.).— *Le Moyen-Orient arabe. Le milieu et l'homme.* Armand Colin, Paris, 2000.

Sapin 1981 : SAPIN (J.).— Jalons géographiques pour l'histoire d'un milieu de vie antique : La Vaunage. *DAM*, 4, p. 169-178.

Sapin 1988 : SAPIN (J.).— Prospection géo-archéologique de l'Ajlûn 1981-82. Exemple de recherche intégrante. *SHAJ*, II, 1985, p. 217-227.

Sapin 1992 : SAPIN (J.).— De l'occupation à l'utilisation de l'espace à l'aube de l'âge du Bronze dans la région de Jérash et sa périphérie orientale. *SHAJ*, IV, 1992, p. 169-174.

Schaus 1994 : SCHAUS (G. p.), SPENCER (N.).— Notes on the topography of Eresos. *AJA*, 98, 1994, p. 411-430.

Schlumberger 1986 : SCHLUMBERGER (D.).— *Qasr el-Heir el Gharbi.* BAH, CXX, IFAPO, Paris, 1986.

Shaw 1982 : SHAW (B.D.).— Lamasba : an Ancient irrigation community. *Antiquités Africaines*, 18, 1982, p. 61-103.

Shaw 1984 : SHAW (B.D.).— Water and society in the ancient Maghrib : technology, property and development. *Antiquités Africaines*, 20, 1984, p. 121-173.

Sigaut 1995 : SIGAUT (F.).— Histoire rurale et sciences agronomiques. Un cadre général de réflexion. *HSR*, 3, 1995, p. 203-214.

Sinarellis 1998 : SINARELLIS (M.).— Bory de Saint-Vincent et la géographie méditerranéenne. *In : L'invention scientifique de la Méditerranée. Egypte, Morée, Algérie.* Editions de l'EHESS, Paris, 1998, p. 299-310.

Skydsgaard 1988 : SKYDSGAARD (J. E.).— Transhumance in ancient Greece. *In :* WHITTAKER (C. R.) (ed).— *Pastoral Economies in Classical Antiquity.* Cambridge Philosophical Society suppl. 14, Cambridge, 1988, p. 75-86.

Snodgrass 1992 : SNODGRASS (A.).— L'archéologie de prospection et le paysage rural de la cité grecque. *In* : MURRAY (O.), PRICE (S.).— *La cité grecque d'Homère à Alexandre.* La Découverte, Paris, 1992, p. 138-162.

Solignac 1952 : SOLIGNAC (M.).— Recherches sur les installations hydrauliques de Kairouan et des steppes tunisiennes du VIIe au XIe siècle. *Annales de l'Institut d'Etudes Orientales*, X, 1952, p. 5-273.

Soyer 1973 : SOYER (J.).— Les cadastres anciens de Saint-Donat (Algérie). *Antiquités Africaines*, 7, 1973, p. 275-292.

Soyer 1976 : SOYER (J.).— Les centuriations romaines en Algérie orientale. *Antiquités Africaines*, 10, 1976, p. 166-168.

Spencer 1961 : SPENCER (J.-E.), HALE (G.A.).— The origin, nature and distribution of agricultural terracing. *Pacific Viewpoint*, 2-1, 1961, p. 1-40.

Stordeur 2000 : STORDEUR (D.) (dir.).— *El Kowm 2. Une île dans le désert.* CNRS éditions, Paris, 2000, 322 p.

Stordeur 2002 : STORDEUR (D.).— Jerf el Ahmar. Un village aux origines de l'agriculture dans la vallée du Moyen-Euphrate. Disponible sur http : //www. culture. diplomatie.fr/culture/france/archeologie/jerf el ahmar/ index.html.

Taffanel 1998 : TAFFANEL (O.), TAFFANEL (J.), JANIN (T.).— *La Nécropole du Moulin à Mailhac (Aude).* MAM, 2, 1998, 393 p.

Tate 1992 : TATE (G.).— *Les campagnes d'e la Syrie du Nord du IIe au VIIe siècle.* Tome 1, BAH, 133, IFAPO, Beyrouth, 1992, 364 p.

Taylor 1996 : TAYLOR (C.C.).— Strip Lynchets. *Antiquity*, XL, 1996, p. 277-284.

Tchernia 1999 : TCHERNIA (A.), BRUN (J.-P.).— *Le vin romain antique.* Glénat, Grenoble, 1999, 160 p.

Terral 1997 : TERRAL (J.-F.).— Débuts de la domestication de l'olivier (*Olea europea* L.) en Méditerranée nord-occidentale, mise en évidence par l'anlayse morphométrique appliquée à du matériel anthracologique. *Comptes-rendus de l'Académie des Sciences de Paris*, tome 324, série IIa, 1997, p. 417-425.

Terral 1999 : TERRAL (J.-F.).— La morphométrie à la recherche des origines de la culture et de la domestication des arbres fruitiers : le modèle de l'olivier en méditerranée nord-occidentale. *Revue d'Archéométrie*, 23, 1999, p. 101-126.

Terral 2000 : TERRAL (J.-F.).— Exploitation and management of the Olive Tree during Prehistoric Times in Mediterranean France and Spain. *Journal of Archaeological Science*, 27, 2000, p. 127-133.

Terre et paysans... 1979 : *Terre et paysans dépendants dans les sociétés antiques.* CNRS éditions, Paris, 1979, 496 p.

Terrier 1864 : TERRIER (L.).— *Mémoires sur l'île de Délos (mai 1864).* Manuscrit, 1864.

Trément 1993 : TREMENT (F.).— Le secteur des étangs de Saint-Blaise : pour une approche archéologique et paléoécologique d'un milieu de vie. *In* : LEVEAU (P.), PROVANSAL (M.).— *Archéologie et environnement : de la Sainte-Victoire aux Alpilles*, Aix-en-Provence, 1993, p. 83-108.

Trément 1999 : TREMENT (F.).— *Archéologie d'un paysage. Les étangs de Saint-Blaise (Bouches-du-Rhône).* DAF, 74, 1999, 314 p.

Treuil 1989 : TREUIL (R.), DARCQUE (P.), POURSAT (J.-C.), TOUCHAIS (G.).— *Les civilisations égéennes du néolithique et de l'Age du Bronze*. PUF, 1989, 633 p.

Tricart 1956 : TRICART (J.), CAILLEUX (A.).— Le problème de la classification des faits géomorphologiques. *Annales de géographie*, 349, LXV, 1956, p. 162-186.

Tricart 1963 : TRICART (J.), HIRSCH (A.-R.).— Commentaire de la coupure de Lunel I / D. *Revue de Géomorphologie Dynamique*, XIV, 1, 2 et 3, 1963, p. 30-34.

Tricart 1965 : TRICART (J.).— *Principes et méthodes de la géomorphologie*. Masson, Paris, 1965.

Tricart 1988 : TRICART (J.).— Agriculture et milieu naturel. *Annales de Géographie*, 542, 1988, p. 468-474.

Trousset 1986 : TROUSSET (P.).— De la montagne au désert : « limes » et maîtrise de l'eau. *In : Désert et montagne au Maghreb. Hommage à Jean Dresch*, ROMM, 41-42, 1986, p. 90-115.

Trousset 1999 : TROUSSET (P.).— L'agriculture romano-libyenne dans le prédésert de Tripolitaine. Compte rendu de BARKER (G.) *et al.*— Farming the desert. The UNESCO Libyan Valleys Archaeological Survey. UNESCO Publishing, Department of Antiquities (Tripoli), Society for Libyan Studies, 1994, 404 p. *Journal of Roman Archaeology*, 12, 2, 1999, p. 763-772.

Vallet 1983 : VALLET (G.).— Urbanisation et organisation de la chôra coloniale grecque en Grande Grèce et en Sicile. *In : Modes de contact et processus de transformation dans les sociétés anciennes*. EFR, 67, Rome, 1983, p. 937-956.

Van Geel 1999 : VAN GEEL (B.), RASPOPOV (O.), RENSSEN (H.), VAN DER PLICHT (J.), DERGACHEV (V.), MEIJER (H.).— The role of solar forcing upon climate change . *Quaternary Science Reviews*, 18, 1999, p. 331-338.

Vandier 1978 : VANDIER (J.).— *Manuel d'archéologie égyptienne. Tome IV : Bas-reliefs et peintures. Scènes de la vie agricole à l'ancien et au Moyen Empire*. Editions A. et J. Picard, Paris, 1978, 354 p.

Vaquer 1986 : VAQUER (J.).— Le Chasséen méridional. Etat de la question. *In* : DEMOULE (J.-P.) (dir.).— *Le Néolithique de la France. Hommages à G. Bailloud*. Picard, 1986, p. 233-249.

Vaumas 1954 : VAUMAS (E. de).— *Le Liban. Etude de géographie physique*. 3 volumes, Firmin-Didot éditeur, Paris, 1954.

Vérot-Bourrély 1995 : VEROT-BOURRELY (A.) *et al.*— Le paléoenvironnement du site de gorge de loup (Lyon 9ème). *In* : *L'homme et la dégradation de l'environnement*. Actes des XVe Rencontres Internationales d'Archéologie et d'Histoire d'Antibes, éditions APDCA, Sophia Antipolis, 1995, p. 43-77.

Vial 1984 : VIAL (C.).— *Délos indépendante*. BCH, supplément X, 1984.

Vidal 1994 : VIDAL (L.).— Différents types d'aménagements paysagers antiques. Exemples de structures fouillées en Biterrois et Nîmois. *In : De la terre au ciel, I, Paysages et cadastres antiques*. ALUB, 543, Les Belles Lettres, Paris, 1994, p. 39-64.

Vidal de La Blache 1903 : VIDAL DE LA BLACHE (P.).— *Tableau de la géographie de la France*. Editions de la Table Ronde, Paris, 1903, rééd. 1994, 559 p.

Vignot 1994 : VIGNOT (A.).— Les terrasses en Biterrois : facteurs naturels et anthropiques. *In : De la terre au ciel, I, Paysages et cadastres antiques*. ALUB, 543, Les Belles Lettres, Paris, 1994, p. 71-88.

Villeneuve 1985 : VILLENEUVE (F.).— L'économie rurale et la vie des campagnes dans le Hauran antique (Ier siècle avant J.-C.- VIe siècle après J.-C.). *In : Hauran I*, BAH, 124, 1985, p. 63-136.

Villeneuve 1988 : VILLENEUVE (F.).— Fouilles à Khirbet edh-Dharih (Jordanie), 1984-1987 : Un village, son sanctuaire et sa nécropole aux époques nabatéenne et romaine (Ier-Ve s. ap. J.-C.). *CRAI*, avril-juin 1988, p. 458-479.

Viollet 2000 : VIOLLET (P.-L.).— *L'hydraulique dans les civilisations anciennes*. Presses de l'école nationale des Ponts et chaussées, Paris, 2000, 374 p.

Vita-Finzi 1969 : VITA-FINZI (C.).— *The Mediterranean valleys*. Cambridge University Press, 1969.

Wagstaff1981 : WAGSTAFF (M.).— Buried assumptions : some problems in the interpretation of the Younger Fill raised by recent data from Greece. *Journal of Archaeological Science*, 8, 1981, p. 247-264.

Waliszewski 2004 : WALISZEWSKI T. *et al.*— Village romain et byzantin à Chîm-Marjiyat. Rapport préliminaire (1996-2002). *BAAL*, 6-2002, 2004, p. 5-105.

Wang Xing-guang 1991 : WANG XING-GUANG, WANG LIN.— On the ancient terraced fields in China. *Tools and Tillage*, vol. VI, 4, 1991, p. 191-201.

Wells 1990 : WELLS (B.), RUNNELS (C.), ZANGGER (E.).— The Berbati-Limnes archaeological survey. The 1988 season. *Opuscula Atheniensia*, XVIII, 15, 1990, p. 207-238.

Weulersse 1946 : WEULERSSE (J.).— *Paysans de Syrie et du Proche-Orient*. Gallimard, Paris, 1946, 329 p.

Whitelaw 1994 : WHITELAW (T.).— An ethnoarchaeological study of rural land-use in north-west Keos : insights and implications for the study of past aegean landscapes. *In : Structures rurales et sociétés antiques*. Actes du colloque de Corfou 14-16 mai 1992, ALUB, 508, Paris, 1994, p. 163-186.

Wilkinson 1998 : WILKINSON (T.J.).— Settlement and irrigation in the Balikh Valley, Syria from the 3rd to the 1st millenium BC. A preliminary view. *In :* LEBEAU (M.) (ed.).— *SUBARTU*, IV, 1, 1998, p. 151-169.

Wilkinson 2003 : WILKINSON (T.J.).— *Archaeological landscapes of the Near East*. University of Arizona Press, 2003.

Will 1982 : WILL (E.).— Un monument hellénistique de Jordanie : le Qasr el 'abd d'Iraq al Amir. *SHAJ*, 1, 1982, p. 197-200.

Will 1991 : WILL (E.), LARCHE (F.).— *'Iraq al Amir. Le château du Tobiade Hyrcan*. BAH, IFAPO, 132, 2 volumes, 1991, 414 p. et 100 pl.

Yaalon 1998 : YAALON (D.), POUPET (P.).— Attitudes to soil care and land use through human history. *Congrès Mondial de Science du Sol*, 20-26/08/1998, Actes publiés sur CD-Rom, Montpellier 1998, 1 p.

Yacoub 1993 : YACOUB (M.).— *Le musée du Bardo.* Agence nationale du patrimoine, Tunis, 1993.

Zakri 1990 : ZAKRI (S.).— Pratiques hydro-agricoles traditionnelles d'après les manuscrits arabes d'agronomie à la période médiévale dans le monde arabo-musulman. *In* : GEYER (B.) (dir.).— *Techniques et pratiques hydro-agricoles traditionnelles en domaine irrigué.* Actes du colloque de Damas, 27 juin-1er juillet 1987, tome 1, BAH, CXXXVI, IFAPO, Paul Geuthner, Paris, 1990, p. 35-49.

Zangger 1995 : ZANGGER (E.).— Geology and the Development of tne Cultural Landscape. *In*: : DIETZ (S.), LADJIMI SEBAÏ (L.), BEN HASSEN (H.) (ed.).— *Africa Proconsularis. Regional Studies in the Segermes Valley of Northern Tunesia.* Ed. The Carlsberg Foundation and The Danish Research Council for the Humanities, Copenhagen, 1995, p. 58-83.

Table des figures

www.ingramcontent.com/pod-product-compliance
Lightning Source LLC
LaVergne TN
LVHW072250300926
849160LV00018B/1635